新世纪工程地质学丛书

汾渭盆地地裂缝灾害

彭建兵 卢全中 黄强兵 等 著

科学出版社

北京

内 容 简 介

本书论述了汾渭盆地地裂缝形成的地质背景；通过大量野外调查，系统总结了汾渭盆地地裂缝在拉张盆地区群发、沿活动断裂带集中、顺地貌变异带展布、在地面沉降区出露、在黄土湿陷区散布的发育分布规律；通过各种勘探和监测手段，发现了汾渭盆地地裂缝走向分段、平面分支、垂向分异、剖面分带的立体结构特征，揭示了其垂直位错为主、水平拉裂较小、水平扭动甚微的运动规律以及周期性开裂、分段活动性差异和人类营力增强的活动规律；通过模型试验、数值模拟和理论分析，揭示了地裂缝的区域群发机制、盆地同生机制、断裂共生机制和水动力再生机制，提出了构造控缝、应力导缝、抽水扩缝和浸水开缝的地裂缝成因理论；揭示了工程建（构）筑物在地裂缝活动下的致灾规律，提出了控制采水、合理避让、适应变形、局部加固的减灾技术；研究了高铁与地裂缝相交以及地铁与地裂缝小角度相交时的变形破坏特征及致灾机理，提出了高铁及地铁工程的地裂缝减灾技术体系。

本书可供工程地质、水文地质、环境地质、城乡规划、土木工程、工程勘察与设计、防灾减灾与防护工程等领域的科研人员、技术人员、高校教师、研究生和大中专院校学生参考。

图书在版编目(CIP)数据

汾渭盆地地裂缝灾害／彭建兵等著. —北京：科学出版社，2017.1

（新世纪工程地质学丛书）

ISBN 978-7-03-051676-3

Ⅰ.①汾… Ⅱ.①彭… Ⅲ.①临汾盆地–地质断层–研究②渭河平原–地质断层–研究 Ⅳ.①P542.3

中国版本图书馆 CIP 数据核字（2017）第 022840 号

责任编辑：张井飞 韩 鹏／责任校对：何艳萍 张小霞
责任印制：肖 兴／封面设计：耕者设计工作室

科学出版社 出版

北京东黄城根北街 16 号
邮政编码：100717
http://www.sciencep.com

中国科学院印刷厂 印刷
科学出版社发行 各地新华书店经销

*

2017 年 1 月第 一 版 开本：787×1092 1/16
2017 年 1 月第一次印刷 印张：42 3/4
字数：1 015 000

定价：498.00 元

（如有印装质量问题，我社负责调换）

《新世纪工程地质学丛书》
规划委员会

前　言

　　汾渭地区地处黄河流域的中游，是中华民族的发祥地，自古便是人口密集、农业发达、交通便利之地区，现今仍是我国的经济核心区之一、人口稠密区和重大工程重点建设区之一。其中，汾渭盆地内部的关中地区（渭河盆地）位于丝绸之路经济带起点的关天经济区内，是西部大开发的桥头堡。汾河盆地（包括大同盆地、太原盆地、临汾盆地和运城盆地）处于丝绸之路经济带的辐射影响范围内，与渭河盆地属同一构造带内，两者具有明显的构造牵连性，均为地裂缝地面沉降强烈发育区和高易发区。

　　汾渭盆地处于印度板块、太平洋板块与欧亚板块相互作用交汇部位，同时又处于鄂尔多斯稳定地块和活动的华北地块的构造复合部位，在区域构造环境上具有明显的特殊性和代表性，在中国大陆现代地壳变动格局中具有特殊的地位和作用。汾渭盆地北起大同盆地，南达渭河盆地的宝鸡市，全长 1200km，宽 30～60km，总体呈北北东向，平面上呈“S”形展布。它由一系列盆地组成，自北而南分别为大同盆地、忻定盆地、太原盆地、临汾盆地、运城盆地及渭河盆地等。所有盆地均受两侧边界断裂控制，两相邻盆地间还存在横向构造隆起带，盆地内部发育北西向、近东西向、北北东向或北东向活断层。盆地活动构造具有鲜明的特色：一是盆地带基底形态复杂，在巨厚的新生代沉积物下面隐伏着许多古潜山，古潜山两侧多受活动断裂控制，形成隐伏的地垒或隆起。多组断裂相互穿插错动时，由于活动强烈程度的差异，又形成次一级潜伏的地堑或凹陷；二是盆地带结构复杂，盆地带由多个盆地雁列而成，其南北段盆地近东西向，由两端向中部逐步转为北东和北北东向，各大盆地之间由断裂所围限的隆起带所分隔，各盆地内部又可细分为 2～3 个或数个小盆地和小隆起，小盆地内部还发育更次级凹陷或凸起；三是构造活动十分强烈，但具有差异性，本带各盆地控盆边界断裂及盆内活动断裂始终在活动中；四是各盆地沉陷自上新世持续至今，盆地两侧沉陷幅度差异较大，均是一侧深一侧浅，反映盆底面或控盆断裂面的倾斜和断块的掀斜运动特征。不同盆地控盆边界断裂的活动性存在明显的差异性，同一盆地不同断裂的活动性具明显的差异性，同一条断裂的活动性具明显的分段性。汾渭地堑各盆地地势平坦，第四系沉积厚度大，其中大同盆地最大厚度达 900m，忻定盆地400m，太原盆地 600m，临汾盆地 800m，运城盆地 900m，渭河盆地 1300m。各盆地地下水资源丰富，为工农业及人民生活用水的主要源泉，同时也为地裂缝灾害的发育埋下了隐患。

　　晋陕两省的重点城市几乎都坐落在汾渭盆地这一活动构造带上，一批大型工业基地沿着这一带布局和建设，西气东输管线横穿该带，高速公路纵横在这些盆地上。然而，这一地区又以地质灾害频繁、灾种多、对城市工程影响大而闻名于世。20 世纪中、后期以来，在汾渭盆地带的大同、太原、榆次、临汾、运城、西安及咸阳等大中城市先后出现地裂缝和地面沉降灾害，迄今为止，已有 60 余个县市、400 余处发现地裂缝，总计 500 余条，虽没有地震灾害的地动山摇之烈，但却因其作用力的持久增强性及其分布位置的城市相对集中性，给国民经济、城市建筑及生命线工程造成巨大破坏。汾渭地堑已成为我国乃至全世界地裂缝地面沉降最发育、破坏性最强、区域性特点最典型的地区之一。地裂缝所经之处，地面及地下建筑物遭到严重破坏，尤其是对城市地下铺设的供水、供气和排水系统造成严重威胁，已造成上百亿元的直接经济损失。地面沉降主要发生在一些大中城市，形成的降落漏斗中心，给城市防洪造成巨大压力；不均匀沉降还使建筑物和文物古迹遭到倾斜和破坏，也加速了地裂缝的活动。这些灾害不仅影响了城市的规划布局、土地有效利用、地下空间的开发，而且还危及各类工程建筑的安全，也给城市居民生活造成困难。

从20世纪50年代起，陕西省地矿局区域地质调查队、第一水文地质工程地质队、地质矿产部第三石油普查大队及科研院校等单位，在西安、咸阳市区进行了水文地质、区域地质调查、基础地质研究，重力、航磁、人工地震、电测深等勘探及水资源评价等工作，以及其后的环境保护监测、工程地质勘察、灾害地质及地热资源调查等。20世纪80年代以来，随着城市工农业发展和现代化建设的不断扩大，陕西省地矿局又开展了一系列为城市建设服务的工作，陕西省第一、第二水文地质工程地质队、地质环境总站、区域地质调查队、物化探队、综合研究队、测绘队、石油三普大队等，相继完成了西安市1：20万～1：3万各种城市地质系列图的编制，西安市地裂缝调查初步研究及环境地质等方面的工作。同时长安大学（原西安地质学院、西安工程学院）、成都理工大学、中国地质大学（武汉）、机械工业勘察研究院、陕西省地震局等单位和其他有关部门也对西安及咸阳地裂缝、城市环境地质、地震等进行了大量的工作，对城市周围的地质构造、地震、地裂缝、地面沉降等都提出了看法和认识。陕西省第一水文地质工程地质队和陕西省地质环境监测总站对西安地面沉降和地裂缝进行了三十多年的监测，积累了较为丰富的资料。

1988年，山西省地质环境监测中心（原山西省地矿局环境总站）与大同市水资办联合建立了大同市平原区400多平方千米的地形变监测网，通过连续三年监测，于1991年提交了《大同市平原区地形变初步研究报告》，后由于种种原因，中断了监测，这是山西省内较早的专门针对地面沉降的勘察成果。此后，长安大学（原西安地质学院）等单位对大同地裂缝和地面沉降进行过系统的研究，其主要成果见《大同机车工厂及邻区地裂缝研究》和《大同城市地质勘察研究》；20世纪80年代中后期开始，太原市城建部门长期对区内进行了地面沉降监测工作，共布设Ⅱ等水准点130多个，路线全长300km，测量工作基本隔年进行一次。山西省地质矿产局第一水文地质工程地质队已实施"山西省太原市地面沉降勘察"项目，设计施工分层标钻孔和地面水准监测，一直在开展定期观测工作。另外，中国矿业大学和山西煤田地质局对榆次、临汾的地面沉降、地裂缝做过一些工作，以地裂缝研究为主，但没有建立地形变监测网络，缺乏准确的监测资料。目前一些文献中所述的沉降范围、沉降量等数据均为理论计算值，不能作为防灾减灾的依据，其主要成果为《山西断陷盆地地裂缝灾害综合研究》。另外，其他盆地也发现有地面沉降和地裂缝，但很少见有系统的资料或研究成果。总之，山西省太原、大同地面沉降及地裂缝分布范围广，危害程度比较严重，造成损失也非常大，但还缺乏系统研究工作，许多地方为空白。

地裂缝研究方面，早期主要关注于地裂缝成因机理的揭示，我国地裂缝成因争论最早起自于西安地裂缝的研究（彭建兵等，2007）。20世纪80年代初的主导观点是地面沉降成因论，后期也有一些学者坚持这一观点（易学发，1984；钟龙辉，1996）。这种成因说认为西安地裂缝是由于过量抽取地下水导致地面大面积沉降而引起的，在差异沉降陡变带上，由于两侧变形差大于岩土体的极限应变能力而产生了地表破裂，而局部地质构造条件对地裂缝的形成只起到有限的控制作用。然而，随着研究工作的不断深入，越来越多的人认为西安地裂缝是以构造成因为主，即地裂缝是由基底伸展断裂系在横向拉张应力场作用下形成的，并同时叠加了地下水开采的影响。其代表性的观点有张家明（1990）的断块掀斜成因论，刘国昌（1986）、王景明（1989）的隐伏断层蠕动成因论，王兰生等（1994）的构造重力扩展成因论，彭建兵等（1992）的主伸展断裂伸展活动成因论，李永善等（1992）、吴嘉毅和廖燕鸿（1990）等的基底断裂活动成因论。虽然概化的成因模式各有所不同，但共同点是构造成因为主，与盆地拉张环境下的临潼-长安断裂的伸展活动有直接关系。关于大同地裂缝的成因，刘玉海等（1995）、陈志新和伍素兰（1996）、马国栋（1990）和徐锡伟等（1994）均认为大同地裂缝的形成和发展主要受控于基底构造活动，与过量开采地下水没有直接联系。与此不同，国家地震局地质研究所1992年的研究结果认为，基底的构造活动仅是大同地裂缝形成的背景因素，地裂缝的形成则主要受过量开采地下水的影响，地裂缝活动量的70%与地下水开采引起的地面沉降有关。同样，关于榆次、清徐、临汾、运城、渭南、咸阳、三原等地的地裂缝，调查或勘探结果均显示与隐伏活动断裂或旁侧活动断裂的活动有关。彭建兵曾于2004年夏冬时节分别对渭河盆地的泾阳地裂缝和运城地区峨眉台地地裂缝进行过调查研究，发现这些地区的地裂缝多沿黄土中的构造节理发育，强降雨时的地表水入渗的渗透侵蚀可在一夜之间沿构造节理冲蚀出长数百米的地表裂缝，显然这类地裂缝与构造节理的开启活动有关，强降雨是地裂缝显露地表的诱发因素（彭建兵，2006）。近年来，随着研究的不断深入，越来越多的学者趋向于第三种观点，即区域性地裂缝是构造和地下水开采复合作用形成的。也就是说，对于广泛发育在汾渭盆地这一特殊地质构造单元中的地裂缝，其形成、活动与现代地壳活动有着极为密切的关系，人类过量抽取地下水及地表水的入渗侵蚀等加剧了地裂缝的现代活动，即内外动力耦合成因模式。

自2004年开始，基于汾渭地区地裂缝地面沉降灾害的发育现状及防灾减灾的迫切性，中国地质调查局立项在汾渭地区进行地裂缝地面沉降调查、监测及成因与减灾综合研究。2004-2008年第一期项目结束后，为进一步掌握汾渭地区地裂缝和地面沉降的分布和灾害现状，继续监测地裂缝地面沉降活动动态和发展趋势，进一步深入研究地裂缝成因机理及防灾减灾措施，中国地质调查局继续设立"汾渭地区地面沉降地裂缝监测与防治研究（2009-2010）""汾渭地区地裂缝成因与减灾综合研究（2011-2012）"和"全国地面沉降地裂缝调查（2013-2015）"计划项目，在汾渭地区继续开展地裂缝和地面沉降的相关调查和研究工作。2009-2010年和2011-2012年的两个计划项目实施单位均为长安大学，计划项目负责人为长安大学彭建兵教授；2013-2015年的计划项目实施单位为中国地质环境监测院。在上述3个计划项目中，由长安大学承担的工作项目共有7个，其中进行地裂缝地面沉降成因与防治综合研究的工作项目有4个，分别为"汾渭地区地裂缝地面沉降综合研究（2009-2010）""汾渭地区地裂缝成因与减灾综合研究（2011-2012）""汾渭地区地裂缝成因与减灾综合研究（2013-2014）""地裂缝地面沉降工程致灾机理与防治对策的物理模拟试验研究（2012-2013）"。

另外，依托中国地质调查局立项的"汾渭盆地地裂缝地面沉降综合研究"系列项目，申请获得国家自然科学基金项目资助 11 项（其中重点项目 1 项，面上项目 6 项，青年项目 4 项），陕西省科技统筹创新工程计划项目课题 2 项，陕西省自然科学基金项目 1 项，结合大同—西安高铁工程和西安地铁工程等重大工程进行相关技术攻关及成果应用 11 项。

　　研究工作的总体目标是以服务于国家经济建设可持续发展和防灾减灾为宗旨，结合区域社会经济状况和发展规划，在前期工作基础上，继续开展汾渭盆地地裂缝地面沉降调查与勘探，综合研究地裂缝成因机理，建立地裂缝地面沉降数据库和信息管理系统，推出地裂缝地面沉降工程灾害防治与城镇减灾关键技术体系，实现既为政府防治地裂缝地面沉降灾害提供基础技术支撑，又推进我国地裂缝地面沉降研究的整体学术水平的双重目标。

　　研究工作的技术路线是以汾渭盆地现有各类地质资料和地裂缝、地面沉降的勘察、监测和专题研究等成果为基础，以现代地质调查新技术、遥感科学技术、全球定位技术、现代探测及测试技术、现代信息技术以及现代物理、数值模拟分析技术为手段，采用地面调查填图、钻探、坑槽探、物探、原位试验、土工试验、物理模型试验、数值模拟和理论分析等多种方法，查明汾渭盆地地裂缝的发育历史、现状及活动趋势；查明与典型地裂缝有关的地层结构、土的物理力学性质、地下水动态变化等水文地质和工程地质条件；查明控制地裂缝和地面沉降生成与活动的基底构造、第四系结构、地下水系统、现代地壳形变、活动断裂的分布及其活动性以及地震活动，进而查明和揭示汾渭盆地地裂缝形成的地质条件、控制性因素及其成因机理；研究和建立汾渭盆地地裂缝地面沉降数据库及信息系统；查明和揭示汾渭盆地地裂缝地面沉降的工程危害及致灾机理，提出科学合理的防灾对策和经济有效的防治技术，以此提升我国地裂缝研究的科学技术水平及城市对地质灾害的快速反应能力和减灾能力。

　　本书即是上述系统研究的成果总结，取得的学术成果主要包括如下 10 个方面：

　　（1）首次系统填绘了汾渭盆地 1∶50 万、1∶20 万、1∶1 万和 1∶1 千等不同比例尺的地裂缝分布图 235 幅，调查发现汾渭地区发育地裂缝 518 条，揭示了汾渭盆地地裂缝的空间分布规律。发现汾渭盆地地裂缝主要分布在大同、太原、临汾、运城和渭河等 5 个沉积盆地中；盆地地裂缝在空间上以成带发育为主，并主要沿活动断裂带和地下水降落漏斗区的边缘发育，具有在断陷盆地群集同生、沿活动断裂带集中共生、与地面沉降相伴链生的空间分布规律，形成了我国地裂缝研究的系统基础资料。

　　（2）监测发现汾渭盆地地裂缝的活动具有间歇性和分段差异性特征，揭示了地裂缝的活动规律与运动规律。开发了地裂缝地面沉降 GPS 与 InSAR 融合监测新技术，实现了 mm 量级的监测精度，并用于高精度监测汾渭盆地典型地裂缝地面沉降的活动状况，掌握着主要地裂缝的发展变化趋势；发现地裂缝具有在晚更新世以来 3~4 次周期性开裂，近 50 年来受人类活动影响历经 4~5 次周期性复活扩展的时间活动规律，以及单条地裂缝分段活动差异显著的特征；发现地裂缝的运动以垂直位错为主，最大活动速率可达每年数厘米，水平拉张量较小，水平扭动量极小。这些成果为地裂缝灾害的评价、预警和科学防治提供了重要依据。

　　（3）勘探发现地裂缝具有特殊的立体结构特征，揭示了其生长规律。通过科学探槽、钻探和地球物理勘探，发现汾渭盆地长大地裂缝均与下伏断层相对应，并随深度位错量增大而具同生断层特征，表明汾渭盆地主干地裂缝多为隐伏构造破裂在地表的露头；发现地裂缝沿走向时隐时现，具分段特征，平面上一主多支，具分叉特征，垂向上 10m 以浅表现为多条拉裂缝，向深部收敛成单条剪切面，具分异特征，剖面上分为破裂带和影响带，具分带特征；地裂缝表现出垂向上自下而上逐步生长、向两侧分带增生、沿走向分段扩展的生长规律。这些成果为地裂缝成因机理的研究和工程减灾设计奠定了重要基础。

（4）发现多个盆地地裂缝的群发由大陆构造动力所驱动：以 GPS 观测数据为约束，计算发现汾渭盆地现代构造变形主要受青藏块体的隆升东挤的大陆动力影响，汾渭盆地以 2～5mm/a 的速率呈北西-南东向伸展，各个盆地地裂缝多发区域均存在显著的与地裂缝走向近垂直的拉张应变量，表明青藏块体的隆升东挤为汾渭地区多个盆地地裂缝的群发提供了拉张动力源，地裂缝可能是青藏块体隆升东挤的远程地表破裂响应。

（5）发现单个盆地多条地裂缝的同生由盆地构造动力所驱动：基于地球物理勘探、地震层析成像技术和小波分析技术，建立了汾渭盆地上地幔隆起、中地壳低速高导层流展、基底伸展和地表多级破裂的地壳结构模型，确认上地幔隆起和中地壳流展的深部应力上传提供了孕裂的动力源，基底断块差异运动和盖层断裂系统伸展活动的动力自下而上驱动着单个盆地多条地裂缝的同步生长，表部的拉张应力加剧了土体的破裂。

（6）发现地裂缝与断层的共生由断层局部构造动力所驱动：科学探槽和钻探揭示，汾渭盆地地裂缝与断层普遍相伴共生，且主要由断层局部构造动力所致：盆缘断裂差异垂向蠕动的共生裂缝和伴生在断层上盘的次级裂缝；盆内块间断裂垂向活动伴生的共生裂缝和派生在断层上盘的次级裂缝；隐伏走滑断层水平扭动派生的地裂缝；土层构造节理在区域构造应力场作用下开裂响应成缝。从理论上诠释了地裂缝形成与断层局部构造动力的内在关系。

（7）发现地裂缝的复活与扩展由水动力所驱动：大型模拟试验证明，超采地下水引起的压缩层差异沉降和含水层的水平运动既可激活先存断层断错扩展至地表形成地裂缝，也可直接引起地面沉降而链生地裂缝；降雨冲蚀、浸水潜蚀和地下水位回升湿陷等水动力作用既可形成新的地裂缝，也可重新开启和扩展老地裂缝。从理论上阐明了水动力及人类地质营力的外生扩缝动力学机制。以此为基础，提出并论证了构造控制、应力驱导和动水扩展的多因耦合共生成缝理论。这些成果为地裂缝的风险预警和减灾应对提供了重要理论依据。

（8）率先解决了与地裂缝小角度相交或近距离平行的地铁工程适应地裂缝变形的技术难题。我们前期曾成功解决了西安地铁与地裂缝直交和大角度相交的减灾技术问题，但在建的西安地铁 3 号线多处与地裂缝小角度相交或近距离平行，面临着更加复杂的减灾技术难题。通过大型物理模型试验，再现了地裂缝活动下与地裂缝小角度相交的地铁隧道的变形破坏模式，主要为拉剪和扭转剪切变形破坏，提出了地铁隧道结构分段设骑缝、局部扩大断面和封闭的防水结构等适应地裂缝变形的隧道结构型式，以及地铁隧道平行地裂缝安全避让距离等应对措施。这些成果现已应用到西安地铁 3、4、5、6 号线的工程设计中，成功解决了地裂缝环境下地铁工程减灾的特殊难题。

（9）研究并揭示了地裂缝活动对高速铁路路基及桥梁的危害机理，突破了高速铁路适应地裂缝变形的减灾难题。通过大比例尺模型试验，揭示了高速铁路路基、桥梁穿（跨）越活动地裂缝带时路基中的应力场与位移场的变化规律、路基变形破坏区范围和失稳特征、桥梁的结构响应以及路基与轨道、地基与桥梁二者之间的相互作用，揭示了地裂缝作用下路基发生弯曲–扭剪破坏、桥梁发生落梁、错位和刚性扭剪破坏模式，提出了高速铁路穿越地裂缝带路基柔性加固和刚性加固措施；路堤填土内分层满铺高强土工格栅、桩筏结构型式与桩板结构型式，桥梁采用可调支座的简支箱梁结构型式。这些成果现已应用到大西高速铁路穿越地裂缝带的设计中。

（10）揭示了地裂缝对各种建筑物基础的破坏机理模式，提出了地裂缝环境下工程建筑物安全避让距离及基础处理措施方案，为城镇建设地裂缝减灾提供了技术支持。通过大型物理模拟试验和数值仿真分析，调查发现工程建筑物在地裂缝活动下的竖向拉裂、斜向陷裂、水平剪裂、平面褶裂、镜向开裂及三维扭裂的工程致灾规律，揭示了地裂缝对道路、桥梁、隧道和管道等构筑物危害的力学机制，提出了控制采水、合理避让、适应变形、局部加固的地裂缝减灾技术。

此外，还在前期西安地区地裂缝地面沉降信息管理系统基础上，构建了整个汾渭盆地地裂缝地面沉降数据库和基于 WEBGIS 的信息管理系统，为汾渭地区地裂缝地面沉降的灾害管理和防灾减灾工作提供了先进的信息平台和手段。

本成果是各有关方面大力支持的结果。首先要感谢国土资源部副部长汪民教授、中国地质调查局原局长孟宪来、中国地质调查局局长钟自然、副局长王学龙、李金发，中国地质调查局水环部前主任、现任国土资源部地质灾害应急防治指导中心副主任、总工程师殷跃平教授，中国地质调查局计划财务部前主任、现任中国地质调查局水环地调中心党委书记武选民教授，中国地质调查局水环部前主任、现任中国地质调查局水环地调中心主任文冬光教授，中国地质调查局水环部主任郝爱兵教授，中国地质调查局水环部灾害处原处长、现任中国地质环境监测院副院长张作辰教授，中国地质调查局水环部灾害处原处长、现任中国地质调查局水环地调中心副主任李铁锋教授，以及曾在水环部工作过的姜义、杨澍、李晓春、张开军、张二勇、石菊松、曹佳文等同志的大力支持和帮助，特此致以衷心的感谢！感谢国家自然科学基金委副主任刘丛强院士、地学部柴育成副主任、刘羽处长、姚玉鹏处长和熊巨华主任对我们研究工作的支持；感谢陕西省国土资源厅喻建宏、雷明雄、李强等副厅长，朱利平、宁奎斌、肖平新等处长和阎文中教授、王雁林博士等对我们研究工作的支持和帮助；感谢西安地铁建设有限公司陈东山、雒继锋总经理、王鸣晓总工、杨军处长、高虎艳教授级高工和中铁一院杨沛敏、李谈、张富忠、王海祥等教授级高工对我们研究工作的支持和帮助；感谢中国地质调查局西安地调中心的李文渊主任、杜玉良书记以及张茂省、侯光才、杨六岗、赵玉杰、朱桦、徐友宁等教授提供的无私帮助与支持；感谢中国地质环境监测院何庆成、程国明和郭海朋等教授，山西地质环境监测中心的王润福、刘瑾、贺秀全、李军、陈元明等同行对我们研究工作的支持和帮助；感谢中国地质调查局水环地调中心的郭建强、孙党生、杨旭东、孙晟、任政委等专家对我们研究工作的支持；感谢铁道第三勘察设计院有限公司的许再良勘察大师、付新平副处长、杨树俊高工，大西铁路客运专线有限责任公司的刘海东、刘江川、刘海江等先生为我们提供的支持和帮助；感谢王思敬、翟裕生、张国伟、安芷生、陈融、邓起东、李曙光、石耀林、郑颖人、林学钰、刘嘉麒、金振民、李佩成、汤中立、陈祖煜、刘丛强、朱日祥、周卫健、傅伯杰、舒德干、杨元喜、陈骏、周绪红、王成善、彭平安、龚健雅、张培震、郭正堂、崔鹏、高锐、陈晓非、吴福元、彭苏萍、何满潮、武强等诸位院士对我们的指导和支持；感谢周新民、王景明、杜东菊、韩文峰、黄润秋、赵越、万力、唐辉明、施斌、田廷山、吴树仁、石建省、刘传正、王广才、伍法权、唐益群、蒋忠诚、张永双等教授对我们的多年支持和帮助；感谢机械工业勘察院张家明教授多年来对我们的精心指导和全力支持；感谢林在贯、张苏民、关文章、王德潜、张炜、徐张建、董忠级、王庆良、林杜军、谢振泉、郑建国、张西前、朱越飞、王治军、李曦涛、韩恒悦、米丰收、冯希杰、陈党民等专家对我们工作的支持与帮助；感谢陕西省地质环境监测总站的宁社教、索传眉、金海峰、范立民、陶虹等专家对我们研究工作的支持；感谢长安大学党委书记杜向民、校长马建、党委副书记白华、副校长刘伯权、赵均海、沙爱民和贺栓海等领导对我们研究工作给予的始终如一的支持；感谢长安大学谢永利教授、杨晓华教授为我们的大型物理模拟工作提供的无私帮助；最后要感谢长安大学地测学院的各位同事，是他们为我们分担工作、鼎力相助才使我们研究工作顺利完成。

　　重大项目的攻关必须有一批志同道合、各有专长的专家实行多学科协作。我们这部专著成果凝聚了数十人的心血，他们是：卢全中、黄强兵、张勤、门玉明、邓亚虹、李新生、李斌、王玮、孙渊、赵超英、王启耀、范文、陈志新、王利、宋彦辉、白超英、成玉祥、蒋臻蔚、刘聪、李喜安、吴明、李忠生、李寻昌、刘永华、张骏、王卫东、石玉玲、刘妮娜、任隽、刘万林、成伟、张菊清、陈立伟、孙萍、万伟峰、阎金凯、孙刚臣、何红前、孟令超、姬永尚、黄观文、瞿伟、杨成生、丁晓光、王志新、章卫卫、李红、石明、戴海涛、金鼎、常红、黄静、郭晋燕、朱武、张静、祁晓明、管建安、蒋光伟、刘洪佳、李文阳、刘洋、张希雨、张利萍、吕玉楠、徐明霞、孟振江、孙晓涵、何小峰、刘淙淙、文海光、赵瑞欣、马文艳、孙伟青、贺凯、徐永龙、乔建伟、王利洋、臧明东、刘义、王飞永、薛守中、张金辉、王文敏、阎方方等。

　　本书各章执笔分工如下：第 1 章由彭建兵执笔；第 2 章由陈志新、孟令超、王飞永执笔；第 3 章由彭建兵、孟令超执笔；第 4 章由孟令超、彭建兵、乔建伟执笔；第 5 章由卢全中、孟令超、乔建伟执笔；第 6 章由彭建兵、何红前、乔建伟执笔；第 7 章由孙晓涵、王玮执笔；第 8 章由李宇、杜文凤执笔；第 9 章由卢全中、邓亚虹执笔；第 10 章由彭建兵、卢全中、王启耀执笔；第 11 章由黄强兵、刘聪、彭建兵执笔；第 12 章由黄强兵、彭建兵执笔；第 13 章由邓亚虹、卢全中、石玉玲执笔；第 14 章由彭建兵、臧明东执笔；第 15 章由李斌执笔。全书由彭建兵统稿并定稿。

目　　录

第1章 汾渭盆地地裂缝形成的大陆动力学背景

　　汾渭盆地构造带是中国大陆内一条重要的拉张断陷带，属鄂尔多斯地块的东缘断陷盆地带，北起山西大同市，南达陕西宝鸡市，全长 1200km，宽 30～60km，总体呈北北东向，平面上呈"S"型展布。该构造带西邻鄂尔多斯地块，东邻华北地块，南抵秦岭构造带，北接阴山构造带，由一系列沉积盆地和隆起块体组成（图 1.1）。其中发育地裂缝的盆地自北而南分别为大同盆地、太原盆地、临汾盆地、运城盆地和渭河盆地五个盆地。这些盆地具有如下相似的构造特征：一是各个盆地均受两侧边界断裂控制，这些盆缘断裂主要为北东东向、北东向和北北西向，盆地内部还发育大量的北西向、东西向、北北东向和北东向活断层。二是受上述不同方向断裂的分割，各盆地基底破碎、形态复杂，在巨厚的古近系和新近系沉积物下面隐伏着许多古潜山，古潜山两侧多受活动断裂控制，形成隐伏的地垒或隆起。多组断裂相互穿插错动时，由于活动强烈程度的差异，又形成次一级的地堑或地垒。三是盆地新构造活动十分强烈，但具有差异性，各盆地控盆边界断裂和控制盆内次级块体差异运动的边界活动断裂始终在活动中，沿这些断裂带先后发生过 8 级以上大震 2 次、7.0～7.9 级地震 6 次、6.0～6.9 级地震 26 次。四是各盆地的沉陷自上新世持续至今，因此第四系松散沉积层厚度大，达 600～1300m，但在盆山交界带的沉陷幅度差异

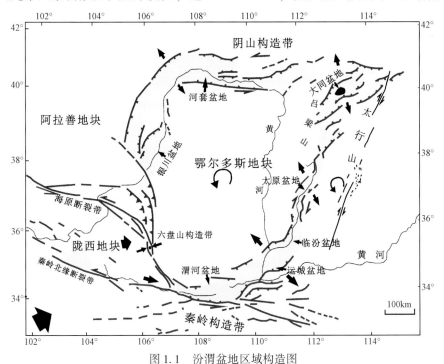

图 1.1 汾渭盆地区域构造图

较大，均是盆地一侧深，山地一侧浅，反映盆底面或控盆断裂面具明显的倾斜特征，断块具明显的掀斜运动特征。五是各盆地的上地幔普遍隆起，地壳厚度较两侧山地减薄近10km，中地壳普遍发育低速-高导软弱层。显然，盆地上地幔的隆起、基底的破碎、断裂的发育与活动、松散堆积层巨厚等特殊地质条件为地裂缝的群发奠定了有利的地质基础。

1.1　大同盆地地裂缝地面沉降形成的地质背景

1.1.1　区域构造演化背景

燕山运动是整个侏罗纪、白垩纪期间广泛发育于我国的重要构造运动，在山西表现为三期五幕。它们使之前沉积的地层褶皱、隆起，并形成一些山间盆地，同时伴随有强烈的岩浆活动。中期二幕之后，地壳运动逐渐趋于缓和，助马堡沉积后地壳全面升起，左云组、助马堡组产状极为平缓，基本未发生褶皱变动。喜马拉雅运动包括三个主要构造幕，第一幕发生在始新世末期至渐新世初期；第二幕开始于中新世初期；第三幕从更新世至今。

在大同地区，繁峙玄武岩是喜马拉雅第一幕的产物。在大同盆地区，有大量的上新世玄武岩喷出（如黄花岑玄武岩），以及中部一系列盆地的开始出现和接受沉积是喜马拉雅运动第二幕的表现。早更新世至全新世，各山区不均衡上升，形成很多期夷平面或阶地，盆地不均衡下降，接受了巨厚的沉积，局部地区还有火山喷发形成了大同火山群，是喜马拉雅运动第三幕的产物。新近纪初，南北向顺扭加强，从而诱导出强大的北西-南东向拉张应力，使北东向、北北东向和北东东向三组断裂进一步追踪拉张，沿着这些断裂发生了断块陷落，形成了大同断陷盆地，并开始了新生代沉积，从而进入大同断陷盆地成熟发展时期。

断陷在自己的发展过程中大体经历了上新世充填超覆和第四纪披盖两个阶段。上新世时期，在以拉张应力为主的作用下，断陷不断沉降，上新世保德初期主要是填平补平补齐式的沉积。当时水域范围主要在后所凹陷较深部位接受沉积。上新世静乐期，大同盆地经历了一个较长时期的下降沉积，大同盆地在此时形成了一个较大的湖盆地。上新世之后本区发生了强烈的构造运动，上新世湖盆已基本消亡（黄花梁陷隆缺失上新世以前的沉积）。第四纪时期，大同盆地开始了全面沉降，峙峪组披盖了大同断陷盆地一切凸起和断陷。早更新世大同断陷盆地沉陷为湖。更新世初期地壳上升，桑干河切穿了湖盆地，开始以河流冲积和边山洪积物的沉积，直至全新世形成了大同断陷盆地的现今地貌形态。

1.1.2　深部构造模型

大同盆地下部的上地幔隆起与地表新断陷地理位置相同，构造形态相反。新断陷之下的莫霍面为走向北东—北东东的长条状隆起，其埋深40km左右，隆起幅度2～4km，两侧斜坡东陡西缓。同样，该地区重力异常等值线展布方向以北东—北东东向为主，即深部重力低，中间重力高，反映了上地幔相对隆起和莫霍面隆起一致，与新断陷盆地大致成镜像反映。

桑干新断陷的居里等温面–航磁下界消磁面埋深 16~20km，是地热资源的集中分布区，位于新断陷之下；中地壳上部有厚 5~6km 的低速高导层，该层向北西、南东两侧山区，高导层逐渐变薄，以至消失，山区仅为低速层。低速–高导层与居里等温面–航磁下层消磁面位置基本一致。低速高导、高温层位相对隆起地带，其形成的高温塑性软弱带使新断陷边部的铲式大断裂角度变缓，作用消失，以至形成滑脱面，此部位中地壳层也相应变薄。

由上述深部构造特征可以看出，大同盆地的深部构造格局可概化为上地幔上隆、中地壳流展、上地壳拉张的模型，如图 1.2 所示。

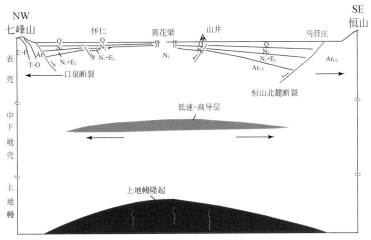

图 1.2　大同盆地深部构造模型

上地幔隆起，导致中地壳低速–高导层的水平流展，诱发了上地壳伸展并沿着已有破裂面拉张开裂，形成了盆地边缘铲式正断裂（如口泉断裂），为基底构造的拉伸破裂奠定了基础，同时在浅地表产生了附加的水平拉张应力，为地裂缝的形成提供了区域拉张环境。

1.1.3　基底构造模型

除大同盆地边界由活动断裂控制外，在盆地内部还发育许多活动断裂，它们大多数为北东向，也有北西向。这些断裂或是盆地边缘断裂向盆地延伸，或是与盆地边缘断裂交切。由于这些断裂在新生代都有明显活动，使盆地内部形成许多次一级的地块，而每个地块的埋藏深度、运动方向和倾斜角度都不同，构成一些小的地垒与地堑，如图 1.3 所示。

大同盆地呈北北东走向，边缘铲式断裂对整个断陷盆地起控制作用。大同盆地内部还存在一些与盆地边缘活动断裂平行、垂直或斜交的隐伏断裂，这些断裂将盆地底部基岩切割为多个断块，形成盆地内部许多次一级凸起与凹陷构造。由上述分析可见，大同盆地基底起伏明显，伸展断裂发育，断块分割明显，隆起凹陷相间，表现出拉张应力作用下的断裂伸展活动、断块掀斜下陷成盆的伸展构造特征，因此，大同盆地的基底为基底伸展、断块掀斜的构造模型（图 1.4），有利于地裂缝的生成。

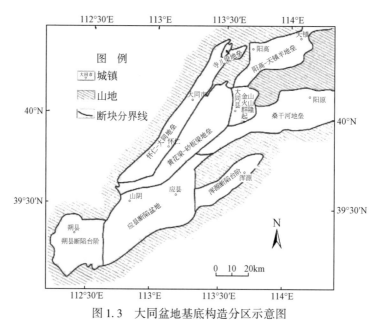

图 1.3　大同盆地基底构造分区示意图

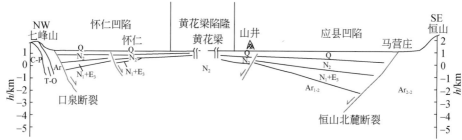

图 1.4　大同盆地基底构造模型

1.1.4　第四系结构模型

　　大同盆地新生代沉积相可分为湖泊沉积相、河流沉积相、三角洲沉积相、冲积扇沉积相、风成沉积相和斜坡沉积相等几种类型。与地裂缝关系密切的新生界第四系地层包括以下几类。

　　(1) 下更新统泥河湾组 (Q_1n)：在盆地中广泛发育，但在边山及丘陵地带缺失。

　　(2) 中更新统离石组 (Q_2l)：于边山及丘陵地带分布且出露较为广泛。

　　(3) 上更新统 (Q_3)：许家窑组 (Q_3x)，广布于大同盆地内部及其边山地带，在基岩山地的沟谷中也有发育；马兰组 (Q_3m)，主要分布于边山地带的梁坡上，在基岩山地中的一些低缓梁坡地段也时见零星残存；峙峪组 (Q_3s)，该组地层分布广泛，它基本上组成了当今所见大同盆地的表层堆积。

　　(4) 全新统 (Q_4)：主要分布于大同盆地地表和边山，以及基岩山地地区的沟谷中，通常多组成现代河流的河床、漫滩及 I 级阶地堆积，另外在基岩山地中的某些低缓梁坡地带，有时可见零星分布。

由上述第四纪地层结构和基底构造格局可概化出大同盆地第四系结构模型，如图 1.5 所示，且具有以下特征：

（1）第四系继承了新近系沉积格局，说明第四纪时期，大同盆地的地表仍处于开放的拉张环境，并具有继承性的沉降特点。

（2）大同盆地巨厚的粉质黏土夹砂层，为地面沉降的发生提供了有利的地层条件，又为地裂缝的发育提供了介质条件。

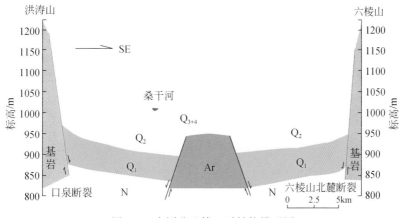

图 1.5　大同盆地第四系结构模型图

1.1.5　水文地质结构模型

盆地内松散层厚度一般数百米，在凹陷处松散层可达 $1000 \sim 1500m$。主要含水层埋藏深度在 $200m$ 以上，多为 $150m$ 以上，以中、上更新统洪积、冲积的砂砾石层为主。含水层类型包括洪积倾斜平原孔隙含水层、冲湖积平原孔隙含水层和河谷阶地孔隙含水层等不同地貌单元含水层。图 1.6 为大同盆地孔隙水系统剖面示意图。

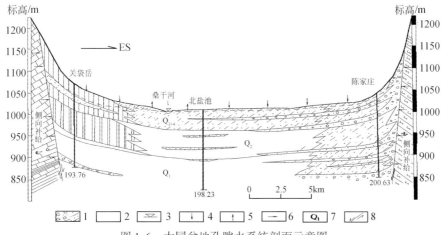

图 1.6　大同盆地孔隙水系统剖面示意图

1. 含水层；2. 弱透水层；3. 地下水位；4. 垂向补给；5. 垂向排泄；6. 侧向补给；7. 含水层时代；8. 断层

地下水的补给，总的来说来自降水入渗。大同盆地地下水运动规律，大体上受河系控制，桑干河及其支流几乎贯穿全境，大同盆地及周围山区地下水径流排泄方向与桑干河的地表水系状况基本一致。盆地松散层孔隙水的补给来源有两种，一为垂向补给；二为侧向补给。盆地内地下水总的运动趋势由洪积倾斜平原向盆地中心运动。盆地中部冲湖积平原地下水，主要接受大气降水垂直入渗补给，部分为侧向洪积倾斜平原地下水径流补给，有些地带地表水体（包括河、渠）和灌溉回渗补给占一定比例。

根据对大同盆地孔隙水含水层结构和地下水补径排特征的分析，可以概化出大同盆地水文地质结构模型，如图 1.7 所示，且具有如下特征：

（1）大同盆地主要含水层埋藏以中、上更新统洪积、冲积的砂砾石层为主，划分为包气带水、潜水和承压水。

（2）大同盆地松散层孔隙水补给主要来自大气降水的入渗和山丘区的地下径流。

（3）盆地内地下水总的运动趋势由洪积倾斜平原向盆地中心运动。

（4）超采地下水形成降落漏斗，导致地面沉降，在地面沉降边缘容易产生地裂缝。

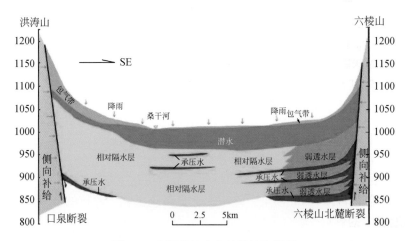

图 1.7　大同盆地水文地质结构模型

1.1.6　活动构造模型–断层活动

本区活动构造极为发育，有北东（北东东）向、北北东向、北西向、近南北向和近东西向几组，其中控制盆地发育的为北东（北东东）向和北北东向两组，这两组活动断裂的规模最大，主要是盆地西缘的口泉断裂、盆地南缘的恒山断裂和六棱山断裂，以及盆地北缘的阳高–天镇断裂等（图 1.8）。

大同盆地活动断裂具有如下特征：

（1）北东向活动断裂为张性倾滑正断层，断裂两侧差异升降运动明显；断裂的分段性特征明显。个别断裂具有一定的右旋走滑分量。

（2）北北东向活动断裂为右旋剪切断裂，其中恒山北麓活动断裂有明显分段性，该组断裂全新世以来活动性有所加强。

图 1.8　大同盆地活动断裂分布图

F_1. 口泉活动断裂；F_2. 黄花梁–马铺山活动断裂；F_3. 黄花梁–山自皂断裂；F_4. 六棱山北麓断裂；F_5. 恒山北麓活动断裂；F_6. 阳高–天镇活动断裂；F_7. 陈庄–许堡活动断裂；F_8. 桑干河活动断裂；F_9. 秋林–金山活动断裂；F_{10}. 寺儿梁活动断裂；F_{11}. 洪涛山南麓断裂；F_{12}. 马邑口–卢子坝活动断裂；F_{13}. 小石口活动断裂；F_{14}. 管涔山东麓断裂；F_{15}. 六棱山西麓断裂

（3）近东西向断裂主要是洪涛山南麓断裂，属于左旋走滑正断层，为盆地内横向构造的控制断裂，在盆地中不很发育，规模较小。

（4）活动断裂的活动期次性明显，这反映出区内受到多期构造运动的影响。从断裂活动速率来看，全新世以来断裂活动有所增强。

断裂对地裂缝的形成与发展具有控制作用，因此，当断裂活动时，在它影响的范围内，有可能复活老地裂缝，扩展现有地裂缝，生成新地裂缝。

1.1.7　地震活动

据史料记载，大同盆地历史上没有发生过 7 级以上地震，地震活动以 5.0~6.0 级中强地震为主。公元 1000 年以来共记载 5 级以上地震 17 次（含蔚广盆地），其中 6.0~7.0 级地震 6 次，5.0~6.0 级地震 11 次，地震活动水平在山西断陷带各断陷盆地中居中等水平。1989 年大同—阳高 6.1 级地震及其随后发生的 1991 年的 5.8 级、1998 年的 5.6 级地震都是大同盆地中强地震的延续。

1.1.8　构造应力场

新生代喜马拉雅运动时期（古近纪以后），大同盆地的区域应力场方向发生了大幅度的转向，由原来（燕山期）的北西–南东向挤压转变成了以北西–南东向拉张为主的应力场。随之原来的挤压隆起剥蚀区逐渐演变成现今的北北东—北东东向断陷盆地，盆地边缘的控制断裂，如口泉断裂、水峪断裂及马铺山西断裂等由前期的逆冲运动演变成新生代以来的正断层伸展运动。从而显示出北西向拉张区域构造应力场的基本特征。

从邻近的浑源、灵丘及张家口等地的实测地应力资料来看，大同盆地现今区域应力场主压力方向为北东—北东东向，平均为 NE56°。通过不同应力的解释和综合对比，大同盆地的构造应力场以北西—北北西向的近水平拉张作用为主。在这种应力场作用下，大同盆地容易出现与主压应力平行的拉张裂缝。

1.2　太原盆地地裂缝地面沉降形成的地质背景

太原盆地位于山西省中部，地貌格局完全受活动断层控制，是一北东-南西走向的斜长形盆地（图 1.9），面积约 4000km²。盆地四周均为丘陵和山区环绕。东部山区属太行山系，西部山区属吕梁山系。盆地总体呈北东向展布，位于 111°35′ ~ 112°59′E，36°50′ ~ 38°15′N，包括太原地区的阳曲县、太原市、清徐县，晋中地区的榆次市、太谷县、祁县、平遥、介休，吕梁地区的交城、文水、汾阳、孝义等 13 个县（市）。

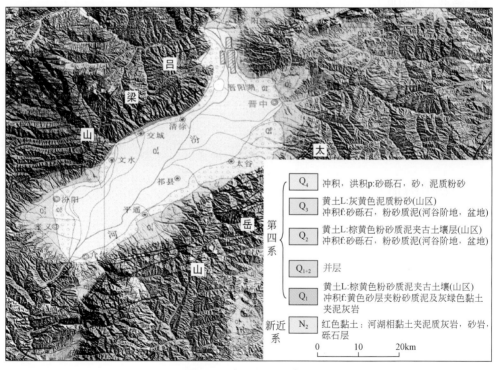

图 1.9　太原盆地地貌图

1.2.1　区域构造演化背景

太原盆地是山西陆台新生代断陷带中的大型断陷盆地之一，位于陆台与汾渭断陷带的中部。在中生代燕山运动时期（大致在晚侏罗世前后），库拉－太平洋板块向亚洲大陆俯冲，山西地块在强烈的北西－南东向挤压应力场中，受中部离石－阳泉纬向构造带的影响，形成了北部以北东向复背斜为主、南部以北北东向复向斜为主的构造格局。直到古近纪菲律宾板块产生北西西向俯冲，燕山期运动才告终止。

喜马拉雅运动以来，印度板块北移与欧亚板块碰撞，并继续向北推移，区域应力场也发生了反向变化，由燕山期反扭为主，转变为以顺扭为主。在这一时期，太原盆地边缘的铲式断裂往往与中生代推覆断层相伴生，以致切割部分推覆体，或沿原中生代压性断裂产生引张，形成张剪性断层。太原盆地是叠加于中生代构造背景上的新生代断陷盆地。至此，盆地的雏形已基本形成。到古近纪末期，喜马拉雅运动开始较强活动，区域应力场也发生了反向变化，原来的一些北东向、北北东向及北东东向等主要断裂被追踪利用并发生张性或扭张性转化。到新近纪初，南北向顺扭骤然加强，从而诱导出强大的北西－南东向拉张应力，使北东向、北北东向和北东东向三组断裂进一步追踪拉张，沿着这些断裂发生了断块的陷落，并由此开始了晚新生代沉积，从而进入了太原断陷成熟发展时期。断陷在自己的发展过程中大体经历了上新世充填超覆和第四纪披盖两个阶段。上新世时期，在以拉张应力为主的应力作用下，断陷不断沉降。上新世之后本区发生了强烈的构造运动，上新世的湖盆已基本衰亡，晋中群地层也遭受不同程度的剥蚀。第四纪时，断陷开始了全面沉降，于是汾河群披盖了太原断陷的一切凸起和断陷，早更新世太原市以南的太原盆地其上沉陷为湖，接受了厚200~300m的湖相沉积，更新世初期地壳上升，汾河切穿了湖盆开始以河流冲积和边山洪积物、汾河阶地的沉积，直至全新世形成了太原断陷盆地的现今地貌状态。

1.2.2　深部构造模型

太原盆地区域重力场以负异常为主，异常等值线走向为北北东向，与盆地长轴大体一致，盆地内异常变化在 $-105 \times 10^{-5} \sim -155 \times 10^{-5} \mathrm{m/s^2}$，盆地内出现自形封闭的负异常区。太原盆地莫霍面总体走向北北东，盆地是莫霍面隆起带，隆起幅度达到2~4km，反映太原盆地上地幔上隆，导致盆地新生代东西开裂的构造格局。

由上述深部构造特征可以看出，太原盆地的深部构造格局可概化为上地幔上隆、中地壳流展、上地壳拉张的模型，如图1.10所示。

由于上地幔隆起，导致中地壳低速－高导层的水平流展，诱发了上地壳伸展并沿着破裂面拉张开裂，形成了盆地边缘铲式正断裂（如交城断裂），为基底构造的拉伸破裂奠定了基础，同时在浅地表产生了附加的水平拉张应力，为地裂缝的形成提供了区域拉张环境。

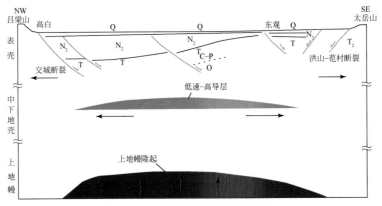

图 1.10　太原盆地深部构造模型

1.2.3　基底构造模型

　　太原断陷盆地各部分有着不同的构造发展历史和沉积建造特征。根据基础层起伏及新生界地层发育的差异，原山西省石油队将太原断陷南部划分为五个二级构造单元。即东部断阶、西部断阶、太原凸起、祁县凸起、交城凹陷，如图 1.11 所示。祁县凸起又可进一步划分为太谷断凸、平遥-候城断凹两个三级构造单元；交城凹陷可进一步划分为南白鼻状次凸起、香乐次凸起、西河堡断阶、清徐断凹。凸起和断阶是在太原断陷构造发展过程中沉降较慢或相对隆起的部分。

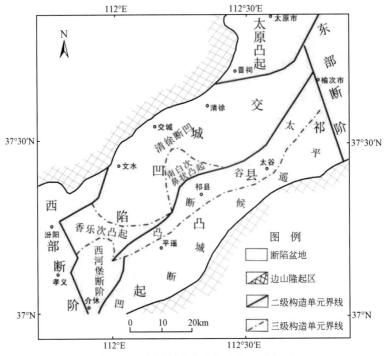

图 1.11　太原断陷盆地构造分区示意图

由上述分析可见,太原盆地基底起伏明显,伸展断裂发育,断块分割明显,隆起凹陷相间,表现出拉张应力作用下的断裂伸展活动、断块掀斜下陷成盆的伸展构造特征,因此,太原盆地的基底为基底伸展、断块掀斜的构造模型(图 1.12),有利于地裂缝的生成。

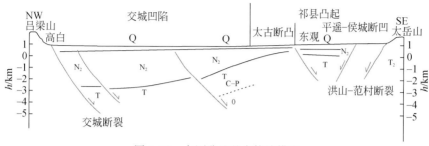

图 1.12   太原盆地基底构造模型

1.2.4   第四系结构模型

太原断陷盆地是山西省中部一个大型新生代断陷盆地,盆地呈北东向展布,内部沉积有巨厚的新生界地层。盆地内新生代沉积层厚度一般为 1000～2000m,最厚达 3800m。与地裂缝密切相关的第四系地层如图 1.13 所示。

系	统	组	符号	柱状图	厚度/m	岩性描述
第四系	全新统		Q_4		10～30	冲积层:灰黄色-灰褐色的粉土、砂类土、砂层、砂砾层及砾石层组成 洪积层:砾石、砂砾石、砂层与粉土及砂类土混杂,偶夹粉质黏土层或透镜体
	上更新统	峙峪组	Q_{3s}		10～40	上部一般为灰黄色、灰褐色粉土或砂类土,夹1～2层灰黑色黑垆土型古土壤;下部一般为灰色、灰白色、灰褐色砂层、粉土互层,底部多为砂砾石或砾石层
		马兰组	Q_3 Q_{3m}		5～10	灰黄色粉土组成,质地均匀,疏松易碎
		丁村组	Q_{3d}		10～30	砂砾石层与灰色、灰黄色、灰白色砂层及粉土呈互层状,底部一般为砾石层
	中更新统	离石组	Q_{2l}		10～30	灰黄色、棕黄色或浅红色粉土及粉质黏土
	下更新统	泥河湾组	Q_{1n}		60～140	浅黄色、灰黄色及灰褐色砂层和砂砾石为主,夹少量棕黄色、灰黄色、灰紫色粉砂、粉质黏土薄层

图 1.13   太原盆地第四系地层柱状图

太原盆地第四系结构模型如图 1.14 所示，且具有以下特征：

（1）第四系继承了新近系沉积格局，说明第四纪时期，太原盆地的地表仍处于开放的拉张环境，并具有继承性的沉降特点，差异沉降造成了太原盆地巨厚的冲积、湖积及洪积层，它们具有明显的侧向及垂向不均一性。

（2）第四系中的主要断层均是基底断层的上延部分，并继承了基底断层的伸展活动，进而加剧了本区的断块分离活动和局部凹陷区的沉降。

（3）第四系中的中小规模断层，部分是基底断层的上延，部分仅发育在第四系土层中，但它们都处于伸展状态，进一步反映了本区第四纪以来一直处于拉张环境中，大、中、小不同规模的断层构成了第四系中多级伸展破裂系统。

（4）太原盆地巨厚的粉土、粉质黏土，为地面沉降的发生提供了有利的地层条件，其多级伸展破裂系统为地裂缝的形成提供了初始破裂条件及边界条件，又为地裂缝的发育提供了介质条件。

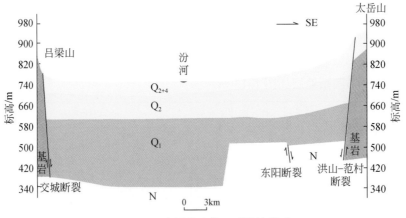

图 1.14　太原盆地第四系结构模型

1.2.5　水文地质结构模型

由于地裂缝的分布和成因主要与松散层孔隙水关系密切，本书将太原盆地内松散层孔隙水作为重要考虑对象，对基岩地下水的赋存条件不作叙述。

太原断陷盆地孔隙水是一个完整的地下水系统，它在形成演变和改造过程中主要受自然地理、地质环境和人为因素控制。

盆地内含水层根据含水介质性质、水力特性、空间分布和埋藏特征可大致分为四个含水岩组：①第四系全新统潜水含水岩组（0~50m）；②第四系中、上更新统承压含水岩组（50~200m）；③第四系下更新统湖积冲积层承压弱含水岩组（200~400m）；④新近系红土夹薄层砂砾石湖积承压弱含水岩组。图 1.15 为太原盆地孔隙水系统剖面示意图。

降雨入渗、河流入渗、渠道入渗及地表水、地下水灌溉回渗是太原盆地地下水的主要垂直补给来源，盆地四周山区侧向入渗补给为盆地内主要纵向补给来源。潜水蒸发、盆地下游侧排和开采为盆地内主要排泄项。

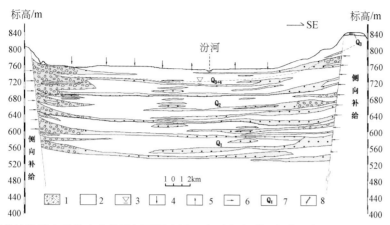

图 1.15　太原盆地孔隙水系统水文地质剖面概念图（山西省地质调查院、中国地质大学（武汉），2006）

1. 含水层；2. 弱透水层；3. 地下水位；4. 垂向补给；5. 垂向排泄；6. 侧向补给；7. 含水层时代；8. 断层

　　根据对盆地孔隙水含水层结构和地下水补径排特征的分析，可以概化出太原盆地水文地质结构模型，如图 1.16 所示，且具有如下特征：

　　（1）太原盆地浅层含水层主要为全新统和上更新统的冲洪积砂砾石和砂，中深层承压含水层为中、下更新统和上更新统的冲洪积层和湖积砂卵石，中、粗、细砂。

　　（2）太原盆地松散层孔隙水补给主要来自大气降水的入渗和山丘区的地下径流。

　　（3）盆地内地下水总的运动趋势由洪积倾斜平原向盆地中心运动。

　　（4）盆地内超采地下水，形成地下水降落漏斗，导致地面沉降，在地面沉降边缘容易产生地裂缝。

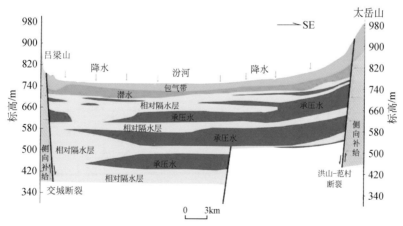

图 1.16　太原盆地水文地质结构模型

1.2.6　活动构造模型–断层活动

　　太原盆地活动断裂发育，它不仅控制了盆地的周边形状，而且还控制盆地的发育史。

本区活动断裂主要有交城断裂、洪山–范村断裂、东阳断裂、三泉断裂和榆次–北田断裂等，根据走向分为两组，即北东–北北东向和北北西向，各活动断裂分布如图 1.17 所示。

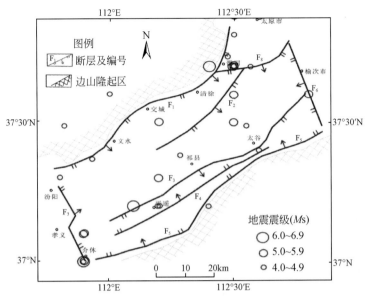

图 1.17　太原盆地构造简图

F_1. 交城断裂；F_2. 龙家营断裂；F_3. 东阳断裂；F_4. 平遥–太谷断裂；F_5. 洪山–范村断裂；F_6. 榆次–北田断裂；

F_7. 三泉断裂；F_8. 田庄断裂

太原盆地主要活动断裂见表 1.1。

表 1.1　太原盆地主要活动断裂简表

断裂名称	断裂产状			长度/km	构造意义	分布及分段性	活动时代	历史地震震级
	走向	倾向	倾角					
交城断裂	NE55°	SE	高角度	180	太原盆地西北侧边界的主干断裂	纷扬—杏花村—交城—小峪口	Q_4	6 1/2
龙家营断裂	NE30°	SE	47°～75°	60			Q_1	
祁县断裂(东阳断裂)	NE54°	SE	50°～60°	85	侯城-平遥陷凹西北边界	净化—祁县—东阳	Q_4	
平遥–太谷断裂	NE55°	NW	70°		侯城-平遥陷凹东南边界	平遥—介休	Q_4	
洪山–范村断裂	NE52°	NW	65°～80°	100	盆地东南侧边界的主干断裂	范村–峪口–洪山–静升	Q_4	6 1/2
田庄断裂	EW–NE	SE	高角度	35			Q_2	

断裂名称	断裂产状			长度/km	构造意义	分布及分段性	活动时代	历史地震震级
	走向	倾向	倾角					
榆次-北田断裂	NNW	SW	高角度	34	太原盆地东北边界断裂	榆次同蒲与石太线的交汇带	Q₄	
三泉断裂	NNW	NE	高角度		太原盆地西南边界断裂	与南侧的灵石台地接壤		

断裂对地裂缝的形成与发展具有控制作用，因此，当断裂活动时，在它影响的范围内，有可能复活老地裂缝，扩展现有地裂缝，生成新地裂缝。

1.2.7　地震活动

太原盆地及其周边地震历史记载较早，从公元 712 年以来，记录大于 5 级破坏性地震 16 次，其中大于 6 级地震 3 次，5~5.9 级地震 13 次，最大地震为 1614 年平遥附近的 6.5 级地震；1971 年以来，共发生 4~4.9 级地震 10 次，地震主要分布在盆地内或其边缘。总体上，太原盆地地震强度中等。

1.2.8　构造应力场

太原盆地的震源机制资料表明：主压应力方位为 50°~65°，仰角变化在 40°~45°；主张应力方位在 310°~334°，仰角变化在 10°~20°。应力场以北西—北北西向的水平拉张作用为主。GPS 监测资料结果与震源机制解资料得出的构造应力场一致，均表明太原盆地处在以北西—北北西向水平拉张作用为主的构造应力场中。在这种应力场作用下，太原盆地容易出现与主压应力平行的拉张裂缝。

1.3　临汾盆地地裂缝地面沉降形成的地质背景

临汾断陷盆地大地坐标为 110°27′27″~112°20′01″E，35°18′13″~36°58′47″N，面积 6284km²。盆地北起灵石县南关，南部为紫金山-峨眉台地，西北部由吕梁山环绕，东北部为太岳（霍山）所隔，东南部为中条山，宏观形态以北北东（汾阳岭北部）—北东东（汾阳岭南部）向呈"┚"型展布，如图 1.18 所示。

1.3.1　区域构造演化背景

临汾断陷盆地是山西陆台上受不同构造运动时期、特别是燕山期和喜马拉雅期多次区域构造运动，于新生代断陷带中的大型断陷盆地之一，位于陆台及汾渭断陷带的中南部，亦即汾河陆槽南端。在中生代燕山运动时期（大约在晚侏罗世前后），由于库拉-太平洋

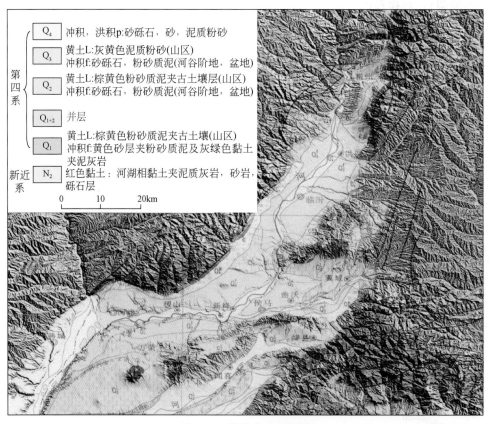

图 1.18　临汾盆地地貌图

板块向欧亚板块的俯冲，山西地块在强烈的北西-南东向挤压应力场中，产生了走向以北北东向为主，形态呈雁行排列的复背斜与复向斜交替出现的构造景观，在隆起地带中主体复背斜翼部，往往伴生压性逆冲断裂构造带。由此，奠定了山西陆台上各个大的构造单元的基础格架。燕山运动时期，研究区地壳处于整体抬升并经受剥蚀，故缺失侏罗纪、白垩纪及古近纪古新世地层。

在喜马拉雅运动直到新近纪中新世，研究区地壳处于缓隆剥蚀阶段，由此缺失始新世、渐新世及中新世地层。中新世晚期，印度板块北移与欧亚板块碰撞，并继续向北推移，区域应力场发生了反向变化，山西陆台在强大的北西-南东向拉张应力场中，前燕山期以反扭为主，挤压形成的逆冲断裂带转变为以顺扭为主张性正断裂，山西地堑边缘，临汾盆地边缘铲式断裂同时形成，并沿这些断裂发生了断块的陷落，至此，盆地的雏形基本形成。

中生代及新生代以来，临汾断陷盆地形成的主要断裂构造为：①盆地边缘大断裂，包括吕梁山东侧断裂带及霍山与中条山西侧断裂带。②盆地内界限性断裂，分别为峨眉台地北缘-紫金山断裂、塔儿山-汾阳岭南北两侧断裂、魏村-苏堡南北两侧断裂及南沟-万安西断裂带。③盆地内较重要的断裂，在临汾断陷盆地小区，分布有什林断裂、团柏断裂带、赤峪-南沟断裂带、洪洞地堑断裂（包括赵城-万安东断裂、侯村-新庄断裂及圣王-洪洞断裂）、临汾地堑断裂（包括吴村-金殿断裂、甘亭-襄汾断裂、淹底-东亢断裂及大阳–里村断裂）；在侯马断陷盆地小区，分布有汾河两侧横向断裂（稷山–曲沃断裂与蔡村–西柳泉断裂）、绵山–史村隆起带两侧断裂、九原山–阳王隆起带两侧断裂及黄村以西阶梯断裂。

　　晚新生代以来，临汾断陷盆地整体以沉降形式为主，接受了从新近纪上新世—第四纪各个时期不同地貌单元不同厚度的沉积地层。其沉积相、沉积厚度在宏观上始终受基底构造相对升降的控制。至此，形成了如今盆地的地貌景观。

1.3.2　深部构造模型

　　在临汾断陷盆地内的临汾块体和洪洞块体各有一条大地电磁深剖面（图 1.19）。分析临汾断陷电性结构剖面，可以总结出以下特征：铲式断裂下伏软流圈上涌约 30km，低速高导软弱层上翘约 20km，盆地沉降约 2km，这说明深部软流圈上涌–造山带隆升–断陷盆地沉降呈近似线性调整关系。

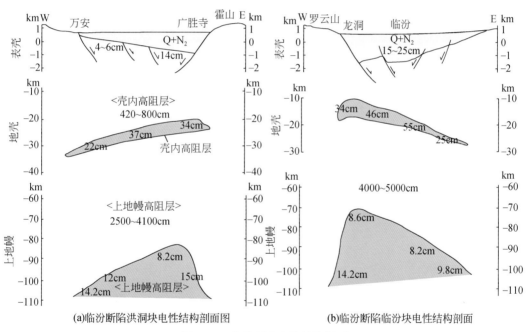

(a)临汾断陷洪洞块电性结构剖面图　　　　　　(b)临汾断陷临汾块电性结构剖面

图 1.19　临汾断陷电性结构剖面

　　通过人工地震测深和重力资料反演得到临汾盆地地壳莫霍面深度等值线图可以看出，临汾盆地莫霍面总体走向北北东，盆地是莫霍面隆起带，隆起幅度达到 2～3km，反映临汾盆地上地幔上隆，导致盆地新生代东西开裂的构造格局。

　　由上述深部构造特征可以看出，临汾盆地的深部构造格局可概化为上地幔上隆，中地壳流展、上地壳拉张的模型，如图 1.20 所示。

　　由于上地幔隆起，导致中地壳低速–高导层的水平流展，诱发了上地壳伸展并沿着破裂面拉张开裂，形成了盆地边缘铲式正断裂（如罗云山断裂），为基底构造的拉伸破裂奠定了基础，同时在浅地表产生了附加的水平拉张应力，为地裂缝的形成提供了区域拉张环境。

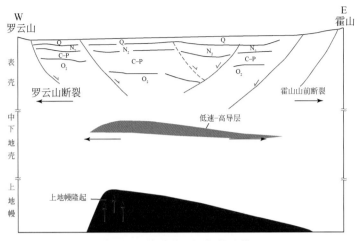

图 1.20 临汾盆地深部构造模型

1.3.3 基底构造模型

中生代燕山期强烈的区域构造运动，形成了山西陆台中的汾渭地堑。受不同时期多次的构造运动影响，汾渭地堑中南部的临汾断陷盆地内部又形成了一系列较次级、次级的地垒（台地、丘陵）和凹陷。根据区内构造特征与形成的地貌特征，将区内不同的构造、地貌单元划分如图 1.21 所示。

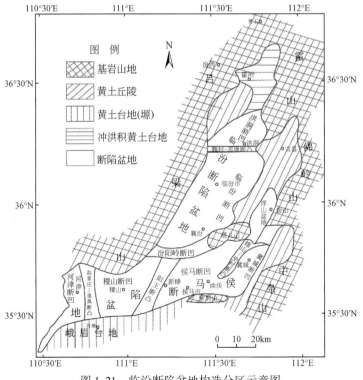

图 1.21 临汾断陷盆地构造分区示意图

　　临汾盆地基底起伏明显，伸展断裂发育，断块分割明显，隆起凹陷相间，表现出拉张应力作用下的断裂伸展活动、断块掀斜下陷成盆的伸展构造特征，因此，临汾盆地的基底为基底伸展、断块掀斜的构造模型（图1.22），有利于地裂缝的生成。

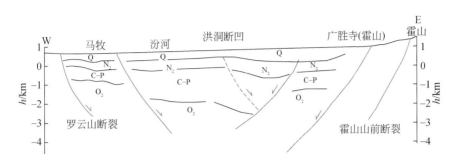

图 1.22　临汾盆地基底构造模型

1.3.4　第四系结构模型

　　本区第四系（Q）广泛分布，尤其在盆地中部堆积最厚，可达490m以上，成因类型多样，岩性较为复杂，各层出露齐全。其中冲积物、湖积物沿河流两岸呈条带状展布，而洪积、洪坡积物则多分布在盆地四周及低山区、构造山前倾斜平原、黄土丘陵及黄土台塬区。新生代以来，地壳频繁活动的结果，并在外力地质作用下，在临汾拗陷盆地堆积了厚薄不一、粗细不均的松散物质，而其中粗粒的砂砾石、粉细砂等则成了孔隙水赋存的有利场所。本系由下更新统、中更新统、上更新统及全新统组成。

　　由上述第四纪地层结构和基底构造格局可概化出临汾盆地第四系结构模型，如图1.23所示，且具有以下特征：

　　（1）第四系继承了新近系沉积格局，说明第四纪时期，临汾盆地的地表仍处于开放的拉张环境，并具有继承性的沉降特点，差异沉降造成了临汾盆地巨厚的冲积、湖积及洪积层，它们具有明显的侧向及垂向不均一性。

　　（2）第四系中的主要断层均是基底断层的上延部分，并继承了基底断层的伸展活动，进而加剧了本区的断块分离活动和局部凹陷区的沉降。

　　（3）第四系中的中小规模断层，部分是基底断层的上延，部分仅发育在第四系土层中，但它们都处于伸展状态，进一步反映了本区第四纪以来一直处于拉张环境中，大、中、小不同规模的断层构成了第四系中多级伸展破裂系统。

　　（4）临汾盆地巨厚的亚砂土、亚黏土夹砂层，为地面沉降的发生提供了有利的地层条件，其多级伸展破裂系统为地裂缝的形成提供了初始破裂条件及边界条件，又为地裂缝的发育提供了介质条件。

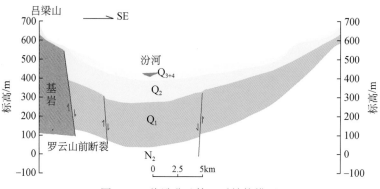

图 1.23　临汾盆地第四系结构模型

1.3.5　水文地质结构模型

　　临汾断陷盆地内以冲洪积平原为主。在长期的地质演化史中，东西两侧的基岩山区持续上升遭受剥蚀，在次级隆起及黄土丘陵台塬区，上降交替、侵蚀与堆积交替发生，在河谷盆地区持续下降接受堆积。地质作用不同所形成的地貌形态及含水层结构亦有所不同。

　　盆地地下水主要补给来源为大气降水，其径流方向与地表水基本一致，即从分水岭以内的山丘区向盆地运移，除人工开采外其余向下游方向排泄。据盆地中松散岩类孔隙水含水岩组的埋藏条件及水力特征，可将盆地松散岩类孔隙水划分为浅层水和中（深）层水。其补、径、排条件也有较大差异。临汾盆地河谷平原区，中更新统含水层是现在地下水开采的主要层位，超采该含水层位地下水时，出现地下水降落漏斗，含水地层失水压缩，导致降落漏斗区域出现地面沉降。

　　根据对盆地孔隙水含水层结构和地下水补径排特征的分析，可以概化出临汾盆地水文地质结构模型，如图 1.24 所示，且具有如下特征：

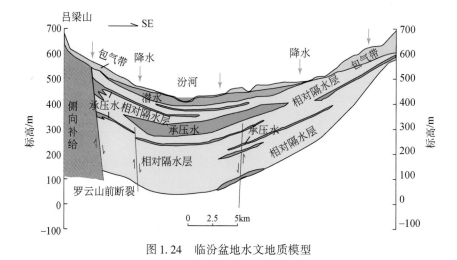

图 1.24　临汾盆地水文地质模型

　　（1）临汾盆地主要含水层以第四系冲洪积的亚砂土、砂砾石层为主，划分为包气带水、潜水和承压水。

（2）临汾盆地松散层孔隙水补给主要来自大气降水的入渗和山丘区的地下径流。

（3）盆地内地下水总的运动趋势由洪积倾斜平原向盆地中心运动。

（4）盆地内超采地下水，形成地下水降落漏斗，导致地面沉降，在地面沉降边缘容易产生地裂缝。

1.3.6 活动构造模型－断层活动

临汾盆地断裂十分发育，断裂走向以北北东向、北东向或近东西向为主，北西向次之，断裂性质以张性及张扭性居多，一些早期形成的压性断裂，通过新构造运动也多向张性转化。按断裂规模大小、性质等，本区断裂系统可分为三大类，即盆地边缘大断裂、盆地内界限性断裂及盆地内较重要断裂（图1.25）。断裂对地裂缝的形成与发展具有控制作用，因此，当断裂活动时，在它影响的范围内，有可能复活老地裂缝，扩展现有地裂缝，生成新地裂缝。

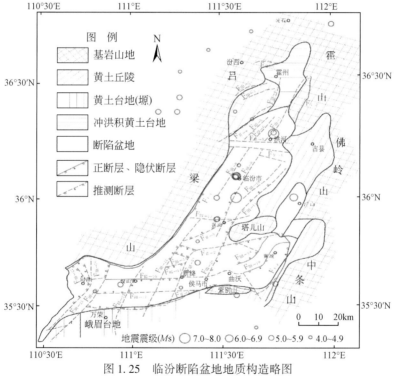

图1.25 临汾断陷盆地地质构造略图

F_{I-1}. 吕梁山前断裂；F_{I-2}. 霍山山前断裂；F_{I-3}. 中条山前断裂；F_{II-1}. 峨眉台地北缘－紫金山断裂；F_{II-2}. 塔儿山南缘断裂；F_{II-3}. 塔儿山北缘断裂；F_{II-4}. 魏村－苏堡横断裂；F_{II-5}. 洪洞横断裂；F_{II-6}. 南沟－万安西断裂；F_{III-1}. 什林断裂；F_{III-2}. 上团柏断裂；F_{III-3}. 下团柏断裂；F_{III-4}. 赤峪－南沟断裂；F_{III-5}. 赵城－万安东断裂；F_{III-6}. 侯村－新庄断裂；F_{III-7}. 圣王－洪洞断裂；F_{III-8}. 吴村－金殿断裂；F_{III-9}. 甘亭－襄汾断裂；F_{III-10}. 淹底－东亢断裂；F_{III-11}. 太阳－里村断裂；F_{III-12}. 古城－陶寺断裂；F_{III-13}. 九原山北侧断裂；F_{III-14}. 九原山南侧断裂；F_{III-15}. 南樊西断裂；F_{III-16}. 稷山－曲沃断裂；F_{III-17}. 蔡村－西柳泉断裂；F_{III-18}. 辛安－西海断裂；F_{III-19}. 王庄－南唐断裂；F_{III-20}. 高显－张村断裂；F_{III-21}. 赵康－阳王东断裂；F_{III-22}. 泽掌－清河东断裂；F_{III-23}. 西社－翟店断裂；F_{III-24}. 黄村－光华断裂；F_{III-25}. 西砲口－西梁断裂；F_{III-26}. 樊村断裂；F_{III-27}. 禹门口－河津断裂

1.3.7　地震活动

临汾盆地的地震活动，以强度大、频度高、破坏性严重为特色，自公元前 646 年到现在，临汾盆地及其周边有记录的 Ms5 级以上的破坏地震中，5.0～5.9 级 14 次、6.0～6.9 级 3 次、7.0～7.9 级 1 次（1695 年临汾）、8.0 级 1 次（1303 年洪洞）。最近 10 年临汾盆地区域内发生的较大地震有 2003 年洪洞 4.9 级地震，2010 年 1 月 24 日河津市、万荣县交界处 4.8 级地震。地震主要分布在临汾盆地内或其边缘，总体上，临汾盆地地震活动强烈。

地震发生的直接原因是新断裂的产生或老断裂的重新活动，因此地震活动的空间分布、活动方式、频度和强度往往反映了广大地区的构造活动程度和断裂活动规律。地震震中，即地震点一般大体上沿断裂带分布，但并不是均匀地分布在某一断裂带上，而是集中分布于一些特殊的构造部位。历史上发生过强震的地区，肯定存在大量的地震裂缝，由于年代久远，绝大多数地震裂缝已被填埋。

区内各类主要断裂及其他较主要的断裂要素详见表 1.2。

表 1.2　临汾盆地主要断裂统计表

编号	断裂名称	断裂要素						备注
		性质	长度/km	走向	倾向	倾角	断距/m	
F_{I-1}	吕梁山前断裂带	铲式正断层	近 200	NE—EW—NNE	SEE—SE	60°～40°	500～2000	盆地边缘断裂
F_{I-2}	霍山山前断裂带	铲式正断层	近 70	近 SN	W	70°～55°	500～1000	盆地边缘断裂
F_{I-3}	中条山前断裂带	铲式正断层	50	NE	NW	70°～55°	200～1000	盆地边缘断裂
F_{II-1}	峨眉台地北缘–紫金山断裂	正断层	85	NEE	N	55°～70°	200～1500	盆内界限性断裂
F_{II-2}	塔儿山南缘断裂	正断层	50	NEE	近 S	45°左右	>200	盆内界限性断裂
F_{II-3}	塔儿山北缘断裂	正断层	35	NE	NW	45°左右	100～200	盆内界限性断裂
F_{II-4}	魏村–苏堡横断裂	正断层	30	近 EW	S	45°左右	500～600	盆内界限性断裂
F_{II-5}	洪洞横断裂	正断层	30	近 EW	N	45°左右	300～500	盆内界限性断裂
F_{II-6}	南沟–万安西断裂	正断层	40	NE	SE	45°左右	100～600	盆内界限性断裂
F_{III-1}	什林断裂	正断层	20	EW	S/N	60°～70°	>200	盆内隐伏断裂
F_{III-2}	上团柏断裂	正断层	25	NE	SE	60°	105	盆内隐伏断裂
F_{III-3}	下团柏断裂	正断层	15	NE	SE	70°	260	盆内隐伏断裂
F_{III-4}	赤峪–南沟断裂	正断层	13	NNE	SEE	70°	100～350	盆内隐伏断裂
F_{III-5}	赵城–万安东断裂	正断层	16	NNE	SEE	45°左右	100	盆内隐伏断裂
F_{III-6}	侯村–新庄断裂	正断层	16	NNE	SEE	45°左右	100～500	盆内隐伏断裂
F_{III-7}	圣王–洪洞断裂	正断层	20	NNE	SEE	45°左右	100～200	盆内隐伏断裂
F_{III-8}	吴村–金殿断裂	正断层	30	NNE	SEE	45°左右	100 左右	盆内隐伏断裂

续表

编号	断裂名称	断裂要素						备注
		性质	长度/km	走向	倾向	倾角	断距/m	
F_{III-9}	甘亭–襄汾断裂	正断层	45	NNE	NWW	45°左右	150~900	盆内隐伏断裂
F_{III-10}	淹底–东亢断裂	正断层	25	NE	NW	45°左右	50~100	盆内隐伏断裂
F_{III-11}	大阳–里村断裂	正断层	50	NE	NW	60°~70°	50~100	盆内隐伏断裂
F_{III-12}	古城–陶寺断裂	正断层	22	EW	N	45°左右	100左右	盆内隐伏断裂
F_{III-13}	九原山北侧断裂	正断层	8	NW	NE		100左右	盆内隐伏断裂
F_{III-14}	九原山南侧断裂	正断层	9	NE	SE		100~300	盆内隐伏断裂
F_{III-15}	南樊西断裂	正断层	25	NW	SW	45°左右	150~200	盆内隐伏断裂
F_{III-16}	稷山–曲沃断裂	反向正断层	70	EW	S	45°左右	250左右	盆内隐伏断裂
F_{III-17}	蔡村–西柳泉断裂	反向正断层	50	EW	S	45°左右	250左右	盆内隐伏断裂
F_{III-18}	辛安–西海断裂	正断层	25	NNE	近NW	45°左右	200~400	盆内隐伏断裂
F_{III-19}	王庄–南唐断裂	正断层	28	NNE	近SE	45°左右	100~700	盆内隐伏断裂
F_{III-20}	高显–张村断裂	正断层	16	NNE	SEE	45°左右	100~700	盆内隐伏断裂
F_{III-21}	赵康–阳王东断裂	正断层	30	NNE	SEE	45°左右	200~600	盆内隐伏断裂
F_{III-22}	泽掌–清河东断裂	正断层	40	NNE	NWW	45°左右	>200	盆内隐伏断裂
F_{III-23}	西社–翟店断裂	正断层	25	NNE	SEE	45°左右	100~400	盆内隐伏断裂
F_{III-24}	黄村–光华断裂	正断层	40	NNE	NWW	45°左右	100~400	盆内隐伏断裂
F_{III-25}	西硠口–西梁断裂	正断层	40	NNE—NNW	NWW	45°左右	200~400	盆内隐伏断裂
F_{III-26}	樊村断裂	正断层	8	NNW	SWW	45°左右	80~100	盆内隐伏断裂
F_{III-27}	禹门口–河津断裂	正断层	10	NW	SW	45°左右	80~120	盆内隐伏断裂

1.3.8　构造应力场

临汾盆地主压应力方位为 50°~70°，仰角变化在 10°~52°；主张应力方位在 310°~340°，仰角变化在 5°~33°，应力场以北西—北北西向的水平拉张作用为主。临汾盆地地裂缝走向多为北东东向，与盆地主压应力方向一致，与盆地北西—北北西向的拉张应力场密切相关。在这种应力场作用下，临汾盆地容易出现与主压应力平行的拉张裂缝。

1.4　运城盆地地裂缝地面沉降形成的地质背景

运城盆地位于山西省南部，盆地北部为紫金山–峨眉台地，东、南两侧为中条山环绕，西隔黄河与渭河盆地相望（图 1.26）。运城盆地大地坐标 110°17′~111°36′E，35°32′~34°45′N，面积 4885km²，包括闻喜县、夏县、盐湖区、永济市、临猗县及万荣县、绛县部分地区。

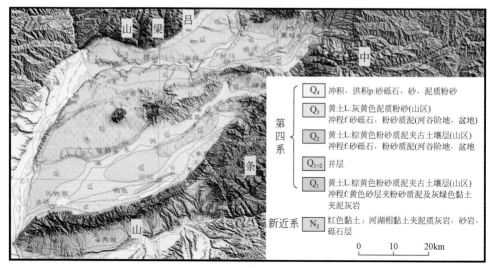

图1.26 运城盆地地质地貌图

1.4.1 区域构造演化背景

在燕山运动期末及喜马拉雅运动初期，在燕山期形成的构造格架基础上，受喜马拉雅运动的影响，盆地西南部断块产生大幅度陷落，盆地的雏形初步形成，在此开始接受了古近纪（E）及新近纪中新世（N_1）地层的沉积。中新世晚期，印度板块北移与欧亚板块碰撞，并继续向北推移，区域应力场发生了反向变化，山西陆台在强大的北西-南东向拉张应力场中，前燕山期以反扭为主，挤压形成的逆冲断裂带转变为以顺扭为主的张性正断裂，山西地垒边缘、运城断陷盆地（除中条山脉、紫金山）包括峨眉台地产生大范围、大幅度的断块陷落，盆地的雏形基本形成，开始大面积接受了新近纪上新世（N_2）及第四纪地层（Q）的沉积。

中生代及新生代以来，运城断陷盆地形成的主要断裂构造为：①盆地边缘断裂，包括中条山北麓断裂带及峨眉台地南缘-紫金山断裂；②盆地内部断裂，主要为蔡村-隘口断裂、鸣条岗两侧断裂及栲栳塬东南侧断裂；③黄河谷地东侧断裂。

新生代以来，运城断陷盆地整体以相对沉降的形式为主，但由于不同断块在不同时期沉降的速度、幅度有所差异，导致沉积了不同时代、不同厚度的地层，其沉积相、沉积厚度在宏观上始终受基底构造相对升降的控制。至此，形成了如今盆地的地貌景观。

1.4.2 深部构造模型

运城盆地区域重力场以负异常为主，异常等值线走向为北东向，与盆地长轴大体一致，盆地内异常变化在$-100 \times 10^{-5} \sim -125 \times 10^{-5} \mathrm{m/s^2}$，在运城周边区域出现自形封闭的负异常区。运城盆地莫霍面总体走向北东，盆地是莫霍面隆起带，隆起幅度达到2km，反映运城盆地上地幔上隆，导致盆地新生代北东-南西开裂的构造格局。

由上述深部构造特征可以看出，运城盆地的深部构造格局可概化为上地幔上隆、中地壳流展、上地壳拉张的模型，如图 1.27 所示。

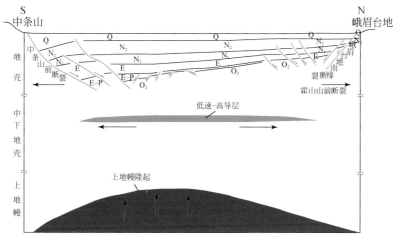

图 1.27 运城盆地深部构造模型

由于上地幔隆起，导致中地壳低速-高导层的水平流展，诱发了上地壳伸展并沿着破裂面拉张开裂，形成了盆地边缘铲式正断裂（如中条山前断裂），为基底构造的拉伸破裂奠定了基础，同时在浅地表产生了附加的水平拉张应力，为地裂缝的形成提供了区域拉张环境。

1.4.3　基底构造模型

从宏观上看，运城盆地分为三个大的构造地貌单元，东南部中条山断块隆起区、北部峨眉台地抬升区和中部盆地断块沉陷区——运城断陷盆地区。此外盆地西侧外围为黄河谷地堑区。各区边界均以断裂构造划分，如图 1.28 所示。

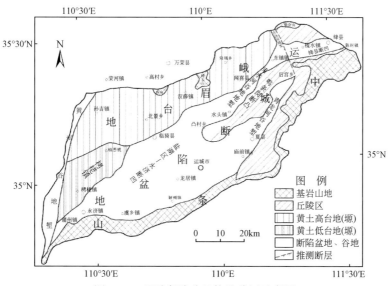

图 1.28 运城断陷盆地构造分区示意图

　　运城盆地呈北东走向,边缘铲式断裂对整个断陷盆地起控制作用,如中条山前断裂、峨眉台地南缘断裂。运城盆地内部还存在一些与盆地边缘活动断裂平行、垂直或斜交的隐伏断裂,如鸣条岗两侧断裂等,这些断裂将盆地底部基岩切割为多个断块,形成盆地内部许多次一级凸起与凹陷构造,如盐湖区-永济断凹、鸣条岗断凸、涑水河谷地堑、青龙河谷地堑等。

　　由上述分析可见,运城盆地基底起伏明显,伸展断裂发育,断块分割明显,隆起凹陷相间,表现出拉张应力作用下的断裂伸展活动、断块掀斜下陷成盆的伸展构造特征,因此,运城盆地的基底为基底伸展、断块掀斜的构造模型(图1.29),有利于地裂缝的生成。

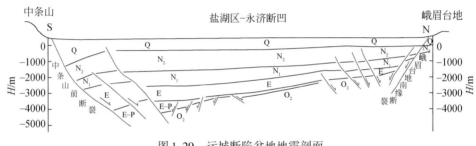

图1.29　运城断陷盆地地震剖面

1.4.4　第四系结构模型

　　本区第四系广泛分布,尤其在盆地中部堆积最厚,可达690m以上,成因类型多样,岩性较为复杂,各层出露齐全(图1.30)。

　　由上述基底构造格局和第四纪地层结构可概化出运城盆地第四系结构模型,如图1.31所示,且具有以下特征:

　　(1)第四系继承了新近系沉积格局,说明第四纪时期,运城盆地的地表仍处于开放的拉张环境,并具有继承性的沉降特点,差异沉降造成了太原盆地巨厚的冲积、湖积及洪积层,它们具有明显的侧向及垂向不均一性。

　　(2)第四系中的主要断层均是基底断层的上延部分,并继承了基底断层的伸展活动,进而加剧了本区的断块分离活动和局部凹陷区的沉降。

　　(3)第四系中的中小规模断层,部分是基底断层的上延,部分仅发育在第四系土层中,但它们都处于伸展状态,进一步反映了本区第四纪以来一直处于拉张环境中,大、中、小不同规模的断层构成了第四系中多级伸展破裂系统。

　　(4)运城盆地巨厚的亚砂土、亚黏土夹砂层,为地面沉降的发生提供了有利的地层条件,其多级伸展破裂系统为地裂缝的形成提供了初始破裂条件及边界条件,又为地裂缝的发育提供了介质条件。

系	统	符号	柱状图	厚度/m	岩性描述
第四系	全新统	Q_4		10~20	盆地中部以河流相沉积为主，岩性上部为浅黄色亚砂土、亚黏土和淤泥质灰黑色亚黏土，下部为浅黄色亚砂土、细砂
				5~15	盆地边山地区以洪积、坡积相堆积，岩性为亚砂土，局部为含土砂砾卵石
	上更新统	Q_3		20~40	盆地中部以河相、湖相沉积为主，岩性上部为浅黄色亚黏土、亚砂土和灰色、灰黑色淤泥质亚黏土，底部为粉细砂、砂砾石
				5~35	近山区以洪积、坡积相堆积物为主，岩性为浅黄色亚砂土、薄层亚黏土，底部或下部夹含土砂砾卵石
				5~25	台塬、丘陵沟壑区以风积、坡积沉积为主，岩性为浅黄色亚砂土、亚黏土地层(马兰黄土)
	中更新统	Q_2		82~220	盆地中部以湖相为主，河流相次之的砖灰色、褐黄色或灰黄色亚黏土、亚砂土夹砂层
				112~172	盆地边缘山前多为洪积、冲洪积相的含土砂砾卵石夹红黄色、灰黄色亚砂土、亚黏土
				56~186	台塬、丘陵沟壑区多为洪积、坡积相的褐黄色、红黄色亚砂土、亚黏土含钙质结核数层褐色或棕红色古土壤层，底部为薄层砂、局部含砂砾卵石(离石黄土)
	下更新统	Q_1		144~495	盆地中部沉积以湖积为主、河流相沉积次之的灰绿色、灰黑色、褐黄色、瓦蓝色黏土、亚黏土夹砂层(局部含小砾石)
				55~350	盆地边缘沉积以洪积相为主的棕黄色、灰黄色亚砂土、亚黏土夹含土砂砾卵石地层

图 1.30　运城盆地第四系地层柱状图

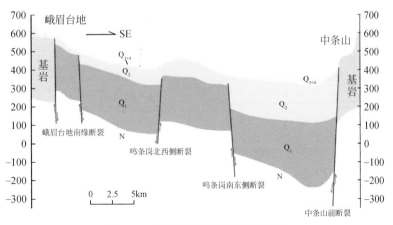

图 1.31　运城盆地第四系结构模型

1.4.5 水文地质结构模型

由于地裂缝的分布和成因主要与松散层孔隙水关系密切，本书将运城盆地内松散层孔隙水作为重要考虑对象，对基岩地下水的赋存条件不作叙述。

运城盆地三面环山，是一个比较典型的半封闭型盆地。本区地下水含水层结构严格受地质构造、地貌形态控制。由于各地区所受地质构造、古地理、水文等因素影响不一，成岩环境不同，因此在水平方向或垂直分带上含水层结构差异较大。地裂缝主要分布在鸣条岗和冲洪积平原，鸣条岗含水层结构如图 1.32 所示，冲湖积平原含水层结构如图 1.33 所示。

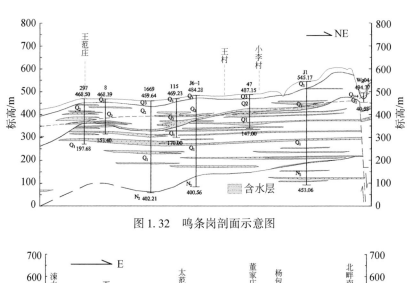

图 1.32 鸣条岗剖面示意图

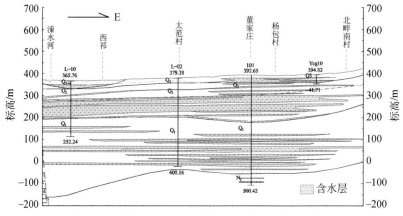

图 1.33 冲湖积平原（涑水盆地）东西向剖面示意图

松散岩类孔隙水的补径排特征如下：

（1）浅层潜水–微承压水含水岩组：盆地浅层含水岩组主要接受大气降水补给，中条山前基岩裂隙水侧向补给、地表水流、地表水体、灌溉水回渗补给及岗塬地区中更新统上部地下水的侧向补给。盐湖水面标高最低处 320m 左右，为本区汇水洼地，浅层地下水的主要排泄途径是蒸发和开采。

（2）中深层承压水含水岩组：中深层承压含水岩组在栲栳塬、凤凰塬、鸣条岗、黄土丘陵区等地区接受大气降水补给、灌溉回渗补给，在峨眉台塬地主要接受大气降水的垂直渗入补给，而补给方式以"海流缝"的特殊形式区别他区。本含水岩组主要排泄途径是开采，在盆地西部峨眉台塬和栲栳塬有少量地下水排向黄河。运城盆地冲湖积平原和湖积洼地区，上、中更新统和下更新统含水层是现在地下水开采的主要层位，超采该含水层位地下水时，出现地下水降落漏斗，含水地层失水压缩，导致降落漏斗区域出现地面沉降。

根据对运城盆地孔隙水含水层结构和地下水补径排特征的分析，可以概化出运城盆地水文地质结构模型，如图 1.34 所示，且具有如下特征：

（1）运城盆地主要含水层以第四系冲洪积的亚砂土、砂砾石层为主，划分为包气带水、潜水和承压水。

（2）运城盆地松散层孔隙水补给主要来自大气降水的入渗和山丘区的地下径流。

（3）盆地内地下水总的运动趋势由洪积倾斜平原向盆地中心运动。

（4）盆地内超采地下水，形成地下水降落漏斗，导致地面沉降，在地面沉降边缘容易产生地裂缝。

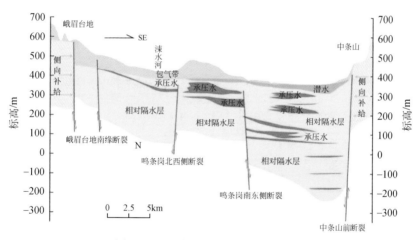

图 1.34　运城盆地水文地质结构模型

1.4.6　活动构造模型–断层活动

断裂是运城断陷盆地构造运动的主要形式，从宏观上来看，主要发育了南侧中条山前大断裂及北侧峨眉台地南缘–紫金山南侧的断裂，该断裂不同程度地构成了盆地边缘的构造格架，它不仅控制着断陷盆地的沉积建造，而且基本上控制了运城断陷盆地的边界及内部次级构造单元的轮廓。伴随上述两大断裂活动的同时或延续，地堑内部产生了次一级的隆起和断陷，地貌上隆起断块崛起构成岗地、低态塬，陷落断块形成盆地平原区，形成如今的构造格局。区内断裂构造较发育，断裂走向以北北东向、北东向为主，北西向次之，断裂性质以张性及张扭性居多，一些早期形成的压性断裂，通过新构造运动也多向张性转化。按断裂规模大小、性质等，本区断裂系统可分为三大类，即盆地边缘大断裂、盆地内界限性断裂及盆地内较重要断裂，如图 1.35 所示。

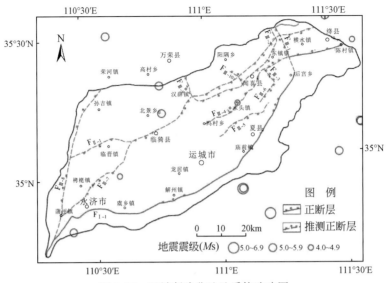

图 1.35　运城断陷盆地地质构造略图

F$_{I-1}$. 中条山前断裂带；F$_{II-1}$. 峨眉台地南缘–紫金山南侧断裂；F$_{III-1}$. 蔡村–隘口断裂；F$_{III-2}$. 文典–卫家庄断裂；F$_{III-3}$. 沙渠河断裂；F$_{III-4}$. 鸣条岗西北侧断裂；F$_{III-5}$. 鸣条岗东南侧断裂；F$_{III-6}$. 闻喜大泽–小泽断裂；F$_{III-7}$. 栲栳塬断裂；F$_{III-8}$. 黄河谷地东侧断裂；F$_{III-9}$. 三路里–汉薛断裂；F$_{III-10}$. 神柏–龙到头断裂

区内各类主要、较主要断裂要素详见表 1.3。

表 1.3　运城盆地主要断裂统计表

编号	断裂名称	性质	长度/km	走向	倾向	倾角	断距/m	断裂活动时代	备注
F$_{I-1}$	中条山前断裂带	铲式正断层	区内 180	NEE—NE	NNW—NW	70°~55°	1000~5000	E$_3$→Q$_4$	盆地边缘断裂
F$_{II-1}$	峨眉台地南缘–紫金山南侧断裂带	正断层	130	NEE—NE	SSE—SE	55°~70°	500~1000	E$_3$→Q$_4$	盆地界限性断裂
F$_{III-1}$	蔡村–隘口断裂	正断层	20	NW	SW	45°左右	100~300	南 N$_2$→Q$_1$ 北 N$_2$→Q$_4$	盆地内断裂
F$_{III-2}$	文典–卫家庄断裂	正断层	13	NW	NE		100~150		盆地内断裂
F$_{III-3}$	沙渠河断裂	正断层	7	NW	NE	45°左右	50 左右	N$_2$→Q$_1$	盆地内断裂
F$_{III-4}$	鸣条岗西北侧断裂	正断层	近 50	NE	NW	45°左右	150~200	N$_1$→Q$_3$	盆地内断裂
F$_{III-5}$	鸣条岗东南侧断裂	正断层	30	NE	SE	45°左右	150~200	N$_1$→Q$_3$	盆地内断裂

编号	断裂名称	性质	长度/km	走向	倾向	倾角	断距/m	断裂活动时代	备注
F_{III-6}	闻喜大泽–小泽断裂	正断层	10	NE	SE	45°左右	50 左右		盆地内断裂
F_{III-7}	栲栳塬断裂	正断层	45	NE	SE	45°左右	30~50	$E_3 \to Q_1$	盆地内断裂
F_{III-8}	黄河谷地东侧断裂	正断层	65	NNE	NWW	45°~52°	100~830	$E_3 \to Q_2$	盆地内断裂
F_{III-9}	三路里–汉薛断裂	正断层	13	NNW	SWW				盆地内断裂
F_{III-10}	神柏–龙到头断裂	正断层	8	NW	NE				

断裂对地裂缝的形成与发展具有控制作用,因此,当断裂活动时,在它影响的范围内,有可能复活老地裂缝,扩展现有地裂缝,生成新地裂缝。

1.4.7　地震活动

运城盆地的地震活动频度较高,自公元 1485 年到现在,有记录的 $Ms5$ 级以上的破坏地震中,5.0~5.9 级 10 次、6.0~6.9 级 2 次。地震主要分布在运城盆地内或其边缘,总体上,运城盆地地震活动较弱。

1.4.8　构造应力场

运城盆地主压应力方位为 30°~60°,仰角变化在 20°~50°;主张应力方位在 280°~340°,仰角变化在 30°~45°,应力场以北西向的水平拉张作用为主。运城盆地地裂缝走向以北东向为主,与盆地主压应力方向一致,与盆地北西向的拉张应力场密切相关。在这种应力场作用下,运城盆地容易出现与主压应力平行的拉张裂缝。

1.5　渭河盆地地裂缝地面沉降形成的地质背景

渭河盆地位于秦岭褶皱山地和鄂尔多斯台地之间(图 1.36),地势平坦,总体上西高东低,向东缓倾。自盆地中心向南侧山地,地形呈阶梯状隆升,依次为河流阶地、冲积平原、黄土台塬、山前冲洪积扇裙。渭河顺盆地中轴向东流入黄河,其南岸支流源于秦岭,流径短而平行密布;北岸支流较少,源于鄂尔多斯台地,源远流长。

渭河盆地地质构造复杂,新构造活动强烈,构造地貌的类型及分布较为复杂。根据构造–形态分类原则,考虑到构造地貌的继承性和新生性,并兼顾地貌形态的一致性,可将渭河盆地的构造地貌分为两大类九小类。断块构造地貌:断块山地、断块台塬、断块平原；断层线构造地貌：断层崖、断层峡谷、构造洼地、断层陡坎、断层河谷、断层线洪积扇。

图 1.36　渭河盆地 DEM 影像图

1.5.1　区域构造演化背景

该区构造格局复杂，曾经历了多期次的构造运动，其古构造演化的历程可概括如下：新太古代，本区属华北统一的古克拉通地块的一部分。古元古代，由于古克拉通地块发生深断裂作用而肢解，本区位于五台期三支辐射状裂谷系的三联点部位；经五台运动，又暂时与华北古陆连为一体，古元古代晚期，又转为拗陷海槽；中岳运动的变形变质再次与华北地块结成统一的构造基底；新元古代，本区再次成为三叉辐射状裂谷的一部分；新元古代末，又成为华北地块的统一组成部分。显然，太古代—元古代的漫长岁月里，本区有过四次拼合、三次开裂的演化历史。在开与合的过程中，渭河断裂和余下－铁炉子断裂已起到分割块体的作用（张国伟等，1988），这为以后的构造变形奠定了基础。

古生代的早、中期，本区为华北陆台的一部分。寒武纪、奥陶纪受到广泛的海侵，其中临潼－富平间寒武系—奥陶系地层总厚度达 700m，与北部韩城一带相比厚 300m，表明本区当时为相对拗陷区，这种初期拗陷格局为后期拗陷乃至盆地形成奠定了基础。古生代晚期，西安、泾阳一带以东的地区长期上升遭受剥蚀，以西的地区经历过短暂的上升和侵蚀之后，即强烈下沉发展成为拗陷槽，凤翔、麟游和乾县一带，沉积厚 3000m 的上奥陶统—志留系地层，并假整合于下奥陶统灰岩之上。整个古生代本区与华北地台一样，普遍接受海相沉积，并三次形成拗陷区，拗陷区两侧的控边断裂可能分别为北山南缘断裂和秦岭北缘断裂。

中生代早期，本区与鄂尔多斯块体连为一体，但在临潼－富平一带可能为局部相对陷落区，有厚约 950m 的中生代早期的沉积，印支运动在本区主要表现为强烈的上升。燕山运动是本区一次重要的变革运动，它可以分为三期五幕（聂宗笙，1985），本区北侧的鄂尔多斯盆地和南侧的秦岭山脉均为隆起上升区，且构造活动以秦岭为最活跃，介于二者之间的本区则表现出较强的构造活动，形成近东西向的挤压构造带，并有花岗岩侵入。因此近东西向的断裂此时均已形成，并表现为压扭性活动特征。骊山此时已开始隆起，形成一个特殊的构造单元，但仍和秦岭连在一起。这种构造格局，主要是由于晚三叠世联合古陆解体，欧亚板块顺时针旋转，太平洋板块向北北西运动，在中国东部形成巨大的剪切应力，渭河地区则派生出北北西—南南东向的挤压应力场。

在经历过前新生代六次"开裂"、七次"聚合"的发展历程后，本区已经发展成为根深蒂固的岩石圈软弱带。周期性的"开裂"与"聚合"作用所形成的断裂系，将本区分割成为一个四分天下的构造拼合体，从而为新生代以后本区的再度开裂和盆地的形成奠定了基础。新生代以后，在上地幔隆起和地壳的水平伸展拉伸背景下，先存的断裂系由逆冲转为反向倾滑，成为铲式伸展断裂，主伸展断裂的伸展滑脱作用导致岩石圈的顺层开裂，进而引起上地壳沿着主伸展断裂的滑脱而拉伸、减薄、下陷而成盆。

渭河盆地的形成演化经历了五个阶段：晚白垩世—古新世的地幔上隆、地壳减薄阶段；始新世时的拱张断陷，渭河断裂伸展初始成盆阶段；渐新世的铁炉子-余下断裂伸展扩盆阶段；新近纪时的近南北向引张，秦岭北缘断裂伸展成盆阶段；第四纪以来的继承性伸展活动阶段。其形成过程反映了该区大地构造、区域应力场及地形地貌的形成与演化，同时反映了各种动力作用的综合效应。

了解渭河盆地的形成机制，对我们从大陆动力学角度分析地裂缝的群发机理具有比较重要的意义。

1.5.2　深部构造模型

根据华北和本区地震测深剖面及分层结构，本区地壳一般可分为上、中、下地壳，底界为莫霍面。上地壳包括盖层及深、浅变质岩系并含大量的岩浆侵入体，主要为脆性体，起伏变化大，自上而下可分为新生界沉积层、古生界沉积层和前古生界变质岩层。可见本区地壳分层十分明显，地球物理界面很清楚。结晶基底是产生磁性异常的主因，重力异常则主要反映基底及上地幔的总体起伏变化，电阻率是新生界再分及推演基底顶面起伏的证据，地震波速参数则是地壳三分的主要根据。地壳的明显层状特征尤其是上地壳的分层，为上地壳铲形断层的发育和活动、层间滑脱和剪切变形提供了条件。

渭河盆地上地幔隆起明显，北侧鄂尔多斯地台地壳厚度大，为 42～43km；渭河盆地莫霍面显著上隆，最浅处为 32km，莫霍面和结晶基底呈镜像，秦岭山地莫霍面埋深 37km 左右。

渭河盆地下伏一显著低速体，西安市活断层探测深地震反射剖面则显示（图 1.37），地表诸多断裂均交汇在深 12～13km 的速度变化界面层上，该层速度较低，向下明显增大。图 1.38 还显示，在桩号 31～33km 可能存在莫霍面错断，沿着这个错动带，上地幔高密度热物质可能侵入到下地壳，为中上地壳高速低导层的热活动提供了热源。

由图 1.37 可以看出，剖面经过地区的中上地壳结构破碎，断裂构造非常发育，根据剖面浅部的反射波组特征和剖面下部的反射带性质，在剖面上共解释了 11 条特征明显的断裂，自南而北依次编号为 F1、F2、F3、…、F11。

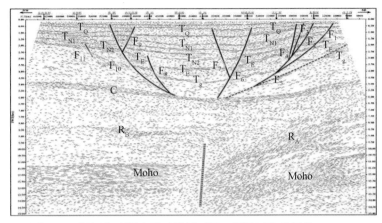

图 1.37　渭河盆地深地震反射剖面图（据陕西省地震局，2007）

在深地震反射剖面桩号 33~35km，壳幔过渡带反射明显要比其两侧的反射能量弱，且横向连续性差，莫霍面反射带似乎被间断，可能存在一个倾角陡立的深断裂，这条横向间断为上地幔高温物质的上涌和岩浆侵入提供了通道，岩浆侵入导致地壳的底侵作用，从而使壳幔过渡带表现为大振幅、强能量和一系列近水平分布的反射叠层，这一特征在深地震反射剖面桩号 33km 以北的剖面段上反映得非常清楚，因此它有着重要的深部活动构造意义。

由上述深部构造特征不难看出，渭河盆地的深部构造格局可概化为上地幔上隆、中下地壳流展、上地壳拉张的三层楼模型（图 1.38）。

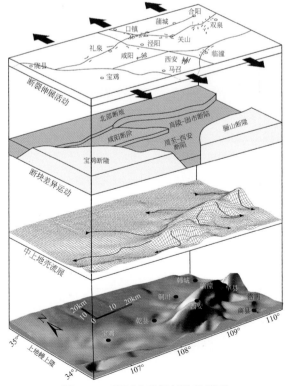

图 1.38　渭河盆地深部构造模型

1.5.3　基底构造模型

本节论述的基底构造既包括前新生代的基底构造，也包括新生代盖层结构构造。由于本区一直处于两种不同类型构造单元的交界处，经历了自元古代至中生代的漫长构造演化后，本区已发展成为根深蒂固的岩石圈软弱带，前新生代的古构造是一个四分天下的褶皱隆起拼合体：以渭河断裂为界，以北为古生代、中生代褶皱基底，即华北地台基底，以南为秦岭褶皱带基底；以临潼－长安断裂为界，其西段为加里东期褶皱基底，东段为前古生代褶皱基底，并叠加有北东向构造带的成分（图 1.39）。由此可见，渭河断裂带和临潼－长安断裂带是分割盆地基底的断裂。

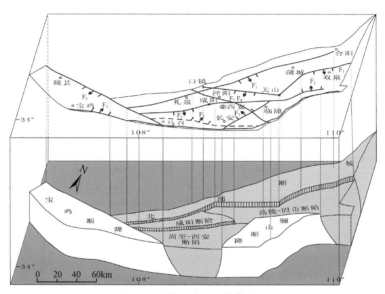

图 1.39　渭河盆地基底构造图

F_1. 礼泉－蒲城－合阳断裂；F_2. 渭河断裂；F_3. 铁炉子－余下断裂；F_4. 秦岭北缘断裂；F_5. 临潼－长安断裂；
F_6. 陇县－马召断裂；F_7. 泾河－浐河断裂；F_8. 口镇－关山断裂；F_9. 双泉－临猗断裂

渭河盆地新生代盖层结构的显著表现是，盆地被不同方向、不同规模的断裂分割成大小不等、结构不同的断块构造。这种断块基本上分为两种类型，一种是断隆（断阶、断坡），一种是断陷。断隆和断陷均以活动断裂为界，断隆和断陷又可进一步划分出一级断阶、断凸和断凹，它们之间多以活动断裂为界。彭建兵等（1992）将渭河盆地划分为六大结构区。

由上可见，渭河盆地基底（含盖层结构）较破碎，结构十分复杂，自北而南构造单元一分为三，北段为北山隆起，中段为渭河断陷盆地，南段为秦岭山地。北山隆起是鄂尔多斯地块的南缘部分，由相间的两凸及两凹组成。紧邻渭河盆地的是基底出露地表的凸起带，为一东西向狭窄的山地。渭河断陷盆地，自北而南分布有口镇南断阶、固市凹陷、咸阳凸起、西安凹陷、骊山凸起、灞河凹陷等次级构造单元。其中口镇南断阶呈菱形状，底阶面向南倾，南深北浅，基底埋深近 1km。固市凹陷形态明显，呈箕状，北深南浅，北侧埋深约 3.3km，南侧约 2.8km，1km 以上速度结构呈水平层状，以下呈北倾层状。秦岭褶皱山地又可分为秦岭隆起和商州–丹凤山间凹陷两个次级构造，其基底埋深均较浅，部分基底岩层出露在地表。

由以上分析可见，渭河盆地基底起伏明显，伸展断裂发育，断块分割明显，隆起凹陷相间，表现出拉张应力作用下的断裂伸展活动、断块掀斜下陷成盆的伸展构造特征。因此，渭河盆地的基底为基底伸展、断块掀斜的构造模型（图 1.40）。渭河盆地基底被众多伸展断层分割，断块发育，结构破碎，断块的掀斜活动和断层的伸展活动为地裂缝的形成提供了发育空间和应力条件。

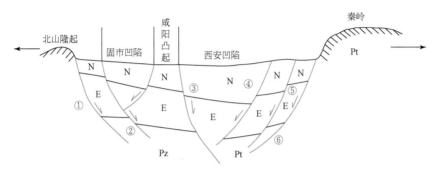

图 1.40　渭河盆地基底构造模型

①口镇–关山断裂；②礼泉–合阳断裂；③渭河断裂；④临潼–长安断裂；⑤铁炉子–余下断裂；⑥秦岭北缘断裂

1.5.4　第四系结构模型

本区第四系（Q）广布全区，岩性以黄土和砂砾卵石为主，成因类型复杂，以风积、冲洪积、湖积为主，另有冰水、坡积、滑塌堆积。第四系与下伏新近系呈不整合接触。由于原始地形崎岖不平，第四系沉积厚度差别极大，由西北向东南增厚。盆地沉积中心处的户县、固市等处，第四系厚度最大，一般为 700～800m，极者达 1300m。河谷区一般均大于 400m，黄土原区一般厚 100～300m 或小于 100m。

以西安地裂缝为例，西安地裂缝出露在第四纪黄土中，西安地区第四系结构模型可概化为继承性伸展的多级破裂模型（图 1.41），且具有如下特征：

（1）第四系继承了新近系沉积格局，说明第四纪时期，西安地区的地表仍处于开放的拉张环境，并具有继承性区域沉降特点，差异沉降造成了西安地区巨厚的冲积、湖积及洪积层，它们具有明显的横向及垂向不均一性。

（2）第四系中的主要断层均是基底断层的上延部分，并继承了基底断层的伸展活动，进而加剧了本区的断块分离活动和局部凹陷区的沉降。

（3）第四系中的中小规模断层，部分是基底断层的上延，部分仅发育在第四系土层中，但它们均呈伸展状态，进一步反映本区第四纪以来一直处于拉张环境中，大、中、小不同规模的断层构成了第四纪地层中的多级伸展破裂系统。

（4）本区第四系巨厚粉质黏土夹砂层为地面沉降的发生提供了有利的地层条件，其多

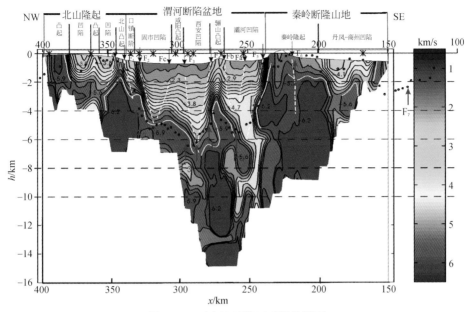

图 1.41 西安地区第四系结构模型

F₁. 口镇-关山断裂；F₂. 乾县-蒲城断裂；F₃. 渭河断裂；F₄. 临潼-长安断裂；F₅. 华山北侧断裂；F₆. 铁炉子断裂

级伸展破裂系统为地裂缝的形成提供了初始破裂条件及边界条件，广布和较厚的黄土层又为西安地裂缝的发育提供了介质条件。

1.5.5 水文地质结构模型

由于受地质地貌和气象水文等因素控制，不同地貌单元上地下水含水介质、赋存状况、埋藏条件等存在明显差异。

1. 含水层系统特征

渭河盆地地下水系统，地处渭河平原和秦岭北坡两大地貌单元（即平原区和山区）。平原区可分为孔隙潜水系统和孔隙承压水系统；山区则以基岩裂隙水系统为主，零星分布岩溶水系统。

2. 地下水循环特征

渭河盆地地下水的形成，取决于构造、地貌、地层结构和水文气象等自然条件的综合作用，并且在不同地带（平原及山区）及不同深度的地下水（潜水、承压水及裂隙水）中表现出各自独特的水循环特征。

对地裂缝而言，地裂缝的分布和成因主要与松散层孔隙水关系密切；当过量超采地下水时，会出现地下水降落漏斗，含水地层失水压缩，导致降落漏斗区域出现地面沉降，从而诱发地裂缝或加剧地裂缝的发展。

1.5.6　活动构造模型-断层活动

渭河盆地作为中国大陆典型的新生代裂陷盆地，现代地壳活动十分强烈。盆地内活断层纵横成网，相互切割，不仅控制了盆地的生成与发展，而且还决定了盆地的构造体制和地质灾害的分布规律。

渭河盆地活动断裂具有如下基本特征：

（1）渭河盆地活断层分为四大活动断裂系（图1.42），近东西向活动断裂系横贯盆地东西，为成盆和控盆的主伸展断裂系；盆地西部发育北西向活动断裂系，与六盘山活动带相连；盆地东部发育北东向活动断裂系和北北东向活动断裂系，与华北地区和山西断陷带的构造活动相和谐。

（2）空间分布上具有明显的分带性和分区性。

（3）时间演化上历史悠久，具显著的继承性和新生性。

（4）几何形态上以"Y"型组合和阶梯状为特征。

（5）活动方式上以强烈的垂直差异运动为主，但又具扭性特征，总体表现为伸展拉伸、掀斜倾滑和枢纽状运动。

（6）活动强度上具有明显的差异性。

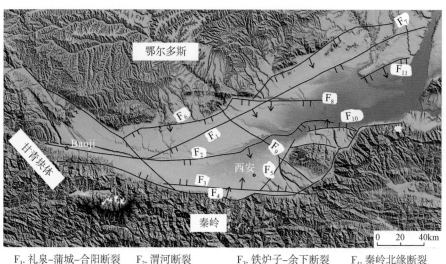

F_1. 礼泉-蒲城-合阳断裂　　F_2. 渭河断裂　　F_3. 铁炉子-余下断裂　　F_4. 秦岭北缘断裂

F_5. 临潼-长安断裂　　F_6. 岐山-乾县断裂　　F_7. 白水-合阳断裂　　F_8. 口镇-关山断裂

F_9. 泾河-浐河断裂　　F_{10}. 华山北缘断裂　　正断层

图1.42　渭河盆地活动断裂分布图

1.5.7　地震活动

渭河盆地有史以来发生了多次强烈地震,尤其是 1556 年华县 8 级大震,破坏强烈,灾情惨重。因此,识别地震的孕育和发生的地质构造条件,对研究地裂缝的发育分布规律有着直接的意义。渭河盆地长期以来处于两种不同类型构造单元的交界处,是构造上的不稳定区,前新生代的古构造是一个四分天下的褶皱隆起拼合体。新生代以来,这个古老的不稳定区在早期挤压隆起的背景下,沿中生代以前的挤压断裂带发生强烈的裂陷和断块分异运动。相对于北侧新生代以来缓慢上升的鄂尔多斯块体和南侧急剧抬升的秦岭块体,渭河盆地在强烈下沉,并且盆地沉陷深处,相邻块体隆起亦高,两者形影相伴,对照明显。沉积最厚的地段达 7000m,一般凹陷区也有 3000~5000m;而太白山古近纪形成的夷平面已抬升到海拔 3700m。因此,从新生代以来,渭河盆地地壳垂直运动幅度达 10000m,其差异之大,可与喜马拉雅隆起的幅度相比,是一个强烈活动的地区。渭河盆地地震震源深度一般为 12~20km,位于中地壳上部。该区深部有许多特殊条件,是浅层构造活动的制约因素。

渭河盆地既有易于活动的断层带存在,又有便于上、下岩层相对活动的水平界面存在,因此,存在活化的结构条件,是一个易于发生地震的地区。图 1.42 说明了断裂分布与地震发生位置关系,由该图可见,一些 6 级以上的强地震主要发生在大的边界断裂上。

总体来说,本区地震活动具有如下特点:①地震活动在时间上具有周期性。②地震活动在空间上具有分区分带性。③地震活动与地裂缝活动有一定同步性。

1.5.8　构造应力场

地裂缝是地表破裂的表现,应力作用是地表破裂的主要动力。渭河盆地现今应力状态可从震源机制解、地应力测量和 GPS 监测等资料分析得出。

本区最近震级较大的一次地震为 1998 年泾阳 4.8 级地震,表 1.4 给出了利用陕西测量台网的初动符号给出的该次地震的震源机制解,结合地震考察情况,Ⅰ 节面为断层面,P 轴方向与区域应力场方向基本一致,仰角接近水平(陕西地震局,2007)。

表 1.4　泾阳地震震源机制解 (据陕西省地震局,2007)

节面	Ⅰ节面	Ⅱ节面	应力轴	P 轴	N 轴	T 轴
走向	89	162	方位	222	328	115
倾向	45	73	仰角	16	40	44

陕西省地质矿产勘查开发局曾在西安、蒲城、富平、泾阳、周至、华县等处基岩中,采用压磁法进行了地应力实测,每个钻孔按照不同方向均取得 8 个或 8 个以上的有效记录应力值数据,采用最小二乘法,计算出各类孔的水平主应力的大小和方向,得出该区地应

力方向。实测结果表明,平面应力场最大主应力均为压性,分布在 14.8°～71.9°,且以 NE50°～70°为主。现今构造应力场强度平均值为 6.68MPa,应力强度具有南高北低、东高西低的特征,这与渭河盆地地震活动东强西弱,地裂缝活动也东强西弱的事实一致。在这种应力场的作用下,本区最易出现与主压应力平行的拉张裂缝。

第2章 大同盆地地裂缝

大同盆地地裂缝数量较汾渭盆地带的其他盆地数量较少，但大同市地裂缝最为密集，并且影响较为严重，大同盆地主要的地裂缝分布在大同市内，少量分布在应县和朔城区。

2.1 地裂缝区域分布规律

2.1.1 历史与现状概况

根据调查，目前大同盆地共发育 13 条地裂缝（表 2.1），地裂缝灾害造成的经济损失高达 6.4 亿，其中大同市发育有 11 条地裂缝，在朔州市应县下庄镇石庄村、朔州市朔城区大夫庄乡沙町村各发育 1 条地裂缝。

表 2.1 大同盆地地裂缝一览表

县（市）	统一编号	盆内编号	位置	地裂缝发育特征
大同	DT001	DT001	大同机车厂	1983 年发生，走向 52°～65°，倾向南东，倾角 60°～70°，全长 5.5km，活动速率 3～6mm/a
	DT002	DT002	新添堡	1992 年发生，走向 50°～55°，倾向南东，倾角 83°，全长 3.4km，活动速率 13mm/a
	DT003	DT003	南郊凿井队	1984 年发生，走向 30°～44°，倾向南东，倾角 80°左右，全长约 5.5km，活动速率 30mm/a
	DT004	DT004	文化里	1992 年发生，走向 26°～42°，倾向北西，倾角 82°～85°，全长约 3.6km，活动速率 11mm/a
	DT005	DT005	322 医院	1989 年发生，走向 30°～40°，倾向南东，倾角 85°左右，全长约 3.7km，活动速率 12mm/a
	DT006	DT006	机电公司	1989 年发生，走向 36°～48°，倾向北西，倾角 72°左右，全长约 0.9km，活动速率 10mm/a
	DT007	DT007	铁路分局	1983 年发生，走向 60°～80°，倾向南东，倾角 71°～85°，全长 3.9km，活动速率 9mm/a
	DT008	DT008	振华街	1989 年发生，走向 50°～60°，倾向南东，倾角 74°～80°，全长约 1.4km，活动速率 0.26mm/a
	DT009	DT009	安益街	1995 年发生，走向 60°～70°，倾向南东，倾角 80°左右，全长约 2.1km，活动速率 7.5mm/a

县（市）	统一编号	盆内编号	位置	地裂缝发育特征
大同	DT010	DT010	周家店	1997 年发生，走向 45°～65°，倾向南东，倾角 78°左右，全长约 3.1km
	DT011	DT011	大同柴油机厂	1995 年发生，走向 65°～70°，倾向南东，倾角 80°左右，全长约 0.8km，活动速率 0.12mm/a
应县	DT012	YX001	下庄镇石庄村	1997 年 9 月发生，走向 0°～35°，倾向南东，倾角 75°左右，全长约 1.1km
朔城区	DT013	SC001	大夫庄乡沙町村	1994 年 6 月 23 日发生，走向 55°，倾向南东，倾角 75°左右，全长约 2.15km

大同市地裂缝最早发现于 1983 年，当时长不足 5km，其后日益加剧，1990 年已形成长 10.5km 的地裂缝带，1994 年发展到 24km，迄今为止已发展到 11 条，总长度达 33.4km 的地裂缝带。

2.1.2 地裂缝分布规律

由于大同盆地地裂缝主要分布在大同市，下面以大同市地裂缝为例，论述地裂缝的分布规律。

1. 地裂缝与活动断裂的关系

（1）地裂缝展布与断层走向完全重合，倾向相同、倾角相近，地裂缝与活断层是不可分割的整体，同时反映了活断层新的生长特点。

（2）探槽剖面显示断层与地裂缝直接相接相连，或重合或斜接，主地裂缝是断层的最新生长段。

（3）主地裂缝本身具有断层性质，其是构造活动的产物。

（4）地裂缝为活断层的最新活动形式。

（5）在跨地裂缝所布设的"α卡"和测氡仪测线近百条，其结果均显示出地裂缝带上的异常，这种放射性气体异常是下伏断层活动沿裂缝带上逸富集的结果，从而反映出地裂缝与下伏断层活动直接相关。

2. 地裂缝分布与地下水位的关系

大同市工农业及城市生活用水主要取自地下水，多年来，随着工农业的发展和城市居民需水量的急骤增长，地下水开采量逐年增加，形成大面积的地下水降落漏斗。由于大同市地裂缝的活动强度明显受到抽取地下水的控制，即地裂缝距离抽水井越近、抽水量越大，其活动响应越快、强度越大；距离抽水井越远、抽水量越小，其活动响应越慢、强度越小，甚至没有活动，所以目前大同市出现的几条地裂缝均发育在密集井群的一侧或内部。

2.1.3　地裂缝发育特征及活动性

1. 地裂缝的平面特征

大同市发育 11 条地裂缝，走向都在 NE30°~80°，其中优势方位在 NE35°~70°，与大同市区断裂构造主体方向一致。在局部地段，地裂缝在形态上可呈波状，折线转弯，更次一级的裂缝呈锯齿状或 "多" 字型排列。大同盆地地裂缝延伸长度变化很大，最长可达 5.5km，最短只有 0.8km。发育规模见表 2.2。

表 2.2　大同盆地地裂缝发育规模统计表

规模等级	巨型地裂缝	大型地裂缝	中型地裂缝	小型地裂缝
发育数量	2	9	2	—
所占比例/%	15.4	69.2	15.4	—

2. 地裂缝发育的时间特征

地裂缝的发生年份并不是均匀分布的，其中 1980 年以前未见地裂缝产生，2001 年以后未产生新的地裂缝；具体时间分布见表 2.3。可以看出，大同盆地地裂缝主要发生在 1981~2000 年。

表 2.3　大同盆地地裂缝发生时间统计表

年份	1980 年及以前	1981~1985 年	1986~1990 年	1991~1995 年	1996~2000 年	2001~2005 年	2006 年至今
发育条数/条	—	3	3	5	2	—	—
所占比例/%	—	23.1	23.1	38.5	15.4	—	—

3. 地裂缝活动性

根据地裂缝的不同活动程度对建筑物可能造成不同的影响，将地裂缝的活动性分类按表 2.4 划分。大同盆地各条地裂缝的发育特征及活动性等级列于表 2.5。

表 2.4　地裂缝活动性分级建议表

活动程度	地裂缝特征说明
强	地表破裂明显，垂直位错大于 10cm，或裂缝宽度大于 100cm
较强	地表破裂较明显，垂直位错为 5~10cm，或裂缝宽度为 50~100cm
中等	地表有破裂，垂直位错为 1~5cm，或裂缝宽度为 10~50cm
弱	地表破裂为张性，裂缝宽度小于 10cm，或地表破裂多年未见重新活动，或处于隐伏状态

表 2.5　大同盆地地裂缝发育特征统计表

县（市）	统一编号	盆地编号	位置	成因分析	规模	活动性
大同	DT001	DT001	大同机车厂	隐伏断裂，地下水位下降	巨型	较强
	DT002	DT002	新添堡	隐伏断裂，地下水位下降	大型	中等
	DT003	DT003	南郊凿井队	隐伏断裂，地下水位下降	巨型	较强
	DT004	DT004	文化里	隐伏断裂，地下水位下降	大型	较强
	DT005	DT005	322 医院	隐伏断裂，地下水位下降	大型	较强
	DT006	DT006	机电公司	隐伏断裂，地下水位下降	中型	较强
	DT007	DT007	铁路分局	隐伏断裂，地下水位下降	大型	强
	DT008	DT008	振华街	隐伏断裂，地下水位下降	大型	弱
	DT009	DT009	安益街	隐伏断裂，地下水位下降	大型	强
	DT010	DT010	周家店	隐伏断裂，地下水位下降	大型	弱
	DT011	DT011	大同柴油机厂	隐伏断裂，地下水位下降	中型	弱
应县	DT012	YX001	下庄镇石庄村	隐伏断裂，地下水位下降	大型	强
朔城区	DT013	SC001	大夫庄乡沙町村	隐伏断裂	大型	弱

2.2　大同市地裂缝

大同市位于山西省北部，地理坐标为 113°15′～113°22′E，40°00′～40°10′N，面积约 350km²，为山西省第二大工业城市，它不仅是我国的重要煤炭、电力生产基地，还是华北地区重要的交通枢纽，也是一座历史文化名城。近几年来，随着工业生产的迅速发展，城市规模不断扩大，城市面貌正在发生日新月异的变化，一座现代化的城市正在崛起。然而防御各种地质灾害特别是地裂缝灾害也是大同城市建设和长远规划亟待解决的问题。

大同市自 1983 年大同机车工厂、大同铁路分局等地发现地裂缝以来，已出露的、具有一定长度规模的地裂缝带发展到 11 条以上，均成北北东—北东向斜穿大同市区，总长度达 33.4km。

2.2.1　大同市地裂缝分布及特征

据调查，大同市目前发育地裂缝 11 条以上（图 2.1），在 1996 年调查确定的 7 条地裂缝的基础上先后又形成了振华街、安逸街、周家店和大同柴油机厂地裂缝，它们均呈北北东—北东向斜穿大同市，其分布特征如下：

1. 大同机车厂地裂缝（f_1）

该地裂缝出现于 1983 年，为大同市最早发生的地裂缝，位于大同市区西南部，西起十里河左岸房子村，经电建公司机运站、大同机车工厂生活区、煤田 115 地质队、周家店、振兴街、安康里、大同宾馆、南关水暖器材厂，向东方向跨过南关十字路口，延伸至大同文庙一带，全长 5.5km，该地裂缝由多条北东走向、右行排列的单体地裂缝组合而

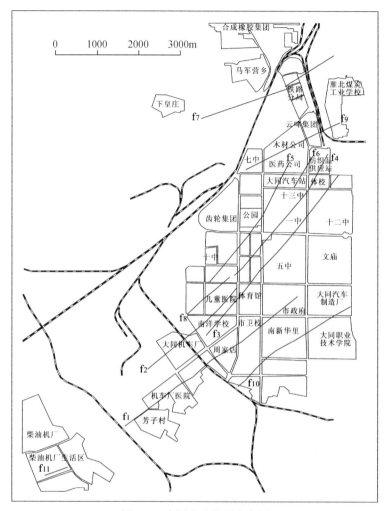

图 2.1　大同市地裂缝分布图

成。走向 52°~65°，其优势方位 57°，倾向南东，倾角 60°~70°，表现为水平拉张，南东
盘下降，伴有左旋扭动，为一张扭性地裂缝；整体西南段发育强，地表延伸 3km，在地下
10~15m 处断距 2m，其活动速率为 3~6mm/a。

2. 新添堡地裂缝带（f_2）

该地裂缝出现于 1992 年，南西起自新添堡村菜地，向北东经机车厂文化街第 5 栋楼
和第 10 栋楼、市木材公司储水厂、西环路、南洋学校、地税局拟建场地，经过迎宾西路
至城区碳素厂家属楼、青磁窑家属楼，全长 3.4km，走向方位 50°~55°，走向优势方位
53°，倾向南东，倾角 83°左右，南东盘下降，伴有左旋扭动，为一张扭动性地裂缝，经人
工地震勘察，在南洋学校一带地表以下 10m 有断层存在，目前还未发育至地表。

3. 南郊凿井队地裂缝带（f_3）

该地裂缝西南起自市烟草公司家属院，经南郊区凿井队、市电视台、空军消防器材

厂、儿童公园西北隅、和平里电建公司家属楼、娘娘庙后街、下华严寺，向北东沿 NE40°左右走向在大同日报社印刷厂、草帽巷 10 号、雁北外贸大楼断续分布，全长 5.5km。该地裂缝走向 30°~44°，走向优势方位 39°，倾向南东，倾角 80°左右，南东盘下降，伴有轻微左旋扭动。该地裂缝发现于 1984 年，1989 年以来发展加快，总体上呈带状分布，连续性差，呈时隐时现的特点。

4. 文化里地裂缝带（f_4）

该地裂缝出现于 1992 年，经过探槽、基坑、人工地震和物化探仪器测试证明该地裂缝存在，线性展布连续，但与大同市其他存在地裂缝倾向相反。该地裂缝西南起自金属结构厂东北隅，经文化里、迎泽里、建设里、老干部活动中心、互助里、环保局、大十字街西口、雁运家属楼，全长约 3.6km。该地裂缝走向 26°~42°，走向优势方位 35°，倾向北西，倾角 82°~85°，北西盘下降，微具右旋扭动。为一张扭性地裂缝。

5. 322 医院地裂缝带（f_5）

该地裂缝西南起自新开西二路，由金属结构厂西南角斜贯厂区，经 322 医院西南旁门、39100 部队家属院、大同公园西南角延伸至建委车棚、雁北二轻局，至粮食局火车站，全长约 3.7km，走向 NE30°~40°，走向优势方位 34°，倾向南东，倾角 85°左右，南东盘下降，伴有右旋扭动。

6. 机电公司地裂缝（f_6）

该地裂缝位于城区东北角，南西起自雁同西路，经二医院、机电公司、铁一中、大同四中、联合仓库至总参干休所一带，全长约 0.9km，走向 36°~48°，走向优势方位 36°，倾向北西，倾角 72°，北西盘下降，具右旋扭动。该地裂缝发现于 1989 年，与文化里地裂缝（f_4）性质完全相同，但由于两条地裂缝之间没有深部勘察资料，目前尚不能明确两者的关系。

7. 铁路分局地裂缝（f_7）

该地裂缝位于城区北部，南西起自拥军路北路部队营房，经铁路分局 14 号院、铁路医院、铁路第二幼儿园，而后向北偏移到新华银行、东西大院、消防队、水电段、客修车间、车辆段、材料厂、太原铁路分局留守处，穿过同车公路，向北东延至城郊御河Ⅱ级阶地。该地裂缝走向 60°~80°，走向优势方位为 70°，倾向南东，倾角 71°~85°，全长 3.9km，具左旋扭动。该地裂缝最初形成于 1983 年，1989 年大同-阳高地震后活动加剧。

8. 振华街地裂缝（f_8）

自该地裂缝发现于 1989 年大同-阳高地震以来，迅速向两端发展。该地裂缝南西起自三江锅炉房，经商品住宅公司楼群、振华街四期工程、昆仑饭店、金属结构厂至 322 医院主楼，全长约 1.4km，走向 50°~60°，走向优势方位为 55°，倾向 SE，倾角 74°~80°，南东盘下降，轻微右旋扭动。该裂缝延伸性，方向性强，局部隐伏发育。

9. 安益街地裂缝（f_9）

该地裂缝南西自外贸公司铁路专用线过新建北路，经华云小区、木材公司、石油公司家属楼，沿安益街穿过兴华家具厂、北关市场、交通巷、铁路洗车库，过同车公路至御河附近，全长约 2.1km，走向 60°~70°，走向优势方位为 70°，倾向南东，倾角 80°左右，具左旋扭动。该地裂缝于 1995 年出现，1995 年活动加剧。

10. 周家店地裂缝（f_{10}）

该地裂缝于 1997 年出现，由城区橡胶厂起，经城区造纸厂、铸管厂、军队干休所、邮电局，向北东方向延伸至雁塔一带，全长约 3.1km。走向 45°~65°，走向优势方位为 55°，倾向南东，倾角 78°左右，具左旋扭动。

11. 大同柴油机厂地裂缝（f_{11}）

该地裂缝发现于 1995 年，西南起柴油机厂沙发厂，经住宅区锅炉房东围墙、22 号楼、23 号楼、20 号楼—幼儿园围墙、19 号楼，止于职工医院东围墙，全长约 0.8km，走向 65°~70°，走向优势方位为 65°，倾向南东，倾角 80°左右，具左旋扭动。据调查，该地裂缝延伸性、方向性强，地面曾有较大沉降变形。

除上述 11 条地裂缝以外，城区四牌楼、行署大院、云冈宾馆、永安里征费小区等多处发育有地裂缝，因未成带，故未统一编号。

2.2.2　大同市地裂缝成因分析

地裂缝的成因机理是多样的、复杂的，其成因主要包括构造活动、地下水开采、地层岩性条件、地貌界线、降水及地表水入渗、地下采矿、建筑荷载及动荷载等。

根据大量实际资料证明，大同城市地裂缝的形成和发展受多种因素的制约，成因机制也较复杂。总的来讲，大同市地裂缝与区域现代地壳活动密切相关，地裂缝的基本特征反映出它的构造属性，即地裂缝属构造成因。除构造因素外，地裂缝的发生还与其他非构造因素有关，对于大同地裂缝而言，主要就是地下水超采因素。

1. 新构造活动是地裂缝形成的控制因素

大同盆地的物理场特征和地壳结构是地裂缝发育的地质背景，特别是大同槽形拗陷内部构造活化直接控制和影响地裂缝的形成。

根据大同市地裂缝形成的区域新构造环境可以看出，在地裂缝发育形成和发展的过程中，该区的重力作用同步大幅度下降，地温相应大幅度持续上升。该区的区域地壳变形异常等资料都有力地证明新构造活动的增强，从而直接加剧了地裂缝活动，且其灾害作用不断加重。尤其是 1989 年 10 月和 1991 年 3 月大同-阳高二次群震，再次证明进入 20 世纪 80 年代后该区地壳能量处于积累-释放过程，而处在不同构造单元的大同地裂缝的出现，应视为能量释放的另一种重要形式。

2. 地裂缝的成因构造属性

地裂缝的展布形式、组构特征、活动方式等基本特征较好地反映了其构造属性（表2.6）。

表 2.6　大同地裂缝主要特征统计表

地裂缝名称	地裂缝产状				长度/km	出现时间	活动量平均值/mm			扭动方式
	走向范围/(°)	走向优势方位/(°)	倾向	倾角/(°)			沉降量	拉张量	扭动量	
大同机车厂地裂缝（f₁）	52~65	57	SE	60~70	5.5	1983年	58	25	6	左旋
新添堡地裂缝带（f₂）	51~55	53	SE	83	3.4	1992年	26	11	2	左旋
南郊凿井队地裂缝带（f₃）	30~44	39	SE	80	5.0	1984年	35	21	4	左旋
文化里地裂缝带（f₄）	26~42	35	NW	82~85	3.6	1990年	47	24	3	右旋
322医院地裂缝带（f₅）	30~40	34	SE	85	3.7	1989年	50	36	7	右旋
机电公司地裂缝（f₆）	36~48	36	NW	78~82	0.9	1989年	40	14	3	右旋
铁路分局地裂缝（f₇）	40~80	70	SE	71~85	3.9	1983年	60	39	12	左旋
振华街地裂缝（f₈）	50~60	55	SE	75	1.4	1989年		10		左旋
安益街地裂缝（f₉）	60~75	70	SE	80	2.1	1995年		25		左旋
周家店地裂缝（f₁₀）	45~65	55	SE	78	3.1	1997年		10		左旋
大同柴油机厂地裂缝（f₁₁）	65~70	65	SE	80	0.8	1995年		15		左旋
合计	26~80	34~70		60~85	33.4	1983~1997年	26~60	11~39	21~2	

1) 地裂缝的展布成带, 排列有序, 方向性强

大同城市 11 条地裂缝优势方位为北北东—北东东, 各自连续成带, 主地裂缝连通性好, 连续性较强, 次级裂缝主要分布在活动盘, 主裂缝与次级裂缝分布在平面上均显雁行、斜列或羽状排列, 反映出地裂缝除以张裂为主外, 同时存在着左、右旋扭作用下的序列特征, 这是构造所产生的特点。

2) 地裂缝具有统一的产状和活动方式, 规律性强

在现存的 11 条地裂缝中除文化里地裂缝和机电公司地裂缝倾向西北（受下伏文化里断层产状控制）外, 其他 9 条均倾向南东。上盘次级地裂缝与主地裂缝倾向相反, 下盘次级裂缝与主地裂缝倾向基本一致。11 条地裂缝均为上盘下降, 下盘相对上升的正断层特征。上盘次级裂缝在剖面上均与主裂缝相交, 显示出次级裂缝属于主地裂缝派生的低序次构造, 这种产状和活动方式的统一性也非构造性质莫属。

3) 地裂缝带横穿不同的地貌单元

机车工厂地裂缝, 横穿十里河二级阶地和台原两大地貌单元, 并且沿地裂缝带形成显著的台坎, 尤其机运站-周家店段地裂缝, 北西侧为梁岗, 南东侧为洼地, 正负地形高差

0.5～3.0m。机运站–房子村北段，地裂缝通过十里河左岸二级阶地，同样地裂缝南东与北西两侧存在地形高差（约0.5m）。铁路分局地裂缝在御河阶地上有所显示，说明地裂缝发育不受地层结构、岩性特征的影响。在微地貌上，地裂缝恰好发育在地形陡变带上，裂缝两侧为普遍高差0.5～3m的梁岗和洼地，且在洼地一侧沉积有 Q_{3-4} 的冲积新地层，充分说明地裂缝的形成存在下伏断层长期活动，而地裂缝则是最新一期的蠕滑形式。

以上发育规律只能用构造活动进行解释，也就是说地裂缝的自身发育具有构造性质。

3. 强采地下水加速了地裂缝的活动

大同市地裂缝的形成和活动方式受构造控制毋庸置疑，但是为什么大同盆地构造活动的速率为2～3mm/a，而大同地裂缝为9.4～11.7mm/a，相差4～6倍？为什么大同市地裂缝选择在地下水超采严重地段发育，而作为其构造基础的白马城断裂带的其他地段却未见地裂缝发生？为什么大同地裂缝的发生顺序和地下水的降落漏斗扩展顺序一致？为什么大同地裂缝的主周期和地下水周期一致？这些问题都表明大同市地裂缝除了受构造因素影响外，还受强采地下水因素的影响。地下水的强烈开采、地下水水位的急骤下降和井群的季节性开采对地裂缝活动量大小的影响作用具有决定性意义。

（1）大同市地下水的开采量及水位变化对地裂缝活动的影响。大同市工农业及城市生活用水主要取自地下水，多年来，随着工农业的发展和城市居民需水量的急骤增长，地下水井开采量逐年增加。据有关资料显示，大同市地下水开采量1965年为0.93亿m³，到1975年为0.95亿m³，进入20世纪80年代，地下水开采量急骤增加，特别是1984年后能源工业的迅猛发展，地下水开采量已大于可开采量，地下水超采现象已十分严重（表2.7）。按1985年水资源评价结果，1995年大同市已超采地下水0.294亿m³/a，城北水源地、城西水源地和城南水源地浅层地下水已接近疏干，开采深度为50～150m的浅中层地下水位持续下降，形成大面积的地下水漏斗。

表2.7　大同市历年地下水用水量统计表（据刘玉海等，1995）

年份		1984	1985	1986	1987	1988	1989	1990	1991	1992	1993
总用水量/亿 m³		1.77	1.619	1.686	1.754	1.816	1.900	1.864	1.865	1.885	1.80
地下水	用水量/亿 m³	1.230	1.174	1.449	1.362	1.400	1.370	1.625	1.629	1.509	1.430
	百分比/%	69.4	72.5	85.9	77.7	78.0	72.1	87.1	87.4	90.1	79.4

（2）若地裂缝的活动速率全部作为构造因素引起的变形量显然是不正确的。因为作为盆地内的次级断层，其活动速率不可能达到10mm/a。若以大同机车工厂南北向跨地裂缝静力水准年变曲线（图2.2）中的1～3月、9～12月稳定线性发展部分作为构造因素引起的活动量，则地裂缝总活动量中水成因素约占80%，而构造活动因素产生的活动量约为20%，由此得到构造活动量（断层垂直差异运动）为2～3mm/a，小于或等于口泉断裂2.8mm/a的活动速率。显然，这种解释是基本合理的。

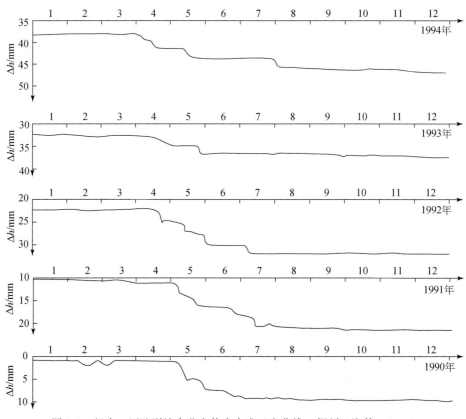

图 2.2　机车工厂地裂缝南北向静力水准日变曲线（据刘玉海等，1995）

4. 大同市地裂缝的成因机制地质模型

通过分析可以建立起大同市地裂缝成因机制的地质模型。图 2.3 为大同市地裂缝的成因机制地质模型。大同盆地内上地幔和低速高导隆起，使得大同盆地进一步引张是地裂缝形成的深部构造背景，区域应力场的加强、口泉断裂的加速活动而引起的大同槽形拗陷内

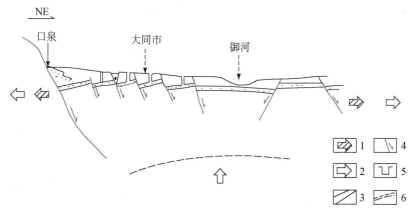

图 2.3　大同市地裂缝综合成因地质模式（据刘玉海等，1995）

1. 区域应力场；2. 地下水抽取附加应力；3. 含水层；4. 活断层；5. 抽水井（孔）；6. 莫霍面

的次级断层活动是地裂缝形成和扩展的直接原因，也就是说地裂缝是在区域构造应力场强化下断层活动在地表的新破裂。在断层存在活动的前提下，强采地下水和季节性用水引起的含水层的水平拉张应力，降低了断面上的摩阻力，加剧了活断层和上部地裂缝的活动。

2.3　大同应县地裂缝

应县位于山西省西北部，属朔州市管辖。地跨 112°58′~113°37′E，39°17′~39°45′N，全县平面图呈平行四边形。东邻浑源县，西向山阴县，北邻怀仁县，南毗繁峙县、代县。全县总面积 1708km², 南北长 47.5km，东西宽 46.5km。西北毗邻内蒙古自治区，南扼雁门关隘，北距古城大同 129km，南至省会太原 200km，东到首都北京 502km。

应县地处桑干河中游，大同盆地南端。南部恒山山脉是桑干河与滹沱河的分水岭，山势陡峭，植被稀少，一般海拔为 1000~2300m。著名山峰有卧羊场、跑马梁、关帝庙梁、鹰家梁等，其中以卧羊场最高，海拔 2333m。东北为六棱山山脉，最高峰黄羊尖，海拔 2420m。西北为黄土丘陵区，其余均为平川区，是大同盆地的组成部分。该区河渠纵横，低洼处有小片盐碱荒滩。主要河流有桑干河、浑河、黄水河、五里河等。

2.3.1　应县石庄村地裂缝基本特征

应县下社镇石庄村距南部恒山山脉 7.2km，距北部六棱山 2.5km，六棱山脚有一镇子梁水库位于浑河上游，距石庄村 1.8km。村子距西部桑干河 14.5km，属于大同盆地南缘，桑干河裂陷（图 2.4）。

图 2.4　大同盆地遥感影像图

（1）地裂缝的活动历史。应县石庄村地裂缝首现于1997年9月，是大同盆地中南部第一条地裂缝，2008年开始活动加剧，危害严重。本书对该地裂缝的深入调查研究对于该区来说尚属首次。该地裂缝延伸1.1km，贯通全村。裂缝穿过区域公路出现陡坎，路面破碎，房屋破裂，村委会办公楼与村小学教室损毁废弃。当地居民反映夏季农田灌溉时，田地中时有不同程度的漏水现象发生。20世纪90年代以来，村民将大量粮田改种蔬菜，灌溉用水量迅速加大。灌溉全部使用地下水，机井较集中分布在村西。据调查当地地下水位已经下降10~15m。

（2）地裂缝的平面展布特征。平面上该地裂缝延伸性极好，1.1km内连续未断，从村前大石线公路开始进入村西南，前100m走向北东东-南西西，在村委会办公楼前走向变为近南北，300m后穿过小学最北一排教室走向发生反向，变为北西-南东向，最后走向渐变至近东西向从村西北角穿出，延伸走向发生较大变化，如图2.5所示。

（3）地裂缝的剖面特征。为揭示其剖面特征、裂缝与下部地层的关系以及地裂缝深部延伸状况，笔者在废弃小学校园内开挖探槽，走向275°，在村西北角空地开挖探槽，走向10°。小学探槽揭示地裂缝上盘（西盘）下降，错断下部地层9m处粗砂层1.5m，中部5m处细砂层35cm，上部粉土层15cm，主裂缝倾角从下到上由65°变为85°，倾向西，下盘（东盘）发育多条次级裂缝。探槽内深5m的粉土层出现多处喷水冒砂现象，砂柱来源于粉土层下部的细砂层。裂缝在近地表张开最大宽度达8cm，被上部松散土层填充，下部地层下盘出现明显沿地层下降的牵引现象。村西北角探槽揭示地裂缝上盘（南盘）下降，错段11m深处底层的巨厚黏土层，因探槽揭示未见层底，故该层错距应在3.15m以上，错段中部细砂层35cm，中上部粉土层10cm。主裂缝近直立，稍向南倾，向上延伸至地表；裂缝下部张开宽度5~13cm，被细砂填充且富含大量碳屑。主裂缝北侧发育次级裂缝，倾向与主裂缝相反，错距突变为35cm。

（4）地裂缝活动特征。该地裂缝在地表最显著的运动特征为两盘的垂直差异沉降，沉降变形在刚性较好的建筑物、地下管线、槽探表现尤为明显，垂直沉降量为5~150mm。

两个探槽揭示裂缝均为拉张正断型，地裂缝两盘横向水平拉张量为7~100mm，在村内建筑物基础和路面上，尤其是刚性强的路面和墙基础上的拉张裂缝表现十分醒目。

石庄村两探槽揭示主裂缝走向截然不同，两探槽的直线距离仅530m，地层却出现较大不同，深部断距差异明显。可见石庄地裂缝形成机理不能套用常见地裂缝单一模式进行分析。

1. 石庄村小学探槽剖面特征

1）探槽揭示地裂缝剖面特征

石庄村小学探槽长20m、深9m，分为4个台阶，总方量为1100m³；探槽走向为275°。后期在探槽底层主裂缝部位开挖2m深探井（图2.6）。

（1）第一层：素填土，黄褐色（0~1m），该层土以粉土为主，有大量的树根出露，被少量腐殖质充填，由东向西10.3~13.7m有杂填土充填，充填厚度约90cm，颜色以红褐色为主，在横向9.8m处该层下限降至1.1m。

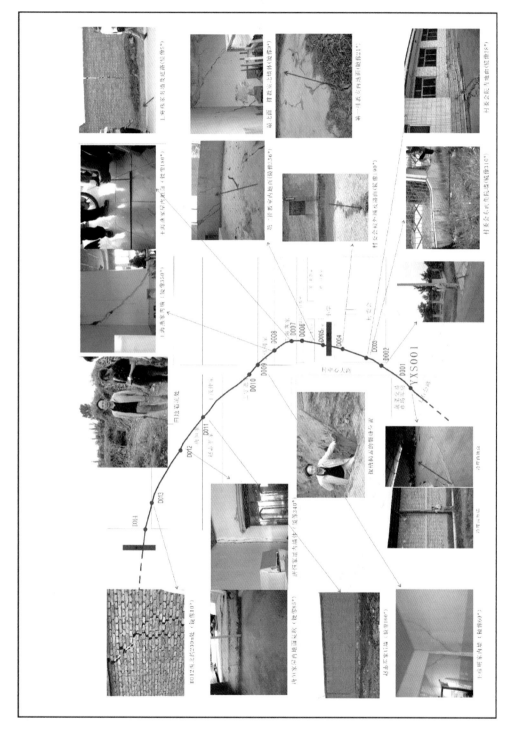

图 2.5　石庄村地裂缝平面展布图

图 2.6　探槽全貌及裂缝局部照片

探槽南壁剖面如图 2.7 所示，揭露的地层和地裂缝特征如下：

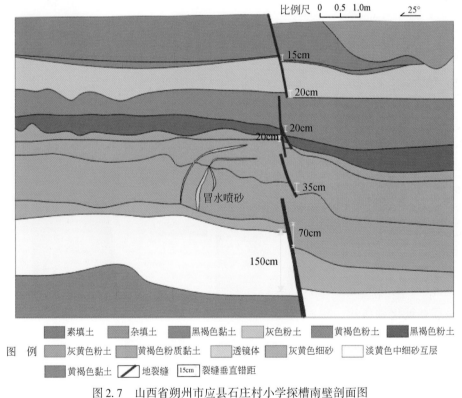

图 2.7　山西省朔州市应县石庄村小学探槽南壁剖面图

　　主裂缝（f_1）：出露位置在 8.1m 处，垂直错距 15cm，裂缝被黄褐色粉土充填，裂缝走向 25°，倾角 74°。

　　（2）第二层：粉质黏土，灰黑色（1～1.06），较松散或块状，破碎，有大量的草根充填，含虫孔、蜗牛壳，由东向西 8.1m 处主裂缝出露。

　　主裂缝（f_1）：该层被错断 20cm，缝宽 15cm，被黄褐色粉土充填，裂缝走向 25°，倾角 74°，在水平方向 10.3m 处，该层下陷降至 1.1m，自此向西延伸。

（3）第三层：粉土，灰褐色（1.06~2.1m），稍密，该层土含少量粉砂，偶有氧化铁条纹，上部颜色较浅，下部稍深。

主裂缝（f_1）：主裂缝自西向东在 8.2m 处出露，走向 25°，倾角 82°。

自西向东在 9.8m 处下陷，至 12m 处上升，10.5m 处下陷，从 2.3~2.7m 向西延伸，自东向西，在 1~1.25m 处和 2.7~4.1m 处夹有 30cm 的透镜体。

（4）第四层：粉土，灰黄色–黄色（2.1~2.9m），稍密，该层土上部含少量细砂，底部约有 25cm 的黄色粉土，含氧化铁颗粒，偶见中粗砂颗粒，由东向西 8m 处粉土的下限降至 3.1m，向西延伸。

主裂缝（f_1）：自西向东在 8.1m 处主裂缝出露，最大宽度为 4cm，垂直错距为 20cm，走向 22°，裂缝出现分叉，向东侧倾角 87°，向西倾角 81°，缓缓向西延伸。

（5）第五层：粉土，灰色至灰黑色（2.9~3.5m），由东向西 4.1~8m 厚度由 50cm 渐变为 30cm。

主裂缝（f_1）：由东向西在 8.3m 处出露，裂缝沿上层的分叉向下延伸，西侧倾角渐变为 72°，垂直错距 20cm 左右，裂缝填充物质为粉土，张开度 1cm，走向 23°，自裂缝处向西，该层土下限增加至 3.5m。

（6）第六层：砂（3.5~3.9m），该层砂为中粗砂，砾石含量为 20%，由东向西为 1m 左右，砾石较多，级配良好，自东向西 2.7~3.6m 砂粒级配下降，砂层中矿物多数为石英、长石类矿物，少许云母类矿物，自东向西 6.3~6.8m 处，该层的下限上升至 3.3m。

主裂缝（f_1）：倾角 72°下盘砂层夹有粉土互层，厚约 40cm，垂直错距 20cm，走向 25°。

（7）第七层：粉质黏土，灰褐色（3.9~4.4m），自西向东 2.2~4m 下限降至 4.45m，4.9~6.5m 下限降至 4.5m，该层稍湿，较密实，手捻有滑感，6.5~7.6m 下限降至 5.0m，7.6~8.3m 下限降至 5.15m。

主裂缝（f_1）：自西向东在 8.35m 处出露，倾角 69°，该层粉土夹有少量细砂，垂直错动距离为 20cm。自西向东在 6.2m 处，夹有粉土、氧化铁和云母类矿物，有少量的钙质结核，上盘在裂缝向西下限降至 5.2m。

（8）第八层：粉土，灰黄色（4.4~5.7m），由东向西 2.3m 处有细砂充填，宽度为 3cm，该层有氧化铁条纹、树根氧化物，由东向西 4.9m 处，下限升至 5.5m，在 5.5~6.1m 处有细砂条带充填，最大宽度为 4~13cm，填充条带延伸至层底，自东向西 6.2m 处下限升至 5.4m。

主裂缝（f_1）：自东向西在 8.7m 处出露，充填宽度为 1.5cm，自东向西 9.0m 处出现透镜体，透镜体沿地层向西延伸，长约 3cm，宽约 50cm，砂层水平错动 70cm，裂缝在 8.25m 处和 8.5m 处有两条裂缝出露，张开度约 5cm，倾角 71°，有砂质充填的透镜体出露，该层充填物以细砂为主。此层中有两处明显的喷砂冒水现象，砂源为下层细砂。砂脉先是竖直向上，约 50cm 后折向东最后近水平尖灭。

（9）第九层：细砂（5.7~6.05m），含石英、长石、云母类矿物，自东向西在 6.2m 处下限将至 6.1m，至西到 7m 处该层下限升至 5.9m 左右。

主裂缝（f_1）：自东向西在 8.6m 处出露，裂缝张开度为 1.5cm，垂直错距 1.5cm，倾角 70°，走向 24°，自东向西在 8.6~9.2m 处该层下限降至 6.0m，至此延伸至 11.0m 处，该层的下限延伸到探槽的底部未出露。

（10）第十层：中粗砂互层（6.05~7.65m），该层含砾石 20% 左右，偶见黏土条带，该层以黄褐色的中粗砂颗粒为主，最大粒径 5cm，含石英、长石、云母类矿物，有少量的钙质结核，夹有粉土条带，厚 10~18cm。

主裂缝（f_1）：自东向西在 7.5m 处出露，走向 28°，倾角 68°，垂直错距 1.7m，裂缝张开度 2.5cm，裂缝充填粉土，在裂缝处向西该层延伸至探槽底部。

（11）第十一层：黏土，该层位于探槽底。

探槽南壁剖面如图 2.8 所示，揭露的地层和地裂缝特征如下：

（1）第一层：素填土，灰黄色（0~1.3m），该层土以粉土为主，有大量的树根草根充填，少量的腐殖质出露，由东向西 2.1m 处次生裂缝出露，裂缝由地面向下延伸至粉土层。

主裂缝（f_1）：出露位置在 4.9m 处，垂直错距 35cm，倾角 85°，主裂缝自西下限至 1.7m，8.6m 处下限降至 1.6m，8.6~9.2m 处下限升至 1.37m，延伸至西侧，该层下盘有不等的夹煤小块出露。

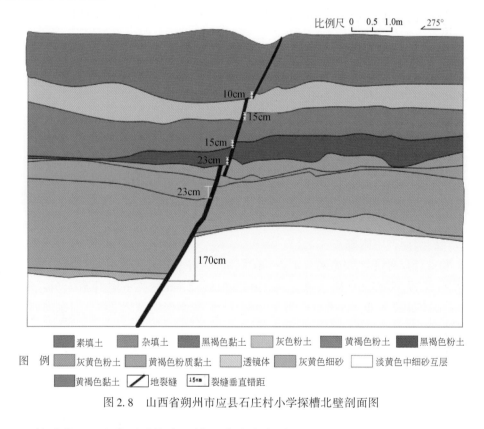

图 2.8　山西省朔州市应县石庄村小学探槽北壁剖面图

（2）粉质黏土：人类活动挖走回填，该壁未出露。

（3）第三层：粉土，灰褐色（1.3~2.0m），稍密，该层土含少量粉砂，偶有氧化铁条纹，上部颜色较浅，下部稍深，自东向西 4.5m 处，该层下限降至 2.1m，在 5.75m 的地方出现主裂缝，在裂缝上盘存在透镜体，自东向西自 7.6~9.8m 处呈现透镜体，厚约

45cm。主裂缝（f_1）：出露位置在 5.75m 处，张开度 2cm，垂直错距 25cm，裂缝被褐色粉土充填，裂缝走向 23°，倾角 73°。透镜体以中粗砂为主，级配良好，含煤屑，矿物以石英长石为主，含少量云母类矿物。

（4）第四层：粉土，灰黄色到黄色（2.0~2.9m），稍密，该层土上部含少量细砂，自东向西至 1.2m 处，下限降至 2.8m，该层下部含 20cm 左右的黄褐色粉土，自西向东 4.2m 处，下限降至 2.64m，至西延伸到裂缝处。

主裂缝（f_1）：出露位置在 5.8m 处，垂直错距 15cm，裂缝充填少量灰褐色粉土及中砂，粒径为 3~5cm，倾角 76°。自东向西从 5.2~6.65m，该层下限降至 2.8m，6.65m 往西下限降至 2.9m，延伸至西，在 9.3m 处，该层底部夹有少量的砂层，以中粗砂为主，颜色以黄褐色为主。

（5）第五层：粉土，灰色至灰黑色（2.9~3.55m），稍密，黑色条纹出露，自东向西在 1.8~3.3m 处下限升至 3.34m。

主裂缝（f_1）：出露位置在 5.9m 处，最大水平错动 4.5cm，垂直错距 20cm，裂缝被黄褐色粉土充填，裂缝走向 23°，倾角 72°，裂缝向西 6.4m 处，该层下限降至 3.4m，颜色变浅，渐变为灰白色，自东向西在 9.5m 处下限升至 3.0m，延伸至 10.6m 处尖灭。

（6）第六层：砂（3.55~3.75m），以中粗砂为主，级配良好，分选性差，砾石含量为 30% 左右，从 2.5m 处下限降至 4.05m，向西延伸至裂缝处。

主裂缝（f_1）：出露位置在 6.1m 处，垂直错距 16cm，裂缝被黄褐色粉土充填，倾角 70.5°。自东向西 8.5m 处，下限降至 4.1m，延伸至西侧。

（7）第七层：粉质黏土，灰褐色（3.75~3.85m），自东向西在 3.25~3.5m 处，下限降至 3.95m，在 3.7~4.1m 处，下限升至 3.42m，由 4.1m 至主裂缝处，下限升至 3.85m，该层土较密实，稍湿，含树根云母类矿物，偶见氧化铁颗粒和细砂颗粒。

主裂缝（f_1）：出露位置在 6.5m 处，垂直错距 20cm，裂缝走向 27°，倾角 70.5°，在裂缝东 6.4m 处，裂缝下限降至 4.08m。

主裂缝西侧自 6.5~8.2m 处，该层下限降至 4.45m，自 8.2m 处向西，该层下限降至 4.35m，该层夹有粉细砂。

（8）第八层：粉土，灰黄色（3.85~5.25m），自东向西在 3.5m 处，有细砂条带充填，长 80cm 左右，在 3.6m 处，有细砂条带充填，长 50cm 左右，宽约 6cm，该层较密实，稍湿，有粉质黏土条带充填，厚 8cm 左右。

主裂缝（f_1）：出露位置在 6.6m 处，垂直错距 23cm，裂缝走向 23°，倾角 71°，主裂缝两侧有砂质充填的条带垂直错开。自东向西在 8.2~9.0m 处有大小不等的砂质充填的透镜体，充填物以细砂为主，含树根，以及石英、云母、长石类矿物。

（9）第九层：细砂（5.25~5.65m），含石英、长石、云母类矿物，自东向西在 5.6m 处下限将至 5.45m，延伸至西侧。

主裂缝（f_1）：自东向西在 7.5m 处出露，垂直错距 1.2m，倾角 60°，走向 35°。

（10）第十层：中粗砂互层（6.05~7.65m），该层以中粗砂为主，砾石含量在 30% 左右，最大粒径 7cm，含石英、长石、云母类矿物，有少量的钙质结核，夹有粉土条带，厚 10~20cm。

主裂缝（f_1）：自东向西在 7.5m 处出露，倾角 60°，垂直错距 1.7m，裂缝张开度 2~5mm，裂缝充填粉土，在裂缝处向西该层延伸至探槽底部。

（11）第十一层：黏土，该层位于探槽底。

对照探槽两壁，主裂缝发育连贯，下部倾角 65°，上部倾角 85°。在探槽深 5m 处的粉土层中，两壁均有多处喷水冒砂现象，有一砂柱被次级裂缝错断，垂直断距 10cm。底部粗砂层的主裂缝垂直错距 170cm，错距的突变反映出主裂缝的活动与上部错动不同期。主断裂有可能是一次较大的地震事件，错断地层，在上部粉土层引起喷水冒砂，之后地层开始沉积，覆盖了地震事件引起的地层落差，在上盘 170cm 处形成坎前堆积的斜层理能很好地说明这一点。后期由于抽水或另一次较小事件，错段砂柱 10cm，并在砂柱层（粉土层）之上的地层，错距均为 25~10cm，反映出地裂缝活动继承性的特性。

2）钻探揭示剖面特征

探槽开挖后，为更清楚地反映深部地层位错情况，在平行于探槽，跨裂缝两侧进行了 60m 深的钻探工作。钻探剖面（图 2.9）揭示从第四层粉质黏土层开始，裂缝左右两盘地层错距开始加大，距地表 5~6m。从第七层细砂层开始，距地表 10~11m，错距明显增

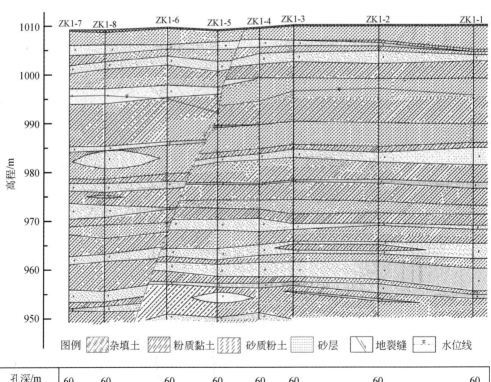

图 2.9　石庄村地裂缝钻探剖面（小学外墙）

大，第 7 层细砂层错距超过 2m，并且具有地层越向下，两盘错距越大的趋势，距地表 30m 处裂缝两侧地层错距达 5~6m。地下水位在裂缝处发生降落，可见裂缝为拉张性，具有较好的导水性。

3）物探揭示剖面特征

为了多手段多角度获取信息，本书对研究区进行了地球物理勘探，地震测线分布如图 2.10 所示。地裂缝小学段地震勘探剖面结果如图 2.11 和图 2.12 所示，浅层地震折射 CT 结果反映地裂缝两侧波速异常较明显，也揭示出该段地裂缝正断东倾，错距上小下大，主裂缝东侧发育相同倾向次级裂缝。

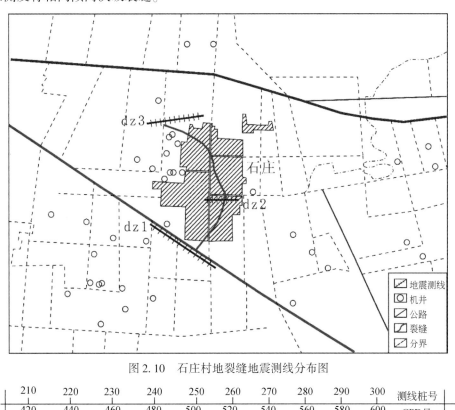

图 2.10　石庄村地裂缝地震测线分布图

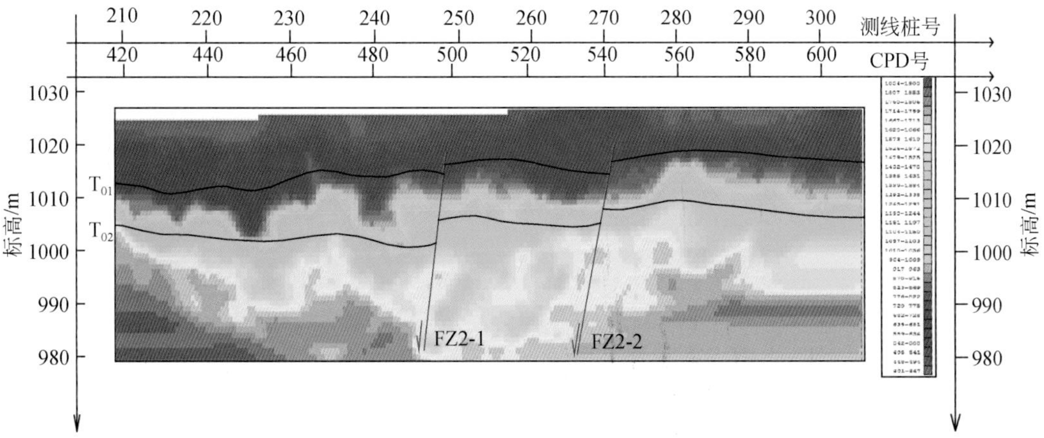

图 2.11　DZ2 地裂缝小学段浅层地震折射 CT 反演解释剖面

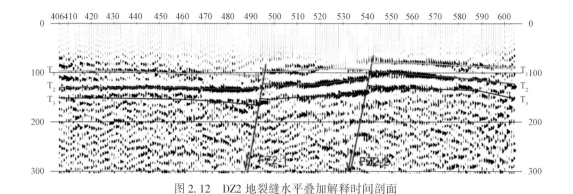

图 2.12　DZ2 地裂缝水平叠加解释时间剖面

钻探、物探剖面和探槽揭示地层对比，对应关系良好，发生错距突变的正是探槽底部 9 ~ 10m 处的细砂层。可见石庄村地裂缝的活动是一累次渐进的过程，1.5m 以上的断距是由于前期的一次较大地震事件，之后的小幅错断是在活动断裂基础上的继承。

2. 石庄村西北角探槽剖面特征

1）石庄村西北角探槽揭示地裂缝剖面特征

石庄村西北角探槽走向 10°，长 20m，深 9m，分为两个台阶，总方量为 1000m³。因地层黏土层探槽未完全揭露，故后期又在底层主裂缝部位开挖深为 3m 的探井（图 2.13）。

图 2.13　探槽全貌及裂缝局部照片

探槽东壁剖面如图 2.14 所示，主要特征如下：

（1）第一层：素填土，黄褐色（0 ~ 0.5m），该层土以粉土为主，被大量的树根、生活垃圾，少量的腐殖质充填，由南向北 10.3 ~ 13.7m 有杂填土充填，充填厚度约 90cm，颜色以红褐色为主。裂缝未贯通至本层，在 8.9m 处地层有一台阶状下降。

（2）第二层：粉质黏土，灰黑色（0.5 ~ 3.06m），较松散或块状，破碎，有大量的草根充填，含虫孔、锰质。裂缝未贯通至本层，在 5.1m 处地层有一台阶状下降。

（3）第三层：巨厚层粉土，青灰色（3.06 ~ 5.9m），密实，该层土含少量粉砂，偶有氧化铁条纹，上部颜色较浅，下部稍深。

主裂缝自南向北在 5.2m 处出露，水平位移最大张开 5cm，走向 25°，倾角 89°，被上

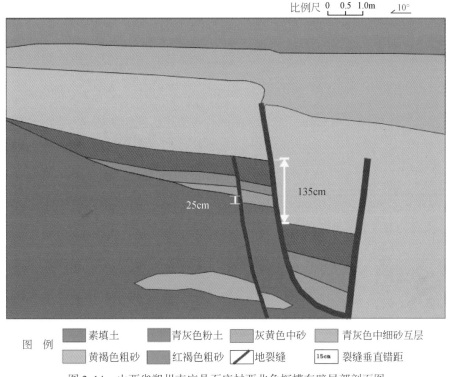

比例尺　0　0.5　1.0m　　10°

图例　素填土　青灰色粉土　灰黄色中砂　青灰色中细砂互层
黄褐色粗砂　红褐色粗砂　地裂缝　15cm 裂缝垂直错距

图 2.14　山西省朔州市应县石庄村西北角探槽东壁局部剖面图

层粉土填充。次级裂缝贯通到第二层。

（4）第四层：粗砂，红褐色到黄褐色（5.9~9m），稍松散但斜层理清晰，该层上部含少量细砂，底部有约 12cm 厚的粗砂薄层，细中粗相互过渡。含氧化铁、钙质颗粒，偶见中粗砂 3~4cm 的砾石颗粒，该层下部有一 10cm 厚的粉土薄夹层。主裂缝自南向北在 5.5m 处主裂缝出露，倾角 89°，最大宽度 7cm，填充物富含有机碳，该层被错段，因南盘（下降盘）未发现对应层位，故垂直错距不明。主裂缝上分支裂缝出现在 6.1m 处，倾角 78°，与主裂缝形成巨大楔形体，楔体中层位清晰，错距 135cm。次级裂缝出现在 6.7m 处，倾角 78°，错段该层 25cm。

（5）第五层：巨厚层粉土，青灰色至灰黑色，该层斜层理清晰，倾角 30°，倾向南，探槽揭露未见底，该层在主裂缝南侧没有出现，故垂直错距未知。该层中有一透镜体，以中粗砂为主，次级裂缝错段该透镜体，错距 12cm。

后期在主裂缝南侧开挖探井深 3m，依然未见第四层粗砂及第五层粉土，根据裂缝和底层相交关系，推测主裂缝垂直错距应在 3m 以上。

探槽西壁剖面如图 2.15 所示，主要特征如下：

（1）第一层：素填土，灰黄色（0~0.5m），该层土以粉土为主，有大量的树根草根充填，少量的腐殖质出露，裂缝贯通至该层，只在裂缝延伸部位由南向北 5.9m 处地层发生台阶状下错。

（2）第二层：粉质黏土，分布连续均匀较厚，裂缝未贯通至该层，只在裂缝延伸部位由南向北 5.9m 处地层发生台阶状下错。

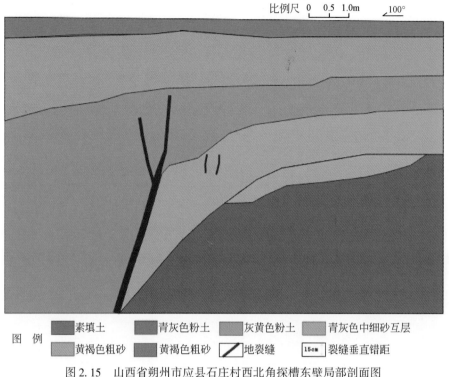

图2.15　山西省朔州市应县石庄村西北角探槽东壁局部剖面图

（3）第三层：巨厚层粉土，青灰色（1.06~2.9m），密实，该层土含少量粉砂，偶有氧化铁条纹，上部颜色较浅，下部稍深。主裂缝自南向北在 5.2m 处出露，水平位移最大张开 3cm，走向 25°，倾角 89°，被上层粉土填充。次级裂缝在该层出现但贯通到第二层。

（4）第四层：中砂，灰黄色到黄色（2.9~5.2m），稍松，该层上部为细砂，有部位出现细砂互层斜层理，倾角 20°~30°。自南向北至 6.2m 处，被裂缝错开，但未贯通。

（5）第五层：粗砂，红褐色到黄褐色（2.9~9m），稍松散但斜层理清晰，见流水相沉积。该层上部含少量细砂，底部有约 12cm 厚的粗砂薄层，细中粗相互过渡。含氧化铁、钙质颗粒，偶见中粗砂和 3~4cm 的砾石粒，该层上部有一 10cm 厚的粉土夹层。主裂缝自南向北在 5.5m 处主裂缝出露，倾角 89°，最大宽度 4cm，填充物富含有机碳，该层被错断，因南盘（下降盘）未发现对应层位，故垂直错距不明，至少在 3.15m 以上。

对照探槽两壁，此探槽揭示地层较简单，主裂缝发育连贯，但未通至地表，可能原因在于该处开挖前为村垃圾场，地层松散混乱，含水量较大，发生塑性变形，地层只形成 10cm 的错台，并未贯通裂缝。主裂缝下部倾角 85°近直立，倾向南。在主裂缝南侧发育一反倾次级裂缝，与主裂缝切割地层呈楔形体。该探槽地层从红褐色粗砂层向下，整体向西南倾斜，倾角 10°~30°，显见流水相沉积层理清晰。

同样，该地裂缝错段底层上部只有 15cm，而底部巨厚层粉质黏土层揭示可见错距已有 3.15m，并未见底。

2）钻探揭示剖面

在探槽开挖后，为更清楚地反映深部地层位错情况，在平行于探槽，跨裂缝两侧进行了 60m 深的钻探工作。钻探剖面（图 2.16）揭示从第四层细砂土层开始，裂缝左右两盘地层错距突变，距地表 9～10m。深度 11m 处的地层正是探槽中未见底的粉质黏土层，钻探可见该层厚达 6～7m。该裂缝也具有地层越向下，两盘错距越大的趋势，距地表 30m 处裂缝两处地层错距达 5～6m。距地表 10m 处主裂缝张开宽度最大达 10cm，被细砂和碳屑填充。

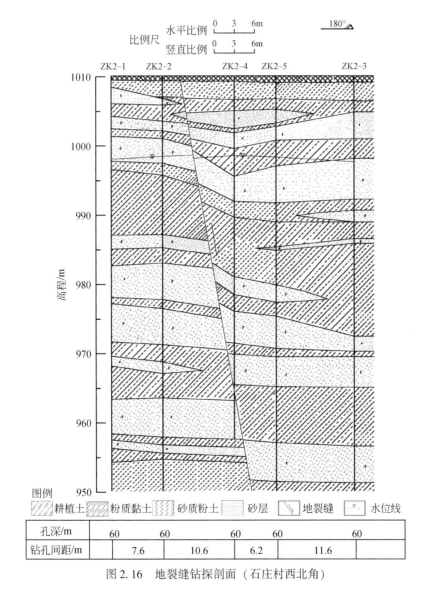

孔深/m	60	60	60	60	60
钻孔间距/m		7.6	10.6	6.2	11.6	

图 2.16　地裂缝钻探剖面（石庄村西北角）

3）物探揭示剖面特征

裂缝村西段地震勘探剖面结果如图 2.17、图 2.18 所示，浅层地震折射 CT 结果反映地裂缝两侧波速异常较明显，发育反倾次级裂缝，切割土体呈楔形错距上小下大。

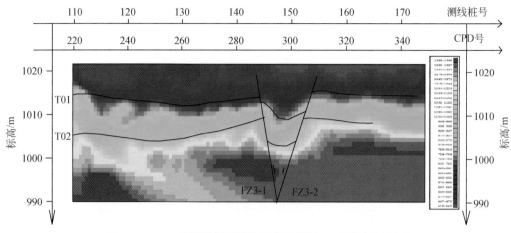

图 2.17　DZ3 地裂缝村西段浅层地震折射 CT 反演解释剖面

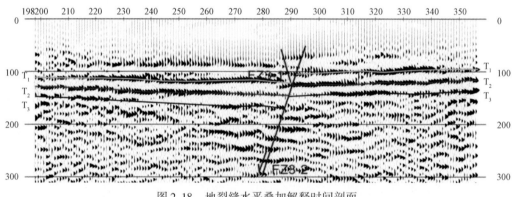

图 2.18　地裂缝水平叠加解释时间剖面

　　钻探、物探剖面和探槽揭示地层对比，对应关系良好，发生错距突变的正是探槽底部 10~11m 处的粉质黏土层。可见石庄村地裂缝的活动是一累次渐进的过程，1.5m 以上的断距是由于前期的一次较大地震事件，之后的小型错段是在活动断裂基础上的继承。

　　在此，将小学探槽与村西北角探槽对比，不难发现两处均为张开性裂缝，垂直错距有上小下大的规律，在距地表 9~10m（小学探槽）（图 2.19）、10~11m（西北角探槽）处，错距发生突变，地层越向下，错距有越来越大的趋势，可见均为构造控制型地裂缝。但同时，小学探槽地层丰富多变，具有明显的地震事件后坎前堆积的地貌现象和喷水冒砂现象，可以清晰地判定裂缝是多次活动的累加。而村西北角探槽地层单一，巨厚层，斜层理发育（图 2.20），虽然错距大但是很难看到多次构造事件的现象，反而地下水位低，地层含水量高，上部地层下陷，有降水漏斗引起的地面沉降现象。另外，如果两处裂缝受控同一条断裂，在前面章节介绍的地貌和构造背景上，出现走向变化如此之大的断裂在力学机制上无法解释。综上所述，将此两处裂缝认为是同一成因机理显然不合理，结合构造背景，认为石庄村地裂缝是两条交汇的活动断裂各自产生活动，从而发生继承性地裂缝更与实际相符。

图 2.19　小学探槽上部地层错距 25cm 下部地层错距 170cm

图 2.20　村西探槽主裂缝张开 5～10cm 为细砂碳屑填充以及地层的斜层理

2.3.2　应县石庄村地裂缝成因分析

　　关于山西断陷盆地地裂缝的成因，目前有各种不同的观点，其中多数观点认同构造因素和非构造因素复合作用的成因，有人将山西断陷盆地的地裂缝成因归纳为构造+地下水超采、构造+黄土湿陷及单纯黄土湿陷三种类型。根据已有调查资料（山西省地震局、山西省地质环境监测中心，1992），认为在山西断陷盆地内，单纯的黄土湿陷成因地裂缝主要集中于晋南黄河岸边及三门峡库区沿岸局部地区，不具有区域性分布特点。就大多数集中成带的较大规模地裂缝而言，其构造成因的特征是比较明显的，地裂缝的发育与区域性构造活动相伴生，地裂缝的分布与力学形态也反映出基底构造的主控作用，新构造活动是地裂缝形成和发展的主导因素，而黄土湿陷及地下水超采则是诱发地裂缝在地表显现或激化其地表变形规模的诱发因素。石庄村地裂缝由于其复杂性、特殊性，不能简单地用以上三种观点中任何一种观点进行解释，应从多方面进行分析阐述。

1. 地裂缝与活动断裂的关系

活动断裂在地表的直接表现就是地面裂缝。从地裂缝形成的构造力学特征分析，地裂缝的成因可分为活动性继承型和扭动派生型两种类型。

1）活动性继承型地裂缝

活动性继承型成因是指下伏活动构造对地裂缝的空间展布及力学性质具有主控作用，地裂缝是断裂活动在地表浅部的延伸，地裂缝与下部构造断裂面呈明显的重接复合关系。

此类地裂缝形成的力学机理与基底断裂活动方式所反映的力学机制相同，在水平拉张应力和上部土体重力的共同作用下，基底断裂产生正断活动，上覆土层自下而上破裂变形，最终引起地表形成裂缝，引起地裂缝的主要力源是构造作用力和土体重力。上覆土体随基底断层上下错动产生变形的过程中，土层中的应变由下向上累积，只有在近地表低围压状态的土体才通过开裂变形以释放应变；而深部土层在巨大的围压作用下会表现出很强的塑性流变特征，基底缓慢的错动变形很难使其开裂。

另外，该破裂面形成以后，上盘土体下降过程中在距断裂一定距离内的形成拉张应力区，从而产生新的土体破裂，该破裂面是与下盘土体下降过程所伴生，也随该过程的积累而向横向扩展。这种破裂可以说是一种次生裂缝，在剖面上与主断面组成"y"型或侧羽状组合。村西北角探槽即有典型的主裂缝与次级裂缝成反倾"y"型破裂。

2）扭动派生型地裂缝

此类地裂缝是一种次生破裂形迹，与基底构造不表现复合重接关系，而是与基底主控构造活动呈一定的夹角。在基底扭动滑移运动的情况下受其拖曳，上覆土层将产生扭动拉张变形。从力学配套关系角度，基底在单一扭动作用下，上部地层最容易形成的破裂变形将是一系列呈雁行式排列的拉张裂缝；而基底在发生扭动与伸展复合运动的情况下，上覆土层的变形形态将相对于主控断裂发生一定程度的扭动，呈现出"S"型或反"S"型的斜列分布。

大同盆地内应县石庄村地裂缝与附近的活动断裂分布如图 2.21 所示。由石庄村地裂缝的发育特征及平剖面特征，综合区域构造背景与探槽揭示层位关系可以得出：

（1）由于山西断陷盆地发育巨厚新生界和第四系地层，基底构造活动涉及的地层层数多，厚度大，第四系厚度一般为上百米至数百米，且岩层组合复杂，基盘错动引起的上部松散土层的变形，产生的拉张应变沿断层破裂面逐次向上传递，并最终在地表集中而导致土层开裂，然后随断层错动由上至下扩展，并衍生次裂缝。断层面上延伸的主破裂面主要是由于断层错动产生的拉张力作用结果，而次裂缝则是上盘土体在拉张应变影响下的自重应力作用结果。石庄村西北角探槽揭示裂缝宽 3~8cm，后期被填充且富含有机质说明雨水曾经沿裂缝运移。由主断裂和次级裂缝共同作用切割的巨大楔体正是在重力作用下发生位错，楔体内层位才得以保持完好。

（2）在力学机制上，基底断层两盘在上下错动情况下，其相对位移对上覆土体产生拖曳作用，因此，上覆土体势必会随基底错动而产生变形，且在变形过程中，土层中的应变由下向上累积，只有在近地表部位处于低围压状态的土体才会通过开裂变形以释放应变。而深部土层在巨大的围压作用下，会表现出很强的塑流变形特征，基底缓慢的错动变形很难使其开裂。另外，当主破裂面形成以后，断层上下盘上覆土层厚度的巨大差异及基岩和

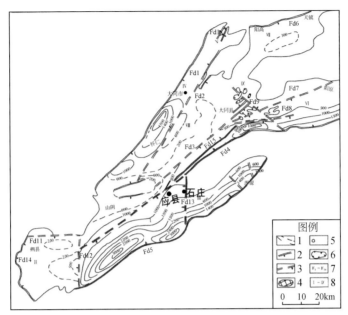

图 2.21　大同盆地活动断裂与基底构造地貌单元图

1. 新生界等厚度线；2. 活动断层；3. 推测活动断层；4. 山地；5. 城镇；6. 第四纪火山与玄武岩；7. 活动断层
编号；8. 构造地貌单元编号；Fd1. 口泉活动断裂；Fd4. 六棱山北麓断裂；Fd5. 恒山北麓断裂；Fd8. 桑干河活
动断裂；Fd12. 马邑口–卢子坝活动断裂；Fd13. 小石口活动断裂；Fd14. 管涔山东麓断裂；Fd15. 六棱山西麓断
裂；Ⅰ. 应县断陷洼地；Ⅱ. 朔县断陷台阶；Ⅲ. 浑源断陷台阶；Ⅳ. 怀仁–大同地堑；Ⅴ. 寺儿梁地垒；Ⅵ. 桑干
河地堑；Ⅶ. 阳高–天镇半地堑；Ⅸ. 金山火山群隆起

土层抗变形性的强烈对比，断层面形成了一个高强度支撑作用，导致上下盘土体厚薄交界
部位土体对变形的调节能力形成反差，从而导致上盘土体在此部位的拉张应变集中而产生
新的张裂变形，该次生破裂面与下盘土体沉陷变形过程相伴生，也随该过程的累进而产生
横向扩展。

（3）石庄村地裂缝小学段延伸走向与 Fd13 小石口活动断裂的走向一致，为近南北向。
小石口断裂（有资料命名为应县东部近南北向断裂）走向 N350°W，从恒山山脚小石口村
开始延伸 30km，至六棱山山前，为浑源浅凹与后所凹陷之间的断裂。该断裂为拉张性正
断裂，西侧下降，位于石庄村东 3.5km 处。小学段地裂缝剖面上垂直错距上小下大，在距
地表 9～10m 处，错距发生突变，且钻探资料显示随地层加深错距加大。由以上可知，小
学段地裂缝为构造控制，是小石口断裂继承型地裂缝。

（4）石庄村地裂缝村西段断延伸走向与 Fd4 六棱山北麓断裂走向近平行，为北东东
向。该断裂规模较大，全长 140 多千米，断层面倾向北西，倾角 70°左右，南盘上升，北
盘下降，是一条至今仍在活动的略带右旋走滑分量的倾滑正断层，南盘下降，它控制了应
县所在区域的马营庄凹陷 S1 与西北侧黄花梁凸起 L1 的分界。该断裂距石庄村 4.7km。村
西段地裂缝剖面上垂直错距上小下大，在距地表 10～11m 处，错距发生突变，且钻探资料
显示随地层加深错距加大。由以上可知，村西段地裂缝受六棱山北麓活动断裂的次级断裂
控制，是次级断裂的活动继承性地裂缝。

（5）恒山北麓断裂 Fd5 是整个大同盆地的盆缘控制断裂，其与六棱山北麓断裂、小石口活动断裂共同作用，将应县石庄村地区"C"形包围切割，形成以石庄村为中心区域的凹陷，这为地裂缝的发育提供了整体构造背景。

综上所述，结合地裂缝的剖面和活动性特征，可知石庄村地裂缝的形成与活动断裂的发育密切相关，首先是继承了小石口活动断裂，并且在恒山北麓、六棱山南麓两大断裂的共同作用下，上覆地层扭动变形，使得地裂缝在地表走向变化。裂缝深部由于受到构造控制，地层错距达 3m 以上，对上部上覆土体产生拖曳作用，上覆土体势必会随基底错动而产生变形，且在变形过程中，土层中的应变由下向上累积，只有在近地表部位处于低围压状态的土体才会通过开裂变形以释放应变。在拉张破裂的条件下，破裂与局部土体沉陷同时发生，也随该过程的累进而产生横向扩展，因此地层错距只有几十厘米且出现次级裂缝。本节给出了研究区的构造模式，在小石口、六棱山南麓两条断裂的附近产生多条次级断层和隐伏断层，形成地裂缝原形，之后可以在水平拉张应力、土体重力以及地下水、地表水、地震活动等的共同作用下，隐伏断层上部土层自下而上破裂变形，最终导致地表破裂，形成地裂缝。

2. 地下水开采对地裂缝活动的影响

活动断裂与地裂缝的关系清楚后，不难发现，地裂缝剖面上的现象得到了很好的对应与解释。但石庄村地裂缝的特殊性不仅表现在剖面上，而且平面上裂缝在直线距离 530m 内走向发生明显改变的现象，仅从活动断裂角度分析尚缺乏说服力，因此从地下水开采角度对地裂缝平面展布特殊现象进行了进一步分析。

地下水对地裂缝的影响在本研究区经过分析，认为可以分为以下两个方面：

（1）人工开采地下水时，会在土层中形成一个降水漏斗，土体中的孔隙水压力会随着孔隙中水的排出而不断减小，有效应力相应地逐渐增加，随着有效应力的不断增加，土体的孔隙体积不断被压缩而使土体产生固结变形，导致地面形成以降水漏斗为中心的地面沉降，并且在沉降区地表形成一定范围的拉张应力区。当这种拉张应力超过土层的抗拉强度时，就会在地表产生土体破裂，即地裂缝，或者加剧已有的地裂缝活动（图 2.22）。

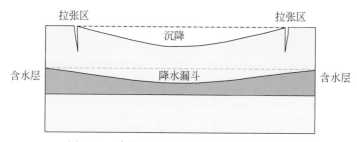

图 2.22　降水漏斗引起的边缘地表拉张破裂

（2）当已有活动构造继承型地裂缝两侧地层不相同时，地下水的开采会使得裂缝两侧的地层固结压缩量不同，从而使地裂缝两侧的地面沉降速率不同，引起或加剧地裂缝上下盘的相对垂直位错活动。

山西应县 20 世纪 80 年代以前，用水的重点为农田灌溉用水，年际用水量主要随天然降水量的变化而变化。80 年代初期人均用水量接近我国北方平均值，此期间，由于农业用水所占比例相对较大，与同期全国平均水平相比偏高 51.02%。80 年代以来，随着能源基地建设步伐的加快、城市规模的迅速扩大，以及人口的大幅度增加，用水结构发生了一定变化，突出表现为工业、城镇生活挤占了下游区的农业灌溉水源。1990 年后随着区域缺水矛盾加剧，企业节水力度加大，用水量增长幅度放缓，用水比例保持在一个相对稳定的状态。城乡生活用水呈缓慢增长趋势，至 2000 年用水量达到最高。1985~2000 年，工业用水共增加 4545 万 m³，年均增长 3.61%，用水比例由 11.97% 上升至 21.98%；生活用水增加了 1275 万 m³，年均增长 3.57%，用水比例由 3.75% 上升至 6.21%。

目前，应县县城人口接近 10 万，随着应县城镇的不断发展，人文环境的大力改善，著名的应县释迦塔游客数量的逐年增多，城镇居民居住环境、饮食、卫生等生活水平获得较大幅度的提高，该县生活用水水平与过去相比也在明显提高。

分析对比大同盆地 2004 年 6 月与 1983 年 6 次实测流场图发现（图 2.23，图 2.24），大同盆地地下水总体流向是由边山向盆地中心，由西南向东北方向运移，盆地中部应县东北方向桑干河河谷一带潜水位最低。通过 20 年的资料对比，地下水水位在山边冲洪积扇中上部水位下降最大，总的规律是盆地西部水位下降较东部多，南北较中部水位下降速度快。

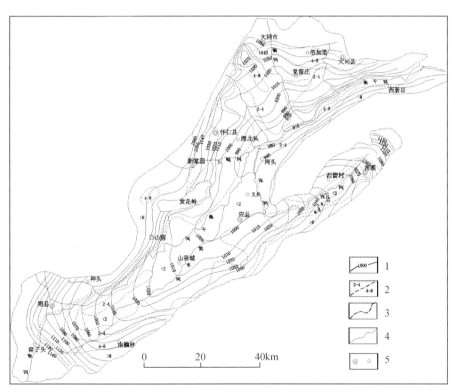

图 2.23　大同盆地 1983 年 6 月地下水等水位线图

1. 等水位线及水位标高；2. 水位埋深分界线；3. 盆地分界线；4. 河流；5. 市、县

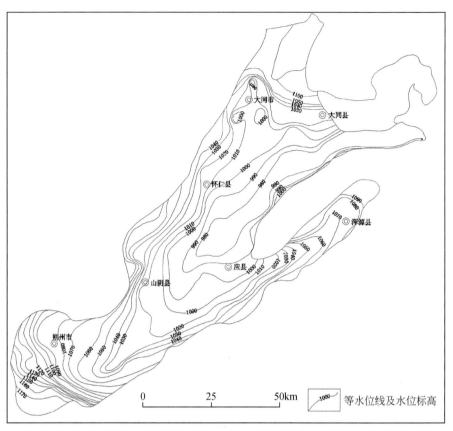

图 2.24   大同盆地 2004 年 6 月地下水等水位线

石庄村位于应县东 5km 处，所在区域地下水等水位线密集，从 1040m 快速下降到 1000m，地下水位高程变化迅速，表明此处有一地下水水位下降陡坎，且该区为地下水降落漏斗边缘，降落中心在应县东北。1983 年石庄村地下水水位位于 1010～1020m 等水位线，到 2004 年 6 月，石庄村地下水位于 1000m 等水位线，20 年间保守估计地下水下降 15～20m，这与现场走访居民所了解到的情况基本一致。

石庄村农业灌溉机井 37 口，其中 25 口较为集中地分布在村西（图 2.25），其他零星分布于村东和村北。而村内地裂缝在村小学探槽，西盘下降，在村西北角探槽，南盘下降，地裂缝走向由南北变为近东西。走访村民了解到，该地区 20 世纪 90 年代以来，附近村民将大量的粮田改种蔬菜和经济作用，蔬菜灌溉用水量大幅增加。灌溉机井 7～8 年前井深 30m 即可出水，现今水井不同程度地加深，有的需 60～70m，个别达到 100 余米才可稳定出水。而村民饮用水井也受到影响，水位下降，井深从 7～8 年前的 13～15m 增加到 24～26m，村民反映水位每年都有所下降。

以上各点均表明在研究区域内，地下水在应县县城东部与石庄村西部之间形成一局部降落漏斗，在漏斗边缘的地表形成一定范围的拉张应力区，产生土体破裂，加剧已有的地裂缝活动。地下水抽取引起的裂缝活动在两个探槽中都有不同程度的表现。

影响表现一：剖面上，村南小学探槽开挖深度 8m，底部粗砂层错距 1.5m 以上，深度

图 2.25　石庄村机井分布图（下社镇石庄村村委会）

5m 时错距 35cm，而顶部粉土层错距只有 15cm。村西北探槽开挖深度 12m，底层的巨厚粉土层未见底，该层出露的错距达 3m 以上，但在近地表错距只有 10cm。由于该地裂缝受小石口活动断裂、六棱山活动断裂控制，构造活动事件引起深部地层错断较大，而近年来机井 30m 以上抽水所产生的局部地层压缩变形，在上部多层较松散沉积物的耗减下，反映在近地表只有 10～15cm。

影响表现二：平面上，在降落漏斗边缘的拉张区，应力集中，使得已有沿小石口断裂走向的地裂缝，朝着土体结构松散、应力集中的优势方向靠拢，走向发生变化，最终导向六棱山南麓断裂的次级断裂走向上。

由以上分析可知，石庄村地裂缝在垂直位错活动量上与地下水开采有着密切关系，集中机井抽水使裂缝两盘上层地层产生位错，此错距较小，探槽揭示只有 10～15cm；而抽水使得地表破裂沿漏斗边缘拉张区发育，使地裂缝走向发生改变。

小石口活动断裂与地裂缝开始进入石庄村南的走向一致为近南北向，经过降落漏斗边缘区走向有向西改变的趋势，之后与六棱山断裂的继承性地裂缝相交，走向北北东-南南西，由于该地裂缝是活动断裂继承性地裂缝，受控于六棱山断裂，故走向稳定，不再发生改变，而此时的降落漏斗边缘地层拉张压缩，只能在剖面垂直方向上对地裂缝活动产生促进作用，引起裂缝沿线房屋破坏。

至此，可以得出石庄村地裂缝形成的基本模式，如图 2.26 所示。

3. **地震活动对地裂缝活动的影响**

探槽揭示在中上部地层多处出现地震引起的喷水冒砂现象；走访当地居民得知石庄村地裂缝在 2008 年汶川地震中破坏加剧，虽然该地裂缝首现于 1997 年，但不少居民反映自己的住宅是在汶川大地震中开始破裂，地震活动在该区域对地裂缝的危害具有放大作用。因此在得到石庄村地裂缝的成因构造模式图之后，还需要进一步对地震活动和地裂缝活动的相互作用进行分析。

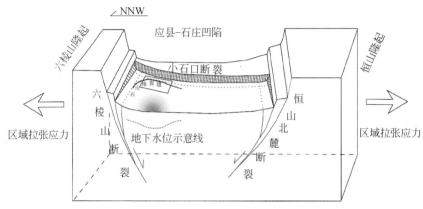

图 2.26　石庄村地裂缝构造+地下水模式图

山西省地震局丁学文等通过探槽揭露断距 2.3m，地震塌陷、喷水冒砂等现象，认为大同盆地黄花梁-山自皂断裂为公元 512 年的发震断层。

公元 1002 年在交城县附近的里氏 6.5 级地震，晋祠三绝之一的圣母殿内宋代的彩塑仕女像受到地震破坏。该地震一直波及大同、应县一带，震感强烈。

应县、怀仁一带恰好是大同盆地的恒山断裂、桑干河断裂和口泉断裂延伸部分的复合带，航测资料显示，应县断陷带，既深又大。所以这就构成了大同盆地历史上主要发震区的地质背景。据历史资料分析，应县地区及邻近区较大地震有五次（表 2.8）。

表 2.8　应县地区及邻近区域历史较大地震（张畅耕等）

地震日期	震中位置			震级	震中烈度	应县烈度
	地区	北纬	东经			
1022 年 4 月	应县	39.7°	131.1°	6.5	8	八
1305 年 5 月 3 日	怀仁	39.8°	131.1°	6.5	8 ~ 9	八
1581 年 5 月 18 日	广灵、蔚县	39.8°	114.5°	6	7 ~ 8	六
1583 年 5 月 18 日	浑源、广灵	39.7°	113.8°	5.5	7	六
1626 年 6 月 28 日	灵丘	39.4°	114.2°	7	9	七

石庄村小学探槽揭示地层显示，在主裂缝未错穿的粉土层，有多处典型的地震引起喷水冒砂现象，如图 2.27 所示。砂脉由下向上分叉散开尖灭，砂源即为粉土层下的细砂层，可知在地质历史时期，应县石庄村地裂缝底层错距在 3m 以上，是由某次强烈的地震事件引起，关于该起构造事件的定年工作由于时间所限未能进行。野外地质调查走访石庄村村民时，得知 2008 年汶川地震当地震感强烈，不少居民家中房屋、地窖出现裂缝，也正是 2008 年之后，地裂缝危害加剧，开始引起人们重视。

图 2.27　探槽揭示的喷水冒砂现象

第3章 太原盆地地裂缝

太原盆地的地裂缝大规模活动出现于20世纪70年代中后期，至今仍在持续发展。地裂缝主要分布于太原盆地西边界交城大断裂及东部边界洪山-范村断裂西侧的榆次至平遥一带。

3.1 地裂缝区域分布规律

3.1.1 历史与现状概况

经调查统计，太原盆地共有地裂缝107条（带）（表3.1），造成的经济损失高达3亿元。从地域分布情况看，地裂缝均出现在太原市以南，从地貌上来讲多发育于山前倾斜平原。清徐、交城、文水地裂缝带连续长度达到46km，沿交城大断裂展布，为省内最长的地裂缝带，规模大，影响带宽，造成的灾害损失巨大。榆次区分布有4条（带）地裂缝，其中3条（带）位于城区及近郊，对城市规划与建设影响较大，造成的建筑物破坏比较严重；太谷县分布有43条（带）地裂缝，比较密集，走向以北东向为主，规模最大达3.5km；祁县分布有8条（带）地裂缝，走向以北东向为主，规模最大达22km；平遥县分布有24条（带）地裂缝，地裂缝距离平遥古城最近的不足3km，继续发展下去直接威胁到古城的安危。

表 3.1   太原盆地地裂缝一览表

县（市）	统一编号	盆内编号	位置	发育特征
清徐	TY001	QXu-001	平泉—西梁泉	1998年出现，长5.5km，走向NE60°，宽0.1~2m
	TY002	QXu-002	东于乡方山村	2000年出现，长2.1km，走向NE75°，宽0.1~3m
	TY003	QXu-003	东于乡武家坡	2002年出现，长1.1km，走向NE70°，宽0.1~0.6m
榆次	TY004	YuC-001	五中—北郊变电所	1976年出现，长5.6km，走向近北东。裂缝带影响宽度为15~30m，最大沉降量为25cm，单条裂缝宽5cm
	TY005	YuC-002	172处地裂缝	1985年出现，长约600m，走向NE60°
	TY006	YuC-003	铁三局五处太行养鸡厂	1985年出现，长约200m，走向近北东
	TY007	YuC-004	修文地裂缝	1976年出现，发育一地裂缝带，走向NE65°，地裂缝带全长6km
太古	TY008	TG-001	任村乡小谷村东北	2000年出现，长130m，走向335°，宽0.3~0.6m
	TY009	TG-002	任村乡牛许村西南1#	2004年5月出现，长720m，走向东西，宽0.35m
	TY010	TG-003	任村乡牛许村西南2#	2004年5月出现，长238m，走向30°，宽0.2~0.3m
	TY011	TG-004	任村乡牛许村西南3#	2006年出现，长2500m，走向80°，宽0.3m

续表

县（市）	统一编号	盆内编号	位置	发育特征
太古	TY012	TG-005	任村乡东贾村西南	2001 年出现，长 200m，走向 285°，宽 0.1~2m
	TY013	TG-006	任村乡郝村西北	2001 年出现，长 320m，走向 80°，宽 0.2~0.3m
	TY014	TG-007	阳邑乡石象村	2000 年出现，长 1100m，走向 55°，宽 0.2~0.3m
	TY015	TG-008	阳邑乡四卦村	1975 年出现，长 520m，走向 0°，宽 0.04m，深 7~8m
	TY016	TG-009	北洸乡北洸村东北	2000 年出现，平行分布，间距 20m，长 300m，走向 60°，宽 0.2~0.4m，深 2~3m
	TY017	TG-010	北洸乡北洸村	2000 年出现，长 1500m，走向 70°，宽 0.2~0.5m
	TY018	TG-011	明星镇贺家堡村东北	1955 年出现，三条地裂缝平行分布，阶步指向 25°，间距 0.4~1.5m，长 800~1000m，宽 0.3m
	TY019	TG-012	明星镇南贺村	1975 年出现，长 1000m，走向 45°，宽 0.25m
	TY020	TG-013	明星镇程家庄村	1988 年出现，长 1000m，走向 35°，宽 0.15~0.25m
	TY021	TG-014	明星镇程家庄村北	1985 年出现，长 1500m，走向 40°，宽 0.25m
	TY022	TG-015	侯城乡南副井村	2002 年出现，长 600m，走向 310°，宽 0.2m
	TY023	TG-016	侯城乡北沙河村南	2000 年出现，长 300m，走向 5°，宽 0.3m
	TY024	TG-017	侯城乡南沙河村 1#	2000 年出现，长 1000m，走向 5°，宽 0.25m
	TY025	TG-018	侯城乡南沙河村 2#	2002 年出现，长 400m，走向 60°，宽 0.2m
	TY026	TG-019	侯城乡贯家堡村	2002 年出现，两条地裂缝平行分布，长 700~1000m，走向 55°，宽 0.2~0.3m
	TY027	TG-020	水秀乡水秀村	2001 年出现，长 3000m，走向 30°，宽 0.4m
	TY028	TG-021	水秀乡水秀村北	2001 年出现，长 1250m，走向 65°，宽 0.3m
	TY029	TG-022	水秀乡武家堡村北	2000 年出现，长 2800m，走向 40°，宽 0.2m
	TY030	TG-023	水秀乡武家堡村南	2000 年出现，长 3000m，走向 45°，宽 0.1~1m
	TY031	TG-024	水秀乡武家庄村	1985 年出现，长 180m，走向 60°，宽 0.4m
	TY032	TG-025	胡村镇韩村	2000 年出现，长 1100m，走向 46°，宽 0.3m
	TY033	TG-026	胡村镇胡村庄北	1998 年出现，长 760m，走向 60°，宽 0.3~0.4m
	TY034	TG-027	胡村镇敦坊村	2000 年出现，三条地裂缝平行分布，长 450~600m，走向 10°，宽 0.1~0.3m
	TY035	TG-028	明星镇贺家堡村西北	1975 年出现，长 2500m，走向 65°，宽 0.5m
	TY036	TG-029	明星镇明星村	1970 年出现，长 250m，走向 80°，宽 0.3m
	TY037	TG-030	明星镇朱家堡村	1989 年出现，长 700m，走向 30°，宽 0.25m
	TY038	TG-031	北洸乡曹庄村北	1988 年出现，长 2000m，走向 70°，宽 0.4m，地面下错位移 0.3m
	TY039	TG-032	北洸乡南洸村东南	2000 年出现，长 600m，走向 20°，宽 0.4m
	TY040	TG-033	北洸乡西山底村	2000 年出现，长 1500m，走向 335°，宽 0.2m
	TY041	TG-034	北洸乡西咸阳村	2001 年出现，长 500m，走向 45°，宽 0.3m

县（市）	统一编号	盆内编号	位置	发育特征
太古	TY042	TG-035	北洸乡北张村西	2001年出现，长400m，走向25°，宽0.6m
	TY043	TG-036	北洸乡北张村	2003年出现，长1200m，走向25°，宽0.7m
	TY044	TG-037	北洸乡北张村东北3#	2001年出现，分布杂乱无章，长100~200m，宽0.2~0.5m
	TY045	TG-038	北洸乡北张村东北2#	2001年出现，两缝平行分布，走向300°，长50~700m，宽0.1~0.6m
	TY046	TG-039	北洸乡北张村东北1#	2001年出现，长800m，走向30°，宽0.15m
	TY047	TG-040	北洸乡畜牧学校西北	1999年出现，长600m，走向45°，宽0.3m
	TY048	TG-041	北洸乡白城村东南	1999年出现，两条地裂缝平行分布，间距120m，长1800m，走向78°，宽0.3~0.5m
	TY049	TG-042	北洸乡白城村	1998年出现，两条地裂缝平行分布，走向0°，长30~500m，宽0.2~0.5m，深5~6m
	TY050	TG-043	北洸乡西副井村北	长600m，走向305°，宽0.2~0.5m，深0.6m
祁县	TY051	QX-001	白圭—郑家庄	1979年出现，长22km，走向65°，宽度0.3~2.0m，倾向SE，南盘下降，地表垂直位错30cm，垂向活动速率2~3cm/a
	TY052	QX-002	乔家堡—武家堡	1978年出现，长10.2km，走向73°，宽度0.2~1.0m，倾向SE，倾角80°，地表最大垂直位错45cm
	TY053	QX-003	阎漫—下古县	1978年出现，长7.4km，走向50°，宽度为0.05~0.60m。地表出露3.45km，隐伏3.95km
	TY054	QX-004	白圭南—官厂	1975年出现，长3.45km，走向40°，宽度为0.05~0.50m。地表出露3km，隐伏1.45km
	TY055	QX-005	原西—里村	1995年出现，长3.15km，走向67°，宽度为0~1.5m，其中地表出露2.85km，隐伏1.3km
	TY056	QX-006	东高堡—张庄南	1995年出现，长2.45km，走向40°，宽度为0.05~0.5m
	TY057	QX-007	鲁村水库—省果树所	1995年出现，长3.3km，走向48°，宽度为0.05~0.25m。其中地表出露2.45km，隐伏0.85km
	TY058	QX-008	西炮—白圭	1998年出现，长6.6km，走向75°，宽度为0.3~2m，倾向北西，倾角近直立，地表垂直位错30~40cm，垂向活动速率为3~4cm/a
交城	TY059	JTP001	天宁镇坡底村	1995年至今，长0.4km，走向40°~50°，倾向南东，倾角近直立，南东盘下降，左旋扭动，最大垂直位错20cm，张性破裂，活动速率为3mm/a
	TY060	JTP002	天宁镇坡底村	1995年至今，长0.17km，走向40°~50°，倾向南东，倾角近直立，南东盘下降，垂直位错5cm，左旋扭动，张性破裂，活动速率为3mm/a
	TY061	JTT001	天宁镇田家山村	1995年至今，长0.3km，走向40°~65°，倾向南东，倾角近直立，南东盘下降，最大垂直位错15cm，左旋扭动，张性破裂，活动速率为3mm/a

县（市）	统一编号	盆内编号	位置	发育特征
文水	TY062	WKB001	开栅镇北徐村	1995 年出现，长 1.1km，总体走向 30°，宽度为 1~3cm
	TY063	WKZ001	开栅镇中舍村	1989 年出现，至今仍在活动，长 200m，走向 15°，倾向南东，南东盘下降，右旋扭动，宽度为 1~2cm，活动速率为 11mm/a
	TY064	WKZ002	开栅镇中舍村	1989 年出现，至今仍在活动，长 700m，走向 12°，倾向南东，南东盘下降，右旋扭动，宽度为 1~2cm，活动速率为 11mm/a
	TY065	WS-010	开栅镇开栅村	1995 年出现，5 组地裂缝，走向 20°，每组间距 50~100m 不等，单缝宽 0.2~5cm，断续延伸，单缝总长 50~260m
	TY066	WS-005	马西乡穆家寨	2002 年出现，耕地中出现 1 条裂缝，农耕时已被填埋，走向 30°，裂缝长约 100m，宽 5~7cm
	TY067	WFN001	凤城镇南徐村	1995 年出现，至今仍在活动，长 700m，走向 20°，倾向南东，南东盘下降，右旋扭动，宽 1~2cm，活动速率为 14mm/a
	TY068	WFN002	凤城镇南徐村	1995 年出现，至今仍在活动，长 400m，走向 20°，倾向南东，南东盘下降，右旋扭动，宽 1~2cm，活动速率为 13mm/a
	TY069	WFN003	凤城镇南徐村	1995 年出现，至今仍在活动，长 400m，走向 11°，倾向南东，南东盘下降，右旋扭动，宽 1~2cm，活动速率为 13mm/a
	TY070	WFN004	凤城镇南徐村	1995 年出现，至今仍在活动，长 400m，走向 10°，倾向南东，南东盘下降，右旋扭动，宽 1~2cm，活动速率为 11mm/a
	TY071	WFL001	凤城镇龙泉村	2000 年出现，至今仍在活动，长 200m，走向 12°，倾向南东，倾角近直立，南东盘下降，右旋扭动，宽 1~20cm，活动速率为 12mm/a
	TY072	WFL002	凤城镇龙泉村	2000 年出现，至今仍在活动，长 300m，走向 3°，倾向南东，倾角近直立，南东盘下降，右旋扭动，宽 1~20cm，活动速率 12mm/a
	TY073	WFL003	凤城镇龙泉村	20 世纪 80 年代出现，长 0.15km，走向 3°~5°，倾向南东，倾角 85°，南东盘下降，右旋扭动，宽 1~5cm，活动速率为 12mm/a
	TY074	WFL004	凤城镇龙泉村	20 世纪 80 年代出现，长 0.15km，走向 3°~7°，倾向南东，倾角近直立，南东盘下降，右旋扭动，宽 1~5cm，活动速率为 12mm/a

续表

县（市）	统一编号	盆内编号	位置	发育特征
文水	TY075	WFZ001	凤城镇章多村	1995 年出现，长 0.55km，走向 20°，倾向北西，北西盘下降，右旋扭动，宽 0.5～0.7m，活动速率为 11mm/a
	TY076	WXM001	孝义镇马村	1995 年出现，地表延伸 0.5km，走向 25°～30°，宽 1～3cm
	TY077	WXM002	孝义镇马村	1995 年出现，地表延伸 0.6km，走向 20°，宽 1～3cm
	TY078	WMD001	孝义镇马东村	1995 年出现，地表延伸 0.8km，走向 75°，宽 10～80cm
	TY079	WMX001	孝义镇马西村	1995 年出现，走向 20°，表现为墙体开裂，为间断点，连续性差，宽 1cm
	TY080	WXX001	孝义镇孝义村	2000 年出现，至今仍在活动，长约 0.4km，走向 10°～15°，倾向南东，倾角近直立，南东盘下降，右旋扭动，宽 1～3cm，活动速率为 12mm/a
	TY081	WXS001	孝义镇上贤村	1995 年出现，长约 0.35km，走向 80°，倾向南东，倾角近直立，南东盘下降，右旋扭动，宽 1～5cm，活动速率为 12mm/a
	TY082	WXB001	孝义镇北武度村	1995 年出现，长约 0.1km，走向 50°～60°，倾向南东，倾角近直立，南东盘下降，右旋扭动，宽 1～5cm，活动速率为 12mm/a
	TY083	WXB002	孝义镇北武度村	1995 年出现，长约 0.15km，走向 80°，倾向南东，倾角近直立，南东盘下降，右旋扭动，宽 1～5cm，活动速率为 12mm/a
平遥	TY084	PZZ001	朱坑乡朱坑村	20 世纪 80 年代出现，长约 0.4km，走向 30°～40°，南东盘下降，宽 1～10cm
	TY085	PZZ002	朱坑乡朱坑村	20 世纪 80 年代出现，长约 0.15km，走向 34°，宽 1～7cm，右旋扭动
	TY086	PZN001	朱坑乡南王湛村	20 世纪 80 年代出现，长约 0.3km，走向 310°～320°，地裂缝为张性，表现为陷坑，陷坑直径 0.6～3.6m
	TY087	PZN002	朱坑乡南王湛村	20 世纪 80 年代出现，长约 0.15km，走向 40°～45°，倾向南东，倾角 85°，南东盘下降，右旋扭动，陷坑直径 1.1m，活动速率为 12mm/a
	TY088	PZH001	朱坑乡洪堡村	20 世纪 80 年代出现，长 0.5km，总体走向 70°～80°，倾向南东，倾角近直立，南东盘下降，右旋扭动，陷坑直径最大 3m，活动速率为 12mm/a
	TY089	PY-001	朱坑乡小汪村东北	2003 年 8 月发现，地裂缝平行发育，间距 50～60m，长 400m，走向 310°，宽 1～30cm

县（市）	统一编号	盆内编号	位置	发育特征
平遥	TY090	PY-005	中度乡北要村	1986 年 7 月出现，两条地裂缝平行发育，间距 50～60m，长 180m，走向 80°，宽 1～10cm
	TY091	PYY001	岳壁乡岳中村	20 世纪 80 年代出现，长约 0.15km，走向 80°～90°，倾向南东，倾角近直立，南东盘下降，右旋扭动，宽 1～5cm，活动速率为 12mm/a
	TY092	PYY002	岳壁乡岳北村	20 世纪 80 年代出现，长约 0.5km，走向 320°～350°，宽 1～5cm
	TY093	PYY003	岳壁乡岳南村	20 世纪 80 年代出现，长约 0.15km，走向 300°，宽 4cm
	TY094	PYL001	岳壁乡梁村	20 世纪 80 年代出现，长约 0.2km，走向 80°～90°，宽 3cm
	TY095	PHJ001	洪善镇京陵村	2000 年出现，长约 0.1km，走向 73°，张开量 1.3m
	TY096	PHC001	襄垣镇曹冀村	20 世纪 90 年代出现，长约 0.1km，走向 50°～60°，倾向南东，倾角近直立，南东盘下降，右旋扭动，宽 0.35～1.4m，最宽 1.6m，活动速率为 5mm/a
	TY097	PXL001	襄垣镇梁官村	20 世纪 90 年代出现，至今仍在活动，长约 0.5km，走向 63°，倾角近直立，宽 0.35～1.4m，最宽 1.6m
	TY098	PHX001	洪善镇新胜村	1948 年出现，至今仍在活动，长约 1km，走向 315°，宽 0.3～1m，最宽达 1.6m
	TY099	PHH001	平遥县洪善镇	2000 年出现，至今仍在活动，长小于 100m，走向 85°，宽 0.4m
	TY100	PXS001	襄垣镇桑冀村	20 世纪 80 年代出现，长约 500m，走向 48°～55°，倾向南东，倾角近直立，宽 0.35～1.6m
	TY101	PY-006	襄垣镇襄垣村西	2004 年 5 月出现，两条地裂缝平行发育，间距 10～20m，长 220m，走向 320°，宽 20～50cm
	TY102	PXX001	襄垣镇襄垣村	2004 年出现，至今仍在活动，长约 0.2km，走向 70°，最大张开量 1m
	TY103	PY-009	襄垣镇郝洞村西南	2006 年出现，长 450m，走向 45°，宽 5～30cm
	TY104	PY-012	襄垣镇五里庄	2004 年 5 月出现，两条地裂缝平行发育，间距 20～30m，长 1300m，走向 55°，宽 30～80cm
	TY105	PXB001	襄垣镇白城村	2000 年出现，小于 100m，走向 291°，倾向南东，倾角近直立，宽 1.3m，活动速率 12mm/a
	TY106	PXX001	襄垣镇西罗鹤村	2000 年出现，小于 100m，走向 72°，张开量 1m
	TY107	PBB001	卜宜乡卜宜村	20 世纪 80 年代出现，长 500m，走向 350°，宽 1～2cm，最大张开量 3cm

3.1.2 地裂缝分布规律

1. 地裂缝分布与地貌的关系

地裂缝主要分布于山前冲洪积平原，如清徐–交城–文水地裂缝带，分布在吕梁山前冲洪积平原；太古–祁县–平遥地裂缝带分布在太岳山前冲洪积平原。

2. 地裂缝与活动断裂的关系

太原盆地活动断裂发育，它不仅控制了盆地的周边形状，而且还控制盆地的发育史。本区活动断裂主要有交城断裂、洪山–范村断裂、祁县断裂、三泉断裂和榆次–北田断裂等，根据走向分为两组，北东–北北东向和北北西向（图3.1）。从图3.1可以得出以下信息：

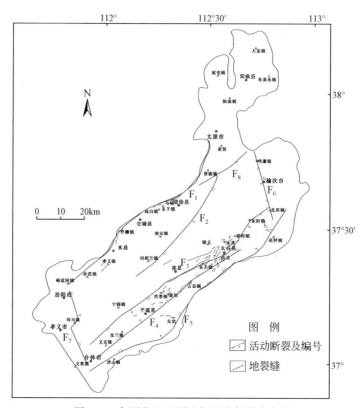

图3.1 太原盆地地裂缝与活动断裂分布图

（1）沿太原盆地西北边界的交城大断裂（F_1）发育的清徐、交城、文水地裂缝群，地裂缝的总体走向与交城断裂的走向相一致，地裂缝的分布明显受交城断裂的控制。

（2）沿太原盆地东南的祁县断裂（F_3）、平遥–太谷断裂（F_4）发育的太谷–祁县–平遥地裂缝群，地裂缝的总体走向与隐伏断裂的走向一致，地裂缝分布受隐伏断层的控制。

（3）沿太原盆地东北边界的榆次–北田断裂（F_6）发育的是榆次地裂缝。

3. 地裂缝分布与地下水位的关系

太原盆地近年来一方面降水量有减少的趋势，使地下水的补给量减少，另一方面随着城乡经济的不断发展，地下水的开采量不断增加，过量抽取地下水使地下水资源得不到有效的补给和恢复，从而造成区域地下水位持续下降，在城区和县城形成大面积的降落漏斗（图3.2）。从图3.2可以得出以下信息：除在太原市区地下水降落漏斗周边未发现地裂缝外，在太原盆地其他地下水降落漏斗的边缘都不同程度地发育地裂缝，且地裂缝的走向大致与降落漏斗的长轴一致，基本垂直于地下水的流向。

图 3.2 太原盆地地裂缝与地下水流场图

4. 地裂缝分布与第四纪地层厚度的关系

太原盆地第四系厚度最厚超过500m，总体上太原盆地第四系埋深由西北向东南逐渐变浅，如图3.3所示。而地裂缝最发育地区位于太谷-祁县-平遥一带和交城断裂沿线的清徐-交城-文水一带，这两个区域恰好是第四系厚度由浅变深的过渡带，且区域地裂缝的总体走向与第四系厚度突变带的展布方向几乎一致。太原盆地内第四系厚度分布的差异基本反映了基底断块的分布情况，第四系厚度的突变带下均有活动断裂通过，而第四系厚度突变带又是沉降漏斗的边缘地带，由于突变带两侧第四纪地层厚度的差异，会加大地层厚度突变带两侧土层压缩变形的差异，从而进一步加剧地裂缝活动的强度。

综上所述，太原盆地地裂缝的分布规律如下：一是分布在盆地两侧的山前洪积扇；二是沿边山大断裂及盆地内隐伏断裂分布；三是分布于地下水降落漏斗的边缘区域；四是分布于第四纪地层厚度突变的区域。

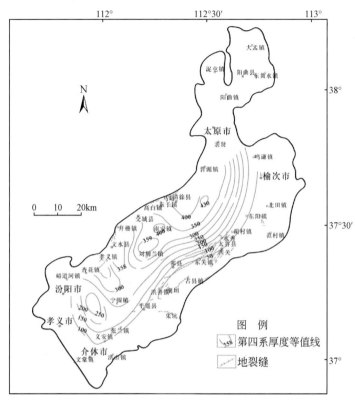

图 3.3　太原盆地地裂缝分布与第四系厚度图

3.2　晋中交城–文水地裂缝

　　交城断裂沿线地裂缝最早出现于 20 世纪 70 年代末期，发生在清徐、文水边山地区，之后不断向两端扩展延伸，并出现了新的地裂缝，至今仍在持续活动。依据笔者收集的资料和调查结果，发现沿线地裂缝从晋源区姚村镇洞儿沟村至文水县城西南马西乡的孝子渠村近 40 处村庄均有出露，按照裂缝出露点的地理位置及行政隶属将交城断裂带沿线活动较活跃的地裂缝划分为三段，即清徐段地裂缝、交城段地裂缝、文水段地裂缝，总体走向稳定呈北东向，全长 46km，为我国迄今为止发育最长的地裂缝带，具有很好的连贯性和延伸性（图 3.4）。近年来，随着地裂缝影响范围的不断扩大，沿线许多房屋被毁，大片耕地、公路及部分水利设施等均遭到破坏，已经成为交城断裂带沿线地质灾害破坏最严重的灾种之一，沿线地裂缝的地域分布特征也表明了地裂缝的发展与人类经济活动有着明显的相关性（据调查，交城断裂带沿线其他地段也发育有地裂缝，如南段的汾阳、北段的晋祠等地，但相比而言其活动程度和成带性没有清徐—交城—文水段的地裂缝强烈和明显，因此本书对此暂不做研究，本书中所提到的交城断裂带的地裂缝，均指清徐—交城—文水段的地裂缝）。

由图 3.4 可以看出，交城断裂地裂缝的空间分布与区域构造等地质条件密切相关，与断裂的位置和延伸方向上均有着较好的一致性，反映出地裂缝强烈的构造特征。首先，地裂缝的延伸方向与本区的构造线近平行，具有较好的一致性；其次，地裂缝的分布集中区正好位于构造带附近。地裂缝带多分布在断层的东南部 500m 范围以内，且在上盘集中发育，具有很好的成带性和分段性，总体走向稳定，但在局部表现异常，如清徐—交城段整体走向为北东—北东东向，文水县北段走向转为北北东向，而在南端的南峪口村一带走向又转为北东东向。沿线地裂缝连续性较强，沿断裂带基本呈贯通式分布，破坏性极强。

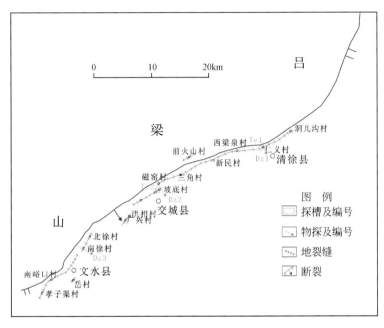

图 3.4　交城断裂地裂缝分布图

3.2.1　地裂缝概况

交城断裂带地裂缝从地貌上看多沿边山地带分布，位于交城隆起和沉积平原的交界地带，一般在断裂的南侧出露（图 3.4）。地裂缝平面形态多呈直线状，水平张开量一般为 1~8cm，最宽达 1m，地裂缝两侧兼有垂直位错，房屋裂缝两侧垂直位错量一般为 1~10cm，南东盘下降，但地表陡坎的位错量较大，约 0.8m，并伴有水平扭动现象，局部区域地裂缝也呈串珠状的陷穴显现，影响带宽度为 20~160m。

1. 清徐段地裂缝分布现状概况

清徐县西边山位于吕梁山脉东麓与太原断陷盆地的交接部位，地形地貌较复杂，地质构造发育。清徐段地裂缝主要分布于清徐县西边山一带，发育在交城断裂带清徐段沿基岩隆起区与盆地黄土台塬区、冲洪积倾斜平原区的分界附近，东北起于晋源区姚村镇的洞儿沟村，经清源镇上固驿村、平泉村、马峪乡仁义村、都沟、梁泉村，西南止于东于镇的武家坡村等 15 处，断续延伸 18.5km，影响带一般宽 20～120m，具有规模大、破坏性强的特点，为交城断裂带沿线地裂缝活动强烈段。总体呈北东走向，优势方位为 60°～75°，倾向南东，倾角 85°～88°；主地裂缝位于晚更新世洪积台地坎前与全新世洪积扇的分界处，下伏为高角度正断层，东南盘下降；次级裂缝多在断层上盘发育，距断层 100～200m，近平行发育 2～4 条，线性明显，表现为水平拉张，垂直位错明显，且伴有右旋扭动的现象。

2. 交城段地裂缝分布现状概况

交城断裂沿线地裂缝活动强烈，地裂缝东起交城县岭底乡的前火山村，经天宁镇三角村、坡底村、田家山村，西南止于洪相乡的广兴村等共 10 个村庄，总延伸 15.8km（图 3.4）。影响带宽度一般为 54～113m，最宽处达 166m；地裂缝呈带状分布，总体走向稳定在 NE50°，与交城断裂带有很好的一致性，交城断裂交城段的位置在距基岩隆起区与盆地倾斜平原的分界南约 200m 处，地裂缝出露位置与断裂吻合；倾向南东，裂缝多近直立，倾角很大，南东盘下降；地裂缝在上下盘均有发育，裂缝带在上盘距断层 100m 左右，错断了山前的黄土台地与洪积扇，造成的位错现象明显，尤其天宁镇北侧靠近山边 200m 的坡底村——田家山村段地裂缝连续出露，有很好的连续贯通性，活动性也最为活跃（图 3.4）。

3. 文水段地裂缝分布现状概况

文水县地裂缝分为南北两个大带，北部地裂缝与交城地裂缝相接，多集中分布于近边山村庄，东北起于开栅镇北徐村，经凤城镇南徐村、土堂村，至城关镇岳村、南峪口，止于马西乡孝子渠村，共发现地裂缝 12 处，总体延伸 11.7km（图 3.5，图 3.6）。该段地裂

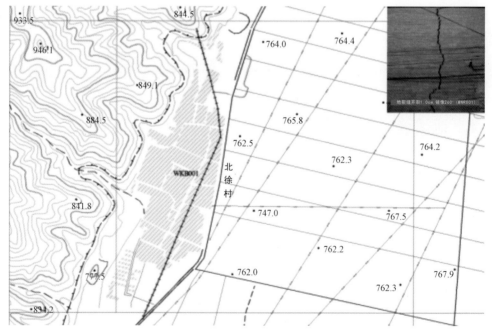

图 3.5　文水县北部北徐地裂缝平面分布图

缝走向为 NE20°，与交城断裂文水段吻合，至南部南峪口村地裂缝走向又转为 62°。通过野外实地工作证实，交城断裂文水段实际由两条断裂组成，呈阶梯状展布，相距 100 ~ 200m，主断裂在距山前盆山交界线 130 ~ 200m 处，断裂南东盘下降，倾角 70° 左右，地裂缝多在上盘发育，影响带宽 80m 左右。其中发育于北徐—章多—南徐段的边山与冲洪积倾斜平原接触地带耕地中一处地裂缝特征最为明显，可见宽度 1 ~ 3cm，断续延伸，农耕时被填埋，每年农灌期间，灌溉水多到此漏失，又相继开裂。

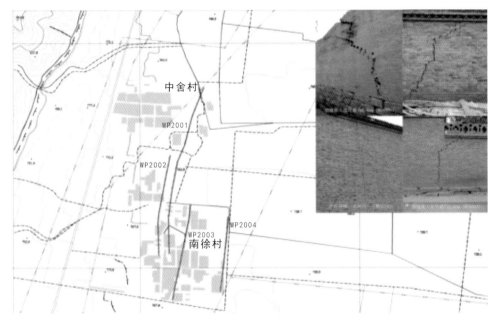

图 3.6 文水县北部南徐地裂缝平面分布图

文水南部地裂缝距离西边山较远，主要分布在马东村、马西、穆家寨、上贤、孝义镇、马村一带（图 3.7），活动微弱，多呈点状零星分布，没有规律性，不呈带状分布，与交城断裂走向没有很好的一致性，地裂缝多张开一段时间后又逐渐闭合，此处地裂缝受降雨控制较明显，受交城断裂构造因素影响较弱。

3.2.2 地裂缝的平面分布特征

1. 平面分布规律

交城断裂地裂缝的分区特征与其地质背景紧密相关，调查发现，交城断裂地裂缝的分布规律如下：

（1）地裂缝多出现在盆山过渡带上，在冲洪积、风积的粉土层与粉质黏土层中均有发育，且多在基岩隆起区与盆地黄土台塬区、冲洪积倾斜平原区的分界线 200m 范围附近出露和活动，与断裂位置相吻合，多在断层上盘广泛发育。地裂缝错断了盆地边缘的山前洪积扇区及黄土台地，微地貌为陡坎或陡坡，地裂缝与陡坎有很好的连接性，且走向相同。

（2）沿交城大断裂活动强烈的清徐、交城、文水以地裂缝带的形式发育，地裂缝带的

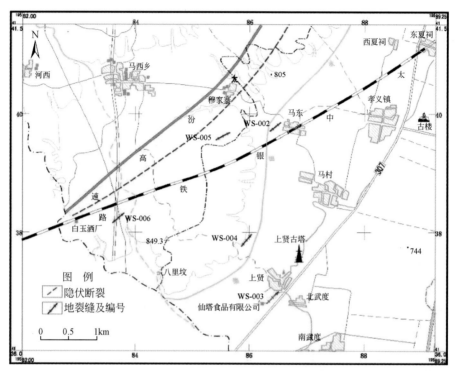

图 3.7　文水县南部马东、上贤一带地裂缝分布图

总体走向为北东—北东东向，与沿线交城断裂各段的走向相一致，一般距主断层 80～160m，地裂缝的分布明显受交城断裂的控制。

（3）交城断裂地裂缝主要分布于第四纪地层厚度较薄的区域，且第四系沉积厚度基本上都小于 200m。从土层分布情况看，地裂缝发育区地表浅层普遍分布黄土状土或湿陷性黄土，地裂缝的活动性和发育程度明显受到了土层失水的压缩性和黄土湿陷性的制约，局部地段出现串珠状的洞穴。

（4）与人类活动有一定的相关性。沿线多为人类居住密集区，随着居民生活和灌溉用水逐年加剧，地裂缝活动也随之发展，尤其沿山边修路开挖山体、放炮阵动等工程也促进了沿线地裂缝的活动，沿线地裂缝有很多是在人类工程出现以后才出现。

2. 平面分布特征

1）地裂缝的平面展布多样性

由于所处地质构造环境、土性、地下水分布及降雨情况不同，造成地裂缝在平面上的几何、组合形态多种多样，有直线状、弧状、折线状、树枝状、网格状、锯齿状、羽状和波状等形态。地裂缝发展初期，多呈雁列或锯齿状，随地裂缝发展，单条地裂缝逐步形成较长的地裂缝带。

2）地裂缝走向稳定性

据地质调查资料，沿交城断裂展布的地裂缝，走向为 NE40°～80°，其中优势方位为60°～75°，并沿走向呈线性延伸，单条地裂缝的方向性稳定，在不同地段的走向差异一般小于 10°。

3）地裂缝的成带性

交城断裂地裂缝带实际上由多条地裂缝组合而成，具成带性特点。地裂缝影响带一般宽 20 ~ 130m，多发育 1 ~ 4 条，规模大的地段可达 160m；在交城断裂西部地裂缝带宽 10 ~ 50m，以东宽 15 ~ 240m。地裂缝主要发育于交城断裂的东侧，即断层上盘。

4）地裂缝带的横向差异性

地裂缝带一般由一条主地裂缝和若干条次级裂缝组合而成，主地裂缝延伸长、连续性好，在垂直主地裂缝的剖面上地裂缝两盘的拉张量、垂直差异沉降量和两盘的水平扭动量都最大；而与主地裂缝近平行相交的次级地裂缝的活动量则小。次级地裂缝在主地裂缝上盘多为 2 ~ 4 条，影响带宽度大，而在主地裂缝下盘数量少，为 1 ~ 2 条，影响带宽度小。

5）地裂缝发育的分段性

交城断裂地裂缝在地表呈显露或隐伏状态，一方面取决于其活动强弱；另一方面会受到它所在的地质环境影响，因而同一条地裂缝带上的地裂缝多表现出时隐时现、断续分布的分段现象。沿线地裂缝多为地表显露，局部为隐伏状态，同时地裂缝的走向因地质环境等因素影响也在局部产生变化。

3.2.3　地裂缝的剖面特征

1. 探槽揭示的剖面特征

1）清徐地裂缝剖面特征

清徐县探槽位于马峪乡仁义村东北部，地表裂缝走向 NE50°，开挖的探槽走向 344°，长 42m，宽 10m，深 8m（图 3.8）。据探槽编录资料，探槽内共出露 6 套地层，由探槽北部向南发育 f_1、f_2 和 f_3 共 3 条地裂缝，组成"梳状"形态，其中 f_1 距离 f_2 约 12m，f_2 距离 f_3

图 3.8　清徐县仁义村探槽全貌（Tc1）

约 20m（图 3.9），裂缝总体上窄下宽，近直立，平均张开量为 0.5cm（图 3.10）。清徐探槽表明地裂缝有明显的拉张性，同时造成底部的黄褐色粉质黏土层南部下降，位错 0.4m，与交城断裂清徐段的特点吻合，而且裂缝张开量与断距很大，表明此段地裂缝活动较为活跃。

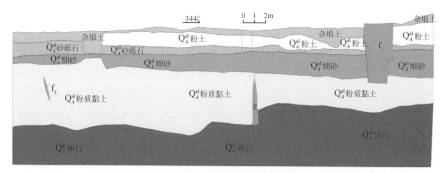

图 3.9　清徐仁义村探槽西壁剖面（Tc1）

(a) f₁地裂缝　　　　　　　　　　(b) f₂地裂缝　　　　　　　　　　(c) f₃地裂缝

图 3.10　清徐仁义村探槽揭示的裂缝

2）交城探槽剖面特征

交城探槽位于交城县天宁镇坡底村东北角的洗煤厂西侧，距北面盆山交界处 200m 左右，探槽为近南北走向，探槽长 50m，宽 10m，深 7m（图 3.11）。探槽东侧洗煤厂在地裂缝带上，厂内地面及墙上的裂缝走向为 60°，造成的开裂现象明显，水平张开量约 10cm，且裂缝南部墙体有沉陷，垂直位错量约 1cm。探槽剖面地层情况如图 3.12 所示，近地表地层被裂缝错断南侧为粉土层，裂缝北侧夹杂大量灰色碎屑，探槽底部南侧为粉土，北侧为卵砾石层，从地表到探槽底部共出露 7 套地层。

图 3.11　交城县坡底村探槽全貌（Tc2）

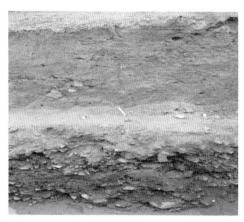

图 3.12　交城县坡底村探槽西壁剖面显示的地层全貌图

　　探槽从北至南共出露 $f_0 \sim f_8$ 共 9 条地裂缝，其中主裂缝为 f_6，与地表两侧墙体开裂的裂缝相连接，且走向一致。该裂缝距北侧盆山交界线 200m，此处恰为交城断裂的出露处，造成底部砂层 60cm 的位错（图 3.13），规模较大，倾向南东，倾角 85°，与交城断裂交城段的产状一致，为下伏断层在地表的露头。据调查，交城探槽位置为古河道经过处，卵砾石层沿主裂缝呈定向排列，中间夹杂砂层，主裂缝造成两侧的棕红色中细砂层错断，由于该段断裂历史上曾发生多次中小型地震，探槽显示的细砂沿裂缝充填，推断为地震时造成的喷砂现象，如图 3.13 所示。次级裂缝近等间距平行分布于主裂缝两侧，产状与主裂缝相近，水平张开量较小，造成地层的垂直位错量也很小，为断层在上下两盘的次级破裂。探槽剖面地层与地裂缝具体特征如图 3.14 所示。

图 3.13　交城坡底村探槽局部照片

　　交城地裂缝大型探槽显示该地裂缝发育于坡底村山前断裂带上，且探槽底部裂缝南倾，倾角较大，与断裂特征一致。主裂缝沿古河道分布，有多条次级裂缝穿过河床的卵砾石堆积层，且地裂缝造成的地层位错随着地层形成时代的变老而增大，这一事实同样揭示

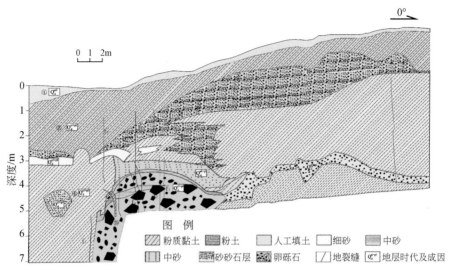

图 3.14　交城县坡底村探槽展示图（Tc2）

了山前地裂缝的构造本质，同时也表明地层岩性、结构及构造的差异对地裂缝纵向扩展形式以及地表出露形态起着重要作用。由开挖的探槽表明，在剖面主裂缝两侧一般多发育产状相似的若干条次级裂缝，它们造成被错断地层发生再次拉张充填或者微量位错，导致剖面地裂缝有明显的成带性。

2. 地球物理勘探揭示的剖面特征

尽管浅层地裂缝宽度和落差较小，但因其具有一定宽度的影响带，因此，地震波场、速度及电磁场特征均有变化，采用高精度探测技术，可以识别其异常特征；同时通过浅层高精度地球物理方法，探测交城断裂沿线浅层地裂缝的展布特征以及与下伏断裂构造的关系，可以为研究地裂缝的成因提供科学依据。

1）清徐物探成果

为了探查边山断裂位置及地裂缝延展与隐伏情况，在清徐地裂缝带上布设了两条地震剖面。仁义村物探线近南北向布置，基本与地裂缝方向垂直，线长近 1km，测线位置如图 3.4 所示。地震剖面的浅层地震折射 CT 结果反映地裂缝带有明显的波速异常现象（图 3.15），水平叠加时间剖面结果显示地裂缝处下伏有断层（图 3.16），该断层为交城大断

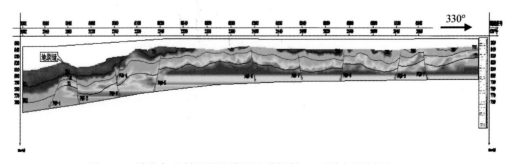

图 3.15　清徐仁义村地裂缝浅层地震折射 CT 反演解释剖面（Dz1）

裂的清徐段断裂，仁义村主地裂缝是断裂在地表的露头，地裂缝倾向与下伏断裂一致，倾向南东。

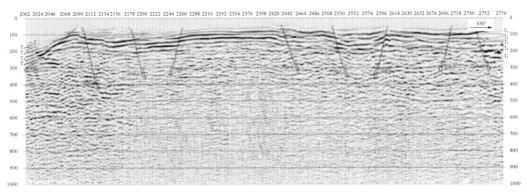

图 3.16　清徐仁义村地裂缝浅层地震水平叠加时间剖面（Dz1）

根据以上综合地震物探解译结果，可推测清徐测区隐伏有一条断层，走向北东，倾向南东，地裂缝是下伏断层在地表的延续，与断层的走向一致。

2）交城物探成果

物探线位于交城坡底村东部，跨越了坡底探槽，近垂直裂缝走向布置（图 3.4）。测线长 177m，CT 剖面长 160m，反射剖面 160m。结果可见，该区浅表层地裂缝特征主要为同相轴错断且产状有局部变化，速度场有横向局部低速异常变化，反映地裂缝两侧波速异常较明显（图 3.17），水平叠加时间剖面结果显示浅部地层错断明显，为正断层。坡底村主地裂缝是断裂在地表的延伸，裂缝下伏地层有错断，地裂缝 FZ1-2 倾向与下伏断裂一致，倾向南东，倾角 77°，FZ1-1 倾角 75°（图 3.18）。

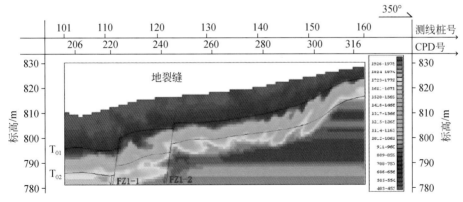

图 3.17　交城坡底村初至波速度层析深度剖面（Dz2）

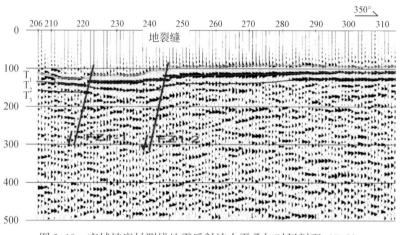

图 3.18　交城坡底村测线地震反射波水平叠加时间剖面（Dz2）

3）文水物探成果

该物探线位于文水县南徐村（图 3.4），近垂直跨越地裂缝带，测线长度为 297m，CT 剖面长 280m，反射剖面长 280m。结果可见，初至波速度层析深度剖面反映地裂缝带波速异常明显（图 3.19），该区浅表层地裂缝特征主要为同相轴有较小错动错断且产状有局部变化，速度场有横向局部低速异常变化，形成的主要因素为中浅层断层活动所致。水平叠加时间剖面结果显示裂缝下伏有断层，且略有错断，为正断层。主地裂缝 FZ3-1 受隐伏断层控制，隐伏断层倾向南东，倾角 75°。另外，在地裂缝的南侧，存在一反倾断裂 FZ3-2，倾向北东，倾角 77°（图 3.20）。

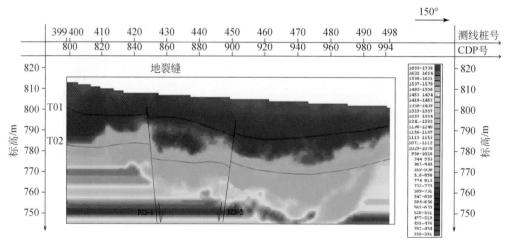

图 3.19　文水县南徐村初至波速度层析深度剖面（Dz3）

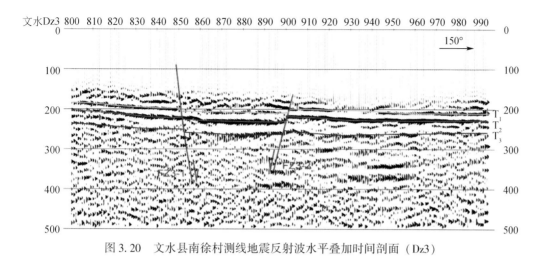

图 3.20 文水县南徐村测线地震反射波水平叠加时间剖面 (Dz3)

3. 地裂缝剖面形态特征

通过槽探和物探探测的地裂缝资料显示，根据沿线地表发育的多级陡坎与地裂缝状况，绘制出交城断裂带地裂缝综合剖面结构图（图 3.21），可见交城断裂沿线地裂缝在剖面上具有以下几种形态特征：

1)"断阶"型

当下方的断层由几条小断层组成，或在主断层的上盘发育多条次级断裂的情况下，地表一般可发育 2～3 条近平行的次级裂缝，这些次级地裂缝走向、倾向均大体一致，大小规模相当，并且向同一方向运动，尤其是同交城断裂带沿线的主断裂产状相吻合，均倾向南东。当所错断的同一套地层发生连续沉降位错时，在影响带范围内表现为阶梯状，如图 3.21 中的 f_2、f_3、f_4 构成的组合形态。

2)"y"字型

在交城断裂带沿线，很多活动量大的次级地裂缝的断面产状与主裂缝对倾，其倾角一般在 70°左右，而主地裂缝的产状一般与下部相连的断层产状一致，倾角较陡，近直立，次级裂缝向下延伸与主地裂或断层面相交，二者之间的夹角为锐角，这种组合形态称为"y"字型，此类型多发育在坚硬土层中。根据物探结果，交城断裂沿线存在多处此种地裂缝组合形态，如图 3.21 中的地裂缝 f_1 与 f_1' 构成的组合形态。

3)"梳状"型

这种形态特征多发生在较软弱的土层中，剖面上一般出露由多条近直立、间距不大的次级地裂缝组成的裂缝带，其发育规模与裂缝水平拉张量都相近，与坚硬土层中的地裂缝带相比，软弱土层中的地裂缝带拉张量宽度较大。

4)"铲"型

交城断裂带沿线主地裂缝一般在近地表处裂面倾向南东，倾角较大，多为 80°～85°，随着地层年龄的增长，其垂直错距逐渐增大，但一些地段的主地裂缝在深处的倾角逐渐变小，呈上陡下缓的"铲"型，且地裂缝在近地表处表现为上宽下窄的楔型，深处则表现为剪切，如图 3.21 中的 f_5。

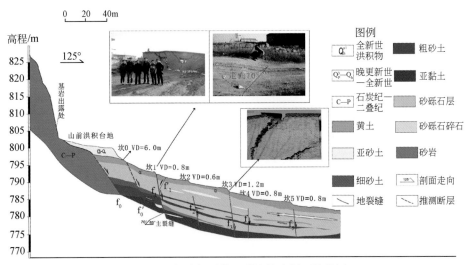

图 3.21　交城断裂带地裂缝综合剖面结构图

由图 3.21 可见，交城断裂带地裂缝多成带状展布，影响带宽 120m 左右，在地表近平行、等间距排列，其中 f_0、f_0' 为推测断层，位于隆起和平原的交界带上，向北的山区多为砂岩，南为砂砾石层，上覆地层为冲洪积扇和黄土台地。f_1 为主地裂缝，距北侧盆山交界处约 100m，与下部断层相连，为其在地表的露头；f_1' 为 f_1 的次生裂缝，二者组成"y"字型；$f_2 \sim f_5$ 为上盘的次级裂缝，它们走向与断层一致，相互之间组成多种组合形态，如上述的梳状型、铲型等，次级裂缝延伸至地表造成破裂，引起两侧房屋张开、道路变形。地裂缝均造成两侧地层发生错断，上盘下降，倾向南东，倾角较大，并随着地层年龄的增长，形成的错距越大。地裂缝造成上覆黄土层、砂砾石层逐级发生错断，且断距较大，反映在地表则发育为多级高低不等的陡坎，造成地裂缝带影响范围内的所有房屋受到不同程度的破坏。

3.2.4　地裂缝的活动特征

交城断裂地裂缝已有 20 余年的活动历史，对其影响范围内的房屋、土地均造成严重的破坏。据调查统计，地表出露的地裂缝粗糙度高，擦动痕迹不多见，剖面的上、下盘次级裂缝多呈张裂且与主裂缝小角度近平行相交，上盘的次级地裂缝与主裂缝间夹角呈锐角并指向北东；在剖面上次级裂缝同样与主裂缝锐角相交，且指向下方，反映地裂缝在表现为张性的同时兼有右旋扭动特征。沿线地裂缝的变形模式以拉张变形和剪切变形为主，少数为扭转变形模式，地裂缝影响带宽度为 30 ~ 160m。

1. 横向水平拉张运动

地裂缝两侧横向水平拉张在各类建筑物基础和路面上表现明显，水平张开量一般为 1 ~ 10cm，最大可达 20cm 以上，且在地表局部形成的陷落坑的直径约 0.5m。

2. 地裂缝垂直位错

地裂缝在地面显著的运动特征为两盘的垂直差异沉降变形，多处墙体在裂缝处也有垂直位错现象，倾向南东，正倾滑运动，裂缝南东侧下降，垂直位错量为 0.5 ~ 20cm，位错严重处达 1m，且沿线发育多级微地貌陡坎，与裂缝相接，相互平行展布，陡坎高度一般为 0.8m。

3. 水平扭动现象

在土体中的地裂缝两盘的水平扭动最有力的证据是地裂缝表现为羽列状、雁列状，主次地裂缝成锐角相交，这反映了地裂缝的形成受剪应力作用的结果，一般表现为右旋扭动，扭动量为 0.5 ~ 3cm。

4. 沿线地裂缝三维活动规律

地裂缝的三维活动指地裂缝两盘的水平拉张、水平扭动和垂直差异升降。沿线地裂缝的三维活动量有着明显差别，主裂缝的主要运动方式以垂直位错为主，同时受拉张作用明显，且伴有右旋扭动，总体垂直差异升降量>横向水平拉张量>水平扭动量。

5. 地裂缝的扩展

交城断裂地裂缝一直处于活动状态，主要表现为地裂缝规模扩大，地裂缝点不断增多。在 20 世纪 90 年代初期只是有个别村庄有墙体破裂现象，造成的危害也不严重，随着地裂缝的活动发展，到 2011 年年底，沿线地裂缝几乎已经呈连续贯通的趋势，而且造成了重大的破坏。据调查，沿线地裂缝还在进一步发展，整体上具有由北向南逐渐延伸、迁移的特点，向北则发展缓慢。

6. 地裂缝多期活动性

沿线开挖的探槽内，地裂缝的充填物源及各缝间不同的组合关系揭露了地裂缝具有多期活动的现象，表明沿线地裂缝也具有准周期的活动特性。地裂缝的形成时期不同，其表现的特征也不一样。交城断裂带地裂缝多为断层重新活动、继承性发展的体现；沿线地裂缝的形成有时伴随地震发生，据历史资料记载，交城断裂带清徐—交城—文水段断裂地震发生的频率虽然比北段的柴村-晋祠断裂低，但地震的活动强度较大，历史上 5 级地震就发生过 2 次，且 3 级以上的地震零星地分布在交城凹陷的周边地区，形成了一个北东向半椭圆状的地震空区，且地震危险性很高，有可能成为下次地震的震中部位，同时地震活动性的差异所显示的分段特征与交城断裂带的地质分段也相吻合，表明了地裂缝活动明显的周期性。

7. 活动间歇性

地裂缝受降雨因素影响明显，一般呈间歇性活动状态，出现一段时间后趋于稳定或逐渐闭合，一段时间再经过强降雨的作用，重新表现出活动性；也有部分裂缝出现后，随着耕作逐步稳定，多年后已不显现。地裂缝地表变形幅度受降雨因素影响明显，降雨后地裂缝大都表现开张变形陡增，但不久又很快恢复到雨前状态，沿线文水段地裂缝中多具有此特性。

8. 活动分段差异性

同一条地裂缝在不同地段由于地质环境等各因素的不同，表现出来的活动强度、裂缝产状和活动速率也不一样。如清徐县根据其活动特征以及走向上的差异，从北至南可分为3段，甚至同一个村庄的地裂缝在不同部位的活动性也有区别，在湿陷性黄土区域则易形成沿地裂缝方向上的串珠状洞穴。

9. 地裂缝的现代活动性

根据 2009~2011 年的变形监测结果，清徐地面沉降地裂缝活动比较剧烈，一直在活动发展，而且活动量很大。且地裂缝南盘比北盘水平运动大，QX06—QX07 对点水平运动差异量达到 7.3cm/a，且呈现出拉张趋势，这种现象与沿构造断裂活动有很好的一致性，即上盘的次级裂缝多于下盘发育，且活动程度上盘强于下盘，同时根据其表现出较大的垂直位错和拉张变形量，结合清徐段地裂缝的地表发育特征，也与断裂活动特征相吻合，即活动量垂直位错量大于水平张开量。从清徐地区两期的地面垂直形变特征，可以看出地面垂直形变特征主要是由构造活动引起的，通过对沿线地裂缝 InSAR 地面沉降监测，综合分析可知交城断裂带沿线地面沉降明显，且相对的地面变形速率较大，近年地裂缝也一直处于活动状态。交城断裂带沿线地裂缝按地面变形大致可分为陡降型和缓降型两类，其变形严重处主要位于主裂缝带的南侧，即断裂上盘，其中陡降型变形带对建筑物的破坏程度较为严重，变形带的地面特征明显，需要对该地区地下水开采进行必要的管理和控制。

3.2.5　地裂缝的成因模式

1. 断裂控缝

交城断裂直接控制和影响了地裂缝的形成，新构造活动的增强直接加剧了地裂缝的活动。交城断裂沿线地裂缝的展布形式、组构特征、活动方式等基本特征较好地反映了它们的断裂活动属性，都表明了断裂因素对交城断裂沿线地裂缝的主控作用。

2. 应力导缝

交城断裂位于山西地堑系的中部，为太原断陷盆地西界的主控边界断裂。太原盆地构造应力场以北西-南东向水平拉张作用为主，中间主应力轴（N 轴）与盆地北东走向一致，该区的构造应力场主压应力为北东—北北东向，以水平方向为主，这一应力状态直接控制着区内活动断裂和地裂缝的广泛发育。交城断裂沿线地裂缝线性延伸特征明显、倾角大，总体上沿北东—北东东向发育，与区域主压应力方向一致，很好地证明了地裂缝的广泛发育与区域北西-南东向的拉张应力场密切相关。而地裂缝的三维活动方式与该区应力场的协调一致充分说明了地裂缝受构造应力场的控制作用，盆地的拉张应力作用引导了地裂缝的发展和活动。

3. 抽水和渗水扩缝

交城断裂带沿线地裂缝的形成和活动方式受构造控制毋庸置疑，但地下承压水的过量开采对地裂缝的产生和活动量大小也在一定程度上起到了诱发和加剧的作用。沿线边山一带不但开采岩溶地下水，也开采孔隙地下水，并且在开采区集中地带多为地裂缝产生和活动的强烈地段。若将地裂缝的活动速率全部作为构造因素引起的变形量是不正确的。因为作为内陆盆地的边界断层，交城断裂沿线地裂缝的活动速率不可能达 10mm/a，其中有地壳活动的因素，也有地下水持续下降引起地面沉降的因素。

4. 地层岩性与地貌

从交城断裂地裂缝发育的地质背景条件和环境因素可以看出，交城断裂地裂缝灾害与新构造作用、地下水开采和复杂地质环境等因素之间的关系是比较明显的。新构造作用是地裂缝形成的主要地质背景条件，地下水开采是诱发因素，而强降雨、地层岩性和地貌环境等因素也对地裂缝地表发育形态和发育程度具有一定的控制作用。

5. 地裂缝的发育模式

综合分析认为，交城断裂沿线地裂缝的成因模式属于盆缘断裂活动加地下水超采和渗透的耦合模式，即盆地边缘的边山断裂的蠕动造成第四纪地层开裂，裂缝走向与断裂一致，同时断层的上盘下降牵动地表土层出现呈近等间距、平行的地裂缝带，地下水的超采和渗透作用在一定程度上又诱发了破裂面的进一步开裂，传至地表加剧了地裂缝的发展，其成因模式如图 3.22 所示。

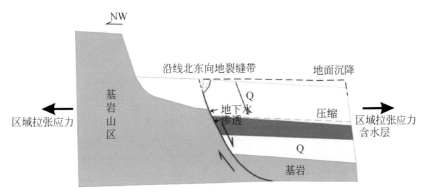

图 3.22　交城断裂带地裂缝成因模式图

3.3　祁县–太谷地裂缝

3.3.1　地裂缝概况

据调查，在祁县—太谷交界东观镇周边共发现 4 条巨型地裂缝，从北往南依次是 QX002、QX008、QX001 和 QX004（图 3.23）。从地裂缝的总体延伸方向来看，QX001、QX002、QX008 地裂缝走向为 65°～75°，且大致平行；QX004 地裂缝走向约 40°左右。地裂缝发育的地层主要为第四系沉积物，岩性主要为粉细砂、粉土和粉质黏土。

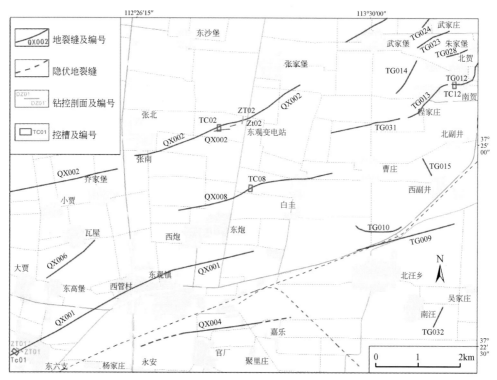

图 3.23　东观镇周边地裂缝分布图

1. 东观变电站地裂缝（QX002）

地裂缝从太谷县武家堡村南向西南方向延伸，经祁县张家堡、东观变电站、张南、乔家堡北等地，地表出露明显，呈带状或串珠状，局部出现近平行的次级裂缝。主地裂缝（QX002）总体走向为 NE73°，倾向 163°，倾角 80°；长约 10.2km；缝宽 0.2~1.0m；最早出现于 1978 年，近 10 年，活动性强，以垂直位错为主，南盘下降，以祁县东观变电站附近活动最明显，地表位错量最大约 45cm（图 3.24），兼有水平拉张（图 3.25）。

图 3.24　地裂缝垂直活动

图 3.25　地裂缝水平开裂

东观变电站东侧公路修建于 2000 年，初期路面水平，由于 QX002 地裂缝活动，至 2009 年路面垂直位错达 42cm（图 3.26）。根据公路路面的变形情况和地裂缝活动时间，估算该地裂缝垂向活动速率约为 4cm/a。

根据调查，QX002 地裂缝南侧发育多条次级地裂缝（图 3.23），走向 75°~95°，与主裂缝近平行，延伸长度大于 300m，次级地裂缝在地表主要表现为串珠状陷穴，陷穴最大直径为 1.2m，如图 3.27 所示。

图 3.26　公路垂直位错

图 3.27　地裂缝串珠陷穴

2. 白圭地裂缝（QX008）

该地裂缝位于祁县白圭-东炮-西炮一带，呈线状延伸，距离 QX008 地裂缝 1500m，总体走向 77°左右，倾向 347°，长约 6.6km，宽 0.3~2m，最早出现在 1998 年，活动性强。该地裂缝活动分段明显，最近 10 年，东强西弱。西炮以东的东炮—白圭段活动强烈，地表垂直位错达 30~40cm，北盘下降，如图 3.28 所示，垂向活动速率为 3~4cm/a，白圭村内房屋破坏严重，如图 3.29 所示；西炮以西地表变形不明显，呈隐伏状态；西炮附近活动程度则介于东西两侧之间，地表垂直变形减弱，但可见一些串珠状陷穴，如图 3.30 所示。

图 3.28　公路垂直位错

图 3.29　白圭村房屋破坏

瓦屋村东南的 QX006 地裂缝最早出现于 1995，走向 40°，长 2.45km，致使 320 亩[①]耕地减产。该地裂缝向北东向延伸有与 QX008 相连的趋势（图 3.23）。

太谷南贺村地裂缝（TG012）最早出现于 1975 年，至今仍在活动，该裂缝长度近1000m，在村东走向 20°，在村中走向转为 70°左右，在村西耕地中走向近 90°。该地裂缝造成约 60 间房屋受损（图 3.31），80 亩耕地减产。该裂缝向西南延伸与 TG013 裂缝相连，再向西南与 TG031 裂缝相连，再向南指向祁县白圭，有与 QX008 相连的趋势（图 3.23）。

图 3.30　西炮西地裂缝串珠陷穴

图 3.31　南贺房屋破坏

3. 东六支地裂缝（QX001）

该地裂缝西起祁县郑家庄，向东穿过南社村、东六支村、西管村和东观镇，至祁县白圭村南，呈线状延伸，距离 QX008 地裂缝 1200m，地面显现长度 22.4km，缝宽 0.3～2m，总体走向 65°。除了在昌源河两侧裂缝不明显外，其他地段地裂缝均在地表出露（图3.32），通过处村庄房屋开裂变形严重（图 3.33），活动性强。该裂缝最早出现在 1979

图 3.32　东六支村北东

图 3.33　西管村房屋破坏

---

① 1 亩≈666.7m^2。

年，地裂缝近垂直通过的东观镇东侧南北向公路，近 10 年来活动加剧，路面垂直位错在 30cm 左右（图 3.34），南盘下降，估算该段裂缝垂向活动速率为 2 ~ 3cm/a。

4. 官厂地裂缝（QX004）

该地裂缝西起官厂村北，东至白圭村南，呈带状和串珠状（图 3.35），长 4.45km，走向 80°左右，宽度为 0 ~ 0.3m，其中地表出露 3km，隐伏 1.45km，最早出现于 1975 年，最近 10 年活动性强。

图 3.34　东观镇东公路垂直位错

图 3.35　官厂村北陷穴

3.3.2　地裂缝的发育特征

1. 平面分布特征

以上四条地裂缝在平面上表现出成带性、方向性、横向差异性和隐伏性。

1）地裂缝的成带性

地裂缝带实际上是多条地裂缝组合而成，具有成带性特点。地裂缝带一般宽 30 ~ 40m，QX002 最宽达到 80m。

2）地裂缝线性延伸、方向性强

根据调查，上述四条地裂缝，总体走向为 NE60° ~ 80°，对单个地裂缝而言，均具有较稳定的方向性，一般走向的差异小于 10°。

3）地裂缝带的横向差异性

地裂缝在横向上呈带状分布，由一条主地裂缝和若干条次级裂缝组成地裂缝带，主地裂缝延伸长连续性好，在同一个断面上其张开量最大，主地裂缝两旁发育数量不等的近于平行的次级地裂缝。

4）地裂缝发育的隐伏性

地裂缝在地表呈现显露或隐伏状态，一方面取决于其活动强弱；另一方面也会受到它所在的地质环境影响。因而同一条地裂缝带上的地裂缝多表现出时隐时现的分段现象。例如，QX001 地裂缝，在昌源河两侧隐伏，其他地段则出露地表。

2. 活动特征

祁县–太谷地裂缝经过 30 多年的活动，对地裂缝场地内的土地、地表建筑造成了强烈的变形和破坏，通过对地裂缝活动特征的研究，可以使我们掌握其运动特点，为地裂缝场地的合理利用和减轻地裂缝灾害提供依据。

1）垂直差异沉降

本区域地裂缝在地表最显著的变形为垂直差异沉降，沉降变形在刚性较好的公路和房屋上表现尤为明显。QX002 地裂缝是南东盘下降，最大下降量达到 45cm（图 3.24），QX008 地裂缝是北西盘下降，最大下降量为 40cm（图 3.28），QX001 地裂缝南东盘下降，最大下降量为 30cm（图 3.34），TG012 地裂缝和 QX008 地裂缝一致也是北西盘下降。

2）横向水平拉张

张性特征表现为地面和剖面上常出现张裂缝，且在公路上和房屋上均有张裂缝存在，地表最大张开量超过 1m（图 3.25），民房中最大张开量超过 10cm（图 3.33）。

太谷–祁县地裂缝在纵向上的水平扭动很小，几乎可以忽略不计。根据地裂缝的大量数据统计，本区域地裂缝总的趋势是垂直升降大于横向张开量。

3）活动的分段性

根据实际调查，同一条地裂缝在不同地段因为地质环境的不同，活动强度也不同，如 QX002 地裂缝在西段和中段活动较强烈，东段活动较弱，QX008 地裂缝中、东段活动较强，西段活动较弱，QX001 地裂缝在昌源河附近活动较弱，其他段活动较强烈。

4）间歇性特征

根据实际调查，多数地裂缝在夏季暴雨后开启，后逐渐闭合，部分地裂缝在农业灌溉过程中出露，后逐渐闭合或被人为填埋，当暴雨或灌溉再次来临，地裂缝重新出现。

3. 剖面特征

地裂缝地下活动造成了地表的变形和破裂。为了能够更好地了解地裂缝地下发育状况，在祁县–太谷地裂缝重点研究区内，垂直地裂缝布置了大量探槽和钻探（图 3.23）。现将钻探和探槽揭示成果介绍如下：

1）QX002 地裂缝钻探剖面

钻探剖面（编号 ZT02–ZT02′，位置如图 3.23 所示）显示主裂缝（QX002）两侧地层错断明显，上部错距小，下部错距大，其中地表错距 0.2m，如②层粉砂层底部错距 0.5m，③层粉质黏土底部错距 1.7m，④层粉质黏土顶部错距 3.3m，⑥层粉质黏土顶部错距 4.4m，显示同沉积断层特征。另外，地裂缝两侧的地下水位变化显著，地裂缝以南钻孔地下水位高程在 747m 左右，而在地裂缝北边地下水位高程陡变为约 730m，水位高差 17m，如图 3.36 所示。

2）QX001 地裂缝钻探剖面

钻探剖面（编号 ZT01–ZT01′，位置如图 3.23 所示）揭露主裂缝两侧地层错断明显，向下错距逐渐变大，如③层粉土顶部错距 0.8m，④层粉质黏土顶部错距 4.0m，⑥层砂层顶部错距 6.6m，同沉积断层特征明显。地裂缝两侧的地下水位变化也较明显，地裂缝南

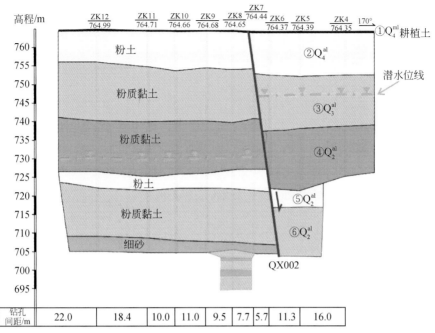

图 3.36　QX002 地裂缝钻探剖面

东方向钻孔地下水位高程在 759m 左右，而在地裂缝北西边地下水位高程变为 753m 左右，水位高差约 6m。另外，钻孔 ZK3 与 ZK4 之间可能存在隐伏地裂缝，如图 3.37 所示。

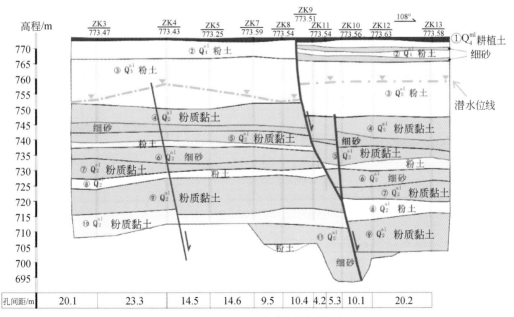

图 3.37　QX001 地裂缝钻探剖面

3）QX002 地裂缝探槽

东观变电站西侧，垂直 QX002 地裂缝开挖的特大型探槽 TC02（长 80m、顶宽 10m、深 8m，如图 3.38 所示，探槽位置如图 3.23 所示，探槽展示如图 3.39 所示）揭露主裂缝走向 75°左右，垂向宽度为 0.2~2.2m，上宽下窄；裂面近直立，稍向南倾，并发育分支裂缝；探槽揭示的地层垂向错距明显，南盘下降，浅部错距小，向下错距逐渐变大，如③层粉土错距 0.4m，⑥层粉质黏土错距 0.5m。主裂缝向南 40m 为次级裂缝（QX002′），走向与主裂缝近似平行，主要表现为水平拉张，垂直位错不明显，垂向裂缝宽度为 0.2~1.0m，近直立，稍向南倾。

图 3.38　东观变电站探槽全貌

4）QX008 地裂缝探槽

东炮村东北侧，垂直 QX008 地裂缝开挖探槽 TC08（长 32m、顶宽 4m、深 4m，如图 3.40 所示，探槽位置如图 3.23 所示，探槽展示如图 3.41 所示）。主裂缝走向在 70°左右，微倾向北，探槽揭示主裂缝两侧发育次级裂缝；主裂缝垂向宽度为 0.2~1.0m，上宽下窄；探槽揭示的地层在主裂缝两侧垂向错断明显，北盘下降，浅部错距小，深部错距大，如②层灰黄色粉土错距 0.3m，④层粉土错距约 0.6m。

5）QX001 地裂缝探槽

在东六支村西南侧，近垂直 QX001 地裂缝线开挖的大探槽 TC01（长 21m、顶宽 7m、深 6m，如图 3.42 所示，探槽位置如图 3.23 所示，探槽展示如图 3.43 所示）揭露主裂缝走向 67°，垂向宽度为 4~60cm，上宽下窄；倾向 137°，倾角 65°~80°，发育有分支裂缝；探槽揭示的地裂缝以水平拉张为主，主裂缝附近地层突变形式的垂向错距不明显，局部见有 4~10cm 的错距，如④层粉砂南侧位错 8cm；从裂缝两侧地层产状看，北侧地层相对水平，南侧地层总体向南倾斜，地层倾斜段应在地裂缝变形带内，南盘地层相对下降。

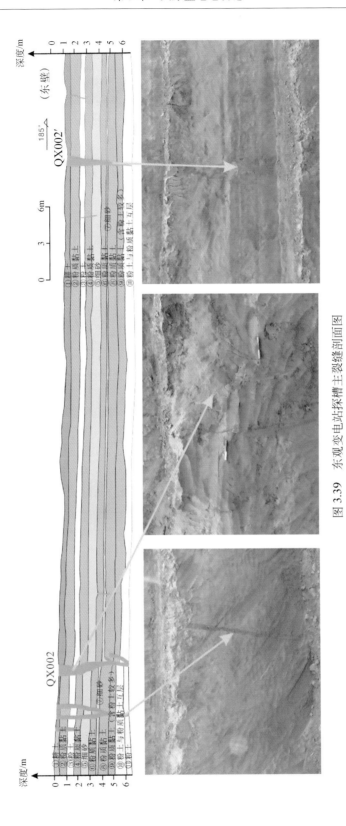

图 3.39　东观变电站探槽主裂缝剖面图

图 3.40　东炮探槽全貌

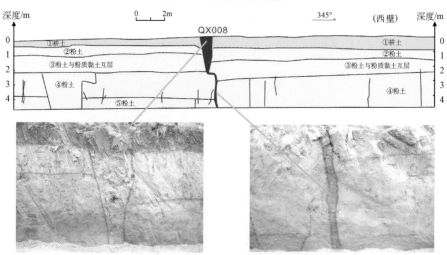

图 3.41　东炮探槽剖面图

图 3.42　东六支探槽全貌图

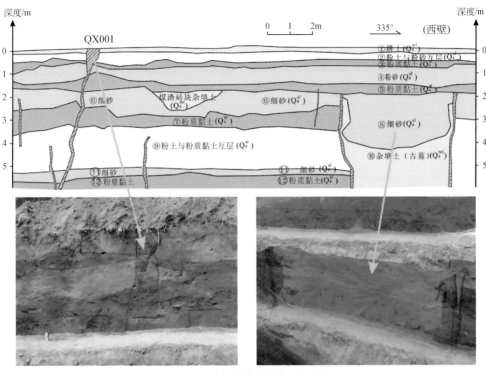

图 3.43 东六支探槽剖面展示图

6）TG012 地裂缝探槽

南贺村西南侧，垂直 TG012 地裂缝开挖探槽 TC12（长 20m、顶宽 10m、深 10m，如图 3.44 所示，探槽位置如图 3.23 所示，探槽展示如图 3.45 所示）。主裂缝走向在 66°左右，倾向北，探槽揭示主裂缝北侧发育两条次级裂缝；主裂缝垂向宽度为 0.2~0.4m，上宽下窄；主裂缝两侧地层垂向错断明显，北盘下降，浅部错距小，深部错距大，如③层粉土错距 0.2m，⑨层粉质黏土错距 0.4m。

图 3.44 南贺探槽全貌图

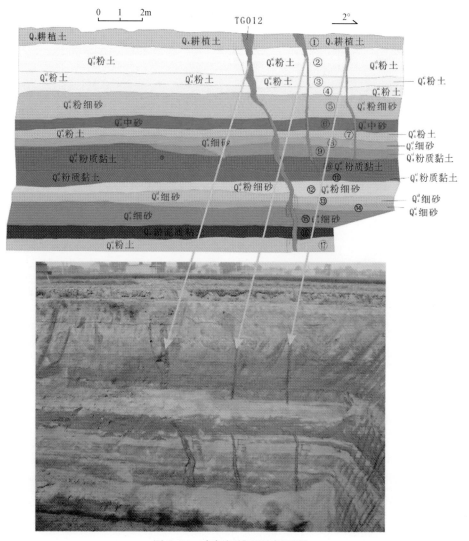

图 3.45　南贺探槽西壁剖面图

综合以上分析，地裂缝剖面具有以下一些特征：

（1）地裂缝发育上弱下强的特征。通过以上钻探和探槽剖面揭示，地裂缝两侧地层越向深部错距越大。这说明，地裂缝具有同沉积断层构造属性，是断层活动在地表的最新破裂形式，其力源来自深部构造运动。

（2）地裂缝的相对隔水特征。依照钻探时对地下水位的测量，地裂缝两侧的地下水位发生突变，QX001 主裂缝两侧水位相差达 6m，QX002 主裂缝两侧地下水位相差达 17m，这说明地裂缝还具有一定的阻水作用。

（3）剖面上的成带性。剖面上，地裂缝具有成带特性，在主地裂缝两侧，发育若干条次级地裂缝。

3.3.3　孕灾条件

地裂缝的形成是多个条件共同作用的结果，这些条件主要包括地应力、活动断层和超采地下水等。

1. 地应力与地裂缝

太原盆地的震源机制解表明：主压应力方位为 50°~56°，仰角变化在 20°~45°；主张应力方位为 310°~334°，仰角变化在 10°~20°，如图 3.46 所示。应力场以北西—北北西向的水平拉张作用为主。这一应力状态直接控制着区内活动断裂和地裂缝的活动。太谷–祁县地裂缝线性延伸特征明显，总体上沿北东和北东东两个方向发育，与区域主压应力方向一致，反映了地裂缝的广泛发育与区域北西—北北西向拉张应力场的对应关系。

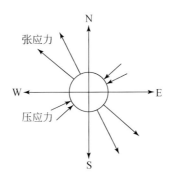

图 3.46　太原盆地地应力方向

2. 断层蠕动控制作用

太原盆地内祁县–太谷沿线地裂缝与附近的活动断裂分布如图 3.47 所示，活动断裂概况见表 3.2。从图 3.47 可以得到以下信息：地裂缝的总体延伸方向与活动断裂的走向一致或平行，QX002、QX008、QX001 和 QX004 地裂缝均与祁县断裂平行或近似平行；地裂缝均处于洪山–范村断裂的上盘（即北盘），其中 QX001 地裂缝与祁县–东阳断裂基本吻合，应为祁县断裂的继承性断裂。

表 3.2　活动断裂简表

断裂名称	断裂产状			长度/km	活动性质	活动时代
	走向	倾向	倾角			
龙家营断裂	NE49°	SE	40°~47°	60	正断层	Q_1
祁县断裂	NE54°	SE	50°~60°	85	正断层	Q_3
洪山–范村断裂	NE52°	NW	65°~80°	100	正断层	Q_4

为了查清地裂缝与活动断裂的确切关系，布置了横穿 QX002、QX008、QX001 和 QX004 地裂缝的地震勘探线 DZ1-DZ′，如图 3.47 所示，以确定地下隐伏断层的位置和分布情况，地震勘探剖面如图 3.48、图 3.49 所示。

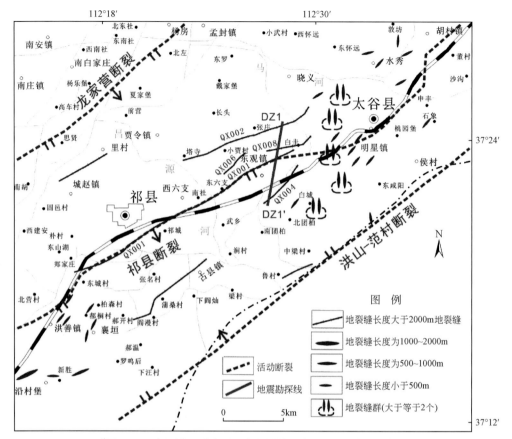

图 3.47　太原盆地内祁县-太谷沿线的断裂及地裂缝示意图

1）QX002 地裂缝

浅层地震折射 CT 结果反映 QX002 地裂缝垂直位错及波速异常显著（图 3.48），水平叠加时间剖面结果显示 QX002 地裂缝下伏有断层，地裂缝位于浅部，倾向南南东，下伏的断层呈隐伏状态，倾向北北西，主裂缝及其下伏断层组成"Y"型结构（图 3.49）。QX002 地裂缝及其下伏隐伏断层走向为北东—北东东，与本区区域性断层走向一致。

2）QX008 地裂缝

浅层地震折射 CT 结果反映 QX008 地裂缝异常明显（图 3.48）；水平叠加时间剖面结果显示 QX008 地裂缝下伏有断层，地裂缝位于浅部，倾向北，下伏的断层呈隐伏状态，也倾向北（图 3.49），地裂缝与隐伏断层以重接形式复合在一起。QX008 地裂缝及其下伏隐伏断层走向为北东—北东东，与本区区域性断层走向一致。

3）QX001 地裂缝

浅层地震折射 CT 结果反映 QX001 地裂缝带波速异常明显（图 3.48）；水平叠加时间剖面结果显示 QX001 地裂缝下伏有断层，该断层判断为祁县断裂，倾向南东（图 3.49）。

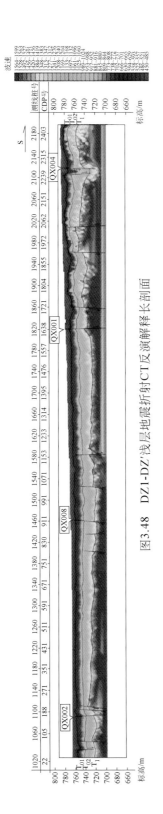

图3.48　DZ1-DZ'浅层地震折射CT反演解释长剖面

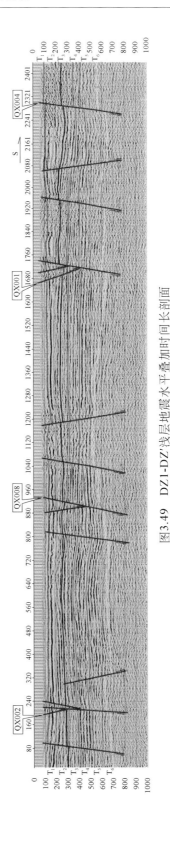

图3.49　DZ1-DZ'浅层地震水平叠加时间长剖面

4）QX004 地裂缝

浅层地震折射 CT 结果反映 QX004 地裂缝异常明显（图 3.48）；水平叠加时间剖面结果显示 QX004 地裂缝下伏有断层，在其北侧还发育一条隐伏南倾的分支裂缝。QX004 地裂缝位于浅部，倾向北，下伏的断层呈隐伏状态，也倾向北（图 3.49），地裂缝与隐伏断层以重接形式复合在一起。QX004 地裂缝及其下伏隐伏断层走向为北东—北东东，与本区区域性断层走向一致。

根据物探剖面成果，四条地裂缝的发育位置均对应有隐伏断层，这些隐伏断层均为正断层。地裂缝与隐伏断层呈明显重接或"y"字型复合在一起，地裂缝的延伸方向受下伏断层的控制。联系前文地裂缝上弱下强的特征，反映出地裂缝的发生滞后于断层的发生，地裂缝是先存隐伏断层在地表的破裂。

3. 超采地下水加剧作用

根据已有研究资料，洪山–范村断裂自更新世以来的活动速率南段为 0.25mm/a，北段为 0.24mm/a；东阳断裂自更新世以来的活动速率为 0.07mm/a，而所调查地裂缝的活动速率最高达 4cm/a，远远超过活动断裂的活动速率。由此可见，仅用断层活动不能很好地解释地裂缝的现今活动速率问题。

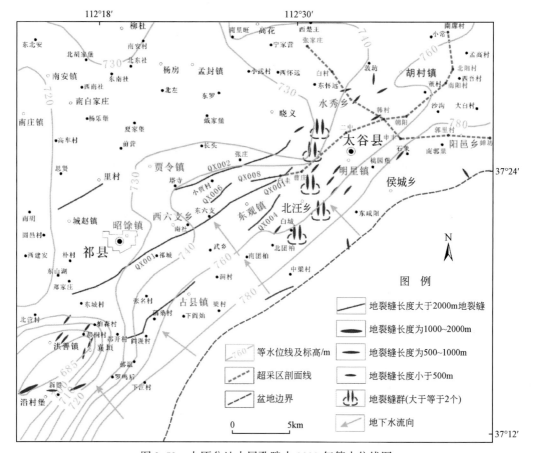

图 3.50　太原盆地中层孔隙水 2003 年等水位线图

随着城乡经济发展、种植结构调整，太谷、祁县地区地下水的开采量不断增加，过量抽取地下水，使地下水资源得不到有效的补给和恢复，形成地下水超采区，见图 3.50、表 3.3。

太谷超采区分布于明星镇、胡村镇、水秀乡、北汪乡、侯城乡（除山区）、阳邑乡 6 个乡镇，面积为 270km²。根据分析，超采区地下水可开采量为 $3907×10^4 m^3/a$，1995～2006 年多年平均实际开采量为 $5302×10^4 m^3$，年均超采量为 $1395×10^4 m^3$。2006 年地下水开采量为 $6300×10^4 m^3$，超采量为 $2393×10^4 m^3$，开采系数为 1.61，地下水处于严重超采状态，地下水位呈持续的下降趋势，如图 3.50～图 3.52 所示。祁县超采区分布于昭馀镇、西六支乡、古县镇、贾令镇、东观镇等，面积为 260km²。1995～2006 年多年平均实际开采量为 $4685×10^4 m^3$，年均超采量为 $905×10^4 m^3$，地下水位年均下降 1.00m，2006 年地下水开采量为 $7412×10^4 m^3$，超采 $3632×10^4 m^3$，地下水位下降 0.7m，开采系数为 1.96，地下水处于严重超采状态，地下水位也呈持续的下降趋势。

表 3.3　祁县、太谷县超采区特征值统计表

名称	面积/km²	2006 年		地下水可开采量/万 m³	开采系数	地下水超采量/万 m³
		地下水位下降值/m	实际开采量/万 m³			
太谷县	270	1.40	6300	3907	1.61	2393
祁县	260	0.70	7412	3780	1.96	3632

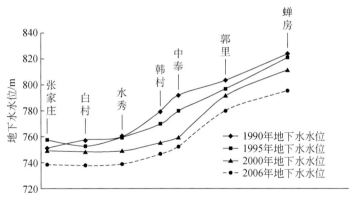

图 3.51　太谷超采区（东西）剖面图

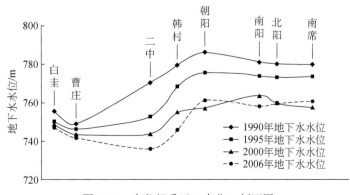

图 3.52　太谷超采区（南北）剖面图

过量抽取地下水使地下水资源得不到有效的补给和恢复，从而造成区域地下水水位持续下降，形成大面积的降落漏斗。在 2003 年，本研究区西南平遥县洪善镇附近已经存在明显的降落漏斗（图 3.50）。随着太谷县、祁县地区地下水的持续超采，地下水水位不断下降，土体中的孔隙水压力会随着孔隙中水的排出而不断减小，有效应力相应地逐渐增加，随着有效应力的不断增加，土体的孔隙体积不断被压缩而使土体产生固结变形，导致地面形成以降水漏斗为中心的地面沉降，并且在沉降区地表形成一定范围的拉张应力。这种拉张应力导致地表土层出现两种情况：第一种，拉张应力超过土层的抗拉强度，形成小规模地裂缝；第二种，拉张应力造成隐伏构造破裂面在地表开裂，形成大规模的地裂缝。

祁县–太谷的沿线地裂缝走向与地下水位等值线方向一致（图 3.50），地下水的渗流方向与地裂缝走向近似垂直，即地下水渗流过程中产生的渗透力也近似垂直地裂缝走向。当超采地下水后，超采区水位下降，地下水水力梯度增加，地下水渗透力增强，且近似垂直地裂缝走向，可能导致已有地裂缝的活动加剧。

3.3.4　成因模式

综合以上地裂缝发育特征和孕灾条件的分析，太谷–祁县地裂缝的形成过程分为三个阶段：第一是地裂缝孕育阶段，受区域构造影响，太原盆地处于北西—北北西向水平拉张应力状态之下，盆地南东边界的洪山–范村断裂上盘持续拉张下沉，在断层上盘出现隐伏断裂；第二是地裂缝形成阶段，1976 年唐山地震前后，太原盆地北西—北北西向拉张地应力变大，洪山–范村断裂伸展正断，上盘隐伏断层蠕动，致使其上覆土层自下而上破裂变形，形成隐伏地裂缝；第三是地裂缝开启阶段，20 世纪 80 年代初期以来，在区域拉张应力的持续作用下，断层持续伸展变形，加上太谷—祁县境内持续超采地下水，造成地下水水位持续下降，含水层压密变形沉降，再加上暴雨和灌溉冲刷，隐伏地裂缝出露地表。

太谷–祁县地裂缝是在先期隐伏断层蠕动形成破裂面的基础上，后期超采地下水，地下水水位下降，造成隐伏构造破裂面在地表开裂，形成地裂缝，两种因素在地裂缝形成中前后衔接、缺一不可，故太谷–祁县地裂缝属于"盆内隐伏断裂蠕动+超采地下水耦合"成因模式，如图 3.53 所示。

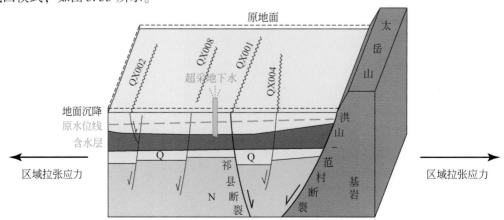

图 3.53　隐伏断裂蠕动加超采地下水耦合成因模式图

3.4　其他地裂缝

3.4.1　新胜地裂缝

1. 地裂缝分布及发育特征

新胜地裂缝位于平遥县新胜村北，由两条平行的地裂缝组成，呈线状或串珠状延伸，总体走向315°（图3.54）。其中靠南面的主裂缝长近1000m，地面显现长度在260m左右，以水平拉张为主，缝宽0.3~1m，近直立，裂缝充填物松散，主要为煤渣和杂土，出现于2003年；2009年8月的一场大雨后，高速公路西侧已填埋的裂缝重新活动，出现串珠状陷穴［图3.55（a）］。靠北面的次级裂缝主要为串珠状陷穴和房屋的开裂［图3.55（b）］，延伸长度近100m，走向305°，浅部裂缝近直立。

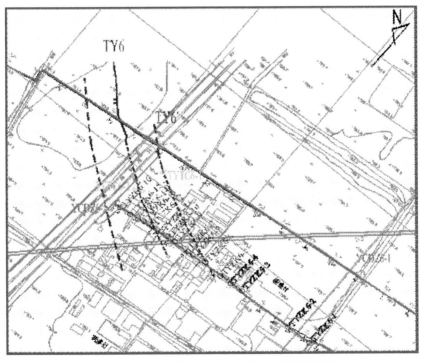

图3.54　新胜地裂缝（TY6）的平面位置示意图

根据地震勘探结果（图3.54），浅层折射CT反演解释剖面在裂缝附近存在异常（图3.56），水平叠加时间剖面显示TY6和TY6′地裂缝受隐伏断层控制，断层走向北西—北北西，倾向北东，倾角在75°左右（图3.57）；地裂缝倾向北西，地裂缝与下伏断层组成"y"型结构。隐伏断层走向与盆地内的区域性北西—北北西向断层方向基本一致。根据钻探结果，浅部地层错断不明显，但裂缝两侧的地层差异较大，一些夹层在裂缝附近尖灭或突然消失。

(a) 勘探期间地裂缝重新活动　　　　　　(b) 次级地裂缝引起的房屋开裂
　　　形成的串珠状陷穴

图 3.55　新胜地裂缝（TY6）的出露及破坏情况

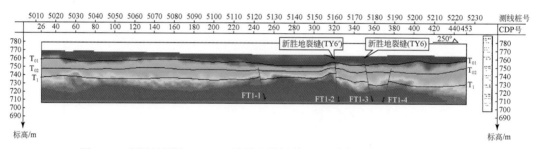

图 3.56　新胜地裂缝（TY6）浅层地震折射 CT 反演解释剖面（TYDZ6-1）

钻探结果（位置见图 3.54，剖面见图 3.58）显示，主裂缝 TY6 和次级裂缝 TY6′的倾角均为 80°左右，倾向北西。地裂缝带两侧地层错断不明显，其中主裂缝 TY6 在深度 65m 附近的地层最大错距只有 1.5m 左右，一般错距只有几十厘米至 1m，浅部地层几乎没有错断。地裂缝两侧的地层差异和水位埋深变化较大，一些地层到裂缝处发生尖灭或两侧地层厚度发生变化，主裂缝 TY6 附近钻孔 TYZK6-10 与 TYZK6-12 之间的地下水水位高程位于 740 ~ 742m，裂缝带影响范围之外的地下水水位在 746 ~ 749m，地下水水位高差在 6 ~ 7m，地裂缝带附近地下水埋深大；次级裂缝 TY6′两侧的地下水水位也有异常，裂缝东北盘水位低，高程在 643m 左右，裂缝西南盘水位高程在 649m 左右，水位高差也在 6m 左右。从钻探揭露的地层及水位异常情况看，主裂缝 TY6 的影响带范围在钻孔 TYZK6-9 与 TYZK6-13 之间，影响带宽度在 36m 左右；次级裂缝 TY6′的影响带范围在钻孔 TYZK6-5 与 TYZK6-7′之间，影响带宽度在 32m 左右。

通过探槽 TYTC6（长 20m、宽 1m、深 3m，探槽位置如图 3.54 所示，探槽展示图如图 3.59 所示）揭露，共发育 4 条裂缝，其中地表显露的主裂缝（TY6）垂向宽度为 0.2 ~ 1.0m，近直立，上宽下窄；主要表现为水平拉张，探槽揭露深度范围内垂直位错不明显。

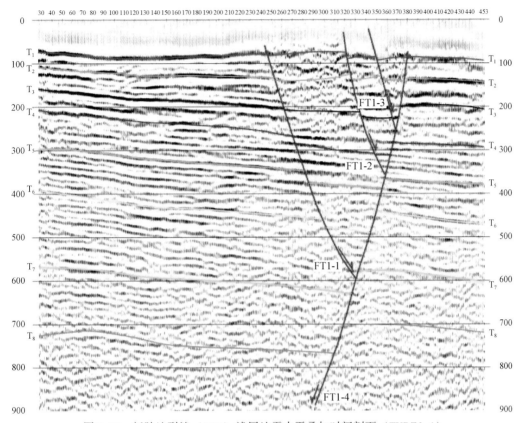

图 3.57　新胜地裂缝（TY6）浅层地震水平叠加时间剖面（TYDZ6-1）

裂缝 TY6 向西约 10m，有一较宽的裂缝 TY6-1，垂向宽度为 0.8～1.0m，上宽下窄，近直立；上部宽度较大，可能是对地裂缝人工开挖回填防止漏水引起的；裂缝性质主要表现为水平拉张，垂直位错也不明显。裂缝 TY6-2 和 TY6-3 均为主裂缝 TY6 影响带内的次生裂缝，宽度为 0.3～1.0cm，近直立，受填土回填或裂缝闭合影响，只有局部可见裂缝充填物。

2. 地裂缝成因分析

据当地村民介绍，在 1962 年水位埋深只有 1m 左右，目前地下水水位埋深为 15～23m，地下水水位下降较明显，2003～2009 年的水位资料也显示该区浅层地下水水位下降 9m。受地裂缝活动影响，裂缝两侧水位高差 6～7m。同时，2003 年的中层水位资料显示，新胜地裂缝场地处于洪善水位下降漏斗区内，深井水位高程在 700m 左右（图 3.2）。因此，新胜地裂缝受隐伏断层控制，即隐伏断层控制了地裂缝的延伸方向，地裂缝活动主要受浅层和中层地下水水位下降诱发产生。受地层差异的影响，地下水水位下降不均匀，并导致土层不均匀沉降、应力集中和土层开裂。因此，隐伏断裂控制了新胜地裂缝的延伸方向，地下水的超采和水位下降诱发和加剧了地裂缝的活动。

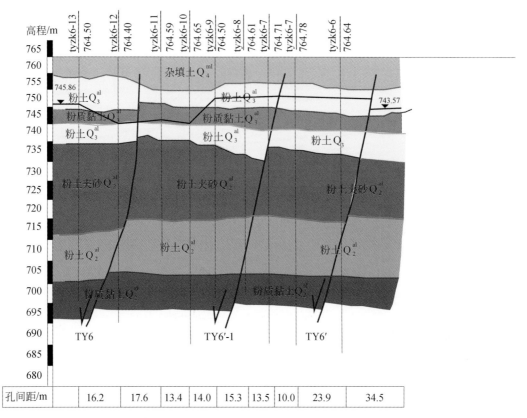

图 3.58　新胜地裂缝钻探剖面图

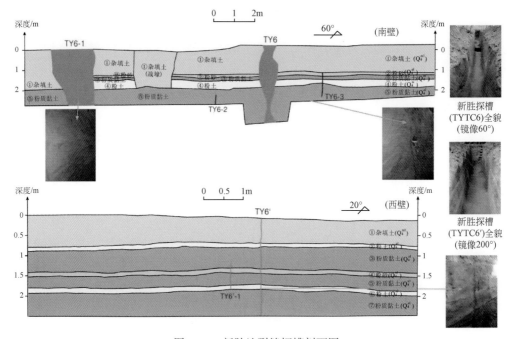

图 3.59　新胜地裂缝探槽剖面图

3.4.2　襄垣地裂缝

1. 地裂缝分布及发育特征

襄垣地裂缝位于平遥县襄垣村东（图 3.60），走向为 75°～80°，长约 0.2km，缝宽 0.2～1m，2004 年发生，主要表现为水平拉张，垂直位错不明显（图 3.61）。另外，在裂缝出露段以西，村民在家里打井时发现漏水现象严重而无法继续，只好更换井位。目前该裂缝较稳定，未见明显发展，活动性弱。本次钻探剖面（TYZK7-TYZK7′）的位置如图 3.60 所示。

TYZK7-TYZK7′ 钻探剖面揭露 TY7 地裂缝呈隐伏状态（位置如图 3.60 所示，剖面如图 3.62 所示），位于钻孔 TYZK7-9 与 TYZK7-10 之间，从③层粉土深度为 16m 开始往下，裂缝两侧地层开始出现位错，上部地层错断小，下部地层错距稍大一点，如③层粉土底部（埋深 23.1m）错断 0.6m，④-3 层粉质黏土夹层底部（埋深 42.0m）错断 1.0m，④层粉土底部（埋深 55.0m 左右）错断 1.4m 左右；一些夹层④-1 和④-2 层粉质黏土均在裂缝处尖灭或突然消失；裂缝倾角 80°～85°，北盘下降；裂缝两侧地下水水位没有异常。根据地面调查和钻探结果，确定地裂缝上盘的主变形带宽度为 3m，影响带宽度为 17m，下盘主变形带宽度为 3m，影响带宽度为 13m。

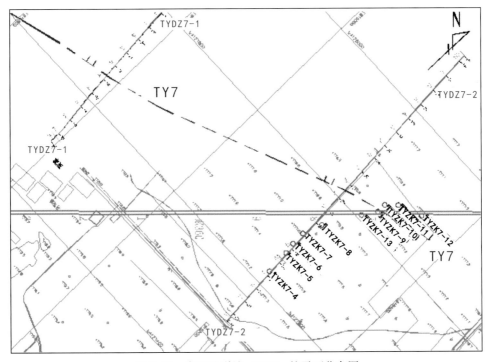

图 3.60　襄垣地裂缝（TY7）的平面分布图

图 3.61　襄垣地裂缝（TY7）的水平拉张性质

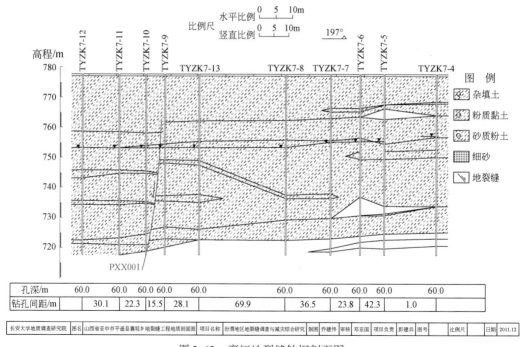

图 3.62　襄垣地裂缝钻探剖面图

2. 地裂缝成因分析

襄垣地裂缝两侧地层有差异，一些夹层到裂缝处消失或尖灭，16m 以下地层有错断现象，因此地层差异是地裂缝形成并活动的控制条件。该区 20 世纪 80 年代初地下水水位埋深在 10m 左右，现在水位为 20～24.5m，水位下降超过 10m，同时，2003 年的深层水位资料显示，襄垣地裂缝场地处于洪善水位下降漏斗区边缘，深井水位高程在 690m 左右。地下水水位的下降则是地裂缝活动的主要诱发因素。

第4章 临汾盆地地裂缝

自20世纪70年代以来,临汾盆地的侯马凹陷、临汾凹陷和襄汾凸起等次级构造单元范围内均相继发生了不同规模的地裂缝灾害现象。临汾凹陷和侯马凹陷是临汾盆地范围地裂缝现象最集中且规模最大的区域。

4.1 地裂缝区域分布规律

4.1.1 历史与现状概况

临汾盆地尧都区、襄汾县、曲沃县、新绛县、绛县、稷山县6县(区)共发现地裂缝86条(带),见表4.1。经统计,临汾盆地地裂缝造成的直接经济损失为400万元,间接经济损失上亿元。从地貌上来讲,地裂缝主要发育于山前倾斜平原和河流冲积平原上。尧都区有16条地裂缝,其中2条(带)位于城区及近郊,对城市规划与建设影响较大,建筑破坏比较严重;新绛县32条,发育较为密集,其中万安镇柏壁村地裂缝长达11.3km,为临汾盆地发育最长的地裂缝;稷山县18条,主要沿吕梁山山前和峨眉台地北缘发育;其余地区分布较少,如襄汾县发育13条地裂缝,曲沃发育2条地裂缝,绛县发育5条地裂缝。

表 4.1 临汾盆地地裂缝统计表

县(市)	统一编号	盆内编号	位置	发育特征
尧都区	LF001	YJX001	贾得乡小程村	1994年出现,2008年汶川地震后活动加剧,走向NE50°,长约800m,宽5~6cm,陷坑宽150cm
	LF002	YZJ001	贾得乡周家庄村	1991年出现,2008年汶川地震后活动加剧,走向358°,长500m,宽1~2cm
	LF003	YJJ001	贾得乡靳家庄村	2005年出现,走向310°,延伸1000m,宽20~30cm
	LF004	YJE001	贾得乡鹅舍村	1990年出现,走向80°,由三条走向近于平行呈雁行排列的地裂缝组成,地表出露长500m、420m和300m,宽2~3m
	LF005	YJZ001	贾得乡贾住村	1990年出现,至今仍在活动,走向278°,长约400m,宽30~50cm,地表多以串珠状陷穴出现
	LF006	YTG001	土门镇果场	1998年3月出现,长1300m,走向67°,宽30~80cm
	LF007	YTG002	土门镇古镇村	1998年3月出现,长约300m,走向80°,宽1~3cm
	LF008	YLG001	刘村镇高堆村	1976年出现,1995年后活动加剧,长850m,走向82°,宽10cm,局部60cm,垂直位错最大0.5m,南盘下降
	LF009	YYD001	尧庙镇大韩村	1980年出现,长约2000m,走向60°~65°,宽10~20cm

县（市）	统一编号	盆内编号	位置	发育特征
尧都区	LF010	YYJ001	尧庙镇金井村	1980 年出现，长约 200m，走向 40°，宽 5 ~ 15cm
	LF011	YJW001	金殿镇王庄村	2000 年出现，长约 600m，走向 54°，宽 10 ~ 20cm
	LF012	YJY001	金殿镇峪里村	2000 年出现，长约 1000m，走向 30°，局部宽度达数米，最大垂直位错 0.5m
	LF013	YJY002	金殿镇峪里村	2000 年出现，长约 2000m，走向 50°，宽 1 ~ 3cm，垂直位错 3cm
	LF014	YJL001	金殿镇龙祠村	1978 年出现，长约 500m，走向 60°，宽 1 ~ 3cm
	LF015	YSS001	山西师范大学	20 世纪 90 年代出现，长约 500m，走向 30°，宽 15cm，垂直位错 13cm
	LF016	YSS001	屯里镇梁村	1976 年出现，长约 600m，走向 74°，宽 6 ~ 20cm
襄汾	LF017	XZY001	赵康镇杨威村	20 世纪 70 年代出现，长约 300m，走向 67°，宽 30cm
	LF018	XDN001	邓庄镇南梁村	2011 年 8 月出现，长约 1000m，走向 325°，宽 5cm
	LF019	XFX001	汾城镇孝村	20 世纪 70 年代出现，长约 400m，走向 64°，宽 30cm
	LF020	XFX002	汾城镇孝村	20 世纪 70 年代出现，长约 350m，走向 320°，宽 30cm
	LF021	XGP001	古城镇盘道村	20 世纪 80 年代出现，长约 500m，走向 353°，宽 10 ~ 35cm，垂直位错 7cm
	LF022	XGP002	古城镇盘道村	2002 年出现，长约 200m，走向 290°，最大张开量为 1 ~ 3m
	LF023	XFW001	汾城镇尉村	20 世纪 90 年代出现，长约 900m，走向 300°，最宽 200cm
	LF024	XFW002	汾城镇尉村	20 世纪 90 年代出现，长约 500m，走向 80°，宽 40 ~ 60cm，最大 200cm
	LF025	XFS001	汾城镇三公村	20 世纪 80 年代出现，长约 800m，走向 2°，宽 30 ~ 60cm，最大 200cm
	LF026	XFS002	汾城镇三公村	20 世纪 80 年代出现，长约 300m，走向 10°，宽 20 ~ 30cm，最大 90cm
	LF027	XFS003	汾城镇三公村	20 世纪 80 年代出现，长约 300m，走向 85°，宽 30cm，最大 150cm
	LF028	XXD001	新城镇邓曲村	1997 年 8 月出现，长约 250m，走向 30°，宽 15 ~ 20cm，陷坑宽 380cm
	LF029	XXJ001	襄陵镇井头村	1998 年 8 月出现，长约 2000m，走向 291°，宽 100cm
曲沃	LF030		北董乡东闫村	1995 年出现，走向近 90°，倾向北，长 200m，宽 0.1 ~ 0.2m
	LF031		北董乡任庄村	2001 年 7 月出现，走向近 90°，倾向北，长 100m，宽 0.3m，深 3m

县（市）	统一编号	盆内编号	位置	发育特征
绛县	LF032	JX001	安峪镇安峪村南	2000 年 5 月出现，走向 20°，长 400m，宽 13cm，垂直位错 5cm
	LF033	JX002	安峪镇安峪村东北	2001 年 7 月出现，走向 340°，长 200m，宽 1cm
	LF034	JX003	安峪镇孙王村	1997 年 8 月出现，走向 340°，长 200m，宽 8cm
	LF035	JX004	541 电厂生活区	1984 年 6 月出现，走向北东，长 150m，呈弧形，宽 10cm
	LF036	JX005	安峪镇东晋峪村	1982 年 8 月出现，走向 30°，长 100m，宽 10cm
新绛县	LF037	XLB001	龙兴镇北梁村	1997 年出现，长约 600m，走向 280°，表现为不连续陷坑，宽 20～30cm
	LF038	XYX001	阳王镇辛安村	1992 年出现，长约 300m，走向 290°，垂直位错 40cm
	LF039		阳王镇辛安村	1968 年 6 月出现，长 1800m，走向 28°，宽 40cm
	LF040	XWT001	万安镇天地庙村	1999 年出现，长约 800m，走向北西
	LF041	XYS001	阳王镇苏阳村	1958 年 7 月出现，长约 300m，走向 85°，宽 30cm，垂直位错 100cm
	LF042	XSS001	三泉镇三泉村	1994 年 9 月出现，长约 2000m，走向 65°，宽 15cm，垂直位错 6cm
	LF043		三泉镇北社村	1994 年 9 月出现，长 3200m，走向 65°，宽 15cm
	LF044	XHF001	横桥乡符村	1978 年出现，长约 200m，走向 314°，宽 20cm，陷坑直径 1.5～3m，垂直位错 40cm
	LF045	XHT001	横桥乡谭家庄	1972 年出现，长约 600m，走向 330°，宽 40cm
	LF046	XHD001	横桥乡东曲村	1968 年出现，长约 600m，走向 80°，宽 10～60cm
	LF047		横桥乡东曲村	1972 年出现，长约 300m，走向 304°，宽 60～100cm
	LF048	XBD001	北张镇北杜坞村	20 世纪 70 年代出现，长约 400m，走向 287°，宽 1～5cm
	LF049	XBD002	北张镇北杜坞村	2006 年出现，长约 1000m，走向 337°，宽 30～40cm
	LF050	XBN001	北张镇南杜坞村	1998 年 8 月出现，长约 2000m，走向 291°，宽 100cm
	LF051	XBX001	北张镇西行庄村	1995 年 8 月出现，长约 600m，走向 295°，宽 10～80cm
	LF052		北张镇西行庄	1995 年 8 月出现，长约 100m，走向 295°，宽 60cm
	LF053	XNY001	北张镇南燕村	1992 年 8 月出现，长约 1600m，走向 50°，宽 1～4cm
	LF054	XBB001	北张镇北张村	2007 年出现，长约 3200m，走向 280°～300°，陷坑直径 5～400cm
	LF055		北张镇北张村	1993 年 8 月出现，长约 600m，走向 70°，宽 70cm
	LF056	XBB002	北张镇北行庄村	2007 年出现，长约 3200m，走向 280°～300°，宽 8cm
	LF057	XXZ001	北张镇西庄村	1992 年 8 月出现，长约 500m，走向 325°，宽 2cm
	LF058		北张镇北董	1992 年 5 月出现，长约 1000m，走向 290°，宽 100cm
	LF059		北张镇北董	1992 年 5 月出现，长约 600m，走向 308°，宽 60cm
	LF060		北张镇南行庄	1992 年 8 月出现，长约 600，走向 282°，宽 60cm
	LF061		古交镇南张	1998 年 8 月出现，长约 100m，走向 60°，宽 40cm

县（市）	统一编号	盆内编号	位置	发育特征
新绛县	LF062		古交镇南马王	1998 年 8 月出现，长约 500m，走向 5°，宽 15cm
	LF063	XZD001	泽掌镇大聂村	2002 年出现，长约 1500m，走向 65°，宽 10～50cm
	LF064	XZD002	泽掌镇大聂村	2002 年出现，长约 500m，走向 82°，宽 100～150cm
	LF065	XZB001	泽掌镇变电站	1994 年 8 月出现，长约 1200m，走向 300°，宽 10～35cm，最大陷坑直径 1.5m，垂直位错 10cm
	LF066	XZX001	泽掌镇杏林	1952 年 6 月出现，长约 400m，走向 45°，表现为塌陷，西侧地面下降
	LF067		泽掌镇光村	1992 年 8 月出现，长 500m，走向 35°，宽 20～40cm
	LF068	XWB001	万安镇柏壁村	时间不详，长约 11300m，走向 85°，宽 20～100cm
稷山县	LF069	JXY001	西社镇杨家庄村（泰山村）	2003 年出现，长约 2000m，走向 55°，宽 50～200cm，垂直位错 90～110cm，南侧下降
	LF070	JXL001	西社镇刘家庄村	2002 年出现，长约 500m，走向 5°，宽 80cm，表现为陷坑
	LF071	JXZ001	西社镇张家庄村	2002 年出现，长约 1500m，走向 15°，宽 20～200cm
	LF072		西社镇高渠村	2003 年出现，长 300m，走向 280°，宽 50～100cm
	LF073	JTT001	太阳乡太阳村	2008 年汶川地震后出现，长约 300m，走向 355°，宽 20cm
	LF074	JTT002	太阳乡太阳村	2011 年出现，长约 120m，走向 345°，宽 3～20cm，垂直位错 15cm
	LF075	JTW001	太阳乡坞堆村	2008 年出现，长约 500m，走向 290°，宽 10～40cm，垂直位错 40cm
	LF076	JTW002	太阳乡坞堆村	20 世纪 80 年代出现，长约 200m，走向 2°，宽 100cm，垂直位错 20cm
	LF077	TSX001	太阳乡勋重村	1980 年出现，长约 400m，走向 85°，宽 50～150cm
	LF078	TSD001	太阳乡丁村	1980 年出现，长约 100m，走向 90°，宽 200cm
	LF079		太阳乡丁村	1985 年出现，长约 500m，走向 1°，宽 50～100cm
	LF080	JQB001	清河镇北松鹤村	1980 年出现，长约 1200m，走向 83°，宽 30～200cm
	LF081	JQS001	清河镇三交村	20 世纪 80 年代出现，长约 900m，走向 355°，宽 200cm
	LF082	JQB001	清河镇北阳城村	1980 年出现，长约 300m，走向 5°，宽 200～300cm
	LF083	JZR001	翟店镇仁和村	20 世纪 80 年代出现，长约 500m，走向 315°，宽 300cm
	LF084	JZT001	翟店镇西位村	2008 年汶川地震后出现，长约 300m，走向 25°，宽 5cm
	LF085	JZT002	翟店镇太宁村	20 世纪 80 年代初期出现，长约 500m，走向 75°，宽 40cm
	LF086	XBN001	翟店镇翟东村	1980 年出现，长 200m，走向 20°，宽 50～90cm

4.1.2　地裂缝分布规律

1. 地裂缝分布与地貌的关系

临汾盆地地裂缝主要发育在盆地西北的山前洪积扇、峨眉台地北缘和盆地河谷阶地上，在冲洪积和风积的砂层、粉土层和黄土层中均有发育。

2. 地裂缝与活动断裂的关系

图 4.1 为临汾盆地地裂缝与盆地活动断裂的分布关系，从图 4.1 可以看出：

（1）沿临汾盆地西边界罗云山断裂带（FⅠ-1）地裂缝发育广泛，如龙祠地裂缝；

（2）沿临汾盆地南边界峨眉台地北缘–紫金山断裂（FⅡ-1）地裂缝较发育，如太阳乡地裂缝；

（3）沿临汾盆地隐伏的吴村–金殿断裂（FⅢ-8）和甘亭–襄汾断裂（FⅢ-9）地裂缝零星发育，如鹅舍地裂缝、梁村地裂缝等。

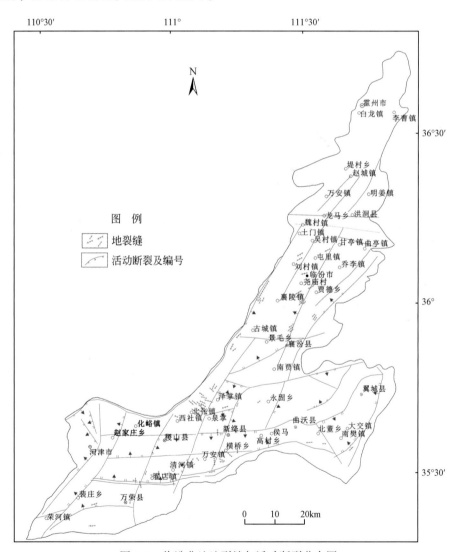

图 4.1　临汾盆地地裂缝与活动断裂分布图

临汾盆地在历史上曾发生过多次七级以上强震，如 1303 年洪洞 8 级地震和 1695 年临汾 7.5 级地震，这些强震会在发震区域形成大量的同震裂缝，当遇到强降雨时，有可能使这些地震地裂缝重现地表,破坏农田、房屋,威胁人类财产安全。

3. 地裂缝分布与盆内次级块体的关系

图 4.2 为临汾盆地地裂缝与盆地次级块体和第四系厚度的关系分布图,从图 4.2 可以看出,临汾盆地内第四系厚度分布的差异基本反映了基底断块的分布情况。分析发现,新绛县北张镇和泽掌镇地裂缝处于汾阳岭断凸、阳王断凸和稷山断凹交界处,该地裂缝发育区不但是第四系厚度的突变带,还是临汾降落漏斗和侯马降落漏斗的地下分水岭,地下水流向与地裂缝的走向垂直。第四纪地层厚度的差异与地下水的流向都会进一步加剧地裂缝的活动。

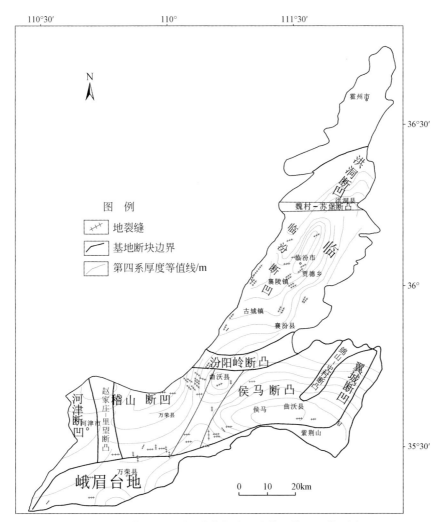

图 4.2 临汾盆地地裂缝分布与次级块体和第四系等厚度图

4. 地裂缝分布与地下水位的关系

随着工农业生产的迅猛发展,临汾盆地地下水持续开采,其结果必然造成地下水水位下降,地下水流场发生显著变化。2004 年,临汾盆地中深层地下水开采已形成了四个较为明显的降落漏斗，即洪洞和甘亭一带降落漏斗、临汾市降落漏斗、侯马市降落漏斗，以及稷山、新绛北部马匹峪洪积扇降落漏斗。将临汾盆地地裂缝分布图与临汾盆地地下水流场图相叠加，得到图4.3。从图4.3可以看出，临汾盆地地下水降落漏斗周缘分布大量的地裂缝，而且沉降漏斗边缘基本上都有隐伏活动断裂通过，这说明地裂缝的形成可能是地下水水位的下降加剧了活动断裂已有破裂面的进一步开裂，传至地表后形成地裂缝。

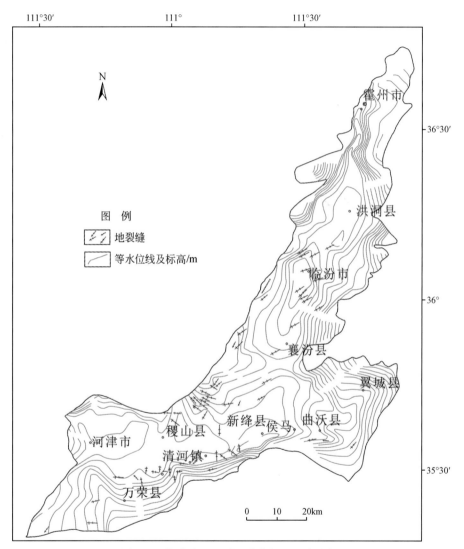

图4.3 临汾盆地地裂缝分布与地下水流场

综上所述，临汾盆地的地裂缝分布规律主要表现在以下四个方面：一是分布在山前洪积扇和盆地河谷阶地上；二是沿边山大断裂及盆地内隐伏断裂分布；三是分布于盆地次级块体的交界处；四是分布于地下水降落漏斗的边缘区域。

4.1.3　地裂缝发育特征及活动性

1. 地裂缝的平面展布特征

根据临汾盆地地裂缝走向玫瑰花图（图4.4），临汾盆地地裂缝走向多为北东东向，其次为北西西向，以及近南北向。

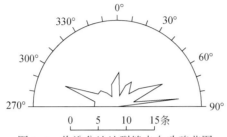

图 4.4　临汾盆地地裂缝走向玫瑰花图

临汾盆地地裂缝规模一般长 200～2000m，最长达 11300m，中、小型地裂缝占 75% 左右；地裂缝宽 5～100cm，最宽达 3m。发育规模见表 4.2。

表 4.2　临汾盆地地裂缝发育规模统计表

规模等级	巨型地裂缝	大型地裂缝	中型地裂缝	小型地裂缝
发育数量	1	21	30	34
所占比例/%	1.2	24.4	34.9	39.5

2. 地裂缝发育的时间特征

临汾盆地从古到今地裂缝活动比较频繁，在许多历史文献中均有其发生地裂缝的记载，最早有关临汾盆地发生地裂缝的文献记载距现在已有 2355 年的历史，可谓源远流长。经对临汾盆地地裂缝发生时间的调查统计发现，地裂缝的发生年份并不是均匀分布的，具体时间分布见表 4.3。根据表 4.3 的统计，可见临汾盆地地裂缝灾害主要发生在 1980 年前和 1991～2000 年。

表 4.3　临汾盆地地裂缝发生时间统计表

年份	1980 年及以前	1981～1985 年	1986～1990 年	1991～1995 年	1996～2000 年	2001～2005 年	2006 年至今
发育条数	22	11	3	18	14	10	8
所占比例/%	25.6	12.8	3.5	20.9	16.3	11.6	9.3

3. 活动性

临汾盆地地裂缝的活动特性：

（1）每条地裂缝带在其形成发展过程中，多是在中部开始破裂，然后向两端扩展；

（2）地裂缝活动具有年变周期的特点。根据调查访问，每年夏季地裂缝活动明显加快，其他季节活动减弱或不活动；

（3）地裂缝活动在时间、空间和强度上具有明显的差异性，这主要是由地层沉积的不均匀性、地下水开采强度平面分布的不均匀性和地裂缝延伸所追踪的构造面不连续性造成的；

（4）地裂缝活动具有间歇性特点；

（5）地裂缝的活动方式主要为蠕滑运动，也有突发性的跳跃运动；

（6）临汾盆地地裂缝运动方式主要为垂直剪切运动和水平拉张运动，总体上垂直位错量大于横向水平拉张量。

4.2 罗云山山前地裂缝

自 20 世纪 70 年代以来，临汾盆地内出现了不同规模的地裂缝，且盆地西缘盆山过渡带沿线出现的地裂缝规模最大，活动性最强。在盆地西缘盆山过渡带，山前地裂缝广泛发育，按照裂缝出露点的地理位置及行政隶属，地裂缝由北至南可分成三段：龙祠—峪里—王庄段、盘道—尉村—三公段和杨家庄—麻古垛段，地裂缝主体走向为北东向，基本与山前断裂走向一致（图 4.5）。近年来，临汾盆地及其西缘盆山过渡带地裂缝的规模和影响

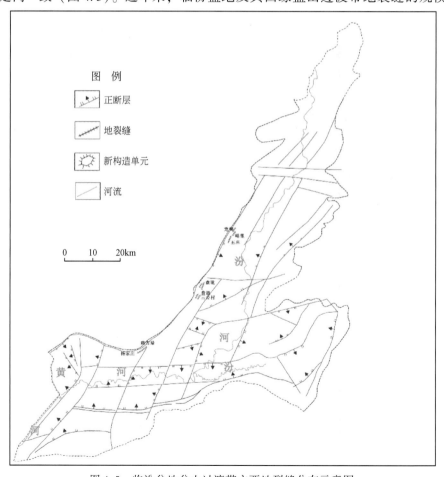

图 4.5 临汾盆地盆山过渡带主要地裂缝分布示意图

范围不断扩大，导致沿线许多房屋建筑受损，大片耕地及多处公路等设施遭到破坏，严重影响着沿线居民的生产生活和当地的经济建设，已成为当地最为严重的地质灾害之一。

由图 4.5 可以看出，临汾盆地西缘盆山过渡带地裂缝空间分布与区域构造等地质条件密切相关，与构造断裂的位置和延伸方向均有着较好的一致性，反映出地裂缝强烈的构造特征。首先，地裂缝的延伸方向与本区的构造线，即罗云山山前断裂近平行，具有较好的一致性；其次，地裂缝的分布集中区正好位于构造带附近。地裂缝带集中分布于罗云山断裂上盘 1km 范围以内，具有很好的成带性和分段性，总体走向稳定，但在局部表现异常，如北部尧都区的龙祠—峪里—王庄段整体为北东—北北东向，而襄汾县盘道村地裂缝在总体北北东的走向下局部有东西向地裂缝出露，构成棋盘式分布，而在三公村村东田地里发现局部有 "Y" 型三叉戟状分布的地裂缝，但总体延伸方向为北北东向。盆地南部稷山县杨家庄村东山前地裂缝开裂较宽，上下盘竖直位错较大，并呈现出较好的连续性，平行于裂缝西北侧的罗云山发育，走向也与山前罗云山断裂基本一致。

综上所述，临汾盆地西缘盆山过渡带地裂缝的分布主要受构造控制，走向基本与山前断裂一致，反映了地裂缝的构造特性。

4.2.1　地裂缝平面特征及发育情况

杨家庄−麻古垛地裂缝在行政地理位置上位于运城市稷山县杨家庄村东罗云山前，而在地貌上位于临汾盆地南部盆地西缘罗云山山前洪积扇上（图 4.5）。该段地裂缝最早出现于 1990 年左右，发育于山前农田中，并不断延伸发展，由开始的田地地表细微开裂逐渐伸长变宽，至今延伸总长约 2.5km，其中，杨家庄村东段沿走向 NE90°～110° 延伸1.5km，和麻古垛段沿走向 NE55° 延伸 1km（图 4.6）。裂缝兼具拉张和位错的特点，地表水平张开量较大，为 0.1～1.5m；开裂深度深浅不一，浅处为 5～10cm，深处大于 5m。此外，裂缝两侧有较明显竖直位错，上盘（南盘）下降，下降深度为 0～1.6m。据调查，该裂缝自出现以来就一直持续活动，但活动强弱具有间断性，强降雨后活动强度明显增加，造成大片农田受损。

1. 杨家庄段地裂缝

该段地裂缝是临汾盆地西缘盆山过渡带地裂缝中连续性最好，发育规模最大的地裂缝。裂缝西段起源于杨家庄村东罗云山前，平行于盆山交界带以 90°～110° 的走向向东延伸 1.5km 后在地表消失。该裂缝稳定、连续，基本上是单一裂缝延伸，局部出现分叉次级裂缝，短距离延伸之后又交汇于主裂缝上（图 4.7）。此地裂缝地表的表现形态多为连续性的大规模开裂和竖直位错，地表开裂水平张开量为 0.1～1.1m，局部以串珠状陷穴的形式出露于地表。在调查中发现，该裂缝错断一水泥引水渠，上下盘错距达 30cm，水平张开量为 33cm，如图 4.6 中照片②所示。该段裂缝基本平行于盆山交界向东延伸，但在裂缝东段出现拐点，走向由近东西向延伸逐渐向北偏转至 NE50° 左右，即裂缝向北东向延伸至基岩山区，并斜穿过地面陡坎，延伸约 40m 后裂缝在地表消失，如图 4.6 中照片⑤所示。

图 4.6　稷山县杨家庄–麻古垛地裂缝分布平面图

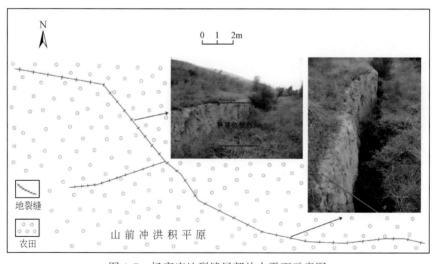

图 4.7　杨家庄地裂缝局部放大平面示意图

2. 麻古垛地裂缝

麻古垛地裂缝是杨家庄地裂缝出现拐点向北东向延伸后的延续裂缝,该段地裂缝亦平行于罗云山边界,沿盆山交界带发育,走向约 NE55°,向北东延伸至麻古垛村北,全长约1km。与杨家庄地裂缝相比,麻古垛地裂缝连续性稍差,大多以串珠状陷穴的形式出露,这些陷穴规模较大,直径为 1~2m,深 2~4m(图 4.8)。

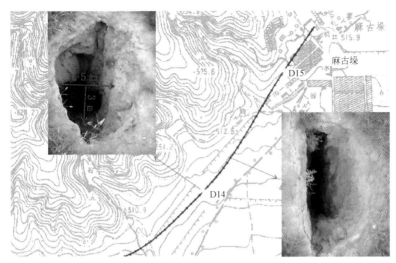

图 4.8　麻古垛地裂缝平面分布图

4.2.2　地裂缝的剖面特征

地裂缝在地表的变形和破裂是地表下部活动的反映。在研究临汾盆地西缘盆山过渡带地裂缝的过程中，本书在裂缝典型发育段布置了物探和槽探工程，较好地揭露了地表以下一定深度范围内的地裂缝剖面形态特征以及地裂缝与活动断层的关系。

1. 探槽揭示的剖面特征

为了揭示地裂缝的剖面特征，本书对临汾盆地西缘盆山过渡带最为典型的杨家庄山前地裂缝进行了槽探工作。杨家庄探槽位于杨家庄东地裂缝中段，探槽长边走向与地裂缝走向垂直，为 NE5°，探槽长约 40m，宽 8m，深 7~9m（图 4.9）。据探槽编录资料显示，该

图 4.9　杨家庄探槽全貌图

处地层物质成分较杂乱，有较多粗砂砾石层、块石层等，分选性差，磨圆度较低，部分砾石、砂、粉土等混积在一起，为洪积所成。探槽内由北向南发育 f_1、f_2 和 f_3 共 3 条地裂缝，组成"梳状"型。现分别就探槽西壁和东壁描述地裂缝的特征。

西壁：在西壁上由北向南出露三条裂缝，分别为 f_1、f_2 和 f_3。f_1 为主裂缝，f_1 以南约 6m 处为裂缝 f_2，f_2 以南约 1.7m 处为裂缝 f_3，破裂带宽度为 7.7m，f_1 从地面向下一直贯通到探槽底部；f_2 和 f_3 从地面向下延伸 6m 后汇合成一条，然后又分叉向下贯穿到探槽底部（图 4.10），f_1、f_2、f_3 裂缝照片如图 4.11 所示。

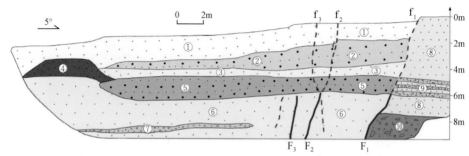

图 例　①粉土 ②粗砂 ③碎石 地裂缝 ①粉土 ②粗砂砾石层 ③粉土
④褐色粉土 ⑤粗砂砾石层 ⑥粉土 碎石层 ⑧粉土 ⑩块石层

图 4.10　杨家庄探槽西壁剖面图

图 4.11　杨家庄探槽西壁裂缝照片

东壁：在东壁上由北向南出露三条裂缝，分别为 f_1、f_2 和 f_3。f_1 为主裂缝，f_1 以南约 4.4m 处为裂缝 f_2，f_2 以南约 4.2m 处为裂缝 f_3，破碎带宽度为 9.6m，f_1 和 f_2 都从地面向下一直贯通到探槽底部，而 f_3 只从地面向下延伸 2.5m 后便消失（图 4.12），f_1、f_2、f_3 裂缝如图 4.13 所示。

2. 地球物理勘探揭示的剖面特征

尽管浅层地裂缝的开裂宽度和竖直位错相对较小，但具有一定宽度的破碎带，因此，地震波场、速度及电磁场特征均有变化，采用高精度探测技术，可以识别其异常特征；同

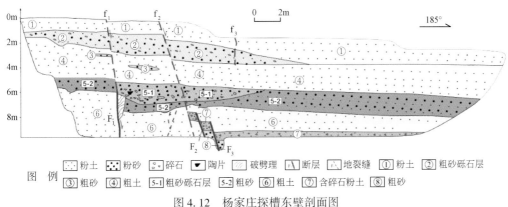

图 例　　·.·.·. 粉土　.·.·.· 粉砂　.●. 碎石　▼ 陶片　.// 破劈理　∧ 断层　∧ 地裂缝　① 粉土　② 粗砂砾石层　③ 粗砂　④ 粗土　5-1 粗砂砾石层　5-2 粗砂　⑥ 粗土　⑦ 含碎石粉土　⑧ 粗砂

图 4.12　杨家庄探槽东壁剖面图

图 4.13　杨家庄探槽东壁裂缝照片

时通过浅层高精度地球物理勘探方法，探测临汾盆地西缘盆山过渡带沿线浅层地裂缝的展布特征及其与下伏断裂构造的关系，可为研究地裂缝的成因提供科学依据。因此，本书对临汾盆地西缘盆山过渡带典型的杨家庄-麻古垛地裂缝进行了浅层地震物理勘探，并对地裂缝的物理勘探结果进行分析。

DZ6 地震测线近南北向布置，垂直于杨家庄地裂缝（图 4.14），测线剖面长度约 1.1km。通过地震探测，得出了该测线的折射 CT 反演速度剖面图（图 4.15）和多次覆盖反射水平叠加时间剖面图（图 4.16）。CT 反演主要体现了浅部地层信息，反射剖面则更多地反映了较深地层信息，两者的结合和相互比对可以较好地反映地表以下几百米深度的地层信息。

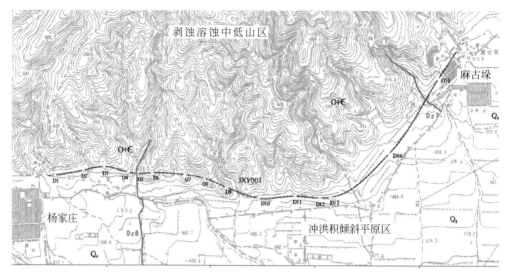

图 4.14　稷山县杨家庄-麻古垛段地震测线 DZ6、DZ7 布置图

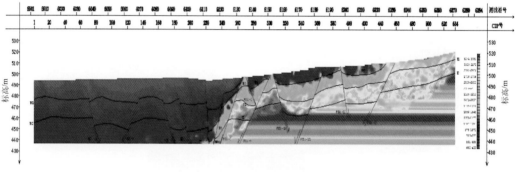

图 4.15　DZ6 折射 CT 反演剖面图

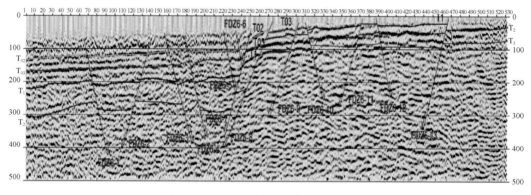

图 4.16　DZ6 反射水平叠加时间剖面图

由折射 CT 反演速度剖面图 4.15 可以看出，该剖面地层速度纵向递变明显，变化范围为 400~4000m/s，横向受地表基岩出露的影响，局部有高速异常，即在 FDZ6-6 和 FDZ6-7 两侧地层的波速差异最大，表明此处为基岩和第四纪沉积物的分界。且该测线范围内在近地表发育 13 条地裂缝，其中最右侧裂缝 FDZ6-13 为地表出露的杨家庄山前地裂缝，其余裂缝为该主裂缝上盘影响带内的次级裂缝。通过地面调查、勘探和多个地球物理异常的分析解释，对罗云山断裂构造和地裂缝发育及展布特征有如下结论：

（1）临汾盆地西缘盆山过渡带测线裂缝点多，与下伏断层相连。

（2）受区内中深部基岩断裂构造的影响，地裂缝发育条数多，发育期次多，发育范围较集中，下切深度大，且走向主体呈北东向展布，倾向南东，倾角为 70°~90°，浅表层落差一般不超过 2m。

（3）根据断裂构造异常的纵横向发育和展布特征分析认为，沿线地裂缝主要有两种表现形式：第一种，受区域断层或区域次级断层的影响，与主断层有很明显的伴生关系，多呈"Y"型、并列形；第二种，区域断层或区域次级断层发育至地表，形成地裂缝。上述两种类型的地裂缝均表现出同生断层的特点（图 4.17）。

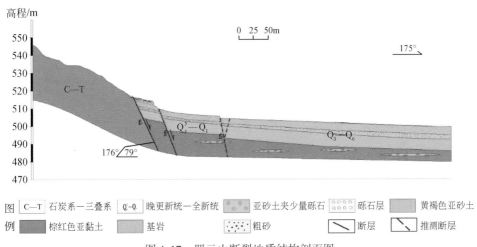

图 4.17　罗云山断裂地质结构剖面图

4.2.3　地裂缝的活动特征

自 20 世纪 70 年代临汾盆地盆山过渡带出现地裂缝以来，这些地裂缝便不断发展变化，对当地居民日常生活和经济发展产生严重影响。通过对临汾盆地西缘盆山过渡带地裂缝的调查研究，发现沿线地裂缝在活动性方面有其自身特点。本节在对沿线地裂缝进行调查、勘探等研究的基础上，总结出了临汾盆地西缘盆山过渡带地裂缝的活动特征。

1. 横向水平拉张

临汾盆地西缘盆山过渡带地裂缝均表现出明显的水平拉张作用，水平张开量一般为 0.5~50cm，最宽可达 1.1m，如杨家庄山前地裂缝［图 4.18（a）］。

2. 竖直位错

临汾盆地西缘盆山过渡带地裂缝发育于边山断裂—罗云山断裂之上，沿线地裂缝上下盘具有明显的竖直位错，表现出正断性质，位错量最大约1m，如图4.18（b）所示。

3. 三维活动规律

地裂缝的三维活动指地裂缝两盘的水平拉张、竖直位错和水平扭动。沿线地裂缝的三维活动量有着明显差别。以杨家庄地裂缝为例，主裂缝的主要运动方式以垂直位错为主，同时拉张作用明显，但裂缝基本无水平扭动，三者的总体关系为竖直位错量>横向水平拉张量>水平扭动量。

(a)　　　　　　　　　　　　　　　(b)

图4.18　杨家庄山前地裂缝开裂错动照片

4. 分段差异性

临汾盆地西缘盆山过渡带地裂缝在不同地段由于地质环境等各因素的不同表现出来的活动强度、裂缝产状和活动速率也不一样，临汾盆地西缘盆山过渡带中三段地裂缝在活动状态和裂缝规模上都表现出分段差异性。

5. 活动的多期性与间歇性

沿线开挖的探槽内，地裂缝的充填物源及各缝间不同的组合关系揭露了地裂缝具有多期活动的现象，表明沿线地裂缝也具有准周期的活动特性。

6. 活动的扩展性

临汾盆地西缘盆山过渡带地裂缝自出现以来就一直处于间歇活动状态，主要表现为地裂缝规模不断扩大，地裂缝点不断增多，地裂缝造成的灾害逐渐增加。如2011年调查杨家庄地裂缝时，裂缝导致房屋墙体开裂3cm，2012年调查时，墙体开裂增加到5cm（图4.19）。

图 4.19 杨家庄地裂缝活动性对比图

4.2.4 地裂缝的成因模式

临汾盆地西缘盆山过渡带地裂缝的分布及地裂缝的产生、发展主要受构造活动控制，而地下水的过量开采和渗透作用又影响了地裂缝发生的时间、地段和发育程度。根据对临汾盆地盆山过渡带地裂缝的分布规律、发育特征的分析发现，该沿线以杨家庄地裂缝最为典型，具有开裂宽带大、竖直位错深、延续性好等特点，且地裂缝的走向与断裂带走向一致，地裂缝在整个形成过程中，罗云山断裂起着主导控制作用，而地下水的过量抽取和渗透对地裂缝起到了诱发和加剧的作用，地层岩性与地貌环境等条件虽然在一定程度上也影响地裂缝的活动和发展，但相对影响程度较小。鉴于此，认为临汾盆地西缘盆山过渡带地裂缝的成因模式属于盆缘断裂活动加地下水超采和渗透的耦合模式，即盆地边缘的边山断裂的蠕动造成第四纪地层开裂，裂缝走向与断裂一致，地下水的超采和渗透作用在一定程度上又诱发了破裂面的进一步开裂，延伸至地表加剧了地裂缝的发展。

根据以上分析，临汾盆地盆山过渡带地裂缝的形成分为三个阶段：第一阶段，由于印度板块继续向北推挤，鄂尔多斯地块的左旋运动，山西地区上地幔持续上隆调整，造成临汾盆地处于北西–南东向的拉张地应力环境下，并且持续下沉，盆地西边界的罗云山断裂伸展正断活动，形成隐伏断层（图 4.20）；第二阶段，断裂活动继续发展，导致上覆土层自下而上破裂变形，在地表形成与罗云山断裂走向一致的拉张变形带，拉张变形带内抗拉强度较低的区域开裂，出现地裂缝（图 4.21）；第三阶段，20 世纪 80 年代末以后，临汾地区超采地下水，含水层压密变形沉降，地表土层变形很小，加大了变形带内的拉张应力，进而导致整体刚性翻转开裂，从而加剧了地裂缝活动，表现为地裂缝扩展延伸，垂向位错加大，横向拉张变宽，严重破坏房屋和道路，威胁人类安全（图 4.22）。综合临汾盆地盆山过渡带地裂缝形成的三个阶段，绘制出地裂缝的成因模式图（图 4.23）。

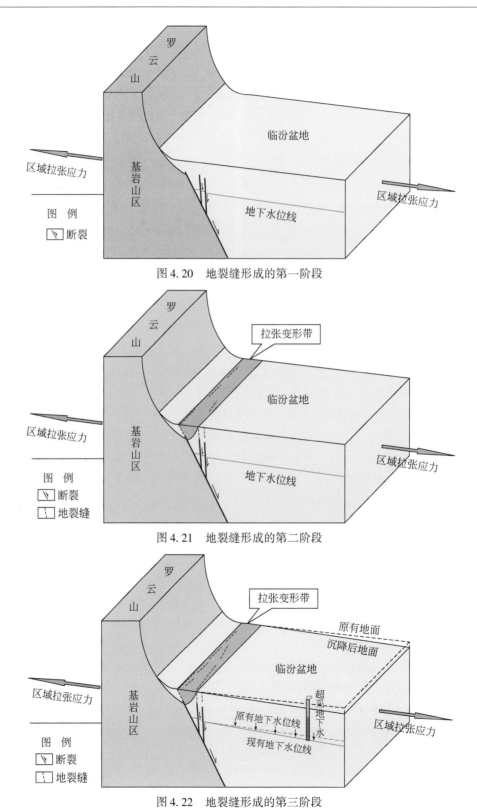

图 4.20　地裂缝形成的第一阶段

图 4.21　地裂缝形成的第二阶段

图 4.22　地裂缝形成的第三阶段

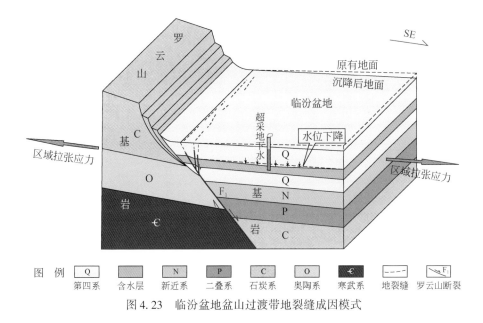

图 4.23　临汾盆地盆山过渡带地裂缝成因模式

4.3　临汾高堆地裂缝

4.3.1　地裂缝概况

高堆地裂缝位于临汾市尧都区刘村镇高堆村一带（图 4.24），最早出现于 1976 年，20 世纪 80 年代后期地裂缝扩展速度加快，地表开裂变形显著加大，至 2012 年延伸长度已大于 2.0km，总体延伸方向为 77°，基本沿地貌单元边界展布。据当地村民介绍，当时该地裂缝引起地表垂直位错 30～40cm，南盘下降，表现为张剪性质。该裂缝破坏房屋 60 余间，房屋裂缝张开量为 0.1～3.0cm，耕地十余亩，目前表现为串珠状（图 4.25），裂缝开裂宽度一般为 10～60cm（图 4.26）。在高堆村北东侧还发育一条走向北北东的地裂缝，如图 4.24 所示。

4.3.2　地裂缝的平面特征

高堆地裂缝在平面上表现出成带性、方向性、横向差异性。

1. 地裂缝的成带性

高堆地裂缝带实际上是两条地裂缝组合而成，地裂缝带宽 30m 左右，具有成带性特点。

2. 地裂缝线性延伸、方向性强

根据调查，高堆地裂缝总体走向在 NE77°左右，平面呈直线展布，线性延伸 2km。

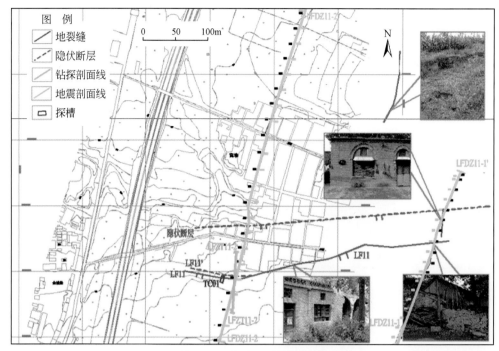

图 4.24　高堆地裂缝分布图

图 4.25　地裂缝田地陷穴

图 4.26　高堆地裂缝致灾情况

3. 地裂缝带的横向差异性

　　高堆地裂缝在横向上呈带状分布，包括一条主地裂缝和一条次级裂缝，主地裂缝延伸长，连续性好，在同一个断面上其张开量最大，次级地裂缝张开量较小。

4.3.3　地裂缝的剖面特征

为了揭示高堆地裂缝在地下一定深度范围内的地裂缝剖面形态特征和发育规律，以及地裂缝与活动断层的关系，在地裂缝发育区布置了钻探、探槽和物探工作。

1. 地裂缝是活动断裂在地表的响应

根据地震勘探结果（图 4.27）显示，高堆地裂缝地震勘探剖面的浅层地震折射 CT 结果反映地裂缝异常明显，特别是主裂缝的垂直位错及波速异常显著，由于次级裂缝没有垂直位错，影响带范围小，其异常相对小些；水平叠加时间剖面揭示高堆地裂缝附近存在两条隐伏断层，其中 FL2-4 断层倾向南，FL2-5 断层倾向北。

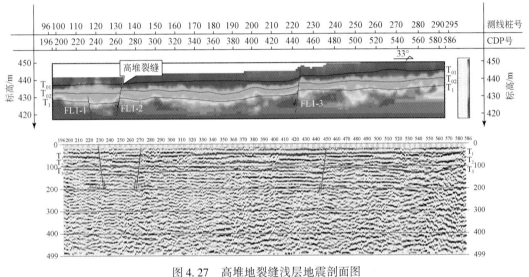

图 4.27　高堆地裂缝浅层地震剖面图

上：浅层地震折射 CT 反演解释剖面；下：水平叠加时间剖面

2. 地裂缝发育上弱下强的特征

钻探结果（图 4.28）显示，地裂缝带两侧地层错断明显，其中主裂缝在②层粉土底部错断 0.5m，⑤层粉质黏土错距约 0.7m，⑦层砂层错断 1m 左右，⑧层砂层错距大于 3m，显示出越向下地裂缝活动越强的特点。分支裂缝两侧地层和水位埋深变化较大，如④层近 3m 厚的砂层向南到裂缝处发生突变而消失，南北水位高差近 3m。

3. 剖面上的成带性

剖面上，高堆地裂缝与平面上具有相似的成带特性，在主地裂缝两侧，发育次级地裂缝。

高堆村西南开挖的大型探槽（长 20m、顶宽 10m、深 8m，如图 4.29 所示，探槽展示图如图 4.30 所示）揭露主裂缝走向近东西，地裂缝上宽下窄，地面宽度为 40cm，上部可见村民填埋的石头、衣物等杂物；裂缝近直立，稍向南倾，并发育分支裂缝，其中 LF11-3 裂缝将⑤层淤泥质粉质黏土错断 0.6m 左右，其形成时间相对主裂缝要早。探槽揭示的多条裂缝和土层变化较大区域形成裂缝主变形带（其中上盘主变形带宽度为 6m，下盘宽度在 4m 左右），使②层粉质黏土顶部向南倾斜，落差接近 1.4m。探槽北侧深约 2m 处有地下水渗出，流量约 0.2L/min。

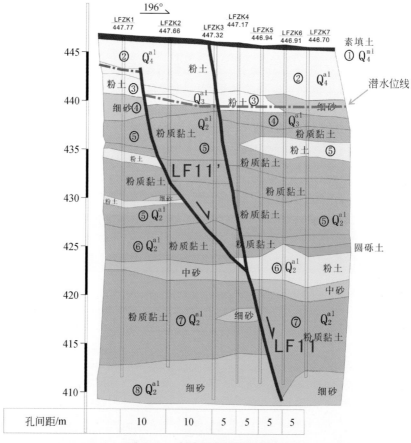

图 4.28　高堆地裂缝钻探剖面

图 4.29　高堆地裂缝探槽全貌图

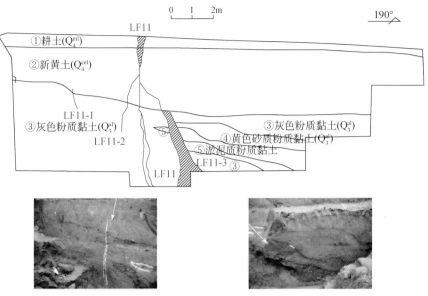

图 4.30　高堆探槽地裂缝剖面图

4.3.4　地裂缝的活动特征

临汾尧都区高堆地裂缝经过 30 多年的活动，对地裂缝沿线的土地、地表建筑造成了强烈的变形和破坏。

1. 垂直差异沉降

高堆地裂缝在地表表现出垂直差异沉降，总体是南盘下降，北盘相对上升，历史最大沉降量为 30～40cm，沉降变形在房屋上表现尤为明显。

2. 横向水平拉张

高堆地裂缝张性特征表现为地表和下部地层出现拉张裂缝，且房屋上有张裂缝存在，房屋中最大张开量在 5cm 左右。

高堆地裂缝在纵向上的水平扭动很小，几乎可以忽略不计。根据地裂缝的大量数据统计，本区域地裂缝总的趋势是垂直位错量大于横向张开量。

3. 活动的不均匀性

高堆地裂缝于 1976 年雨季出现，直至 20 世纪 80 年代中期，并没有明显的活动迹象，只在地表显露断续行迹，对地表的建筑破坏也不明显，多表现为地基出现轻微的不均匀沉降。20 世纪 80 年代后期开始，地裂缝出现明显变形且扩展显著，高堆地裂缝带上的建筑物出现的破坏性开裂主要集中于 1990～1994 年，很多建筑在 1976 年出现裂痕，之后十余年时间里一直比较稳定，但 1990 年开始相继出现急剧的变形，其开裂幅度多在 2～3cm/a，有的建筑物在 1994 年一年左右的时间内就水平开裂了 5cm。

高堆地裂缝活动表现出明显的不均匀性，至今仍表现较强的活动性，暴雨及农灌时节，地裂缝的扩展尤为明显。

4.3.5　地裂缝成因模式

高堆地裂缝的形成是多种条件共同作用的结果，其形成演化主要受构造运动、地下水过量开采等因素的影响。

1. 地貌控制

高堆地裂缝位于临汾市尧都区刘村镇高堆村村南，地形总体北高南低，场地北边为汾河西岸三级阶地，南边为二级阶地，地裂缝发育于二、三级阶地的交接部位。

2. 断层蠕动控制

根据地震水平叠加时间剖面，FL2-5 断层位于 FL2-4 断层的上盘，倾向与其相反，两者组成"Y"型，为 FL2-4 断层的分支断裂。根据区域性资料，在高堆附近存在一右旋倾向南东的正断型断裂 FⅢ-28，总体走向为北北东，是临汾-甘亭沉降中心的西界断裂。高堆地裂缝位于 FL2-4 和 FL2-5 断层之间，倾向南，紧靠 FL2-5 断层上盘，与 FL2-5 断层组成"Y"型结构。高堆地裂缝及其隐伏断层走向与基底断裂 FⅢ-28 夹角在 40°左右，因此，高堆地裂缝可能是在基底断裂的扭动作用下派生的。

3. 超采地下水加剧作用

1986 ~ 2004 年的 18 年期间，汾河西岸的浅层地下水水位变化一般都小于 10m，地下水流场未发生明显变化，也未形成较明显的水位下降漏斗；汾河西岸的中层地下水水位变化相对较大，地下水降落漏斗中心也发生了转移，漏斗中心由市区外围东北方向向市区外围的西南方向移动。

4. 第四系厚度影响

刘村镇高堆地裂缝处于临汾盆地第四系厚度发生变化的地区，地裂缝以东为临汾盆地拗陷区，拗陷区内第四纪地层厚度超过 800m，地裂缝以西为山前地区，第四系厚度小于300m。地裂缝两侧第四纪地层厚度的差异，在自重或地下水超采作用下会发生较大的土层压缩或固结变形，从而导致地裂缝两侧出现差异沉降并加剧地裂缝活动。

5. 地裂缝的发育模式

根据以上对刘村镇高堆地裂缝形成条件的分析，认为高堆地裂缝的形成可分为两个阶段：第一阶段，由于印度板块继续向北推挤，鄂尔多斯地块左旋运动，山西地区地幔持续上隆调整，临汾盆地剪切强烈，致使基底断裂不但正断倾滑，而且剧烈右旋运动，引起上覆第四纪地层扭动，产生拉张变形带，拉张变形带内派生出与基底断裂小角度相交的隐伏断层，隐伏断层部分出露地表形成地裂缝，如图 4.31 所示；第二阶段，20 世纪 80 年代中期以来，由于尧都区超采地下水，造成中深层地下水水位持续下降，含水层压缩变形沉降，加大了拉张变形带内的拉张应力，地裂缝活动加剧，表现为隐伏断层破裂面因为地面沉降差异向上延伸至地表，地裂缝大规模出现，垂向位错量加大，横向拉张变宽，地裂缝向两端延伸，如图 4.32 所示。在强降雨作用下，高堆填埋或隐伏地裂缝上覆土层塌落，地裂缝反复出露，破坏房屋建筑。

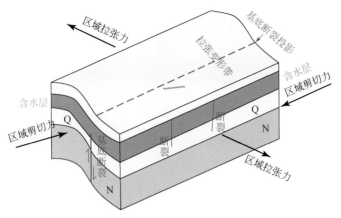

图 4.31　地裂缝形成的第一阶段

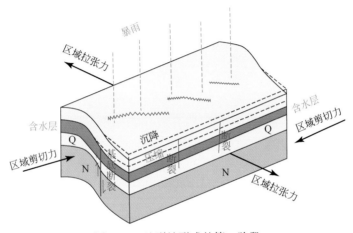

图 4.32　地裂缝形成的第二阶段

高堆地裂缝在整个形成过程中，基底断裂的右旋运动和超采地下水起着主导作用，强降雨只是起到加剧和诱发地裂缝的作用，故高堆地裂缝属于"盆内基底扭动派生加超采地下水耦合"模式，如图 4.33 所示。

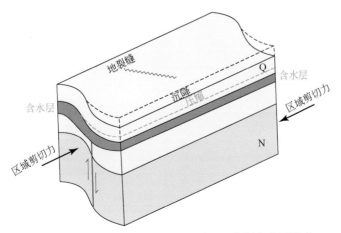

图 4.33　盆内基底扭动派生加超采地下水耦合成因模式

4.4　临汾北张地裂缝

4.4.1　地裂缝概况及分布特征

北张地裂缝位于新绛县北张镇北张村、北董村和北行庄，出现于2007年以后。裂缝XBB001发育于北董村村东田地内，近东西向延伸贯穿北张村及北行庄村，在北董村田地中走向为120°，延伸至北张中学转为90°并一直延伸贯穿北张镇，至北行庄村走向转为80°（图4.34）；该裂缝往往在降雨以后，活动性加强，多在地表形成串珠状或连续性陷坑，如2012年暑期地质调查时，降雨以后在北张中学内形成长10m、宽50cm，最深达2m的连续陷坑［图4.34（b）］；该裂缝全长3.2km，田地内多以串珠状陷坑出露，村内裂缝以墙体拉张破坏为主［图4.34（a）］，裂缝主要表现为张性，垂直位错和水平扭动不明显。裂缝XBB002发育于北张村西北侧田地中，位于裂缝XBB001的北侧且与其平行，走向在北张村西北侧为120°左右，延伸至北张村北侧是走向转变为90°并一直延伸贯穿北张村，至北行庄村走向又变为80°；在调查时发现，该裂缝的影响带较宽，最宽达150m，位于影响带的房屋都有轻微甚至严重破坏，地表多出现串珠状陷坑；该裂缝在降雨以后，活动性明显加强，并在地表形成大陷坑；该裂缝共延伸2.7km，田地内多以不连续陷穴出露，村内裂缝以墙体拉张破坏为主［图4.34（a）］，裂缝主要表现为张性，垂直位错和水平扭动不明显。

图4.34　北张地裂缝破坏地表和房屋

4.4.2　地裂缝的剖面特征

1. 探槽揭示的剖面结构特征

北张探槽位于运城市新绛县北张镇北张村西侧麦场，地裂缝在地表的走向为 90°，开挖的探槽走向为 185°，探槽与地裂缝的平面关系图如图 4.34 所示。探槽长 20m，宽 7.5m，深 8m。探槽编录资料显示，探槽内共揭露 10 套地层，探槽由北向南发育 f_1、f_2、f_3 共 3 条地裂缝（图 4.35）：①f_1 地裂缝为主裂缝，在探槽东西两壁均有发育，裂缝走向 91°，倾向 181°，倾角上陡下缓，上部倾角 79°，下部倾角 64°，裂缝贯通性较好，水平张开量为 0.5~3cm，上宽下窄，其中第四层粉细砂在裂缝处出现垂直位错约 5cm，第五层位错 10cm，第六、七、八层位错 12cm，第九、十层位错不明显；②f_2 地裂缝为 f_1 的次级裂缝，出露于探槽北端，近竖直，张开量约 1cm，裂缝出露于第二层下部，至第六层尖灭，出露长度较短，裂缝只在西壁有出露，东壁没有发现与其相对应的裂缝，贯通性和连续性较差；③f_3 地裂缝为 f_1 的次级裂缝，走向 91°，倾向 181°，倾角 85°，张开量为 0.5~2.5cm，裂缝在东壁从第二层粉质黏土开始发育，向下延伸至第三层底部尖灭，在西壁，地裂缝从第五层开始出现到第六层底部尖灭。

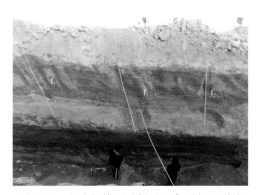

图 4.35　北张探槽西壁揭示三条平行地裂缝

北张探槽揭示的三条裂缝在平面和剖面上表现出明显的差异性，其中主裂缝 f_1 差异性较小，为一延伸、贯通性较好的地裂缝。次级裂缝 f_2 和 f_3 的剖面特征沿其走向表现出明显的差异性，裂缝 f_2 只在探槽西壁有所出露，在探槽东壁没有发现出露痕迹，表明地裂缝发育极不均匀；而裂缝 f_3 虽然在东西两壁均有发育，但是在西壁裂缝从第五层开始出现到第六层底部即尖灭，在东壁裂缝却从第二层粉质黏土开始发育，向下延伸至第三层底部尖灭。这表明裂缝在极短的范围内就出现明显的差异性，这三条裂缝在纵向上也表现出明显的差异性，主裂缝 f_1 沿其走向发育较连续，而次级裂缝 f_2 和 f_3 沿走向发育不连续（图 4.36）。

2. 钻探揭示的剖面结构特征

探槽开挖后，为更清楚地揭示深部地层位错情况，在平行于探槽，跨地裂缝实施了深 45m 左右的钻探工程。钻探结果（图 4.37）显示，地裂缝带两侧地层无明显错断，该处的地层近水平且位于地裂缝两侧的地层厚度大致相等。

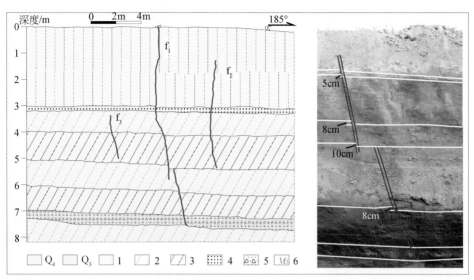

图 4.36　北张探槽剖面图

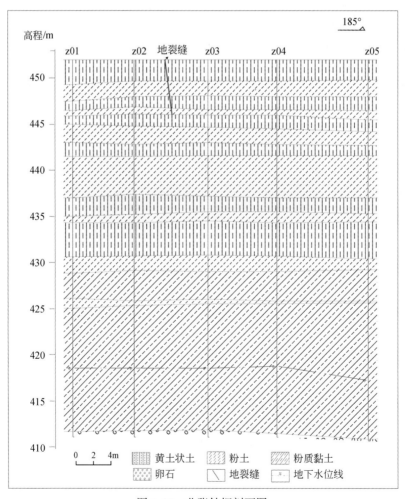

图 4.37　北张钻探剖面图

从槽探揭示的地裂缝剖面结构特征可知，北张地裂缝在探槽顶部错断第四套地层 5cm，向下延伸的过程中，先是随着深度的增加错距有所增加，而后随着深度的增加，错距逐渐消失，并尖灭于探槽底部；钻探揭示的深部剖面结构显示，地裂缝在深部无垂直位错（图 4.37）。

3. 物探揭示的剖面特征

为了获取地下更深处的地层断裂信息，本书对北张地裂缝进行了地球物理勘探，共布置地震测线三条。根据地震勘探结果显示（图 4.38），水平叠加时间剖面揭示北张地裂缝附近存在多条隐伏断层，表明该区下伏断层较发育，地层较破裂，其中 FDZ10-2 ~ FDZ10-4 这三条断裂是地裂缝 XBB001 的主控断裂，而 FDZ11-3 ~ FDZ11-9 控制了该区的两条地裂缝的南北边界，很好地解释了该区地裂缝在地表所表现出的带状分布；北张地裂缝地震勘探剖面的浅层地震折射 CT 结果也反映了地裂缝周围有明显的波速异常现象。

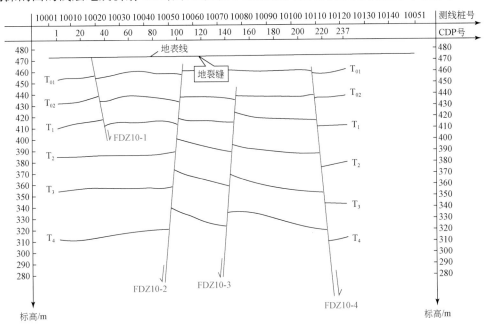

图 4.38　北张中学东侧测线 DZ10 测线地震水平叠加时间剖面

4.5　临汾泽掌地裂缝

4.5.1　地裂缝概况及分布特征

新绛县泽掌镇 110kV 变电站位于泽掌镇赵仙庄村北公路北侧，站址东西长 75m，南北宽 52m，地势平坦，地面高程为 459.0 ~ 460.0m。变电站东侧有一小孤山——九原山，最高点海拔 591.6m，距变电站约 5km。其西北为吕梁山脉，变电站距其最近的山峰约 7km，该山峰海拔超过 1100m。变电站位于汾浍谷地高阶地上，站址四周地势平坦。从局部区域上看，泽掌变电站及其东北的泽掌镇地处吕梁山余脉与九原山之间的低洼处，处于汇水区。

　　根据场地周围调研及走访当地居民，得知该地裂缝起源于西蔡村北面的一北西向的洼地西端，以120°的走向穿过变电站前的三级公路，并使三级公路西侧下沉约10cm（图4.39），在变电站北侧的农田中，地裂缝走向变为近南北向，在变电站内，地裂缝走向又恢复为120°（图4.40），随后地裂缝以该走向从杏林村东南方向通过。该地裂缝长达2.4km，但在2012年8月调研时，由于田地中多被农作物覆盖，地裂缝出露痕迹较少，只发现了少数串珠状陷坑和农民防渗铺设的塑料布（图4.41），且裂缝沿其走向方向上表现为明显的活动差异性，裂缝在三级公路和变电站内活动性一直较为强烈，而在裂缝两端的西蔡村和杏林村裂缝活动性较弱。

图4.39　泽掌变电站地裂缝导致三级公路及变电站内出现裂缝和陷穴

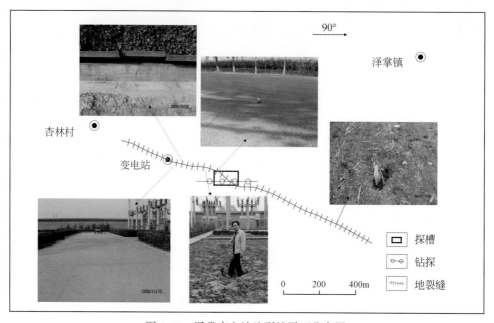

图4.40　泽掌变电站地裂缝平面分布图

泽掌变电站于2001年建成投入使用，2004年站内地面出现局部下沉、墙体开裂现象，特别是东围墙，裂缝之宽可容手臂穿墙。当时，在没有查清原因的情况下对东围墙开裂段进行拆除并重建，重建段构筑局部地梁。但到2005年，重建的墙体上又出现裂缝。在东围墙，地裂缝经过处呈南降北升的现象，北围墙的地裂缝经过处呈西降东升的现象，从墙顶看，地裂缝未造成墙体的扭错。此外，变电站内地表出现串珠状陷坑以及水泥地面断裂变形（图4.39），地裂缝经过处西南盘下降，导致变电站内电线杆发生倾斜，经过处理后没有明显倾斜。该裂缝不仅表现为水平拉张，垂直位错也较明显，水平扭动不明显。

图4.41　泽掌变电站地裂缝导致田地中出现陷坑

4.5.2　地裂缝的剖面特征

1. 探槽揭示的剖面结构特征

泽掌变电站探槽泽掌镇110kV变电站东侧泽古线北侧，地裂缝在地表的走向为140°，开挖的探槽走向为98°，探槽与地裂缝的平面关系图如图4.40所示；探槽长16m、宽8m、深6m（图4.42），并在探槽底部开挖长2m、宽1m、深2m的探井（图4.43）。探槽南侧二级公路泽古线西侧下沉，沉降量约5cm，形成一陡坎；探槽北侧田地里出现连续的裂缝和串珠状陷坑，由于农民耕地现今沉降量不明显。

图4.42　泽掌变电站探槽全貌图

图 4.43　泽掌变电站探槽底部揭示地裂缝位错

探槽剖面图如图 4.44 所示，探槽内共揭露 12 套地层，探井揭示两套地层。探槽由西向东发育 f_0、f_1、f_2 共 3 条地裂缝（图 4.45）：①f_0 地裂缝在探槽的最西端出露，走向 138°，裂缝在探槽北壁从第一台阶的下部开始发育，上部裂缝张开量较小，约 3cm，倾角较缓，约 30°，向下延伸至第二台阶时张开量和倾角都发生突变，分别变为 45cm 和 72°，向下延伸逐渐变为直立，裂缝在第二台阶呈"树根状"并出现多个分支且裂缝张开量变小，裂缝向下延伸到探井附近时又出现较宽裂缝，裂缝的剖面形态较为复杂，裂缝倾向北东；裂缝南壁从第四套地层开始发育，与北壁裂缝相比，该裂缝向上延伸较长，但裂缝在剖面上变化较小，裂缝的张开量与北壁相比也有明显的不同［图 4.45（a）］；在探井的北壁，该裂缝把探井内的灰绿色粉质黏土层错断 50cm 左右（图 4.43）；因此该裂缝不仅表现为水平张开还兼有垂直位错，且垂直位错大于水平张开量。②f_1 地裂缝为主裂缝，与地表裂缝贯通，走向 145°，裂缝在上部倾角较大近似直立，向下延伸逐渐变缓，到探槽底部倾角变为 70°；裂缝在北壁张开量较大，地表张开量在 50cm 左右，并呈"漏斗状"向下延伸至探井底部时变为 5cm 左右［图 4.45（b）］，裂缝在上部倾向南西，在下部倾向北东，但整体倾向南西；裂缝在南壁没有延伸到地表，裂缝在剖面上由时聚时散的多条细纹裂缝向下延伸并组成整个裂缝带，表现为"流水状"；裂缝整体倾向南西，但是局部存在倾向北东的裂缝；该裂缝在北壁从上到下地层的错距逐渐加大，探槽上部的灰褐色粉土错距约 10cm，而在探井内部的灰绿色粉质黏土错距却达到了 100cm（图 4.43）；在南壁，上部地层位错不明显，但在探槽下部的黄褐色粉土却被错断 90cm 左右；因此该裂缝不仅具有水平张开的特征，还具有垂直位错的特点，且垂直位错大于水平张开。③f_2 地裂缝出露在探槽南壁的最东端，仅在探槽的南壁有出露，裂缝上宽下细，倾角变化不明显，仅在局部突然变陡；裂缝只表现为水平张开，没有明显的垂直位错。

2. 钻探揭示的剖面结构特征

探槽开挖后，为进一步揭示深部地层位错情况，在平行于探槽跨裂缝实施了不同深度的钻探工程（图 4.46）。钻探结果显示，地表以下存在四条裂缝，分为两条主裂缝（f_1、

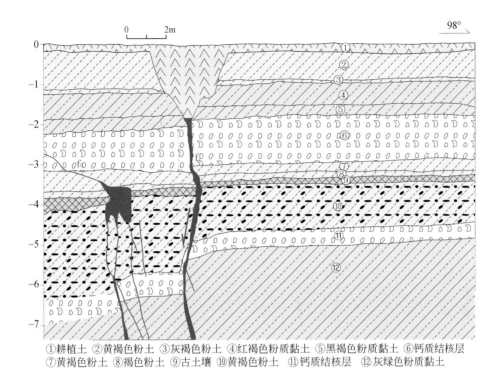

①耕植土　②黄褐色粉土　③灰褐色粉土　④红褐色粉质黏土　⑤黑褐色粉质黏土　⑥钙质结核层
⑦黄褐色粉土　⑧褐色粉土　⑨古土壤　⑩黄褐色粉土　⑪钙质结核层　⑫灰绿色粉质黏土

图 4.44　泽掌变电站探槽剖面图

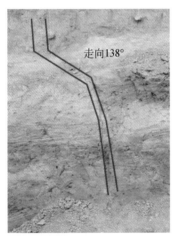

(a) 探槽南壁f₀地裂缝剖面图

(b) 探槽北壁f₁地裂缝剖面图

图 4.45　泽掌变电站探槽揭示地裂缝剖面图

f₂）和两条次级裂缝（f₃、f₄），主裂缝 f₁ 在第⑤层红褐色粉质黏土的底界错距为 3.5m，第⑩层青灰色粉质黏土层底界的错距为 4m，第⑮层红褐色粉质黏土的底界错距为 4.5m，表明随着深度的增加，断距有一定的变化，具有断裂构造所特有的随着深度的增加，错距不断增加的特点，因此该条裂缝应与构造作用有关。主裂缝 f₂ 从第⑥层青灰色粉质黏土层底部开始出露，第⑧层结核层底界的错距为 1.8m，到第⑩层青灰色粉质黏土层顶界的错距却达到了 19m，位于该裂缝上盘的第⑨层红褐色粉质黏土层厚度达到了 23m，比位于下盘的同层位土层厚了 18m 左右，具有生长断层的特征，很可能是由于上盘的下降速率大于上盘。f_3 为主裂缝 f_2 的次级裂缝，也是从第⑥层青灰色粉质黏土层的底界开始发育，使下部第⑧层结核层底界出现 2m 位错。f_4 也是主裂缝 f_2 的次级裂缝，它从第⑤层红褐色粉质黏土层的下部开始发育，使第⑥层青灰色粉质黏土层出现 1m 的位错，第⑧层结核层的位错也为 1m。在钻孔 7 的 34.5m 处和钻孔 8 的 23.4m 处分别打出粉质黏土和砂层互层以及钙质结核层与粉质黏土互层的阴阳土（图 4.47）。

由图 4.47 可以看出，在地面以下 23.4m 处裂缝 f_1 两侧的粉质黏土层和钙质结核层结合紧密，没有出现明显的破裂面和裂缝；在 34.2m 处裂缝 f_2 上盘为粉质黏土，下盘为细砂。由图 4.46 看出，钻探揭示的四条裂缝中，f_2 裂缝在地面以下 26m 处的错距出现突变

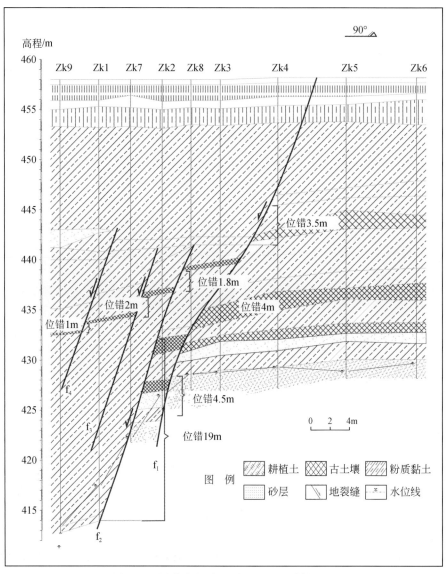

图 4.46　泽掌变电站地裂缝工程地质剖面图

（由3m突然增加至19m），且裂缝向上延伸至第⑥层青灰色粉质黏土的底部而尖灭；裂缝 f_1 表现为从下往上断距逐渐减小的特点，并一直延伸至地表；裂缝 f_3 和 f_4 延伸较短，只是错断了第⑦层红褐色粉质黏土层和第⑧层钙质结合层。

由以上可知，裂缝 f_2 形成时间较早且为多级裂缝，可分为以下几个过程：在第⑨层红褐色粉质黏土层形成之前，裂缝 f_2 在该区构造活动或者地震的作用下首先出现，之后在区域构造应力的作用下演变为生长裂缝，其上盘不断下降并接受沉积而形成了第⑨套地层——红褐色粉质黏土，第⑨套地层沉积的过程中生长裂缝逐渐趋于稳定，而整个区域开始全部接受沉积并形成上部地层，经过上述过程就在裂缝 f_2 的上盘形成了一个20m厚的高压缩性的粉质黏土层；在第⑧套青灰色粉质黏土层沉积完以后，裂缝 f_2 又转变为生长裂缝接受沉积至第⑥套青灰色粉质黏土层形成，在这期间由于构造活动在主裂缝 f_2 的西侧出现了反向的次级裂缝 f_4，裂缝 f_4 形成以后，其上部的地层（7-1）在牵引作用下发生了倾斜且下盘的地层（7-1）在第⑥套地层形成以后遭受了大量剥蚀；第⑥套青灰色粉质黏土层形成以后，该区构造活动又开始逐渐加强并形成主裂缝 f_1，主裂缝 f_2 的断距继续增加并出现次级裂缝 f_3；至此在该区就形成了断距不等，规模不同的四条裂缝。进入20世纪70年代以后，随着地下水开采量的猛然增加，地下水水位发生骤降，使位于主裂缝 f_2 上盘的粉质黏土层中的孔隙水减少而有效应力增加，发生固结压缩，由于两条主裂缝相距较近且裂缝 f_1 向上延伸较长，因此在差异沉降的作用下使裂缝 f_1 继续向上延伸，出露于地表。

图4.47　泽掌变电站钻探揭示阴阳土

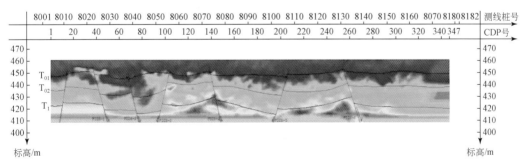

图4.48　泽掌变电站地裂缝DZ8测线浅层地震折射CT反演解释剖面

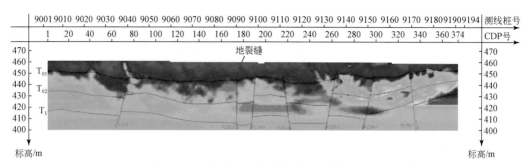

图 4.49　泽掌变电站地裂缝 DZ9 测线浅层地震折射 CT 反演解释剖面

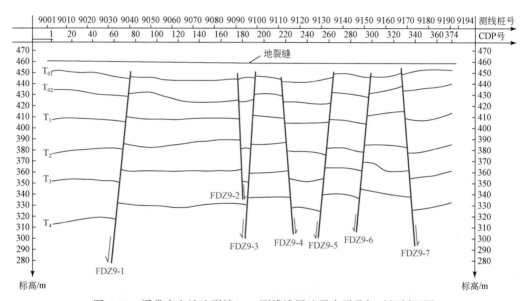

图 4.50　泽掌变电站地裂缝 DZ9 测线浅层地震水平叠加时间剖面图

3. 物探揭示的剖面特征

为了获取地下更深处的地层断裂信息,本书对泽掌地裂缝进行了地球物理勘探,共布置了两条地震测线,即 DZ8 测线和 DZ9 测线。地震勘探结果(图 4.48 ~ 图 4.50)显示,浅层地震折射 CT 结果反映地裂缝周围有明显的波速异常现象(图 4.48、图 4.49)。水平叠加时间剖面揭示泽掌地裂缝附近存在多条隐伏断层,表明该区下伏断层较发育,地层较破裂,其中 FDZ9-2 和 FDZ9-3 这两条断裂是地表裂缝 XZB001 的主控断裂(图 4.50),很好地解释了该区地裂缝在地表所表现出的反倾现象。

第5章 运城盆地及峨眉台地地裂缝

运城盆地位于汾渭地堑系的南部，与临汾盆地的河津凹陷、峨眉隆起、塔尔山隆起等形成了一个小区域盆岭式构造，共同构成了山西断陷带与渭河断陷带之间的"S"过渡。盆地总体走向北东，自形成以来一直以垂直断陷运动为主（刘巍等，1996），属于成熟型盆地。中条山断裂（F_1）和峨眉台地南缘-紫金山南侧的断裂（F_2）控制了盆地的南北边界；中条山断裂是盆地发展演化的主控断裂，总体走向北东东，是一条断面倾向北西的高角度正断层，长约175km，可分为西南段、中段和北段三段；各段活动差异较大。据李有利等（1994，2014）研究，在中条山北麓断裂夏县段有新活动的地貌表现，得出中条山北麓剥蚀面上的黄土地层垂直活动幅度约700m，抬升速率为0.29mm/a。盆地内部尚有北东走向的鸣条岗断裂、盐池断裂和临猗断裂。这些断裂将运城盆地分为绛县断凹、鸣条岗隆起、涑水河谷地堑、青龙河谷地堑、盐湖区-永济断凹和栲栳塬（图5.1）。通过详细的野外地质调查，并在典型地裂缝区域综合利用物探、槽探、钻探、测量等多种技术和手段，详细地描述了地裂缝的发育特征，最后探讨了盆地内地裂缝的发育模式及成因机理。

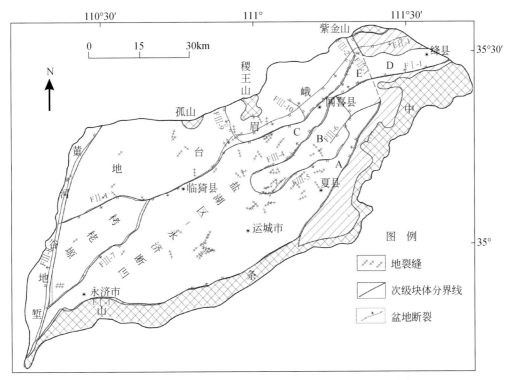

图5.1 运城盆地及峨眉台地地裂缝分布与次级块体和断裂分布图

A. 青龙河谷地堑；B. 鸣条岗断凸；C. 涑水河谷地堑；D. 绛县断凸；E. 古汾河地堑

5.1　地裂缝区域分布规律

5.1.1　历史与现状概况

运城盆地现代地裂缝最早出现于 20 世纪 40 年代,规模较小;20 世纪 70 年代以来,随着经济和人类工程活动的迅速发展,运城盆地对地下水的高强度开采,地下水降落漏斗持续扩展,导致地面沉降发生,引起运城盆地多个地区出现地裂缝;特别是 20 世纪 90 年代以后,出现了大量延伸较长,破坏性较大的地裂缝。

运城盆地闻喜县、夏县、盐湖区、临猗县、永济市 5 县(区)共发现地裂缝 106 条(带),见图 5.1。地裂缝造成的直接经济损失 500 万元,间接经济损失上亿元。从构造来看,运城盆地地裂缝主要发生在盆地断裂的两侧,特别是中条山山前断裂和鸣条岗东侧断裂的上盘;从地貌上来看,运城盆地的破坏性地裂缝主要出现在青龙河谷地堑内,这些地裂缝所过之处,房屋墙体破坏、路基错断、农田开裂并下降。

峨眉台地地裂缝出现时间较早,据《荣河县志》记载:“汉灵帝建宁四年五月(公元171 年)河东雨雹又地裂十二处”,至今不断发展。发生在万荣县里望、荣河、高村和南张等处的地裂缝,具有成带特征。而万荣城关变电站、里望村、东平原村、平原村、王家村等处的地裂缝则分布于水渠两侧和积水洼地周边,据初步统计,造成的直接经济损失约900 万元。

5.1.2　地裂缝的分布规律

1. 地裂缝与盆地次级块体的关系

将运城盆地及峨眉台地地裂缝与盆地次级块体分布图相叠加,得到图 5.1。分析该图发现,运城盆地鸣条岗断凸两侧及顶部发育大量地裂缝,地裂缝总体走向与鸣条岗断凸走向一致;而峨眉台地地裂缝主要分布在台地南缘。

2. 地裂缝与盆地断裂的关系

将运城盆地及峨眉台地地裂缝与盆地断裂分布图相叠加,得到图 5.1。分析该图发现,地裂缝主要分布在盆地断裂两侧,特别是中条山山前断裂和鸣条岗断裂的上盘,地裂缝发育较多。

3. 地裂缝分布与地下水水位的关系

将运城盆地地裂缝与地下水流场图相叠加如图 5.2 所示。可以发现,地下水降落漏斗周缘分布大量的地裂缝,即运城盆地主要发育的地裂缝几乎都在地下水降落漏斗的边缘。

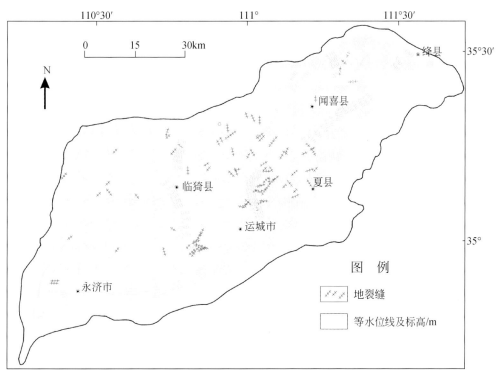

图 5.2　运城盆地及峨眉台地地裂缝与地下水等水位线图

5.1.3　地裂缝发育特征及活动性

1. 地裂缝平面分布特征

运城盆地及峨眉台地地裂缝主体走向绝大部分为北东向（40°~80°），其次为北西向，图 5.3 为运城盆地地裂缝的走向玫瑰花图，可以明显地看出地裂缝的走向以北东为主。

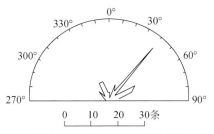

图 5.3　运城盆地及峨眉台地地裂缝走向玫瑰花图

运城盆地地裂缝规模一般为 100~2000m，最长达 5000m，宽 0.05~0.5m，最宽达 2m。运城盆地和峨眉台地地裂缝规模情况见表 5.1。

表 5.1　　运城盆地及峨眉台地地裂缝发育规模统计表

规模等级	巨型地裂缝	大型地裂缝	中型地裂缝	小型地裂缝
发育数量	1	32	33	53
所占比例/%	0.8	27.0	27.7	44.5

2. 地裂缝发育的时间特征

经对运城盆地裂缝发生时间的调查统计发现，地裂缝的发生年份并不是均匀分布的，具体时间分布见表 5.2。根据以上统计，运城盆地和峨眉台地地裂缝灾害主要发生在 1980 年前和 1995～2005 年。

表 5.2　　运城盆地及峨眉台地裂缝发生时间统计表

年份	1980 年及以前	1981～1985 年	1986～1990 年	1991～1995 年	1996～2000 年	2001～2005 年	2006 年至今
发育条数	20	12	11	6	30	35	5
所占比例/%	16.9	10.1	9.2	5.0	25.2	29.4	4.2

3. 活动性

根据地裂缝的不同活动程度对建筑物可能造成不同的影响，将运城盆地地裂缝的活动性进行分类，如表 5.3 所示。

表 5.3　　运城盆地及峨眉台地地裂缝发育特征统计表

县(市)	统一编号	盆地编号	位置	成因分析	规模	活动性
盐湖区	YC001	YH014	上郭乡山门村	构造节理，湿陷	巨型	强
	YC002	YH013	上郭乡郭家岔	构造节理，湿陷	大型	强
	YC003	YH012	上郭乡西北庄	构造节理，湿陷	小型	强
	YC004		上郭乡西北庄	构造节理，湿陷	小型	强
	YC005	YH010	上郭乡上郭村	构造节理，湿陷	大型	中等
	YC006	YH018	上王乡垣峪村后沟	构造节理，湿陷	大型	较强
	YC007	YH019	上王乡垣峪村翻地沟	构造节理，湿陷	大型	较强
	YC008		上王乡子谦村	构造节理，湿陷	小型	强
	YC009	YH021	上王乡垣峪王庄	构造节理，湿陷	中型	强
	YC010	YH020	上王乡垣峪村上王庄	构造节理，湿陷	中型	较强
	YC011	YH022	冯村乡东阳村	构造节理，地下水位下降	大型	中等
	YC012	YH023	冯村乡东阳村	构造节理，地下水位下降	小型	较强
	YC013	YH024	冯村乡中阳村	构造节理，地下水位下降	小型	强
	YC014	YH025	冯村乡西阳村	构造节理，地下水位下降	中型	强
	YC015		王范乡下马村	构造节理，湿陷	小型	中等

县 （市）	统一 编号	盆地 编号	位置	成因分析	规模	活动性
盐湖区	YC016	YH026	王范乡霍赵村	构造节理，湿陷	中型	中等
	YC017	YH027	王范乡张董村	断裂蠕动，地下水位下降	中型	强
	YC018		王范乡张董村	构造节理，地下水位下降	中型	强
	YC019	YH028	王范乡张董村	构造节理，地下水位下降	小型	中等
	YC020	YH015	陶村镇半坡村	断裂蠕动，地下水位下降	大型	强
	YC021	YH015	陶村镇陶村	断裂蠕动，地下水位下降	大型	强
	YC022	YH015	陶村镇陶村	断裂蠕动，地下水位下降	中型	中等
	YC023	YH017	陶村镇西纽村	断裂蠕动，地下水位下降	小型	中等
	YC024	YH016	陶村镇东纽村	断裂蠕动，地下水位下降	大型	较强
	YC25		陶村镇东纽村	断裂蠕动，地下水位下降	小型	强
	YC026		陶村镇张金村	断裂蠕动，地下水位下降	小型	中等
	YC027		陶村镇张孝村	断裂蠕动，地下水位下降	大型	中等
	YC028	YH015	陶村镇五曹村	断裂蠕动，地下水位下降	大型	强
	YC029	YH015	陶村镇辛曹村	断裂蠕动，地下水位下降	大型	较强
	YC030	YH029	陶村镇石碑庄	断裂蠕动，地下水位下降	中型	中等
	YC031	YH030	陶村镇石碑庄	断裂蠕动，地下水位下降	大型	强
	YC032		安邑办东王村	构造节理，地下水位下降	中型	中等
	YC033		安邑办徐家庄	构造节理，地下水位下降	中型	中等
	YC034		安邑办下王村	构造节理，地下水位下降	中型	强
	YC035		安邑办下王村	构造节理，地下水位下降	中型	中等
	YC036		泓芝驿镇董杜村	构造节理，湿陷	小型	较强
	YC037		泓芝驿镇郭半村	构造节理，湿陷	小型	较强
	YC038		姚孟乡吕儒村	构造节理，地下水位下降	小型	中等
	YC039		姚孟乡阳圈村	构造节理，地下水位下降	小型	强
	YC040		龙居镇长江府	构造节理，湿陷	中型	中等
	YC041		龙居镇长江府	构造节理，湿陷	小型	中等
	YC042	YH006	龙居镇长江府	构造节理，湿陷	大型	中等
	YC043		龙居镇罗义村	构造节理，湿陷	大型	较强
	YC044		龙居镇罗义村	构造节理，湿陷	小型	中等
	YC045		龙居镇茂盛村 1 号	构造节理，湿陷	大型	较强
	YC046		龙居镇茂盛村 2 号	构造节理，湿陷	中型	较强
	YC047		龙居镇茂盛村 3 号	构造节理，湿陷	大型	中等
	YC048	YH031	龙居镇小张坞	构造节理，湿陷	大型	中等
	YC049		金井乡赤社村	构造节理，湿陷	小型	中等

续表

县（市）	统一编号	盆地编号	位置	成因分析	规模	活动性
盐湖区	YC050		车盘乡东膏玉胰	构造节理，湿陷	中型	较强
	YC051	YH007	车盘乡北膏玉胰	构造节理，湿陷	大型	强
	YC052	YH008	车盘乡北膏玉胰	构造节理，湿陷	小型	中等
夏县	YC053	XX001	尉郭乡尉郭村	构造节理，地下水位下降	中型	中等
	YC054	XX003	尉郭乡白张村	构造节理，地下水位下降	小型	中等
	YC055		尉郭乡中卫	构造节理，地下水位下降	大型	较强
	YC056		尉郭乡大台村	构造节理，地下水位下降	大型	较强
	YC057	XX002	尉郭乡西董村	构造节理，地下水位下降	大型	较强
	YC058		瑶峰镇苏村	构造节理，地下水位下降	中型	中等
	YC059		瑶峰镇大侯村	构造节理，地下水位下降	小型	中等
	YC060		瑶峰镇下留村	构造节理，地下水位下降	小型	中等
	YC061		禹王乡墙下村	构造节理，地下水位下降	中型	中等
	YC062		裴介镇大吕村	构造节理，地下水位下降	大型	中等
	YC063		裴介镇姚村	构造节理，地下水位下降	小型	中等
	YC064		裴介镇石桥庄	构造节理，地下水位下降	中型	中等
	YC065	XX005	水头镇闫赵村	构造节理，地下水位下降	小型	中等
	YC066		水头镇符家庄村	构造节理，地下水位下降	小型	中等
	YC067		水头镇牛家凹村	构造节理，地下水位下降	小型	中等
	YC068	XX006	水头镇张庄村	构造节理，地下水位下降	中型	中等
	YC069		水头镇张付村	构造节理，地下水位下降	小型	中等
	YC070		水头镇大张村	构造节理，地下水位下降	中型	中等
	YC071		水头镇坡底村	构造节理，地下水位下降	小型	较强
	YC072		水头镇兴南村	构造节理，地下水位下降	小型	中等
	YC073	XX004	禹王乡禹王村	构造节理，地下水位下降	中型	中等
	YC074		禹王乡李庄村	构造节理，地下水位下降	中型	中等
	YC075		禹王乡庙后辛庄	构造节理，地下水位下降	中型	中等
	YC076		禹王乡师冯村	构造节理，地下水位下降	小型	中等
	YC077		禹王乡史庄村	构造节理，地下水位下降	小型	中等
	YC078		禹王乡司马村	构造节理，地下水位下降	小型	弱
	YC079	XX010	胡张乡王村	构造节理，地下水位下降	小型	中等
	YC080	XX011	胡张乡西张南村	构造节理，地下水位下降	小型	中等
	YC081		胡张乡郭村	构造节理，地下水位下降	大型	中等
闻喜县	YC082	WX002	桐城镇梨凹村	构造节理，湿陷	小型	中等
	YC083	WX001	侯村乡侯村村	断裂蠕滑，地下水位下降	大型	中等

县（市）	统一编号	盆地编号	位置	成因分析	规模	活动性
闻喜县	YC084		侯村乡文典村	构造节理，地下水位下降	小型	较强
	YC085	WX004	东镇镇上镇村	湿陷	中型	中等
	YC086	WX003	东镇镇东姚村	湿陷	小型	弱
	YC087		桐城镇李家庄村	构造节理，地下水位下降	小型	中等
临猗县	YC088	LY001	三管乡冯坡窑	构造节理，湿陷，潜蚀	大型	较强
	YC089	LY002	北景乡罗村	构造节理，湿陷，潜蚀	中型	中等
	YC090	LY003	北景乡景庄	构造节理，湿陷，潜蚀	中型	中等
	YC091		耽子乡堡里村	构造节理，湿陷，潜蚀	小型	中等
	YC092		耽子乡靳家卓村	构造节理，湿陷，潜蚀	小型	中等
	YC093		卓里乡北井村	构造节理，湿陷，潜蚀	小型	中等
	YC094		北辛乡平宜村	构造节理，湿陷，潜蚀	小型	中等
	YC095	LY005	北景乡齐村	构造节理，湿陷，潜蚀	大型	中等
	YC096		楚侯乡百俊村	构造节理，湿陷，潜蚀	中型	中等
	YC097		角杯乡元上村	构造节理，湿陷，潜蚀	大型	中等
	YC098	LY004	北景乡尉庄	构造节理，湿陷，潜蚀	小型	中等
	YC099	LY006	耽子乡西窑里村	构造节理，湿陷，潜蚀	中型	中等
永济市	YC100	YJ001	卿头镇务农庄村	构造节理，湿陷，潜蚀	小型	中等
	YC101	YJ002	卿头镇永喜庄村	构造节理，湿陷，潜蚀	大型	中等
	YC102	YJ003	张营镇小敬村	构造节理，湿陷，潜蚀	中型	强
	YC103	YJ004	开张镇胜光村	构造节理，湿陷，潜蚀	小型	弱
	YC104	YJ005	开张镇胜光村村东	构造节理，湿陷，潜蚀	小型	中等
	YC105	YJ006	蒲州镇东文学村	构造节理，湿陷，潜蚀	中型	较强
	YC106	YJ007	蒲州镇东文学村	构造节理，湿陷，潜蚀	中型	中等
万荣县	EM001	WR001	城关变电站	黄土湿陷	小型	较强
	EM002	WR002	高村乡薛店村	黄土湿陷	大型	弱
	EM003	WR003	里望乡东平原村	黄土湿陷	小型	中等
	EM004	WR004	里望乡里望村	黄土湿陷	中型	中等
	EM005	WR005	里望乡平原村	黄土湿陷	大型	弱
	EM006	WR006	南张乡	黄土湿陷	小型	中等
	EM007	WR007	南张乡南张村	黄土湿陷	小型	较强
	EM008	WR008	南张乡李家村	黄土湿陷	小型	强
	EM009	WR009	南张乡尚家村	黄土湿陷	小型	中等
	EM010	WR010	南张乡王家村	黄土湿陷	小型	较强
	EM011	WR011	南张乡王家村	黄土湿陷	大型	强
	EM012	WR012	荣河镇南里庄	黄土湿陷	大型	中等
	EM013	WR013	荣河镇中里庄	黄土湿陷	小型	较强

通过野外调查访问和总结分析以上资料发现，运城盆地和峨眉台地地裂缝的分布规律及发育特征存在较大差异：

（1）运城盆地地裂缝以垂直差异运动为主，水平张裂较小，而峨眉台地地裂缝以水平张裂为主，无明显垂直位错；

（2）运城盆地地裂缝活动缓慢，受强降雨影响较小，而峨眉台地地裂缝受强降雨影响较大；

（3）运城盆地地裂缝走向稳定，以北东向为主，而峨眉台地地裂缝走向不稳定。

（4）运城盆地地裂缝分布集中，多发育在断裂的上盘，而峨眉台地地裂缝分布不集中。其中运城盆地地裂缝以青龙河谷地堑地裂缝为代表，峨眉台地地裂缝以万荣地裂缝为代表，分别论述如下。

5.2　青龙河谷地堑地裂缝

5.2.1　平面展布特征

运城盆地地裂缝最早出现于20世纪80年代，先是发生在盆地西缘的陶村、半坡和五曹地区，随后向东扩展，断续出露4条地裂缝，至今仍在持续活动，给沿线居民造成了重大的经济损失。5条地裂缝从东南向西北呈似等间距近平行展布，总体走向为北东，延伸总长27.6km，具有很好的连贯性和延伸性（图5.4）。

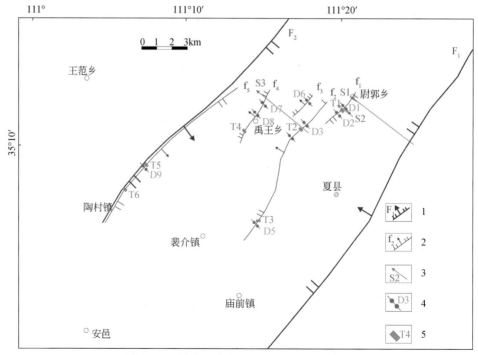

图5.4　运城盆地青龙河谷地堑地裂缝分布图

1. 正断层；2. 地裂缝；3. 物探剖面线 . 4. 钻探剖面线；5. 探槽。F_1. 中条山山前断裂；F_2. 鸣条岗东侧断裂

运城盆地 5 条地裂缝走向稳定、延伸长，但每条地裂缝的地表活动性有所差异。自东而西分别叙述如下：

5.2.2　地裂缝的破坏特征

1. f_1 地裂缝（尉郭地裂缝）

f_1 地裂缝位于青龙河谷地堑东侧，与中条山山前断裂相距 5km，起始于尉郭乡卫生所，最后终止于中卫村西南田地里，在地表呈带状或串珠状出露。地裂缝整体走向 NE45°，局部有所变化，在尉郭村和中卫村之间的田地中走向变为 NE70°，倾向 145°，倾角 80°，全长约 2.3km。裂缝最早出现于 2000 年，2007～2008 年进入快速发展期，地表位错为 8～20cm，地裂缝宽度为 1～5cm，破碎带宽度为 12.2m，影响带宽度为 47m。地裂缝所过之处，墙体开裂，道路错断，农田毁坏（图 5.5）。

图 5.5　尉郭地裂缝平面分布图

2. f_2 地裂缝（西董地裂缝）

f_2 地裂缝位于青龙河谷地堑东侧，与中条山山前断裂相距约 6.2km，起始于白张村东北田地中，穿过大台村、西董村，向南延伸至苏村田地中，随后向东侧偏转，经过大侯村活动性减弱，最后穿过石桥庄，终止于大吕村南侧田地，长 10km（图 5.6）。地裂缝整体走向 NE45°，局部地区地裂缝走向有所变化，进入大台村时变为 NE75°左右，裂缝倾向 321°，倾角 80°。f_2 地裂缝于 1995 年左右在白张村和大吕村出露，随后向中间扩展延伸，2007～2008 年进入快速发展期，至 2013 年地裂缝基本连通，地表最大位错达到 30cm，裂缝宽度为 1～5cm，破碎带宽度为 10.1m，影响带宽度为 32m。该地裂缝对地表房屋破坏比较严重，导致西董村一房屋后墙和门窗出现严重的倾斜变形拉张破坏（图 5.7）。

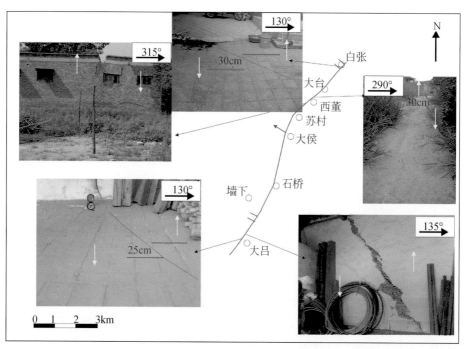

图 5.6　西董地裂缝平面分布图

图 5.7　门窗变形照片

3. f₃ 地裂缝（白张西地裂缝）

　　f₃ 地裂缝位于青龙河谷地堑中部，与中条山山前断裂相距约 6.9km，起始于白张村西侧田地中，规模较小，整体走向 NE40°，全长 1.4km。f₃ 地裂缝于 1990 年左右出露，但没有明显的快速发展期，呈间歇性活动，受控于灌溉和降雨，多以串珠状陷坑的形式出露于农田（图 5.8）。地裂缝地表最大位错达到 8cm，裂缝宽度为 0.5～3cm，破碎带宽度为 3.6m，影响带宽度为 20m。

图 5.8　白张西地裂缝平面分布图

4. f$_4$ 地裂缝（禹王地裂缝）

f$_4$ 地裂缝位于青龙河谷地堑西侧，与中条山山前断裂相距约 9.5km，起始于庙后辛庄东侧田地，经过禹王村小学、乡政府，随后向西偏转穿过临夏县进入李庄村，最后终止于李庄村南端，全长约 3.9km（图 5.9）。地裂缝整体走向 NE35°，局部地区地裂缝走向有所变化，穿过禹王村小学后变为 NE60°，随后进入李庄村时又变为 NE35°。f$_4$ 地裂缝于 1995年左右在禹王村出露，随后向两侧延伸，2007～2008 年进入快速发展期，地表最大位错达到 30cm，裂缝宽度为 1～5cm，破碎带宽度大于 8.3m，影响带宽度为 47m。地裂缝在禹王小学地面破坏最为严重，导致小学内水泥路面破损严重并出现 30cm 断坎，房屋墙体倾斜并出现多条拉张裂缝（图 5.10）。

图 5.9　禹王地裂缝平面分布图

图5.10　禹王地裂缝灾害点照片

5. f₅地裂缝（半坡地裂缝）

f₅地裂缝位于青龙河谷地堑西侧，鸣条岗东侧断裂上盘，与中条山山前断裂相距约12.6km，起始于陶村镇陶村西南侧田地，经过半坡、五曹和辛曹等村镇，一直延伸至司马村西侧农田，全长10km。地裂缝整体走向NE40°，局部地区表现出分带性，沿线次级裂缝发育，与主裂缝共同形成带状分布。f₅地裂缝最早于1978年左右在半坡村和五曹村出露，随后呈间歇式活动，至1995年活动开始加剧并向两侧延伸，2007~2008年进入快速发展期，地表最大位错达到30cm，裂缝宽度为1~5cm，破碎带宽度大于11m，影响带宽度为47m。地裂缝导致房屋倾斜，墙体开裂，路基错断（图5.11）。

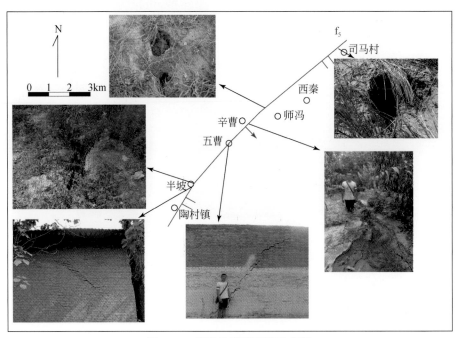

图5.11　半坡地裂缝平面分布图

5.2.3　地裂缝的运动特征

通过野外调查测绘发现，地裂缝表现出二向运动特征，即垂直位错和水平拉张，且垂直位错大于水平拉张（图 5.12）。从图 5.12 可以看出，f_1 地裂缝地表位错量为 25cm，f_2、f_4 和 f_5 地表位错量最大为 30cm，而位于中间部位的 f_3 地裂缝位错量最小，为 10cm；表明地裂缝的垂直位错量与两侧断裂有一定关系，但是又不完全受断裂所控制。f_3 地裂缝出露在农田中，裂缝两侧没有明显的差异沉降，而其他 4 条裂缝经过村庄时均导致水泥道路和房屋出现不同程度的破坏，并形成明显的陡坎。探槽显示地裂缝带中具有明显的水平拉张，且上宽下窄，缝宽一般为 0.5~50cm。5 条地裂缝的垂直差异运动在地层剖面中形成一个影响带，且影响宽度均是相对下降盘大于相对上升盘，但每条地裂缝的带宽有所差别，其中 f_1、f_4 和 f_5 的影响带宽度最大为 47cm，f_2 地裂缝影响带宽度为 32cm，f_3 地裂缝影响带宽度最小，为 20cm。

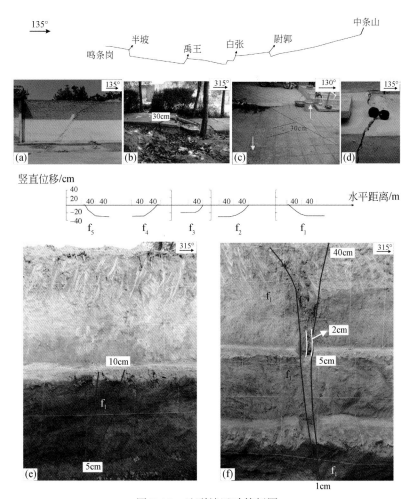

图 5.12 地裂缝运动特征图

因此，运城盆地 5 条地裂缝的地表差异沉降和影响带宽度一定程度上受中条山山前断裂和鸣条岗东侧断裂所影响，但是一定程度上还受其他因素的控制。

5.2.4　剖面结构特征

地裂缝活动在地表的变形和破裂是地表下部活动的表观反映。因此，为了进一步查明中条山山前断裂上盘 5 条地裂缝的分布和发育特征，在每条地裂缝的发育段布置了大量的钻探工作，以揭示地裂缝剖面结构特征，以及地裂缝与下伏活动断层的关系。

1. f_1 地裂缝（尉郭地裂缝）

本书跨越地裂缝实施了钻探线，共揭示 15 套地层（图 5.13）。钻探结果揭示两条地

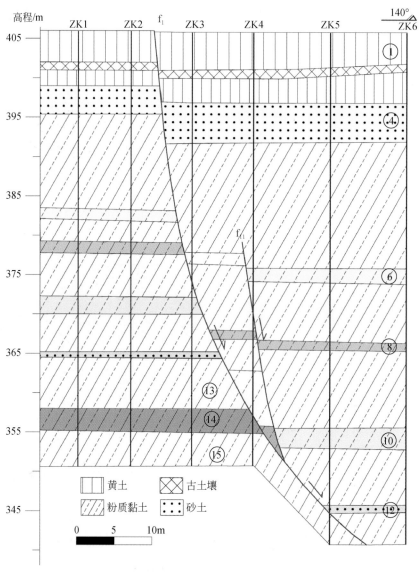

图 5.13　尉郭村地裂缝工程地质剖面图

裂缝 f_1 和 f_{11}，f_1 为主裂缝，倾向南东，两侧地层错断明显，上部错距小，下部错距大，其中地表位错 25cm，第④层砂层底界位错 5m，第⑥层灰黄色粉土层位错 8m，第⑧层灰绿色粉质黏土层位错 13m，第⑩层灰黄色粉土位错 17.5m，第⑫层灰黄色砂层位错 18.5m，显示同沉积断层性质，表明地裂缝是下伏断层的延伸，受隐伏断裂控制。f_{11} 为 f_1 次级断裂，发育在主裂缝的上盘，倾向南东，向下延伸与 f_1 相交。

2. f_2 地裂缝（西董地裂缝）

本书跨越地裂缝实施了钻探线，共揭示 13 套地层（图 5.14）。钻探结果揭示地裂缝 f_1，倾向北西，两侧地层错断明显，上部错距小，下部错距大，其中地表位错 30cm，埋深 5m 砂层底界位错 3.5m，埋深 13m 灰绿色粉质黏土层底界位错 9m，埋深 20m 灰绿色粉质黏土层底界位错 11m，埋深 33m 灰绿色粉质黏土层底界位错 13m，埋深 40m 灰绿色粉质黏土层底界位错 17m，显示同沉积断层性质，表明该地裂缝是下伏断层的延伸。

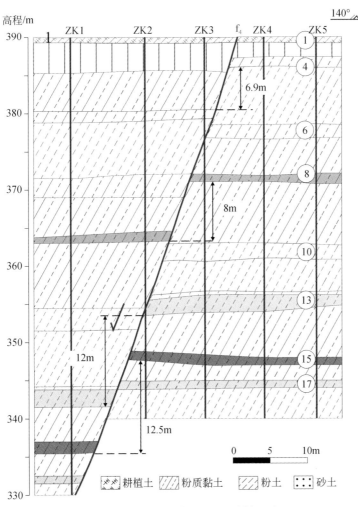

图 5.14 西董地裂缝工程地质剖面图

3. f₃地裂缝（白张西地裂缝）

本书跨越地裂缝实施了钻探线，共揭示14套地层（图5.15）。钻探结果揭示地裂缝 f₃，倾向北西，两侧地层错断明显，上部错距小，下部错距大，其中地表位错5cm，埋深 8m砂层位错0.5m，埋深19m灰绿色粉质黏土层位错2m，埋深25m灰绿色粉质黏土层位 错3.5m，埋深40m灰绿色粉质黏土层位错4m，埋深49m灰绿色粉质黏土层位错6.2m，显示同沉积断层性质，表明地裂缝是下伏断层的延伸。

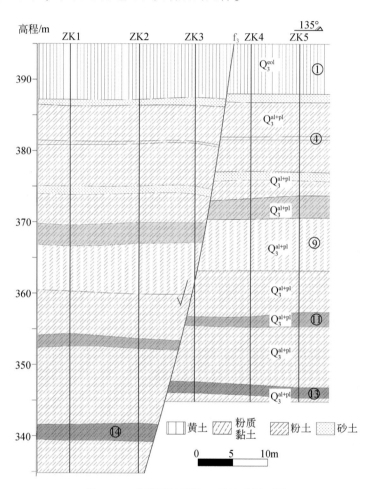

图5.15 白张西地裂缝工程地质剖面图

4. f₄地裂缝（禹王地裂缝）

本书跨越地裂缝实施了钻探线，共揭示17套地层（图5.16）。钻探结果揭示主裂缝 f₄，倾向南北，两侧地层错断明显，上部错距小，下部错距大，其中地表位错30cm，第③ 层灰绿色粉质黏土位错7m，第⑥层灰黄色粉土位错8m，第⑧层灰绿色粉质黏土位错 13m，第⑩层灰黄色粉土位错17.5m，第⑫层灰黄色砂层位错18.5m，显示同沉积断层性质，表明地裂缝是下伏断层的延伸。

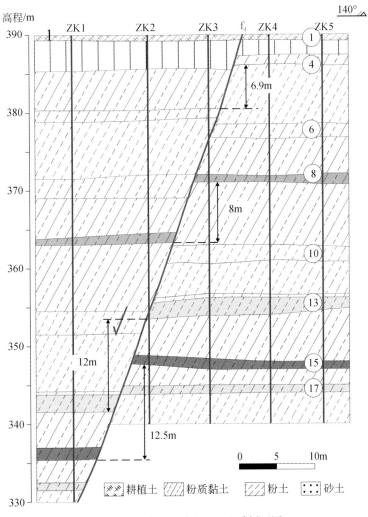

图 5.16　禹王地裂缝工程地质剖面图

5. f_5 地裂缝（半坡地裂缝）

本书跨越地裂缝实施了钻探线，共揭示 8 套地层（图 5.17）。钻探结果揭示主裂缝 f_5，倾向南东，两侧地层错断明显，上部错距小，下部错距大，其中地表位错 30cm，第②层古土壤位错 1.7m，第④层古土壤位错 2.7m，第⑥层古土壤位错 2.9m，砂层顶界位错 3.3m，显示同沉积断层性质，表明地裂缝是下伏断层的延伸。主裂缝的下盘发育次级裂缝 f_5'，次级裂缝错断第③层黄土底界，未延伸到顶界，向下延伸的过程中依次错断第④层古土壤、第⑥层古土壤和第⑧层砂层顶界，错距都为 1.3m。

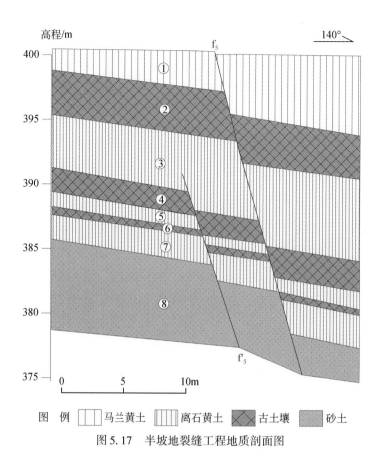

图 5.17 半坡地裂缝工程地质剖面图

5.3 青龙河谷地堑地裂缝成因分析

地裂缝的形成及发育一般是由若干种因素综合作用的结果，这些因素主要包括现代构造应力场、构造断裂、超采地下水、强降雨，以及地层岩性条件与地貌环境等。

5.3.1 地裂缝与隐伏断裂的关系

探槽剖面（图 5.18）揭示，4 条地裂缝（f_1、f_2、f_4、f_5）两侧均发育次级裂缝，表明地裂缝具有一定的破碎带宽度，但次级裂缝均未出露地表且延伸至一定深度后尖灭，表明次级裂缝活动小，受主裂缝控制，此外，地裂缝两侧地层局部表现出牵引现象（图 5.19）。而主裂缝向深部延伸的过程中均不同程度地错断两侧地层，且位错量随着深度的增加而显著增加（表 5.4）。因此，运城盆地青龙河谷地堑地裂缝下伏隐伏断裂，地裂缝是隐伏断裂在地表的延伸。

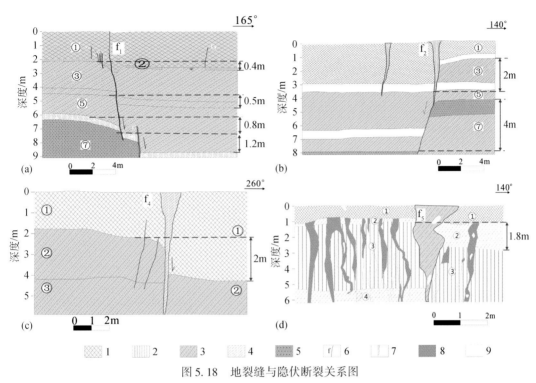

图 5.18　地裂缝与隐伏断裂关系图

1. 古土壤；2. 黄土；3. 粉质黏土；4. 粉土；5. 砂土；6. 地裂缝；7. 地裂缝填充；8. 老地裂缝；9. 空洞

图 5.19　西董村探槽显示砂层牵引现象

表 5.4　地裂缝位错量与埋深对应关系

地裂缝	地表位错/m	埋深 1～2m 位错/m	埋深 4～5m 位错/m
f_1	0.25	0.8	2.6
f_2	0.30	2	3.5
f_4	0.30	2.8	7（钻探）
f_5	0.30	1	1.7（钻探）

5.3.2　地裂缝与深部构造的关系

运城盆地青龙河谷地堑地裂缝平面上呈似等间距、近平行展布，且平行于中条山山前断裂和鸣条岗东侧断裂，探槽显示地裂缝下伏隐伏断裂，地裂缝是下伏断裂在地表的出露线。本书通过钻探工作揭示了地裂缝的深部构造特征，钻探显示 5 条地裂缝向下延伸的过程中均错断两侧地层，但地裂缝倾向不同，其中 f_1 倾向南东，与中条山山前断裂倾向相反，剖面上呈"y"型；f_2 倾向北西，f_3 倾向北西，f_4 倾向北西，与鸣条岗东侧断裂倾向相反，剖面上呈"y"型；f_5 倾向南东，与鸣条岗东侧断裂相连（图 5.20）。物探剖面（图 5.21）进一步揭示了地裂缝与中条山山前断裂和鸣条岗东侧断裂的关系。f_1 地裂缝为中条山山前断裂上盘次级断裂在地表的延伸，地裂缝受中条山山前断裂控制；f_2、f_3、f_4 为鸣条岗东侧断裂上盘次级断裂在地表的出露线，地裂缝受鸣条岗东侧断裂所控制；f_5 为鸣条岗东侧断裂在地表的出露线。因此，运城盆地青龙河谷地堑地裂缝的群发是由于两侧断裂活动引起次级断裂活动在地表的响应，地裂缝受深部断裂构造控制。

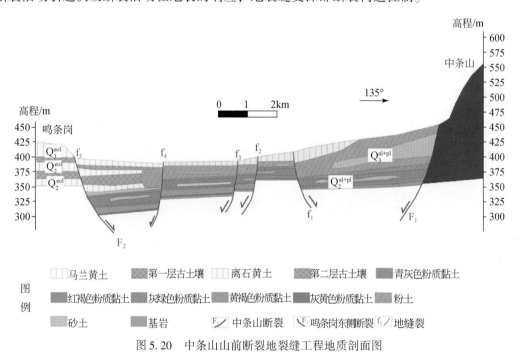

图 5.20　中条山山前断裂地裂缝工程地质剖面图

青龙河谷地堑地裂缝位于青龙河谷地堑内，裂缝东侧为中条山断裂，西侧为鸣条岗东侧断裂，两条断裂的走向均与地裂缝平行，青龙河谷地堑地裂缝的初始形成与发展可能受在青龙河谷地堑内部的次级断裂控制。

5.3.3　地裂缝与超采地下水的关系

地下水的超采导致地下水水位下降，从而引起可压缩土层的压缩，进而引起地面沉降

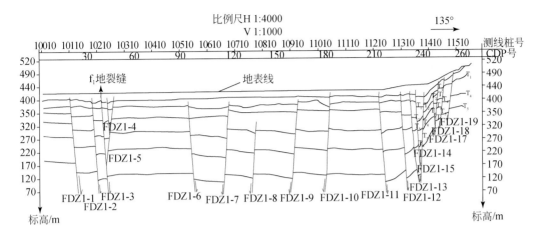

(a) DZ1测线地震地质解释剖面图

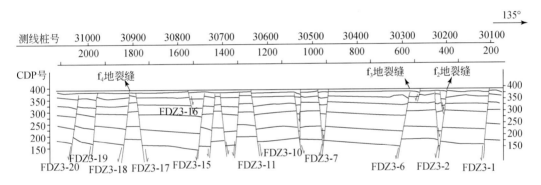

(b) DZ3测线地震地质解释剖面

图 5.21 物探剖面成果图

已是不争的事实（Sheng et al., 2003；Budhu, 2008, 2011）。20 世纪 70 年代以来，由于过量地开采中深层地下水，运城盆地地下水水位大幅度下降，随着时间的推移，地下水降落漏斗规模逐渐扩大，降落漏斗分布在运城市，距离夏县地区仅 35km，平均每年下降约 3.25m/a（图 5.22）。而中条山上盘地裂缝 f_5 于 1978 年率先在半坡和五曹一带出露地表，并逐渐向北东方向扩展，与运城盆地地下水降落漏斗在时间上存在相关关系。笔者于 2013 年 7 月在夏县地区调查时发现，夏县地区自 20 世纪 90 年代以后开始大规模地开采深层地下水用于农田灌溉，而中条山山前断裂东侧 4 条（$f_1 \sim f_4$）地裂缝均出现于 1995 年以后，并逐渐发展，2007 ~ 2008 年地裂缝进入快速发展期，也与地下水的开采在时间上存在相关关系。2013 年 7 月 ~ 2014 年 7 月，通过 InSAR 对运城盆地进行地面沉降监测，发现夏县西北部地面沉降量大，最大达 -80mm [图 5.22 (b)]，而 2014 年 8 月对 5 条地裂缝调查时发现，$f_1 \sim f_4$ 地裂缝活动性仍然较大，而 f_5 地裂缝年活动量较小，这与该区的地面沉降变小有关。

从以上分析可以看出，无论是地裂缝的出现，还是地裂缝的发展变化都与盆地内部地下水开采引起的地面沉降有关，地裂缝首先出现在地面沉降最先发生的运城市半坡和五曹

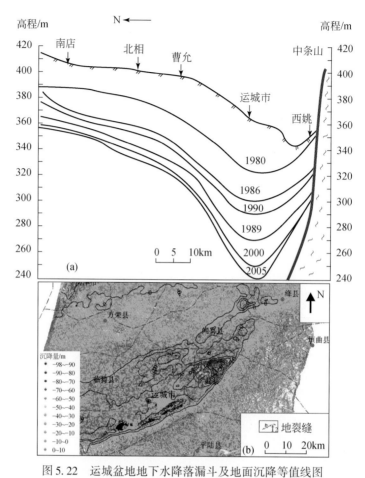

图 5.22　运城盆地地下水降落漏斗及地面沉降等值线图

（a）运城盆地地下水降落漏斗剖面图；（b）2013～2014 年运城盆地地面沉降等值线图

一带，并逐渐向北东方向延伸。进入 20 世纪 90 年代以来，随着夏县地区深层地下水的开采量逐渐增加，地裂缝也随之出现，并不断扩展延伸。另外，运城盆地青龙河谷地堑地裂缝的 f_1 和 f_2 地裂缝自 2000 年出现以来，2013 年调查时地表位错量已达 30cm，平均年活动速率约达 2.3cm/a，最大年活动速率达 3～4cm/a，远远大于中条山山前断裂和鸣条岗东侧断裂 1～2mm/a 的活动速率（李有利等，1994），因此，超采地下水加剧了地裂缝的活动，是地裂缝的诱发因素，是地裂缝超常活动的主要因素。

5.3.4　地裂缝与表水作用的关系

运城盆地属于干旱半干旱地区，降雨集中在每年的 6～9 月。盆地内第四纪地层广泛发育，主要为青龙河冲积物、湖积物和风积黄土；地表覆盖物为冲积物和风积黄土，土性以粉土和粉质黏土为主。强降雨或灌溉以后，表水沿着裂缝渗透的过程中，冲刷和侵蚀两侧土体，破坏土体的结构，导致裂缝两侧土体塌陷并逐渐发展形成管涌，从而在地表形成陷坑。

　　野外调查时发现，运城盆地青龙河谷地堑地裂缝多在强降雨或灌溉以后突然出露于地表，且规模较大。另外，运城盆地地区地裂缝在强降雨和灌溉高峰时活动强度明显增强，地裂缝活动表现出明显的季节性。从探槽揭示的地裂缝剖面结构特征可知，地裂缝在地表的张开量显著增大，呈"漏斗状"出露于地表，并填充杂土，地裂缝向下延伸到某一深度后突然变细。如图 5.23 所示，（a）和（c）为 2014 年 7 月 16 日在五曹村农田调查地裂缝时拍摄，（b）和（d）为 2014 年 8 月 1 日强降雨以后调查地裂缝时拍摄，对比两图可以发现，降雨以前该处地表无裂缝出露，而强降雨以后，地表出现大面积塌陷。因此，强降雨和灌溉后形成的渗透潜蚀是地裂缝水平扩展的主要因素。

图 5.23　地震缝导致地表破裂典型照片

（a）2014 年 7 月 16 日强降雨前 f_5 地裂缝在五曹村东侧焦文亚农田未出露地表；（b）2014 年 7 月 16 日强降雨后 f_5
地裂缝在五曹村东侧焦文亚农田形成大面积陷坑；（c）强降雨形成的表水渗透导致 f_5 地裂缝在闫赵村形成地裂沟；
（d）灌溉形成的表水渗透导致 f_5 地裂缝在五曹村农田形成地裂沟

　　综合上述分析可知，运城盆地青龙河谷地堑地裂缝的出现和发展受构造断裂控制，而地下水的过量开采和地表水的渗透作用又影响了地裂缝发生的时间、地段和发育程度。运城盆地青龙河谷地堑地裂缝走向与中条山断裂基本平行，地裂缝的形成过程中，其下伏盆地构造起着主导控制作用，盆地拉张作用使第四纪地层中的隐伏断裂向上扩展，隐伏断裂是地裂缝的原型；而超采地下水加剧了隐伏断裂向上扩展的速度，是地裂缝出露地表的诱发因素；地表水的渗透作用加剧了地裂缝的活动，是地裂缝的扩展因素。因此，该地裂缝的形成可以分为以下三个阶段：

　　第一阶段：在拉张环境下，盆地内部接受沉积，青龙河谷地堑两侧的中条山山前断裂和鸣条岗东侧断裂上盘产生了一系列的次级断裂并随着盆地的生长而不断向上延伸，该阶段为构造破裂面形成阶段［图5.24（a）]。

　　第二阶段：由于盆地内部隐伏断裂上盘黏土层厚度大于下盘，当盆地内部超采地下水引起地下水水位下降并导致黏土层压缩变形发生后，就会在构造破裂面两侧形成差异沉降，引起构造破裂面向上延伸并出露地表形成地裂缝，该阶段为地表裂缝的形成阶段［图5.24（b）]。

　　第三阶段：由第二阶段形成的地裂缝其宽度较小，不易被人们察觉，在强降雨和灌溉的条件下，一方面地表水的侵蚀冲刷作用，导致地裂缝的两侧土体坍塌破坏，进而引起地裂缝向两侧扩展并形成陷坑和陷穴，另一方面地表水在入渗过程中产生的渗透力引起土体的进一步压缩，导致地裂缝两侧差异沉降持续增加，该阶段为地裂缝的扩展阶段［图5.24（c）]。

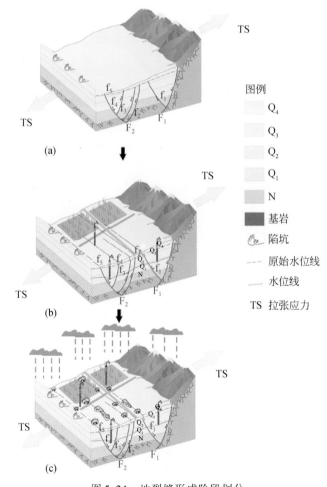

图 5.24　地裂缝形成阶段划分
（a）构造破裂面形成阶段；（b）地裂缝出露地表阶段；（c）地裂缝扩展阶段

因此，运城盆地青龙河谷地堑地裂缝成因机制可概括为双缘断裂（中条山山前断裂和鸣条岗东侧断裂）控缝、抽水诱缝和表水扩缝，即双缘断裂控制地裂缝，超采地下水开启地裂缝和表水渗透扩展地裂缝的耦合成因模式：盆地的拉张环境使中条山山前断裂和鸣条岗东侧断裂上盘形成一系列反倾的隐伏断裂，隐伏断裂导致第四纪地层出现构造破裂面，而构造破裂面构成了运城盆地青龙河谷地堑地裂缝的"原型"，地下水超采引起的地面沉降在构造破裂面两侧出现差异沉降并延伸至地表形成地裂缝，而强降雨和灌溉以后引起的地表径流和入渗冲刷侵蚀作用在一定程度上引起地表裂缝的进一步开裂，加剧了地裂缝的活动。

5.4 万荣城关变电站地裂缝

5.4.1 地裂缝发展概况及分布

万荣城关变电站位于县城东0.5km。该站始建于1977年，场地南北长约88m，东西宽约80m，站内大部分面积为输变电设施，主控室、值班室、配电室及宿舍位于场地的南部。院内地面部分采用水泥方砖铺设，路面一般为水泥硬化，房屋及围墙均为砖混结构。

通过调查万荣城关变电站周边，发现从万荣县城北部向东南经过城关变电站，至万荣技师学院，存在一条地裂缝带，总体走向290°~310°，长约3km，宽30~70m，地裂缝带上建筑物破坏严重，耕地可见串珠状洞穴，城关变电站场址恰好位于该地裂缝带内。

回顾万荣城关变电站变形历史过程，每次场地变形和破坏都与场地浸水有直接关系。1982年7月，万荣遭受暴雨袭击，场地周围全部浸泡在大水中，场地浸水，10kV杆全部倾斜；1985年，万荣经历了两次大雨袭击，场地再次浸水，于1986年发现位于场地西南部的生活区自西向东出现变形带，并延伸至站外1.0km，两间平房塌陷；1991年，35kV设备进行扩建，在开挖开关基础时，发现多条北西走向的变形裂缝，后又发现建成于1984年的高压配电室整体向南倾斜7cm；1998年7月15日，万荣城区突降暴雨，变电站场地地势较低，致使站内雨水无法排出，经过长时间的雨水浸泡后，场地东部的1#、2#主变压器渗坑周围地面产生明显下沉，同时发育了以渗坑为中心的多条不规则裂缝（图5.25），场地呈现碟形凹地景观。

5.4.2 地裂缝的破坏特征

地裂缝的变形破坏主要表现为三种形式：墙体和地面的拱翘变形、开裂变形及水平错动变形，相对而言，前两种为主要破坏形式。场地变形分布详见图5.25。

1. 墙体和地面拱翘变形

调查发现墙体拱翘变形，变电站西围墙上部有6处，其中1处拱翘明显（图5.26），南围墙也见1处拱翘，共计7处；地面拱翘变形21处，其中检修室南侧拱翘隆起幅度最大（图5.27），超过20cm。地面拱翘隆起的延伸方向主要是近东西向及近南北向两个方向，近东西向隆起表现得更强烈。墙体和地面的拱翘变形分布如图5.25所示。此外，变电站内电缆沟因场地变形活动，常造成缩颈现象。

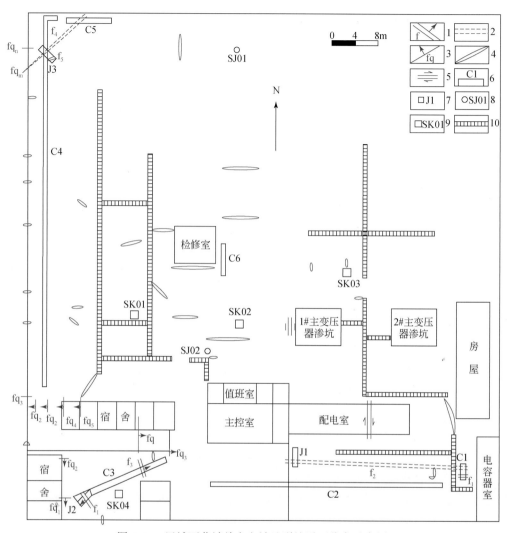

图 5.25　运城万荣城关变电站地裂缝平面分布示意图

1. 地裂缝、编号及倾向；2. 隐伏地裂缝；3. 墙体裂缝、编号及倾向；4. 拱翘；5. 水平错动；6. 探槽及编号；
7. 探井及编号；8. 渗水井及编号；9. 渗坑及编号；10. 电缆沟

图 5.26　西围墙拱翘

图 5.27　地面拱翘

2. 墙体和地面开裂变形

变电站西南端为宿舍区，有东西向及南北向两排一层的平房，与变电站南围墙一起围成小院。调查发现南北向平房的东墙上有两条南倾的裂缝，编号 fq1 和 fq2；东西向平房的南墙上有两条东倾的裂缝，编号 fq3 和 fq4，北墙发育有 4 条西倾的裂缝，除最西边的裂缝较小外，其他 3 条较大，且近平行（图 5.28），自东向西编号 fq5、fq6、fq7 及 fq8。这些倾斜的墙体裂缝，均表现出中间宽大、两头变窄的特征。在变电站西围墙南部有 1 条近直立的裂缝，编号 fq9，北部有两条直立的裂缝（图 5.29），编号 fq10 和 fq11。地面开裂变形主要是水泥硬化层的开裂，在变电站内发现多处，其开裂延伸方向杂乱无章。

图 5.28　宿舍北墙裂缝

图 5.29　西围墙裂缝

3. 墙体和地面水平错动

场地内可见多处伴有水平错动的水泥硬化层的开裂，较典型的是 1#变压器渗坑东侧的地裂缝水平错动，造成护敦开裂、错断，电线杆倾斜等一系列变形现象（图 5.30）。在东西向配电室的南北墙上有位错现象，上部位错大，下部位错小，房檐下墙体位错为 6 ~ 8cm，向下逐渐减小，至墙根处位错已不足 1cm，表现出墙体向南倾斜（图 5.31）。

图 5.30　地面错动

图 5.31　墙体错动

5.4.3 地裂缝的剖面特征

为了揭示地裂缝在土层中的破裂状况及地裂缝向下延伸情况，笔者在场地内布置了6条探槽，编号分别为C1、C2、C3、C4、C5和C6；在某些具有代表性地裂缝的位置布置了3个探井，编号分别为J1、J2、J3，探槽、探井的位置如图5.25所示。根据探槽和探井的揭露，场地地层由第四系全新世①层杂填土（Q_4^{ml}）和②层冲洪积（Q_4^{al+pl}）黄土状土构成，详见综合地层柱状图5.32。

地质时代	层次	柱状图	层厚/m	岩性描述
Q_4^{ml}	①		0.5~2.0	杂填土,粉土夹杂水泥块、碎砖块等建筑垃圾
Q_4^{al+pl}	②		>10	粉土,灰黄色,稍湿-湿,土体结构松散,夹棕褐色的黏土条带

图5.32 综合地层柱状图

探槽、探井共揭示了6条裂缝，编号f_1、f_2、f_3、f_4、f_5和f_6，各条地裂缝的发育情况分述如下：

f_1地裂缝位于场地的东南端，探槽C1内揭示（图5.33、图5.34），裂缝走向近东西，产状近直立，向下延伸2.0m，裂缝宽0~1cm，上宽下窄，裂面粗糙，无充填。

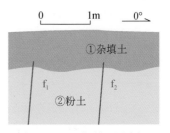

图5.33 f_1地裂缝   图5.34 C1探槽西壁剖面

f_2地裂缝位于场地的东南端，在探槽C1和探井J1内揭示（图5.35、图5.36），推测为两处连接的地裂缝，裂缝走向近东西，产状近直立，向下延深2.1m，裂缝宽0~1cm，上宽下窄，裂面粗糙，无充填。

f_3地裂缝位于场地的南部，宿舍小院内，探槽C3内揭示（图5.37），裂缝倾向90°，倾角71°，延深2.0m左右，裂缝宽0~2cm，上宽下窄，裂面粗糙，少量充填粉土。推测f_3地裂缝是造成fq4墙体裂缝的主要原因。

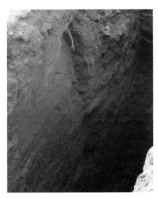

图 5.35　f_2 地裂缝　　　　　图 5.36　J1 探井东壁剖面

　　f_4 地裂缝位于场地的西南端，宿舍小院内，探槽 C3 内揭示（图 5.38），裂缝倾向 270°，倾角 56°，延深 1.4m 左右，裂缝宽 0～2cm，上宽下窄，裂面粗糙，少量充填粉土。f_3 地裂缝和 f_4 地裂缝在探槽内呈正"八"字形（图 5.39）。

图 5.37　f_3 地裂缝　　　　　　　图 5.38　f_4 地裂缝

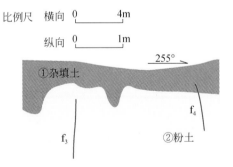

图 5.39　C3 探槽南壁剖面图

　　f_5 地裂缝位于场地的西北端，探井 J3 内揭示（图 5.40、图 5.41），裂缝走向约 73°，近直立，微倾向南东，延深至 2.5m 消失，裂缝宽 0～2cm，上宽下窄，裂面粗糙，无充填。f_6 地裂缝位于场地的西北端，探井 J3 和探槽 C5 内揭示（图 5.42、图 5.43），推测为两处连接的地裂缝，裂缝走向约 55°，近直立，倾向南东，延深至 3.7m 消失，裂缝宽 0 ~ 2.5cm，上宽下窄，裂面粗糙，无充填。推测 f_6 地裂缝是造成 fq10 墙体裂缝的主要原因。

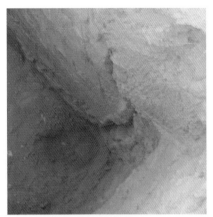

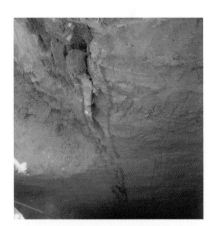

图 5.40　f_5 地裂缝　　　　　图 5.41　J3 探井北壁剖面图　　　　图 5.42　f_6 地裂缝

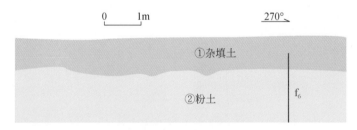

图 5.43　C5 探槽南壁剖面图

　　根据探槽、探井中揭示地裂缝的发育情况，总结其特征：地裂缝的延伸方向不定，上宽下窄，地裂缝向下延深都很小，最深不过 3.7m，倾角大于 50°或近直立，裂面粗糙，无充填或少量充填。

5.5　峨眉台地地裂缝成因分析

5.5.1　变电站场地湿陷性

1. 场地土的湿陷性及湿陷程度

　　万荣城关变电站内的地面调查显示，在无附加荷载或小附加荷载条件下遇水浸湿时，地面已产生明显下沉，场地呈现碟形凹地微地貌，显示场地土具有自重湿陷性特征。本次取样试验采用了双线法进行湿陷性测定。场地共布置了 3 个探井取样，判断结果见表 5.5。

表 5.5　场地土湿陷性程度判定表

探井编号	平均湿陷系数 δ_s	湿陷程度
J1	0.043	中等
J2	0.040	中等
J3	0.110	强烈

2. 场地土湿陷类型

根据《湿陷性黄土地区建筑规范》（GB 50025—2004）的规定，当自重湿陷量的实测值大于 70mm 时，应定为自重湿陷性场地。据万荣城关变电站场地内地面调查结果，场地内的渗水井 SJ01、SJ02、1#、2#主变压器渗坑和湿陷坑 SK01、SK02、SK03、SK04（位置如图 5.25 所示）的实测沉降量均大于 70mm，故判定万荣城关变电站为自重湿陷性场地。

3. 场地湿陷等级

本次湿陷量的计算值 Δ_s 的计算深度，自地面 1.5m 处算起。根据《湿陷性黄土地区建筑规范》（GB 50025—2004），场地湿陷等级判定见表 5.6。

表 5.6　场地湿陷等级判定表

探井编号	总湿陷量 Δ_s/cm	实测自重湿陷量 Δ_{zs}/cm	湿陷类型	湿陷等级
J1	$30<\Delta_s<60$	$7<\Delta_{zs}<35$	自重	Ⅱ
J2	$30<\Delta_s<60$	$7<\Delta_{zs}<35$	自重	Ⅱ
J3	$\Delta_s>70$	$7<\Delta_{zs}<35$	自重	Ⅲ

综合以上分析，万荣城关变电站位于一条北西西走向的原始冲沟之上，推测冲沟为深层断裂所致，冲沟内沉积了巨厚的②层冲洪积黄土状土，该层土为自重湿陷性土，湿陷等级为Ⅱ-Ⅲ级。

5.5.2　墙体和地面拱翘的原因

变电站西围墙和南围墙西端顶部出现拱翘是因为这些围墙坐落于北西西向原始冲沟之上，冲沟内中部沉积的冲洪积土层比两边沉积的厚，当大气降水进入土层，土层发生湿陷沉降，原始冲沟中部湿陷的程度要比两边的强烈一些，这就造成上部墙体在冲沟中部的沉降强烈，两边墙体沉降的轻微，引起刚性墙体上部向中间挤压，墙体顶部某处应力集中，出现拱翘变形（图 5.44）。变电站北围墙、东围墙和南围墙东端没有出现拱翘，是因为这些围墙没有坐落在原始冲沟之上或跨冲沟的范围很少，没有出现明显的不均匀湿陷沉降。

地面出现的拱翘与墙体出现的类似，冲沟中部沉积的冲洪积土层比两边沉积的厚，当发生湿陷时，中部湿陷的程度要比两边的强烈一些，中部湿陷沉降总体上比两边的大一些，造成土层上部覆盖物向中间挤压，在某些薄弱处，如水泥方砖接缝处和水泥硬化层接缝处，应力集中，地面拱翘隆起（图 5.45）。这也解释了为什么地面拱翘的走向主要是近东西向和南北向的原因，因为水泥方砖的接缝和水泥硬化层的接缝走向为近东西向和南北向。

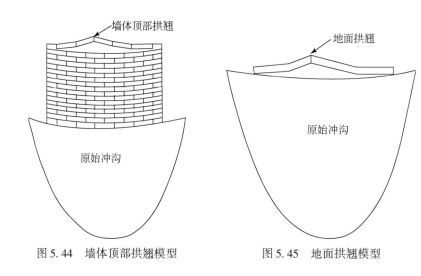

图 5.44　墙体顶部拱翘模型　　　　　　　图 5.45　地面拱翘模型

5.5.3　墙体和地面开裂的原因

据调查访问，该变电站西南部宿舍区小院中央有一自来水池，由于自来水的渗漏，造成小院大面积湿陷下沉，呈现碟形，中间低，周缘高。小院周围墙体地基不均匀下沉，造成墙体 fq1、fq2、fq3、fq4、fq5、fq6、fq7、fq8 和 fq9 裂缝的出现。fq10 和 fq11 裂缝的形成原因是裂缝处南侧地面覆盖水泥方砖，北侧土层裸露，大气降水后，两侧湿陷沉降差异，引起墙体开裂。

地面水泥硬化盖层的开裂与墙体开裂的原因一样，也是由于土层遇水湿陷的沉降差异。

5.5.4　墙体和地面水平错动的原因

1#变压器渗坑东侧的地裂缝水平错动，是因为电杆周围地基土遇水湿陷，形成不均匀沉降，引起电杆倾斜，错断水泥护墩。东西向配电室的南北墙上有位错现象，是因为配电室房屋是整体基础，基础下覆地基土遇水湿陷不均匀沉降后，造成配电室整体向南倾斜。

5.5.5　地裂缝成因模式

变电站南部配电室的南侧有一条东西向的电缆沟，是大气降水的集中入渗带，由于场地土层的自重湿陷性，电缆沟下部土层遇水湿陷沉降，结合配电室整体向南倾斜，拉张配电室北侧土层，电缆沟南侧地表浅层出现地裂缝，即探槽 C1 和探井 J1 所揭示的 f_1、f_2 地裂缝。根据调查，变电站场地西南部宿舍区小院中部湿陷沉降大，周缘沉降小，沉降的差异，造成小院周缘地表浅层产生地裂缝，即探槽 C3 所揭示的 f_3、f_4 地裂缝。f_6 地裂缝南侧地面覆盖水泥方砖，北侧土层裸露，由于场地土的自重湿陷性，裸露土层遇大气降水湿陷沉降强烈，覆盖水泥方砖的地层湿陷沉降轻微，地表浅层由于两侧的沉降差异产生裂缝，即探槽 C5 和探井 J3 所揭示的 f_5、f_6 地裂缝。

　　变电站内的排水措施是将大气降水通过渗水井渗入地下，场地内共有两个渗水井 SJ01、SJ02，渗井周边地势低洼。变电站内 1#、2# 主变压器渗坑是大气降水的集中入渗通道，渗坑周边明显下沉。变电站内地表大部分被水泥方砖铺设和水泥硬化，在水泥方砖的接缝处以及水泥硬化面的接缝处或裂隙处，形成了大气降水的集中入渗通道，这些入渗通道下的土层遇水湿陷形成了大大小小的湿陷坑，由于地表覆盖物的掩盖，湿陷坑的数量和位置不能完全确定，地表调查时只发现湿陷坑 SK01、SK02、SK03、SK04。根据变电站场地土的自重湿陷性，可以推断在渗井、渗坑和湿陷坑周围区域，土层湿陷沉降差异明显处，地表浅层一般会产生地裂缝。探槽、探井揭示的地裂缝，只是已有地裂缝的一部分。受勘探规模的限制，变电站地表浅层地裂缝并没有完全揭示出来。

　　根据以上对城关变电站场地内地面破坏形式及地裂缝的成因分析认为，从万荣县城北部向东南经过城关变电站，至万荣技师学院的地裂缝带，是土层的自重湿陷造成的，其延伸方向受原始冲沟的走向控制，是山西地堑系内一种特殊的地裂缝，属于"黄土湿陷"模式，如图 5.46 所示。万荣城关变电站场地内的变形破坏，是地裂缝带变形破坏的集中表现。

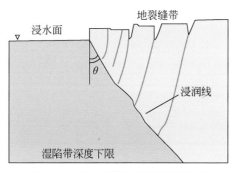

图 5.46　黄土湿陷地裂缝发育模式

第6章 渭河盆地地裂缝

渭河盆地是我国现代构造活动十分强烈的地区之一，活断层纵横交错、相互切割（图6.1），不仅控制着盆地的形成和发展演化，还控制着盆地的断块结构和地质灾害分布。对渭河盆地现代地壳变动及地裂缝形成与活动有重要影响的活动断裂主要有（自北而南）口镇-关山断裂、礼泉-合阳断裂、泾河-浐河断裂、渭河断裂、临潼-长安断裂、铁炉子-余下断裂、秦岭北缘断裂等。为探寻盆地内地裂缝的发育模式及成因机理，本书在典型地裂缝区域开挖大型探槽，综合利用物探、槽探、钻探、测量等多种技术和手段，做了大量细致扎实的工作。

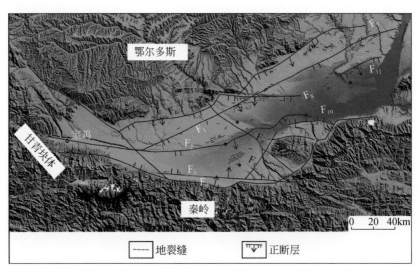

图 6.1 渭河盆地活动断裂及地裂缝分布图

F_1. 礼泉-蒲城-合阳断裂；F_2. 渭河断裂；F_3. 铁炉子-余下断裂；F_4. 秦岭北缘断裂；F_5. 临潼-长安断裂；
F_6. 岐山-乾县断裂；F_7. 白水-合阳断裂；F_8. 口镇-关山断裂；F_9. 泾河-浐河断裂；F_{10}. 华山北缘断裂

6.1 地裂缝区域分布规律

6.1.1 历史与现状概况

渭河盆地人类历史活动悠久、文化发达，是我国乃至世界上历史记载最早和最详细的地区之一。根据已有资料的历史查证和调研，渭河盆地早在历史时期就已有地裂现象的发生。关于地裂缝灾害的最早记录可以追溯到公元前 180 年前，时值我国汉代。此后历史记载中的唐代、明代及清代都有地裂缝灾害发生。

　　据调查，目前渭河盆地发现136处共计212条地裂缝，规模大者长数十千米，宽达几十厘米；小者长仅几十米。它们时隐时现，并呈一定的规律性不均匀地分布在渭河盆地的各个部位。

　　渭河盆地地裂缝分布具有明显的地带性特征。其分布主要集中于盆地中南部的西安市、盆地北部边缘的泾阳县和三原县、盆地东北部的大荔县以及盆地中部咸阳市等（图6.1）。从图6.2可以看出，渭河盆地中，地裂缝发育密度最大的为咸阳地区，其次为渭南地区、西安地区，宝鸡地区发育最少，仅2条。从更小的尺度上看，泾阳县地裂缝最发育，占渭河盆地地裂缝总数的39.15%，其次为大荔县23.11%、西安市6.60%、三原县5.19%、咸阳市3.77%。其余地区地裂缝发育条数一般不超过6条，且呈零星分布状态。表6.1列出了渭河盆地不同地区地裂缝发育的数量。

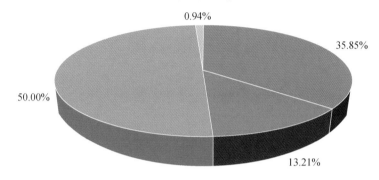

图6.2　渭河盆地不同地区地裂缝发育程度

表6.1　渭河盆地不同地区地裂缝的分布

地区	县（市，区）	地裂缝数量/条	占总数的百分比/%
渭南地区	韩城市	3	1.42
	合阳县	3	1.42
	大荔县	49	23.11
	白水县	4	1.89
	蒲城县	4	1.89
	华县	4	1.89
	临渭区	6	2.83
	富平县	3	1.42
西安地区	阎良区	2	0.94
	临潼区	4	1.89
	长安区	6	2.83
	周至县	2	0.94
	西安市	14	6.60

地区	县（市，区）	地裂缝数量/条	占总数的百分比/%
咸阳地区	三原县	11	5.19
	泾阳县	83	39.15
	咸阳市	8	3.77
	礼泉县	2	0.94
	乾县	2	0.94
宝鸡地区	凤翔县	1	0.47
	渭滨区	1	0.47
合计		212	100

6.1.2　地裂缝分布规律

地裂缝的分布与其地质背景紧密相关。调查研究发现，地裂缝的分布与地质构造背景存在如下关系：

（1）渭河盆地地裂缝出现在盆地两侧的山前洪积扇、黄土台塬和中间的渭河河谷平原的阶地上，在洪积、风积、冲积的砂砾互层、细砂层、粉土和黏土层及黄土层中均有发育。

（2）空间分布主要受活断层控制，地裂缝多沿盆地内的断裂带密集展布，其方向一般与断裂方向一致或与断裂呈小角度相交，渭河盆地区内的大多数构造裂缝均是如此。例如，咸阳地裂缝主要沿渭河断裂呈东西向展布；西安地裂缝受临潼–长安断层控制，均呈北东斜列式延伸；盆地北缘山前一线地裂缝多沿近东西向的口镇–关山断裂分布；渭南华县等地地裂缝主要沿秦岭北缘断层分布；渭南韩城、大荔等地裂缝则主要沿盆地内北东向断裂带分布；等等。

（3）除与断裂构造有关的地裂缝外，活动断裂的近场区是地裂缝的密集发育场所。如泾阳县地裂缝，除与构造直接相关的地裂缝外，大部分发育在距口镇–关山活动断裂南侧的一定范围内，这些地裂缝方向上不与断层一致，而基本与区域构造节理相吻合。

（4）活断层沿线的地裂缝常出现在黄土陡坎、河流阶地的边缘等，与微地貌关系密切。

（5）盆地内部地裂缝多沿盆地内断块构造的分界隐伏断层分布。地裂缝发育的程度（数量多少）还与断层的活动性紧密相关。例如，咸阳以西地区，地裂缝发育稀少，与该地区北西向断层活动性较弱有关；泾阳地区、渭南地区的局部地裂缝密集发育则与其临近的断层活动性较强关系密切。

（6）盆地内其他非构造型地裂缝的发育，受不同控制因素的影响，产生的地质背景各异。如滑坡地裂缝出现在地貌上的斜坡地带，湿陷性地裂缝发育在强烈湿陷的自重湿陷性黄土场地，而潜蚀型地裂缝则主要发育在径流条件较好的山前斜坡地带等。

6.1.3 地裂缝发育特征及活动性

1. 地裂缝的平面特征

由图6.2可见，渭河盆地地裂缝主要分布在盆地中南部的西安地区、盆地北部边缘口镇-关山断裂沿线的泾阳县和三原县、盆地东北部的大荔县，以及盆地中部的咸阳市，即西安地裂缝群、口镇-关山地裂缝带、渭河地裂缝带、三原-富平地裂缝带和大荔地裂缝群。其中，西安14条地裂缝走向稳定，均为70°~80°，近似平行、呈似等间距展布于临潼-长安断裂的上盘；地裂缝延伸较长，最长可达25.4 km，集中发育在梁洼交界部位，是地貌的分界线。口镇-关山地裂缝带可分为两组地裂缝，一组地裂缝与口镇-关山断裂平行，为断裂在地表的露头且地裂缝延伸较长，地表活动表现出明显的差异沉降；另一组地裂缝以北北西向展布于口镇-关山带的上盘，与断裂带相交，地表活动以陷坑为主，没有明显的垂直位错。渭河地裂缝带主要出露在咸阳市，位于渭河断裂的上盘，与渭河断裂相平行。三原-富平地裂缝带位于礼泉-蒲城-合阳断裂带内，地裂缝出露于断裂带内，与断裂带平行。大荔地裂缝群出露于大荔黄土塬区的南部，地裂缝走向不稳定，延伸较短，最长为500m。

从以上可以看出，渭河盆地地裂缝受盆地断裂构造控制，地裂缝沿断裂带集中发育在其上盘，如西安地裂缝、口镇-关山地裂缝带、渭河地裂缝带和三原-富平地裂缝带，地裂缝具有沿断裂带集中发育的特点。地裂缝还与地貌相关，如西安地裂缝沿地貌分界线展布。地裂缝位于地面沉降的漏斗边缘，与地面沉降相伴生，如西安地裂缝和大荔地裂缝。

渭河盆地地裂缝总体上呈现明显的方向性特征，按其延伸方向可划分为4组：近东西向、北东向、北西向、近南北向（北北西向或北北东向）（图6.3）。其中，以近东西向地裂缝发育最多，规模最大，断续延伸最长（表6.2）。

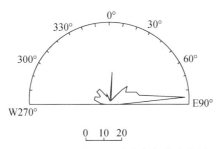

图6.3 渭河盆地地裂缝走向玫瑰花图

表6.2 渭河盆地不同方向地裂缝的发育规模

方向	近东西向	北东向	北西向	近南北向	其他方向
发育数量	59	56	56	27	14

渭河盆地地裂缝延伸以直线延伸为主，一般不随地形地貌的变化而变化；偶有弧形展布，不存在波浪形或其他形式的延展特征。地裂缝的延伸长度和宽度变化很大，最小长度

仅 20 ~ 50m，而最大者达数千米（西安市地裂缝）。宽度变化除个别地裂缝地表开裂较宽（最宽可达 1m 以上，受地裂缝形成后水力作用冲刷的影响）外，一般地裂缝均呈线状出露或已隐伏，有些地裂缝则呈串珠状的黄土陷穴显现。

根据地裂缝延伸长度的不同，可将地裂缝划分为不同的规模，渭河盆地不同规模地裂缝的数量及所占比例列于表 6.3。因此，渭河盆地地裂缝以中小型地裂缝为主，占地裂缝总数的 84.43%，延伸长度为 50 ~ 500m，巨型及大型地裂缝较少（巨型地裂缝主要为西安地裂缝），但破坏性极大。

表 6.3　渭河盆地不同规模地裂缝的数量及所占比例

规模等级	巨型地裂缝	大型地裂缝	中型地裂缝	小型地裂缝
发育数量	22	11	110	69
所占比例/%	10.4	5.2	51.9	32.5

2. 地裂缝发育的时间特征

渭河盆地从古到今地裂缝活动比较频繁，在许多历史文献中均有其发生地裂缝的记载。公元前 194 ~ 188 年，汉惠帝时，"五月城中地陷三十丈，六月地坼家陷死，八月地裂广三十六长百三十丈，大水亡杀人。"（《太平御览》）。最早有关渭河盆地发生地裂缝的文献记载距现在已有 2200 多年的历史，可谓源远流长。

经对渭河盆地地裂缝的调查、访问及查阅已有的研究资料和历史记载，发现地裂缝的发生年份并不是随机均匀分布的，而是具有高发期与低发期的特征。

渭河盆地现代地裂缝的活动最早出现于新中国成立前，据调查，1920 年海原地震曾引起陕西泾阳县蒋路、龙泉一带发生地裂缝。1950 ~ 1976 年，陕西泾阳、西安市均出现地裂缝，当时由于地裂缝发生少，规模小，未引起当地有关部门的注意。1976 年唐山大地震后，西安地裂缝开始引起广大群众和各级政府的重视。同时对陕西泾阳地裂缝也开始关注和研究，而这一时期是地裂缝灾害最为活跃的开始期。至 20 世纪 80 年代中后期，仅西安市城区的地裂缝数量已达 10 条之多，而泾阳县境内的地裂缝更是多达 80 余条（王景明等，2000）。

表 6.4 按地区统计了现今渭河盆地约 212 条地裂缝的发生时间，为宏观表征整个盆地地裂缝的时间特征，绘制了渭河盆地地裂缝的发育时段图（图 6.4）。

表 6.4　渭河盆地不同地区地裂缝发育时间

年份		1980 年及以前	1981 ~ 1985 年	1986 ~ 1990 年	1990 ~ 1995 年	1996 ~ 2000 年	2001 ~ 2005 年	2006 年至今	备注
地区	渭南	15	8	1	8	12	5	14	13 条不详
	西安	9	1	5	2	1	5	1	4 条不详
	咸阳	4	10	18	19	31	16	5	3 条不详
	宝鸡	1					1		

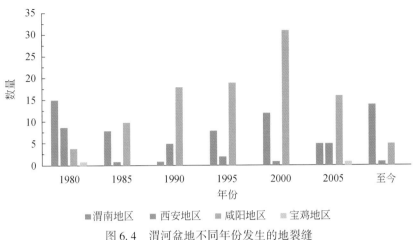

图 6.4　渭河盆地不同年份发生的地裂缝

由表 6.4 和图 6.4 可见，就整个渭河盆地而言，地裂缝灾害主要发生在 1990～2000 年，各地区之间地裂缝发育的时间基本具有同步性。但不同地区之间差别较大，其中以咸阳地区最为发育。进一步研究发现，不同方向、不同类型的地裂缝，其发生时间也存在着差异，表 6.5 主要按地裂缝的延展方向列出了与构造有关地裂缝的发生年份，从表中可见，近东西向和北东向地裂缝各不同时段发育的数量基本接近，而北西向地裂缝发生的高峰段在 20 世纪 90 年代，这一时段出现的地裂缝共 36 条，占北西向地裂缝总数的 65.45%。而南北向地裂缝在相应各个时段均比其他方向的地裂缝少。

表 6.5　不同延展方向不同时间发育的地裂缝数量

年份 地裂缝	1980 年及以前	1981～ 1985 年	1986～ 1990 年	1990～ 1995 年	1996～ 2000 年	2001～ 2005 年	2006 年至今
近东西向	10	7	8	7	9	5	11
北东向	13	7	7	3	9	7	9
北西向	5	1	5	13	23	6	2
近南北向	2	0	2	6	8	3	2

3. 活动性

通过总结分析，概括出渭河盆地地裂缝具有如下活动特性：

（1）每条地裂缝带在其形成发展过程中，多是在中部开始破裂，然后向两端扩展。

（2）地裂缝活动具有年变周期的特点。根据调查访问，每年夏季地裂缝活动明显加快，其他季节活动减弱或不活动。

（3）地裂缝活动在时间、空间和强度具有明显差异性，这主要是由地层沉积的不均匀性、地下水开采强度平面分布的不均匀性和地裂缝延伸所追踪构造面的不连续性造成的。

（4）地裂缝活动具有间歇性特点。

（5）地裂缝的活动方式有蠕滑运动，也有突发性的跳跃运动。

（6）地裂缝活动具有三维变形特征，以垂直差异活动为主，兼具水平张裂和扭动。

6.2　口镇-关山地裂缝

口镇-关山沿线地裂缝主要受口镇-关山断裂控制，该断裂西起口镇西，向东经鲁桥、阎良至关山隐伏于盆地中，全长150km。主体走向近东西，断面南倾，倾角50°～70°。该断裂西段为基岩山区与盆地分界线，地震剖面反映该断裂在盆地中段切割了新生代所有地层（图6.5）。第四系断距可达200m，在关山镇处，断裂两盘新近系厚度相差1300m，第四系厚度相差800m，一方面反映断裂新生代以来垂直运动幅度在2000m以上，另一方面又反映该断裂具有同沉积特征。口镇-关山断裂形变监测结果显示，断层一直处于蠕滑活动状态。

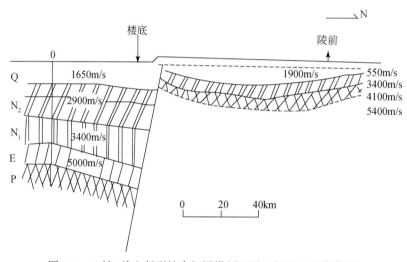

图6.5　口镇-关山断裂综合解译横剖面图（据石油三普资料）

该断裂明显错断全新世地层，在槐树坡东侧可见错断更新世-全新世冲积层的断面。断层上盘2km以内出露大量的地裂缝（图6.6），按地裂缝走向不同可分为两种类型：一种是走向为90°左右，平行于口镇-关山断裂且位于上盘100m以内，主要有口镇地震台地裂缝、蒋路乡蒙沟村地裂缝；另一种是走向位于SE150°～SW210°，与口镇-关山断裂相交，主要分布在泾阳县地区，命名为泾阳地裂缝。

6.2.1　咸阳市泾阳县口镇地震台地裂缝

该地裂缝约出现于20世纪60年代，发育于嵯峨山与山前洪积扇的交接地带，北高南低，呈台阶状，自北向南逐级递降，地层岩性主要为上更新统马兰黄土。裂缝长约1500m，为中型裂缝，呈折线型断续分布，大部分以串珠状陷穴形式出现，个别地方裂缝沿走向方向连续，裂缝水平张裂明显，张开量较大，无充填。最大张开宽度约100cm，可见深度约5m以上（图6.7）。

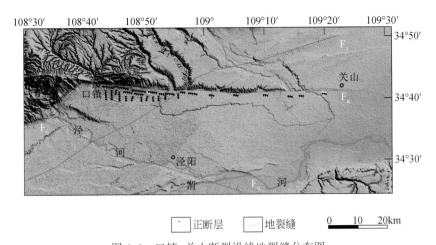

正断层　　地裂缝　　　0　　10　　20km

图 6.6　口镇-关山断裂沿线地裂缝分布图

F_1. 礼泉-蒲城-合阳断裂；F_6. 岐山-乾县断裂；F_8. 口镇-关山断裂；F_9. 泾河-浐河断裂

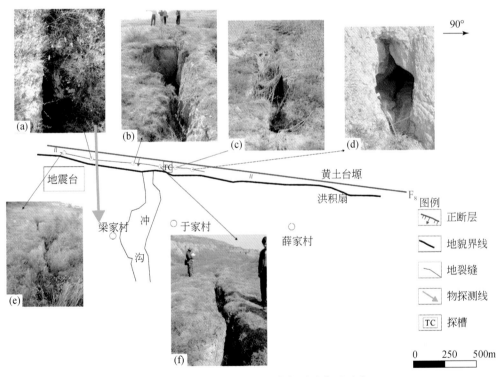

图 6.7　地震台地裂缝平面分布图及典型照片

1. 地裂缝浅层剖面特征

为揭示地裂缝的剖面结构特征，在口镇地震台地裂缝开挖了探槽 1 个，探槽长 20m，宽 8m，深 14m。

探槽剖面图（图 6.8）显示主裂缝近似直立，向北倾斜，与口镇-关山断裂的剖面组

合呈"y"型。此外，探槽剖面显示该地裂缝共发生过四次构造活动：

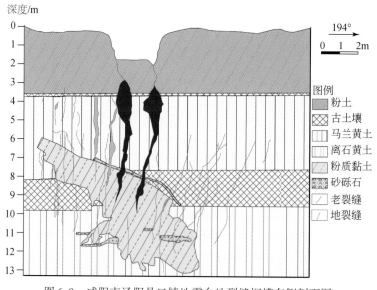

图6.8　咸阳市泾阳县口镇地震台地裂缝探槽东侧剖面图

（1）左下方两段砾石层均为水平且被错断，说明原先为一层水平的砾石层，在构造运动的作用下发生错断，垂直错距50cm。

（2）中下部颜色较深的 Q_3^{2dl} 坡积土整体侵入到 Q_3^1 马兰黄土中，说明该时期发生了剧烈的地震活动，形成的裂缝较宽。原先砾石层在水流的作用下沉积为水平的，后又发生错断，垂直错距为35cm。后期沉积的砾石层由北向南顺坡倾斜，说明北侧的基岩山表层覆盖松散层在地震的作用下滚落到裂缝中，形成斜坡。

（3）口镇–关山断裂的蠕滑作用使地表应力集中，超过土的强度极限时，地表张裂形成地裂缝，与口镇–关山断裂的剖面组合呈"y"型。

（4）在构造运动形成的老裂缝中间，又发育有次级裂缝，延伸至地表。裂缝宽度较窄，为2~60cm。

2. 地裂缝深部结构特征

本次在地震台地裂缝探槽和蒙沟村张家组地裂缝探槽之间布置了浅层地震物探测线（图6.7），且垂直地裂缝走向沿南北方向布置。测线桩号、CDP号由南向北编号变大。

水平叠加时间剖面和浅层地震折射CT反演剖面均揭示了多条隐伏断裂（图6.9），其中水平叠加时间剖面显示CDP号560下发育的FZ1-8断层，其 T_2、T_3 反射层断距最大，倾向南。在其南边CDP号500、420、380发育3条断层FZ1-7、FZ1-6、FZ1-5，与FZ1-8倾向相反，均向北倾。这3条断层 T_2、T_3 反射层断距较小，应为FZ1-8南边发育的次一级断层，即FZ1-8为主断层。

地裂缝发育在桩号560附近，即断层FZ1-8附近，因此推断，地裂缝下部可能与FZ1-8相连。

结合地形地貌、探槽和物探资料等分析可知，口镇地震台地裂缝应受发育在口镇–关

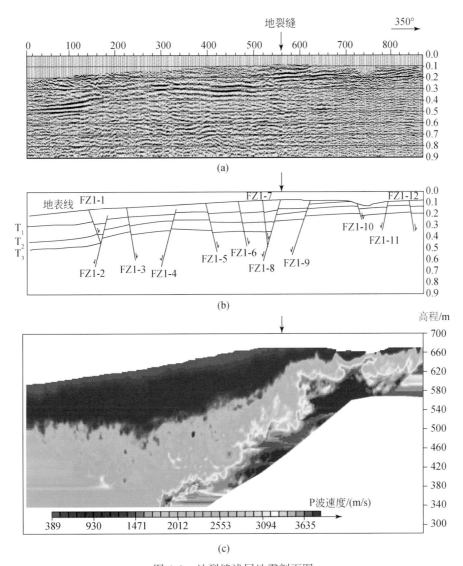

图 6.9　地裂缝浅层地震剖面图

（a）水平叠加时间剖面图；（b）解释断层；（c）浅层地震折射 CT 反演解释剖面图

山断裂上盘南侧的次一级断层活动控制，地裂缝活动是口镇–关山断裂的蠕滑活动在地表的破裂反映。

6.2.2　咸阳市泾阳县蒋路乡蒙沟村张家组地裂缝

张家组地裂缝（XJ059）出现于 1986 年，该地裂缝发育于嵯峨山山前台塬地带，地形上北高南低，地层岩性主要为上更新统马兰黄土。裂缝起始于蒙沟村张家组沟谷处，呈折线型断续分布，大部分以一系列串珠状陷穴形式出现，部分地带以裂沟式裂缝发育（图 6.10）。地表开裂最宽处达 50～60cm，可见深度 5～6m。主裂缝通过张文财家地窑院东侧壁（图 6.11），造成窑洞开裂，无法居住。该裂缝使其上部 1m 左右的砖瓦错落变形。墙壁表层约 15cm 已经脱落。其南侧听老乡反映还有 3 条地裂缝通过，互相平行，走向近东西。

(a)串珠状陷穴　　　　　　　　　　　　　　(b)裂沟

图 6.10　地裂缝造成地表开裂

图 6.11　地裂缝造成张文财家地窑洞开裂

该地裂缝发育特征明显，规模较大，据调查长度在 800m 左右，走向为 82°~120°，局部走向为北偏西，与口镇-关山断裂近平行。

1. 地裂缝浅层剖面特征

由探槽剖面图（图 6.12）可见，此处地裂缝倾角多较陡，大多数近似直立或稍向南倾，个别裂缝出现反倾（向北倾），裂缝倾角为 60°~90°。

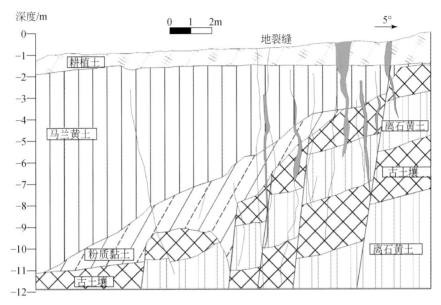

图 6.12　咸阳市泾阳县蒋路乡蒙沟村张家组地裂缝探槽西侧剖面图

由剖面图还可以看出，该地裂缝共发生过五次构造活动：

（1）S_1 及 S_2 两层古土壤的北侧均有一陡坎，往南逐渐变缓，说明此时发生了剧烈的构造运动，土层在地震的作用下发生位错，南侧整体下移，形成陡坎。

（2）口镇-关山断裂的蠕滑引起地表应力集中，超过土的强度极限时就裂开形成地裂缝。最南侧的 S_1 古土壤整块掉落并发生挤压，上部的 Q_3（发红）马兰黄土掉落，这说明此时形成的裂缝较宽，间接反映出此时的构造运动较强。

（3）中间的 S_1 古土壤整块掉落，覆盖于离石黄土之上，为一期构造活动。

（4）最北侧的 S_2 古土壤相对两侧位置较低，说明构造运动形成裂缝，f_2 和 f_3 中间的土块下陷。

（5）在多期构造活动形成的老裂缝中间，又发育次级新裂缝，裂缝垂直发育，延伸至地表，张开宽度为 5~70cm。

2. 地裂缝中部剖面特征

钻探进一步揭示了蒙沟村地裂缝的中部剖面结构特征，如图 6.13 所示，地裂缝下伏岩土体破裂，共发育四条断裂，破裂带宽度为 62.5m，其中 f_1 和 f_2 与地表裂缝相连，裂缝的两侧存在隐伏断裂 f_3 和 f_4，四条断裂均为生长断层，断距均随着深度的增加而逐渐增加，四条古土壤层的断距见表 6.6。地裂缝及下伏断裂倾向 170°，与口镇-关山断裂带倾向相同。

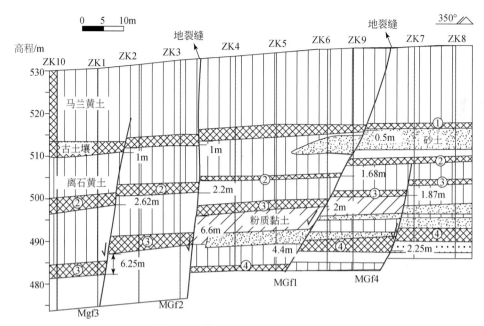

图 6.13　蒙沟村地裂缝钻探剖面图

表 6.6　四条断裂对四层古土壤的断距

土层 位错量/m 断裂	第一层古土壤	第二层古土壤	第三层古土壤	第四层古土壤
f1	0.5	1.68	2	4.4
f2	1	2.62	6.6	
f3	1	2.62	6.25	
f4	0	0	1.87	2.25

3. 地裂缝深部结构特征

DZ5 为张家组地裂缝测线，垂直地裂缝走向沿南北方向布置。DZ5 测线水平叠加时间剖面图、浅层地震折射 CT 反演解释剖面图如图 6.14 所示。DZ5 测线桩号、CDP 号由南向北编号变大。

由图 6.14 DZ5 测线水平叠加时间剖面图可知，CDP 号 60 下发育的 FZ5-1 断层，其 T_{02}、T_1、T_2 反射层断距最大，倾向南。在其北边发育 FZ5-2（CDP 号 80～100）、FZ5-3（CDP 号 140～160）两条断层，其中 FZ5-2 向北倾，FZ5-3 向南倾。另外，从图 6.14 可以看出，T_{02}、T_1、T_2 反射层断距 FZ5-3 要大于 FZ5-2，FZ5-3 断层的活动性要大于 FZ5-2。

地裂缝发育在桩号 80～100 之间，即断层 FZ5-2 附近，因此推断，地裂缝下部可能与 FZ5-2 相连。

综合以上分析可知，蒙沟村张家组地裂缝发育在口镇-关山断裂上盘南侧的次一级断层上，其活动也受口镇-关山断裂控制。

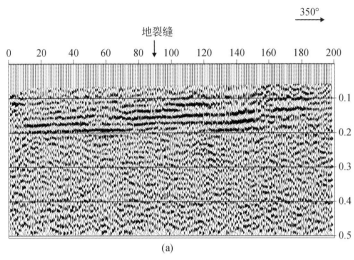

(a)

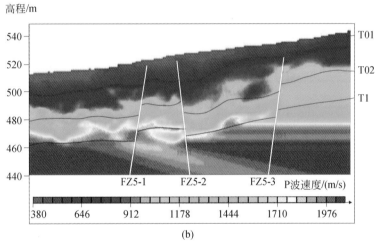

(b)

图 6.14　地裂缝浅层地震剖面图

（a）水平叠加时间剖面图；（b）浅层地震折射 CT 反演解释剖面及解释断层

6.2.3　地裂缝的成因机理

以咸阳市泾阳县口镇地震台地裂缝、咸阳市泾阳县蒋路乡蒙沟村张家组地裂缝为代表的近东西向泾阳地裂缝群，走向与口镇–关山断裂一致，且均发育于口镇–关山断裂沿线或上盘。

通过前文分析可知，该处地裂缝为口镇–关山断裂的蠕滑活动在地表的破裂反映，其活动与口镇–关山断裂密不可分，或者说其活动受口镇–关山断裂控制。在渭河盆地北北西–南南东向区域引张应力场作用下，边山断裂的活动使断层上盘下降，在距离断裂一定距离内平行断裂而形成张应力区，由于黄土抗拉强度较低，从而容易形成地裂缝。

另外，泾阳县沿口镇–关山断裂附近小地震频发，1998 年更是发生 M_s 4.8 级地震，地震对地裂缝活动的加剧也有一定的影响。

在口镇-关山断裂山前发育的地裂缝带形成过程中，下伏口镇-关山断裂起主导作用，属"盆缘断裂牵动"模式（图6.15）。

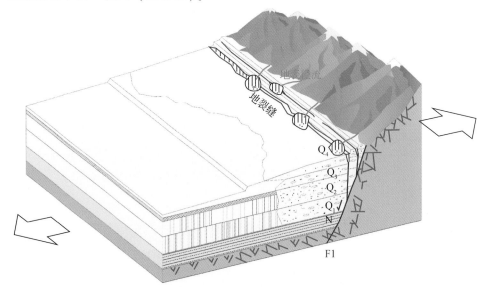

图 6.15　盆缘断裂牵动模式

6.2.4　泾阳地裂缝

泾阳地裂缝位于盆地北部口镇-关山断裂与礼泉-蒲城-合阳断裂交汇处的西部，出露于口镇-关山断裂上盘2km以内，走向位于SE150°~SW210°，地裂缝北端与口镇-关山断裂相接，地层岩性以上更新统马兰黄土和全新世洪积物为主。地裂缝在地表以地裂沟［图6.16（a）］和串珠状大陷坑［图6.16（b）］为主。地表开裂最宽达3m，可见深度达5m。地裂缝受表水作用影响显著，强降雨和灌溉后地裂缝活动显著增强，表现为陷坑的长度、宽度和深度都显著增加。

(a) 地裂缝形成的地裂沟　　　　　　(b) 地裂缝形成的串珠状陷坑

图 6.16　地裂缝典型照片

1. 地裂缝浅层剖面特征

为了确定地裂缝的浅层剖面结构特征，在泾阳县梁家村开挖了长 30m、宽 14m、深 14m 的大型探槽。

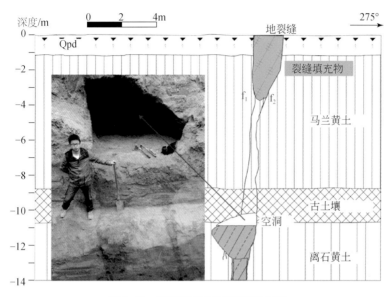

图 6.17　梁家村地裂缝探槽剖面图

探槽剖面图如图 6.17 所示，地裂缝在地表张开量大，宽约 1.5m，向地下延伸的过程中张开量急剧减小，3m 以下为宽约 2cm 的裂缝，浅表部形态为"漏斗状"，上部充填杂土，下部充填粉质黏土。地裂缝向下延伸的过程中地层无位错并出现一条次级裂缝，延伸至第一层古土壤层底时出现空洞，空洞宽 1.2m、高 0.8m，空洞上部潮湿并出现大量的流水孔［图 6.18（b）］，底部堆积厚约 15cm 的粉质黏土层［图 6.18（c）］，下部出现老裂缝且充填粉质黏土层［图 6.18（a）］。因此泾阳地裂缝在浅地表无垂直位错，以水平拉张为主。

图 6.18　探槽底部空洞典型照片

2. 地裂缝中部剖面特征

钻探进一步揭示了蒙沟村地裂缝的中部剖面结构特征，如图 6.19 所示，地裂缝向下延伸的过程中，两侧地层无差异沉降，表明地裂缝下部不存在隐伏断裂，地裂缝的活动以水平拉张为主。

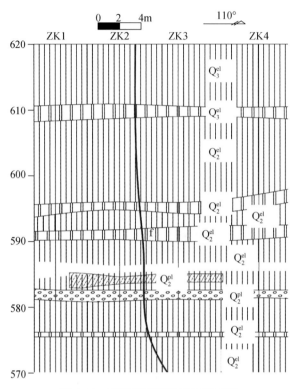

图 6.19　梁家村地裂缝钻探剖面图

3. 地裂缝的成因机理

通过以上资料分析发现，泾阳地裂缝受构造节理控制，流水冲刷和黄土湿陷的耦合模式。成因机理为：首先，由于盆地北缘山前断裂的右旋剪切作用，在山前断裂的上盘形成了一系列走向为北北西-南南东向的拉张节理，这些节理面与山前断裂相通。其次，在暴雨条件下，山前洪水沿着山前断裂带沿线的落水洞向下渗漏，入渗的地下水沿着拉张节理面向盆地内部径流，径流的过程中对节理面两侧土体冲刷和潜蚀，最终形成地下水流暗道。最后，随着暗道宽度的不断增加，引起上覆土体产生拉张裂缝，并逐渐向上延伸，进入现代，随着灌溉的增加，表水集中入渗使下伏的湿陷性黄土湿陷加剧了拉张裂缝的延伸速度，使其通达地表形成地裂缝，如图 6.20 所示。地裂缝形成以后通过一系列的落水孔连通了地面与地下暗道，地表水源源不断地通过落水孔向下渗流，进一步冲刷裂缝，最终在地表形成一系列的串珠状陷坑。

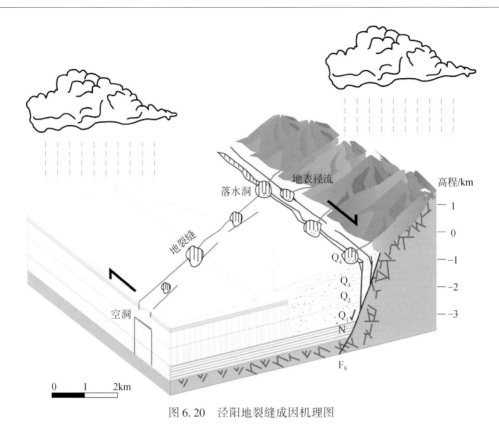

图 6.20　泾阳地裂缝成因机理图

6.3　三原–富平地裂缝

盆地内三原–富平地裂缝主要受礼泉–合阳断裂带控制，该断裂带为渭河冲积平原和渭北黄土台塬的分界，属盆地北缘断裂带的内带。自韩城经合阳、蒲城、礼泉至宝鸡，无论在重力、磁力、地震、地貌，还是遥感图像等方面均有明显的反映。断裂总体呈北东、北东东向延伸，省内延伸长度达 300km 以上，倾向南东，倾角 40°~60°。

该断裂的中段为黄土塬与渭河冲积平原的分界，地貌分野清晰，在党睦一带，该断裂带由南北两条断裂组成。党睦南断层，重力、磁力、电法资料均有显示，地震钻井资料已

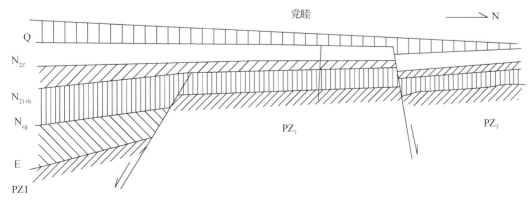

图 6.21　党睦断层剖面图

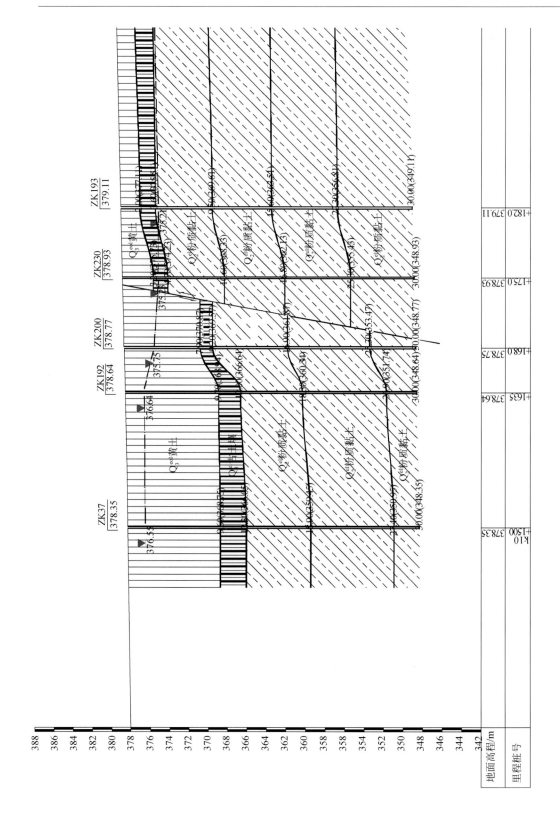

图 6.22　党睦北断层钻探剖面图

经证实（图 6.21）。该断裂断面南倾，据地震资料显示断距为 800～1000m，断层控制了新近系的分布，北侧缺失，中新统在断层两侧厚度相差 700～800m，上新统以后活动不明显。党睦北断层，重力、磁力及电法资料有显示，地震资料表明为北倾正断层，倾角 60°，断距向下变大，浅层 100m，中层 150～300m，深层 700m。笔者在党睦北进行工程地质钻探发现，该处向北倾的断层错断埋深仅 3m 的 S_1 古土壤达 6m 以上（图 6.22），错断 S_2 古土壤达 17m，且地表断坎明显并发育地裂缝，表明该断层现今活动显著。

该断层通过三原双槐树村处，发育两条地裂缝，错断古土壤 $S_1$0.4m，并且历史上地表反复多次开裂，表明该断裂带的蠕滑活动明显。

沿断裂带历史上曾多次发生地震，1957 年以来弱震不断，尤以韩城最多，沿带还有温泉出露，如蒲城永丰温汤、汤里温泉等，表明其现今活动明显。

6.3.1　渭南市富平县南社乡亭子村地裂缝

据当地村民反映，该地裂缝出现于 2006 年，总体走向 NE72°，延伸长度约 2.7km，断续分布，以陷穴和直线形分布为主，其分布图如图 6.23 所示。地貌上属冲洪积平原，地层岩性主要为上更新统马兰黄土。

该地裂缝近年来活动加剧，损毁道路农田、破坏民房［图 6.23（c）、（d）］，给当地居民的生产、生活带来了严重威胁，此地裂缝在调查期间属危害性比较严重的地裂缝之一。

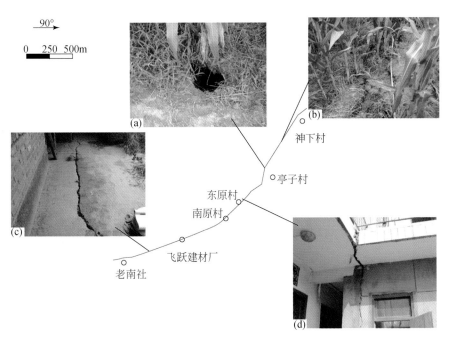

图 6.23　富平县南社乡亭子村地裂缝分布图

1. 地裂缝浅层剖面特征

由探槽剖面图（图6.24和图6.25）可知，裂缝倾角较陡，大部分近直立，主裂缝北倾，少数次级裂缝向南倾。主裂缝南段地裂缝密集发育，破碎带宽度约9m，而北段仅发育3条裂缝。裂缝充填较少，主要为粉土或粉质黏土充填。古土壤和钙质结核层由南向北倾斜，在主裂缝处发生错断，错距较小，约7.5cm。除主裂缝通达地表外，其他裂缝均未延伸至地表。古土壤以上裂缝不太发育，而以下则较发育，表明全新世以来该地裂缝活动较弱，而晚更新世时活动可能比较强烈。

图6.24　古土壤及钙质结核层由南向北倾斜（探槽东侧壁）

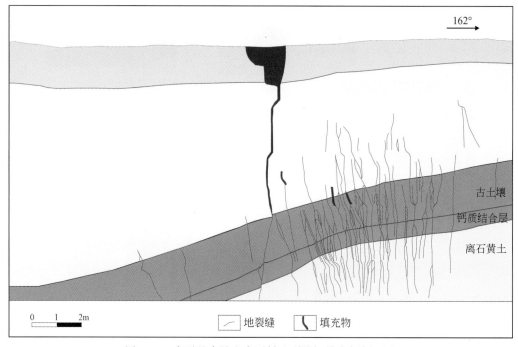

图6.25　富平县南社乡亭子村地裂缝探槽东侧剖面图

2. 地裂缝中部剖面特征

为了确定地裂缝的中部剖面特征，沿垂直地裂缝方向布设 5 个钻孔，钻孔剖面图如图 6.26 所示。钻探剖面显示裂缝上部倾角较陡，近乎直立，下部倾角变缓，倾向北东。由图 6.26 可见，裂缝两侧地层发生错动，北侧下降。第②层古土壤层底位错 4.4m，第④层古土壤层底位错 9.9m，第⑥层古土壤层底位错 14m，第⑧层古土壤层底位错 20m，第⑩层卵石层顶位错 27.3m，这些标志层的位错量随着深度的增加越来越大，并且上盘的古土壤层较厚，说明北侧地层是边沉积边下降，因此该地裂缝具有生长断层的性质，地裂缝是下伏隐伏断裂的向上延伸。

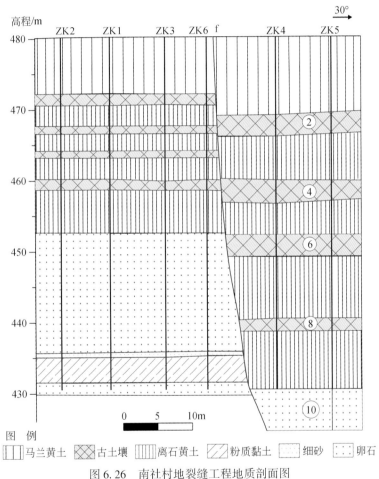

图 6.26　南社村地裂缝工程地质剖面图

3. 地裂缝深部结构特征

根据亭子村地裂缝的发育展布特征，跨地裂缝布设了两条浅层地震物探测线 FP11、FP12，测线位置如图 6.27 所示。

由图 6.28、图 6.29 可知，地震剖面的浅层地震折射 CT 结果反映地裂缝带波速异常明显，地质解释剖面结果显示地裂缝下伏有断层。

图 6.27　亭子村地裂缝浅层地震物探测线布置图

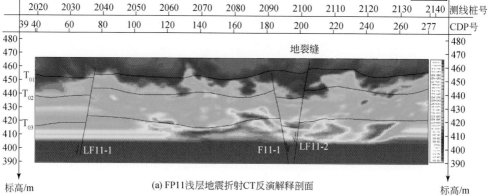

(a) FP11浅层地震折射CT反演解释剖面

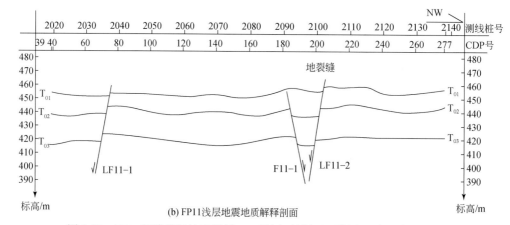

(b) FP11浅层地震地质解释剖面

图 6.28　FP11 测线浅层地震折射 CT 反演解释剖面、浅层地震地质解释剖面

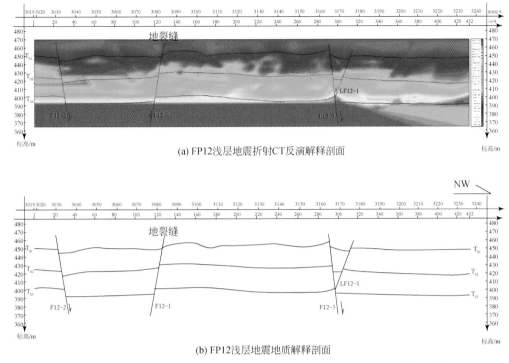

(a) FP12浅层地震折射CT反演解释剖面

(b) FP12浅层地震地质解释剖面

图6.29 FP12测线浅层地震折射CT反演解释剖面、浅层地震地质解释剖面

6.3.2 咸阳市三原县陵前镇双槐树村地裂缝

2004年8月9日深夜和10日凌晨，咸阳市三原县陵前镇双槐树村在经受长达两个多小时的强暴雨之后，出现了两条近平行的北东向的地裂缝，其中，靠南面的地裂缝f1从村庄中经过，连续长度达800余米，通过探槽、探井、平硐、钻探和物探等勘探手段揭露的地裂缝延伸长度接近4km，地裂缝分布及各勘探点与勘探线位置如图6.30所示。

图6.30 双槐树村地裂缝分布及勘探点平面布置图

1. 地裂缝的发育特征

通过实地调查、访问和现场的槽探、井探、平硐等工作，揭示三原县双槐树村地裂缝的发育特征如下。

1）平面展布特征

三原双槐树地裂缝由两条近平行的地裂缝带组成，线状延伸明显，走向 40°~75°，局部近东西向延伸；已探查出的延伸长度约 4km，地表裂缝宽度从几厘米至几米不等，最宽处可达 2m。其中，靠南面的 f_1 地裂缝位于构造洼地的南缘，是南部塬区与北侧沉降洼地的构造和地貌分界线，最新活动形成的裂缝连续分布长度约 800m。北面的 f_2 地裂缝位于构造洼地的最低区带，呈断续分布，向北东东方向延伸与长拗沟相接；沿 f_2 裂缝带分布有 4 处沉降渗水中心和 1 处串珠状陷穴，各渗漏中心周围还发现有环形次生裂缝。在 2004 年的强降雨及地裂缝活动期间，f_2 裂缝带的中部和东部地段分别发现有两处冒水现象。

2）剖面结构特征

浅部地层中的地裂缝角度陡倾甚至直立，宽度较大，往地层深部裂缝倾角和宽度都变小。由于古土壤的黏粒含量高，强度大，抗侵蚀作用强，特别是其底部淀积层的钙质胶结作用，使得古土壤层的裂缝宽度可比其上覆和下伏的黄土层宽度小。

南边的 f_1 地裂缝带宽度一般大于 10m，其单个裂缝数量较多。如 PD2 挖了 25m 长，仍没有穿透裂缝带，共发现有 24 条不同时期和不同级次的裂缝（图 6.31）。TC19 和 TC20 揭露的裂缝带宽度达 50 余米，裂缝数量达 32 条（图 6.32、图 6.33），其中有 3 条老裂缝的宽度在 2m 以上，体现了该地裂缝在此处的活动强度很大，本期地裂缝活动在该处没有形成地表破裂。TC21 和 TC22 总长度为 14m，揭露的裂缝数量达 21 条（图 6.34、图 6.35），裂缝带宽度大于 14m（未揭露完）。

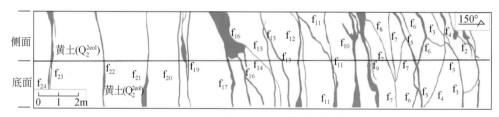

图 6.31　PD2 侧面和底面的裂缝形态

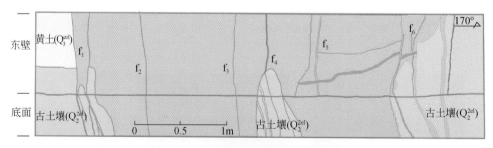

图 6.32　TC19 侧面和底面的裂缝形态

f_1 地裂缝的倾向在不同形成时期和不同地段不尽相同，主要倾向为北北西、南南东或近直立，此次新活动产生的裂缝倾向以北北西向为主，平均倾角在 80° 左右。

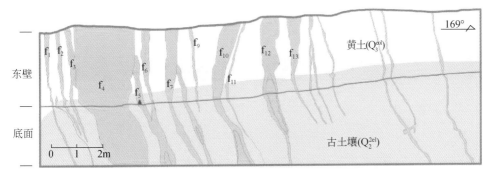

图 6.33　TC20 侧面和底面的裂缝形态

图 6.34　TC21 侧面和底面的裂缝形态

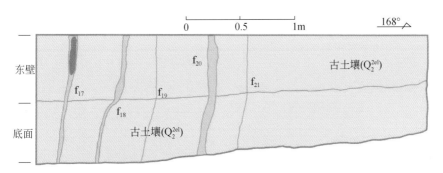

图 6.35　TC22 侧面和底面的裂缝形态

北边的 f_2 地裂缝带宽度小于 10m，裂缝带中的裂缝数量相对较少，在 TC11 中只揭露 1 条裂缝，TC10 中只揭露 3 条裂缝（图 6.36），其中主裂缝倾向南东，次级裂缝倾向北西；单条裂缝宽度较小，除了局部地段由于集中渗水引起裂缝宽度较大外，地表裂缝宽度一般小于 10cm，深部裂缝宽度一般小于 1cm。

探槽（井）揭示裂缝有多种剖面形态，如 "X" 型、"Y" 型、雁列型、台阶型［图 6.37（a）］和毛细型等。地裂缝的剖面形态有的是同级的多条裂缝组合，有的是主、次裂缝的组合，有的则是不同时期裂缝的切割组合。

3）活动特征

双槐树村裂缝多期活动性明显，不同时期的裂缝充填物性质不同，它们有些互相平行，有些相互切割，相互切割所反映的裂缝活动期次明显，表现为新裂缝切割［图 6.37（a）］或错断［图 6.37（b）］老裂缝。相比较而言，f_1 地裂缝带的活动性强于 f_2 地裂缝带，主要体现在 f_1 裂缝带的宽度大，反映不同期次的裂缝数量和裂缝总数多。可以看出，TJ3 竖井揭露出 6 条裂缝（f_0'、f_1'、f_2'、f_3'、f_4' 和 f_5'），这 6 条裂缝除了 f_3' 为最新活动（即为场地的 f1 地裂缝）充填物松散或局部没有充填外，其余 5 条裂缝均充填密实。由于每条裂缝的充填物性质

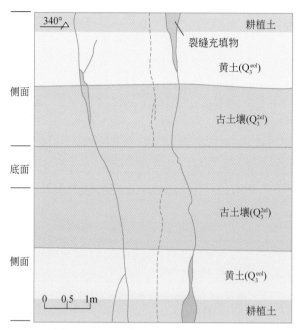

图 6.36　TC10 侧面和底面的裂缝形态

不同，且 f'_3 切割 f'_2，f'_2 切割 f'_4，f'_1 切割 f'_0，因此，f_1 地裂缝至少有 6 次活动，从相互切割关系看，f'_3、f'_2 和 f'_4 裂缝的活动年代逐渐变老，f'_1 裂缝的活动年代晚于 f'_0。

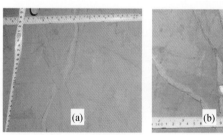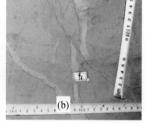

图 6.37　裂缝剖面形态及充填物特征

另外，据当地村民反映，自新中国成立以来，场地北部的 f_2 地裂缝也曾发生过三次明显的地裂事件，第一次在新中国成立后不久，向东北一直延伸到长拗沟；第二次发生在 20 世纪 80 年代；第三次则是 2004 年。

因而，该地裂缝具多期活动性，近 50 年来已活动 3 次以上。根据探槽和探井揭示的地裂缝剖面和地裂缝的新老切割关系，确定该地裂缝历史上至少活动过 6 次以上。

2. 地裂缝中部剖面特征

为揭示场地浅部地层以及地裂缝的剖面结构特征，在 f_1 地裂缝两侧布置了两个钻孔，间距 40.0m，深度分别为 55.0m 和 100.2m，揭露的地层及地层错断情况如图 6.38 所示。从图 6.38 可以看出，场地浅部地层主要为上更新统马兰黄土 Q_3^{eol}（厚 5 ~ 7m）、中更新统离石黄土 Q_2^{eol}（厚 42m 左右）和中更新统粉质黏土 Q_2^{al}（厚度大于 55m），夹有 6 层以上古土壤。地裂缝两侧的地层均有错断，上部错距小，下部错距大，其中第一层古土壤（Q_3^{el}）顶面错距 0.7m 左右，第五层古土壤顶面错距 4.0m 左右，粉质黏土层顶面错距 7.0m 左右。

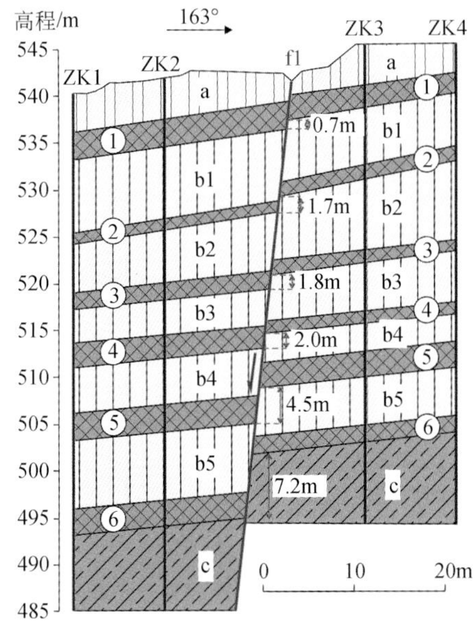

图 6.38　双槐树地裂缝工程地质剖面图（枣树林剖面）

3. 物探资料分析

根据场地内地裂缝的平面展布特征，跨地裂缝布设了两条浅层地震物探测线 DZ1、DZ2，如图 6.30 所示。DZ1、DZ2 测线初至折射波速度层析解释剖面、叠加时间剖面对比解释结果分别如图 6.39、图 6.40 所示。

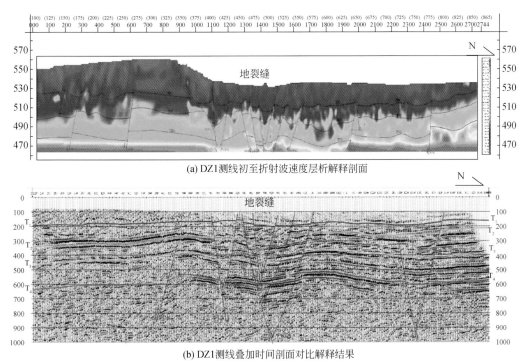

(a) DZ1测线初至折射波速度层析解释剖面

(b) DZ1测线叠加时间剖面对比解释结果

图 6.39　地裂缝浅层地震剖面图

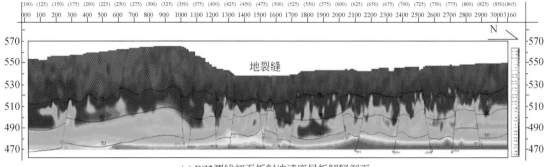

(a) DZ2测线初至折射波速度层析解释剖面

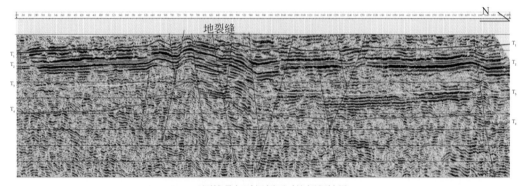

(b) DZ2测线叠加时间剖面对比解释结果

图 6.40　地裂缝浅层地震剖面图

由图 6.39、图 6.40 可知，场地断裂构造和地裂缝发育及展布有如下特征：

（1）区内主要断层为 FⅡ和 FⅢ两条断层，倾向均为北北西向，其中 FⅢ倾角在 80°左右，最大落差 48.3m，FⅢ在基岩处最大断距为 34.5m；FⅡ倾角在 85°左右，最大落差 36.6m，FⅡ在基岩处最大断距为 28.9m。

（2）受区内中深部基岩断裂构造的影响，如 FⅡ和 FⅢ断层，地裂缝发育条数多，发育期次多，发育范围较集中，大部分地裂缝下切深度大，一般超过 100m，且走向主要呈北东东向展布，倾向北北西和南南东均有，与区域断裂构造的走向基本一致。

（3）根据断裂构造异常的纵横向发育和展布特征分析认为，区内地裂缝主要有两种表现形式：①受区域断层或区域次级断层的影响，与主断层有很明确的伴生关系，呈"Y"型或花状发育，如 DZ1 剖面 FⅢ断层附近发育的地裂缝；②区域断层或区域次级断层发育至地表，形成地裂缝，如 FⅡ和 FⅢ断层。上述两种类型的地裂缝均表现出同生断层的特点。

（4）区内受多期断裂构造活动的影响，地裂缝较发育，且主要集中于 FⅡ和 FⅢ断层附近，以切穿 T_{01} 速度界面的断裂点统计，共有 30 个裂缝点，其倾角变化为 64°～85°，浅表层落差一般不超过 2.0m，基岩以上最大落差不超过 20m。

（5）由速度层析剖面可见，切穿 T_{01} 速度界面的地裂缝影响带宽度一般均超过 6.0m，速度为 400～650m/s，与下部黄土层速度差异为 100～200m/s。

（6）场地地震剖面控制范围内，T_4 以上地层整体向北北西倾，受断层控制，局部有波状起伏变化；其中新近系顶界 T_3 反射层，相对高差最大为 154m，距地表最大深度为 423m，最小深度为 292m，局部受 FⅡ 和 FⅢ 断层控制区段，由浅至深地层起伏变化最大。

4. 地裂缝的成因机理

渭南市富平县南社乡亭子村、咸阳市三原县陵前镇双槐树村位于渭河冲积平原与渭北黄土台塬的地貌分界处附近，地裂缝受北东向礼泉–合阳断裂控制，断裂的活动直接导致其上部土层破裂，从而形成地裂缝。

在渭河盆地北北西–南南东向区域引张应力场作用下，隐伏断裂发生正断蠕动，上覆土层自下而上破裂变形，最终形成地裂缝，因此本类地裂缝属于"盆内隐伏断裂蠕动模式"，机理模式图如图 6.41 所示。

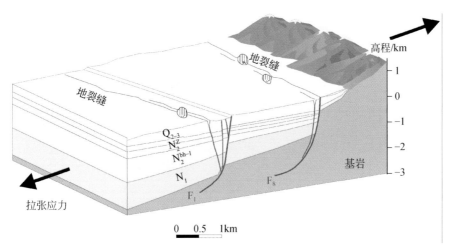

图 6.41　盆内隐伏断裂蠕动模式

此类地裂缝实际上是在区域构造背景所提供的应力场作用下应变在非连续地段的不断积累并达到临界破裂强度状态时缓慢失稳破裂的结果。因此，地裂缝发生在非连续构造变形较强烈和工程地质条件发生突变的地段（地貌分异带），构造地貌单元的边界常控制着断层蠕滑型地裂缝的分布。

6.3.3　渭南市富平县美原镇美原村地裂缝

该地裂缝在美原村农田玉米地里出现，走向北西，约 320°，长约 300m（地裂缝分布图如图 6.42 所示）。向北约 7.5km 为金粟山，地貌上属冲洪积平原，地势北高南低。据当地村民反映该地裂缝于 2008 年 5 月 12 日汶川地震后出现，2008 年 6 月 6 日晚上浇地后地面突然开裂而形成。

地裂缝造成农田地表开裂，地面最大开裂宽度为 30～40cm，以串珠状陷穴发育为主，局部地段以线状形式发育，但规模都不大，地裂缝沿走向延伸也不长（图 6.43）。

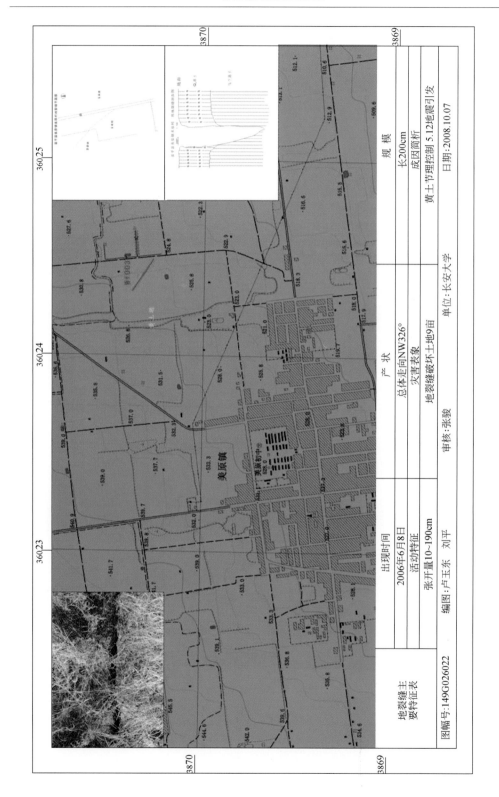

地裂缝主要特征表				
出现时间	2006年6月8日		产 状	总体走向NW326°
活动特征	张开量10~190cm			灾害表象
	张玉东　刘平			地裂缝破坏环土地9亩
图幅号:149G026022	编图:卢玉东		审核:张骏	单位:长安大学

规 模	长200cm
	成因简析
	黄土节理控制 5.12地震引发
	日期:2008.10.07

图 6.42　富平县美原村地裂缝图(WF003)

|(a) 陷穴|(b) 线状裂缝|

图 6.43　地裂缝造成农田开裂

1. 地裂缝浅层剖面特征

由探槽剖面图（图 6.44）可见，该裂缝剖面上呈粗糙的直立面向下延伸，表现为张性开裂，未见明显地层位错。主裂缝宽度为 20 ~ 30mm，主缝两侧发育较多的细小裂缝。

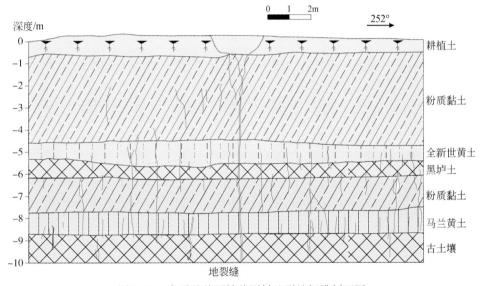

图 6.44　富平县美原镇美原村地裂缝探槽剖面图

特别应提到的是，本探槽中部有一层文化层（图 6.45），其特征表明，文化层以上（埋深约 4.0m）地裂缝极少发育，仅有 9 条；而文化层下，细小地裂缝密集发育，共有 21 条。它们一般近直立、粗糙，少充填。表明全新世中–晚期以来，该区地裂活动较弱，而全新世早期，可能发生过较强的区域构造应力场变动，从而导致塑性较差的黄土地层在伸展应力作用下产生一系列的破裂变形。

图 6.45　美原村地裂缝探槽中的文化层

2. 地裂缝的成因分析

在地震作用下，黄土层中的初始破裂加剧活动，演变成近地表的隐伏地裂缝，后期的灌溉、降雨等沿地裂缝带集中入渗加剧了这种变化，最终地裂缝在地表显露出来。此类地裂缝空间展布上主要呈直线状，延伸性较好，但规模一般较小，多为中小型地裂缝（图 6.46）。

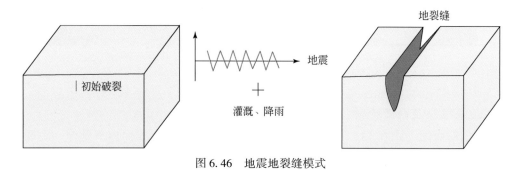

图 6.46　地震地裂缝模式

6.4　大荔地裂缝

2012 年 3 月，陕西省渭南市大荔县冯村镇北堡村 63 户村民房屋莫名开裂，该现象引起当地政府部门、各新闻媒体及相关科研单位的重视。据初期调查了解，北堡村地裂缝最早出现于 20 世纪 90 年代，因其分布范围小、延伸短，对居民和农田危害甚微，故未引起当地群众的重视。自 2011 年下半年开始，地裂缝活动加剧，致灾严重，截至 2012 年 3 月，仅北堡村 73 户民房中已有 60 多户村民房屋出现了不同程度的开裂，其中 25 户较为严重。

6.4.1　地裂缝基本特征

1. 地裂缝的空间发育特征

调查发现，地裂缝主要分布于冯村镇的北堡、严庄和平王三个村组。其中，北堡村地裂缝最为发育。其区域范围内主要出现了 7 条地裂缝，包括 4 条近东西向的地裂缝和 3 条近南北向的地裂缝（图 6.47）。另外，在蒲城县东湾村、冯村镇党川村、党家窑等地，地裂缝也有零星分布。

由图 6.47 可以看出，主裂缝 $DBf_1 \sim DBf_4$ 呈非等间距分布，裂缝西端近似等间距，间距约 168～184m，向东间距逐渐增大。

2. 地裂缝浅层剖面特征

野外调研期间，为了揭示地裂缝与下部断层的关系、裂缝所处的第四纪地层特征以及地裂缝下部延伸状况，在横跨地裂缝带布置了一系列槽探、钻探等工程。其中，探槽 4 个，两条钻探剖面线共布设钻孔 24 个（1 号剖面布设 8 孔，2 号剖面布设 16 孔）。勘探点平面布置图如图 6.47 所示。

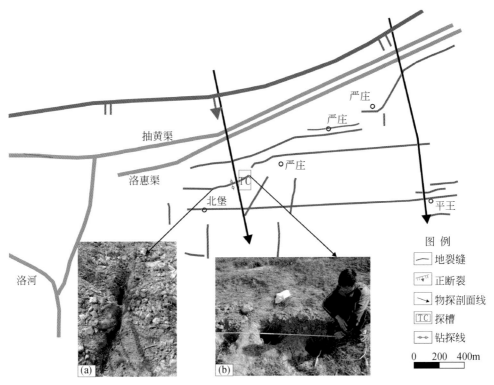

图 6.47　大荔县北堡村及周边地裂缝平面分布图

探槽剖面（图 6.48）表明，浅表层发育三条地裂缝带，分别为 f_1、f_2 和 f_3。地裂缝带内各裂缝具有如下共同特征：各地裂缝近直立，呈平行发育，无明显倾向，上下盘地层无明显错断现象。裂缝宽度上宽下窄，形似楔形，在探槽底部多呈闭合状态。由产状特征可

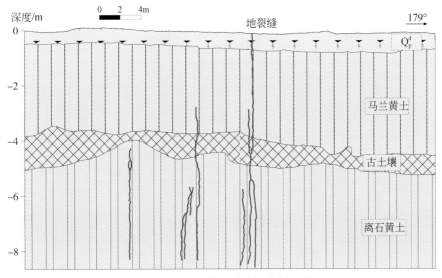

图 6.48　北堡村地裂缝探槽剖面图

推断，地裂缝近期活动多以拉张为主，在水入渗作用下活动并随后显露于地表，垂直活动不明显。其中 f_2、f_3 裂缝附近伴生有次级裂缝，次级裂缝的产状与主裂缝相一致，但其规模普遍比主裂缝小。

3. 地裂缝中部结构特征

为更清楚地反映 DBf_2 地裂缝与深部地层的关系，横跨裂缝两侧沿 2 号剖面线布设了 9 个钻孔，孔深 50m，并在裂缝附近对钻孔加密布设，钻探结果如图 6.64 所示。

从图 6.49 可以看出，地裂缝位于钻孔 ZK11 和 ZK17 之间，古土壤层下伏土层较稳定，连续较好，垂直位错不明显，地裂缝以张性为主。

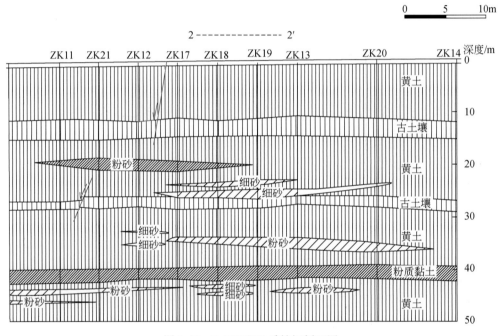

图 6.49　2-2′工程地质钻探剖面图

4. 地裂缝深部结构特征

为确定本区主地裂缝与断裂构造的潜在关系，特进行了浅层地震勘探工作，地震测线布图如图 6.47 所示。其中，DZ1 剖面长 1.56km，DZ2 剖面长 1.54km，总长度为 3.1km。

DZ1 和 DZ2 测线的地震解译剖面（反演解释剖面、水平叠加时间剖面、地质解释剖面）分别如图 6.50、图 6.51 所示。

从图 6.66、图 6.67 可以看出，DBf_1 ~ DBf_3 地裂缝带向下均与断层相连。DBf_1 地裂缝带西段与断裂 FZ1-12 位置对应，东段与 FZ2-10 位置对应；DBf_2 地裂缝带西段与断裂 FZ1-8 位置对应，东段与断裂 FZ2-4 位置对应；DBf_3 地裂缝带与断裂 FZ1-1、FZ1-2 位置对应。断裂 FZ1-1、FZ1-2、FZ1-8、FZ1-12、FZ2-4、FZ2-10 均为正断性质，除断裂 FZ2-4 倾向北西以外，其他断裂均倾向南东；FZ1-1 及 FZ1-2 断裂断开层位 T_{01} ~ T_1，FZ1-8、FZ1-12、FZ2-4 和 FZ2-10 断裂断开层位 T_{01} ~ T_4。其中，T_{01} ~ T_{03} 为 CT 速度分层结果，T_1 ~ T_4 为反

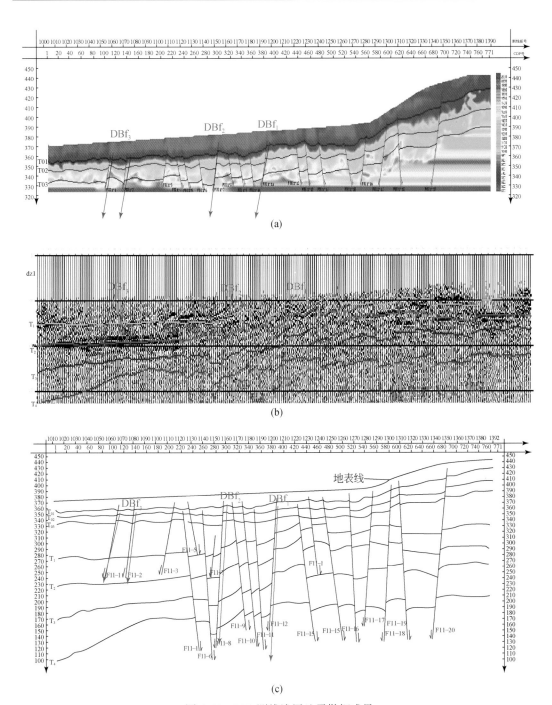

图 6.50　DZ1 测线浅层地震勘探成果

（a）DZ1 线 CT 速度解释剖面；（b）DZ1 测线水平叠加时间解释剖面；（c）DZ1 测线地质解释剖面

射界面（T_1 为中风化基岩底反射界面；T_2 为弱风化基岩底反射界面；T_3、T_4 为微风化基岩底反射界面）。以上断裂均断至地表，并伴生有次级裂缝，多为反倾，与主裂缝呈"Y"型结构，浅层裂缝影响带宽约 35m。地表 50m 以内，同时代沉积地层最大错距可达 10m，

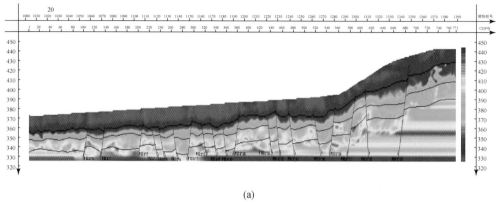

(a)

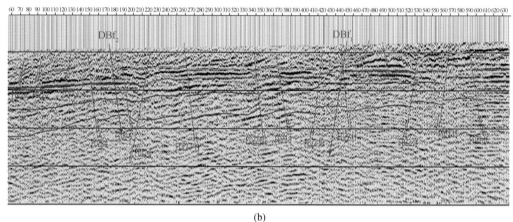

(b)

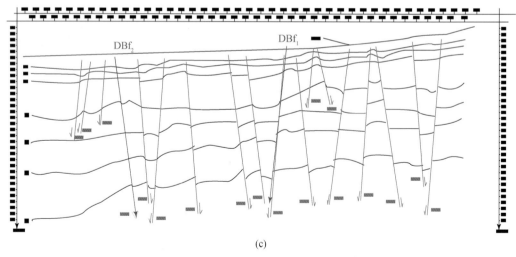

(c)

图 6.51　DZ2 测线浅层地震勘探成果

（a）DZ2 线 CT 速度解释剖面；（b）DZ2 测线水平叠加时间解释剖面；（c）DZ2 测线地质解释剖面

T_{01} 层错断不甚明显，$T_{02} \sim T_{03}$ 层断裂两侧地层断距相近，具同生断层的特征。

经物探成果资料分析可知，研究区各主地裂缝带与下伏断层皆具有良好的对应关系，这表明主裂缝的形成受到活动断裂的影响。

6.4.2　地裂缝成因机理分析

1. 断裂构造对地裂缝形成的控制作用

依据相关资料收集，结合槽探、钻探和物探成果，揭示出北堡村主地裂缝在成裂过程中主要受两方面因素影响：一是活动断裂；二是水因素，包括地下水回升和地表水入渗两方面。

从剖面特征来看，北堡村主裂缝带具以下几个方面的共同特征：①成裂作用的不均匀性。据探槽剖面揭示，裂缝宽度上宽下窄，可见水平拉张的相异性。②垂直位错不明显。北堡村地裂缝与构造具有一定的相关性，但其特征并不同于其他构造型地裂缝，受场区区域构造特性的影响，而北堡村靠近台塬隆起与渭洛河冲积平原的过渡地带，过渡带的活动断裂一般以断裂蠕滑作用为主，故该区地裂缝上下盘地层错动并不明显，多为拉张型裂缝。③深部断层断距相对较小。物探资料揭示，北堡村地裂缝与深部断层相对应，而断层断距在 500m 以内，最大约 10m，表明此断层多为区域构造应力影响下产生的次级断裂，正是这一系列次级断裂导致地表地裂缝的产生。

2. 地表水对地裂缝形成和发展的诱发作用

大量的调查表明，关中盆地很多地区地裂缝都是在降雨或灌溉中出露于地表的。可见，地表水入渗对地裂缝启裂有诱发作用。北堡村地裂缝也具有上述特点。

启裂的概要过程：（降雨、灌溉时）地表水入渗→深部地层破裂影响下，裂缝上部土层区水入渗速度比周围区快，从而在裂缝上部土层形成渗透变形带→上部土层结构破坏，产生拉张变形带，地表产生陷坑→水继续加速入渗下，裂缝沿浅部土层薄弱面向下扩展→与深部断裂渐渐相接→地裂缝，其启裂机制如图 6.52 所示。当浅部地层为黄土等特殊性质土层时，易因差异变形在地表形成陡坎（图 6.53）。

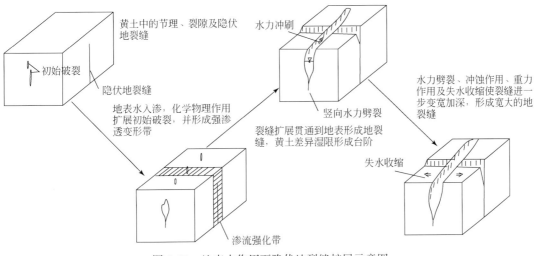

图 6.52　地表水作用下隐伏地裂缝扩展示意图

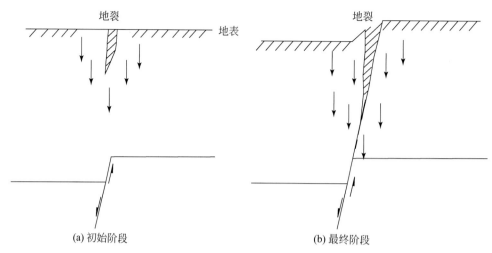

图 6.53　黄土湿陷性地裂缝模式图

3. 地下水回升加剧地裂缝活动量

场区居民生活用水主要采用自来水，水井极少，调查期间，仅严庄 5 组有一口共用水井，水位深 5.5m。

场区的农田灌溉主要引用 20 世纪 50 年代修建的洛河渠的渠水，居民在农田地四周修建了很多简易的引水分渠，形成了密集的渠网。

据北堡村村民口述，近三年地下水水位有很明显的回升，三年前水位普遍在 10m 左右，而 2012 年最浅水位已降至 5 ~ 6m。调查组通过钻探实测水位情况发现：自洛河渠到北堡村南边，水位由 5m 呈阶梯状减至 10m，初步分析由水渠的防渗措施不足导致。

地下水回升，易使原来未被水浸润的黄土产生湿陷变形，从而增加地裂缝活动量，加剧地裂缝的活动程度。

由前述的北堡村地裂缝地表破坏特征来分析，裂缝上下盘在地表无明显陡坎（黄土湿陷裂缝在平面上一般呈环形或弧形，且具地表陡坎），但裂缝在农田地中多表现为串珠状陷穴或单个陷坑，这表明，湿陷变形并非北堡村地裂缝形成的主因，其主要是在地表水入渗或地下水回升过程中间接加速地裂缝扩展。其具体表现为：地下水抬升→黄土湿陷（裂缝区湿陷快于周边）→浸润线上土体底部失去支撑→侧向拉张→地裂缝扩展。成因模式图如图 6.54 所示。

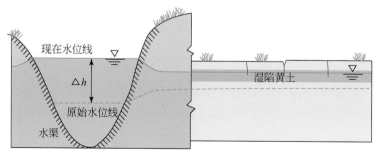

图 6.54　地下水抬升作用下地裂缝扩展模式图

6.5　咸阳-兴平地裂缝

6.5.1　咸阳兴平市北吴砖厂地裂缝

咸阳兴平市北吴砖厂和西吴砖厂发育多条地裂缝，其成因与渭河断裂关系密切。北吴砖厂地裂缝位于渭河左岸二级阶地与黄土台塬的分界处附近，地貌上北高南低，走向近东西，其发育位置与渭河断裂带基本吻合。

砖厂西侧为农田，地裂缝在此以串珠状陷穴的形式展布，局部发育大的陷坑（图6.55）。

图 6.55　地裂缝引起北吴砖厂西侧农田开裂

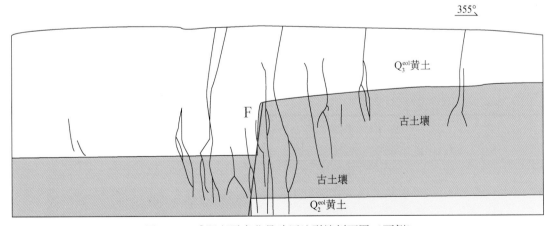

图 6.56　咸阳兴平市北吴砖厂地裂缝剖面图（西侧）

清理出的露头剖面（西侧、南侧）分别如图 6.57、图 6.58 所示。结果显示，断裂带宽度为 230 余米，主断面向南陡倾，倾角在 80°左右，断开 S_1 古土壤 1.7m，向上通达地表形成地裂缝（图 6.56）。在主断面两侧发育多条裂缝，均被后期泥砂质充填（图 6.58）；沿断层带往南多处可见裂缝，至最南端 230m 处发育多条次级断层，断面处的黄土碳化并呈片理状，显示压剪特性（图 6.59）。

图 6.57　兴平北吴砖厂探槽剖面

图 6.58　兴平北吴砖厂断层带中的地裂缝

图 6.59　兴平北吴砖厂断裂带中的次级断层

6.5.2 咸阳兴平市西吴砖厂地裂缝

西吴砖厂位于北吴砖厂北东方向，距离约590m，地形地貌与前者一样，位于渭河左岸二级阶地与黄土台塬的分界处附近，地貌上北高南低（图6.60）。该处地裂缝走向近东西，由于条件与北吴砖厂类似，下面仅做简要介绍。

图6.60 咸阳兴平市西吴砖厂地形地势图

西吴砖厂揭露的剖面如图6.61所示，从剖面图可以看出，S_1古土壤被断开1.8m，主裂缝通达地表，其两侧发育了众多的裂缝，部分通达地表，显示该区域自晚更新世以来构造运动比较强烈。

6.5.3 地裂缝的成因机理

咸阳兴平市北吴砖厂、西吴砖厂位于渭河左岸二级阶地与黄土台塬的地貌分界处附近，地裂缝受近东西向渭河断裂带控制，断裂的活动直接导致其上部土层的破裂，形成地裂缝。

沿渭河断裂发育的此类地裂缝实际上是在区域构造背景所提供的应力场作用下应变在非连续地段的不断积累并达到临界破裂强度状态时缓慢失稳破裂的结果（图6.62）。因此，地裂缝发生在非连续构造变形较强烈和工程地质条件发生突变的地段（地貌分异带），构造地貌单元的边界常控制着断层蠕滑型地裂缝的分布。

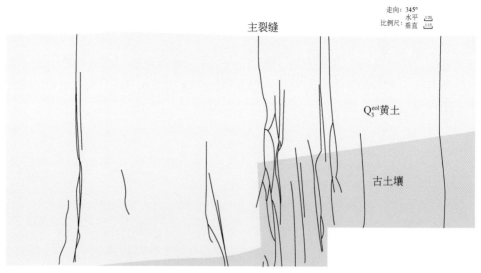

图 6.61　咸阳兴平市西吴砖厂地裂缝剖面图（西侧）

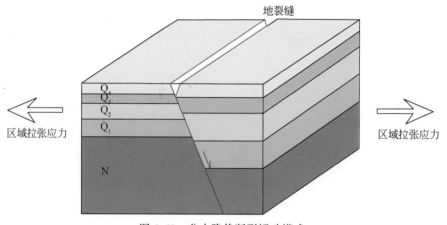

图 6.62　盆内隐伏断裂蠕动模式

第7章　汾渭盆地典型地区地面沉降发育规律、成因与防控研究

　　汾渭盆地是我国内陆一条重要的张性断裂带也是我国地面沉降和地裂缝灾害集中发育的区域。汾渭盆地位于我国内陆地区，属温带大陆性气候，独特的地理位置决定了其水资源的缺乏。以山西省为例，历次水资源评价结果表明，山西省水资源总量为 $140×10^8$ ~ $150×10^8 \mathrm{m}^3/\mathrm{a}$，地下水天然资源补给量为 $90×10^8$ ~ $116×10^8 \mathrm{m}^3/\mathrm{a}$。山西省人均水资源占有量为 424.6 ~ $454.96\mathrm{m}^3$，仅为全国人均占有量的 16%，属严重缺水省份，加之部分地区的产业结构和布局不合理，煤炭、化工等高耗水高污染企业的发展导致这些地区本已严重匮乏的地下水再遭到污染，为保障饮水安全、粮食安全及社会经济发展，许多城市和农村地区不得不大规模开发利用地下水。自20世纪70年代以来，在人口密集、经济相对较为发达、水资源短缺的地区，地下水替代水源有限，难以实行地下水大规模禁采和限采，导致地面沉降等环境地质问题日益突出。迄今汾渭盆地内的一系列次级断陷盆地，如大同盆地、太原盆地、临汾盆地、运城盆地及渭河盆地都有不同程度的地面沉降和地裂缝灾害发育（图7.1）。

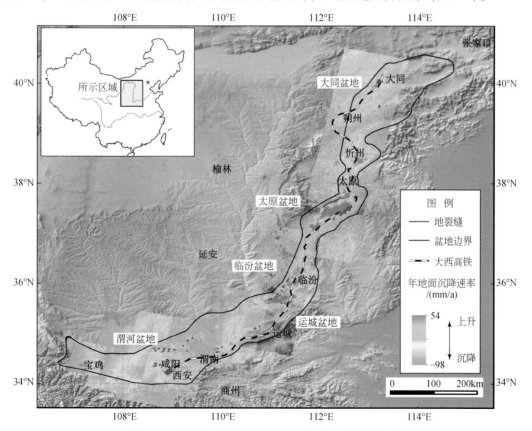

图 7.1　汾渭盆地活动断裂与地面沉降地裂缝分布图

7.1　汾渭盆地地面沉降发育特征

7.1.1　汾渭盆地内地面沉降发育总体特征

　　汾渭盆地内的西安市、太原市、大同市几十年来大量的监测研究成果为地面沉降的研究积累了丰富的资料，而盆地内其他地区的系统性的地面沉降资料相对较少。根据目前已有的监测资料，汾渭盆地地面沉降总体特征表现在以下几个方面。

　　(1) 整个汾渭盆地普遍存在地面沉降现象，总体沉降的背景下分布着许多大小不等的沉降中心。汾渭盆地是典型的内陆新生代断陷盆地，是我国新构造运动最强烈地区之一。汾渭盆地周围山区及盆地间的次级隆起主要表现为持续上升，盆地内部则表现为持续下降。例如，位于汾渭盆地南部的西安市，其北侧的渭河断裂表现为南降北升，而其南侧的临潼–长安断裂则表现为北降南升。根据多年的跨断层水准测量，两条断层的活动速率分别为 3.37mm/a 和 3.98mm/a。两条断层的活动导致了西安地区普遍性的区域性地面下沉。运城盆地南侧中条山前最大沉降区域形成盐池和硝池两个盐湖。太原盆地构造下沉中心位于交城、文水一带，构造沉降导致太原盆地西边山河流进入盆地后不是直接汇入汾河，而是先向南流，在盆地南部沉降中心汇合后再入汾河。太原盆地东部的构造沉降使得平遥惠济河上的老桥因下沉而被淤积，下半部被埋，到明朝重修此桥时，只好在旧桥之上再架新桥，形成桥上桥的奇特现象。平遥县城南附近元代的石人、石羊也都已被埋在 0.5～1m 地下。

　　(2) 汾渭盆地地面沉降存在差异性，主要表现为各次级盆地内累计沉降量、最大沉降速率、沉降历时、沉降区面积都有很大差异，渭河盆地中西安市的累计沉降量和沉降速率最大。山西断陷盆地中以太原盆地地面沉降速率最快且沉降范围最广，其次为运城盆地，然后依次为临汾盆地和大同盆地。

　　(3) 地面沉降区和地下水位降落漏斗的分布区相吻合。主要表现为大城市城区及近郊人口密集区地面沉降严重；地面沉降的范围由城市向外围扩大；中小城市及县城单一沉降中心明显，多为严重沉降区，有逐渐连为一片的趋势。

　　(4) 地面沉降的发生和发展具有阶段性，基本上和地下水大量开采的过程相对应。沉降速率、累计沉降量与深层承压水的开采量、水位变化密切相关。

　　(5) 地面沉降受明显的构造活动影响。例如，太原市的 4 个沉降漏斗分别分布在 3 个次级构造沉降区；而且各个沉降漏斗的长轴方向与附近构造线方向基本一致。又如西安市地面沉降漏斗局限在各条地裂缝中间，其空间展布明显受地裂缝的制约。

　　(6) 地面沉降与地裂缝灾害相伴生。随着深层水的大量开采，汾渭盆地内多地地下水水位大幅度下降，各地下水降落漏斗范围也不断扩大。根据现有地质调查和监测数据结合地下水水位变化趋势、地层结构推断，汾渭盆地内地面沉降往往与地裂缝灾害相伴生。地面沉降在某些地区可能诱发或加剧了地裂缝灾害。

7.1.2　大同市地面沉降发育规律

1. 地下水开采历史及水位动态

20 世纪 70 年代以前，大同市地下水开采较少，且多为自备井开采，自来水公司仅有城北水源地一处。1958 年开采量仅为 28.835 万 m^3/a，1964 年开采量为 284.7 万 m^3/a。自 20 世纪 70 年代开始，地下水开采量逐渐增大。至 1984 年开采总量已达 1.28 亿 m^3/a，1987 年开采总量为 1.36 亿 m^3/a，1995 年开采总量为 1.6018 亿 m^3/a，2003~2007 年期间年开采总量为 1.6156 亿~1.7798 亿 m^3。水资源短缺和需求量差距的不断加大，使大同市成为我国超采地下水最严重的地区之一，不合理的开采状况改变了区域地下水天然流场，地下水水位大幅度下降，形成了以城市水源地为中心的大面积地下水降落漏斗。

20 世纪 60 年代以前地下水埋藏较浅，在十里河洪积扇前缘，西韩岭、三井一带，地下水接近地表，形成沼泽地；在口泉洪积扇中上部，高庄–五法村–墙框堡一带，水位埋深为 3.55~14.56m；在洪积扇前缘，西房子–西万庄一带，泉水溢出点达 13 处。进入 60 年代中期，十里河洪积扇扇顶处水位埋深为 5~15m。时庄、三井一带存在大片沼泽地；口泉洪积扇扇顶水位埋深在 15m 左右，扇前缘为 2m 左右，在西房子附近十里河河岸仍有下降泉；城北水源地水位埋深一般为 0~5m，有自流水井分布。

20 世纪 70 年代末开始，随着工农业不断发展和地下水开采量的增加，地下水水位出现逐年下降趋势，原口泉河、十里河、御河洪积扇溢出带已无地下水溢出，城西水源地也出现地下水降落漏斗区，但地下水动态类型仍以降雨入渗型为主，只在集中开采区为开采–下降型。

20 世纪 80 年代至 90 年代末，随着地下水开采量迅速增加，地下水水位也开始快速下降，地下水动态特征逐渐过渡到以开采–下降型为主，城西、城东和城南均出现地下水降落漏斗区，漏斗范围逐年扩大，漏斗中心水位不断下降，部分浅井干枯，并引发了地面沉降和地裂缝的发生。至 2000 年，大同市平原区降落漏斗面积达 91.63km^2。1981~2000 年平原区地下水水位平均下降 17.66m，年平均下降 0.85m。据 2004 年调查，十里河洪积扇扇顶水位埋深 60m 左右，扇前缘水位埋深在 30m 以上；口泉洪积扇水位埋深在扇顶为 30m 左右，扇前缘水位埋深为 15m 左右。

进入 21 世纪以来，由于大同市对地下水开采量的控制和新水源地的开发，地下水水位下降速度得以减缓，特别是市区内城北漏斗、城南漏斗、城西漏斗三个降落漏斗区水位下降速度明显减小。但由于地下水仍处于超采状态，地下水水位下降的趋势仍没有改变。1981~2010 年平原区地下水位平均下降 12.82m，年平均下降 0.42m。水位下降最大的区域为城北水源地 32.0m 和城南水源地 22.03m。

2. 地面沉降概况及发育特征

大同市地面沉降历史及监测可大致分为三个阶段。

1）1984 年之前为地面沉降的缓慢发展阶段

根据 20 世纪 50 年代至 80 年代初期多年的水准测量资料显示，大同市表现为区域性的相对均匀下沉，沉降速度一直稳定在 6～9mm/a。没有明显地面沉降区，无沉降漏斗形成。

2）1985～2005 年为地面沉降的快速发展阶段

1985～2005 年为地面沉降快速发展阶段，地面沉降开始加速发展。至 1988 年，在大同市南部的奶牛厂到大同市北部的马家小村之间形成走向北东、面积达 160km² 的明显沉降区，分布有两个沉降中心，北部沉降中心位于陈庄-利群制药厂，南部沉降中心位于时庄-西韩岭一带。

根据 1988～1993 年连续监测资料，五年间沉降速率逐年加大，年均沉降量达到了 25mm，沉降范围也持续扩展。至 1993 年，地面沉降区域已发展至 3 个沉降中心。3 个沉降中心分别为大同市城北沉降中心，等值线外围闭合线为 40mm，内部闭合线为 110mm；奶牛场沉降中心，外围闭合线为 70mm，内部闭合线为 80mm；仝家湾沉降中心，外围闭合线为 70mm，内部闭合线为 120mm，中心最大沉降幅度超过 130mm（图 7.2）。1993 年以后，由于各种原因，大同市地面沉降监测工作中断，水准监测网受到严重破坏，因此 1994～2004 年大同市地面沉降没有监测资料。

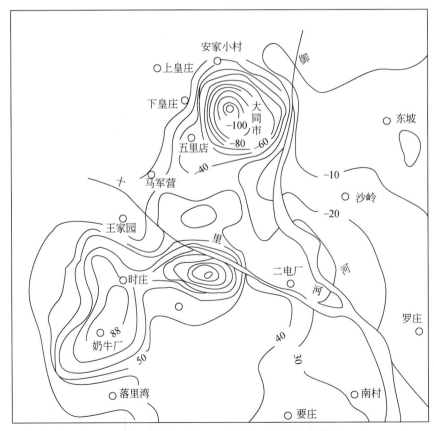

图 7.2　大同市 1988～1993 年地面沉降等值线图

3）2005 年之后为地面沉降平稳发展阶段

2005 年 7 月大同市政府出台了《关于关闭市区自备水源井的实施方案》，开始实施关井压采。自 2005 年开始，大同市平原区地下水总开采量开始下降，如 2005 年平原区地下水开采量相比 2004 年下降了 1345.046 万 m^3，2006 年地下水开采量下降 1864.7407 万 m^3，2009 年地下水开采量下降 1187.55 万 m^3。尤其是 2011 年以来，引黄北干线开始向大同市供水，进一步减少了地下水的开采。自 2005 年以来，大同市地面沉降恶化趋势得到了缓解，地面沉降整体速率有所减缓，但局部地区可能存在地面沉降快速发展情况。

2005 年大同新建了 6 个地面沉降 GPS 监测点，结合 InSAR 技术，得到大同市 2006 年地面沉降速率等值线图（图 7.3）。由图可见，2006 年大同市共有了北部和南部两个沉降区，共 4 个沉降漏斗，沉降速率大于 10mm/a 的面积为 25.73km²；北部沉降区内的沉降漏斗中心位于陈庄一带，沉降速率大于 10mm/a 的面积为 8.93km²，沉降速率大于 18mm 闭合线的面积为 1.45km²；南部沉降区沉降速率大于 10mm/a 的面积为 16.83km²，沉降区内 3 个地面沉降漏斗中心分别为西水磨、大同机车厂及西韩岭。西水磨沉降漏斗沉降速率大于 14mm/a 的面积为 0.23km²，大同机车厂沉降漏斗沉降速率大于 14mm/a 的面积为 0.56km²，西韩岭沉降漏斗沉降速率大于 14mm/a 的面积为 2.65km²。

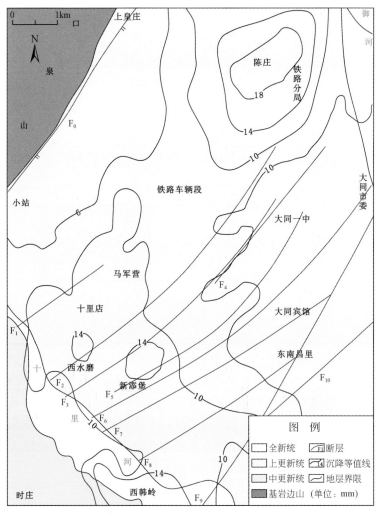

图 7.3　大同市 2006 年地面沉降速率等值线图

7.1.3　太原盆地地面沉降发育规律

1. 太原盆地地下水开采历史及水位动态

太原盆地地下水开采利用的历史大致可分为三个阶段。

第一阶段为20世纪70年代以前。每年新开挖井数和累计开采井数均很小（图7.4，图7.5）。其中1970年盆地内开采井总数（250口）仅为2011年盆地内开采井总数（20686口）的1.5%，且绝大部分开采井深度仅为15~30m。

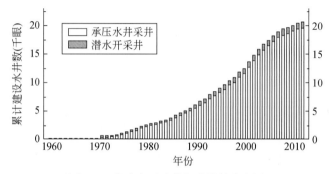

图7.4　孔隙水开采井年建设数直方图

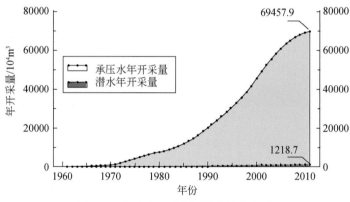

图7.5　孔隙水开采井累计井数直方图

第二阶段为20世纪70年代至2002年。随着经济的发展和城市的建设，盆地内各区县对于地下水的需求量急剧增加，地表水资源的不足以及地表水的污染使盆地内掀起了打井取水的高潮。这一阶段每年新开挖井数和累计开采井数都急剧增加，开采井的成井深度较前一阶段有了明显的加深，地下水水位呈明显的下降趋势，地下水降落漏斗不断新增和发展扩大。本阶段初，盆地内仅太原市和介休县存在降落漏斗，到本阶段末期，盆地内已在太原市、晋中和吕梁多个区县出现了地下水降落漏斗。

第三阶段为2002年以后，随着盆地内配套水利设施的完善，盆地内每年新开挖的井数开始逐年降低（图7.4），开采井累计井数的增长速度显著变缓（图7.5）。由于实际开采井数仍在增加且地下水的年开采总量仍大于盆地内的可开采量，盆地内大部分地区承压水位仍持续下降，仅个别地区水位趋于稳定或有所回升。该阶段对承压水的大规模开采已经引起了区域范围内水循环要素的变化，地下水的动态变化也不再局限于某个水源地或局部含水层，形成了区域性的降落漏斗，地下水水位持续下降，水位降落漏斗范围和中心水位逐年扩大和加深。

2. 太原盆地地面沉降概况及发育特征

太原盆地是山西省最早发生地面沉降的地区，也是地面沉降最为严重的地区。山西省省会太原市即位于该盆地最北端。早在 20 世纪 50 年代，太原市就已经出现地面沉降现象。随着社会经济的不断发展，以太原市区、晋中市榆次区等为中心城市的经济圈迅速形成，同时以各县县城为中心的县域经济圈也逐步形成，这些地区逐步成为地下水超采区，导致了地面沉降不断发展。截至 2009 年，太原盆地已出现多个地面沉降区（图 7.6）。

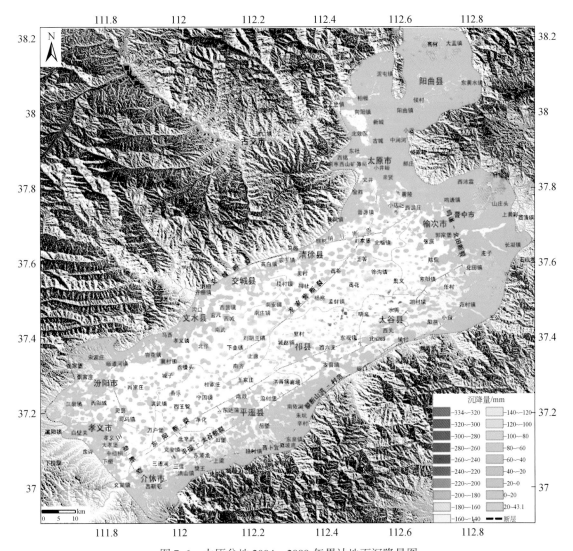

图 7.6　太原盆地 2004～2009 年累计地面沉降量图

1）太原市地面沉降区

该区位于太原盆地最北端，主要包括太原市和清徐县。该区地面沉降最早于1956年在太原市出现，并逐步向市区南部的小店区、晋源区发展，至20世纪90年代后期，清徐县开始出现地面沉降，主要位于西边山前、清徐县城一带。根据2012年地面沉降二等水准测量数据，清徐县城西北三国城沉降中心是近年来太原市地面沉降速率最快的地区，沉降速率达7cm/a。另外，根据InSAR监测数据，在清徐西部山前马峪镇和中高白村一带存在两个沉降中心。总体来看，太原市地面沉降区雏形始于太原市吴家堡沉降中心，后陆续出现了城区沉降区、北固碾沉降区、小店沉降区，清徐县沉降区等，各沉降区逐步扩展，最终扩展为一个区域性的沉降区（图7.6）。

2）盆地中东部地面沉降区

该区位于太原盆地中东部，是盆地内最大的沉降区。由榆次区陈侃乡以南、东阳镇以西，清徐县东部，太谷县县城以西，祁县县城以西，平遥西北部、文水及交城县东部所圈定，该沉降区内包括多个沉降中心。20世纪70年代，榆次城区一带、东阳井片西部、陈侃乡南部以及鸣谦、使赵乡一带开始出现地面沉降。根据山西省地震局监测资料，在榆次城区形成了一个近南北向展布的沉降盆地。沉降较为明显的范围北起储备局139处，向南经变电站、电缆厂、外贸仓库、直至锦纶厂一带，平均沉降速率为10～20mm/a。另外根据调查，在陈侃乡至陈侃乡北要村一带也存在明显地面沉降区。盆地中东部沉降区最大沉降速率中心位于清徐县与太谷交界地带（集义乡代李青村）附近。

3）太原盆地西边山沉降区

该区位于太原盆地西部边界、吕梁山前一带，沉降区如串珠状分布在山前地带。自北而南主要有交城县北部坡底村沉降区和文水县开栅–马西–凤城–孝义沉降区。

4）介休–孝义沉降区

该区位于太原盆地南端，沉降范围主要包括介休市区以北、孝义市大孝堡–梧桐镇以东、汾阳市演武镇以南区域，沉降中心位于介休市与孝义市交界处，根据2008～2010年InSAR监测数据，中心沉降速率大于4cm/a。

太原盆地地质环境条件较为复杂，盆地内的地面沉降特征受到多种因素的影响，表现出独特的发育特征。

1）地面沉降沉降中心与承压水降落漏斗基本一致

太原盆地内地面沉降大的地区，均是地下水资源长期超采，地下水水位持续下降的地区。沉降区域或中心分布位置多与地下强烈开采区、地下水降落漏斗一致。

盆地西边山沉降区自地下水降落漏斗于1987年形成以来，降落漏斗中心以每年3～6m的速度下降，截至2003年水位下降值少则50m，多则百余米，急剧的水位下降使边山一带地面沉降相对盆地其他地区更为明显，盆地内最大地面沉降速率即出现在清徐县水源地——白石河洪积扇，其速率达到了90mm/a。盆地东部地区地下水水位下降模式与西边山有所不同，总体上看并不表现为某地水位的急剧下降，而表现为区域性地下水水位的普遍下降，抽水导致的地面沉降也是呈片状分布。由图7.7可见，盆地东部大面积分布的沉降区域位置和中深层地下水开采井密度较大地区分布有较好的一致性。

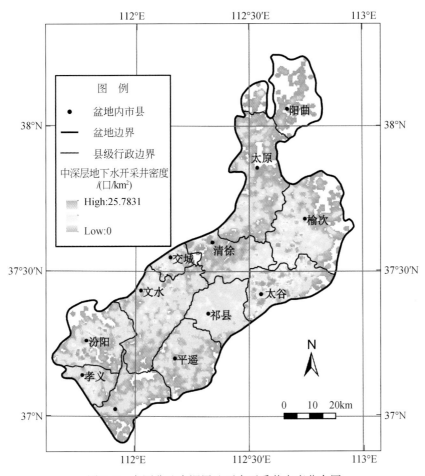

图 7.7　太原盆地中深层地下水开采井密度分布图

2）地面沉降发展具有继承性

太原盆地地面沉降随着时间的发展，沉降的范围逐渐扩大，地面沉降和地下水开采有着相似的划分阶段。在 20 世纪 70 年代之前，也就是地下水开采的第一阶段，太原盆地地面沉降仅出现在省会太原市；在地下水开采的第二阶段，地面沉降除继续在省会太原市发展外，还出现在盆地内唯一的地级市——榆次市区，而后地面沉降继续扩展，在盆地内的多个县城及周边农村出现。在地下水开采的第三阶段，也就是 2002 年以后，随着开采区的扩大和开采强度的日益增加，远离县城的农村也受到了地面沉降的影响，沉降的危害程度也与日俱增。据最近的 InSAR 监测资料可以看出，整个边山地区以及盆地中部均有不同程度的地面沉降（图 7.6）。

3）地面沉降受断裂构造的限制

由 2004~2009 年的 InSAR 监测资料可以看出：盆地边缘的地面沉降灾害主要发生在边山断裂的附近；盆地内部的地面沉降灾害则主要局限在活动断裂围限的断块之中。造成这种现象的原因有以下几个方面：首先，断裂构造为地面沉降提供了环境，生长断层的上盘同时代的沉积物要比下盘厚得多，且断层的活动拉松了土体，有利于沉降的发生；其次，由于先存断裂面是一个水力学边界，断层围限的地区水位下降后难以得到周围的补给。断裂构造具有隔水隔沉降的作用，故地面沉降在一定程度上受断裂构造的控制。

4）地面沉降分布受岩土介质性质影响

虽然太原盆地内地面沉降面积广，整个盆地平原区都是地面沉降易发区，但从盆地边缘到盆地内，冲积物的厚度由小增大，颗粒由粗变细，土层的压缩性由小到大，盆地边缘的沉降量要小于盆地中部的沉降量（图 7.6）。地面沉降量最大的区域和地下水开采中心并不完全重合。

7.1.4　临汾盆地地面沉降发育规律

1. 临汾盆地地下水开采历史及水位动态

20 世纪 70 年代以前，临汾盆地内地下水开采量很小。随着社会经济的不断发展，以临汾市尧都区为中心的城市经济圈逐步形成，盆地内对地下水需求逐渐急剧增加，中深层地下水的开采量和开采井数都逐年增加（图 7.8）。

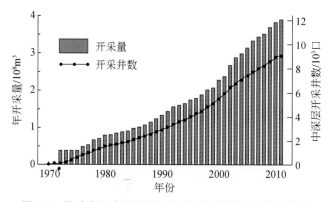

图 7.8　临汾盆地中深层地下水开采量及开采井数变化图

临汾城区降落漏斗形成于 20 世纪 70 年代中期，位于城北、城区一带，漏斗外围闭合线水位高程为 400m，漏斗面积约 50km²。1985 年漏斗外围闭合线水位高程仍为 400m，中心最低水位为 373m，漏斗面积扩大至 74km²；1988 年漏斗外围闭合线水位为 390m，漏斗中心水位为 357m，漏斗面积为 85km²；2000 年漏斗中心水位为 342.7m，漏斗外围闭合线水位 380m，漏斗面积为 124km²；2004 年漏斗中心水位为 343.3m，漏斗外围闭合线水位为 380m，漏斗面积为 107.8km²。地下水降落中心降深持续增加，降落漏斗的面积持续扩大。1985 ~ 2004 年漏斗中心水位累计下降 29.7m，年平均下降速度为 1.49m/a。

盆地南部的稷山县、新绛县由于农业以及工商业的发展，以及地表水资源的短缺，地下水开采所占比例逐年增加，出现了超采现象。稷山县 2007 年实际供水量 5098 万 m³，其中地表水源供水量 824 万 m³，占供水总量的 16.2%；地下水供水量 4274 万 m³，占供水总量的 83.8%。地表水供水量中，蓄水、引水、提水工程供水量分别为 106 万 m³、1 万 m³、717 万 m³，占供水总量的 2.08%、0.02%、14.06%；地下水供水量中，浅层水、中深层水分别为 454 万 m³、3820 万 m³，占供水总量的 8.91%、74.93%。这使得地下水的开采量不断增加，过量抽取地下水导致地下水资源得不到有效的补给和恢复，造成区域地下水水位持续下降。盆地内的新绛县，全县以地下水的开采为主要供水来源。多年来地下水开采量所占总用水量的比例居高不下，导致新绛县成为整个临汾盆地内地面沉降速率最快的区域。

2. 临汾盆地地面沉降概况及发育特征

根据临汾盆地一级水准点长期测量结果，从 20 世纪 50 年代中期至 1980 年，临汾市地面变形尽管表现为持续沉降状态，但沉降幅度很小，且表现为区域上的均匀下沉。自 1980 年开始，地面沉降幅度急剧增大（图 7.9），至 2012 年，临汾盆地内已有多地出现了地面沉降现象。

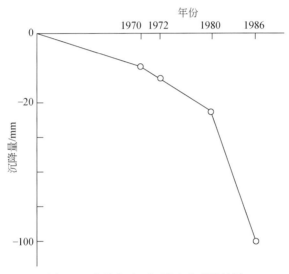

图 7.9　临汾市地面沉降水准观测结果

根据临汾地下水的开采情况分析，地面沉降的加剧与地下水的大量集中开采在时间上是一致的。因此，地面沉降变形加剧，尽管叠加有同期的构造变形因素的影响，但主要是由地下水超采所致。由于盆地内除临汾市外没有进行系统的地面沉降监测。本书利用 InSAR 技术，得到了整个临汾盆地范围的地面沉降速率图（图 7.10）。

从图 7.10 可以看出，临汾盆地主要集中在洪洞县、临汾市、襄汾县、新绛县及稷山县。洪洞县地面沉降区位于临汾盆地中部偏北，沉降范围包括洪洞县万安镇、赵城镇以及洪洞大槐树镇姚庄、董庄、师村一带。该区分布有三个沉降中心，分别为洪洞县万安镇，赵城镇杨堡村以及姚庄、董庄、师村所圈定的区域；临汾市及襄汾县沉降范围主要集中在北起尧都区尧庙、贾得乡，南至襄汾县邓庄镇一带，西至襄汾县襄陵镇–南辛店一带，东至尧都区县底镇一带；新绛县沉降区位于新绛县靠近边山地区，范围由襄汾县汾城镇、永固镇和新绛县泽掌镇所圈定。InSAR 监测显示该区分布有多个沉降中心，其中最主要的沉降中心位于新绛县泽掌镇一带，2008～2010 年沉降速率超过了 4cm/a，也是临汾盆地沉降速率最快的地区。稷山县与新绛县的交界带附近也是地面沉降灾害的严重发育区域。另

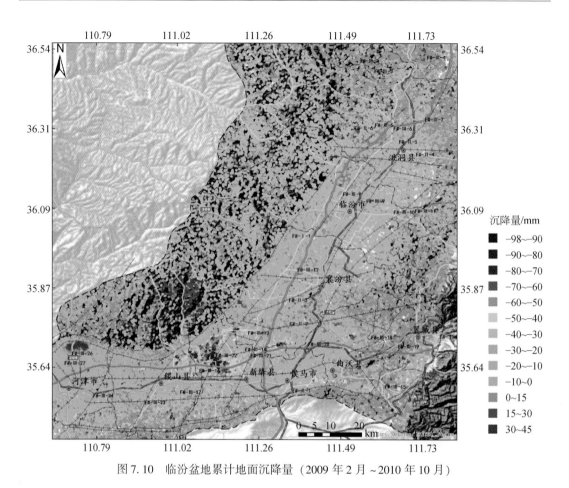

图 7.10　临汾盆地累计地面沉降量（2009 年 2 月～2010 年 10 月）

外，侯马市一带也存在地面沉降，但是根据近几年的 InSAR 监测显示，该区地面沉降范围小，且沉降速率较以上沉降区域缓慢。

临汾盆地地面沉降的空间分布与地下水开采有着很好的相关性。盆地内地面沉降严重的地区，往往是地下水资源长期超采，地下水水位持续下降的地区。从 InSAR 监测资料上可以看出，整个盆地沉降量较大的地区分布在汾河沿岸、翼城、新绛、河津。而根据临汾盆地地下水开采量的调查资料，盆地内开采井密度较大的地区主要分布于汾河沿岸及浍河东部翼城市，大部呈枝杈状分布。临汾盆地地下水开采井分布高密度区和地面沉降区具有很好的一致性（图 7.11）。

7.1.5　运城盆地地面沉降发育规律

20 世纪 80 年代以来，随着运城盆地内工农业生产和城市生活对地下水需求逐渐急剧增加，中深层地下水的开采量和开采井数逐年增加（图 7.12）。据 1980～2004 年开采量资料，盆地地下水的开采量均大于补给量，地下水长期处于超采状态，各地水位均有不同程度的下降。涑水河盆地水位持续下降，年均最大下降速率为 4.27m/a。栲栳塬北部的常青村附近在

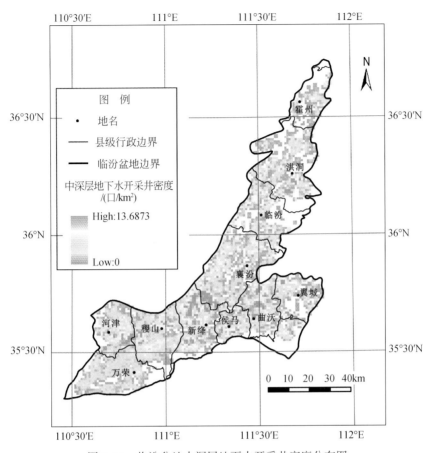

图 7.11 临汾盆地中深层地下水开采井密度分布图

1990~2000 年，水位最大累计下降 47.01m；盐湖区安邑街道办水位累计下降 40.50m；闻喜县郭家庄镇西南水位下降 36.09m；闻喜裴社、河底一带，水位累计下降 18.41~24.91m；夏县裴介镇一带，年均下降最大速率达 2.59m/a。并形成以运城市区为中心，面积约 1567km² 的降落漏斗，漏斗中心水位为 250.03m，较 1986 年末下降 51.40m，平均下降速率为 3.67m/a，漏斗面积较 1986 年末扩展了 885km²，年扩展速率为 63.21km²/a。

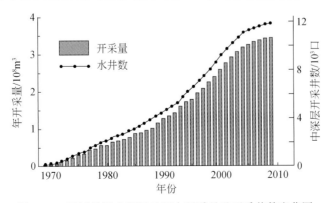

图 7.12 运城盆地中深层地下水开采量及开采井数变化图

　　盆地内松散沉积物中孔隙水水位的大幅度下降，必然导致地面沉降的快速发展。由于盆地内没有系统进行地面沉降监测。本书利用 InSAR 技术，得到了整个运城盆地范围的地面沉降速率图（图 7.13）。

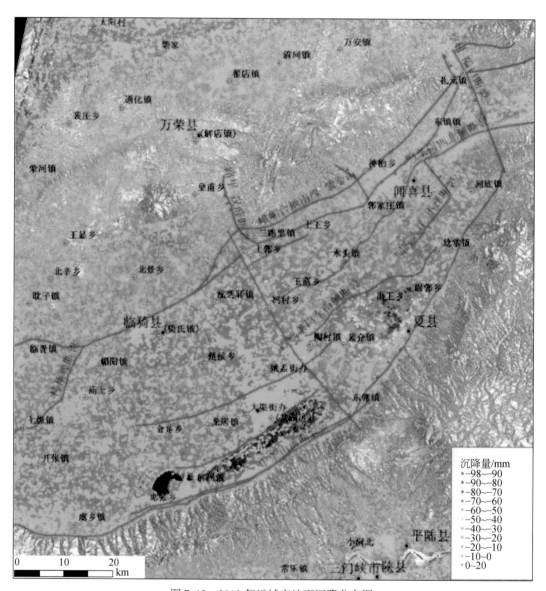

图 7.13　2012 年运城市地面沉降分布图

　　运城盆地最早于运城市盐湖区发现有地面沉降，在 20 世纪 80 年代以前，盐湖区为区域性的相对均匀下沉，沉降幅度小。随着社会经济的发展，地下水的持续超采，地面沉降中心也在逐步形成。据 2012 年 InSAR 监测显示，运城盆地已有多个地面沉降区域，集中在夏县、运城市盐湖区、临猗县等区域。夏县地面沉降区位于盆地西南部，主要集中在夏县的尉郭乡至盐湖区陶村镇，该沉降区存在两个主要沉降中心，一个位于陶村镇一带，中心沉降速率在 3cm/a 左右，一个位于夏县禹王乡、尉郭乡及裴介镇中间地带，中心沉降速率可达 5～6cm/a，是运城盆地目前沉降速率最快的地区。运城市盐湖区地面沉降区沉降面积较广，盆地中北部的王范乡至临猗县一带以及南部的席张乡至永济市虞乡镇一带均有不同程度的地面沉降。其中，盐湖区王范乡-临猗县沉降区大部分区域沉降速率达到了 2cm/a，存在多个主要沉降中心，其中最主要的一个沉降中心位于盐湖泓芝驿镇一带。盐湖区席张乡-永济市虞乡镇沉降区大部分区域沉降速率达到了 2cm/a。

运城盆地地面沉降量较大的地区同样往往是地下水资源长期过量开采，地下水水位持续下降的地区。从 InSAR 监测图上可以看出，整个盆地沉降量最大的地区出现在夏县南部。而根据运城盆地地下水开采量的调查资料，盆地内开采井密度最大的地区就位于夏县南部的山前倾斜平原区及禹王乡一带的冲湖积平原区，为农灌集中开采区（图 7.14）。

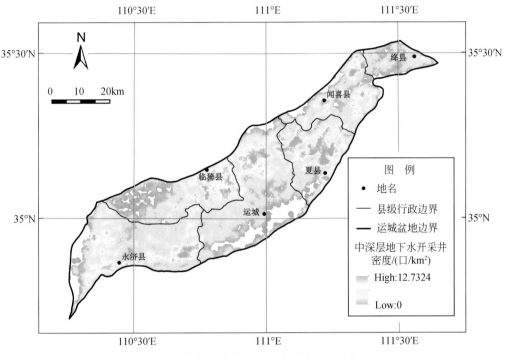

图 7.14　运城盆地中深层地下水开采井密度分布图

7.1.6　渭河盆地地面沉降发育规律

渭河盆地从供水结构上来看，地下水供水比例较大，地表水利用程度不高。渭河盆地 2005 年总供水量 46.9 亿 m^3，占全省总供水量的 59.53%，其中地表水供水 19.64 亿 m^3，占渭河盆地总供水量的 41.89%；地下水供水 26.61 亿 m^3，占渭河总供水的 56.75%，污水回用及其他供水 0.65 亿 m^3。渭河盆地中渭河沿岸宝鸡、西安、咸阳、渭南地下水开发利用程度都较高，在各市城区和近郊以及工业集中区，由于经济的迅速发展，工矿企业生产规模的发展，加之城市生活、居民生活用水量的剧增，地下水超采非常严重，水位大幅度下降，地下水区域性降落漏斗不断扩大。地下水水位的持续下降导致了包括地面沉降、地裂缝在内严重的环境地质问题。

渭河盆地地面沉降主要发生在关中盆地的西安、咸阳、渭南，尤其以西安市最为严重。从最新 InSAR 监测资料（图7.15、图7.16）可以看出西安市南郊、咸阳三原、泾阳区域地面沉降趋势明显。这些地区都是近年来城镇建设扩张速度较快、人口密度急剧增加的区域。西安市由于地面沉降出现时间早，沉降量级大，现有的监测和研究主要集中在西安市区范围。渭河盆地的其他地市，由于地面沉降出现相对较晚，地面沉降监测和研究直到最近才逐步实施。

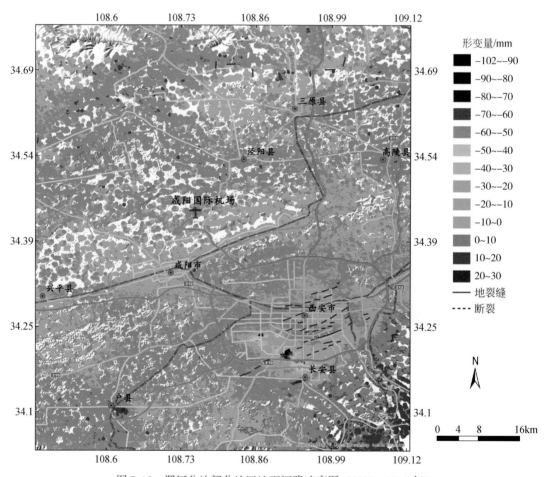

图 7.15　渭河盆地部分地区地面沉降速率图（2009～2010 年）

咸阳市位于关中平原中部，属资源型缺水地区。咸阳市水资源总量 $11.3 \times 10^8 \, \text{m}^3$，综合补给量 $8.4 \times 10^8 \, \text{m}^3$，资源量 $7.5 \times 10^8 \, \text{m}^3$，可开采量 $5.0 \times 10^8 \, \text{m}^3$，人均水资源量为全省水平的 20.5%、全国水平的 9.8%，具有南富北贫的特点。地表水供水不足，地下水占总供水量的 90% 以上，导致地下水严重超采，地下水水位不断下降出现地裂缝、地面沉降等环境地质问题，已成为影响和制约该地区工农业生产和城市发展的主要因素之一。从 InSAR 监测资料（图7.16）上看，咸阳市所辖的泾阳县北部和三原县西部沉降速率较快，最大沉降速率超过 20mm/a。这些地区都是近年来城镇建设扩张速度较快、人口密度急剧增加的区域。

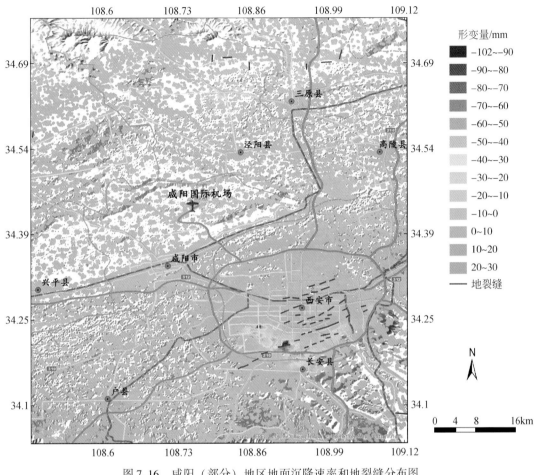

图 7.16　咸阳（部分）地区地面沉降速率和地裂缝分布图

宝鸡、渭南等市由于没有系统的地面沉降监测资料，地面沉降只能从地下水开采量和地下水水位的变化推知。渭南市城区 2005～2008 年的开采量分别为 0.59 亿 m^3、1.82 亿 m^3、2.03 亿 m^3 和 2.03 亿 m^3，总体呈现持续增大的趋势。渭南市韩马村机井水位埋深在 1973 年为 37m，1995 年为 134m，2004 年为 166m，累计水位下降 129m，平均每年下降 4.16m。根据当地水文地质和工程地质条件推测渭南市有一定程度的地面沉降。

7.2　太原盆地地面沉降模型研究

7.2.1　太原盆地地面沉降研究现状

太原市从 20 世纪 50 年代末发现地面沉降，现已成为我国地面沉降最为严重的城市之一。据太原市地面沉降 114 个 "Ⅱ" 等水准测量点实测资料，地面沉降范围北起上兰镇，南至刘家堡乡郝村，西起西镇，东到榆次西河堡村。南北长约 39km，东西宽约 15km，地面沉降涉及范围约 548km²，最大沉降中心为吴家堡－高新技术开发区，累计地面沉降量为2960mm，年均沉降速率为 63mm/a。20 世纪 90 年代以来，沉降范围逐年向盆地边缘扩展，沉降漏斗面积逐年扩大，南部有向晋中盆地延伸的趋势。根据太原市地面沉降历史演变特征将其划分为 4 个沉降阶段。

（1）1956～1981 年为地面沉降中心初步形成阶段。1965 年以前无明显地面沉降现象；1965～1970 年为缓慢沉降时期；1970～1981 年为地面沉降不均匀发展时期，在此期间，吴家堡沉降中心已形成。

（2）1981～1989 年为地面沉降快速发展阶段。形成了两处沉降区（西张沉降区和城区沉降区），4 个沉降漏斗中心（西张沉降中心、万柏林沉降中心、下元沉降中心、吴家堡沉降中心）。

（3）1989～2000 年为地面沉降持续急剧扩展阶段。沉降波及范围南北长约 38km，东西宽约 12.5km，沉降面积 453.3km²。1989～2000 年，4 个沉降漏斗面积迅速扩展。

（4）2000～2007 年为平稳发展阶段。地面沉降涉及范围北起上兰镇，南至北格镇张花，西起西镇，东到榆次西河堡村；南北长约 47km，东西宽约 16.5km，面积扩大至约552.9km²。最大沉降中心为吴家堡沉降中心，1956～2007 年累计沉降量为 3148mm，沉降速率为 60.54mm/a。西张沉降中心，面积为 30.40km²，累计沉降量为 712mm；万柏林沉降中心，面积为 9.22km²，累计沉降量为 1104mm；下元沉降中心，面积为 10.72km²，累计沉降量为 1740mm；吴家堡沉降中心，面积为 53.40km²，累计沉降量为 3148mm；小店沉降中心，面积为 5.40km²，累计沉降量为 1372mm²。

随着 2003 年太原市采取关井压采及引黄入并等一系列举措，太原市地下水水位呈现回升的趋势，地面沉降速率随之减缓。太原市西张（北固碾）沉降中心、吴家堡沉降中心地面沉降无论从年沉降量还是沉降速率方面来说，都由大变小。至 2006 年，西张沉降区已出现反弹，反弹量为 10～20mm。城区沉降区表现出一些新特征：第一，下元沉降中心继续西移，中心位置在阎家沟附近，沉降速率为 90mm/a；第二，吴家堡沉降中心沉降速率较 2004 年以前趋缓，年均沉降速率为 65mm/a；第三，太原总体地面沉降向南延伸，在小店区附近形成新的沉降中心，沉降速率最大点位于小店区政府所在地及西侧的孙家寨，年均沉降速率为 100mm/a。

2002 年，为分析太原市地面沉降，方鹏飞等对太原市区进行了地质模型概化，建立了太原市区大规模开采地下水引起地面沉降的数值计算模型，同时对研究区内的地面沉降进行了预测。分析结果表明，太原市地面沉降主要是由于集中开采深层承压含水层引起的。2006 年，崔德山研究了太原市抽取地下水引起地面沉降的机理，分别从有效应力原理、土层的固结状态、土层的应力－应变性状论述了抽取地下水与地面沉降的关系，并且得出土的固结和回弹过程是滞后于地下水的变化的，地面沉降漏斗中心与地下水漏斗中心是不一致的。2007 年，孙自永等对比 1956～2000 年太原市地下水水位与地面沉降资料发现，太原市地面降落漏斗与地下水降落漏斗空间分布不完全吻合，局部地区存在偏移，通过对黏性土层累计厚度分布、黏性土层与粗颗粒土层的组合特征、不同分区各深度处土力学特征值与上述偏移对比分析，得出太原市地层的空间异质性对地面沉降分布的影响，沉降多发生在黏性土夹层多、单层厚度较小的地区。2010 年，董少刚等依据太原市水文地质条件，建立了太原市三维地下水流动及一维地面沉降模型，并应用该模型对太原市的地面沉降进行模拟分析，结果表明地下水开采降落漏斗区即为地面沉降严重区。2011 年，周艳萍首次对太原市 4 个沉降中心分别建立 BP 神经网络模型，预测了在不同降水保证率下 2009 ~ 2015 年地面沉降的趋势，此方法在地面沉降预测分析中是一种较有效的方法。

7.2.2　太原盆地地面沉降研究技术路线

根据前述研究现状分析得知，地面沉降是近年来环境地质领域内的一个热点问题，尤其是地面沉降模型的研究，从国外到国内，从简单到复杂，从随机统计模型到数值模型，不断地向前进步，同时也体现着人们对地面沉降认识的不断提高和深入。到目前为止，三维全耦合模型当然是最好的，但是由于其参数获取困难，难于实践于区域地面沉降的模拟，相对而言，部分耦合模型由于其广泛的适用性而受到国内外学者的追捧，在部分耦合模型的研究过程中，各类方法、各类思想和认识得到了充分的体现，有相对简单的，也有相对复杂、考虑全面的，各不相同，但总的认识都在不断向前进步。本章中的地面沉降模型也属于部分耦合模型，在模型的构建和求解方面采用了一些新的思路和方法，以期为今后的地面沉降研究者提供参考，其中一些地面沉降的防治对策也可以为管理部门的决策提供一些依据。

本章主要内容是太原市地下水开采导致的地面沉降及其防治对策，其核心内容是地面沉降模型的构建及计算，最终的落脚点是地面沉降模型在地面沉降防治方案定量预测上的应用，即尝试利用模型寻求控制地面沉降条件下的地下水合理开采方式。主要研究内容如下：

（1）从 Leake 提出的含水层内的"夹层"理论出发，在 Terzaghi 有效应力原理的基础上，分析由于地下水开采导致地面沉降的机理，对三维地下水流模型和垂向一维土体变形模型耦合的机理进行分析。

（2）在充分掌握研究区地质、水文地质条件基础上，构建研究区三维地下水流和土体垂向一维变形的耦合模型。

（3）分析太原市地下水的历史开采动态和太原地面沉降的发生和发展过程，总结太原地面沉降的时空分布特征及其发展的特点；分析地面沉降和地裂缝的相互作用关系。

（4）利用美国地质调查局开发的三维地下水流模拟软件 MODFLOW、Hoffmann 和 Leake 开发的 SUB 地面沉降程序包对模型进行识别和检验。

（5）在建立的耦合模型的基础上建立预测模型，对未来 20 年地下水现状开采条件下可能引起的地面沉降的大小和分布进行预测，并提出适合控制地面沉降的地下水合理开采方案。

本章主要技术路线如图 7.17 所示。

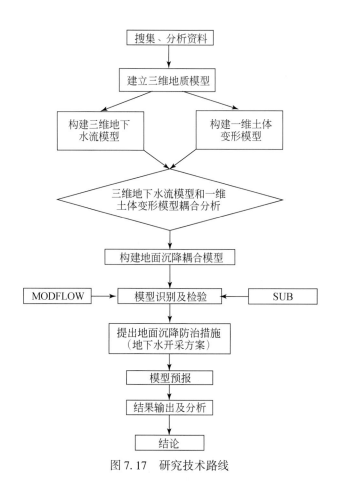

图 7.17　研究技术路线

7.2.3　太原盆地水文地质概念模型

1. 计算区范围和含水层系统概化

计算区与研究区范围一致。研究区太原盆地位于山西省中部，太行山与吕梁山之间，盆地四周均为丘陵和山区环绕，东部山区属太行山系，西部山区属吕梁山系。盆地总体呈北东向展布，位于东经 111°39′~112°48′，北纬 36°59′~38°02′，包括太原地区的太原市、清徐县，晋中地区的榆次市、太谷县、祁县、平遥、介休，吕梁地区的交城、文水、汾阳、孝义等 11 个县市，南北长约 118km，东西长约 101km，面积 4492.642km²。

研究区孔隙水主要分布于盆地区内部第四系和新近系，分布面积约 6000km²，太原盆地浅层水的补给来源主要是大气降水的垂直入渗补给、渠系的渗漏补给、汾河等地表水系及地下水灌溉的回归入渗补给以及盆地周边的侧向补给；开采、蒸发及向深层越流为其主要排泄途径，向区外的侧排量甚微可忽略不计。深层水的主要补给来源是上层越流和盆地周边的侧向补给，开采为唯一排泄途径。太原盆地内大量混合开采井，使上、下含水层互相串通,现已成为统一的混合含水层,因此,应该将太原盆地地下水水流系统概化为三维流动系统。

计算区地下水的径流方向与地形的总体坡度基本一致,主要由北向南径流。太原盆地孔隙水系统夹峙于东、西山岩溶水系统之间,南北长约 55km,东西宽 5~15km,西部边界基本上沿着西边山断裂带(平面上为"S"形)为固定的补给边界;北部边界位于上兰村北部的东西向断裂带,为固定的补给边界;东部边界受东山弧形断裂带控制,为固定的补给边界;东南边界为介休市内南的盆山结合带,综合概化为第二类定流量边界。分布在计算区内部的各河流域地下水系统存在一定的水量交换,可概化为河流边界(第三类边界)。顶面为潜水面,在该面上发生着降水入渗、潜水蒸发、农灌水回归补给等垂向水交换作用,可概化为潜水面边界;埋深 300m 左右的弱透水层在全区均有分布,厚度可达30~50m,结构致密,渗透性极弱,可概化为隔水边界(图 7.18)。

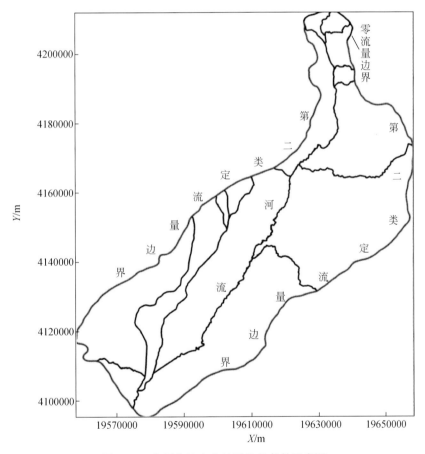

图 7.18　太原盆地水文地质边界条件示意图

2. 土体变形方向的概化

根据 Terzaghi 有效应力原理,在假定研究区土层总应力保持不变的情况下,孔隙水压强的减少量等于土骨架有效应力的增加量。

严格来讲，真实的土体变形都是三维的，但由于研究区范围广，地面的水平位移十分微小，所以本书忽略了土层的水平变形，认为黏性土的压密排水过程符合太沙基一维固结理论，即土体变形是垂向一维的。

对于一维垂向沉降模型，其顶面是地表，为自由面，可上下发生位移，底面是第二承压含水层的底板，假定不发生位移。

7.2.4　三维水土耦合模型

地面沉降模型包括水流模型和沉降模型两部分，本节根据 7.2.3 节的概念模型给出具体的数学模型。

1. 水流数学模型

根据上述的水文地质概念模型，区内地下水符合三维非稳定流运动，其数学描述可表示为

$$
\begin{cases}
\dfrac{\partial}{\partial x}\left(K_{xx}\dfrac{\partial H}{\partial x}\right) + \dfrac{\partial}{\partial y}\left(K_{yy}\dfrac{\partial H}{\partial y}\right) + \dfrac{\partial}{\partial z}\left(K_{zz}\dfrac{\partial H}{\partial z}\right) = S_s \dfrac{\partial H}{\partial t} & (x,\ y,\ z) \in D,\ t>0 \\[2mm]
H(x,\ y,\ z,\ 0) = H_0(x,\ y,\ z) & (x,\ y,\ z) \in D \\[2mm]
\dfrac{\partial H}{\partial n_1}\Big|_{A_1} = \dfrac{\partial H}{\partial n_2}\Big|_{A_2} = \dfrac{\partial H}{\partial n_3}\Big|_{A_3} = 0 & t>0 \\[2mm]
H(x,\ y,\ z,\ t)\,|_{\Gamma_1} = H_1(x,\ y,\ z,\ t) & t>0 \\[2mm]
\dfrac{K_r}{M_r}(H_r - H) = q_r \quad \text{内部河流边界,} & t>0 \\[2mm]
\left.\begin{array}{l} H = z \\[1mm] -(K+W)\dfrac{\partial H}{\partial z} + W = \mu\dfrac{\partial H}{\partial t} \end{array}\right\} \quad \text{潜水面边界} & t>0 \\[2mm]
\displaystyle\lim_{r\to r_w}\left[r\int_0^{2\pi}\mathrm{d}\theta\int_{h'}^{h} K\dfrac{\partial H}{\partial r}\mathrm{d}z\right] = Q & t>0
\end{cases}
\tag{7.1}
$$

式中，H 为水头，m；K 为渗透系数，m/d；S_s 为弹性释水率，1/m；H_0 为初始水头，m；t 为时间，d；$x,\ y,\ z$ 为坐标变量，m；$r,\ \theta,\ z$ 为辅助坐标变量，m；$n_1,\ n_2,\ n_3,\ n_4$ 为二类边界外法线方向单位向量；$A_1,\ A_2,\ A_3,\ A_4$ 为二类边界；M_r 为内部河流河床介质厚度，m；q_r 为内部河流单位面积交换水量，m³/（d·m²）；W 为潜水面上源汇项强度，m³/（d·m²）；μ 为给水度；D 为计算区范围。

2. 土层垂向一维变形数学模型

从理论上说，考虑水的压缩性比忽略水的压缩性更为精确，但实际上，对固结程度较低的黏性储水层，忽略水的压缩性不会对分析计算带来明显影响，这是由于水的体积压缩系数 β 与骨架压缩系数 α 相比小得多，含水层的骨架弹性储（释）水率 S_{sk} 与含水层的总弹性储（释）水率 S_s 基本相等，亦即可以取 $S_s = S_{sk}$。

当假定水和骨架颗粒不可压缩时，有以下关系成立：

$$\rho_{\text{w}}g(1-n)\alpha b = S_{\text{sk}}b = S_{\text{k}} = \frac{\text{d}b}{\text{d}H} \tag{7.2}$$

式中，b 为多孔介质的初始厚度；$\text{d}b$ 为初始厚度 b 的变化量；$S_{\text{sk}} = (1-n)\rho_{\text{w}}g\overline{\alpha}$，表示多孔介质骨架的储水率；$S_{\text{k}} = S_{\text{sk}} \cdot b$，表示多孔介质骨架的弹性储水系数（不是含水层的弹性储水系数）；$\text{d}h$ 为水头的变化，$\text{d}h$ 为正值表示水头的减小，负值表示水头的增加。

一般情况下，有效应力的增加量很小，造成的含水层系统的压缩量也非常小，式（7.2）可以被线性化为

$$\Delta b = S_{\text{k}}\Delta H \tag{7.3}$$

式中，Δb 为沉积层厚度的变化；S_{k} 为骨架的弹性储水系数；ΔH 为水头的变化量。

式（7.3）表明，沉积层由于水头变化导致骨架对水的弹性储存或释放而引发的体积形变等于其骨架弹性储水系数与水头增量的乘积。对地表某一点来说，假定地下所有的夹层都是水平展布的，则该点处由于夹层的储水（释水）而产生的地面沉降 s 就等于地表以下所有夹层（假设共 m 个）的垂向压缩量的叠加，即

$$s = \sum_{i=1}^{m} S_{\text{k}i}\Delta H_i \tag{7.4}$$

式中，$S_{\text{k}i}$ 为第 i 个夹层的骨架弹性储水系数；ΔH_i 为第 i 个夹层的水头变化。这就是计算地面沉降的基本理论。

3. 三维地下水流模型和一维土体变形模型耦合的实现

在忽略水的密度在空间上的差异性的条件下，区域上孔隙介质中的地下水流模型可以用下面的方程来表示：

$$\frac{\partial}{\partial x}\left(K_{xx}\frac{\partial H}{\partial x}\right) + \frac{\partial}{\partial y}\left(K_{yy}\frac{\partial H}{\partial y}\right) + \frac{\partial}{\partial z}\left(K_{zz}\frac{\partial H}{\partial z}\right) - q = S_{\text{s}}\frac{\partial H}{\partial t} \tag{7.5}$$

式中，K_{xx}、K_{yy}、K_{zz} 分别为渗透系数在 x，y，z 方向上的分量，这里假定渗透系数的主轴方向与坐标轴的方向一致；q 为单位体积源汇项；S_{s} 为孔隙介质的弹性释水率。

式（7.5）右边的表达式描述了单位体积含水介质单位时间内储存量的变化量。计算中，可对一个计算单元中储存量的变化量分成两部分进行计算，一部分为夹层的储存量变化量，另一部分为除过夹层其余含水层的储存量变化量。假定含水层系统中夹层所占的体积百分比为 γ，那么扣除夹层后的含水层的储存量变化量为 $(1-\gamma)S_{\text{s}}\dfrac{\partial H}{\partial t}$，夹层的储存量变化量可以用 $\hat{q} = \gamma S_{\text{s}}\dfrac{\partial H}{\partial t}$ 来表示，作为一个右端项加入式（7.5）中，而在计算过程中，可以把从夹层中进入含水层或者从含水层进入夹层的这部分水量加到源汇项 q 中，以此来实现地下水流模型和土体变形的耦合，那么式（7.5）就变为如下的形式。

$$\frac{\partial}{\partial x}\left(K_{xx}\frac{\partial H}{\partial x}\right) + \frac{\partial}{\partial y}\left(K_{yy}\frac{\partial H}{\partial y}\right) + \frac{\partial}{\partial z}\left(K_{zz}\frac{\partial H}{\partial z}\right) - (q + \hat{q}) = (1-\gamma)S_{\text{s}}\frac{\partial H}{\partial t} \tag{7.6}$$

对于前述的地下水流模型，在其数学表达式中，控制方程中没有源汇项 q，即所有的补给和排泄都作为边界条件来处理，因此在进行耦合时，只需要将式（7.6）中原来的源汇项 q 去掉即可，即将式（7.6）变为

$$\frac{\partial}{\partial x}\left(K_{xx}\frac{\partial H}{\partial x}\right) + \frac{\partial}{\partial y}\left(K_{yy}\frac{\partial H}{\partial y}\right) + \frac{\partial}{\partial z}\left(K_{zz}\frac{\partial H}{\partial z}\right) - \hat{q} = (1 - \gamma)S_s\frac{\partial H}{\partial t} \tag{7.7}$$

然后替代式 (7.1) 式中的控制方程, 就得到了本次计算的三维地下水流和一维土体变形耦合模型。

数学模型求解采用美国地质调查局 (USGS) 开发的地下水流三维有限差分计算程序 MODFLOW, 地面沉降模型采用 SUB 软件包求解。SUB (Subsidence and Aquifer- System Compaction Package) 是 Hoffmann 和 Leake 在 2003 年基于夹层理论开发出来的用于计算地面沉降和含水层压缩的程序包, 并将其耦合到了 MODFLOW 中, 其前身是 1990 年 Leake 开发的夹层储水程序包 IBS1 (Interbed Storage Package), SUB 在 ISB1 的基础上对程序进行了很大的改进, 它可以模拟含水层系统中夹层的滞后排水 (注水) 而导致的压缩滞后现象, 同时也可以模拟弱透水层的排水 (注水) 和压缩的滞后现象。

7.2.5　水土耦合数值模型

1. 计算域剖分

计算域剖分包括空间和时间两部分的剖分。

在空间上, 模拟区空间范围为大地坐标 $X = 4095000 \sim 4213000$, $Y = 19558000 \sim 19659000$, 垂向上为埋深 350m 的范围。

首先采用分别平行于 X、Y 轴的正交网格对计算域进行平面上的剖分, 考虑到计算域较大, 同时考虑到现有计算机的容量与计算速度, 平面剖分间隔不宜偏小, 否则会因模型未知节点数过多而无法进行计算。本次剖分采用 500m×500m 的等间距网格进行剖分, 将整个模拟区在平面上沿南北向剖分为 236 行, 沿东西向剖分为 202 列, 单层活动单元为 17982 个。在垂向上, 根据区内含水岩组分布特征, 将整个模拟区在垂向上剖分为三层, 分别代表第四系 Q_{3+4} 含水层、第四系 Q_2 含水层和第四系 Q_1 含水层。通过这种剖分形式共剖了 53946 个活动单元, 实际代表平面面积 4492.642km², 如图 7.19 所示。

在时间上, 根据所掌握的资料情况, 并结合区内地面沉降发展历史, 模拟期为 2003 年 12 月至 2011 年 10 月, 共计 95 个月。考虑到外界对地下水系统作用因素的变化特点, 将模拟期以自然月为单位, 划分为 96 个应力期。为提高计算精度, 在各应力期内进一步划分为 10 个时段, 并要求相邻时段的时间间隔满足下列关系:

$$t_{k+1} = 1.2 \cdot t_k \tag{7.8}$$

式中, t_k 为第 k 个计算时段的时段步长, 各时段长度累加应等于应力期的长度。

2. 三维几何模型

根据区内 1:5 万数字高程模型 (DEM) (图 7.20) 可获得模型第一层的顶面 (地面) 标高, 根据计算区钻孔揭露情况以及各含水岩组埋深特征, 可获得模型各层面标高 (图 7.21 ~ 图 7.23)。将数字高程模型与各含水岩组底板标高网格化模型整合到一起, 便可获得模拟区的三维几何模型。

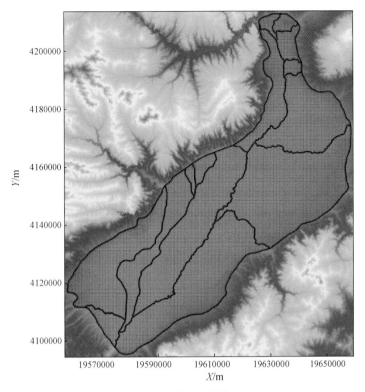

图 7.19　模拟区剖分图

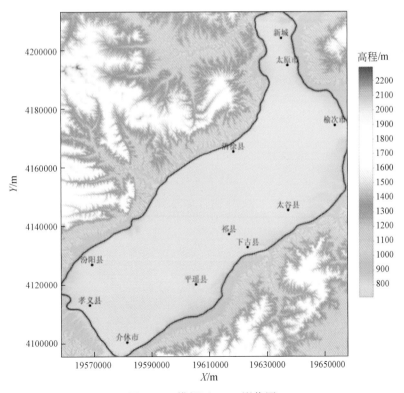

图 7.20　模拟区 DEM 影像图

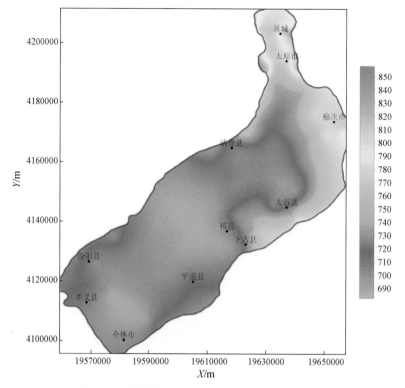

图 7.21　模型第一层（顶层）底面标高等值线图

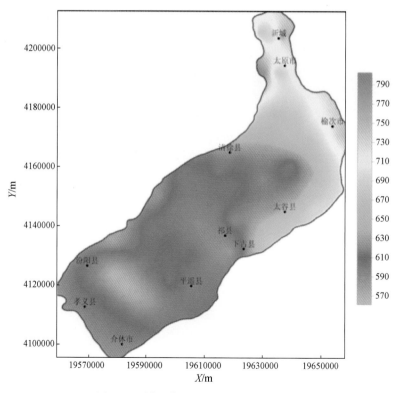

图 7.22　模型第二层底面标高等值线图

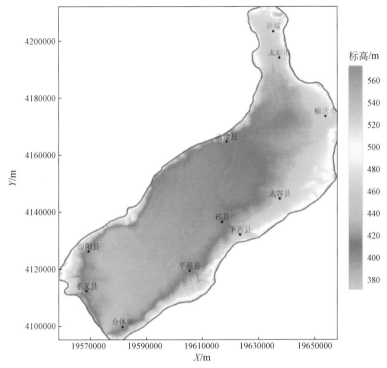

图 7.23　模型第三层底面标高等值线图

3. 三维地质模型

由于本次三维地质模拟是为三维水流--一维地面沉降数值模拟服务的，因而本次地质模拟的内容与传统地质模拟的并不相同。本次地质模拟的内容是根据各含水岩组的岩性、岩相古地理等的空间分布特征，对三维几何模型进行空间分区，并为水文地质模拟提供与地质内容相关的水文地质参数。根据太原地区关于岩相古地理的研究成果，对模拟区水文地质参数进行了框架式的分区，然后结合模拟区及周边地区各期次水文地质勘查中的抽水试验等有关成果资料，对各分区的水文地质参数赋予初值。为得到更加详实的水文地质资料，共在研究区垂直于地貌变化最大方向绘制了 13 条剖面线，共计利用 126 个钻孔，各钻孔穿透第四系 Q_{3+4} 含水层、第四系 Q_2 含水层和第四系 Q_1 含水层。钻孔平面位置图及剖面图如图 7.24 ~ 图 7.37 所示。

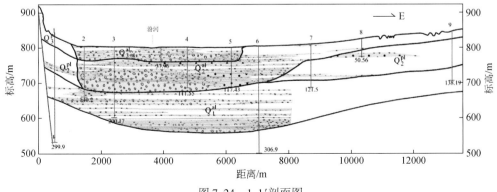

图 7.24　1-1′剖面图

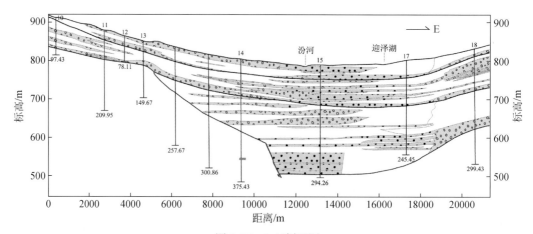

图 7.25　2-2′剖面图

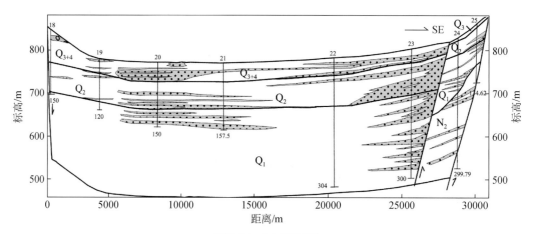

图 7.26　3-3′剖面图

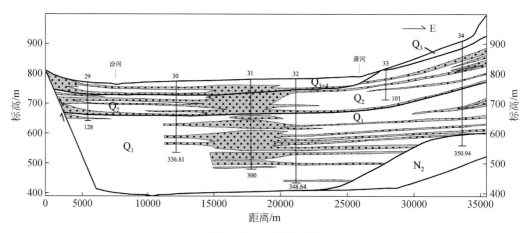

图 7.27　4-4′剖面图

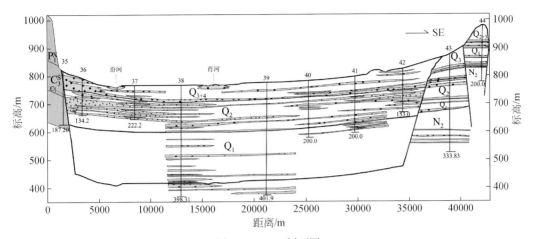

图 7.28　5-5'剖面图

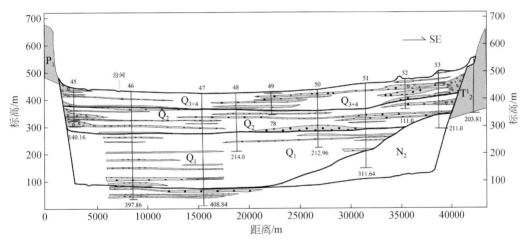

图 7.29　6-6'剖面图

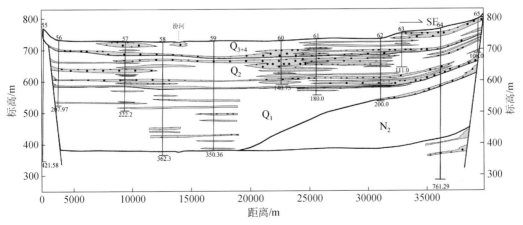

图 7.30　7-7'剖面图

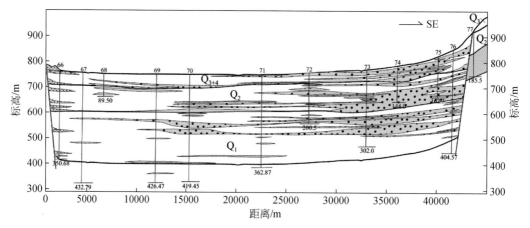

图 7.31　8-8′剖面图

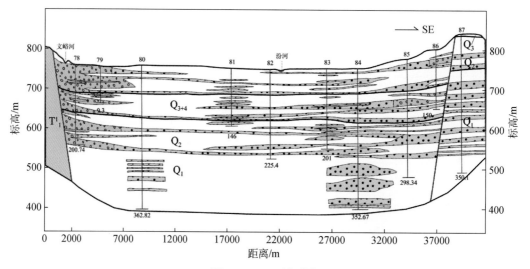

图 7.32　9-9′剖面图

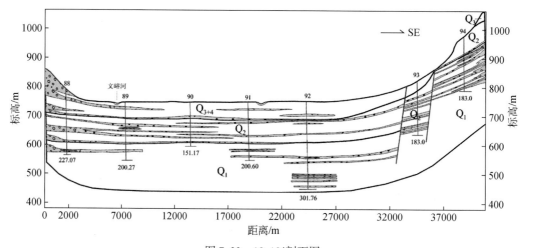

图 7.33　10-10′剖面图

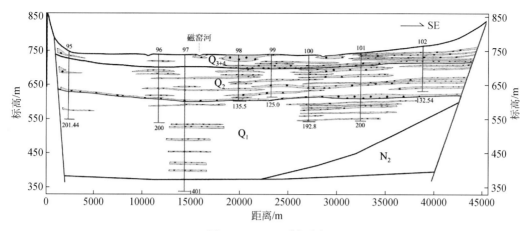

图 7.34　11-11′剖面图

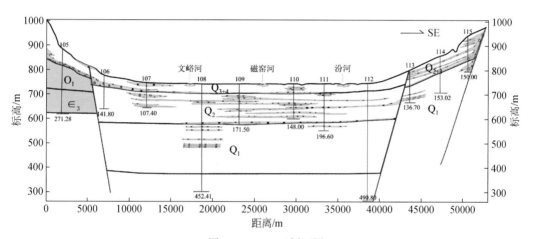

图 7.35　12-12′剖面图

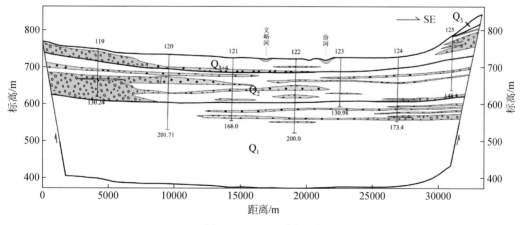

图 7.36　13-13′剖面图

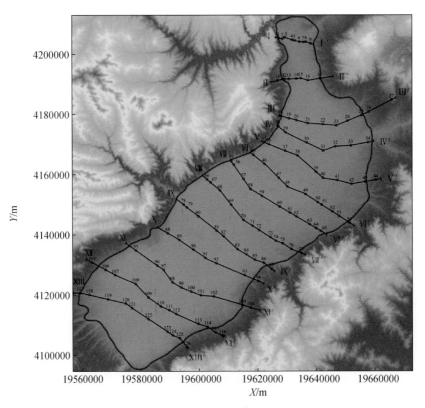

图 7.37　剖面平面位置图

4. 三维水文地质模型

本次建立的三维水文地质模型是在前述的三维地质模型的基础上，添加区内的水文地质内容而建成的，具体内容包括边界条件（计算区的四周边界）的设置、内部河流的设置、大气降水入渗补给的设置、潜水蒸发排泄的设置、人工开采的设置等。

1）周边边界条件

根据概念模型，北边界为隔水边界（第二类零流量边界），其他三边界为第二类定流量补给边界。

对于一维垂向沉降模型，其顶面是地表，为自由面，可上下发生位移，底面是第三层含水层的底板，假定不发生位移。

2）大气降水入渗补给

在模型中大气降水入渗补给量的计算公式为

$$Q_{降} = \sum_i \alpha_i P_i A_i \qquad (7.9)$$

式中，$Q_{降}$ 为多年平均大气降水入渗补给量，m^3；α_i 为各计算分区大气降水入渗系数；P_i 为各计算分区多年平均降水量，m；A_i 为各计算分区面积，m^2。

本次模型模拟采用的是大气降水入渗系数分区（图 7.38）及降水量分区（图 7.39）相叠加，叠加后的大气降水入渗补给量以面状补给（Recharge）的形式加入到模型中。根据模拟区地貌图，并结合不同地貌单元大气降水入渗系数的取值，确定出模拟区大气降水入渗补给系数平面分布图，在模型中计算大气降水入渗补给量时，将该补给量作用于最上一层活动单元，即当某地段第一层为透水不含水时（呈疏干状态，为非活动单元），大气降水补给量将作用于其下部含水的单元上（活动单元）。降水量分区是按照行政分区来划分的，根据统计资料 2003～2011 年各行政区的月降雨量，对应于叠加后产生的各个小区的大气降水入渗系数，通过上式计算出的每个小区的入渗量以 Recharge 形式分配到相应的各单元格中。

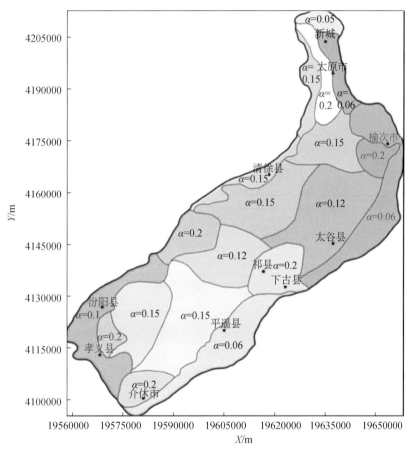

图 7.38　模拟区降水入渗补给系数分区图

3）河流

模拟区内发育有汾河、阳忻河、西沙河、潇河、昌源河、文峪河、白石河等河流，这些河流流域内地下水的补排关系较复杂。根据前述概念模型，这些河流可处理为河流边界，在模拟过程中采用 River 模块进行计算。首先根据 1∶5 万地形图提取河网，并对其进行适当删减，仅保留主要地表河流。这样可得到反映主要地表水体与地下水交换关系的水系分布图（图 7.40）。然后根据所保留水系的平面位置、测流点的水位资料，并结合数字高程模型，共同确定各河流不同位置的河底标高。采用下式计算河流与地下水的交换水量：

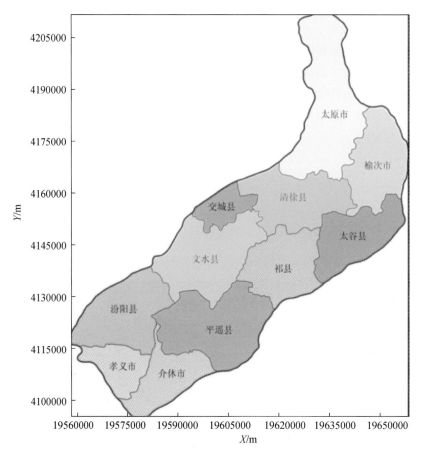

图 7.39　模拟区降水量分区图

$$Q_r = K' \frac{H_{i,j} - H_r}{M'} A = C(H_{i,j} - H_r) \tag{7.10}$$

式中，Q_r 为河流排水量，m^3/d；$H_{i,j}$ 为河流所在单元（节点）地下水水位，m；H_r 为河流排水标高，m；K' 为河床淤积物垂向渗透系数，m/d；M' 为河床淤积物厚度，m；A 为河床淤积物在河流所在单元的面积，m^2；C 为河床淤积物导水性能，m^2/d。

式（7.10）中反映河床淤积物渗透性能的参数为河床淤积物导水性能 C，该参数可通过模型的校正进行反演，即可根据河流排水量的实测值与计算值的误差平方和最小为目标来求取。

4）回归补给

本次模拟回归补给量包括渠系渗漏补给量、地表水灌溉补给量和地下水灌溉补给量。

（1）渠系渗漏补给量。

计算公式：

$$Q_{渠} = M \cdot Q_{引} \tag{7.11}$$

式中，$Q_{渠}$ 为渠系渗漏补给量，万 m^3/a；$Q_{引}$ 为渠首引水量，万 m^3/a；M 为渠系渗漏补给系数。

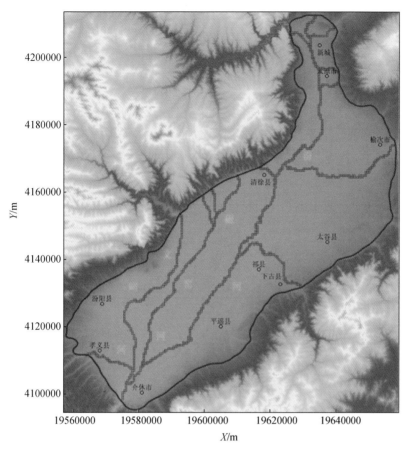

图 7.40　模拟区简化水系及 River 单元分布图

渠系补给量分布在整个研究区域内，根据多年平均统计资料 M 取 0.281，渠首引水量为 16659.25 万 m^3/a，计算渠系渗漏补给量为 4673.959 万 m^3/a，研究区面积为 4492.642km^2，分布在整个范围内的渠系渗漏补给量为 10.404mm/a。

（2）地表水灌溉补给量。

地表水灌溉回渗补给地下水量（$Q_回$）计算公式：

$$Q_回 = \beta \cdot Q_灌 \qquad (7.12)$$

式中，β 为灌溉回渗补给地下水系数；$Q_灌$ 为地表水灌溉水量。

地表水灌溉补给量同样分布在整个研究区域内，根据多年平均统计资料，地表水灌溉回渗补给地下水系数平均为 0.169，统计研究区的地表水灌溉水量为 11816.13 万 m^3/a，计算地表水灌溉补给量为 2001.277 万 m^3/a，研究区面积为 4492.642km^2，分布在整个范围内的地表水灌溉补给量为 4.455mm/a，灌溉主要集中在 5~9 月。

（3）地下水灌溉补给量。

计算公式同地表水灌溉入渗补给量，根据本次调查的结果，各县市地下水农业用水量选用不同的灌溉回渗系数值（表 7.1，图 7.41），灌溉主要集中在 5~9 月。

表 7.1 太原盆地地下水灌溉入渗补给量计算表

县（市）	$Q_{灌}$／（万 m^3/a）	β	$Q_{回}$／（万 m^3/a）	面积/km^2	入渗量／（mm/a）
太原市	3513.860	0.15	527.080	686.807	7.674
榆次市	4259.120	0.10	425.910	406.231	10.484
清徐县	4829.310	0.13	627.810	431.180	14.560
太谷县	7070.170	0.10	707.020	368.673	19.177
交城	2504.400	0.10	250.440	141.633	17.682
文水	7109.700	0.13	924.260	530.137	17.434
祁县	4027.030	0.10	402.700	390.348	10.316
平遥	4502.010	0.13	585.260	579.460	10.100
汾阳	3548.700	0.13	461.330	462.646	9.972
孝义市	2074.280	0.13	269.660	201.468	13.385
介休	3433.960	0.13	446.410	294.058	15.181
合计	46872.540		5627.886	4492.642	145.967

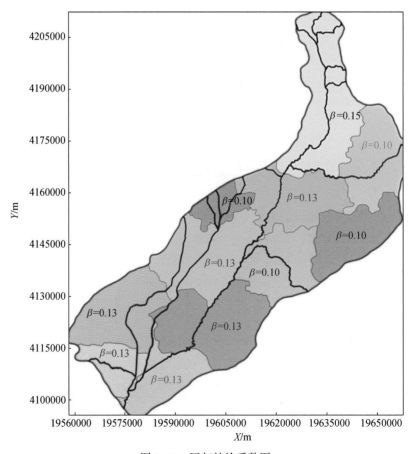

图 7.41 回归补给系数图

将渠系渗漏、地表水灌溉和地下水灌溉补给量此三部分叠加后以面状补给（Recharge）的形式加入到模型中，根据叠加后各时段的入渗量，平均分配到相应区域的各单元格中。

5）区内蒸发排泄

潜水的蒸发排泄是区内地下水的排泄方式之一。本次潜水蒸发排泄量计算中所用的蒸发度，是在太原市气象局蒸发皿蒸发量观测资料的基础上，乘以0.7的系数，换算为水面蒸发度，计算中所用的潜水极限蒸发深度，根据《山西太原盆地地下水资源及其环境问题调查评价报告》选用4m。采用以下公式计算各单元的潜水蒸发量：

$$E = E_0 \times 0.7 \tag{7.13}$$

$$Q_{蒸} = \sum_i E \left(1 - \frac{s_i}{\Delta s}\right)^n A_i \quad s_i < \Delta s \tag{7.14}$$

式中，$Q_{蒸}$为计算区潜水蒸发排泄量，m^3/d；E_0为各离散单元气象站观测蒸发度，m/d；E为各离散单元大水面蒸发度，m/d；s_i为各离散单元潜水水位埋深，m；Δs为潜水极限蒸发深度，m；A_i为各离散单元面积，m^2；n在本次计算取2。

在模型中，采用ET Segments（分段蒸发）模块计算蒸发量，将极限蒸发深度范围内分为三个分段，按照埋深与蒸发量间的平方关系，自地表向下，各分段点埋深及相应的蒸发量占最大蒸发量的比例依次为（0m，1）、（4.2×1/3m，4/9）、（4.2×2/3m，1/9）、（4.2m、0）。

6）人工开采

区内人工开采地下水包括自备井开采、集中水源地开采、农村生活用水及乡镇企业用水开采。由地下水开采井分类统计表可知，农业灌溉用水量最大，生活用水量次之，工业用水量最小。各项用水量主要来源于中深层孔隙水，中深层孔隙水的开采量为浅层孔隙水的52～92倍。年开采量在0～50万m^3范围内的中深层井有18299口，是总中深层井数的99.85%，年开采量在100万～750万m^3范围内的6口中深层井主要为水源地内的开采井。

周边农村到目前为止仍没有铺设统一的自来水管网，生活用水和乡镇企业用水主要是开采地下水。在研究区范围内的自备水源井有19324口，太原盆地第四系松散层主要集中供水水源有太原西张水源地、太钢水源地、西山矿务局孔隙水水源地、化工水源地、榆次西窑水源地等，其中，集中水源地都属傍河开采，分别开采浅层和深层的地下水（图7.42、图7.43）。

城区自备井的分布、开采量、开采动态及封停时间等均从太原市水务局提供的每口井的年度取水情况统计表7.2中获取，集中水源地的开采井分布、开采量和开采动态从自来水公司获得。在模型中，所有的自备井按照井流边界（Well）输入。

7）侧向径流补给边界

根据概念模型，侧向径流补给量包括山前基岩地下水侧向补给量以及河流侧向补给量。对于浅层（Q_{3+4}）含水层，周边边界大部分均为定流量补给边界，少部分为零流量边界。对于中深层（Q_2和Q_1）含水层，周边边界大部分均为零流量边界，少部分为定流量补给边界（图7.44、图7.45）。

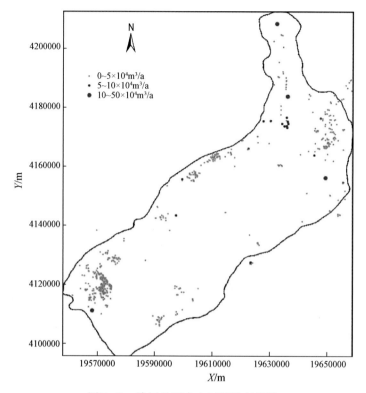

图 7.42　浅层地下水人工开采布井图

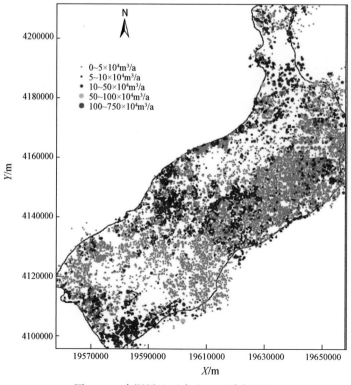

图 7.43　中深层地下水人工开采布井图

表 7.2　地下水开采井分类统计表

供水类型（用途）		开采深度		取水量统计							
		浅层孔隙水	中深层孔隙水	浅层井年开采量/万 m³			中深层井年开采量/万 m³				
				0~5	5~10	10~50	0~5	5~10	10~50	50~100	100~750
乡村生活	井数	36	1261	33	1	2	917	221	123	0	0
	年开采量/万 m³	92.327	5712.405								
农业灌溉	井数	878	14939	861	17	0	12697	2003	239	0	0
	年开采量/万 m³	914.204	48005.460								
工业用水	井数	34	1122	31	2	1	786	183	149	4	0
	年开采量/万 m³	81.039	5922.435								
城镇生活	井数	35	437	33	0	2	285	39	93	14	6
	年开采量/万 m³	105.229	7435.335								
农村生活	井数	18	560	18	0	0	402	120	38	0	0
	年开采量/万 m³	25.92	2376.205								
其他	井数	0	4	0	0	0	4	0	0	0	0
	年开采量/万 m³	0	6.06								
合计	井数	1001	18323	976	20	5	15091	2566	642	18	6
	年开采量/万 m³	1218.719	69457.900								

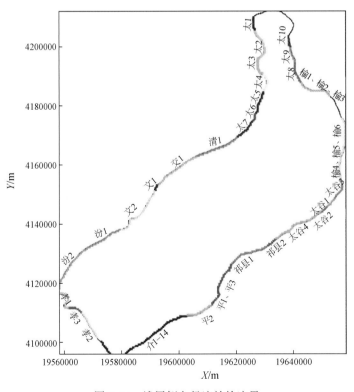

图 7.44　浅层侧向径流补给边界

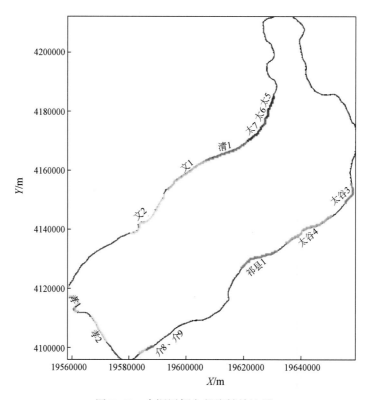

图 7.45　中深层侧向径流补给边界

8）初始条件

根据 2003 年 12 月 1 日的实测地下水水位作为本次模拟的初始流场，代入模型进行运算。

9）模型求解

大量试算表明，预调共轭梯度方法（PCG）对本次模型有较好的适应性，本次计算过程中外部迭代最大次数设定为 500，内部迭代最大次数为 250，水位变化收敛标准为 0.0001m，残差收敛标准为 0.0001m，阻尼系数为 0.5。

5. 模型参数拟合

模型中所用参数包括大气降水入渗系数、含水层（弱透水层）渗透系数、弹性储水率、夹层的弹性储水率、非弹性储水率。

水文地质参数分区主要依据来自野外水文地质勘查、抽水试验和室内测试资料，然后参照研究区的地貌分区图、地质图、岩相分区图等进行参数分区，在面积分布较大的相同岩性分布区且试验或测试资料较多时，通过绘制等值线图的方法再进一步细分，这样得到的初始参数分区，每一个参数分区根据试验或测试资料赋给各类参数的初值。

1）模型校正

本次共搜集了 232 个地下水水位观测点的资料（图 7.46），包括潜水观测井和承压水观测井，检测频率 1 次/月。选取 2006 年 9 月～2008 年 9 月的观测数据用于模型的校正，潜水观测井观测水位与计算水位拟合曲线如图 7.47 所示，承压水观测井观测水位与计算水位拟合曲线如图 7.48 所示。

2）模型验证

在模型校正的基础上，选取 2008 年 10 月～2011 年 10 月的地下水观测数据来对模型水文地质参数进行验证。经检验，各预测孔水位拟合的相对误差绝大多数小于时段水位变

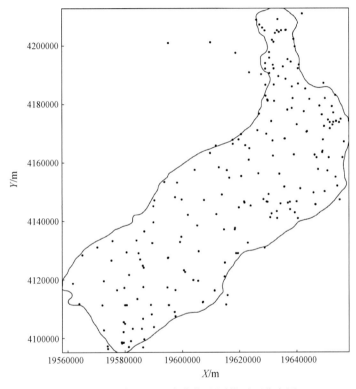

图 7.46　研究区地下水水位监测井平面分布图

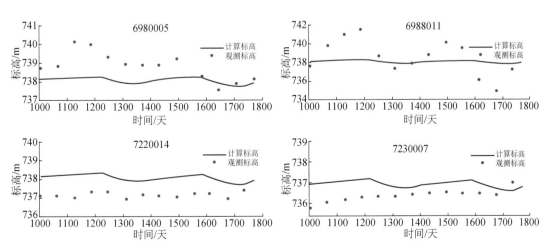

图 7.47　模型校正阶段潜水含水层水位拟合曲线

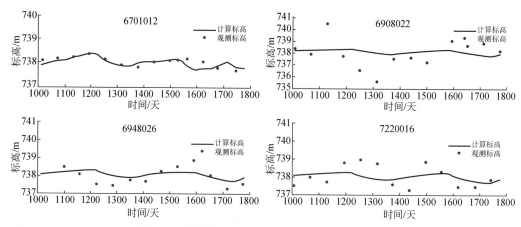

图 7.48　模型校正阶段承压含水层水位拟合曲线

幅的 5%，且水位变化趋势一致，表明各观测孔的水位拟合效果是较好的，个别水位拟合误差较大是由于计算过程中的源汇项多为统计量，这些统计量在时间和空间上的分配与实际有一定的出入。潜水观测井观测水位与计算水位拟合曲线如图 7.49 所示，承压水观测井观测水位与计算水位拟合曲线如图 7.50 所示。

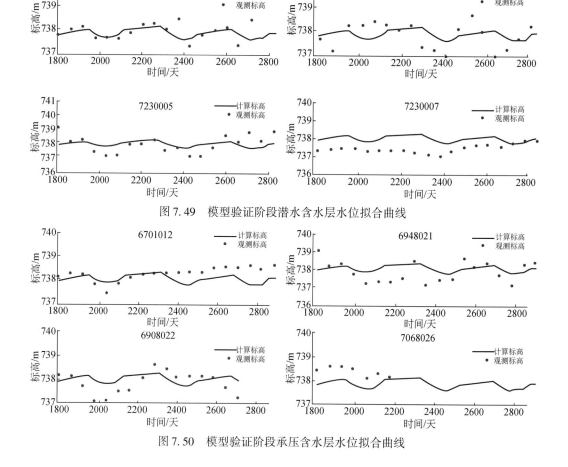

图 7.49　模型验证阶段潜水含水层水位拟合曲线

图 7.50　模型验证阶段承压含水层水位拟合曲线

实测流场与模型计算末刻的计算流场对比图如图 7.51 和图 7.52 所示。

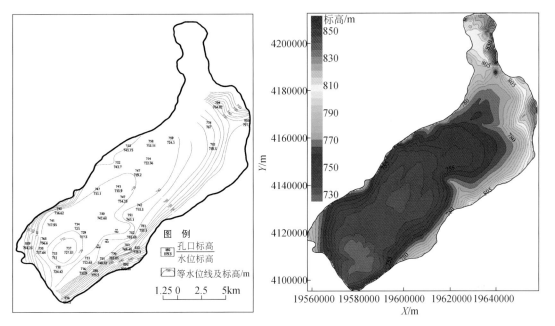

图 7.51　2011 年 10 月浅层实测流场与计算流场对比图

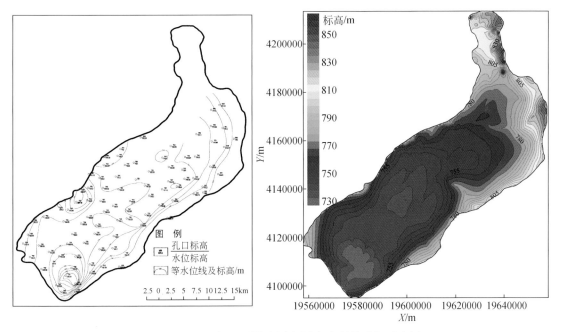

图 7.52　2011 年 10 月深层实测流场与计算流场对比图

由于研究区内 GPS 地面沉降监测点仅在局部城区范围分布，且数据不连续，选取 2004~2009 年 InSAR 地面沉降监测数据进行地面沉降量拟合（图 7.53）。模型运行末刻累计地面沉降量如图 7.54 所示。

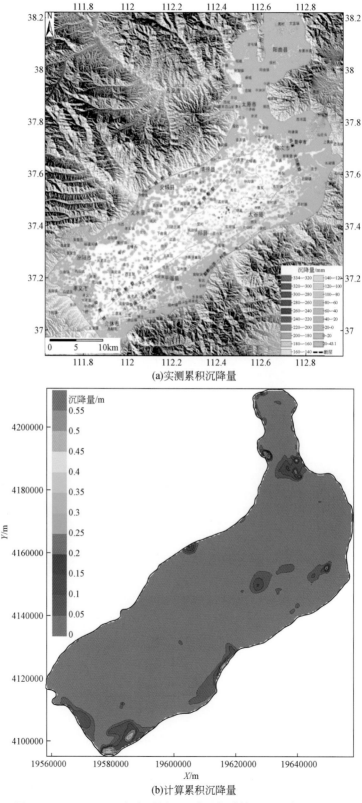

(a)实测累积沉降量

(b)计算累积沉降量

图 7.53　2004～2009 年实测累积沉降量与计算累积沉降量对比图

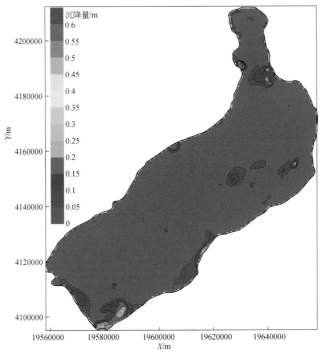

图 7.54　计算末刻累积沉降等值线图

通过上述地下水水位和地面沉降量的检验拟合，除在盆地边缘的山地还有某些区域水头有出入外，流场趋势基本一致，基本能反映实际流场状况。证明所建模型基本正确可靠，全区共分为 19 个参数分区（图 7.55，图 7.56，表 7.3），所建模型可以用于预报。

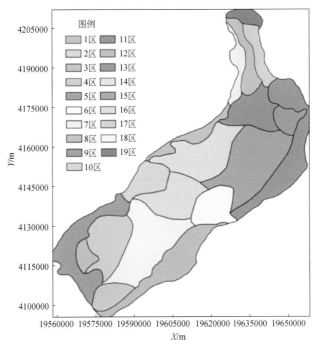

图 7.55　模型第一层参数分区图

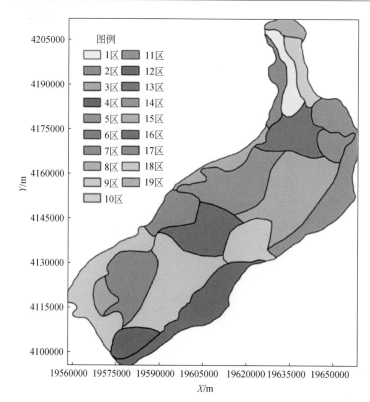

图 7.56　模型第二层参数分区图

表 7.3　研究区孔隙水参数分区表

分区编号	地点	浅层孔隙潜水给水度（μ）	浅层孔隙潜水渗透系数/（m/d）	中深层孔隙水弹性储水系数/s	中深层孔隙水渗透系数/（m/d）
1	太原北郊汾河冲积扇	0.2	10	6×10^{-3}	4.8387
2	文峪河洪积扇	0.14	10	3×10^{-3}	5.1724
3	汾阳冲积、洪积扇	0.08	8	3×10^{-3}	0.6452
4	龙凤河洪积扇及冲积平原	0.13	15	5×10^{-3}	1.6667
5	潇河洪积扇	0.15	13	5×10^{-3}	3.0303
6	昌源河洪积扇	0.12	15	4×10^{-3}	3.3333
7	太原西山倾斜平原	0.10	10	3×10^{-3}	0.9678
8	太原、清徐、交城西边山	0.10	8	3×10^{-3}	0.6667
9	汾阳、孝义倾斜平原	0.08	7	3×10^{-3}	0.7692
10	太原东山	0.08	5	2×10^{-3}	0.1
11	榆次太谷祁县倾斜平原	0.09		2×10^{-3}	0.2143
12	平遥、介休倾斜平原	0.05	5	1×10^{-3}	0.3704
13	太原南郊汾河、潇河冲积平原	0.1		3×10^{-3}	1.6667
14	清徐冲积平原	0.1		2×10^{-3}	0.5172

分区编号	地点	浅层孔隙潜水给水度（μ）	浅层孔隙潜水渗透系数／（m/d）	中深层孔隙水弹性储水系数/s	中深层孔隙水渗透系数／（m/d）
15	太谷榆次清徐冲积平原	0.08		2×10^{-3}	1.0714
16	文水祁县汾河冲积平原	0.08		8×10^{-4}	1.7544
17	汾阳孝义冲积平原	0.05		1×10^{-3}	0.9677
18	平遥冲积平原	0.06		3×10^{-3}	0.0667
19	阳曲黄土丘陵区	0.02	3	2×10^{-4}	0.1034

7.3　太原盆地地面沉降成因分析

1. 构造活动对地面沉降的影响

据山西省地质环境监测中心数据，太原市南部晋祠大断裂在 1981～2000 年的累计位移量为 21.88mm，而吴家堡沉降中心在同期的累计沉降量为 1970mm，晋祠断裂活动引起的地面沉降量仅占总沉降量的 1.1%，说明断裂活动是引起太原市地面沉降的原因之一，但绝非主要原因。

2. 地下水开采与地面沉降的关系

分析太原市地下水开采历史—地下水位下降—地面沉降发展，可以发现两者演变历史总体上相符。1960～1970 年，太原市地下水开采仅限于浅层孔隙水和部分中层水，开采量仅 32.93 万 m³/d（以 1965 年为例），这期间太原市内地面沉降缓慢发展。1971～1981 年，太原市出现地下水超采现象，开采量达 127 万 m³/d（以 1981 年为例），在此期间市内开始形成区域性降落漏斗，地面沉降进入不均匀下沉阶段。1982～2002 年，太原市浅部含水层开始出现疏干，地下水开采深度大大增加，市内地面沉降急剧扩张。

另外，太原市地下水水位降落漏斗中心的位置与沉降中心分布区域有较好的对应。水位漏斗主要发生在西张地区和城区，包括西张地区的西张水位降落漏斗中心和城区的万柏林、下元、吴家堡和北营漏斗中心，而地面沉降的漏斗也主要发育在西张与城区两个地区，主要形成西张、万柏林、下元、吴家堡 4 个沉降中心。

由此可见，地下水超采引发区域地下水水位下降是导致太原市地面沉降的主要原因。

3. 地层对地面沉降分布的影响

对比太原市地面沉降漏斗与地下水降落漏斗的空间位置，发现二者并不完全吻合，而且，太原市四个水位下降漏斗中心的水位下降值与四个沉降中心的累计地面沉降量二者并不呈线性关系，这说明还有其他因素对地面沉降有显著影响。

众所周知，土体是产生地面沉降的物质基础。其中，颗粒联结不紧密的黏性土，孔隙发育，在地下水资源集中超采条件下，地下水水位的持续下降，孔隙水压力降低，土体骨架的有效应力增加，从而使黏性土释水压缩固结，加剧地面沉降的进程。可见，地层分布特点对地面沉降也有较大影响，地层中黏性土的累计厚度越大，压缩总量越大。

7.4　太原盆地地面沉降控制方案

　　研究地面沉降的目的是防治，本节根据前面所建的地下水三维流–垂向一维土体变形耦合模型的基础上建立预测模型，首先对太原盆地现状开采条件下未来 20 年地下水水位动态及地面沉降量进行预测，对现状开采布局的合理性进行分析。在此基础上，依据太原盆地地下水开采时间空间特征以及地面沉降分布特征提出两种地下水开采方案，并进行预测、分析，以此来寻求防治太原盆地地面沉降的合理对策。

7.4.1　现状开采条件下的模型预测

　　预测模型是在前述模型的基础上建立的，边界条件不变，降水量按 50% 频率年降水量计算，初始流场选取前述模型计算末刻的地下水流场，预报开始时刻沉降量设为 0，预测时间为前述模型计算末刻往后 20 年，共分 240 个应力期。

　　预测模型计算末刻地下水潜水面流场如图 7.57 所示，计算末刻累积地面沉降量如图 7.58 所示，观测孔水位历时曲线如图 7.59 和图 7.60 所示。

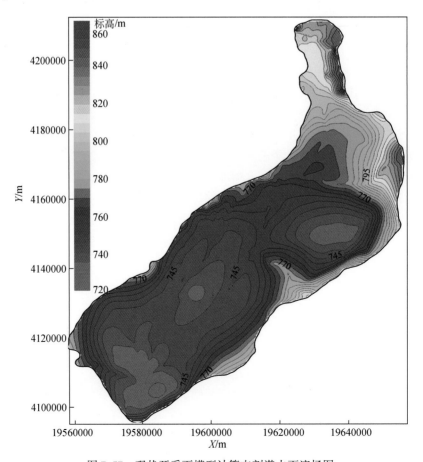

图 7.57　现状开采下模型计算末刻潜水面流场图

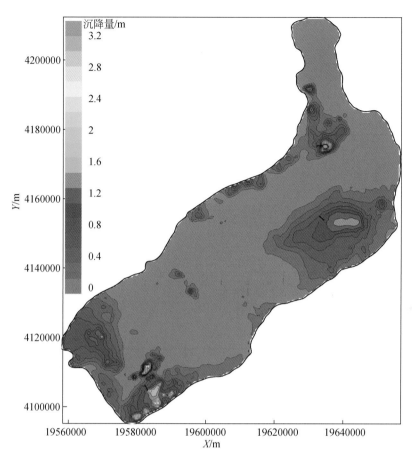

图 7.58 现状开采下模型计算末刻累积地面沉降量图

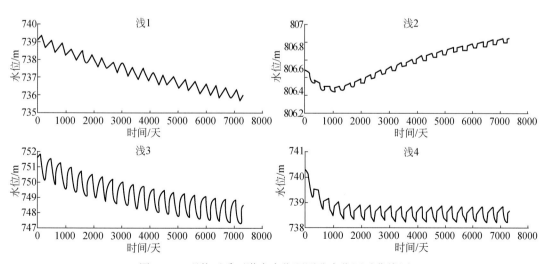

图 7.59 现状开采下潜水水位预测孔水位历时曲线图

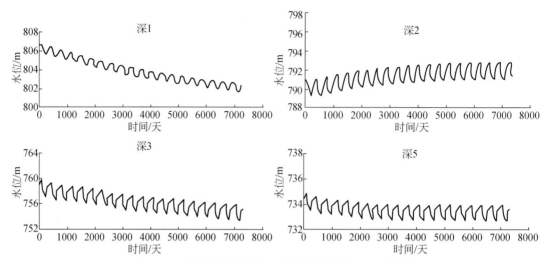

图 7.60　现状开采下承压水水位预测孔水位历时曲线图

从图 7.59 可以看出，未来 20 年内，潜水预测孔浅 1、浅 3 预测水位随时间逐渐下降，浅 4 预测孔水位在 1000 天以后趋于平稳，浅 2 预测孔水位呈上升趋势。潜水水位动态变化主要受降雨入渗和人工开采的影响，另外边山地带岩溶水通过断裂及"天窗"对浅部孔隙水的侧排补给对边山带水位波动有较大影响。

承压水水位预测孔水位均呈缓慢下降趋势。承压水水位动态变化主要受上层越流补给及人工开采影响，其中，人工开采是主要影响因素。20 年内，盆地内人工开采井布局不变，局部仍严重超采。

由计算末刻累积地面沉降量图可以看出，预测 20 年内，地面沉降范围逐渐扩大，沉降中心略有偏移，最大沉降量将增大 1m 以上。由此预测结果可以看出，太原盆地现状开采布局并不合理，不利于地面沉降的防治。

7.4.2　方案一条件下的模型预测

地下水超采是引起太原盆地地面沉降最主要的原因，因此，减少地下水开采量是防治地面沉降最有效的方法之一。为切实贯彻《山西省水资源管理条例》，强化地下水的管理和保护，经山西省人民政府批准，在全省开展城市地下水开发利用专项治理整顿工作，在地下水严重超采地区，可以划定地下水禁止开采区和限制开采区，并确定关井压采实施方案。

由于这部分资料未能及时收集，本章方案一设计依据 InSAR 监测资料显示的地面沉降区划分地下水限采区（图 7.61）。限采区内所有地下水开采井的开采量减少 50%，限采区外开采井开采量不变。模型其他条件沿用现状开采条件。

在方案一条件下，模型预测 20 年末刻地下水潜水位如图 7.62 所示，各预测孔水位历时曲线如图 7.63 和图 7.64 所示，预测末刻太原盆地累积地面沉降量如图 7.65 所示。

由图 7.63 和图 7.64 可以看出，潜水和承压水水位预测孔的水位在预测的 20 年内均有大幅度上升，限采区外局部水位平稳发展或略有下降趋势，但是下降速率较小。

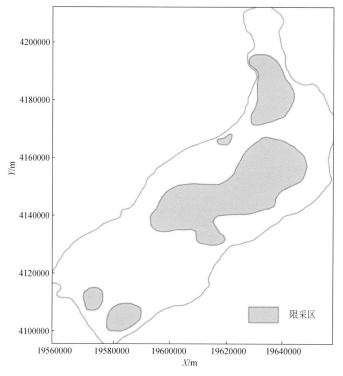

图 7.61　太原盆地限采区划分图

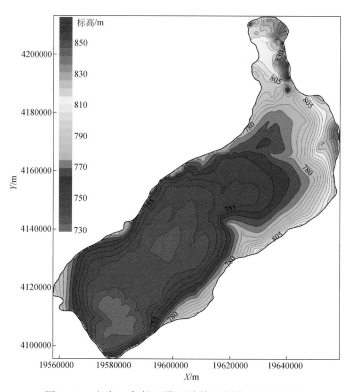

图 7.62　方案一条件下模型计算末刻潜水面流场图

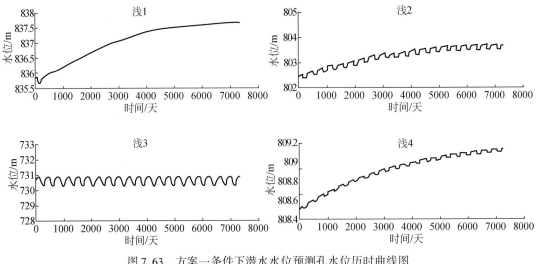

图 7.63　方案一条件下潜水水位预测孔水位历时曲线图

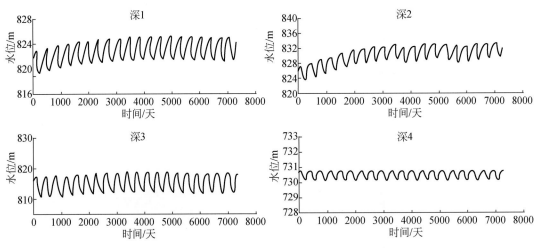

图 7.64　方案一条件下承压水水位预测孔水位历时曲线图

由图 7.65 可以看出，模型预测末刻盆地内累积地面沉降量有明显下降，沉降漏斗明显缩小，大部分区域累积沉降量已降到 1m 以下，最大累积沉降量小于 2m。

由此可见，减少地下水开采量持续 20 年地面沉降范围明显缩小，沉降量明显减小，对防治太原盆地地面沉降作用明显。

7.4.3　方案二条件下的模型预测

造成太原盆地地面沉降最主要的原因是地下水超采引发的地下水水位下降，因此控制地面沉降的核心问题就是寻找控制地下水水位下降或抬升地下水水位的方法。目前，普遍用于抬升地下水水位的另一个有效措施就是地下水人工回灌。由此，设计了方案二，在方案一的基础上，对地下水进行人工回灌。

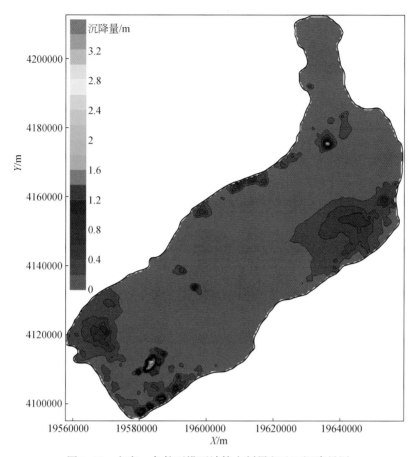

图 7.65　方案一条件下模型计算末刻累积地面沉降量图

地下水人工回灌即利用已有坑道、洼地或深井，将经过处理符合水质要求的地表水注入地下，以此抬升地下水水位，缓解地面沉降。目前，在国内，这项技术经过近 60 年的发展，已趋成熟，并在上海等地显示良好的控沉效果，因此地下水人工回灌在技术上具有可行性。

太原盆地地下水回灌主要考虑两部分来源：冬季引黄入并剩余的黄河河水以及夏季盆地边山地带汛期汇集的雨水。具体回灌措施：在山区出山口附近开挖坑道或深井，将多余地表水注入地下含水层。引黄入并剩余河水主要从盆地西边回灌井注入，回灌时间集中在 1 月，共布设 11 口井，每口井回灌量为 10 万 m^3/d。夏季汛期雨水则在盆地边山出山口附近的回灌井注入，回灌时间集中在 7 月，共布设 30 口井，每口井回灌量为 10 万 m^3/d。

在方案二条件下，模型预测 20 年末刻地下水潜水位如图 7.66 所示，预测末刻太原盆地累积地面沉降量如图 7.67 所示，各预测孔水位历时曲线如图 7.68 和图 7.69 所示。

由以上水位历时曲线对比图可以看出：方案二条件下，潜水和承压水水位预测孔的水位在预测的 20 年内均有较大幅度上升，潜水预测孔水位上升最大可达 8m 左右，承压水预测孔水位上升 3m 左右。另外，受回灌水对水位的抬升作用影响，边山带水位年内变化大。盆地平原区部分区域预测孔水位与方案一相比变化不大。

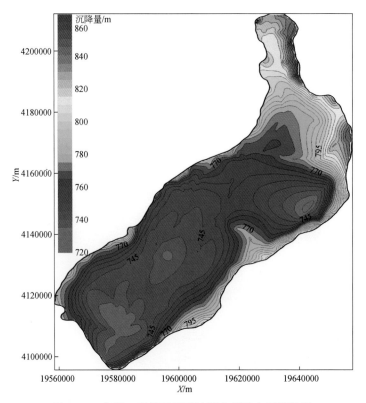

图 7.66　方案二条件下模型计算末刻潜水面流场图

　　对比方案二与方案一条件下模型计算末刻累积地面沉降量图，可以看出方案二条件下沉降范围明显缩小，盆地西南角边山带沉降范围缩小近 50%，大部分区域累积沉降量在 0.4m 以下，局部平原区沉降量在 0.8m 左右，最大累积沉降量小于 2m。

　　综上所述，对太原盆地进行地下水回灌能有效抬升盆地内地下水水位，尤其对潜水含水层作用明显，对减缓地面沉降能起到非常大的积极作用。

7.4.4　方案三条件下的模型预测

　　由于潜水层重力给水度通常比承压含水层的弹性储水率要大几个数量级，在相同开采量条件下，潜水水位降深小于承压水水位降深，所以将地下水开采层位调整到潜水含水层是缓解地面沉降的另一个直接措施。

　　基于以上考虑，设计第三种防治地面沉降方案，将区内所有开采井的滤水管设置到潜水含水层，承压含水层开采量变为 0。

　　在方案三条件下，模型预测 20 年末刻地下水潜水位如图 7.72 所示，各预测孔水位历史曲线如图 7.70 和图 7.71 所示，预测末刻太原盆地累积地面沉降量如图 7.73 所示。

　　由图 7.70 和图 7.71 可以看出，开采层位上移至潜水含水层，使潜水含水层开采量骤增，潜水水位逐渐下降。承压含水层封停开采后，水位得到明显抬升。同时，可以看出，承压含水层预测孔水位历时曲线在 3000~4000 天后上升速率变缓，这是由于潜水含水层

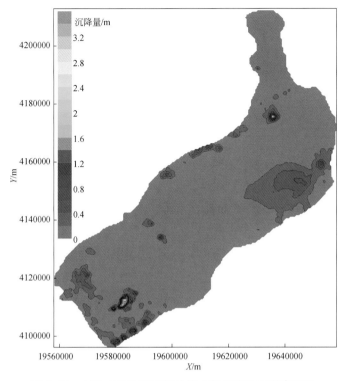

图 7.67　方案二条件下模型计算末刻累积地面沉降量图

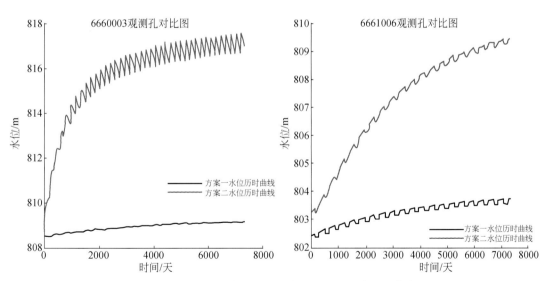

图 7.68　方案二与方案一条件下潜水水位预测孔水位历时曲线对比图

水位下降导致潜水对承压水的补给量减少。

对比方案三和现状开采条件下模型计算末刻累积地面沉降量可以看出，调整开采层位后，累积地面沉降量明显减小，沉降最严重的太原地区最大累积沉降量减小近 1m，其他大部分地区累积沉降量也有不同程度减小。

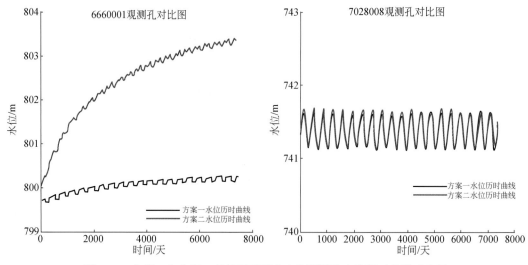

图 7.69 方案二与方案一条件下承压水水位预测孔水位历时曲线对比图

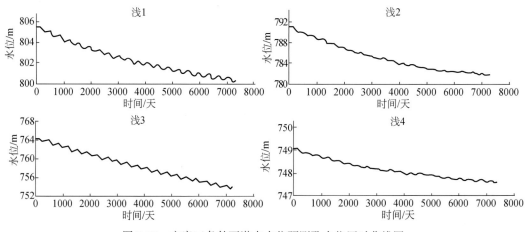

图 7.70 方案三条件下潜水水位预测孔水位历时曲线图

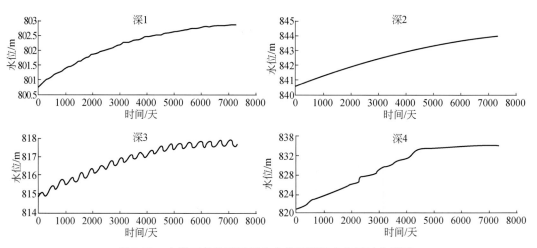

图 7.71 方案三条件下承压水水位预测孔水位历时曲线图

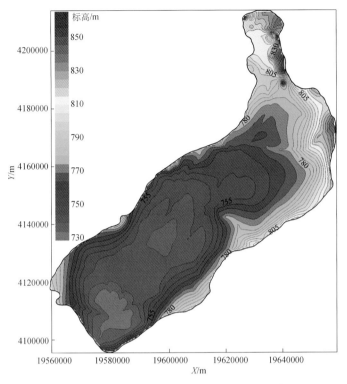

图 7.72　方案三条件下模型计算末刻潜水面流场图

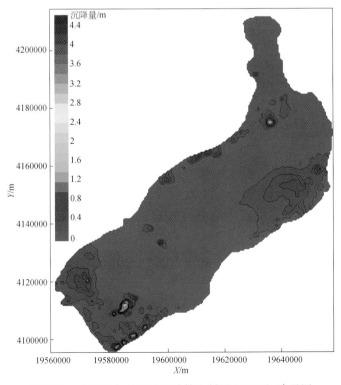

图 7.73　方案三条件下模型计算末刻累积地面沉降量图

　　由此可以看出，调整开采层位对恢复承压含水层水位及减缓地面沉降有积极作用。但是，随着时间推移，效果将有所下降，不能从根本上解决问题，只能作为一种辅助措施。

　　以上三种方案均对防治地面沉降起到积极作用，其中，划分限采区，减少限采区地下水开采量，并结合地下水回灌，利用引黄入并剩余地表水以及汛期山区洪水回灌地下水，对抬升地下水位、减缓地面沉降具有非常明显的效果。

7.5　地面沉降与地裂缝链生机制——以太原盆地为例

　　灾害的链生效应是指一系列时间上有先后，空间上彼此有联系，成因上互相关联，互为因果，呈连锁反应依次出现的现象。链生主要表现为地面沉降和地裂缝灾害都不是孤立存在的，某处发生地面沉降灾害后会诱发地裂缝灾害，形成的地裂缝灾害也会反作用加重地面沉降灾害。美国的 Las Vegas 山谷 1905 年开始在数百米厚的湖相含水层系统中开采地下水，1925 年出现了地裂缝；美国的 Picacho 盆地 1900 年开始开采未固结冲积物中的地下水，1927 年发现了地裂缝；墨西哥的 Queretaro 山谷 20 世纪 70 年代开始抽汲位于破裂带上含水层的地下水，70 年代便出现了地裂缝，并于 80 年代早期地裂缝活动加剧。

　　在我国的华北平原、汾渭盆地等地地裂缝和地面沉降往往相伴而生。地裂缝和地面沉降均属区域性缓变型地质灾害，在广大的区域内两者能够相伴发生，在缓慢的发展过程中两者相互影响促进，其中必有内在的关联机制。例如，地裂缝和地面沉降一般群发于新构造运动较强的地区。北京、西安、大同、邯郸、保定等地的地裂缝地面沉降常成群成片出现，而上海、天津等新构造运动较弱的地区虽然地面沉降已经非常严重至今没有发现成系统的地裂缝。

　　汾渭盆地作为我国典型的地面沉降和地裂缝的重灾区，整个盆地内地裂缝和地面沉降群发现象非常普遍，两者的相互作用往往大大加重了地质灾害的程度。探讨汾渭盆地地面沉降和地裂缝群发的内部关联机制对于地裂缝的防治具有重要的理论和实际意义。

7.5.1　地裂缝与地下水开采及地面沉降的关系

　　汾渭盆地内监测网络在各地完善程度不同。太原市有 1956 年以来系统的地面沉降监测资料，但太原市区至今没有发现地裂缝。运城盆地、临汾盆地地裂缝十分发育，但没有系统的地面沉降监测资料。大同市和西安市地裂缝研究早且多，但两地的地裂缝和其他小盆地内的地裂缝具有不同的特点。故本节选取地裂缝资料和地面沉降相对较多的太原盆地作为典型地区进行分析，探求地裂缝与地面沉降的成因，归纳地裂缝与地面沉降的链生机制。

　　太原盆地地裂缝于 1975 年出现，至今仍在活动，地裂缝主要分布于盆地西边山断裂附近和盆地内部隐伏断裂附近。经调查，太原盆地 9 个县（区）共有 107 条地裂缝。在地域分布上，地裂缝均出现在晋中盆地太原市城区以南的部分，发生在太原市所辖的清徐县，吕梁市所辖的交城县和文水县，以及晋中市所辖的太谷县、祁县和平遥县。

1. 时间关系

为了了解太原盆地地裂缝和地下水开采的时间关系，本书选取易统计和测量的宏观性指标，如开采井数、地裂缝数作为评价两者相互关系的指标。由图 7.74 可见，太原盆地地裂缝数和累计承压水开采井数有着较好的相关性。1970 年以前，太原盆地内中深层承压水开采井数仅 250 口，未发现地裂缝，随着地下水开采井数的增加，地裂缝的数量也相应的增多。

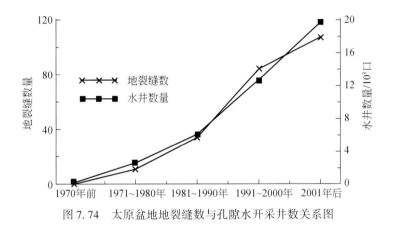

图 7.74　太原盆地地裂缝数与孔隙水开采井数关系图

太原盆地地面沉降研究工作处于起步阶段，目前尚没有系统的地面沉降监测资料，地裂缝和地面沉降发育的确切时间关系无法验证。但根据前期地质调查工作，地裂缝和地面沉降总体发展过程具有良好的对应关系，地面沉降和地裂缝的发育都可分为发生、发展、趋于稳定三个阶段（表 7.4）。

表 7.4　地裂缝、地下水开采及地面沉降发育阶段的相对关系

阶段	地下水位	地面沉降	地裂缝
发生阶段	地下水位开始下降	地面标高出现减少现象；地面沉降速率逐渐增加	地面开始出现差异沉降变形；地表可见细微裂隙或裂缝；地裂缝活动速率逐渐增加；建筑物出现局部裂缝
发展阶段	地下水位快速下降	沉降速率明显增加，沉降范围急骤扩大，沉降规律更加明显	地裂缝两侧地面差异沉降变形十分明显；地表破裂增多，且破裂张开和垂直位移量进一步扩大；地裂缝活动速率明显增加；建筑物受损明显
趋于稳定阶段	地下水位趋于稳定或者回升	地面沉降基本稳定，未出现明显变化；地面沉降速率明显减小，趋于稳定	地裂缝两侧地面差异沉降变形基本稳定，未出现明显变化；地表破裂不再增加，张开与垂直位移量不再扩大；地裂缝活动速率明显减小或趋于稳定；建筑物未出现新裂缝

2. 空间关系

根据收集的太原盆地地下水开采情况，以县级行政区为单位，统计各个地区的年地下水开采量和地下水开采井数。从图 7.75 和图 7.76 可以看出，太原盆地内各个区县的地下水开采井数量不一，开采量也相差很大，其中地裂缝发育的区县，其开采井数和开采量都

远超过太原盆地各区县相应的平均值。由此可见，地裂缝的空间分布并不是随机的，而是和地下水开采有着密切的关系。

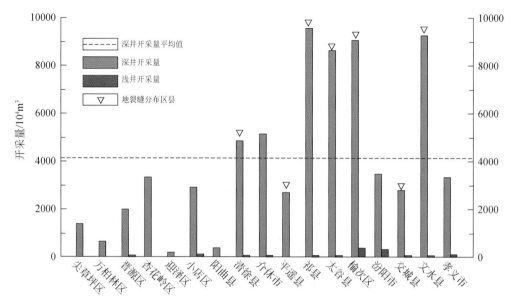

图 7.75　太原盆地各区县 2011 年开采量直方图

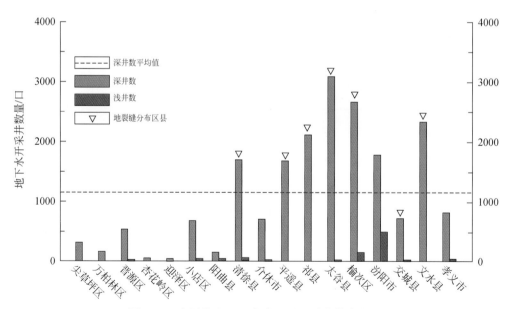

图 7.76　太原盆地 2011 年各区县开采井数直方图

从 1989 年和 2011 年的承压水等水位线图可以看出，30 年来太原盆地地下水水位发生了明显的下降，而地裂缝主要存在于地下水水位等值线密集的地区（图 7.77，图 7.78）。除了地下水水位等值线密集处，水力梯度大，有效应力的变化较大外，还反映出地质条件的差别。水位等值线密集处是地质条件突变的区域，通常为基岩潜山、活动断层、含水层厚度陡变处，这些地区易发生差异沉降产生地裂缝。另外，从太原盆地中深层承压水开采井密度分布图上也可以看出，地裂缝集中发育区通常是开采井密度较大的地区。

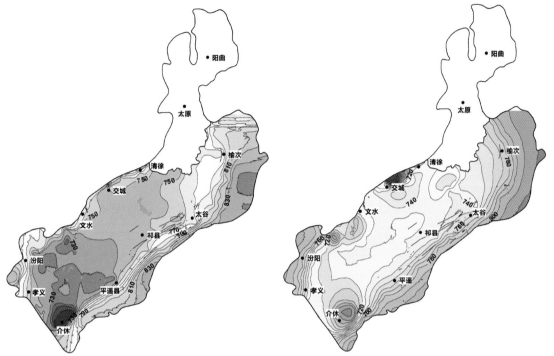

图 7.77　1989 年承压水等水位线与地裂缝分布图　　　图 7.78　2011 年承压水等水位线与地裂缝分布图
（地裂缝数据为 2011 年资料）

3. 活动关系

地裂缝活动强度和地下水开采也有着很好的相关性。太原盆地的气候条件决定了地下水的主要补给期为每年的 6 ~ 9 月。由于每年春季盆地内农作物春耕需水量较大而雨季未到来，且前一年冬季水利工程蓄水不足，地表水资源的不足使得盆地内对地下水的开采量增加，广泛而大量的地下水开采导致该时段地下水水位下降速率较快，且水位在处于年内相对偏低的状态。地裂缝具有明显的年内变化周期，这个年内变化周期和地下水水位的变化周期相似，两者动态紧密相关。水位下降快时，地裂缝活动强度就大；水位下降慢时地裂缝活动强度就小；水位上升或保持稳定时，地裂缝活动趋于减弱（图 7.79）。

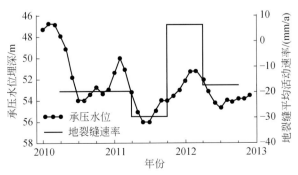

图 7.79　太谷县地裂缝活动与承压水水位关系

7.5.2　太原盆地地裂缝的成因机制

　　清徐边山地裂缝上共设置了两处跨地裂缝的短水准监测点，监测数据表明清徐县地裂缝的活动以差异沉降为主要特征（图7.80）。差异沉降的过程中，地裂缝下盘几乎不动，上盘整体均匀向下运动，在地裂缝处发生差异沉降，地裂缝的活动速率由上盘下降速率所决定，速率为40~80mm/a。

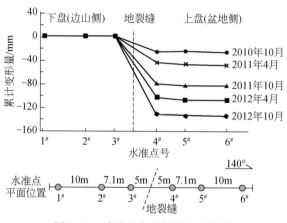

图7.80　清徐县仁义村短水准监测

　　深部剖面上，物探资料表明地裂缝直接和下伏活动断层相通是交城断裂带的一部分（图7.81）。

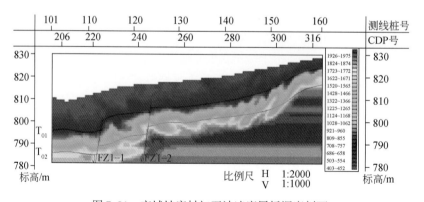

图7.81　交城坡底村初至波速度层析深度剖面

　　对于边山地区，盆缘断裂的持续活动致使边山侧不断上升，盆地侧不断下降。盆地在下降的过程中，盆缘形成了大量的洪积扇。洪积扇的上部多由粗大的卵砾石和漂石组成，十分有利于吸收大气降水和山区汇流的地表水，地下水资源极为丰富。洪积扇顶部因地势高、坡度大、地下水埋深较大，抽水井设置较少，洪积扇向下过渡为砾石和砂为主，并含有黏性土夹层。由于地形变缓，地层渗透性变弱，地下径流受阻，潜水面壅高接近地表，此处普遍设置抽水井，大量开采地下水。洪积扇堆积年代短，由于扇内部堆积相及基底活动构造的影响，土质及土层构成很不均匀，抽水导致的荷载常常会导致差异沉降。由于先存断裂面为地层中的结构面，差异沉降容易沿着此面集中发展而诱发地裂缝。

　　盆内地裂缝主要分布在晋中市各区县的平原区。截至 2013 年，盆地内部共发育地裂缝 79 条。其中，中小型地裂缝共 54 条，成片分布于太谷县东北部和南部、平遥县西北部和南部地区（图 7.82），巨型地裂缝 6 条，呈带状分布在盆内隐伏断裂附近，最长的祁县东六支地裂缝长达 22km。

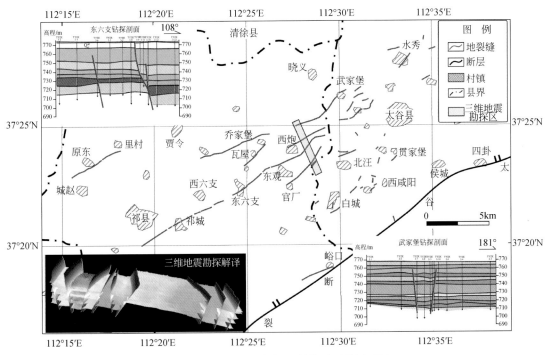

图 7.82　太原盆地东部地裂缝平面及剖面图

　　地球物理方面，根据高精度的三维地震勘探资料，在勘探区不足 5km² 范围内，等间距地分布着 4 条地裂缝（带），共 11 条地裂缝（含次级地裂缝）。地裂缝走向为北东东向，呈等间距分布，将地层分割成地垒与地堑构造（图 7.82 左下插图）。这些地裂缝与下伏活动构造发育方向相一致，延展长度大，错断地层的深度超过 700m，远超过当地含水层的最大开采深度。物探结果表明这些地裂缝普遍与下伏断层相连，具有深刻的地质构造背景。

　　大巨型地裂缝在地表以垂直差异沉降变形最为显著，这在刚性较好的公路和房屋上尤为明显，其中东观变电站地裂缝的最大差异沉降量达 45cm。根据公路路面的变形情况和地裂缝近期开始活动时间，估算地裂缝的垂向活动速率达 3～4cm/a。据太谷县南贺村设立的跨地裂缝短水准监测剖面，地裂缝上盘的沉降量较下盘要大得多（图 7.83）。地裂缝附近形成了一个地面沉降陡变带，表现为明显的差异沉降。

　　时间上，地裂缝的活动速率具有年内变化。每年 4～10 月的活动量大于 10 月至次年 4 月的活动量，变化趋势和地下水水位有一定相关性，综合地裂缝的活动速率量级及其速率

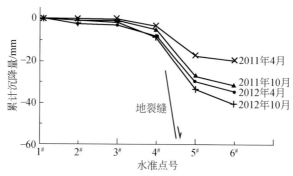

图 7.83 太谷县南贺村跨地裂缝短水准监测剖面

的年内周期变化特征，可以确定其高速活动是由于过量开采地下水所导致。

对于盆地内部地区，由于生长断层长期的活动，先存断裂两侧地层有很大的差别，这在钻探剖面上有清楚的表现。同时代的沉积物，先存断裂的上盘要比下盘厚一些。从土层力学参数上来看，在同一深度范围内，先存断裂下盘地层时代较老，上盘地层时代较新。一般来说，时代较老的土，孔隙比小，压缩性较小，因此在过量抽水造成有效应力增大的情况下，断层两侧差异压密明显。更重要的是，先存断裂作为一个软弱面，也是土体中的优势破裂面，在先存断层两侧沉降量不同，土体发生调整时，两侧地层极易沿着已有的先存断裂面移动，造成地裂缝超常活动［图 7.84（a）］。

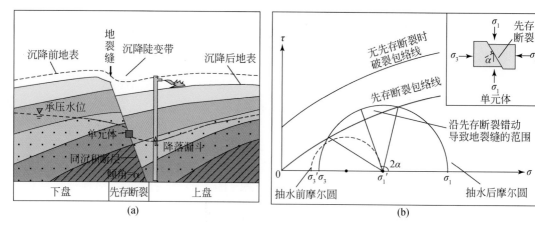

图 7.84 汾渭盆地中先存断裂对于土体破裂造成地裂缝的作用

7.5.3 地裂缝与地下水开采及地面沉降的链生关系

由于地面沉降和地裂缝均为地下水开采引起的地面形变地质灾害，成因上有一定的联系，因此在许多地区相伴出现。地面沉降与地裂缝的这种链生存在着内在的关联机制。汾渭盆地内地裂缝具有显著的成带性和群发性的特点。

汾渭盆地地处干旱半干旱地区，暖湿气流和干冷气流的强度变化，导致季节及年际降雨的时空变化较我国东部大很多。地表水的时空分布与降水同步，盆地内河网稀少，且分布范围有限，河流流量季节及年际差异以及严重的污染给地表水的利用增加了困难。由于汾渭盆地赋存松散沉积物孔隙水，接受来自周围山区裂隙岩溶水的补给。汾渭盆地地下水分布广泛、变化稳定、水质良好且易于开发利用，地下水成为主要的生活、工业、农业用水来源。地下水开采量随着社会经济的发展迅速增加，长期的持续的超采造成地下水水位的不断下降。随着水位下降，孔隙水压力降低，土骨架发生不可逆转的压缩，引起地面沉降。

　　汾渭盆地作为典型的内陆新生代断陷盆地，构造运动非常强烈。构造活动的存在改变了附近区域的水力环境，改变和弱化了岩土体的物理力学性质，在过量开采地下水，沉降量较大的情况下，很容易出现不均匀沉降。先存断裂面为土体中的软弱面，当差异沉降积累到一定程度时易于在此发生地裂缝 ［图 7.84 (b)］。另外，构造活动的伸展倾滑产生一个附加的拉张应力场，有利于地裂缝的形成和发展。因而在上述构造和抽水的联合作用下派生出地裂缝地面沉降的链生群发。

第8章　地裂缝三维地震探测新技术及其应用

中国地质调查局设立的汾渭地区地裂缝地面沉降调查与监测项目，旨在查明地面沉降和地裂缝的发育现状及活动趋势，揭示构造活动与缓变型地质灾害发育的内在关系、地面沉降与地裂缝的链生关系、主地裂缝与次级地裂缝的成生联系、地面沉降和地裂缝发展与人类水事活动和工程活动的关系。由于三维地震资料的空间覆盖范围比钻井资料要大得多，因而，利用地震资料进行地裂缝的定量研究具有更强的实用性。裂缝的存在导致地质体的物理和化学性质随着地层方位的不同而发生变化，在地震资料中称为方位各向异性，与裂缝平行和垂直的方向称为各向异性主方位。地震检测方法就是利用地震属性在各向异性主方位上的变化来识别地裂缝的。例如，利用 AVA 技术（振幅随方位角变化）检测裂缝的方位和密度在国内外取得初步成功。为查明汾渭地区地裂缝的发育规律，深入研究其形成原因，选取山西晋中市祁县东北的东观镇以东，东炮与白圭之间的区块作为三维地震研究区，充分利用三维地震技术的空间覆盖范围大、分析手段灵活多变的优势，来协助地裂缝探测。解决的主要问题是：查明晋中盆地祁县地裂缝的分布位置及走向变化；查明晋中盆地祁县地裂缝的剖面组合结构及其下伏地裂缝的发育状况；查明晋中盆地祁县地裂缝场地基底埋深及地层结构。

8.1　野外数据采集方法及数据处理

本次勘探区位于祁县东北的东观镇以东，东炮与白圭之间，勘探面积 $3km^2$，具体坐标见表 8.1，勘探区位置如图 8.1 所示。

表 8.1　勘探区坐标

位置	X 坐标	Y 坐标
A	365338.24	4139853.22
B	366145.22	4140295.06
C	363691.28	4144777.22
D	362884.32	4144335.44

8.1.1　采集方法及参数

根据试验结论，选择 4 线 2 炮线束状观测系统，观测系统主要参数见表 8.2，图 8.2、图 8.3、图 8.4 分别为观测系统图、覆盖次数图、偏移距分布图。激发井深为 $10.5 \sim 15m$，激发药量为 $2 \sim 3kg$，检波器选用三分量数字检波器。此外全区共布设 19 个微测井点，进行低速带调查。

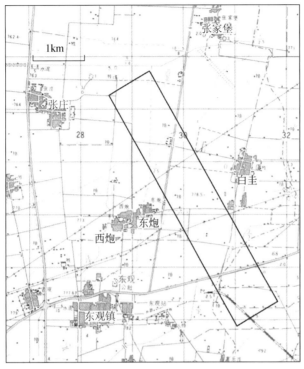

图 8.1　勘探区位置图

表 8.2　观测系统参数

参数	单位	数值
接收线数	条	4
接收道数	道	140×4＝560
接收线距	m	40
接收点距	m	5
激发线距	m	70m
激发点距	m	20
最大偏移距	m	699.3
纵向最小偏移距	m	2.5
横向最小偏移距	m	10
排列片纵向滚动距	m	70
排列片横向滚动距	m	40
5m×10m 面元覆盖次数	次	20
10m×10m 面元覆盖次数	次	40
勘探面积	km²	0.8×5＝4
满覆盖面积	km²	4.701
施工面积	km²	6.3
总物理点数	个	3696

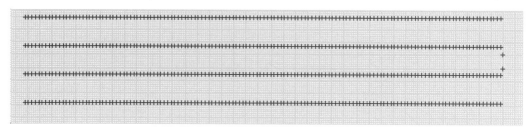

图 8.2　观测系统图

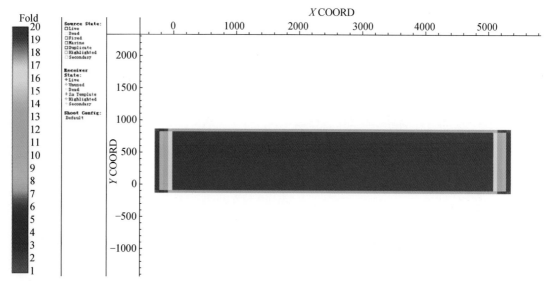

图 8.3　5m×10m 覆盖次数图

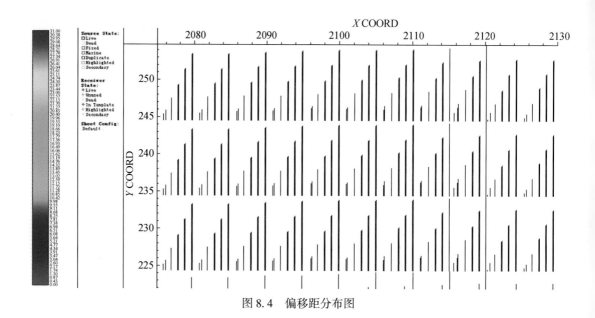

图 8.4　偏移距分布图

　　图 8.5 为工区设计施工图，本次采集共完成 24 束线，生产炮 4094 炮，获地震记录
4094 个，其中甲级品 2880 个，甲级品率 70.35%；乙级品 1214 个，乙级品率 29.65%；
空炮率 0%。完成试验炮 313 炮，其中试验点 18 炮，试验线 295 炮，合格率 100%。工作
量总统计见表 8.3。

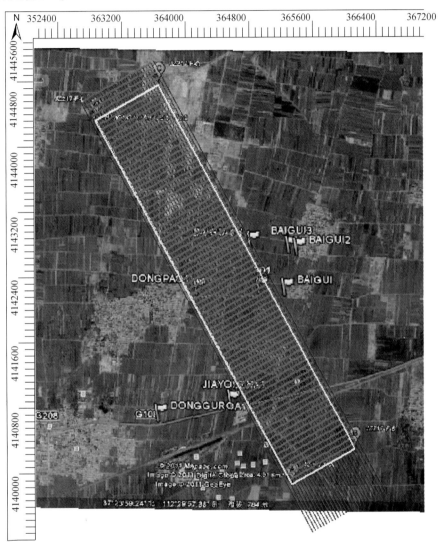

图 8.5　工区施工设计图

表 8.3　工作量总统计表

内容	单位	设计工作量	完成工作量	备注
施工线束数	束	24	24	
测量物理点	个	40200	41461	
微测井	口	16	19	
激发点数	炮	4014	4407	加炮原因为障碍物附近加密井
满覆盖面积	km²	4.701	4.701	

8.1.2　三维地震数据处理

1. 处理流程

处理流程如图 8.6 所示。根据本区资料品质特点及处理要求，本次处理对多项处理方法及处理参数进行了试验，使处理流程及处理参数达到最佳。

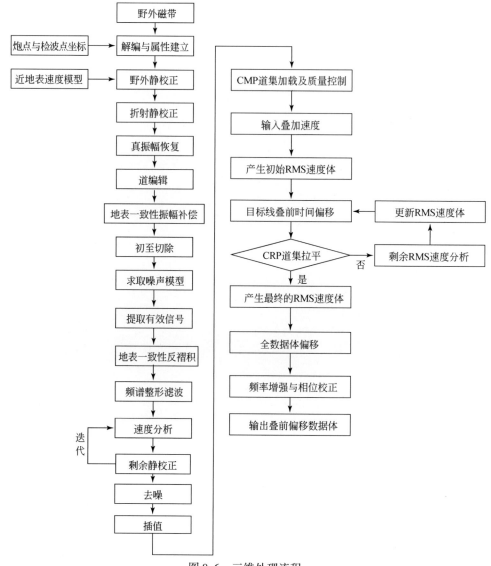

图 8.6　三维处理流程

2. 关键处理技术

1）叠前噪声压制

采用多域循环迭代的方式压制噪声，基本原理如图 8.7 所示。原始数据 C_0 经过初步

信噪分离得到 S_0 和 R_0，即 $S_0 = C_0 - R_0$，R_0 主要成分为噪声，亦含有部分信号，经过去信号处理，从 R_0 得到 N_0，N_0 为纯噪声，不含信号，这样 C_0 减去 N_0 得到新的数据 C_1，因为 N_0 中不含信号，所以新的数据 C_1 中没有损失信号，去掉的都是噪声。只要认为 C_1 中还有噪声，这个过程就可以循环下去，直到信号和噪声完全分离。利用多域分步噪声压制技术，全区的噪声都得到较好的压制。

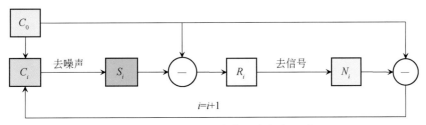

图 8.7　多域循环迭代信噪分离流程图

2）地表一致性处理

一致性处理包括振幅一致性处理和频率一致性处理。振幅补偿主要考虑因激发和接收条件的差异，一致性反褶积处理主要考虑地震数据频率的差异，统一子波形态，提高数据的横向一致性。经过一致性振幅频率补偿后，可以有效减弱采集因素引起的地震数据的振幅和频率差异，图 8.8 是一致性反褶积前后叠加剖面对比。

3）偏移成像

偏移采用了弯曲射线 Kirchhoff 积分法偏移。偏移速度和偏移孔径是偏移成像的两个影响较大的参数，利用约束速度反演技术得到和地层结构较吻合的速度进行偏移，偏移归位准确；偏移孔径采用试验的方式，用 400m、600m、800m、1200m、1500m、2000m、2500m 孔径偏移，对比认为 1500m 偏移孔径断层较清晰，偏移噪声较小。

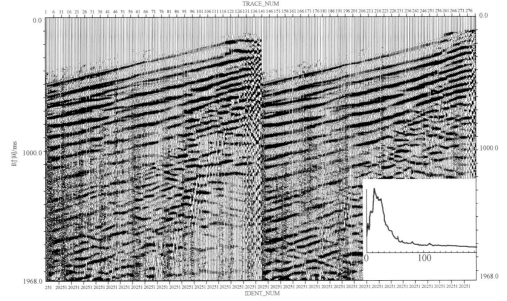

(a) 地表一致性反褶积前

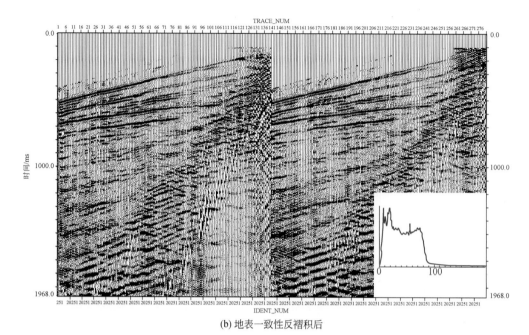

(b) 地表一致性反褶积后

图 8.8　地表一致性反褶积前后单炮记录

8.2　地裂缝反射特征及信息识别

地裂缝的存在会引起地震反射特征的改变，如果没有裂缝发育，在横向上振幅、频率等属性应该是相同或相近；当有地裂缝存在时，由于地震波穿过地裂缝造成波散现象，破坏了同相轴的连续性，导致波形不完整，则地震属性要发生变化。同时地裂缝的级别不同时，其振幅、频率等属性存在差异，且差异的大小也不同。因此，可以利用振幅、频率、相位等地震波反射特征的变化及其变化量，来识别、预测裂缝。经过全三维处理得到的三维地震数据体中蕴藏着丰富的地质信息，地震资料解释就是利用处理后的各种反射地震剖面，结合地质、钻探、测井及其他物探资料，根据地震波的传播理论和地质规律，来实现地裂缝的地震数据识别与解释。

构造解释精度在很大程度上取决于剖面上地裂缝的解释精度和平面上地裂缝组合的合理性。主要包含四个步骤：确定构造纲要、断点解释与断面闭合、组合关系确定，以及地裂缝产状的确定。地裂缝解释方法采用地裂缝特征法、地震振幅法、地裂缝增强滤波、方差体技术、瞬时属性技术、相干体属性、气烟囱属性。下面重点说明相干体属性和气烟囱属性。

8.2.1　振幅法

地震振幅是地震数据中最基本的也是最重要和最常用的属性，很多其他属性都是由振幅变换而来。振幅属性能直接反映反射系数（波阻抗界面）、AVO、储层孔隙中流体不同的变化、地层厚度、岩石成分、地层压力等。既可用来识别振幅异常或层序特征，还可用于识别岩性变化、不整合、地裂缝等。地裂缝在振幅图上表现为弱振幅条带，这些属性切片可对目的层进行地裂缝平面展布分析。图 8.9 是反射层沿层振幅切片。

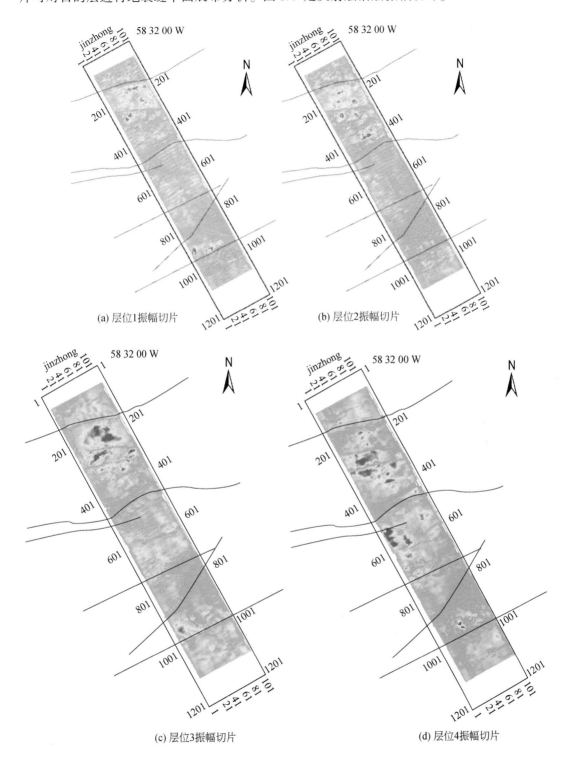

(a) 层位1振幅切片　　　　　　　　　　　(b) 层位2振幅切片

(c) 层位3振幅切片　　　　　　　　　　　(d) 层位4振幅切片

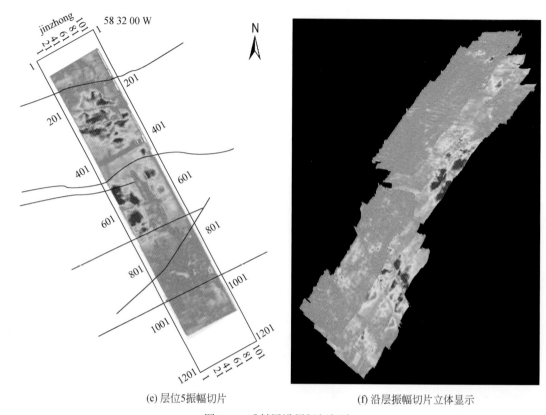

(e) 层位5振幅切片　　　　　　　　　　(f) 沿层振幅切片立体显示

图 8.9　反射层沿层振幅切片

8.2.2　地裂缝增强滤波

地裂缝增强滤波的目的主要是让地震数据在地裂缝位置让其断裂更加清楚，在地层连续的位置让其信噪比提高。所用到的滤波方法主要有中值滤波和散射滤波，决定采用哪种地震滤波方法的依据是地震属性——相似性的大小，在相似值比较大的位置（非断层的位置）采用中值滤波的方法使数据信噪比提高，在相似值比较小的位置（断层位置）采用散射滤波的方法使断层更加清晰。通过多次参数测试，在研究区内完成了断层增强滤波属性体，效果如图 8.10 所示。

8.2.3　方差体技术

方差体技术是利用地震数据中相邻道之间地震信号（如振幅、相位等）的相关性，通过计算样点的方差值，揭示数据体中的不连续信息，进行地裂缝、岩性识别的新技术。其步骤是：首先求每个样点的方差值，即通过该点与周围相邻地震道的时窗内所有样点计算出来的平均主值之间的方差，然后再加权归一化。方差体的计算结果即是求取加权移动的方差值，在所感兴趣的区域内计算出每个时间或深度样点的方差。利用方差切片来识别地

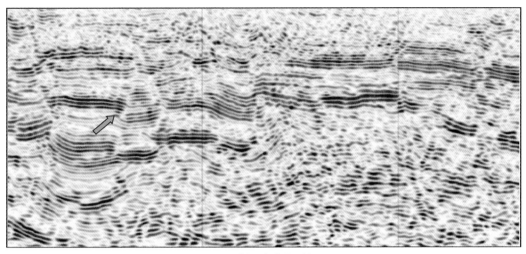

(a) 增强滤波处理前

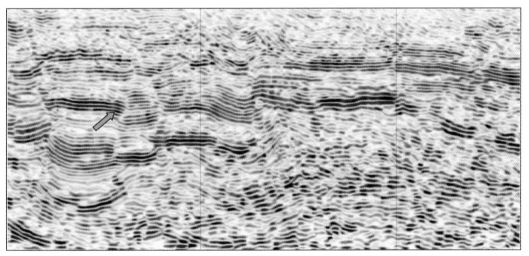

(b) 增强滤波处理后

图 8.10　断层增强滤波处理前后对比

裂缝和特殊岩性体、判别地裂缝的空间位置和平面组合关系非常有效，将该技术与三维可视化技术联合应用，会进一步提高地裂缝解释精度。三维方差数据体能够清晰准确地展示地裂缝的分布形态和变化趋势，该技术的使用，使解释人员能够在解释之前，即可对测区内地裂缝的分布走势有全面的了解和认识，并能够建立地裂缝的空间构造几何形态的立体概念。利用方差体属性可以准确解释落差更小的地裂缝，方差体目的层沿层切片能够随时监控解释结果的正确性，及时纠正解释过程中可能出现的错误。为提高方差体的纵向分辨率，突显断裂及裂缝特征，方差体主要计算参数选取如下：乘法模式、3×3 道、20ms 时窗长度。图 8.11 给出反射层沿层方差切面。

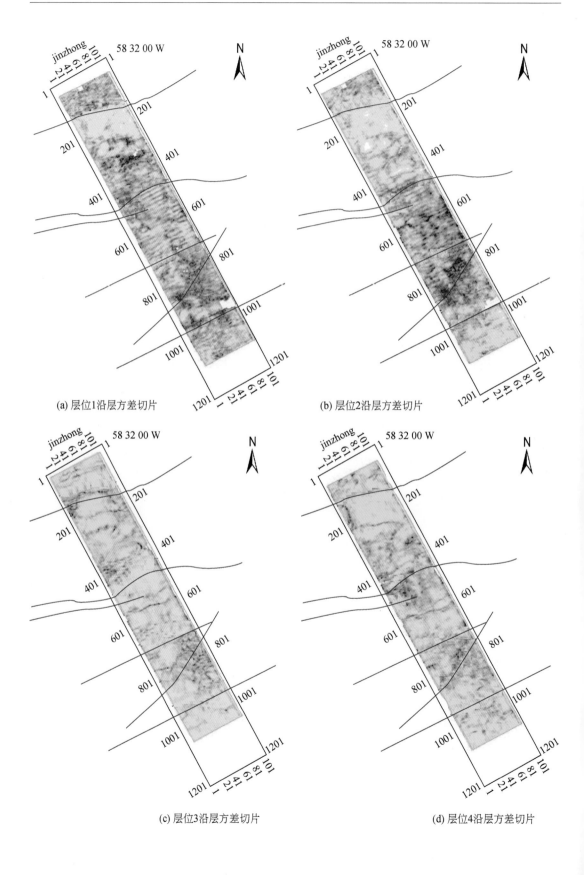

(a) 层位1沿层方差切片

(b) 层位2沿层方差切片

(c) 层位3沿层方差切片

(d) 层位4沿层方差切片

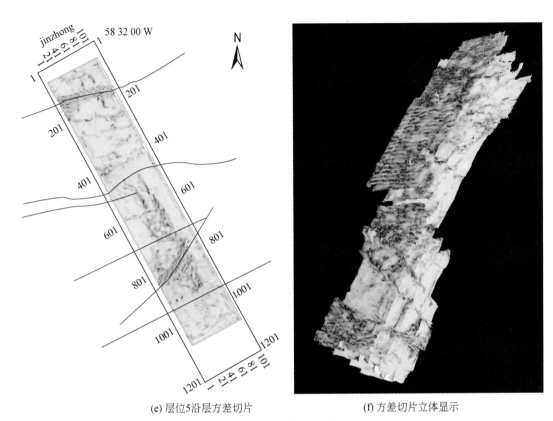

(e) 层位5沿层方差切片　　　　　　　　(f) 方差切片立体显示

图 8.11　反射层沿层方差切片

8.2.4　相干体属性

相干数据体是利用地震道间的波形相似性进行分析，来确定地下岩层的横向岩性变化，其假设条件是地层连续、横向上地质与地球物理参数变化不大、道与道之间的波形应相似。当断层或裂缝（孔、洞）发育时，地震剖面上波形特征会发生变化，用多道相似性准则去衡量它，找出波形特征的变化与相似系数的关系，根据已知区相似系数的变化规律，可预测目标区是否有断层或裂缝（孔、洞）分布。

相干数据体的解释步骤是：首先在相干数据体上进行浏览，了解其空间分布，这项工作不需要进行地震反射层位的解释即可实现。然后对相干数据体切片进行解释，这种解释与常规解释思路不同，不需要先观察垂直剖面，只需在相干数据体切片上对不相干数据带进行解释。最后进行地质分析，分清地层关系，分析工区内影响地震反射波连续性的因素，并结合地震纵测线、地质、测井资料对相干数据体进行综合解释。

利用相干体剖面和相干体切片解释断层并进行断层组合，使断层组合更加合理可靠，可以保证小断层解释的充分。从该区的相干数据体切片上看，断层反映得较清楚，断层组合结果与其吻合较好，进一步理清了该区复杂的断裂带展布特征。图 8.12 给出反射层沿层相干切面。

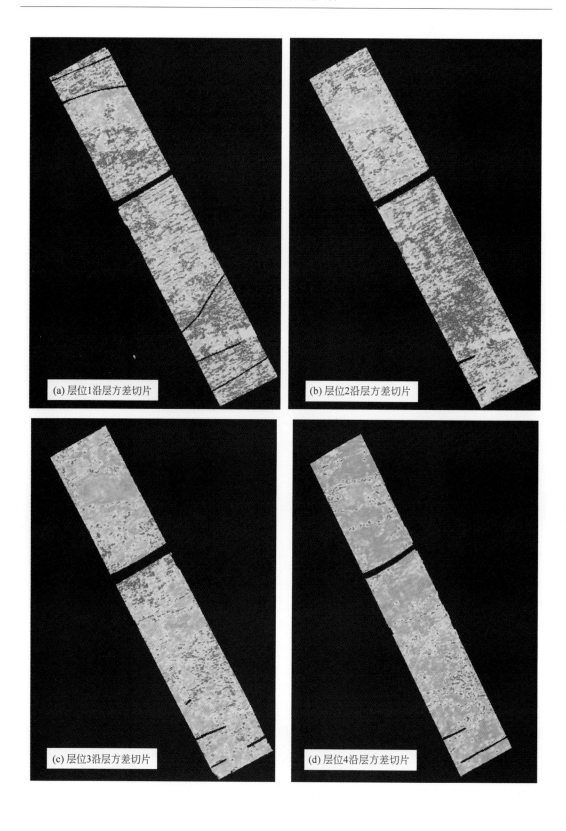

(a) 层位1沿层方差切片　　　　　(b) 层位2沿层方差切片

(c) 层位3沿层方差切片　　　　　(d) 层位4沿层方差切片

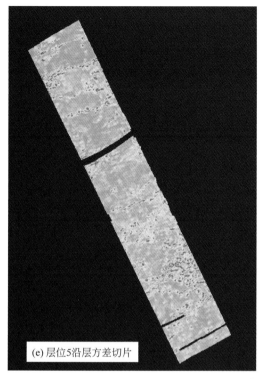
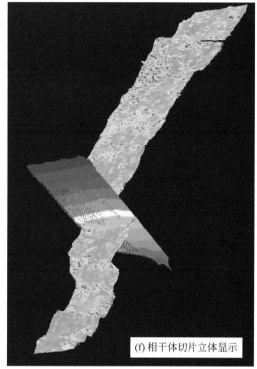

图 8.12　反射层沿层相干切片

8.2.5　瞬时属性

瞬时地震属性是根据复地震道分析在地震波到达位置上拾取的瞬时地震属性。瞬时地震属性上携带有大量岩性、油气特征的振幅、频率和相位信息。

一个复地震道 $C(t)$ 可以表示为

$$C(t) = S(t) + jh(t) \tag{8.1}$$

式中，$S(t) = A(t)\cos\phi(t)$ 为地震道；$h(t) = A(t)\sin\phi(t)$ 为虚地震道。

复地震道 $C(t)$ 是地震道 $S(t)$ 的希尔伯特变换，通过复地震道分析技术，可以得到三瞬属性。

1. 瞬时振幅

瞬时振幅是各道时间域振动幅值，也可称为振幅包络，它是某一道的能量在给定时刻的稳定性、平滑性和极性变化的一种度量，具有不受极性变化影响的振幅度量特征。可表示为

$$A(t) = \sqrt{S^2(t) + h^2(t)} \tag{8.2}$$

瞬时振幅常用于地震资料的构造和地层解释。作为复地震道振幅的绝对值，在某种程度上损失了垂直分辨率。

2. 瞬时相位

瞬时相位是指某一道内某一瞬间的相位，它与某一时窗内的傅里叶分析确定的相移不

同，它同时也是同一时刻子波真实相位的度量，它可以反映地层的连续性或地层、构造的结构。表达式为

$$\phi\ (t)\ =\sin^{-1}\ \left[\ h\ (t)\ /S\ (t)\ \right] \tag{8.3}$$

瞬时相位有助于加强地层内的弱同相轴，对噪声也有放大作用。图 8.13 给出反射层沿层瞬时相位切片。

3. 瞬时频率

瞬时频率定义为瞬时相位对时间的导数，可表示为

$$\omega\ (t)\ =\mathrm{d}\phi\ (t)\ /\mathrm{d}t \tag{8.4}$$

瞬时频率逐点由道的主频所估算，它与某一时窗的平均频率不同，它是给定时刻信号的复能量密度函数（即功率）的初始瞬间中心频率（均值）的一种度量，对地球物理学者来说，这就意味着零相位地震子波的波峰瞬时频率等于子波振幅的平均频率，它可以反映岩体的吸收、裂缝和厚度变化的影响。

由瞬时振幅、瞬时相位和瞬时频率三瞬属性可导出许多其他瞬时地震属性。瞬时特征计算基本上是一种变换，它将振幅和角度信息（频率和相位）进行分解。这种分解并不改变基本信息，而是产生不同的剖面，它们有时可能揭示出在常规剖面上被掩盖了的某些地球物理现象。因此，瞬时属性一直是地震属性技术中必须选取的属性参数。图 8.14 给出反射层沿层瞬时频率切片。

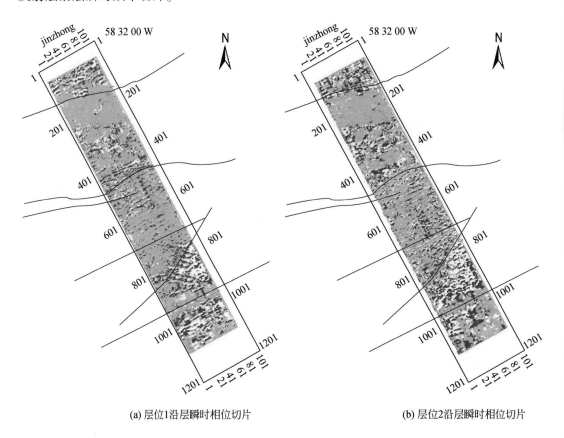

　　　　(a) 层位1沿层瞬时相位切片　　　　　　　　　　　(b) 层位2沿层瞬时相位切片

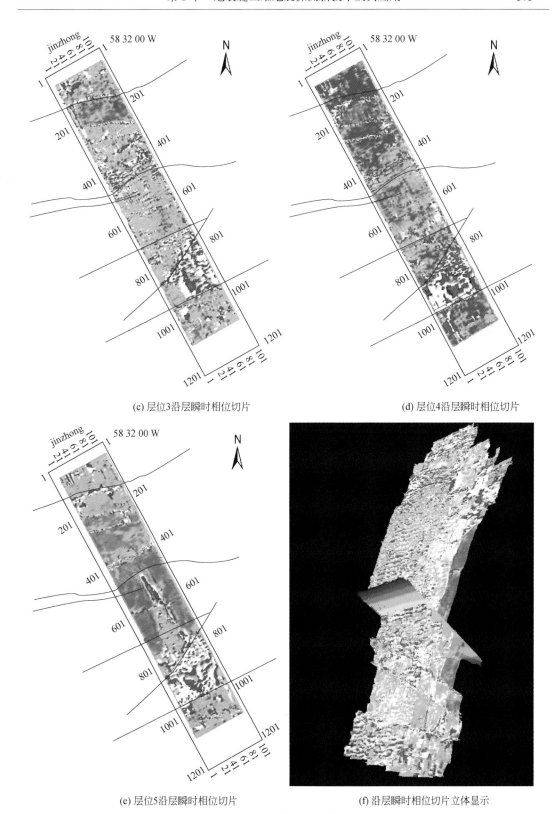

(c) 层位3沿层瞬时相位切片

(d) 层位4沿层瞬时相位切片

(e) 层位5沿层瞬时相位切片

(f) 沿层瞬时相位切片立体显示

图 8.13　反射层沿层瞬时相位切片

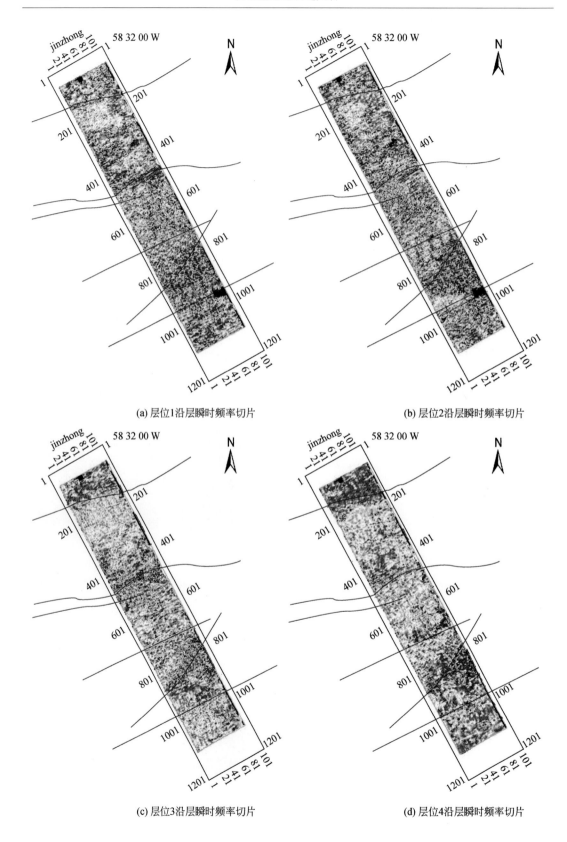

(a) 层位1沿层瞬时频率切片

(b) 层位2沿层瞬时频率切片

(c) 层位3沿层瞬时频率切片

(d) 层位4沿层瞬时频率切片

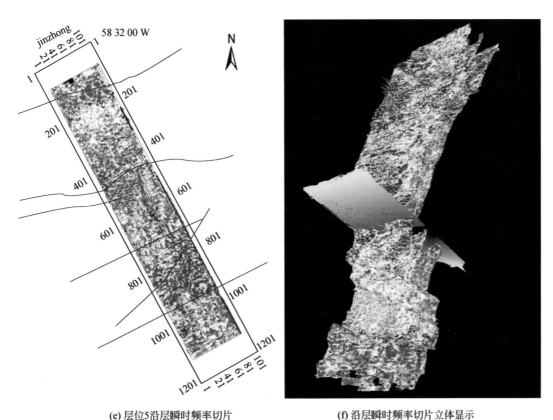

(e) 层位5沿层瞬时频率切片　　　　　　(f) 沿层瞬时频率切片立体显示

图 8.14　反射层沿层瞬时频率切片

8.2.6　气烟囱属性

　　气烟囱体在对地震数据进行滤波和做相似性处理的基础上，通过拾取样本点计算属性，来训练气烟囱体的神经网络，然后将神经网络预测的结果推广到整个数据体，最终得到气烟囱体在三维空间的展布，地震解释人员就可以根据预测结果来对目标区作出预测和判断。

　　本次应用气烟囱体主要是用来作地裂缝解释，因此针对地质目标体分别拾取了裂缝发育带属性集及正常地层带属性集，然后提取与气烟囱相关的地震属性进行神经网络训练，进过多次参数分析与调试，得到了理想的气烟囱属性体，用来帮助进行地裂缝解释。图8.15、图 8.16 分别给出气烟囱体剖面与常规地震剖面叠合显示图和气烟囱体与三维地震数据体叠合显示图。

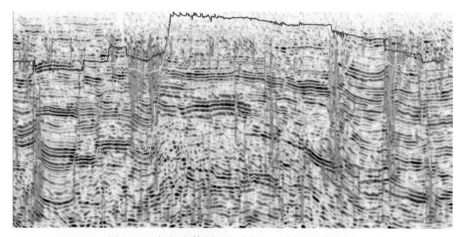

图 8.15 气烟囱体剖面与常规地震剖面叠合显示

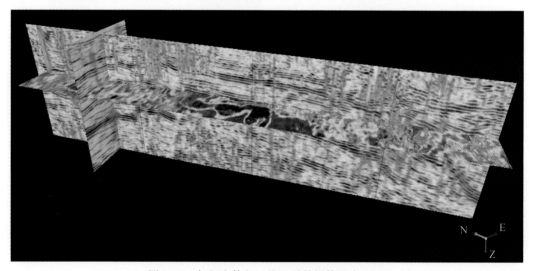

图 8.16 气烟囱体与三维地震数据体叠合显示

8.3 场地地裂缝三维可视化解译与立体结构

三维可视化既是一种解释工具,也是一种成果表达工具,在构造解释中,可将已做完的解释成果,加载到可视化系统中,通过对地震数据全方位的浏览,快速且直观地了解全区断裂展布、构造形态。目标三维可视化是三维可视化解释软件的核心技术,这一技术可以揭示用传统解释方法无法识别的构造和沉积的细节特征。其基本思路是:通过动画浏览,发现地震反射异常目标,确定典型的过目标剖面,确定地震异常的时间段,调整出一个与该时间段厚度相近的数据体,锁定时窗初步调好色棒和不透明度在地震异常的时间段上下滑动,找到最佳时间位置,进一步调节色棒与不透明度,给定合适的光线、微调时间厚度和视窗位置,直到达到最佳观察地震异常目标的效果,有利于识别其构造或沉积特征为止。三维可视化解释对识别地裂缝和分析地裂缝之间的关系细节,客观有效。可以通过调节体元的透明度、颜色和光线，使地裂缝能量较弱的位置清晰地展现出来，从而使得地裂缝的细微特征、地裂缝的切割关系得以体现。图 8.17 为勘探区三维可视化断层解释图。

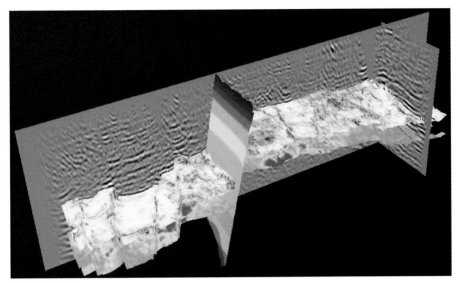

图 8.17　三维可视化断层解释

8.3.1　层位解释成果

依据本次地裂缝解释的要求，结合反射波反射特征，从地表至深部依次解释了 5 个标志性反射层，由浅到深依次命名为层位 1、层位 2、层位 3、层位 4、层位 5。这 5 个反射层中层位 3、层位 4、层位 5 反射特征明显，能够在全区连续追踪，层位 1、层位 2 离地表较近，反射特征相对较弱，但是也基本能够连续追踪，辅助帮助查明地裂缝延伸到地表的位置及走向。通过由浅到深的 5 个反射层控制，基本上查明了研究区的地裂缝发育走向、延展长度、倾向及向深部延伸的情况。这 5 个反射层几乎平行发育，起伏形态基本一致，即北部埋藏深度较小，中部埋藏深度最小，到南部有逐渐增大的趋势，北部地垒与地堑相间发育，从中部到南部呈现由高到低的台阶状发育特征。

8.3.2　断层解释成果

本区对地裂缝的断点均进行了连续追踪解释，全区共解释地裂缝 11 条。由北到南依次为 DF1、DF2、DF3、DF4、DF5、DF6、DF7、DF8、DF9、DF10、DF11。从断层角度划分，这些均为正断层，且走向基本平行，几乎均为北东东向，其中 DF1、DF2、DF5、DF8、DF9、DF10、DF11 倾向均为南南东，DF3、DF4、DF6、DF7 倾向均为北北西。11 条裂缝均贯穿整个研究区，并向工区两边延伸，可见其延展长度较长、切割深度较大。DF6 在所有裂缝中落差最大，断距依次变小顺序为 DF4、DF5、DF3、DF2、DF1、DF9、DF10、DF11、DF7、DF8。

由此可见，研究区地裂缝主体走向以北东东向为主的线性并列分布，走向基本一致，并且其切割深度大、延展长度长，显示出明显的构造方向性，由此推断，晋中盆地地裂缝受构造运动影响较大。

DF1：按断层性质划分为正断层，走向北东东，倾向南南东，倾角 70°～80°，落差 0～8 区内延伸长度 976.07m，按 20m×20m 网格进行评级，有 96 个断点控制，其中 A 级断点 88 个，B 级断点 8 个（图 8.18）。

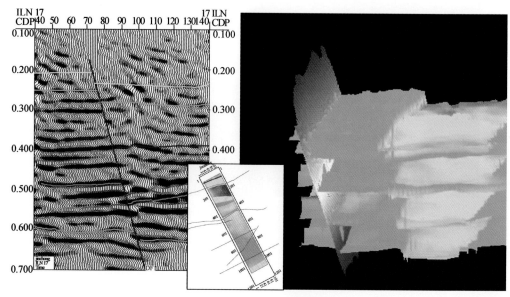

图 8.18　地裂缝 1 解释

DF2：按断层性质划分为正断层，走向北东东，倾向南南东，倾角 75°～85°，落差 0～8 区内延伸长度 1007.26m，按 20m×20m 网格进行评级，有 96 个断点控制，其中 A 级断点 95 个，B 级断点 1 个（图 8.19）。

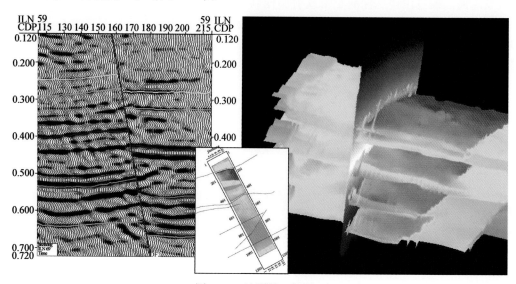

图 8.19　地裂缝 2 解释

　　DF3：按断层性质划分为正断层，走向近东，倾向近北，倾角 70°～80°，落差区内延伸长度 1008.38m，按 20m×20m 网格进行评级，有 92 个断点控制，其中 A 级断点 91 个，B 级断点 1 个（图 8.20）。

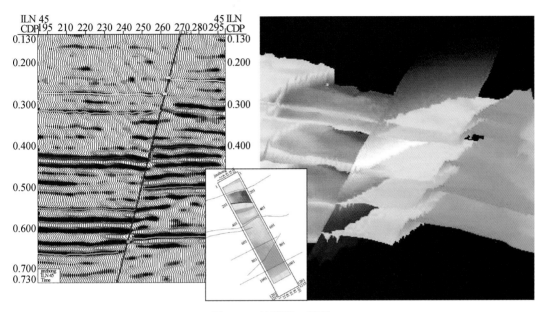

图 8.20　地裂缝 3 解释

　　DF4：按断层性质划分为正断层，走向北东东，倾向北北西，倾角 70°～80°，落差 0～43 区内延伸长度 1021.17m，按 20m×20m 网格进行评级，有 96 个断点控制，其中 A 级断点 96 个（图 8.21）。

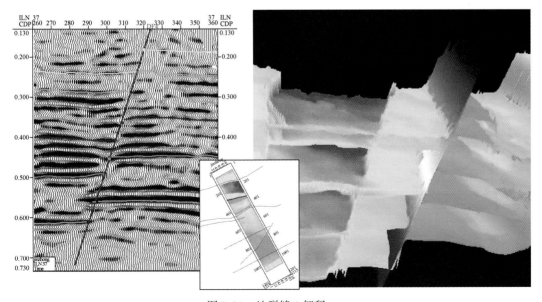

图 8.21　地裂缝 4 解释

　　DF5：按断层性质划分为正断层，走向北东东，倾向南南东，倾角75°～85°，落差0～18区内延伸长度993.01m，按20m×20m网格进行评级，有96个断点控制，其中A级断点12个，B级断点4个（图8.22）。

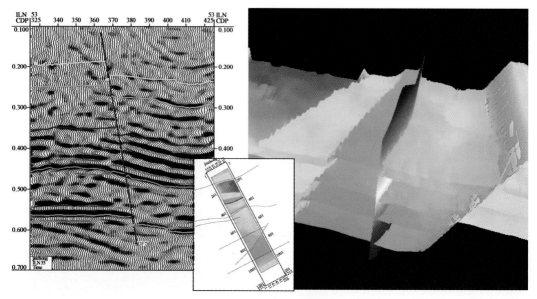

图8.22　地裂缝5解释

　　DF6：按断层性质划分为正断层，走向北东，倾向北西，倾角60°～70°，落差0～18区内延伸长度980.18m，按20m×20m网格进行评级，有96个断点控制，其中A级断点96个（图8.23）。

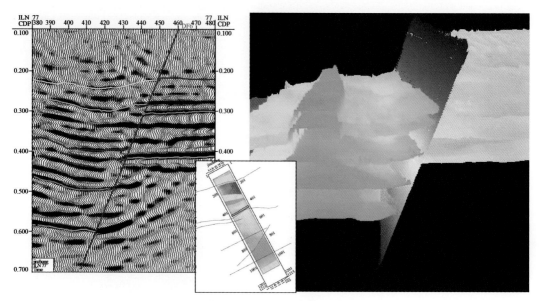

图8.23　地裂缝6解释

DF7：按断层性质划分为正断层，走向北东，倾向北西，倾角 60°～70°，落差 0～40区内延伸长度 303.55m，按 20m×20m 网格进行评级，有 21 个断点控制，其中 A 级断点 17个，B 级断点 4 个（图 8.24）。

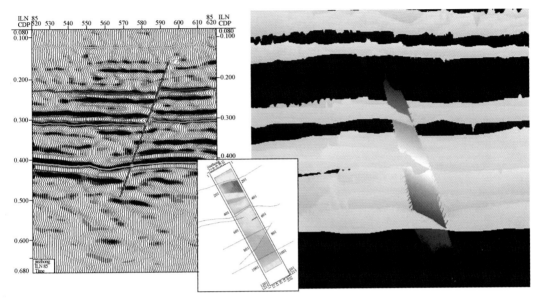

图 8.24　地裂缝 7 解释

DF8：按断层性质划分为正断层，走向北东东，倾向南南东，倾角 70°～80°，落差 0～35区内延伸长度 628.68m，按 20m×20m 网格进行评级，有 45 个断点控制，其中 A 级断点 43 个，B 级断点 2 个（图 8.25）。

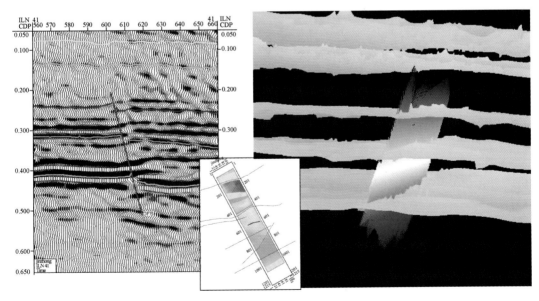

图 8.25　地裂缝 8 解释

　　DF9：按断层性质划分为正断层，走向北北东，倾向南东东，倾角70°～80°，落差0～12区内延伸长度1068.41m，按20m×20m网格进行评级，有96个断点控制，其中A级断点96个（图8.26）。

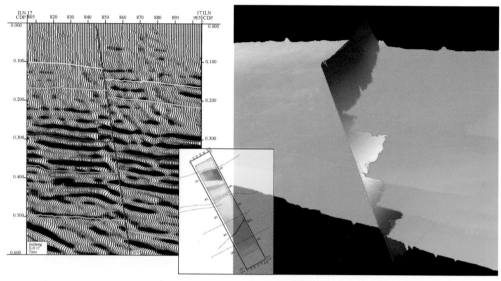

图8.26　地裂缝9解释

　　DF10：按断层性质划分为正断层，走向北东东，倾向南南东，倾角70°～80°，落差0～20区内延伸长度961.54m，按20m×20m网格进行评级，有92个断点控制，其中A级断点86个，B级断点6个（图8.27）。

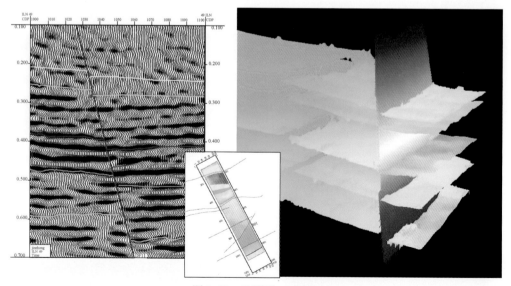

图8.27　地裂缝10解释

　　DF11：按断层性质划分为正断层，走向北东，倾向南东，倾角70°～80°，落差0～20区内延伸长度977.87m，按20m×20m网格进行评级，有92个断点控制，其中A级断点92

个（图 8.28）。

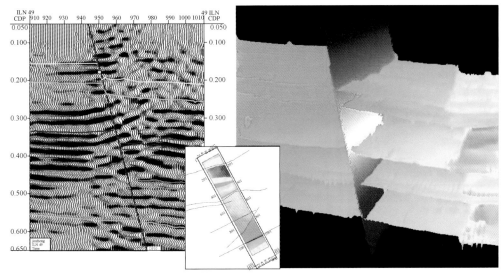

图 8.28　地裂缝 11 解释

8.3.3　构造总体解释

研究区总体构造是地垒与地堑相间的断块构造，工区北部埋藏深度较大，中部埋深较浅，到南部埋深又变大，形成的地垒主要有 DF4 与 DF5 及其之间的地层、DF7 与 DF8 及其之间的地层、DF6 与 DF9 及其之间的地层，形成的地堑主要有 DF2 与 DF3 及其之间的地层、DF5 与 DF6 及其之间的地层。其中 DF6 与 DF9 形成的地垒构造规模最大，并且嵌套了 DF7 与 DF8 形成的规模较小的地垒构造。

在 4.701km² 勘探区内，共有 11 条地裂缝，走向基本上为北东东向，呈等间距分布，将地层分割成地垒与地堑构造。从研究区查明 11 条地裂缝特征看，其走向大多与区域构造发育方向相一致，并且延展长度大，错断层位多，切割深度大，由此可见，研究区地裂缝与盆地现代构造活动息息相关，应当属于一种构造型地裂缝，地下水开采和地表水渗透等外动力作用是加剧地裂缝局部时空活动的诱发因素。

8.3.4　成果验证

通过对晋中盆地地裂缝的三维地震勘探，查明了晋中盆地地裂缝的分布位置及走向变化；查明了晋中盆地地裂缝的剖面组合结构及其下伏地裂缝的发育状况；查明晋中盆地祁县地裂缝场地基底埋深及地层结构。经解释成果与实际资料验证得知，实际资料中的 5 条已知地裂缝有 4 条与本次解释成果完全吻合，由北向南依次对应 DF2、DF6、DF9、DF10，其中 1 条位于工区中部的地裂缝在三维地震成果上显示不明显，分析原因可能是由于该裂缝仅在地表发育，未延伸至地下而造成的。地裂缝解释实际资料验证如图 8.29 和图 8.30 所示。图 8.31 和表 8.4 分别给出地裂缝解释立体显示和地裂缝解释一览表。

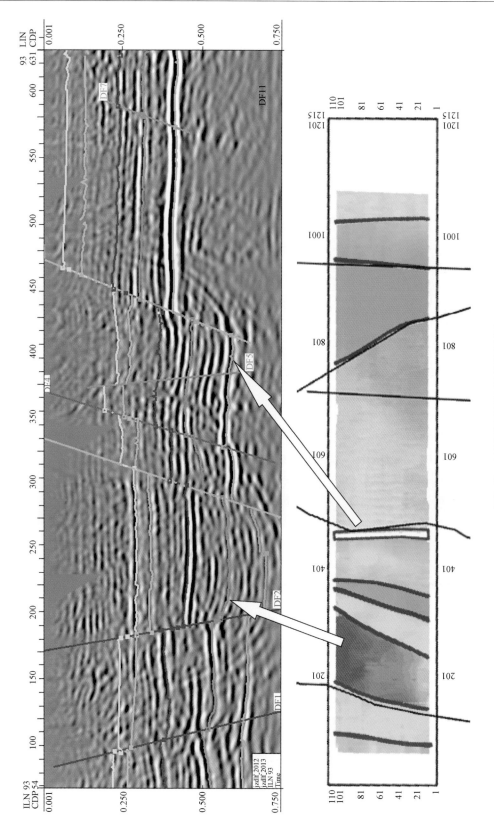

图8.29　地裂缝解释实际资料验证

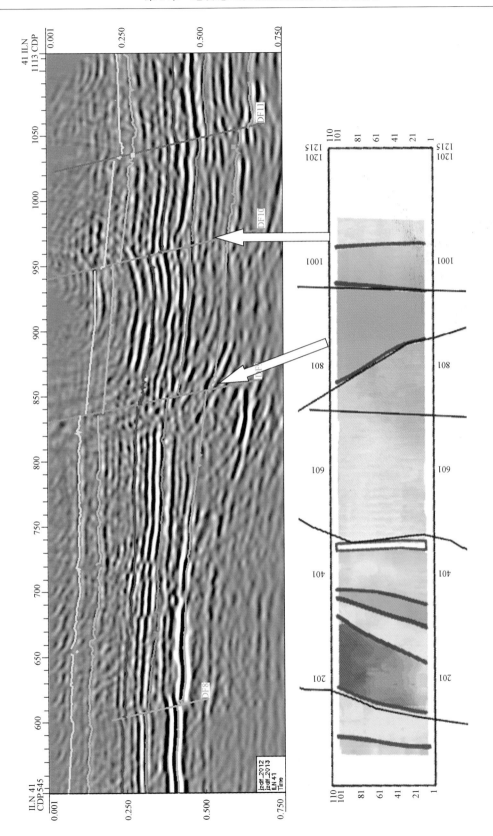

图 8.30　地裂缝解释实际资料验证

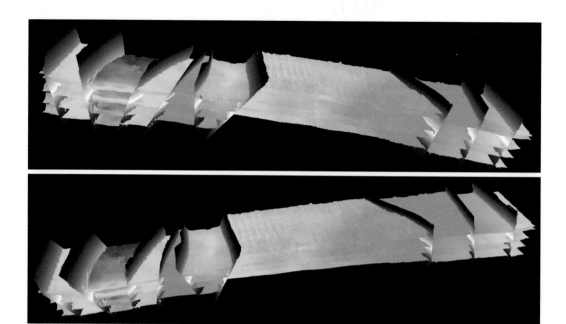

图 8.31　地裂缝解释立体显示

表 8.4　地裂缝解释一览表

地裂缝名称	性质	地裂缝产状			落差	区内延展长度/m	评级点数/个	评级间隔/m	断点级别		
		走向	倾向	倾角/ (°)					A	B	C
DF1	正	北东东	南南东	70~80	0~8	976.07	96	20	88	8	
DF2	正	北东东	南南东	75~85	0~8	1007.26	96	20	95	1	
DF3	正	近东	近北	70~80		1008.38	92	20	91	1	
DF4	正	北东东	北北西	70~80	0~43	1021.17	96	20	96		
DF5	正	北东东	南南东	75~85	0~18	993.01	96	84	12	4	
DF6	正	北东	北西	60~70	0~18	980.18	96	20	96		
DF7	正	北东	北西	60~70	0~40	303.55	21	20	17	4	
DF8	正	北东东	南南东	70~80	0~35	628.68	45	20	43	2	
DF9	正	北北东	南东东	70~80	0~12	1068.41	96	20	96		
DF10	正	北北东	南南东	70~80	0~20	961.54	92	20	86	6	
DF11	正	北东	南东	70~80	0~20	977.87	92	20	92		

　　本次三维地震勘探在晋中盆地地裂缝调查中取得了明显的效果，为全面开展晋中盆地地裂缝监测工作起到指导作用，该方法可在地质条件相类似的区域进行推广。

第9章　黄土开裂力学机制
与地裂缝成因关系

汾渭盆地地裂缝大多发育在黄土介质中，黄土具有特殊的性质，包括湿陷性、结构性、垂直节理发育等。黄土中还存在大量的其他裂隙（缝），其形成原因、形成时间、规模、产状和力学性质等都各不相同，这些裂隙或裂缝属于土体结构面，严重影响土体的变形破坏。在地裂缝活动时，会引起浅表土层侧向应力减小甚至出现拉张应力的情况；黄土地区经常遇到边坡、基坑和洞室等工程的开挖，也会引起土体侧向应力减小，从而致使土体发生变形甚至破坏现象。在地裂缝分布区，当侧向应力减小或出现拉张应力时，确定地裂缝可能出露在什么位置，掌握土体将会发生什么样的变形和破坏，是进行地裂缝综合防治和正确处理裂隙性黄土边坡、路基或地基的基础。

本章以汾渭盆地地裂缝为研究背景，通过对地裂缝发育的介质环境——黄土进行三轴拉伸试验、平面应变试验以及减压三轴试验研究，分析与地裂缝有关的黄土破裂特性，并在此基础上讨论黄土地区地裂缝的成因机制与扩展机理。

9.1　黄土三轴拉伸破裂特性试验

9.1.1　裂隙黄土三轴拉伸破裂特性

本次试验以陕西泾阳地震台地裂缝场地的裂隙性黄土为研究对象，通过裂隙性黄土三轴拉伸试验对其破裂力学特性进行研究，为分析黄土体中地裂缝形成、复活与扩展的力学机制奠定基础。

1. 裂隙性黄土三轴拉伸试验

1) 试样情况

试样取自陕西省泾阳县地震台地裂缝探槽中，地裂缝带内发育多条次生裂隙，所取裂隙性黄土试样中都包含有次生裂隙。取土深度为 6~12m，裂隙中有泥质充填，黄土裂隙面两侧土体土质较密实，部分土样中含少量白色蜗牛壳。

2) 试样的制备及试验方法

试样统一采用圆柱形，直径 39.1mm，高 80mm，均为含水率 w 为 15% 的非饱和黄土试样。为揭示试样中原裂隙的不同角度及其位置对土样变形及强度的影响，在试样制备过程中将土样削成裂隙倾角 α（与水平面的夹角）为 0°、30°、60° 和 90° 的圆柱形，并使原裂隙处在土样的不同高度。试验采用三轴拉伸试验，同一裂隙角度土样的试验围压分别为 100kPa、150kPa 和 200kPa。为便于对比，也进行了原状无裂隙黄土（无裂隙土）的三轴拉伸试验。

2. 裂隙性黄土拉伸试验成果分析

1）裂隙性黄土的应力-应变特征

（1）相同围压不同裂隙倾角下土样的应力-应变特征。

由不同裂隙倾角原状黄土应力-应变曲线（图 9.1）及土样的特征强度值（表 9.1）可以得出以下结论：①不同土样的应力应变曲线一般都可分为三个阶段，即弹性变形阶段、塑性变形阶段和破坏阶段，曲线表现为应变硬化型。②与无裂隙土样相比，含裂隙土样曲线更偏向于应变轴，说明裂隙的存在使黄土体强度降低。③含裂隙土样弹性变形阶段的曲线变化明显缓于无裂隙土样，且其比例界限强度要比无裂隙土的比例界限强度小。④相同围压下，$\alpha = 30°$土样的抗拉强度最小，$\alpha = 90°$土样的抗拉强度与无裂隙土样的抗拉强度相差不大，裂隙倾角小于90°土样的抗拉强度均小于无裂隙土样；说明裂隙结构面的存在，破坏了黄土试样的完整性，进而改变了试样的拉伸破裂特征。⑤相同围压下，无裂隙土样的极限拉应变均小于含裂隙土样，这说明裂隙中充填物的存在使土样具有更强的塑性，可发生较大的塑性变形。

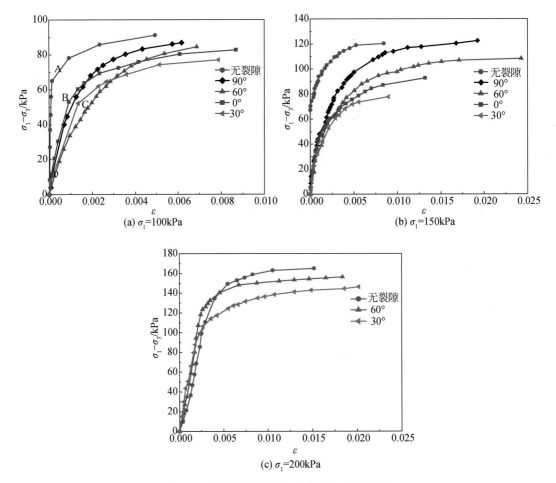

图 9.1　不同黄土试样的应力-应变关系曲线

表 9.1　三轴拉伸试验中各黄土试样的变形及强度特征值

裂隙角度	无裂隙土			30°			0°		60°			90°	
围压/kPa	100	150	200	100	150	200	100	150	100	150	200	100	150
峰值强度/kPa	91.2	120.3	165.0	77.0	77.8	146.2	82.8	108.3	84.5	92.8	156.2	86.9	122.6
峰值应变/%	0.50	0.85	1.50	0.79	0.90	2.02	0.87	2.43	0.69	1.32	1.84	0.62	1.93

（2）裂隙角度相同但围压不同的土样的应力-应变特征。

由不同围压下黄土试样的应力-应变曲线（图 9.2）可得到如下结论：①随着围压的增大，土样的塑性变形量越来越大，体现了高围压高塑性的特点；②各裂隙性土的抗拉强度和极限拉应变随围压的增大越来越高，但 $\alpha=30°$ 和 $\alpha=60°$ 土样在 $\sigma_1=100\text{kPa}$ 与 $\sigma_1=150\text{kPa}$ 之间的抗拉强度增幅不大；③随着围压的增大，土样的比例界限强度越来越大，且其弹性变形阶段的应变量也越来越大；④$\alpha=30°$ 和 $\alpha=60°$ 土样在 $\sigma_1=100\text{kPa}$ 与 $\sigma_1=150\text{kPa}$ 之间的应力-应变曲线特性相似，抗拉强度基本一致，与无裂隙土样的应力-应变曲线差别明显，这与土体中裂隙充填物的性质密切相关。由于裂隙充填物的存在，改变了黄土体原有的拉伸破裂机制，在拉应力的作用下，含有裂隙结构面的土体易产生拉张破坏，抗拉强度与极限拉应变与土体中裂隙充填物的宽度、物质组成及胶结情况有关。

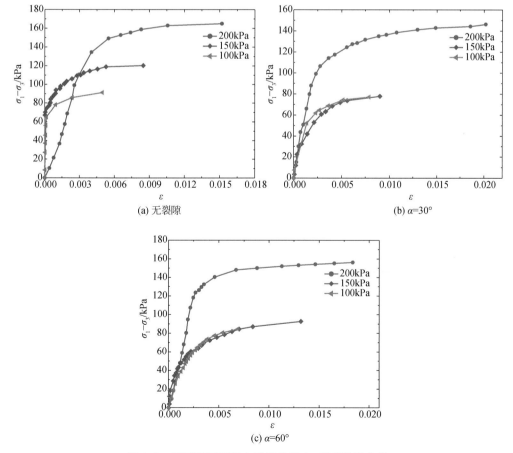

图 9.2　不同围压下黄土试样的应力-应变关系曲线

（3）裂隙性土样的三轴强度特征。

由不同围压下裂隙性黄土应力莫尔圆（图 9.3）可知，裂隙性土样在相同裂隙角度和不同围压下的破损应力圆没有公共切线，不符合莫尔-库仑强度准则。这是由于裂隙性黄土的力学性质是在外力作用下，由裂隙充填物和母土共同表现出来的性状，因而其力学性质受裂隙的类型、充填物的胶结情况、母土的性质及外力的性质与大小等因素的影响。因此裂隙结构面的存在，破坏了黄土试样的完整性，影响土样的力学性质，进而改变了试样的拉伸破裂特征。

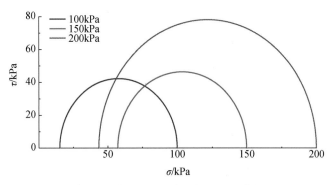

图 9.3　不同围压下裂隙性黄土应力莫尔圆

2）裂隙性黄土拉伸破裂特性分析

（1）裂隙性黄土变形破坏特征。

根据本次三轴拉伸试验试样的破坏特点和破坏过程的变形大小，其变形破坏特征主要表现在下列三个方面。

①破坏类型为硬化型。

硬化型破坏形式是在土样经历了明显的屈服和塑性变形之后发生的塑性破坏，破坏过程有较大的变形，并呈现渐进性破坏特点，体现了裂隙扩展与拉伸作用的抵抗过程。在裂隙扩展时，内聚力和摩擦力不是同时发挥作用的。在变形不大时，内聚力就达到峰值，而摩擦力只有发生较大变形时才充分发挥出来，当内聚力的丧失能被摩擦力补偿时，材料表现为硬化型。一般是围压越大塑性变形越明显，破坏后其破裂面上的破裂痕迹也越明显（图 9.4）。

(a) $\sigma_1=100kPa$　　　(b) $\sigma_1=150kPa$　　　(c) $\sigma_1=200kPa$

图 9.4　土样拉伸产生的塑性破坏

②破坏方式为先剪切伸长后拉断破坏。

随着轴向应力的减小，试样周边先发生剪切，使试样侧壁上形成一圈凹槽，作用在试样中部的压力减小，并引起相应的伸长应变。随着卸荷的继续，受剪切部分逐渐向试样内部发展，而中间部分面积逐渐减小，由楔入产生的劈力却逐渐增大，因而使作用在中部的压应力逐渐减小，以至转变为拉应力。随着这一过程的继续发展，中部所受的拉应力不断增加，一直发展至中部被拉断，从发展过程来看是先剪切伸长后拉断。从最后的破坏形式来看，表现为边缘部分为剪切破坏，中间部分则为拉断破坏。随着围压力的增大，剪切作用力越大，拉断的作用越小，破坏时破坏面上具有断裂特征的中部面积越小（图9.5）。

(a) σ_1=100kPa   (b) σ_1=150kPa   (c) σ_1=200kPa

图9.5 土样周边发生的剪切破坏和中间部位的拉断破坏

③破坏面位置不统一。

本次裂隙性黄土三轴拉伸试验的破裂面位置有以下三种情况：拉裂破坏面与原裂隙完全重合或沿原裂隙边界发展（图9.6）；拉裂破裂面分别出现在原裂隙的上部或下部（图9.7）；裂隙倾角为90°时，拉裂破裂面与原裂隙大角度斜交（图9.8）。

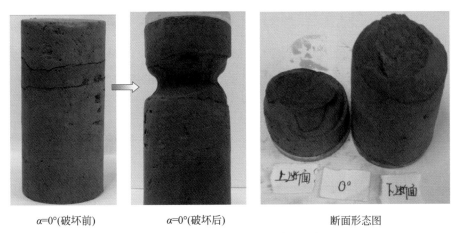

α=0°(破坏前) α=0°(破坏后)   断面形态图

图9.6 拉裂破坏面与原裂隙面重合

（2）裂隙性黄土变形破坏规律。

按围压大小、原裂隙力学性质及其充填物胶结情况，总结裂隙性黄土的破坏规律如

α=30°(破坏前)　　α=30°(破坏后)　　α=60°(破坏前)　　α=60°(破坏后)

图 9.7　拉裂破裂面在原裂隙的上部和下部（$\sigma_1 = 200$kPa）

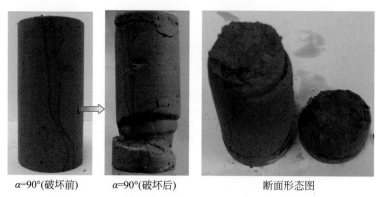

α=90°(破坏前)　　α=90°(破坏后)　　断面形态图

图 9.8　拉裂破裂面与原裂隙大角度斜交（$\sigma_1 = 150$kPa）

下：①裂隙性黄土的变形方式与土样的原裂隙的空间形态（角度、位置等）及性质、试验围压等因素密切相关，裂隙性黄土的变形方式决定了土样的破坏方式；②裂隙性黄土在围压作用的破坏方式均为先剪切伸长后拉断破坏；③受原裂隙影响，破裂面的形态以及破坏面的位置都不统一；④低围压作用下，若原裂隙的角度与破坏面的角度接近（即有利于土样破坏的角度），则拉伸破裂面易与原裂隙完全重合或沿原裂隙边界发展（图 9.6）；高围压作用下，裂隙倾角对裂隙性黄土的影响不明显（图 9.7）。

3）裂隙性黄土的变形破坏机理探讨

（1）裂隙性黄土三轴拉伸破裂角度。

通过裂隙性黄土的三轴拉伸试验发现，在围压作用下，裂隙性黄土基本表现出两种破裂特征，即沿原有裂隙结构面破裂（图 9.6）和沿最弱拉应力面破裂（图 9.7、图 9.8）。

当试样中原有裂隙的角度与破坏面的角度接近时，在正应力的作用下，裂隙性黄土试样会沿原有裂隙面产生明显破坏；当试样中裂隙面平行于主应力方向时，试样的拉伸破裂形式与一般无裂隙黄土试样基本一致，即沿最弱拉应力面发生拉裂破坏，破坏面与最大主应力的夹角即为破裂角。通过对破坏后试样进行观察，发现试验中裂隙性黄土的破裂角大小与理论上的破裂角大小基本一致，其大小为 45°+ $\varphi/2$，该角度即为破裂面与最大主应力面的夹角，φ 为裂隙性黄土的内摩擦角。

在较高围压下，原有裂隙面更加闭合。高围压下裂隙性黄土发生先剪切伸长后拉断破坏，破坏面出现在原裂隙的上部或下部（图 9.7）。

（2）裂隙性黄土三轴拉伸临界围压。

在三维应力空间中，土体中一点受最大水平主应力 σ_H、最小水平主应力 σ_h 及铅直主应力 σ_v 共同作用 [图 9.9（a）]。在区域拉张应力作用下，土中的应力状态会发生转变 [图 9.9（b）]，在拉张应力作用下应力重新分配，最终达到新的平衡状态。

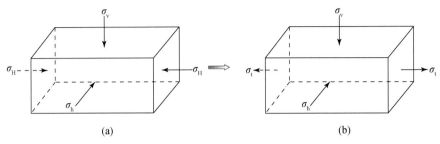

图 9.9　拉应力作用下土体中应力状态的转变

在低围压下的土体所承受拉张应力 σ_t 大于其铅直主应力 σ_v，故而裂隙性黄土试样在这种情况下易于沿其原有裂隙面产生拉张破裂；随着深度的增加，土体所承受的铅直主应力逐渐增大，即土体所承受的围压在逐渐增大，这部分增大的围压会部分抵消或全部抵消土体所受的拉应力，使土体所承受拉张应力 σ_t 向压应力转变，则此时土体容易在压应力状态下发生先剪切伸长后拉断破坏，使土样的破坏形式从纯拉断转变到先剪伸后拉断形式的围压即为临界拉伸围压；随着围压的持续增加，土体将会在压应力作用下发生纯剪切破坏，对应的围压为临界剪切围压。所以，在高围压状态下，土体中的裂隙会在压应力的作用下更加闭合，土体会沿着应力最薄弱的面破坏而不一定沿原有的裂隙面破坏。

4）裂隙性黄土与无裂隙黄土三轴拉伸试验对比分析

（1）裂隙性黄土与无裂隙黄土三轴拉伸破裂特性的一致性。

通过裂隙性黄土与无裂隙黄土三轴拉伸试验成果分析，总结裂隙性黄土与无裂隙黄土三轴拉伸破裂特性的一致性如下：①裂隙性黄土试样与无裂隙黄土试样在整个拉伸过程中的应力–应变关系曲线均无明显峰值点，破坏类型都为应变硬化型。②在围压作用下（$\sigma_1 > 100\text{kPa}$），裂隙性黄土试样与无裂隙黄土试样破坏方式均为先剪切伸长后拉断破坏。③裂隙性黄土试样与无裂隙黄土试样的应力–应变曲线一般都可分为三个阶段：弹性变形阶段、塑性变形阶段和破坏阶段。④裂隙倾角为 90°的黄土试样，由于裂隙面平行于拉应力方向，所以裂隙结构面的存在不影响该类裂隙性黄土的抗拉强度，因此其抗拉强度与无裂隙黄土的抗拉强度一致。⑤在较高围压（$\sigma_1 = 200\text{kPa}$）作用下，裂隙性黄土试样与无裂隙黄土试样应力–应变特征曲线相似，各土样的峰值强度相差不大，说明较高围压下裂隙对土样的强度影响不大。

（2）裂隙性黄土与无裂隙黄土三轴拉伸破裂特性的不一致性。

总结裂隙性黄土与无裂隙黄土三轴拉伸破裂特性的不一致性如下：①与无裂隙土样相比，含裂隙土样曲线更偏向于应变轴，说明裂隙的存在使黄土体更容易软化。②含裂隙土样弹性变形阶段的曲线变化明显缓于无裂隙土样，且其比例界限强度要比无裂隙土的比例界限强度小，相同围压下无裂隙土样的极限拉应变均小于含裂隙土样，这说明裂隙中充填物的存在使土样具有更强的塑性，可发生较大的塑性变形。③相同围压下，$\alpha=30°$土样的抗拉强度最小，$\alpha=90°$土样的抗拉强度与无裂隙土样的抗拉强度相差不大，裂隙倾角小于$90°$土样的抗拉强度均小于无裂隙土样。说明裂隙结构面的存在，破坏了黄土试样的完整性，进而改变了试样的拉伸破裂特征。④对于裂隙性黄土，在低围压作用下，拉伸破裂面易与原裂隙完全重合或沿原裂隙边界发展；高围压作用下，裂隙倾角对裂隙性黄土的作用不明显。对于无裂隙黄土，在低围压（包含$\sigma_1=0kPa$）作用下，拉伸断裂面与拉应力方向垂直；高围压作用下，拉伸断裂面与拉应力方向成小于$45°$的夹角。⑤裂隙性土样在相同裂隙角度和不同围压下的破损应力圆没有公共切线，不符合莫尔-库仑强度准则，无裂隙黄土的三轴拉伸试验中的应力莫尔圆大多都具有公共切线，土的抗拉强度跟抗剪强度具有相似性，满足莫尔-库仑破坏准则。

由以上分析可知，在拉应力作用下，含有裂隙结构面的土体会产生不同特征的拉张裂缝，与无裂隙黄土不同，裂隙性黄土的抗拉强度及变形特征除与含水率、围压有关之外，还与土样原裂隙的空间形态如裂隙倾角、裂隙所处的位置以及裂隙充填物的性质等因素密切相关。

原状黄土及裂隙性黄土三轴拉伸试验表明：在低围压作用下，裂隙面对裂隙性黄土的力学性质影响明显；在高围压作用下，土体以剪切破坏为主，裂隙性黄土的力学性质与无裂隙黄土裂隙力学性质相差不大。将这种破裂情况联系到实际的地质环境中，土体中产生的地裂缝这一宏观结构面，在构造及抽水等一些因素作用下，使其再次受到拉张应力的作用，地裂缝的二次扩展趋势与土体的埋深、裂隙倾角等密切相关。在近地表处，围压力小，土体中裂隙倾角近乎垂直，因此拉张应力容易引起近地表土体沿原地裂缝产生二次拉张开裂破坏；在远离地表的深处，裂隙倾角较小，围压增大，当超过土体抗拉的临界剪切围压时，土体发生剪切破坏，可能不会沿原裂隙发生破坏，但这些裂隙会成为剪切滑移面，特别是与其他角度的裂隙组合形成结构体时，会使得地裂缝这一宏观结构面的上下盘之间发生竖向错动，引起地表的不均匀沉降，从而诱发土层中已有破裂面的进一步开裂而形成二次扩展裂缝。

9.1.2 重塑黄土拉伸试验成果分析

本节主要介绍重塑黄土的三轴拉伸破坏试验，并从微观角度理论分析预测重塑土抗拉强度，以期更深入地对重塑黄土三轴拉伸破裂特性进行研究。

1. 重塑黄土三轴拉伸试验概况

试验用土与裂隙土三轴拉伸试验用土取自同一地点，为泾阳地震台地裂缝探槽中的无裂隙土，经风干、粉碎后，过2mm筛，测试其含水率，根据目标含水率（$w=10\%$、$w=15\%$、$w=20\%$），加水后将土料放入保湿缸中静置2天后进行制样。重塑土试样采用击实法制备，试样干密度为$1.4g/cm^3$。试验围压分别为0kPa、100kPa、200kPa，进行三轴拉伸特性试验。

2. 重塑黄土拉伸试验成果分析

1）含水率对重塑黄土三轴拉伸特性的影响

三轴拉伸条件下不同含水率试样应力–应变曲线（图 9.10）显示：

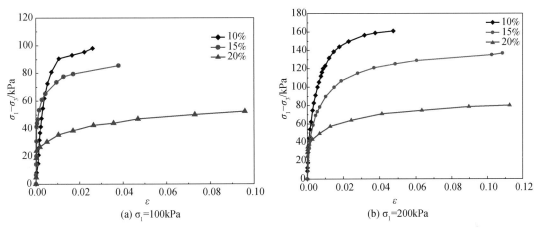

图 9.10　三轴拉伸情况下不同含水率应力–应变关系曲线

（1）对于围压相同的重塑黄土试样，含水率越大，曲线越偏向于应变轴，说明含水率越大黄土体强度越低。

（2）随着含水率的增大，黄土试样的抗拉强度迅速减小。

（3）含水率对重塑黄土的极限拉应变也有明显的影响，随着含水率的增大，重塑土试样的极限拉应变也越大。

（4）从整个试验过程上看，黄土在三轴拉伸过程中的变形由三个阶段组成，即弹性变形阶段、塑性变形阶段和破坏阶段。破坏阶段的曲线近平行于应变轴，试样在轴向应力保持不变的情况下，发生了较大的伸长变形。

（5）在试验的初始阶段，试样处于弹性变形阶段，变形曲线较陡。这说明，试验的初始阶段，围压对重塑黄土试样的作用并不明显，试样在轴向拉伸应力的作用下产生伸长变形，且变形量较小。随着试验的继续，在围压作用下，重塑黄土试样的土颗粒被挤密变形，同时叠加轴向伸长应变，所以变形量明显增大数倍。

2）围压对重塑黄土三轴拉伸特性的影响

对于重塑黄土而言，围压状态不仅影响了试样的抗拉强度，更是直接影响了重塑土颗粒之间的作用力，因此不同围压导致重塑黄土三轴拉伸特性也明显不同。本节以含水率 $w=15\%$ 的试样为例分析围压对重塑黄土三轴拉伸特性的影响（图 9.11）。

由图 9.11 可以得出下列结论：

（1）随着围压的增大，试样的塑性变形量越来越大，体现了高围压高塑性的特点。

（2）随着围压的增大，试样的比例界限强度越来越大，其弹性变形阶段的应变量也越来越大。

（3）随着围压的增大，试样所受的偏压力逐渐增大。这说明围压越大，重塑土颗粒被挤密越明显，重塑土样被挤密后，土样中原有的空隙被充填，增强了黄土颗粒之间的黏结强度。

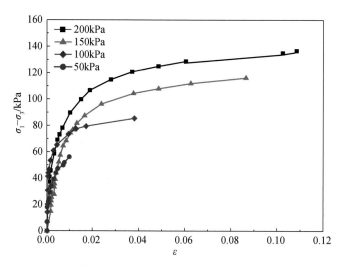

图9.11　重塑黄土不同围压状态下的应力-应变曲线（w=15%）

（4）从图中曲线可以看出，只有在围压为50kPa的状态下，重塑土试样是在拉应力作用下发生拉伸破坏，而在其余的围压状态下，试样都在压应力作用下发生了先剪切伸长后拉断破坏。

（5）随着轴向应力的不断减小，在周围压力的作用下，重塑土试样的土颗粒发生移动，土样被"挤长"，因此测得的轴向应变较大，而且围压越高这种现象越明显。

3）重塑黄土与原状黄土的抗拉强度对比分析

对于重塑黄土，由于土体结构已遭破坏，颗粒间的胶结性连接也遭到破坏，因此，相同条件下重塑黄土的抗拉强度要比原状黄土的抗拉强度小。

对于围压不为零的重塑黄土试样，在试验过程中，因受周围压力的作用，土颗粒发生移动并被挤密，改变了土颗粒原有的存在状态，不能与同围压状态下的原状土试样进行比较。因此，以下仅对单轴拉伸情况下不同试样的抗拉强度进行对比分析。

（1）非饱和黄土单轴抗拉结构强度分析。

非饱和黄土的单轴抗拉结构强度是土体结构在生成过程中由胶结物质所形成的黏结强度，是结构性黏土特有的，并伴随土体结构的生成而生成，随土体结构的破坏而消失。在干旱半干旱条件下，非饱和黄土形成了以粗粉粒为主体骨架的架空结构。在粗粉粒间接触点处的微小颗粒、腐殖质胶体及可溶盐等一起形成了胶结性的联结，该黏结强度即为非饱和黄土的单轴抗拉结构强度。当非饱和黄土的天然结构在外力作用下发生破坏时，胶结物质形成的黏结强度丧失，但其在正常压密情况下的强度（包括颗粒间的分子引力）不变。因此，非饱和黄土的单轴抗拉结构强度同样可以定义为粗粉粒间接触点处的胶结物质产生的黏结强度，其大小为非饱和黄土的天然结构破坏时所丧失的强度，即非饱和黄土抗拉结构强度的大小可用其天然结构破坏时原状黄土与相应的（同密度、同含水率）重塑黄土的极限拉应力差表示。

根据试验测试结果，将重塑黄土试样、原状黄土试样的拉应力-应变关系曲线绘制于图9.12，并将其结构强度值列于表9.2。

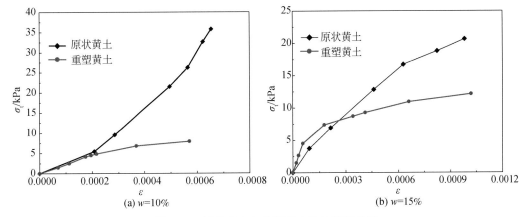

图 9.12　原状黄土与重塑黄土抗拉特征曲线

表 9.2　原状黄土与重塑黄土抗拉强度对比结果

干密度 ρ_d/（g/cm^3）	含水率 ω/%	原状黄土抗拉强度 σ_t/kPa	重塑黄土抗拉 强度 σ_t/kPa	抗拉结构强度 q/kPa
	10	35.792	7.917	27.875
1.40	15	20.667	12.146	8.521
	20	10.417	5.583	4.833

根据以上结果，可以得出下列结论：

原状黄土的应力-应变关系曲线较重塑黄土的应力-应变曲线陡，在相同的应变条件下，重塑黄土抗拉强度值比原状黄土抗拉强度值小得多。

从表 9.2 可以看出，黄土的结构强度与含水率的关系密切。试验表明，含水率的增大会使得黄土颗粒间的黏结强度弱化，从而降低黄土的结构强度。根据表 9.2 的结果，将黄土单轴抗拉结构强度随含水率的变化关系绘制于图 9.13。由图 9.13 可以看出，黄土的单轴抗拉结构强度与含水率之间满足负指数递减关系，其关系式可以表示为 $y = 145.02e^{-0.1752x}$，其中，y 为单轴抗拉结构强度值，x 为试样含水率。

黄土的单轴抗拉结构强度与相应的原状黄土抗拉强度之间存在着必然的关系，原状黄土的抗拉强度越大，则其对应的结构强度亦越大。根据试验结果将两者关系绘制于图 9.14。从图 9.14 可以看出，非饱和黄土的单轴抗拉结构强度与原状黄土的抗拉强度之间存在递增的指数关系，其关系式可表达为 $y = 2.2115e^{0.0698x}$，其中，y 为单轴抗拉结构强度值，x 为原状黄土抗拉强度值。

（2）重塑黄土与原状黄土变形比较分析。

在单轴拉伸试验过程中，非饱和重塑、原状黄土表现出相同的变形性状。试样从开始拉伸至破坏孔隙比增大，没有出现颈缩现象，只沿加荷轴方向发生无侧向变形。试样单轴拉裂破坏为脆性破坏，其拉裂破坏具有突然性，破坏面基本垂直于加荷轴，沿主应力面发生。试样拉伸变形由弹性拉伸变形和塑性拉伸变形两部分组成，在低含水区试样总变形受弹性拉伸变形控制，高含水区试样总变形由塑性拉伸变形控制。

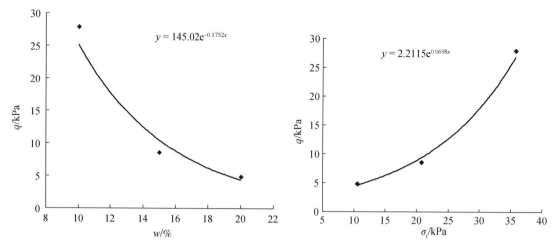

图 9.13　结构强度与含水率关系曲线　　　　图 9.14　结构强度与原状黄土抗拉强度关系曲线

试样含水率对弹、塑性拉伸变形和总拉伸变形的性状影响相似。含水率对试样弹性拉伸变形的影响，即随着含水率的增大，试样弹性拉伸变形减小，含水率对试样弹性拉伸变形的影响在低含水时大于在高含水时；含水率对试样塑性拉伸变形的影响，即随着含水率的增大，试样塑性拉伸变形增大，含水率对试样塑性拉伸变形的影响在高含水时大于在低含水时；在低含水区含水率对拉伸总变形的影响表现为对弹性拉伸变形的影响，随含水率的增大，试样拉伸变形减小；在高含水区含水率对拉伸总变形的影响表现为对塑性拉伸变形的影响，随含水率的增大，试样拉伸变形增大。

9.2　平面应变条件下裂隙性黄土剪切带试验

本节以三原县双槐树村地裂缝为试验场地，通过对地裂缝发育的介质环境——黄土（包括裂隙性黄土）进行平面应变试验研究，分析与地裂缝有关的黄土剪切带开始和完全形成点以及裂隙性黄土在平面应变条件下的局部化变形性质，为地裂缝的成因机制分析提供试验数据。

9.2.1　黄土的平面应变试验

这里主要介绍黄土的固结不排水平面应变试验，试验围压分别为 50kPa、100kPa、150kPa、200kPa，剪切速率为 0.08mm/min，观察剪切带的形成过程，记录剪切过程及其破坏后的应力-应变反应。

1. 黄土的平面应变试验概况

试验采用同济大学平面应变仪。此次试验土样采用三原县双槐树村地裂缝不同裂缝带和不同深度的裂缝带黄土。试样取土深度约 1.5m，土质松散，含较多小孔及少量白色蜗牛壳。为揭示试样中原裂隙的不同角度及其位置对土样变形及强度的影响，在试样制备过程中将土样削成裂隙倾角（与大主应力面的夹角）为 0°、30°、60° 和 90° 的长方体。原状土样尺寸为 70mm×25mm×70mm。土样在压力室内各向等压固结后，进行应变控制式不排水平面应变压缩试验，竖向位移速率为 0.08mm/min。平面应变试验方案见表 9.3。在试验过程中，对土样侧向变形进行局部化量测。

表 9.3　平面应变试验方案

土样名称	试样编号	固结压力/kPa	土样名称	试样编号	固结压力/kPa
裂隙土	0-1	50	裂隙土	60-3	150
	0-2	100		60-4	200
	0-3	150		90-1	50
	0-4	200		90-2	100
	30-1	50		90-3	150
	30-2	100		90-4	200
	30-3	150	无裂隙土	Y-1	50
	30-4	200		Y-2	100
	60-1	50		Y-3	150
	60-2	100		Y-4	200

2.　试验结果

1）应力-应变特征

（1）相同围压不同裂缝倾角土样的应力-应变特征。

为了揭示裂缝倾角（裂缝面与最大主应力作用面的夹角）对裂缝带土样强度的影响，分别对不同探槽中具有天然含水率（含水率和密度均近似）的土样在给定围压（$\sigma_3 =$ 50kPa、100kPa、150kPa、200kPa）下分别进行固结不排水平面应变试验。裂隙倾角为 0°、30°、60° 和 90° 的裂隙土样在同一围压下的应力-应变曲线、土样破坏形态及土样变形破坏特征分别示于图 9.15 和表 9.4 中。

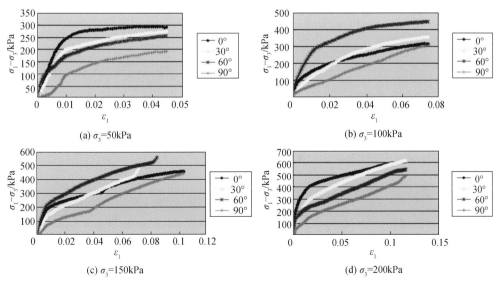

图 9.15　不同裂隙角度下土样的应力-应变关系曲线

　　为了更直观分析试验结果，在试验前先描述土样的裂缝形态及特征，试验结束后及时记录和描述土样的变形破坏特征，重点描述剪切带的形态和破坏形式。土样破坏前后的形态描述见表9.4。

表9.4　土样破坏前后形态描述

裂缝倾角	围压/kPa	破坏前形态	破坏后形态	破坏强度/kPa
0°	50	深褐色裂缝贯通试样，裂缝宽度1~1.5mm，土样含多个蜗牛壳	土样向一侧稍微倾斜凸起，侧面中下部出现明显波浪状皱纹，前后面出现单一型剪切带，裂缝宽度2mm，与大主应力面呈约20°夹角，试样最大厚度为26mm	295
	100	深褐色裂缝贯通试样，裂缝宽度1~1.5mm	土样向两侧凸起，试样最大厚度为24.5mm，侧面中部出现多个微小皱纹，前后两侧分别出现细微的单一型剪切带	313
	150	深褐色裂缝贯通试样，裂缝宽度1~1.5mm，土样含多个蜗牛壳	土样向两侧明显凸起，最大厚度达25.5mm，土体侧面下部出现明显连续波纹	457
	200	深褐色裂缝贯通试样中部，裂缝宽度约1mm	土体上部向两侧明显凸起，最大厚度为27.2mm，外凸部分皱纹不明显，前后表面未见破坏裂隙	611
30°	50	裂缝贯通试样，裂缝宽度约1mm；裂缝一侧土体呈深褐色，另一侧为浅黄色土体	土体上部凸起，试样外表面未见明显破坏裂隙	293
	100	裂缝贯通试样，裂缝宽度约1mm；裂缝一侧土体呈深褐色，另一侧为浅黄色土体；含杂质较多	土体向两侧凸起，最大厚度为27.5mm，土体侧面下部出现微小波浪线	410
	150	深褐色裂缝贯通试样，裂缝两侧土质相同，整个试样遍布虫孔	土样沿一侧凸起，最大厚度达27.0mm；前后面形成一斜裂痕，宽度约1mm	421
	200	深褐色裂缝贯通试样，裂缝两侧土质相同，整个试样遍布虫孔	土样沿两侧凸起，最大厚度为26.4mm，试样侧面下部出现"V"型裂隙	640
60°	50	裂缝贯通试样，裂缝宽度4~6mm，充填浅黄色黄土状土	试样均匀凸起，前后两面各出现两条宽度约为1mm的裂隙	272
	100	裂缝贯通试样，裂缝宽度2~10mm，充填褐色黄土状土	试样上部侧面明显凸起，试样表面未见明显裂隙	445
	150	深褐色裂缝贯通试样，裂缝宽度约1mm	试样均匀凸起，试样表面未见明显裂隙	518
	200	深褐色裂缝贯通试样，裂缝宽度约1mm	试样侧面下部出现明显剪切错断，前后一侧出现弯曲裂痕，另一侧出现近直线裂痕，宽度为2~3mm	597

裂缝倾角	围压/kPa	破坏前形态	破坏后形态	破坏强度/kPa
90°	50	裂缝贯通试样中下部，裂缝宽度 2～4mm；土体较松散	试样沿裂缝出现剪切带	226
	100	裂缝贯通试样，裂缝宽度为 1mm；土体较松散	试样侧面出现一条大波浪型裂痕，前后面沿裂缝出现剪切带	426
	150	裂缝贯通试样中下部，裂缝宽度为 1mm；土体上部较坚硬，下部较松散	试样侧面出现一条细微的裂痕	494
	200	裂缝贯通试样中部，裂缝宽度约 2mm，充填浅黄色松散黄土	试样沿裂缝出现一条宽度为 1～4mm 的剪切带	521

由上述试验结果可见：

不同状态土样在不同围压下的应力-应变曲线呈弱软化、硬化或弱硬化型。在土样应力达到峰值之前，应力-应变曲线斜率基本呈线性关系，且随围压升高，斜率增大。

土样的应力-应变关系曲线与土样的变形破坏类型相关。当土样以均匀性整体破坏（即土样以压缩鼓胀变形为主）为主时，土样应力-应变关系为弱硬化曲线；当土样以局部化变形破坏为主，土样出现剪切裂缝带时，应力-应变关系为弱软化或近理想塑性曲线。

从土样的应力-应变关系曲线可以看出，应变 ε_1 为 1% 左右的这一阶段为土样中原有的微孔隙、微裂纹和空洞等被轻微压密阶段，此时轴向应变随应力线性增加，曲线近似为直线；此后土样转入到微裂纹萌生、局部变形发展和破坏阶段。

围压为 50kPa 和 200kPa 的不同裂缝倾角土样的应力-应变曲线均表现为弱硬化型，土样的峰值强度随裂隙角度的增大而逐渐减小，裂隙角为 90° 土样的破坏强度低于其他三种状态的裂隙土样，其主要原因是这两种情况下的土样的原裂隙宽度较大且含有较多松散杂质；对于不同角度的土样在围压为 50kPa 时的应变小于围压为 200kPa 时的应变。

围压为 100kPa 的不同裂缝倾角土样的应力-应变曲线均表现为弱硬化型，裂隙角为 0° 和 90° 的土样峰值强度相近，且小于 30° 和 60° 的土样峰值强度，出现这种情况除与裂隙倾角有关外，也与土样的原裂隙宽度有关。

对围压为 150kPa 的不同裂缝倾角土样的应力-应变曲线均表现为弱硬化型，其中裂缝角为 0°、30° 及 90° 的土样峰值强度相近，但是裂隙角为 30° 的土样应变明显小于其他三种角度的土样应变，这可能跟试样本身含有较多蜗牛壳而致使土样缺陷较多有关，从而使得土样在同围压下更易破坏。

通过土样的应力-应变曲线分析和土样的破坏形态图，可以看出裂隙的存在强化了土体的破坏，而裂隙的宽度及裂隙中充填物的形态使得试样破坏呈现不同的形态。

（2）不同围压、相同裂缝倾角的应力-应变特征。

相同裂隙倾角裂隙土样在不同围压下的应力-应变曲线如图 9.16 所示，试验结果显示：

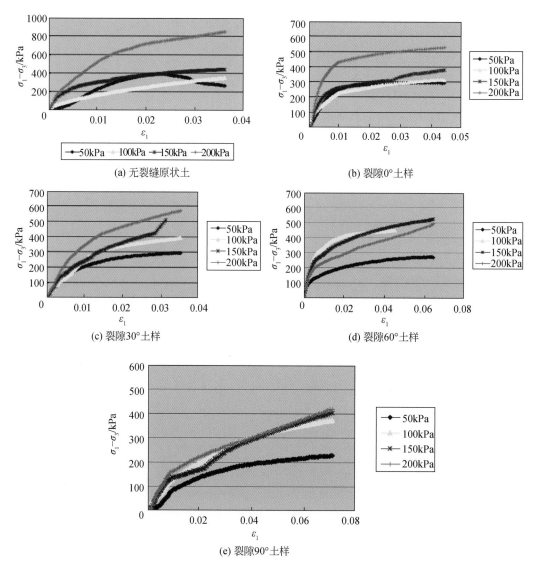

图 9.16　不同围压、相同裂缝倾角的应力–应变关系曲线

　　根据应力–应变关系曲线可将变形分为三个阶段：近弹性变形段、弹塑性变形段和塑性变形及破坏段。

　　随围压的增大，土样的峰值前塑性变形量越来越大，峰值强度也越来越高；土样的峰值偏应力 $(\sigma_1-\sigma_3)_F$ 随围压的增加而增加，因而土样的强度随着固结压力的增加而增加。

　　当裂隙土中存在软弱夹层时会出现理想塑性阶段，这说明受土的结构性影响，围压对土的变形、强度及破坏模式有很大的影响。

　　土样的应力–应变关系曲线与土样的变形破坏类型相关。当土样以均匀性整体破坏（即土样以压缩鼓胀变形为主）为主时，土样应力–应变关系为弱硬化曲线；当土样以局部化变形破坏为主，土样出现剪切裂缝带时，应力–应变关系为弱软化曲线。

　　围压越小越易破坏，围压越小越易观察到剪切破坏现象。

2）试样破坏形态描述

试样在轴向应变达到15%之前，均出现明显的破坏现象。根据剪切带形式的不同，将土样的破坏形态大致分为以下四类：

（1）单一型剪切带［图9.17（a）］。当土样破坏时，剪切带向一侧倾斜，该侧的 ε_3 面向外凸出。

（2）"X"型剪切带［图9.17（b）］。土样的 ε_2 面上出现明显的"X"剪切带痕迹，土样向两侧凸出。土样破坏时的外形不一定对称于土样原始尺寸的中轴，但两个剪切带的方位对称于该轴，即两个剪切带对水平面的倾角近似相等。

（3）楔型剪切带［图9.17（c）］。试样破坏时，土样的 ε_2 面上出现明显的楔形体，楔形体尖端下的土体被劈裂，形成空腔。

（4）次单一型剪切带［图9.17（d）］。当试样内存在贯穿性的硬层时，剪切带的发展不能穿过硬层，这种现象在工程实际中也会存在。

从破坏模式分布看，由于初始原状试样的非均匀性、边界条件的非对称以及土的各向异性等影响，土样易于发生非对称的单一型剪切破坏模式。

从总体上分析，土样的最终剪切带总是穿过柔性边界，而刚性边界对剪切带的形成具有明显的抑制作用。当试样中存在硬层时，剪切带无法穿过硬层出现次单一型剪切带。

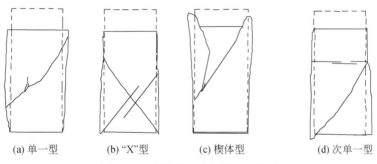

| (a) 单一型 | (b) "X"型 | (c) 楔体型 | (d) 次单一型 |

图9.17 试样破坏形态的四种类型

由于裂隙角为90°的土样裂缝带较宽，裂缝宽度长达 2~4mm，且明显充填有较多的松散杂质，因此在剪切过程中，土样首先沿软弱填充层发生剪切破坏并最终形成单一剪切带。

9.2.2 剪切带形成过程及特征

剪切带的形成是一个渐进破坏的过程，因此需要确定剪切带开始形成以及完全形成的时间。土样在剪切过程中，在剪切带开始形成的临界点，由均匀的应力应变状态转变为出现剪切带的变形局部化现象，这种改变会反映在各种关系曲线的某种变化上；在整理试验数据时，发现某些关系曲线出现斜率突变点，再结合试验仪器精度，有理由定义该斜率突变点附近就是剪切带开始形成点。

1. 侧向应变与主应变的关系曲线

在加载初期，局部侧向应变 $\varepsilon_上$、$\varepsilon_下$ 的变化基本一致；当主应变 ε_1 到达某一数值时，上、下局部侧向应变 $\varepsilon_{上}$、$\varepsilon_{下}$ 发生明显的分叉点（O 点），其中 $\varepsilon_{上}$ 的发展急剧增加，而同时 $\varepsilon_{下}$ 的发展趋势缓慢；最后 $\varepsilon_{上}$ 呈线性增大，$\varepsilon_{下}$ 则趋向于保持某一常数不再增加。但是有的土样 $\varepsilon_{上}$、$\varepsilon_{下}$ 都保持增长，只是 $\varepsilon_{上}$ 增加的速度明显比 $\varepsilon_{下}$ 的增加速度大得多；因而对于所有的试样，当主应变 ε_1 达到某一数值时，上、下侧局部应变的差值 $\varepsilon_{上}-\varepsilon_{下}$ 随着主应变 ε_1 的增加而增加。图 9.18 是不同围压下试样的侧向应变与主应变的关系曲线。

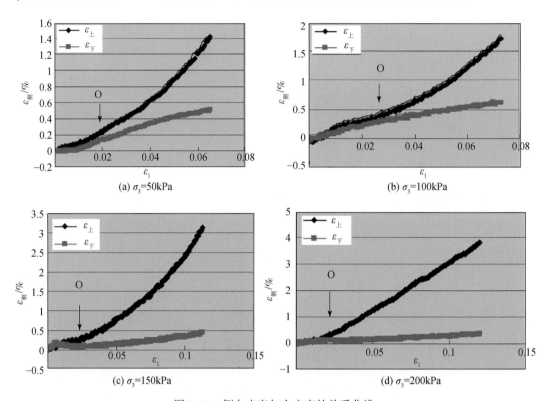

图 9.18　侧向应变与主应变的关系曲线

$\varepsilon_{上}$ 和 $\varepsilon_{下}$ 曲线开始分叉的 O 点，表示土样内部开始发生不均匀变形，即变形开始向土样内的某一点或某一部分集中，土样内发生变形集中的这一点或这一部分是剪切带最先发展的部位，因此，O 点代表着剪切带开始发生，O 点所对应的竖向应变 ε_1 可作为剪切带发生的分叉应变，记作 ε_{10}，相应的偏应力记 $(\sigma_1-\sigma_3)_0$。当上、下局部应变的差值 $\varepsilon_{上}-\varepsilon_{下}$ 达到某一状态时，可以认为土样已经被剪切带剪断而分离成两个块体，以发生相对滑动为主，把该点定义为剪切带完全形成的标志点，其相应的竖向应变记作 ε_{1B}，相应的偏应力记作 $(\sigma_1-\sigma_3)_B$。

2. 根据侧向应变分叉确定剪切带开始形成特征点

1）根据 $|\varepsilon_{上}-\varepsilon_{下}|-\varepsilon_1$ 曲线确定剪切带开始形成特征点

剪切带形成的现象实际上是变形局部化现象。在多数试验中，土样的剪切破坏形态如图 9.19 所示，上、下侧向应变与主应变的关系如图 9.20 所示。图 9.20 中很明显地看到，上、下侧向应变出现分叉现象；而且随着主应变的增加，上、下侧向应变的差值

$|\varepsilon_{上}-\varepsilon_{下}|$ 有增加的趋势，并且在主应变为某值时，$|\varepsilon_{上}-\varepsilon_{下}|$ 曲线的斜率有明显的突变点，见图 9.20 中的 O 点。因此，可以定义 $|\varepsilon_{上}-\varepsilon_{下}|$ ≥某个数值时，剪切带开始形成；侧向位移传感器的精度为 0.1mm，因而侧向应变的精度为 0.1mm/25mm=0.4%；在 $|\varepsilon_{上}-\varepsilon_{下}|$ 曲线斜率突变点附近，再根据侧向应变的精度，定义在突变点右侧第一次出现 $|\varepsilon_{上}-\varepsilon_{下}|$ ≥0.4% 对应的应力应变状态为剪切带开始形成点。

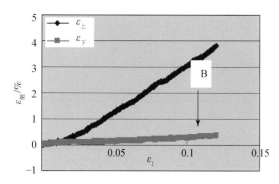

图 9.19　侧应变与主应变的关系曲线

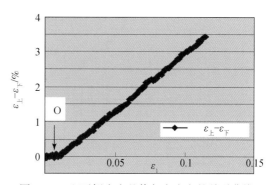

图 9.20　上下侧应变差值与主应变的关系曲线

2）根据 $|\varepsilon_{上}-\varepsilon_{下}|$-$(\sigma_1-\sigma_3)$ 曲线确定剪切带开始形成特征点

从图 9.21 $|\varepsilon_{上}-\varepsilon_{下}|$-$(\sigma_1-\sigma_3)$ 的关系中，发现有明显的斜率突变点（图 9.21 中 O 点）。在确定剪切带开始形成点时，完全可以根据侧向应变分叉的标准，即定义在突变点右侧第一次出现 $|\varepsilon_{上}-\varepsilon_{下}|$ ≥0.4% 对应的应力应变状态为剪切带开始形成点。

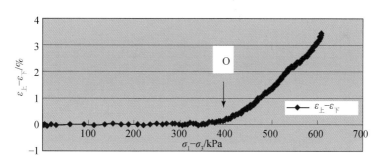

图 9.21　上下侧向应变差与偏应力的关系

综上所述，根据局部变形分叉确定剪切带开始形成特征点的标准：①找出 $|\varepsilon_{上}-\varepsilon_{下}|$-$\varepsilon_1$ 曲线或 $|\varepsilon_{上}-\varepsilon_{下}|$-$(\sigma_1-\sigma_3)$ 曲线峰值之前斜率突变点的大致范围；②在图中突变点右侧第一次出现 $|\varepsilon_{上}-\varepsilon_{下}|$ ≥0.4% 对应的应力应变状态为剪切带开始形成特征点 O 点；有时根据图 9.20 的方法难以确定剪切带开始形成点时，则一般可以根据图 9.21 的方法确定剪切带开始形成点，把两种方法结合起来，能很好地确定剪切带开始形成点。

3. 剪切带完全形成特征点的确定方法

确定剪切带完全形成的方法是：当侧向下应变趋平时，剪切带完全形成，见图 9.19 的 B 点。

在图 9.22 中，$|\varepsilon_{上}-\varepsilon_{下}|$-$(\sigma_1-\sigma_3)$ 曲线上，在峰值点 F 两侧的曲线在一定范围内

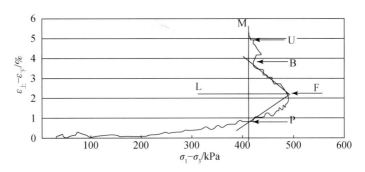

图 9.22　上下侧向应变差与偏应力的关系

呈近似对称关系，之后因为剪切带完全形成，曲线斜率发生突变，曲线斜率突然增大，因此存在一个斜率突变点，这个斜率突变点定义为剪切带完全形成点。

4. 根据单侧局部侧向应变−竖向应变曲线确定剪切带开始和完全形成特征点

剪切带的发生和形成可在单侧局部侧向应变−竖向应变曲线 ε_{Li}-ε_1 上表现出来。以试验土样 30-3 为例（图 9.23）。

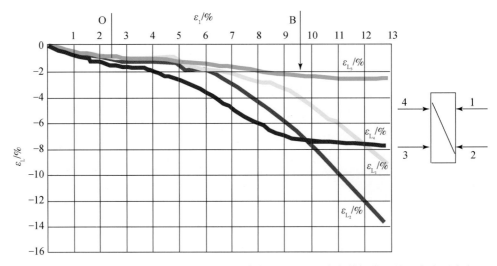

图 9.23　根据单侧局部侧向应变−竖向应变曲线（ε_{Li}-ε_1）确定剪切带开始、完全形成点

从图 9.23 中可见，加载初期，四个单侧局部侧向应变的增长趋势相同，表明试样变形均匀；到 O 点以后，ε_{L4} 加速增长，超过其他三个单侧局部侧向应变，表明试样开始发生不均匀变形，剪切带最先发生在试样内部靠近传感器 L_4 的部位；变形继续增加，其余三个单侧局部侧向应变也开始发生分叉，说明试样内部不均匀变形加剧，最后，到 B 点后，ε_{L1} 和 ε_{L2} 呈线性增加，ε_{L3} 和 ε_{L4} 基本保持为常数，此时，说明剪切带已经完全形成。因此，O 点和 B 点分别是剪切带开始和完全形成的标志点。

5. 局部分叉应变与剪切带形成时的应变特性

根据轴向应变为特征值确定分叉应变、剪切带完全形成时的应变。根据试验中局部侧

向应变随 ε_1 的变化在试验过程中出现不同的发展趋势，可确定剪切带开始点和完全形成点相应的应变 $(\varepsilon_1)_0$ 和 $(\varepsilon_1)_B$。剪切带的发生和形成可在单侧局部侧向应变–竖向应变曲线上表现出来。分析各个曲线可得结果见表9.5。

表9.5 各试验剪切带开始和完全形成时的应力、应变值

试验编号		剪切带开始时的应变 $(\varepsilon_1)_0/\%$	剪切带开始时的应力 $(\sigma_1-\sigma_3)_0/\text{kPa}$	剪切带完全形成时的应变 $(\varepsilon_1)_B/\%$	剪切带完全形成时的应力 $(\sigma_1-\sigma_3)_B/\text{kPa}$	$\dfrac{(\sigma_1-\sigma_3)_0}{(\sigma_1-\sigma_3)_F}$	$\dfrac{(\sigma_1-\sigma_3)_B}{(\sigma_1-\sigma_3)_F}$
不同围压	Y-50	0.59	105	1.18	243	0.27	0.72
	Y-100	0.59	141	1.75	260	0.33	0.61
	Y-150	0.91	227	3.00	382	0.51	0.85
	Y-200	0.42	359	1.35	661	0.44	0.80
不同围压	0-50	0.41	132	2.18	282	0.45	0.95
	0-100	0.10	155	5.57	289	0.49	0.91
	0-150	1.21	216	4.83	329	0.47	0.72
	0-200	1.16	355	5.08	496	0.58	0.81
不同围压	30-50	0.22	56	1.85	259	0.19	0.88
	30-100	0.91	187	4.75	335	0.46	0.82
	30-150	1.98	204	5.96	337	0.4	0.66
	30-200	1.09	243	5.97	459	0.38	0.72
不同围压	60-50	0.33	105	4.39	256	0.39	0.94
	60-100	0.63	177	1.81	325	0.40	0.73
	60-150	1.11	224	2.99	340	0.43	0.66
	60-200	1.51	224	6.07	402	0.38	0.67
不同围压	90-50	1.05	88	4.05	191	0.39	0.85
	90-100	0.97	113	5.85	320	0.27	0.75
	90-150	1.35	173	5.38	334	0.35	0.68
	90-200	1.86	204	6.02	347	0.38	0.64

从表9.5中可见在不同围压下的局部化变形特性：

（1）$(\sigma_1-\sigma_3)_0$ 和 $(\sigma_1-\sigma_3)_B$ 与围压的关系。剪切带开始时的应力 $(\sigma_1-\sigma_3)_0$ 和剪切带完全形成时的应力 $(\sigma_1-\sigma_3)_B$，均随围压的增加而增大。

（2）$(\varepsilon_1)_0$ 和 $(\varepsilon_1)_B$ 的初值与围压的关系。两者都同围压有一定的关系，但是关系不明显。

（3）剪切带开始于应力峰值前的硬化区，而形成于残余强度前的软化区。在绝大多数试验中，剪切带开始时的分叉应变 $(\varepsilon_1)_0$ 均小于应力峰值时的应变 $(\varepsilon_1)_F$；而剪切带完全形成时的 $(\varepsilon_1)_B$ 均大于 $(\varepsilon_1)_F$，小于残余应力时的应变 $(\varepsilon_1)_C$。

因此，渐进性破坏的发展演化过程为：在均匀边界条件下，土体受到荷载作用后，首

先产生均匀变形，随着荷载的增加，变形加剧；当 ε_1 增加到约 2.0% 后，土体内部开始发生不均匀变形，表示剪切带（作为变形局部化的模式之一）的开始（即 O 点）；荷载继续增大，不均匀变形加剧，变形逐步向剪切带内集中，在局部化剪切带变形的发展过程中，应力逐渐达到峰值，然后发生应变软化；不均匀变形继续向剪切带内集中，剪切带逐步由土样内部向外扩张，最后，以试样被剪断而分成两个发生相对滑动的块体为标志（$\varepsilon_1 =$ 10.0%），贯穿试样的剪切带完全形成（即 B 点）；剪切带完全形成以后，土体仍能承受一定的荷载，变形可以继续发展，应力缓慢降低，最后达到残余应力。也就是说，剪切带开始于应力峰值前的硬化区，完全形成于偏差应力–应变曲线的软化区。

剪切带开始时轴向应变小于峰值偏差应力的应变，而剪切带完全形成时应变大于峰值偏差应力的应变，所以，局部化变形开始于相应的硬化区。观测到的应变软化性状可能是剪切带形成所产生的结构影响，而不是土体材料特性的反映。

黄土不排水平面应变压缩试验中分叉点对应的轴向应变很小，说明土的局部化变形在轴向应变很小时已经开始发生，此后，平均量测的应变和应力只是局部化变形的宏观反映，而不能真正反映土的一点的变形性状，因此，宏观量测可能存在严重的缺陷，尤其是在平均应变基础上量测的宏观应变可能低估实际土体局部变形程度。

9.2.3 黄土在平面应变条件下的局部化变形特征

1. 应力–应变曲线上各特征点之间的关系

早前的一些文献中，定义了应力–应变曲线上的几个特征点，从而把整个剪切过程分为几个阶段加以讨论；这些特征点依次为开始损伤点 D、剪切带开始形成点 O、峰值点 F、剪切带完全形成点 B、残余强度点 U，并且认为这些特征点之间一般有如下关系：$\varepsilon_{1D} < \varepsilon_{1O} < \varepsilon_{1F} < \varepsilon_{1B} < \varepsilon_{1U}$。依照上述的特点，对黄土的剪切过程进行分析。

通过局部化变形的量测，更加深入地了解黄土在剪切过程中渐进破坏现象；表 9.5 综合了不同围压下，各特征点的信息，现综合分析如下：

1）局部变形在峰值之前发生

土体受力后，局部化变形在何时发生，这是我们试验所关注的问题。由表 9.5 的统计结果表明：无论围压是大是小，局部变形都发生在峰值偏应力之前。剪切带开始形成对应的主应变之间。这个特征点对实际工程按变形控制设计可提供重要的数据。

2）$\dfrac{(\sigma_1 - \sigma_3)_O}{(\sigma_1 - \sigma_3)_F}$、$\dfrac{(\sigma_1 - \sigma_3)_B}{(\sigma_1 - \sigma_3)_F}$ 与围压的关系

以峰值偏应力为参考点，考虑各特征点与峰值偏应力之间的关系。从表 9.5 可以看出，剪切带开始时的偏应力与峰值应力之比随着周围压力的提高多数试样变化不大；而剪切带完全形成时的偏应力与峰值偏应力之比随周围压力的提高有减小的趋势。

3）剪切带的影响范围

试验过程中，根据我们的定义，从剪切带开始形成到剪切带完全形成，应变的变化范围比较大，$\varepsilon_{1O} \approx 0.1\% \sim 2\%$；$\varepsilon_{1B} \approx 1\% \sim 7\%$。

2. 各特征点随围压变化的规律

根据表 9.5 中的数据，画出各特征点与围压的关系图，如图 9.24 ~ 图 9.26 所示。从图中可以看出，各特征点随围压的增加而线性增加，而且相关性较好。正是这种较好的线性相关性，使得有可能进一步定义不同变形阶段的强度标准，算出相应的强度指标。

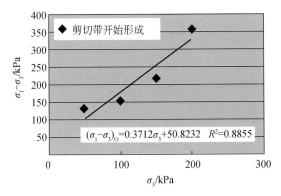

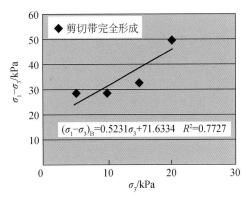

图 9.24　剪切带开始形成的偏应力与围压的关系　　图 9.25　剪切带完全形成的偏应力与围压的关系

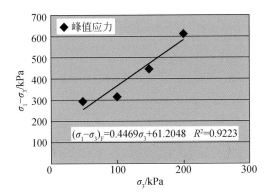

图 9.26　峰值偏应力与围压的关系

3. 强度标准讨论

工程设计理论中，认为土体是一种具有内聚力 c 和内摩擦角 φ 的理想的摩擦型材料。大量的工程剪切带破坏现象表明，c、φ 模型没有考虑土体的变形因素，尤其是没有考虑土体的局部化变形因素，因而有必要进一步认识土体的力学特征。表 9.6 是 c、φ 模型与真实土体的比较。

表 9.6　土体 c、φ 模型与真实土体的比较

模型	特点
c、φ 模型	(1) 简单易被接受，在工程中广泛应用； (2) 不考虑土体变形因素的影响，尤其没有考虑局部化变形因素的影响
真实土体	(1) 有复杂的应力应变关系，即本构关系； (2) 土体的破坏往往是一个逐渐破坏的过程，先是局部出现破坏，然后不断发展，直至最后整体失稳破坏

　　要全面了解土体的力学性质，必须建立可靠的本构关系；从表9.6比较知道，c、φ 模型并没有考虑变形因素，实际上可以在强度标准的定义中考虑变形的因素。可以认为，局部化变形是偏应力峰值达到之前产生的，剪切带开始形成这个特征点是土样从均匀变形至局部化变形的偏应力值，超过这个点后土体的变形集中在局部化区域内，这对深基坑或边坡的稳定是非常不利的。剪切带开始形成这个特征点确定的土体的抗剪强度指标考虑了土体局部变形的影响，可以确保深基坑或高路坝的施工安全。

1）从试验曲线求强度指标的方法

从9.2.3节可知，各特征点随围压呈线性增加趋势，可以用以下公式表示：

$$(\sigma_1 - \sigma_3) = A\sigma_3 + B \tag{9.1}$$

根据莫尔-库仑理论，简单推导如下：

$$2c \cdot \cos\varphi + (\sigma_1 + \sigma_3)\sin\varphi = (\sigma_1 - \sigma_3) \tag{9.2}$$

$$2c \cdot \cos\varphi + (\sigma_1 - \sigma_3)\sin\varphi + 2\sigma_3\sin\varphi = (\sigma_1 - \sigma_3) \tag{9.3}$$

$$2c \cdot \cos\varphi + 2\sigma_3\sin\varphi = (\sigma_1 - \sigma_3)(1 - \sin\varphi) \tag{9.4}$$

$$(\sigma_1 - \sigma_3) = \frac{2c \cdot \cos\varphi}{1 - \sin\varphi} + \frac{2\sin\varphi}{1 - \sin\varphi}\sigma_3 \tag{9.5}$$

对比式（9.1）和式（9.5）得到：

$$\varphi = \arcsin\frac{A}{2 + A}\ ；\ c = \frac{(1 - \sin\varphi)}{2\cos\varphi}B \tag{9.6}$$

以上求得的是总应力强度指标。有效应力强度指标可类似求得：

$$\varphi' = \arcsin\frac{A}{2 + A}\ ；\ c' = \frac{(1 - \sin\varphi')}{2\cos\varphi'}B \tag{9.7}$$

2）不同强度标准的强度指标参数比较

根据上面提出的强度标准，反算总应力条件下的强度指标参数，综合于表9.7中。

表9.7　总应力条件下不同强度标准求得的强度指标参数比较

试样	强度标准	内聚力 c/kPa	内摩擦角 φ/(°)
原状土	剪切带开始形成	6.7	17.3
	剪切带完全形成	22.7	28.3
	峰值	29.6	33.8
裂隙土（0°）	剪切带开始形成	15.7	24.9
	剪切带完全形成	26.3	29.6
	峰值	29.3	31.4
裂隙土（30°）	剪切带开始形成	11.5	21.5
	剪切带完全形成	23.6	28.1
	峰值	27.9	30.2

试样	强度标准	内聚力 c/kPa	内摩擦角 $\varphi/(°)$
裂隙土（60°）	剪切带开始形成	11.2	17.1
	剪切带完全形成	23.6	26.2
	峰值	25.6	28.7
裂隙土（90°）	剪切带开始形成	15.7	16.8
	剪切带完全形成	26.8	25.9
	峰值	29.2	26.6

从表9.7中可见，剪切带开始形成的特征点对应的内摩擦角要小得多，甚至有的仅为峰值强度对应的内摩擦角的一半；而剪切带完全形成时对应的内摩擦角与峰值时对应的摩擦角相当。由此可见，土体在剪切过程中，内摩擦角逐步发挥，到了偏应力峰值，内摩擦角也达到峰值。

4. 剪切带倾角的研究

为了量测剪切带倾角，在试验一结束时，分别从试验的两侧面量测剪切带倾角，然后进行平均，求得最后倾角。试验中发现，剪切带实际上不是一个平面，量测的剪切带倾角是指平面上的平均值。

通过量测的剪切带倾角与理论计算的剪切带倾角比较分析，评价经典土力学的强度理论的适用性，以期合理的确定剪切带的倾角。

1) 简述确定剪切带倾角的经典方法

（1）莫尔-库仑理论确定的剪切带方向，实质上是极限应力面的方向。剪切带的方向与最小主应力的方向夹角为 $\theta = 45° + \dfrac{\varphi}{2}$，$\varphi$ 为内摩擦角。

（2）Roscoe 理论认为剪切带的方向平行于无拉伸线的方向，该理论强调应变对破坏的重要性。剪切带与主应变增量 $\mathrm{d}\varepsilon_3$ 之间的夹角为 $\theta = \dfrac{\pi}{4} + \dfrac{\psi}{2}$，$\psi$ 为破坏时的剪胀角。$\psi = \arcsin\left(-\dfrac{\mathrm{d}\varepsilon_1 + \mathrm{d}\varepsilon_3}{\mathrm{d}\varepsilon_1 - \mathrm{d}\varepsilon_3}\right)$，在不排水条件下，$\psi = 0$。

（3）Arthur 等提出剪切带的倾角为莫尔-库仑理论和 Roscoe 理论计算的倾角的算术平均值，即

$$\theta = \frac{\pi}{4} + \frac{\varphi}{4} + \frac{\psi}{4}$$

2) 剪切带倾角的理论值及量测值之间的比较

可见，莫尔-库仑预测的剪切带倾角还是比较接近实测值的，Roscoe 理论和 Arthur 理论预测的剪切带倾角偏小。根据试验统计结果提出的莫尔-库仑理论虽然简单，但是还是经得起实际的考验，因此在实际工程中也得到了广泛的应用。从试验结果可知，实测的剪切带倾角在不同围压下基本不变。

9.3　裂隙性黄土的减压三轴压缩试验

9.3.1　试样的制备及试验方法

这里采用减压三轴压缩试验，了解三轴减压条件下裂隙性黄土的力学特性。试验土样选自于陕西省三原县楼底村的构造裂缝带黄土，取样深度为 11~14m。裂隙面平直光滑，裂隙宽度为 3~8mm，由可塑-硬塑状的粉质黏土充填。由于黄土的性质受土样裂隙宽度及尺寸的影响，所以土样采取 $\Phi61.8\times125$mm，使得土样的直径和高度都远远大于 4 倍的裂隙宽度，以便减小试样尺寸对其强度的影响。为掌握土样中裂隙角度对土样变形破坏特征的影响，将土样中裂隙面与轴向压力面的夹角 α（简称裂隙倾角，下同）分别制备为 15°，30°，45°，60°，75° 和 90°。

试验先对土样进行固结，当固结完成之后，开始逐渐降低围压 σ_3，并在试验过程中始终使轴向压力 σ_1 保持在初始固结压力不变，直至土样发生破坏或达到应变设定的值。试样的主要物理力学指标见表 9.8，试验方案见表 9.9，各土样在不同轴向压力的应力路径如图 9.27 所示。

表 9.8　试样的主要物理力学指标

试样编号	含水量 $w/\%$	重度 $\gamma/(\mathrm{kN/m^3})$	液限 $w_\mathrm{L}/\%$	塑限 $w_\mathrm{p}/\%$
1-1	16.8	17.8	23.6	18.0
2-1	18.1	16.1	25.3	16.3
2-2	18.8	15.6	23.2	15.3
3-1	22.6	19.1	24.1	17.5
3-2	23.8	18.6	23.6	16.8
4-1	17.7	16.5	24.6	16.1
4-2	18.6	17.1	23.8	16.5
5-1	19.5	16.4	23.2	15.3
6-1	15.7	17.2	24.4	18.1
6-2	16.8	17.9	23.8	18.9
7-1	16.2	17.9	25.1	16.6
7-2	16.8	16.6	23.5	17
7-3	16.5	18.2	25.4	18.1

表 9.9　试验方案

分类	土样序号	轴向压力 σ_1/kPa	裂隙倾角 $\alpha/(°)$
裂隙土	1-1	300	15
	2-1	300	30
	2-2	400	30

分类	土样序号	轴向压力 σ_1/kPa	裂隙倾角 α/(°)
裂隙土	3-1	300	45
	3-2	400	45
	4-1	300	60
	4-2	400	60
	5-1	400	75
	6-1	300	90
	6-2	400	90
无裂隙土	7-1	300	无裂隙
	7-2	400	无裂隙
	7-3	500	无裂隙

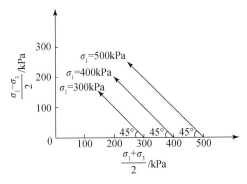

图 9.27　试验的应力路径

9.3.2　裂隙性黄土的应力-应变特征

1. 相同轴压不同裂隙倾角土样的应力-应变特征

对不同裂隙倾角的土样,分别将固结压力设定在 300kPa 与 400kPa 的状态下,进行固结不排水的减压三轴压缩试验。试验结果如图 9.28 所示。

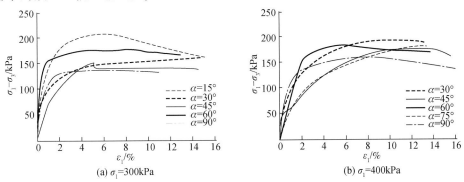

图 9.28　不同裂隙角度土样的应力-应变关系曲线

由上述试验结果可见：

（1）此次试验所得到的土样的应力–应变曲线中，除裂隙倾角 $\alpha = 75°$ 的曲线表现为硬化型外，其他曲线都呈现软化型和弱软化型。

（2）土样在 $\sigma_1 = 300\text{kPa}$ 作用下，其峰值强度从大到小的顺序是：裂隙倾角 $\alpha = 15°$、$\alpha = 60°$、$\alpha = 30°$、$\alpha = 45°$，最小的是 $\alpha = 90°$ 的土样。而在初始模量方面，裂隙倾角 $\alpha = 30°$ 的土样和 $\alpha = 60°$、$\alpha = 90°$ 的相差不大，且略大于 $\alpha = 15°$ 的土样，而 $\alpha = 45°$ 的则较小。$\alpha = 45°$ 土样可能含水率相对较高，导致其刚度降低，使其初始模量变小，当土样在达到峰值强度后，应力迅速降为屈服应力，随后应变不断增大，应力基本稳定，表明土体已经发生破坏，此时的 $\alpha = 45°$ 黄土样可看成理想塑性材料。

（3）土样在 $\sigma_1 = 400\text{kPa}$ 作用下，裂隙倾角 $\alpha = 75°$ 和 $\alpha = 45°$ 土样的屈服强度明显比其他的低。在峰值强度方面，$\alpha = 30°$ 土样最大，$\alpha = 90°$ 土样最小，其他角度土样相差不大，介于最大值和最小值之间。而在初始模量方面，$\alpha = 90°$、$\alpha = 45°$ 和 $\alpha = 30°$ 土样较接近，$\alpha = 60°$ 和 $\alpha = 75°$ 土样相对较低（表 9.10）。

表 9.10　各土样的变形及强度特征值

土样编号	1-1	2-1	2-2	3-1	3-2	4-1	4-2	5-1	6-1	6-2	7-1	7-2	7-3
裂隙角度	15°	30°		45°		60°		75°	90°		无裂隙		
轴向压力/kPa	300	300	400	300	400	300	400	400	300	400	300	400	500
初始模量/MPa	10.9	18.5	20.6	7.6	27.1	21.1	11.8	10.1	18.2	22.1	17.2	20.6	21.9
峰值强度/kPa	206.26	163.01	201.23	152.53	183.47	176.81	192.57	188.22	139.59	168.27	118.08	166.4	191.37
峰值应变/%	5.19	15.02	8.57	5.02	11.43	8.85	5.38	12.26	4.9	7.31	6.07	5.44	6.15

2. 相同裂隙倾角不同轴压土样的应力–应变特征

将不含裂隙的黄土样分别在轴向压力 $\sigma_1 = 300\text{kPa}$、$\sigma_1 = 400\text{kPa}$ 和 $\sigma_1 = 500\text{kPa}$ 的作用下进行固结不排水减压三轴压缩试验，对裂隙倾角 $\alpha = 30°$、$\alpha = 45°$、$\alpha = 60°$ 和 $\alpha = 90°$ 的土样分别在轴向压力 $\sigma_1 = 300\text{kPa}$、$\sigma_1 = 400\text{kPa}$ 下进行固结不排水减压三轴压缩试验。试验结果如图 9.29 所示。

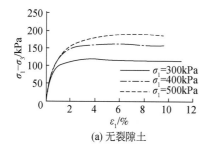
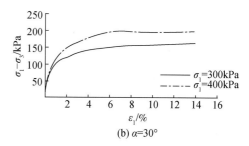

(a) 无裂隙土　　　　　　　　　　(b) $\alpha = 30°$

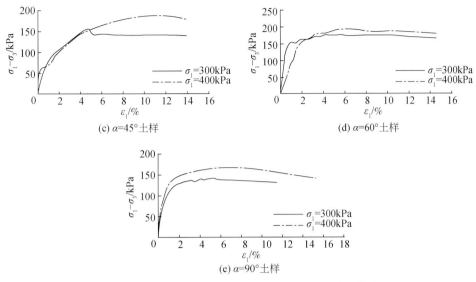

图 9.29　土样在不同轴向压力下的应力–应变关系曲线

不含裂隙土样的初始模量和峰值强度都随着轴向压力的增大而增大。当 $\sigma_1 = 300\text{kPa}$ 时，变形特性近似为理想塑性，在经历了明显的弹性变形和短暂的塑性变形后，进入持续的完全塑性变形阶段。这种塑性变形主要是由于侧向松弛作用引起的侧向膨胀变形和轴向变形。当 $\sigma_1 = 400\text{kPa}$ 和 $\sigma_1 = 500\text{kPa}$ 时，除了弹性变形外，弹塑性变形阶段相对较长，达到峰值强度后伴随有弱软化现象［图 9.29（a）］。

$\alpha = 30°$ 土样在不同轴向压力下，其峰值强度随着轴向压力的增大而增大，但两者的初始模量相差不大。当 $\sigma_1 = 300\text{kPa}$ 时的曲线呈现弱硬化型，而 $\sigma_1 = 400\text{kPa}$ 的曲线则表现为弱软化型［图 9.29（b）］。

$\alpha = 45°$ 土样在 $\sigma_1 = 400\text{kPa}$ 时，以较高的初始模量经历了短暂的弹性变形后发生屈服，随后又进入到强化阶段，其峰值强度比 $\sigma_1 = 300\text{kPa}$ 时要高一些。在 $\sigma_1 = 300\text{kPa}$，$\alpha = 45°$ 土样以相对较低的初始模量经历了弹性和塑性变形后应力差发生跌落，进入到破坏和完全塑性阶段［图 9.29（c）］。在两种不同的轴向压力作用下，土样都发生了明显的屈服或破坏现象，这都是由于土体沿裂隙面发生侧滑或滑动引起的。在受到较大的轴向压力时，土样沿裂隙面发生松动滑移而产生短暂屈服后，裂隙面又发生紧密接触，裂隙面的抗剪能力逐渐恢复，并出现较长的硬化阶段；而在相对较小的轴向压力时，土样所受应力在经过峰值强度后发生剪切破坏，沿裂隙面滑动后缓慢滑移，应力–应变曲线近水平，土样处于完全塑性状态。

$\alpha = 60°$ 土样在受到相对较高的轴向压力作用时，其峰值强度相对较大，而初始模量偏小，这可能与两个土样的初始裂隙性质以及受较高压力土样的含水量偏高（表 9.8）有关。在两种轴向压力作用下，曲线均呈弱软化型或近似理想塑性［图 9.29（d）］。

$\alpha = 90°$ 土样在 $\sigma_1 = 400\text{kPa}$ 时的初始模量与峰值强度较 $\sigma_1 = 300\text{kPa}$ 时大，且应力–应变曲线的软化现象也要明显一些，但两种受压条件下土样的初始模量相差较小［图 9.29（e）］。

3. 裂隙性黄土的应力-应变变化规律

通过此次试验，可以得出裂隙性黄土样在减压三轴压缩条件下的应力-应变规律如下：

（1）土样的变形可分为弹性变形、弹塑性变形和塑性变形（或破坏）3 个阶段。

（2）除了由于 $\alpha=60°$ 土样的含水量变化较大外，随着轴向压力的增大，其他裂隙角度土样的初始模量与峰值强度都在增大。

（3）土样的应力-应变曲线类型以近似理想塑性或弱软化型为主，随着轴向压力的增大，其软化现象越明显。

（4）$\alpha=90°$ 土样的峰值强度最低，说明当裂隙直立时，土样的总体刚度变小，从而使得强度降低。在不同轴向压力下，$\alpha=60°$ 土样的峰值强度相差不大，$\alpha=45°$ 土样也容易发生明显的屈服现象，说明裂隙对土样的力学性质和变形破坏产生重要影响。

9.3.3　裂隙性黄土的变形特征

减压三轴压缩条件下的裂隙性黄土的变形特征与三轴压缩试验条件下类似，土样的总体变形有轴向变形和弯曲变形两种类型。

1. 轴向变形

裂隙性黄土样的总体变形形式为轴向变形时，主要表现为以竖向的压缩变形为主，径向位移较小；当土样的含水量较高或塑性较强时，有一定的径向变形，并可能发生膨胀现象。土样的变形，除了裂隙位置及其附近外，基本呈对称形状。根据土样的变形特征，又可分为两种变形方式：在土样侧面伴有较明显的侧向鼓胀变形 [图 9.30（a）]；沿土样原裂隙附近发生的剪切变形 [图 9.30（b）]。

(a) 侧面膨胀变形($\alpha=30°$)　　　　(b) 沿裂隙的剪切变形($\alpha=60°$)

图 9.30　轴向变形的方式

2. 弯曲变形

裂隙性黄土在减压三轴条件下，除了发生轴向变形外，还可以发生弯曲变形，表现为土样的中轴线和顶面发生倾斜或弯曲（图 9.31）。根据试验结果，可将弯曲变形分为以下两种方式：土样的倾斜方向与土样中的原裂隙倾向基本相同 [图 9.31（a）]；土样的倾斜方向与原裂隙方向不同 [图 9.31（b）和（c）]。前者直接反映了裂隙对土样变形的控制作用，后者反映了裂隙对土样均匀性带来的影响。

(a) 两者倾向一致(土样3-1)　　(b) 两者倾向不一致(土样5-1)　　(c) 裂隙近直立(土样6-1)

图 9.31　土样倾斜方向与原裂隙倾向的关系

9.3.4　裂隙性黄土的破坏类型及特征

1. 破坏类型及特征

原状黄土的破坏类型有脆性破坏、塑性破坏和理想塑性破坏三种，其应力–应变关系呈现为强软化型、弱软化型、强硬化型、弱硬化型和理想塑性型五种形式。三轴压缩条件下裂隙性黄土的破坏类型有脆性破坏和塑性破坏两种；其应力–应变曲线有硬化型、理想塑性型、软化型、强软化型和极强软化型五种形式。

此次减压三轴压缩条件下，裂隙性土样的应力–应变曲线表现为硬化型、理想塑性型（或弱软化型）和软化型三种；土样的破坏方式与三轴压缩条件一致，包括脆性破坏和塑性破坏，其中塑性破坏又含有理想塑性破坏。

1）硬化型

土样在经过了一定的弹性变形和持续的弹塑性变形之后，发生塑性变形并呈渐进性增大的特点，表现为土样逐渐发生弯曲变形，但没有出现明显的剪切破坏面。本次试验只有 1 件土样（土样 5-1，$\alpha=75°$，$\sigma_1=400$kPa）表现为该种破坏形式（图 9.32）。

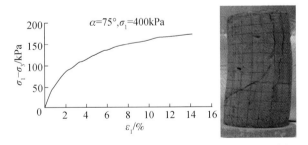

图 9.32　硬化型应力–应变关系曲线与破坏后的土样

2）理想塑性型

土样经过弹性和弹塑性变形之后，在应力差相对稳定的情况下，轴向变形继续发生，此种情况下的应力-应变曲线呈理想塑性或弱软化型。该种变形破坏形式可以表现为总体变形以轴向变形为主，而破坏阶段沿土样中的原裂隙发生剪切滑移（图9.33）；同时还可以表现为土样的鼓胀变形［图9.30（a）］或侧向弯曲变形［图9.31（c）］，而土样没有出现明显的破裂面。

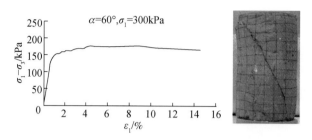

图9.33　理想塑性应力-应变关系曲线与破坏后的土样

3）软化型

该种破坏形式是在土样经过弹塑性变形后，开始发生弯曲变形，并且土样沿原裂隙发生明显的滑移（图9.34），或土样发生显著的弯曲变形并且土样侧面有横向拉张破裂（图9.35）。前一种情况多出现在土样原裂隙角度45°~60°，$\sigma_1 \geqslant 400\text{kPa}$时发生；后一种情况在试样不均匀，含水量相对较低，$\sigma_1 \geqslant 400\text{kPa}$时发生。

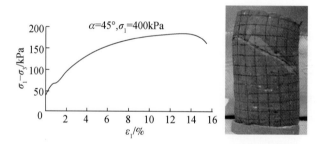

图9.34　强软化型应力-应变曲线与破坏后土样

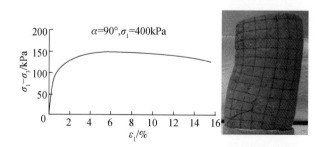

图9.35　软化型应力-应变关系曲线与破坏后的土样

以上土样的变形破坏形式与试验过程中出现的剪缩和剪胀作用有关，剪缩作用表现为土样中空隙和原裂隙的压缩，而新裂隙的形成、发展和变形是剪胀作用的结果。土样在剪缩作用和剪胀作用的共同作用下，当二者作用效果大致相同时，应力-应变曲线呈理想塑性或弱软化型；当剪胀作用比剪缩作用大时，应力-应变曲线呈软化型；剪缩作用大于剪胀作用时，应力-应变曲线呈硬化型。

2. 裂隙性黄土的变形破坏规律

根据不同裂隙角度的裂隙性土样在不同轴向压力作用下的减压三轴试验结果，总结裂隙性黄土的变形破坏规律如下：

（1）当土样的裂隙角度在 $\alpha=45°$、$\alpha=60°$ 时，其应力-应变关系呈现理想塑性或弱软化型，且土样会沿裂隙方向发生剪切破坏。

（2）当土样裂隙角度 $\alpha=45°$、$\alpha=60°$，且 $\sigma_1 \geqslant 400\mathrm{kPa}$ 时，或土样不均匀且含水量相对较低时，其应力-应变曲线为软化型。

（3）当土样裂隙角度 $\alpha>75°$ 或 $\alpha<45°$、含水量较高，且所受轴向压力较高时，其应力-应变曲线多为硬化型，土样不易形成贯通破坏面。

9.4　黄土开裂力学机制与地裂缝成因联系

前面研究表明，在外力作用下，土体易发生各种各样的破裂，而地裂缝便是一种近地表土体在外力及环境因素作用下发生的一种土体破裂现象。土体破裂常常是由于其内部缺陷引发裂纹萌生、扩展、贯通直至导致土体最终发生宏观破裂的结果。这里针对与地裂缝有关的黄土破裂力学机制进行分析。

9.4.1　黄土拉伸破裂特性与地裂缝开裂扩展关系分析

1. 黄土三轴拉伸破裂机理初步探讨

1）纯拉断时抗拉强度计算

在三轴拉伸试验过程中，试样轴向伸长，同时发生径向收缩。这种径向收缩只有在一种情况下才是沿试样高度均匀地收缩的，在多数情况下将发生局部的收缩现象，如果不考虑局部收缩，则在轴向卸荷以后，作用在试样上的轴向应力为

$$\sigma_3 = \frac{(F+\sigma_1 a - f_0 - W_1 - W_2/2)}{A}(1+\varepsilon_a) - \sigma_1 \tag{9.8}$$

式中，ε_a 为轴向伸长应变，断裂时的伸长应变为极限伸长应变以 ε_t 表示；F 为加荷重，N，断裂时所加荷重以 F_t 表示；σ_1 为周围压力，$\mathrm{N/m^2}$；a 为拉力杆截面积，$\mathrm{cm^2}$；A 为试样原始截面积，$\mathrm{cm^2}$；f_0 为试样与橡皮膜阻力总和，N；W_1 为上底座和有机玻璃板总重，N；W_2 为试样重，N。

可以认为 f_0 和 W_1 是不变的，W_2 的变化亦不大，三者可以合并为一项，使

$$f = f_0 + W_1 + W_2/2 \tag{9.9}$$

试样在断裂时的轴向应力 σ_3 为断裂强度，以 σ_t 表示：

$$\sigma_t = \frac{(F+\sigma_1 a - f)}{A}(1+\varepsilon_a) - \sigma_1 \tag{9.10}$$

式（9.8）和式（9.10）用 $\dfrac{A}{1+\varepsilon_a}$ 表示试样伸长后的截面积，适用于均匀收缩情况。

2）先剪切伸长后拉断时抗拉强度计算

当土体所承受的围压持续增大时，这部分增大的围压会部分抵消或全部抵消土体所受的拉应力，使土体所承受拉张应力 σ_t 向压应力转变，则此时土体容易在压应力状态下发生先剪切伸长后拉断破坏。使试样的破坏形式从纯拉断转变到先剪伸后拉断形式的围压即为临界拉伸围压，中间部分被拉断时对应的应力即为土体的抗拉强度。

（1）发生先剪切伸长后拉断破坏时的临界拉断围压。

①土样中任意环状滑动楔的受力分析。

土样的破坏形式从纯拉断转变到先剪伸后拉断形式时对应的围压即为临界拉断围压，用 σ_{11} 表示。显然 σ_{11} 与土的抗剪强度有关，设土体的抗剪强度参数 c、φ 已知。当作用于圆柱形试样的轴向压力与径向压力相等时，圆柱体内各点的应力是均匀的，即任一点有 $\sigma_r = \sigma_\theta = \sigma_z = \sigma_1$ [图 9.36（a）]，土体内不存在剪应力。轴向卸荷后，σ_z 由 σ_1 减少至 σ_3，径向应力不变，有 $\sigma_r = \sigma_\theta = \sigma_1$，这时，在径向平面 AA_1B_1B 及切向平面 EE_1F_1F 中产生剪应力 [图 9.36（b）]。

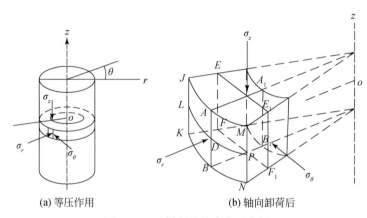

(a) 等压作用　　　　　　　　　(b) 轴向卸荷后

图 9.36　试样所处的应力示意图

由于试样呈轴对称，因而切向平面内不发生剪切变形，在径向平面内，由于试样侧面容易变形，因而在试样的边缘部分首先产生剪变形，并在卸荷至一定值后发生剪切破坏。

设开始发生剪切破坏时，在试样的某一高度处沿四周发生两组滑动面，滑动面与水平面相交成 $\alpha = 45° - \varphi/2$ 的角度，滑动楔环绕试样一周 [图 9.37（a）]。取环状楔体的一小段 $JKNMHG$ 进行分析 [图 9.37（b）]。滑楔宽为 t（即为环形缝隙宽度），因而滑楔切入试样中的深度为 b，$b = \dfrac{t}{2\tan\alpha}$。滑楔的底面 $JKNM$ 作用着周围压力 $\sigma_r = \sigma_1$，滑楔的两个侧面 JKG 和 MNH 上作用着 σ_θ，滑楔的斜面 $JMHG$ 和 $KNHG$ 上作用着法向力 p 和切向的剪应力 τ，由于处于极限平衡状态，应有 $\tau = p\tan\varphi + c$。

②建立沿 r 方向的平衡方程。

作用于滑楔底面 $JKNM$ 上的合力为

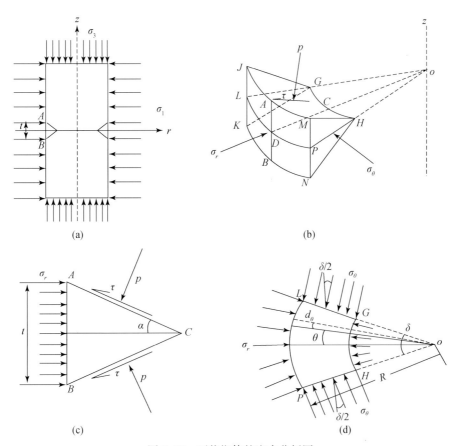

图 9.37　环状楔体的应力分析图

$$p_1 = \int_{-\frac{\delta}{2}}^{+\frac{\delta}{2}} \sigma_r Rt\cos\theta d\theta = 2\sigma_r Rt\sin\frac{\delta}{2} = 2\sigma_1 Rt\sin\frac{\delta}{2} \qquad (9.11)$$

式中，R 为滑楔斜边长度。

作用于滑楔二侧面 JKG 和 MNH 上的合力在 r 方向的投影为

$$p_2 = 2\sigma_\theta A_c \sin\frac{\delta}{2} = 2\sigma_\theta \frac{t^2}{4\tan\alpha}\sin\frac{\delta}{2} = \frac{\sigma_1 t^2}{2\tan\alpha}\sin\frac{\delta}{2} \qquad (9.12)$$

式中，A_c 为所取环状滑楔小段的侧面 JKG 和 MNH 的面积，$A_c = \dfrac{t^2}{4\tan\alpha}$。

作用于斜面 $JMHG$ 和 $KNHG$ 上的合力在 r 方向的投影：

$$p_3 = 2(p\sin\alpha + \tau\cos\alpha)A_L \qquad (9.13)$$

式中，A_L 为滑楔斜面面积，近似地取 $A_L = \dfrac{Rt\sin\dfrac{\delta}{2}}{\sin\alpha}$，并使 $\tau = p\tan\phi + c$，代入后得

$$p_3 = 2Rt\sin\frac{\delta}{2}[p(1 + \tan\phi\cot\alpha) + c\cot\alpha] \qquad (9.14)$$

取 $\sum r = 0$，即 $p_1 - p_2 - p_3 = 0$，经整理后得

$$\sigma_1\left(1 - \frac{t}{4R\tan\alpha}\right) - c\cot\alpha = p(1 + \tan\phi\cot\alpha) \tag{9.15}$$

因而得出作用在滑楔斜面 *JMHG* 和 *KNHG* 上作用的法向力 p 为

$$p = \frac{\sigma_1\left(1 - \dfrac{t}{4R\tan\alpha}\right) - c\cot\alpha}{1 + \tan\phi\cot\alpha} \tag{9.16}$$

③临界拉断周围压力 σ_{11}。

当土的强度指标较大而周围压力较小时，按式（9.16）算得的 p 值为负值，亦即在这种情况下试样侧壁不会出现滑动楔，破坏形式为纯拉断。由式（9.16）可知，当 $\sigma_1 < \dfrac{c\cot\alpha}{1 - \dfrac{t}{4R\tan\alpha}}$ 时其破坏形式为纯拉断；则当 $\sigma_1 = \dfrac{c\cot\alpha}{1 - \dfrac{t}{4R\tan\alpha}}$ 即为临界拉断围压 σ_{11}，同时考虑到此时并未发生周边楔入现象（即 $t = 0$），因而可以得到对 c、ϕ 为一定值的试样，其开始发生侧壁环状滑动楔的临界拉断周围压力 σ_{11} 为

$$\sigma_{11} = c\cot\alpha = c\cot\left(45° - \frac{\phi}{2}\right) \tag{9.17}$$

当周围压力 $\sigma_1 > \sigma_{11}$ 时，试样将发生先剪切伸长后拉断破坏。

（2）先剪切伸长后拉断时抗拉强度计算。

由于在试样边缘部分产生了环形滑动楔，中间部分拉断时的抗拉强度不再能用式（9.10）计算，因为式（9.10）中 $\dfrac{A}{1 + \varepsilon_a}$ 表示横断面积在试样伸长范围内均匀的缩小。而现在受拉面积不再是 $\dfrac{A}{1 + \varepsilon_a}$，而是去掉滑动楔以后的中间部分的面积。

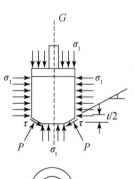

图 9.38　先剪切后拉断
破坏受力示意图

设断裂时中间受拉部分的面积为 A_1，边缘受剪部分的面积为 A_2，试样总横截面积为 A，$A = A_1 + A_2$（图 9.38）。使 $\sum Z = 0$，得

$$\sigma_1(A - a) - F_t + f - p_v A_2 = \sigma_t A_1 \tag{9.18}$$

式中，σ_t 为作用于 A_1 上的拉应力；p_v 为作用于 A_2 上的力的铅直分量，其值为

$$p_v = p\cos\alpha - \tau\sin\alpha \tag{9.19}$$

P 为 $t = 0$ 时的法向力，由式（9.17）求得。

当 σ_1 增大，p_v 和 A_2 相应增大，因而按式（9.18）算得的 σ_t 将恒为负值，即恒为拉应力。由于试样过程中 A_1、A_2 不能准确测定，因而计算结果不够准确，但滑楔劈力的作用，使所得的 σ_t 均为负值，则是可以相信的。

3）剪应力状态的发生条件

当围压高达某一值时，断裂时轴向应力将由拉应力向压应力转变，随着围压的持续增加，断裂时的压应力亦将随之增加。此时，试样不再受拉应力的作用，为单纯的剪切应力状态，亦即发生剪切破坏。使试样的破坏形式由先剪伸后拉断转变到剪切破坏时对应的围

压即为临界剪切围压，用 σ_{12} 表示。

发生纯剪切破坏的条件应从极限平衡条件来考虑，在轴向卸荷的三轴拉伸试验中，周围压力一定，当轴向压力减小至下值时：

$$\sigma_3 = \sigma_1 \tan^2\left(45° - \frac{\phi}{2}\right) - 2c\tan\left(45° - \frac{\phi}{2}\right) \tag{9.20}$$

将发生剪切破坏。当 $\sigma_3 = 0\text{kPa}$ 时对应的周围压力即是临界剪切围压 σ_{12}。因而可以得到对 c、φ 为一定值的试样，其开始发生完全剪切破坏的临界剪切周围压力 σ_{12} 为

$$\sigma_{12} = \frac{2c}{\tan\left(45° - \frac{\phi}{2}\right)} = 2\sigma_{11} = 2c\cot\left(45° - \frac{\phi}{2}\right) \tag{9.21}$$

2. 地裂缝形成的力学成因机理

目前对汾渭盆地地裂缝的成因机理已达成一定的共识，即认为现代区域拉张应力是汾渭盆地地裂缝发育的主要力源，基底构造活动是地裂缝形成和发展的驱动力，是触发构造地裂缝产生的动力因子。

野外调查和探槽剖面揭露，土体中产生的地裂缝这一宏观结构面，通常将土体分为上盘和下盘两个部分。在水平拉张应力的作用下，同时受到上部土体自重作用以及抽水等人为因素的影响，使得地裂缝上下盘之间发生竖向错动，加之，原有断层刚开始活动便自下而上扩展，最终引起地表层土体出现破裂，形成地裂缝。由于地层结构及地裂缝运动的复杂性，其所表现出的破裂现象具有多样性。一般情况下，地裂缝变形多表现为二维特征，以水平拉张和垂向差异变形为主（图9.39）。

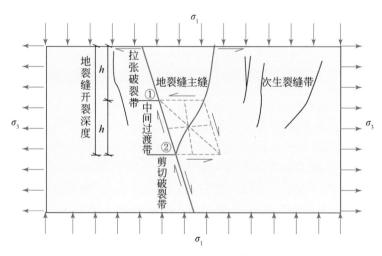

图9.39　地裂缝形成机制力学模式示意图
①②两点为破坏状态的转折点，对应的围压分别为临界拉伸围压、临界剪切围压

在隐伏断裂活动以及区域拉张应力等构造因素作用下，上覆土层自下而上破裂形成地裂缝。随着土层埋深不同，地裂缝可出现三种变形破坏方式：土层下部为压应力作用下的剪切破坏；中间为过渡带，受剪应力和拉应力的共同作用，形成不明显的剪切断裂面；地表为拉张破裂，形成产状陡的张性裂缝（图9.39）。通过以上对黄土三轴拉伸破裂机理分

析可知，使地裂缝破裂方式由下到上发生改变的"转折点"分别为临界剪切围压和临界拉伸围压，而围压状态实际上与土体在天然状态下所处的位置有关，因此，可以通过确定地裂缝沿深度方向破裂方式发生改变的土层埋深（表9.11），更好地对地裂缝进行沿深度方向的准确定位以及追踪研究。

表 9.11　不同含水率原状黄土的开裂深度

含水率 $\omega/\%$	抗拉强度 σ_t/kPa	临界拉断围压 σ_{11}/kPa	纯拉断破坏土层开裂深度/m	临界剪切围压 σ_{12}/kPa	地裂缝总开裂深度/m
8	−84	95.5	4.78	190.9	9.55
12	−30	85.9	4.30	171.6	8.58
16	−16	49.0	2.45	101.2	5.06
24	−11	14.8	0.74	29.7	1.49

注：假设 $\gamma = 20kN/m^3$，表中抗拉强度为单轴抗拉强度

3. 用黄土三轴拉伸破裂机理解释地裂缝的开裂扩展特征

就黄土的三轴拉伸试验而言，图9.39中 σ_3 方向为拉应力方向，σ_1 为上部土体自重作用力。拉张应力的集中会导致土层沿拉张作用方向的开裂变形，而压应力的集中则会使土层沿压应力方向产生压缩变形。黄土三轴拉伸破裂特性表明，黄土的抗拉强度及极限拉应变均很小，抗拉强度一般在几十千帕到上百千帕不等，极限拉应变值一般均是千分之几。同时，含水率和围压是影响原状黄土三轴抗拉强度以及极限拉应变的重要指标。含水率越大，原状黄土抗拉强度越小，极限拉应变越大，含水率与抗拉强度之间满足近似线性的递减关系；围压越大，原状黄土抗拉强度越小，极限拉应变越大，且当围压增大到一定值后，断裂时的轴向应力由拉应力转变为压应力，并随围压的继续增加，断裂时的压应力亦将随之增加。

通过对黄土三轴拉伸破裂机理进行分析可知，土体发生破坏的临界拉伸围压、临界剪切围压均与含水率呈负指数递减关系，而围压状态又与实际的土体埋深相对应，因此，可以得到发生纯拉断破坏土层的开裂深度以及地裂缝总开裂深度，将结果列于表9.11。

地裂缝形成的力学模式可以很好地揭示太原盆地东观变电站的地裂缝成因。从图9.40可以看出，地裂缝自下而上的破坏特征明显不同，下部以剪切错动为主，地裂缝相对闭合，地表处则以拉张开裂为主，地裂缝开裂宽度相对较大。且地裂缝的开裂宽度分别在埋深2.5m和5.5m处发生转折，分析其原因为：实际探槽土体含水率为15%左右，从表9.11可以看出，含水率为16%的土体对应的纯拉断开裂深度以及总的开裂深度分别是2.5m和5.5m，因此可以认为，2.5m和5.5m是此处地裂缝破坏形式发生改变的转折点。2.5m以上土体发生纯拉断破坏，开裂宽度较大，2.5~5.5m的土体为拉断和剪切共同作用的中间过渡带，开裂宽度明显变小，5.5m以下的土体发生剪切破坏，地裂缝以垂直错动为主，呈闭合状态。通过这一实例也可以证明用三轴拉伸试验得到的理论数据是可以用来分析实际地裂缝的开裂破坏特征与形成机理的。

我们也可将试验状态联系到实际的地质环境中，因为土体的含水率是与当地的降水情况关系密切的，而围压状态则从侧面反映了土体在天然状态下所处的位置，土体埋深越

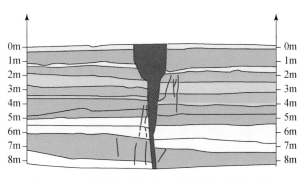

图 9.40　太原盆地东观变电站地裂缝探槽剖面图

大，其所承受的围压就越大。在区域拉张应力以及隐伏断层活动的共同作用下，地裂缝上下两盘发生竖向错动，引起地表的不均匀沉降，在地表浅层产生拉张裂缝，但随着含水率和土体埋深的不同，地裂缝的破坏特征也有所不同。

1）土体含水率越大越容易开裂，且开裂深度相对较小

通过以上对黄土三轴拉伸破裂机理的分析可知，使土体的破坏形式从先剪切后拉断破坏转变到纯拉断破坏的围压即为临界剪切围压，临界剪切围压对应的埋深即为地裂缝开裂深度，由表 9.11 可以看出，地裂缝开裂深度也随着含水率的增大而减小。若将土的平均重度近似地取为 $20kN/m^3$，则含水率为 24% 的土体对应的开裂深度为 1.5m，由三轴抗拉强测试可知，其对应的抗拉强度也仅有十几千帕，这表明黄土的抗拉特性对水的敏感性很大。这与野外调研发现的地裂缝在多雨季节往往容易开裂这一现象基本吻合。以西安地裂缝为例，调查发现西安地裂缝活动具有年周期变化规律，每年的第二季度活动速率加快，第三季度达到最大，一、四季度最小。笔者认为这种活动周期不仅与西安地面沉降变化有关，也与西安降雨量关系密切。每年 7~9 月是西安降雨量最多的季节，此时土体含水率相对较大，在拉张应力作用下容易发生开裂，但开裂深度往往较小。这是因为含水率的增大一方面减弱了土体抗拉强度强，另一方面又增强了土体塑性变形能力，使土颗粒具有一定调整自身分布状态的能力。因此当有裂隙出现时，部分土颗粒会自动及时对其进行填充，所以其开裂深度要相对较小 ［图 9.41（a）］。

(a) 雨后地表出现的地裂缝　　(b) 开裂深度较大的地裂缝　　(c) 地表以下闭合的地裂缝

图 9.41　地裂缝的破坏形式

　　2）土体含水率越小越不易开裂，但一经开裂其开裂深度相对较大

　　随着埋置深度的增加，地裂缝上下两盘竖向错动引起的拉张应力逐渐被上下两盘之间摩擦产生的剪切应力代替，同时，上部土体自重 σ_1 也相应增加，黄土三轴拉伸试验表明，当 σ_1 大于临界剪切围压时，土体发生纯剪切破坏。由表 9.11 可以得到，当土体含水率为 8% 时，对应的临界剪切围压为 190.9kPa，换算为开裂深度为 9.55m，是含水率为 24% 土体对应的开裂深度的 7 倍多。这是因为土体含水率较小时，其抗拉强度较大，可达上百千帕，极限拉应变较小，仅有千分之六左右，所以低含水率土体要比高含水率土体更具有抵抗拉张破坏的能力。但实际上区域拉张以及断层活动释放的应力往往远不止上百千帕，因此低含水率土体同样会发生拉张破坏。但因为其变形量非常微小，且几乎不发生塑性变形，在土体发生开裂后，未能有土颗粒对裂隙进行填充，因此其开裂深度相对要大得多[图 9.41（b）]。

　　3）埋深在 10.0m 以下的地裂缝通常不发生开裂，其破坏形式以剪切破坏为主

　　从表 9.11 可以看出，地裂缝的最大开裂深度约为 10m。同时，孙萍等通过对黄土进行三轴剪切试验，也得出大约地表以下 10m 处为土体破裂方式变化的一个转折点，并认为埋深 10m 以下黄土以剪切破裂为主。因此，可以认为地裂缝的最大开裂深度为 10m，而埋深在 10.0m 以下地裂缝通常不发生开裂，其破坏形式以剪切破坏为主。这是因为当土体埋深大于 10.0m 后，地裂缝上下两盘竖向错动引起的拉张应力完全被剪切应力取代，虽然土体仍受区域引张应力 σ_3 的作用，但此时竖向自重 σ_1 占主导地位，此时 σ_3、σ_1 满足关系式 $\sigma_3 = \sigma_1 \tan^2\left(45° - \dfrac{\phi}{2}\right) - 2c\tan\left(45° - \dfrac{\phi}{2}\right)$，发生纯剪切破坏。因此，在拉张应力的作用下，埋深 10.0m 以下的地裂缝往往呈闭合状态，地裂缝的上下两盘发生错动，但不开裂，这一结论与汾渭盆地黄土中的地裂缝的实际情况基本吻合[图 9.41（c）]。

9.4.2　裂隙黄土剪切破裂特性与地裂缝开裂扩展关系分析

1. 地裂缝的开裂破坏

　　黄土体中发育的各种裂隙面是宏观上土体中的弱面或带（图 9.42），宏观结构面的存在，将控制土体的变形破坏，这种破坏是由其他因素激活宏观结构面引起的。王景明认为，地裂缝大多是在黄土构造节理的基础上发展起来的，它们是黄土构造节理在地表的再破裂效应。对于隐伏而闭合的黄土构造节理，在强应力或地震动作用时重新开启成缝；若开启缝扩张较宽的地带再遭遇地表雨水的集中下渗，潜蚀土体两壁，使其成为很宽的地裂缝（图 9.43）。通过比较地裂缝和黄土构造节理的力学性质及其他特点，表明地裂缝和黄土构造节理有成生联系，它们同出一源，同时传递着同一种地壳活动信息，那就是区域新构造应力活动及其引起的应力侵蚀作用。土层构造节理是区域新构造应力场长期作用而形成的区域性微破裂，范围广、数量大、形迹处处可见，它又是随后发生地裂缝的构造基础；地裂缝是在时强时弱的区域性新构造应力场作用下，在地应力急剧增强并容易集中的局部构造部位释放出能量，致使土层构造节理开启的结果。所以，黄土构造节理及地裂缝均是黄土体中的宏观结构面，也都是地应力释放的渠道。

图 9.42 黄土体中发育的节理裂隙面 图 9.43 地表很宽的地裂缝

2. 剪切带形成与地裂缝扩展

由以上分析可知，裂隙性黄土在低围压下可以沿原有裂隙结构面出现剪切或拉张破坏，然而在高围压下，这些原有裂隙结构面则会闭合，土体仅产生一定程度的弯曲变形或鼓胀破裂。

野外调研发现，地质环境下发育在黄土体中的地裂缝往往在近地表处比较发育，张开程度也比较大，在地表以下较深位置，地裂缝则相对宽度较小，往往呈闭合状态，这正是因为随着埋深的增大，地裂缝周围土体所受围压逐渐增大的缘故。在地表处，土体上部为自由表面，加之黄土本身又疏松多孔，在地表水（包括大气降水与农田灌水等）的入渗、侵蚀、溶解和搬运作用，使得地裂缝的宽度扩大。而地表以下较深部位，因受周围岩土层的限制和上部岩土层的压力作用，所以地裂缝宽度会变小甚至闭合。

裂隙性黄土的三轴剪切试验结果表明，对于地表以下的土体，随着埋置深度的增大，其破裂方式也逐渐发生变化，即由浅部的拉张破裂转化为深部的剪切破裂。这种转折变化部位一般在地表以下 10m 左右，在 10m 以上以拉张破裂为主，而在 10m 以下则以剪切破裂为主。

另外，土体中观察到的地裂缝大部分都是高倾角的。由裂隙性黄土剪切破裂特征可知，在水平主应力较小时，裂隙性黄土容易沿原有的陡倾裂隙发生剪切或拉张破坏，这可以解释在地裂缝重新活动时，往往在地表附近沿原裂缝位置复活。

第10章　汾渭盆地地裂缝成因机理综合研究

20世纪中、后期以来，在汾渭盆地构造带的大同、太原、临汾、运城和渭河等五个盆地集中群发了大量的地裂缝灾害。在上述的章节中，我们研究了各个盆地地裂缝的分布规律和发育特征，在本章将进行汾渭盆地地裂缝成因机理的综合研究。

10.1　多个盆地地裂缝的群发机制

汾渭盆地的五大盆地处在同一构造带上，五个盆地同时群发大规模的地裂缝必有其特殊的地质背景、发育条件和动力学机制，这里将从大陆动力学角度探讨汾渭盆地构造带的现代地表破裂与区域大陆现代构造变动之间的可能联系，以揭示现代大陆构造变形驱动地裂缝群发的机制模式。

10.1.1　地质背景

汾渭盆地构造带是中国大陆内一条重要的拉张断陷带，属鄂尔多斯地块的东缘断陷盆地带，北起山西大同市，南达陕西宝鸡市，全长1200km，宽30～60km，总体呈北北东向，平面上呈"S"形展布。该构造带西邻鄂尔多斯地块，东邻华北地块，南抵秦岭构造带，北接燕山构造带，由一系列沉积盆地和隆起块体组成（图10.1A）。其中发育地裂缝的盆地自北而南分别为大同盆地、太原盆地、临汾盆地、运城盆地和渭河盆地等五个盆地。这些盆地具有如下相似的构造特征：一是各个盆地均受两侧边界断裂控制，这些盆缘断裂主要为NEE、NE和NNE向，盆地内部还发育大量的NW、EW、NNE和NE向活断层；二是受上述不同方向断裂的分割，各盆地基底破碎、形态复杂，在巨厚的古近系和新近系沉积物下面隐伏着许多古潜山，古潜山两侧多受活动断裂控制，形成隐伏的地垒或隆起，多组断裂相互穿插错动时，由于活动强烈程度的差异，又形成次一级的地堑或地垒；三是盆地新构造活动十分强烈，但具有差异性，各盆地控盆边界断裂及盆内活动断裂始终在活动中，沿这些断裂带先后发生过8级以上大震2次，7.0～7.9级地震6次，6.0～6.9级地震26次；四是各盆地的沉陷自上新世持续至今，因此第四系沉积厚度大，达600～1300m不等，但盆地两侧沉陷幅度差异较大，均是一侧深一侧浅，反映盆底面或控盆断裂面具明显的倾斜特征，断块具明显的掀斜运动特征；五是各盆地的上地幔普遍隆起（图10.1），地壳厚度较两侧山地减薄近10km，中地壳普遍发育低速-高导软弱层（彭建兵等，1992；张世民，2000）。显然，盆地上地幔的隆起、基底的破碎、断裂的发育与活动、松散堆积层巨厚等特殊地质条件为地裂缝的群发奠定了地质基础，但其群发的驱动机制可能有更深层次的大陆动力学原因。

10.1.2　汾渭盆地地裂缝发育规律

研究发现，汾渭断陷带五大盆地发育的地裂缝是一种很有规律的现代地表破裂系统。从空间分布上看，五大盆地发育的地裂缝具有明显的定向性和成带性特征，并且与盆地构造密切相关，大致可分为如下四类（图 10.1B）。

1. 沿盆地西缘边界断裂带分布的长大地裂缝带

汾渭断陷带五个盆地的西缘均以正断层与鄂尔多斯地块的边缘山地相隔，沿这些盆山交界断裂带均发育了大规模的地裂缝。其中大同盆地的西缘为口泉断裂带，断裂带主体走向 NE30°~40°，倾向南东，倾角 60°~80°，总长度 130km，断裂带沿线上盘 1km 范围内出现地裂缝，断裂带北段上盘的大同市发育 10 条地裂缝，地裂缝均呈 NE 向展布，似等间距排列，同步南倾南降，倾角 60°~80°，与断裂带的产状和活动方式一致，属口泉断裂带北段上盘正断活动的破裂效应；太原盆地的西缘断裂带为交城断裂，该断裂带总体走向 NE 向，断面倾向东南，倾角 60°~80°，全长 180km，东南盘下降为正断层，古近纪以来一直呈高角度正断倾滑。20 世纪 70 年代末期开始，交城断裂带沿线上盘 1km 范围内出现大规模地裂缝，地表出露长度达 46km，是目前世界上最长的地裂缝，地表破裂带宽度达 10~30m。地裂缝的走向和倾向与断裂带基本一致，向深部与断裂带相连接，具同生断层特征，为断裂带在地表的露头；临汾盆地和运城盆地的西缘断裂带共同为罗云山-龙门山断裂带，该断裂带主体走向 NNE-NEE 向，断面东倾，东盘下降为正断层，倾角 50°~70°，全长 200 余千米，沿该断裂带一线出现不同规模的地裂缝，主要分布在断裂带上盘 1~2km 范围内，其走向和倾向与断裂带基本一致，形成的地表破裂带宽度达 5~10m，具有较好的成带性和分段性，反映出地裂缝的形成明显受断裂带控制；渭河盆地的北缘断裂带为口镇-关山断裂带，主体走向近东西，断面南倾，南盘下降为正断层，倾角 50°~70°，全长 100km 左右。沿断裂带发育的地裂缝主要出现在断裂带上端或上盘一定范围内，其产状与断裂基本一致，形成的地表破裂带宽度达 10~20m，地裂缝与断裂带活动基本同步。由上可见，这些沿盆地西缘边界断裂发育的地裂缝规模大、延伸长、产状稳定，地表破裂明显，以垂直位错为主，近地表张开显著，兼具右旋扭动特征，向深部与断层相接，构成汾渭盆地西缘长大地表破裂带。

2. 发育在盆地东缘边界断裂带上盘的地裂缝群

这类地裂缝以太原盆地和运城盆地最为典型。太原盆地东部平行发育三条断裂带，自东而西分别为洪山-范村断裂、平遥-太谷断裂和高阳断裂。沿平遥-太谷断裂和高阳断裂发育着四条平行展布的地裂缝（图 10.1B），其主体走向均为 NE 向，与断裂走向相近，四条地裂缝似等间距排列，地表破裂带宽度 10~20m，最大出露长度 24km，探槽和钻探揭露表明，地裂缝与下伏断层相连，并具同沉积断层特征，下伏断裂明显控制了地裂缝的形成；运城盆地东缘断裂为中条山西缘断裂，在其上盘的盆地中发育四条平行展布的地裂缝（图 10.1），其主体走向均为 NE 向，与盆缘断裂走向一致，四条地裂缝似等间距排列，地

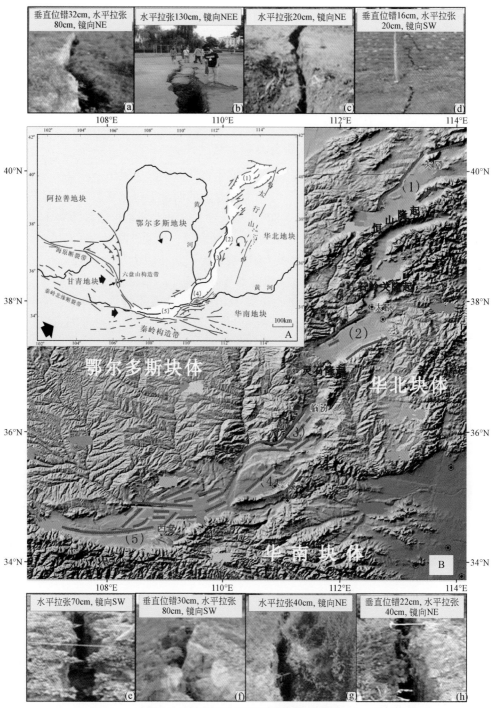

图 10.1　汾渭盆地地裂缝平面分布图

图 A 为区域构造图，表明汾渭盆地构造带夹持于甘青、鄂尔多斯、秦岭、中条山和太行山等构造块体之间；图 B 为汾渭盆地构造带地裂缝区域分布图，红色条带为活动断裂，蓝色条带为地裂缝，二者"唇齿相依"；（1）为大同盆地，（2）为太原盆地，（3）为临汾盆地，（4）为运城盆地，（5）为渭河盆地；图上、下方的 8 张照片为典型地裂缝的地表破裂迹象：（a）为临汾盆地的罗云山地裂缝；（b）为临汾盆地北张地裂缝；（c）为太原盆地祁县地裂缝；（d）为太原盆地交城地裂缝；（e）为渭河盆地三原地裂；（f）为渭河盆地口镇地裂缝；（g）为运城盆地半坡地裂缝；（h）为运城盆地夏县地裂缝

表破裂带宽度 5～15m，最大出露长度 12km，探槽和钻探揭露发现，地裂缝与下伏断层相连、断距随深度增大，具同沉积断层特征，地裂缝实际上是中条山断裂上盘次级断层在地表的露头。

3. 沿盆地内部断块边界断裂带发育的地裂缝群

这类地裂缝在汾渭盆地中最为发育，其中最典型的有渭河盆地的西安地裂缝、渭河地裂缝带和三原-富平地裂缝带以及运城盆地的半坡地裂缝、临汾盆地的高堆地裂缝等（图10.1B）。西安市是世界上四大文明古都之一，20 世纪 60 年代以来，先后有 14 条地裂缝总体呈 NEE 向斜穿西安市区，地裂缝所过之处撕裂楼房、错开马路、切断管道、破坏古建筑，成为世界上罕见的典型城市地质灾害。研究表明，14 条地裂缝发育在市区南侧的临潼-长安断裂带的上盘，而临潼-长安断裂带为西安凹陷与长安隆起的边界断层，这些走向一致、似等间距展布，同步南倾南降的地裂缝群实际上是临潼-长安断裂带上盘的分支断层系统在地表的露头。渭河盆地中部近东西向展布的渭河地裂缝带则沿着分割渭河盆地基底的渭河断裂带发育，地裂缝与渭河断裂带产状一致，近地表处表现为多组破裂，向深部收敛到渭河断裂带上。NE 向展布的三原-富平地裂缝带则是沿着渭河盆地北部的乾县-合阳断裂带发育；运城盆地的半坡地裂缝分布在该盆地中部鸣条岗隆起带的南缘断裂一线，属该断裂带向地表的延伸破裂。

4. 沿盆地内部次级隐伏断层发育的小规模地裂缝

这类地裂缝规模小，但发育条数多，较典型的有大同盆地的应县地裂缝，太原盆地的榆次地裂缝和平遥地裂缝，临汾盆地的北张地裂缝和泽掌地裂缝，渭河盆地的富平地裂缝、泾阳地裂缝和大荔地裂缝等（图10.1B）。这些地裂缝一般具有如下特征：一是多分布在地貌分界带上；二是走向多变，深度不一；三是地表破裂带窄，剖面结构简单，平面延伸短。勘探结果表明，这类地裂缝均与下伏断层相连，向深部断距增大，具同沉积断层特征，一般为盆内次级隐伏断层在地表的破裂表现。

综上可见，汾渭构造带五大盆地的地裂缝发育具有如下基本规律：①在空间分布上，盆地西缘断裂一线地裂缝最发育，规模最大，其主体走向为 NE、NNE 向，与盆地西缘边界线走向重合；盆地东缘断裂的上盘是地裂缝的群发区域，主体走向为 NE 向，与东部边缘主要断裂走向一致；盆内次级断块的交界带是地裂缝多发带，主体走向为 NE 和近 EW 向，与盆内次级断块边界断裂走向相近；条数多、延伸短且展布方向随机的小规模地裂缝多沿盆内地貌边界带发育，与下伏小规模隐伏断层相关。②在剖面结构上，多条次级地裂缝组成一个宽度为 5～20m 的破裂带，向深部均与下伏断层相连，断距随深度增大，具同沉积断层特征，直观地显示出地裂缝多是活动断裂在地表的破裂形迹。③在运动方式上，地裂缝主要以垂直位错为主，拉张运动次之且主要表现在近地表处，扭动分量最小且和断裂剪切运动方式一致，这些特征与汾渭盆地活动断裂的运动方式基本相似，进一步表明断裂构造对地裂缝的形成起着主要控制作用。

10.1.3　汾渭盆地地裂缝群发机制

上述事实表明，汾渭盆地地裂缝具有统一的地质构造属性和明显的地质构造成因，其群发可能与现代大陆动力学过程有着较为密切的联系，我们可以从区域构造的关联性和构造变形的联动关系入手，探寻汾渭盆地地裂缝群发的现代大陆动力学原因。为此，我们将从如下三个方面进行追根溯源。

首先，我们从区域构造的内在联系上分析汾渭盆地构造带与周围构造块体的关联性。由图 10.1A 可见，汾渭盆地构造带夹于甘青、鄂尔多斯、秦岭和太行山–中条山等四个构造块体之间，其西缘与鄂尔多斯块体相邻，鄂尔多斯块体新构造变形虽然较弱，但两个构造块体的接触带长达 1200km，其新构造变动将深刻影响着汾渭盆地构造带的变形；其西南端与甘青块体相接，新构造活动强烈，直接影响着汾渭盆地的新构造变形；南缘直抵秦岭构造带，秦岭构造带的北缘新构造活动较强烈，主要表现为北缘断裂带的正断倾滑活动和山体的大幅度抬升，渭河盆地则因此持续拉张断陷；东缘接壤的太行山–中条山构造带阻隔了华北平原地块构造活动对汾渭盆地构造带的影响，但太行山–中条山构造带的西缘断裂带活动强烈，山体抬升显著，其上盘地区松散层拉张变形显著。综上可见，汾渭盆地构造带与周围构造块体的关系是一种"唇齿相依"的关系，任何一个块体的活动都会影响到汾渭构造带的变形。

其次，我们从大陆构造应力场的联动关系上研究上述构造块体在东亚大陆现代构造活动框架下如何发生变动的，以及它们又是怎样牵动汾渭构造带变形的（图 10.2）。由中国

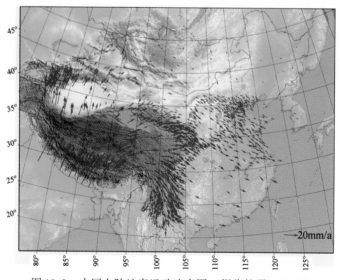

图 10.2　中国大陆地壳运动速率图（据张培震，2008）

蓝色箭头代表中国大陆地壳运动网络工程 GPS 站点运动速率矢量，该图展示出中国大陆地壳运动整体具有顺时针旋转运动特征（相对于欧亚板块），揭示出印度板块向中国大陆北推挤压作用主导了中国大陆的现代地壳变形机制，汾渭构造带受中印板块碰撞动力学作用力影响显著，整体也均呈现出 SE 向顺时针运动特征，且地壳运动年均速率约为 3.8mm/a

大陆地壳运动速率矢量图（张培震，2008）可见，在印度板块俯冲推挤作用下，中国大陆现今地壳变形趋于一致，即运动方向是由青藏高原腹地指向北缘和东缘的，速率大小是由青藏高原向周缘地区由大变小的，其速率场一直影响到华北和华南的边缘海地区。在这种运动框架下，甘青、鄂尔多斯、秦岭、汾渭盆地和太行山-中条山等构造块体的运动明显受控于青藏高原的隆升东挤作用。Tapponnier 等学者提出的青藏高原隆升引起欧亚大陆一些地块向东滑移挤出的著名论点（图 10.3），成功地解释了偏离碰撞轴向地带的大陆块体运动和构造变形特征，他们还认为中国的汾渭拉张盆地带是华南地块向东滑移挤出的拉张变形调节带，其起始时间为晚古近纪—早更新世时期；晚更新世以来，汾渭盆地带的拉张又调节着华北块体的向东挤出。在这种构造运动体制下，青藏高原北部边界阿尔金-祁连山-六盘山断裂带左旋走滑，带动其南侧块体向东、东南方向挤出，推挤着鄂尔多斯块体绕直立轴左旋旋转和抬升（张岳桥，2004；张岳桥等，2006），并引起汾渭盆地西缘断裂右旋剪切活动，牵动各个盆地剪切拉张变形。与此同时，昆仑山-秦岭构造带左旋走滑，牵动甘肃块体向东挤出，也推挤着汾渭盆地和华北其他地块向东挤出，对汾渭盆地施加着东西向挤压力，加大了盆地的 NW-SE 向的拉张伸展。对汾渭盆地及其周围地区的地壳变形进行了近 10 年的 GPS 观测（图 10.4），结果表明（图 10.5），汾渭盆地构造带现今地壳变形主要表现为持续的 NW-SE 向拉张伸展，拉张速率为 2～5mm/a。显然，青藏高原向东挤出时，甘青块体几条弧形构造带发生顺时针旋转，不仅带动了鄂尔多斯块体左旋并将汾渭盆地拉开，而且还推挤着华北块体向东挤出并进一步将汾渭盆地拉开。这种 NW-SE 向垂直于盆地的拉张应力同时还加剧了盆地岩石圈表壳开裂，诱发深部重力均衡调整，使上地幔上涌，盆地地壳不断减薄，随着深部重力均衡不断调整，盆地持续伸展断陷。在水平向和垂向力的共同作用下，汾渭构造带各个盆地主要表现为持续的 NW-SE 拉张变形。

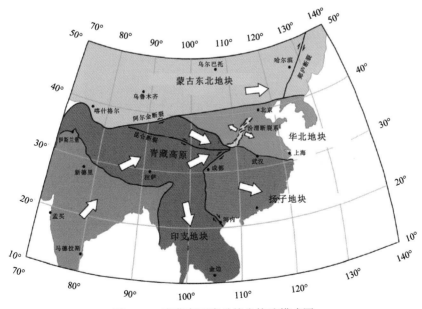

图 10.3　青藏高原隆升挤出构造模式图

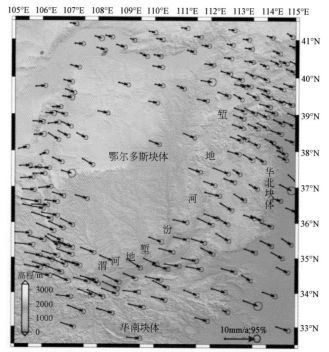

图 10.4　汾渭盆地及其周边地块 GPS 地壳运动速率图（ITRF2005 框架下相对于欧亚板块，1999-2007）
图中黑色箭头矢量代表 GPS 站点运动速率大小及方向，速率矢量前段小圆圈代表速率误差椭圆（95% 的置信区间），整个汾渭盆地区域地壳运动特征呈现近 SE 向运动且年均运动速率约为 4.0mm/a；图左下方颜色尺度代表区域高程的尺度比信息；白色线条代表区域内的深大活动断裂

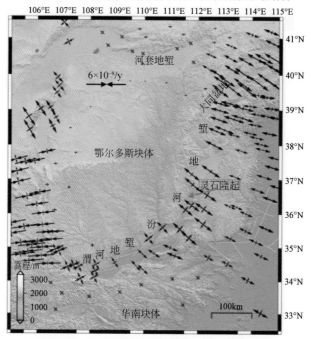

图 10.5　汾渭盆地及其周边地块 GPS 揭示出的地壳构造应力矢量图
图中十字箭头型矢量代表地壳构造应力矢量，其中近 NW-SE 向相对箭头表示拉张应力大小及其方向，NE-SW 向相对箭头表示挤压应力大小及其方向。揭示出现今整个汾渭盆地均呈现较为显著的近 NW-SE 向拉张构造应力为主的特征，且年均拉张应力值约为 $2.8 \times 10^{-8}/a$，此特征与盆地所处的大陆构造动力学特征相一致；图左下方颜色尺度代表区域高程的尺度比信息；白色线条也代表区域内的深大活动断裂

　　最后，我们讨论在上述大陆构造变形体制下，汾渭盆地带的拉张变形如何作用在断裂带上和盆地次级块体的变形上，进而又如何引起地裂缝大规模群发的。对此，我们可以作出下面一些解释：首先，在区域 NW-SE 向的拉张应力与鄂尔多斯块体派生的右旋剪切应力耦合作用下，盆地西缘断裂带被激活，表现为正断蠕滑活动并伴随着右旋扭动，断裂正断倾滑变形通达地表时，在断裂带地表一线形成长大地裂缝带（图 10.6）；其次，在区域 NW-SE 向的拉张应力与太行山-中条山抬升掀斜的耦合作用下，太原盆地和运城盆地的东

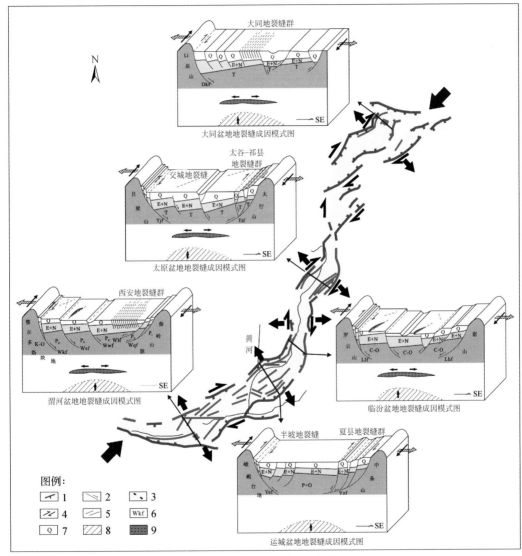

图 10.6　汾渭盆地地裂缝机制模式图

Wkf—口镇-关山断裂，Wsf—三原-富平断裂，Wwf—渭河断裂，Wlf—临潼-长安断裂，Wqf—秦岭北缘断裂，Yef—峨眉台地南缘断裂，Yzf—中条山山前断裂，Dkf—口泉断裂，Tjf—交城断裂，Ttf—太行山山前断裂，Llf—罗云山山前断裂，Lhf—霍山山前断裂；1. 断层（平面），2. 断层及地裂缝（剖面），3. 拉应力，4. 剪应力，5. 地裂缝，6. 断层代号，7. 地层代号，8. 上地幔，9. 低速高导层。图中显示出，作用于汾渭构造带的区域构造应力主要有：①来自青藏高原隆升东挤的挤压应力，其与盆地构造带走向平行，对盆地形成 NW-SE 向的拉张应力；②鄂尔多斯左旋施加于汾渭盆地构造带的右旋施偶；③盆地上地幔隆起和地壳中部低速高导层流展作用所形成的盆地深部拉张应力。它们共同作用使盆地拉张伸展变形，并牵动各盆地的盆缘断裂和盆内隐伏断裂活动变形形成地表裂缝系统

缘断裂组被激活并出现正断活动而通达地表，进而在这些断裂的地表处形成地裂缝群（图10.6）；同时，在区域NW-SE向的拉张应力与深部上拱力耦合作用下，盆内次级断块出现差异运动，其边界断裂带多表现为正断倾滑活动，这些断裂的正断倾滑活动通达地表形成地裂缝群（图10.6）；此外，在区域NW-SE拉张应力驱动下，盆内那些与主压应力方向平行的小规模隐伏断层表现为拉张变形复活，与主压应力方向呈锐角斜交的小规模隐伏断层可能表现为拉张扭动变形复活，这些小规模隐伏断层的变形复活通达地表则形成大范围的中小规模地裂缝（图10.6）。

　　综上可见，汾渭构造带五大盆地大规模群发的地裂缝是不同构造板块汇聚作用的远程效应和深部构造-热活动效应共同作用的结果。青藏高原快速隆升和向东的构造挤出作用主导了汾渭盆地及其周围块体的构造运动和构造地貌响应，由此在汾渭盆地派生出的区域NW-SE向拉张应力和深部上拱力等两种构造应力，是驱动汾渭盆地新构造拉张变形，尤其是盆地不同方向、不同规模断裂活动的主要驱动力，地裂缝群发则是这类构造变形在松散层中的破裂表象，记录了汾渭盆地对东亚大陆新构造运动的远程地表破裂响应。同时表明，青藏高原快速隆升和向东的构造挤出作用仍深刻影响着中国大陆现今的构造变动和地表过程。

10.2　单个盆地地裂缝的同生机制

　　全球地裂缝发育的一个重要特点是主要发育在一些拉张性沉积盆地中，中国则主要发育在拉张性的汾渭断陷盆地和华北地区的一些拗陷盆地中（图10.7）；地裂缝在这些拉张性盆地中集中群发拥有同生基础及同生条件。所谓地裂缝同生就是在同一盆地构造框架内，受同一构造应力系统驱动所形成相似的地表破裂系统，有此三同，即为同生。盆地内不同地裂缝同根同源并相互联系，受载于共同的应力系统，构成了盆地地裂缝同

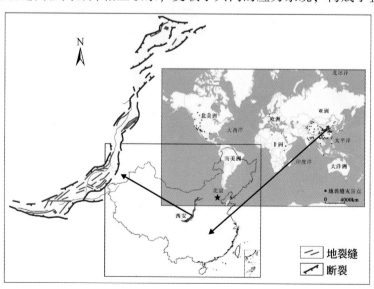

图10.7　全球已发现地裂缝分布示意图及汾渭断陷盆地地裂缝分布图

生的基础。下面以渭河盆地为例，在论述盆地地裂缝发育现状及分布特征的基础上，通过分析上地幔深部应力上传模式、基底断块接触关系与差异运动的牵动模式以及地表区域拉张与剪切应力环境的促发模式，总结三者之间的联系，得出盆地地裂缝产生的内在联系与共同基础。因此，选择这样一个典型地区的一种典型灾害开展区域性地质灾害的成因机理与大陆动力学关系的研究，无疑具有重要的地质学理论意义和防灾减灾实际意义。

10.2.1　渭河盆地构造格局与地裂缝发育现状及同生特征

1. 渭河盆地构造格局

渭河盆地地处中国重要的大地构造分界位置上，北接鄂尔多斯台地，南邻华南地块，以秦岭褶皱带为界，东缘华北地块，以山西隆起带为间隔，西临甘青地块，与鄂尔多斯西南边界弧形断裂束相接（张国伟等，2001）。盆地东北部与山西地堑系相连，统称为"汾渭地堑系"或"汾渭裂谷系"（图10.8）。

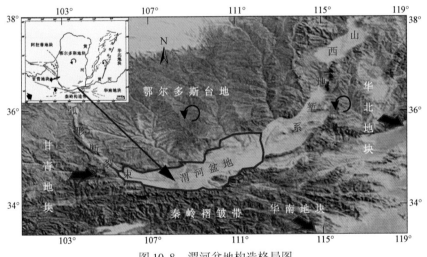

图 10.8　渭河盆地构造格局图

由于渭河盆地地处四个不同构造单元的交接过渡部位，来自周边的板块的作用相对较为复杂，在甘青地块东挤、鄂尔多斯地块左旋和华南地块、华北地块不协调的 SE 向伸展运动中，甘青块体的东挤对渭河盆地的作用是主导的，华南、华北块体的运动也起到一定的作用，而鄂尔多斯左旋处于次要和被动地位（彭建兵，2012）；加之又受整个汾渭裂陷带整体活动的影响，其构造属性十分微妙，构造格局十分复杂，盆地内断裂与地裂缝发育。

渭河盆地在如此复杂的周边构造背景下，其本身的构造格局，即构造块体、断裂构造和构造地貌特征等，也是相当复杂的。受基底分区和伸展断裂系的控制，渭河盆地盖层表现出明显的复杂断块结构，根据断裂展布、沉积规律及现代形变资料，渭河盆地可分为六个亚区，即宝鸡断隆区、北部断坡区、咸阳断阶区、高陵–固市断陷区、周至–西安断陷区和骊山断隆区，各断块区均被伸展断裂所围限（彭建兵等，1992）；渭河盆地活动断裂极为发育，按其走向可分为四组：近东西向断裂纵贯盆地轴部及边缘，形成早，活动历史长，规模大，为盆地主伸展断裂，控制着盆地的形成与发展；北西向断裂主要发育在盆地西部，形成时间次早，活动历史较长，影响和制约着盆地西部的结构构造以及第四纪沉积；北东向断裂主要在盆地中部和东部，形成时间较晚，切割了近东西向活断层，对盆地中、东部断块结构和构造地貌起一定控制作用；北北东向断裂主要发育在盆地东部，形成最晚，切割近东西向活断层，对盆地东部的断块结构和构造地貌起着明显的控制作用。渭河盆地地质构造复杂，新构造活动强烈，构造地貌的类型及分布较为复杂，考虑到构造地貌的继承性和新生性，并兼顾地貌形态的一致性，可将渭河盆地构造地貌分为断块山地、堆积倾斜平原、平缓黄土塬、波状黄土塬和冲积平原，如图10.9所示。

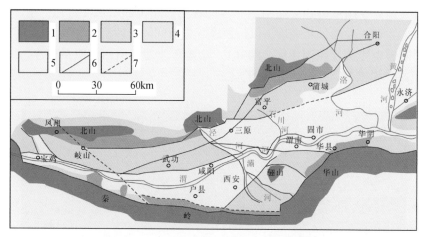

图10.9 渭河盆地断裂分布及构造地貌图

1. 断块山地；2. 堆积倾斜平原；3. 平缓黄土塬；4. 波状黄土塬；5. 冲积平原；6. 活动断裂；7. 隐伏活动断裂

2. 渭河盆地地裂缝发育现状及同生特征

渭河盆地发现地裂缝近200条，它们广布于整个渭河盆地，地裂缝的产生主要受盆地断裂构造活动、区域构造应力场的控制，并在人类工程活动或自然地理地质条件诱发下产生，以构造型地裂缝为主。这些地裂缝往往发育在特定的地质背景条件之下，并与盆地构造呈现出一定的相关关系。渭河盆地地裂缝在空间分布上具有明显的区域性和地带性特征（图10.10）。从图10.10可以看出，地裂缝主要集聚性地分布在盆地中南部的西安市、盆地中部的咸阳市、盆地北部边缘的泾阳和三原以及盆地东北部的蒲城、富平和大荔县。

渭河盆地地裂缝存在较为显著的同生特征，其地裂缝的同生性主要表现在以下几个方面：①平面展布方向的相似性；②剖面结构上的相似性；③与断裂的普遍关联性；④活动时间上的同步性。

（1）渭河盆地地裂缝在平面展布方向具有相似性。就地裂缝的延展的方向特征而言，渭河盆地地裂缝按其延伸方向可分为四组：近东西向、北东向、北西向和近南北向（北北西或北北东向），其中以近东西向为主，并且这四组走向的地裂缝占渭河盆地地裂缝总数

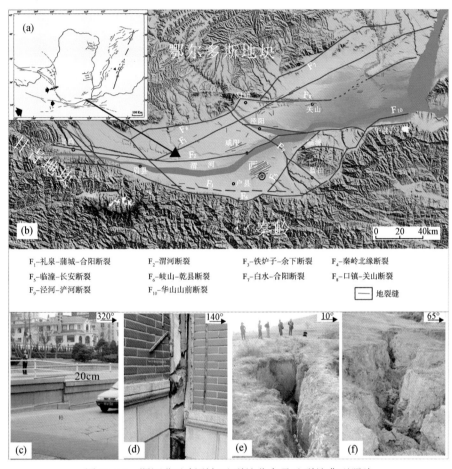

图 10.10　渭河盆地断裂与地裂缝分布及地裂缝典型照片

图（a）表明渭河盆地为丝绸之路的起点；图（b）为渭河盆地主控断裂和地裂缝分布图，并说明了盆地周边的块体分布，北部为鄂尔多斯台地，南部为秦岭，西部为甘青块体；图（c）为西安地裂缝破坏路面的典型照片；图（d）为西安 f₄ 断开外事学院教学楼；图（e）为盆地北缘口镇–关山断裂带沿线地裂缝的地表开裂；图（f）为盆地北缘 NNW-SSE 向地裂缝的地表开裂

的93%以上（图10.11）。

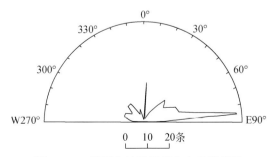

图 10.11　渭河盆地地裂缝走向玫瑰花图

（2）渭河盆地地裂缝在剖面结构上具有相似性。依据多年的槽探、钻探和物探资料，渭河盆地地裂缝具有以下两点明显的剖面特征：一是地裂缝剖面上呈上宽下窄的楔形，一般宽 2~15cm，如渭南市富平县美原镇美原村地裂缝探槽剖面（图 10.12）；二是渭河盆地地裂缝多为构造性地裂缝，剖面上以垂直差异运动为主，垂向位错明显（图 10.13）。

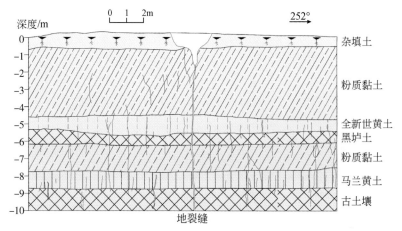

图 10.12　渭南市富平县美原镇美原村地裂缝探槽剖面

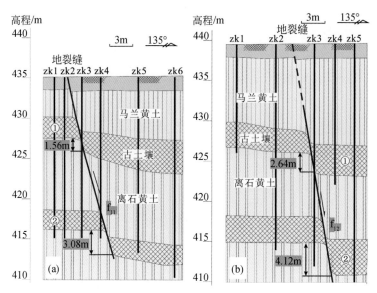

图 10.13　西安地裂缝钻探剖面图

（a）为西安地裂缝 f_{11} 钻探剖面图，地裂缝对两层古土壤的位错量分别是 1.56m 和 3.08m；（b）为西安地裂缝 f_{12} 钻探剖面图，地裂缝对两层古土壤的位错量分别是 2.64m 和 4.12m

10.2.2　渭河盆地地裂缝同生机制

渭河盆地发育的地裂缝群是一种具有同生特征的地表破裂系统，我们研究发现，控制这种地表破裂系统同生的应力系统主要有盆地深部构造、基底构造、断裂构造和现代区域构造等四种应力系统。

1. 深部构造应力系统驱动地裂缝萌生

渭河盆地地壳分层十分明显，根据华北和本区地震测深剖面及分层结构，本区地壳一般可分为上、中、下地壳，底界为莫霍面，地球物理界面很清楚（图 10.14），由图可见，基底顶面深度基本在 0.7~6.0km 范围内变化，在西安呈凹陷状态，埋深约为 6.0km。渭河盆地莫霍面显著上隆，西安附近地区地壳最薄，莫霍面深度仅为 32km。地壳的明显层状特征尤其是上地壳的分层，为上地壳的铲形断层的发育和活动、层间的滑脱和剪切变形提供了条件（彭建兵等，1992）。从关中盆地及邻区莫霍面三维表面（图 10.15）上可以看出，渭河盆地轴部的莫霍面较邻区出现了明显的上隆，尤其以西安-临潼-华县带状区域较为突出，从这一轴线向两侧山区，莫霍面的深度明显增加。莫霍面为地壳同地幔间的分界面，它的起伏情况也间接地反映了上地幔上隆和下凹区域的分布，因而可以发现渭河盆地轴部处于较强的上地幔隆起状态。

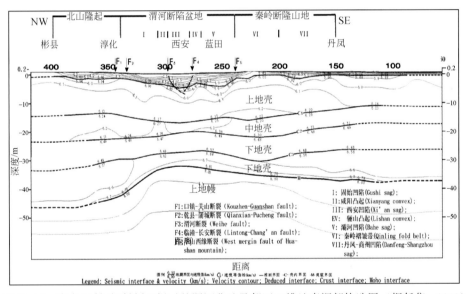

图 10.14　宽角反射/折射剖面揭示的渭河盆地及邻区二维地壳深部构造图（据任隽，2012）

包含渭河盆地在内，汾渭盆地的各大盆地均位于上地幔上隆区内（图 10.16a），地裂缝的形成是深部和浅部动力地质作用的综合作用结果。在深部，上地幔的隆起具有直接上拱效应和地壳物质侧向流展拉伸效应，形成了浅部拉张应力环境，这种效应与盆地周边块体运动形成的伸展引张构造应力场叠加，再附加断裂伸展倾滑的附加局部拉伸应力场构成了地裂缝形成的主要动力来源。其上传模式如图 10.16（b）所示，由于上地幔的上隆作用，深部构造动力上传，中地壳发生流展使基底拉伸并导致基底断块差异运动；这种差异运动致使盆缘和块间断裂伸展蠕滑活动，为地裂缝在地表的形成，提供了拉张应力环境，从而地裂缝沿这些断裂带生长、伴生或派生［图 10.16（b）］。

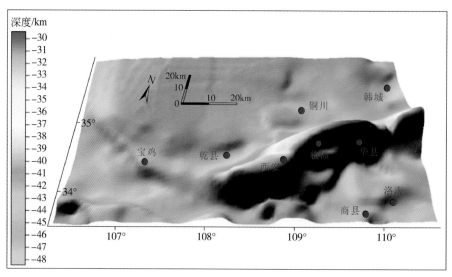

图 10.15　渭河盆地及邻区莫霍面三维表面

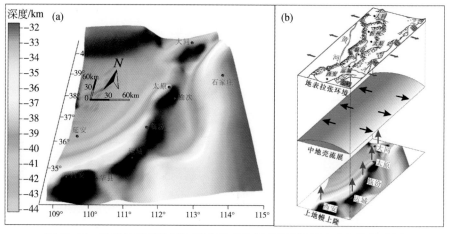

图 10.16　汾渭地堑系及周边莫霍面三维表面图及深部应力上传模式图

（a）为汾渭地堑系及周边莫霍面三维表面图；（b）为深部应力上传模式图

2. 基底构造应力系统牵动地裂缝生长

渭河盆地的基底是破碎的，由规模不同和形状各异的断块组成，这些构造断块被断裂带所分割（图 10.17）。断块基本上分为两种类型，一种是断隆（断坡、断阶），一种是断陷。从图 10.17 可以看出，断块之间均是以活动断裂为界限，并将渭河盆地分成了六大结构区，分别为宝鸡断隆、骊山断隆、北部断坡、咸阳断阶、高陵–固市断陷和周至–西安断陷。实际上，断块之间的接触关系是很复杂的。陕西省地震局完成的彬县–丹凤高分辨地震折射剖面揭示了渭河盆地基底与盖层的精细结构构造（图 10.17），由图可见，自北而南构造单元一分为三，北段为北山隆起，中段为渭河断陷盆地，南段为秦岭山地。渭河断陷盆地自北而南分布有口镇南断阶、固市凹陷、咸阳凸起、西安凹陷、骊山凸起、灞河凹陷等次级构造断块。其中西安凹陷显著，南深北浅呈箕状，南侧基底埋深约 5.6km，北侧深约 3.7km，沉积盖层速度为所有凹陷中最低。由速度结构判断断层构造较为复杂，可推断出 9 条断层，图中虚线为推断断层，它们构成凸起和凹陷的边界。

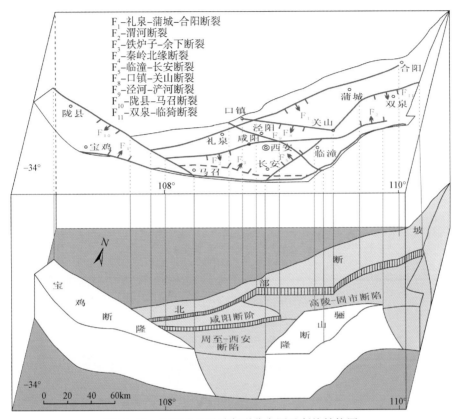

图 10.17　渭河盆地活动断裂分布图及断块结构图

　　当地壳产生伸展变形时，在松散覆盖层中侧向水平压应力下降，这种水平应力的释放也可造成铅直方向应变的增长而出现区域性下沉和区域性破裂。这时，破裂具有明显的构造方向性，如西安地裂缝，走向 NNE，延伸达 10~15km，间距约 1~2km。如图 10.18 所示，在地壳稳定或平缓下沉的条件下，沉积覆盖层中的变形，主要是自重作用的影响固结或失水固结。但是，当基底出现拉张变形时，沉积覆盖层诱发出侧向变形及应力释放，这时土体的应力状态由三轴压缩状态向单轴（或双轴）应力状态转化，在这种条件下，诱发竖向的应变从而导致大幅度的地面沉降或地裂（王思敬，2002）。

　　在区域伸展环境下，盆地基底的伸展变形将使上覆沉积土层的应力场由纯自重应力环境下的三轴压缩应力状态逐渐向一个水平轴出现应力减小的状态转变。特别是随着深度的减小，土体自重所产生的竖向压应力逐渐减小，在地表处，将可能转变为单轴拉伸状态。由于土体的抗拉强度相对较低，这种应力状态的改变，特别是拉应力的出现，将有利于地裂缝的产生和发展（图 10.19）。

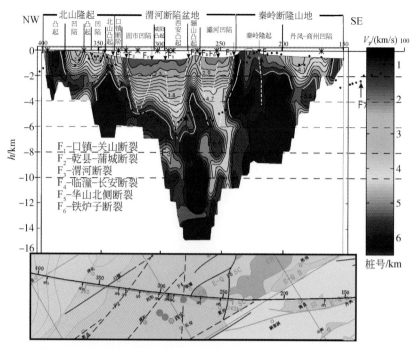

图 10.18　渭河盆地上地壳二维速度结构和构造解释及平面地质构造图（据任隽，2012）

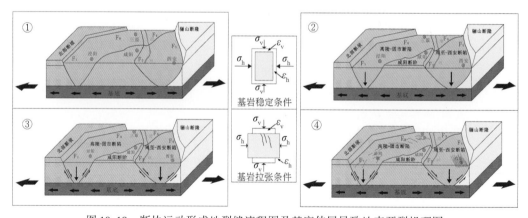

图 10.19　断块运动形成地裂缝流程图及基底伸展导致地表开裂机理图

①基底拉张伸展；②在基底拉张条件下，断块出现差异运动；③断块发生差异运动时，断裂带发生剪切拉张；④在断块差异运动和断裂带剪切拉张共同左右下，地表土体开裂，形成地裂缝。F_1-礼泉-蒲城-合阳断裂；F_2-渭河断裂；F_5-临潼-长安断裂；F_8-口镇-关山断裂；F_9-泾河-浐河断裂

3. 断裂伸展应力系统引起地裂缝伴生

渭河盆地地裂缝的类型众多，成因复杂，但大型的地裂缝多是在构造及地下水开采复合作用下形成的，并且构造活动往往是导致地裂缝形成的直接控制因素，地下水的开采仅起着激发、加剧的作用，其中断裂的作用是关键主控因素。

　　渭河盆地作为中国大陆典型的新生代裂陷盆地,现代地壳活动十分强烈。盆地内活断层纵横成网,相互切割,不仅控制了盆地的生成与发展,而且还决定了盆地的构造体制和地裂缝的分布规律。盆地内断裂分为四组:近东西向活动断裂、北东向活动断裂、北北东向活动断裂和北西向活动断裂。从图 10.20 上可以看出,渭河盆地地裂缝在平面上主要沿断裂带分布,其中西安地裂缝靠近临潼-长安断裂,走向与其相似;泾阳地区地裂缝更是集中在断裂上盘。由于断层伸展应力的作用使得上盘局部形成伸展变形场,地裂缝则主要发育在断裂的上盘(图 10.21),与断裂形成生长关系、伴生关系和派生关系;同时也有因下盘悬臂梁式的拉断形成的次级裂缝。

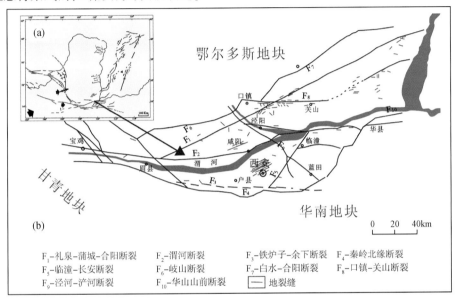

图 10.20　渭河盆地断裂及地裂缝分布图

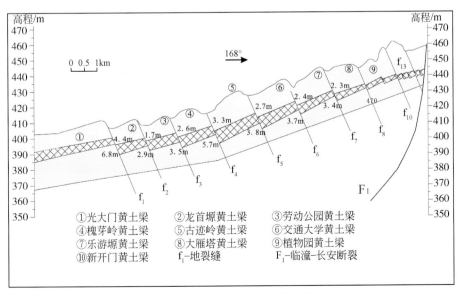

图 10.21　西安地裂缝浅部剖面特征

4. 地表应力系统促发地裂缝扩展

渭河盆地位于鄂尔多斯台地和秦岭造山带之间，西部为甘青地块，北部为鄂尔多斯地块，东部和南部分别为华北地块和华南地块（图 10.22）。四大块体的运动形式主要体现为：甘青块体向东挤压对渭河盆地施加 NEE 向挤压应力，鄂尔多斯块体左旋对渭河盆地施加右旋扭动应力，华北和华南块体不协调南东向伸展运动，对渭河盆地施加 SSE 向拉张应力，在这种区域构造应力场的作用下，渭河盆地处于持续的拉张应力环境中。

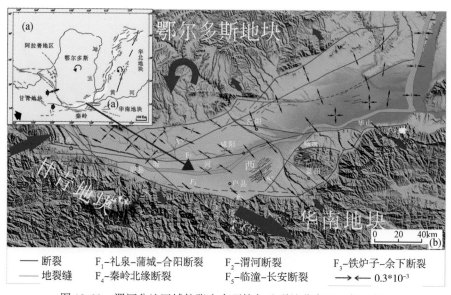

图 10.22   渭河盆地区域拉张应力环境与地裂缝分布图（据瞿伟）

区域拉张应力促发渭河盆地地裂缝形成的基本模式有三类：与拉应力垂直的盆缘地裂缝、与拉应力斜交的地裂缝和盆地中心地裂缝，在这种区域应力场作用下，盆地拉应变分区与地裂缝集中群发存在必然的关联。从图 10.22 可以发现，渭河盆地东部以拉张应力为主，西部以压应力为主，这种区域构造应力场的显著差异性，正好对应着盆地内东部地裂缝群发，西部地裂缝甚少，盆地内地裂缝分布不均衡的特点。区域构造应力场的不均匀性导致了区域断裂的差异性活动，即渭河盆地中东部的构造活动较西部具有显著的活跃性，进而导致与其密切相关的通达地表的地裂缝多发。因此，盆地内东西部构造应力场的显著差异性是造成盆地东西部地裂缝分布不均衡性的根本内因。

10.2.3   讨论与结论

地裂缝构成盆地具同生特征的地表破裂系统，这种地表破裂系统受控于盆地四层次（四层楼模型）构造动力系统，即深部构造、基底构造、断裂构造和区域构造，其逻辑关系是：深部构造动力系统中的上地幔的上隆作用，中地壳发生流展使基底拉伸引起基底断块伸展差异运动，基底断块差异运动所产生的拉张应力和剪切扭动应力，牵动并作用于盖层破裂系统，致使盆缘和块间断裂伸展蠕滑活动，断裂伸展活动的局部应力场造成断裂带附近岩土体破裂形成地表裂缝，从而地裂缝沿这些断裂带生长、伴生或派生，现今区域构造应力场又促发了这些地裂缝的形成与活动。

盆地地裂缝的四个同生模式，并不是单独起作用的，它们之间相互联系，相互依托。深部构造应力系统为基底断块的差异运动和区域拉张提供了内在动力；基底断块的运动为深部应力的上传和区域拉张提供了介质；断裂伸展活动为深部应力的上传、基底断块的差异运动和区域拉张提供了联系的纽带；区域拉张为深部应力、基底断块的差异运动和断裂伸展活动提供了空间（图10.23）。

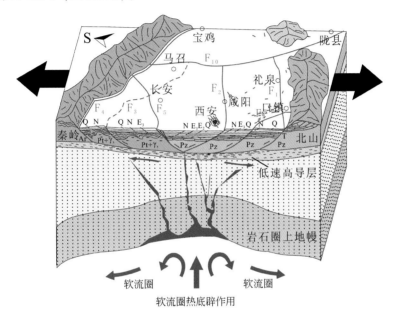

图 10.23 渭河盆地地裂缝同生机制模式图

10.3 同一构造带地裂缝的共生机制

地裂缝灾害日益突显，亟待研究治理。地裂缝灾害发育活动特征研究是一切工作的基础，而构造地裂缝的发育活动特征，又离不开断裂带的控制和影响。构造地裂缝的形成以及后期的发展都与断裂带息息相关。换言之，断裂带与构造地裂缝之间存在共生关系，为了研究和防治地裂缝灾害，首先得认清活动断裂与构造地裂缝的共生机制。

所谓共生机制是指地裂缝与断裂带相伴而生的机制，即地裂缝沿着断裂带生长、伴生、派生和扩展（走向上）的机制与过程。空间上共位、成生上相联，断裂带是母体，地裂缝是子体。

为探究断裂带与地裂缝的共生关系，首先得从地裂缝的平剖面组合特征入手。就目前研究现状而言，有关地裂缝的平面分布特征和剖面破裂结构特征的规律总结，前人们已经做过一些工作。张家明将西安地裂缝的平面组合特征分为雁列式构造、肘状构造、侧羽和侧现构造。彭建兵等（1992）将西安地裂缝的剖面结构组合形式分为阶梯状、"Y"型和追踪式三种。耿大玉将隐伏地裂缝的剖面形态分为平面断裂型和曲面断裂型两种。王景明等对众多的成果进行了系统总结和归纳，将单条地裂缝剖面形态分为三种：上宽下窄近直立尖楔形，略弯的直线和锯齿形以及错列与分支、结环形；将多条裂缝的剖面组合形态分为六种：雁列式、阶梯状、"Y"型、细毛状、串珠状和主次裂缝复杂组合型。由此可见，地裂缝与断裂带关系的研究具有普遍性。

地裂缝与断裂带共生机制的研究，更深层次的意义是为探索地裂缝两侧上下盘的破裂影响宽度及地裂缝成因机制的研究。本文拟在前人研究成果的基础上，对汾渭地区地裂缝的平、剖面组合形态进行总结划分，将地裂缝与相关断裂进行综合分析，概括出具有一般规律的共生模式，并对其进行成因机制分析。

10.3.1　地裂缝的平、剖面组合特征

1. 平面组合特征

在对地裂缝进行地面调查的过程中，我们发现地裂缝在平面分布上存在一定的规律。其中包括：单条地裂缝沿其走向的扩展、分段和分叉规律；多条裂缝间（不同主裂缝之间、主裂缝与次级裂缝之间）的排列规律。

1）似等间距平行

西安市十四条地裂缝带的展布互相平行，间距大致相等（图10.24）。每条地裂缝带的间距为1000～1500m。山西省运城盆地夏县地区五条地裂缝互相平行展布，近似等间距排列也较明显（图10.25）。

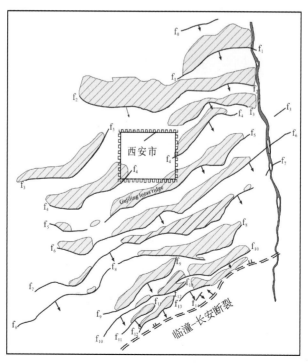

图10.24　西安市地裂缝带分布图

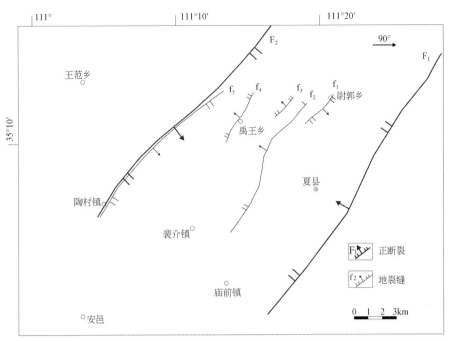

图 10.25 山西省夏县地裂缝平面分布图

2）分支状排列

分支构造是指次级裂缝与主裂缝在平面分布上的形态关系为"一主多支"（图 10.26、图 10.27）。次级裂缝为主裂缝的小分支，分布于主裂缝周围，其走向并不与主裂缝平行，而是与主裂缝相交，并且其夹角变化范围较大。

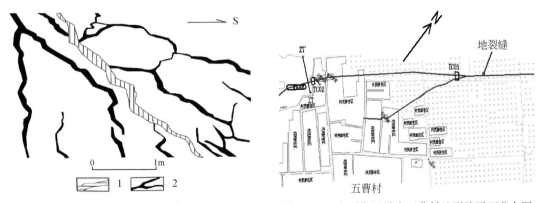

图 10.26 一主多支地裂缝
1. 主地裂缝　2. 分支地裂缝

图 10.27 山西省运城市五曹村地裂缝平面分布图

3）雁列状排列

雁列构造是地裂缝平面组合形态中最常见的一种破裂组合形态，地裂缝之间以雁列形式组合在一起。在野外实际观察中可以发现，地裂缝以左行雁列为主（图 10.28、图 10.29）。

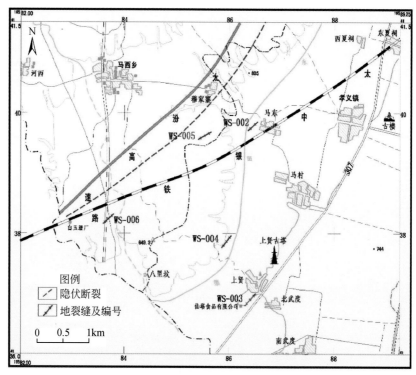

图 10.28　文水县南部马东、上贤地裂缝分布图

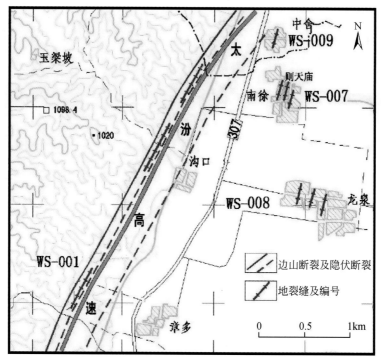

图 10.29　文水县章多–中舍地裂缝分布图

4）尖灭再现

地裂缝的尖灭再现是指地裂缝在地表延伸一定长度后尖灭，沿着走向的方向，隐伏一段距离之后，又出露于地表（图 10.30、图 10.31）。

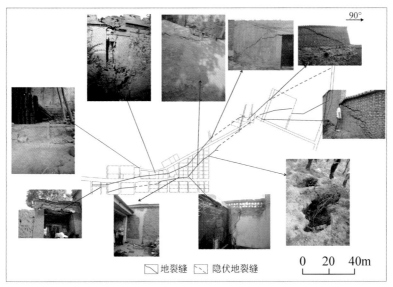

图 10.30　山西省交城县坡底村地裂缝平面分布图

图 10.31　山西省新绛县北张村地裂缝平面分布图

2. 剖面组合特征

在调查和探测汾渭盆地地裂缝分布规模及危害程度过程中，为了直观地认识地裂缝的剖面形态、分析其成因机制，前人们在这些地区进行了大量钻探、槽探和物探等勘探工作，获得了大量的有关地裂缝的钻探剖面、探槽剖面、物探剖面和天然露头剖面。根据地裂缝在这些剖面上的形态特征，可将地裂缝的剖面组合形态划分为以下几种形态。

1）追踪式

此类地裂缝是下伏断层在地表的直接出露，断裂面从地表以下一定深度一直延伸至地表形成地裂缝，地裂缝与下伏断层为一整体（图10.32、图10.33）。

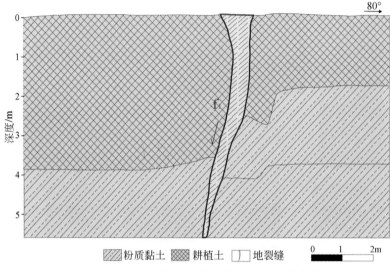

图 10.32　山西省夏县李庄村地裂缝探槽剖面图

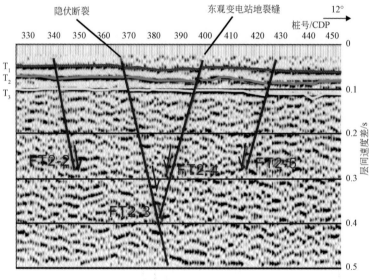

图 10.33　山西省祁县东观变电站地裂缝地震解析剖面

2）"y"字型

（1）反倾"y"字。

在地裂缝的上盘，常发育一组与主地裂缝倾向相反的分支地裂缝，与主裂缝在剖面上呈反倾"y"字形态（图10.34、图10.35）。

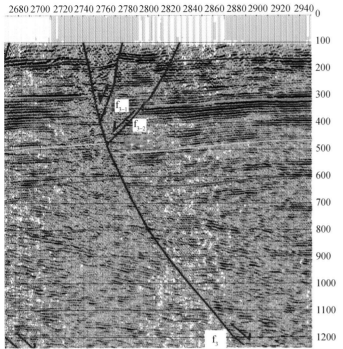

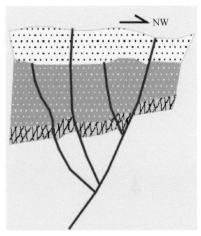

图 10.34　西安市 f_3 地裂缝（北石桥）地震解译剖面图　　　　图 10.35　"y"字型地裂缝剖面示意图

（据彭建兵，2012）　　　　　　　　　　　　　　　　　　　　　　（据彭建兵，2012）

（2）同倾"y"字。

在地裂缝的上盘或者下盘，有时也发育一组与主裂缝倾向相同的分支地裂缝，与主裂缝在剖面上呈同倾"y"字形态（图 10.36、图 10.37）。

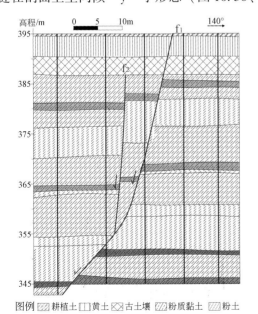

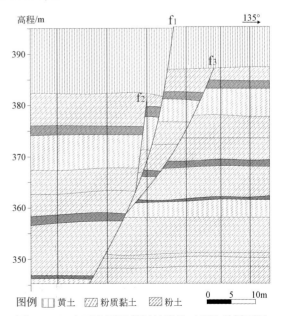

图 10.36　山西省夏县庙后辛庄地裂缝工程地质剖面　　图 10.37　山西省夏县苏村地裂缝工程地质剖面图

3）阶梯型

由几条同倾向的地裂缝与其间依次下降的地层层面组成阶梯状构造，是地裂缝分布区普遍存在的一种构造组合形态（图10.38）。

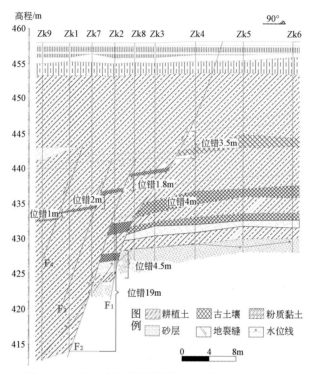

图 10.38　山西省新绛县泽掌镇变电站地裂缝剖面图

4）侧羽型

近地表处，近于直立的主裂缝两侧，常可见到一组间距不等、与主裂缝几乎近平行的次级裂缝（图10.39、图10.40）。

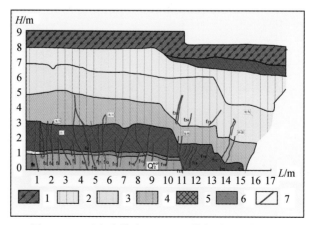

图 10.39　西安市临潼区骊山山前断裂探槽剖面图

1. 杂填土；2. L1 马兰黄土；3. L2 马兰黄土；4. L3 马兰黄土；5. 古土壤；6. 钙质结核；7. 地裂缝

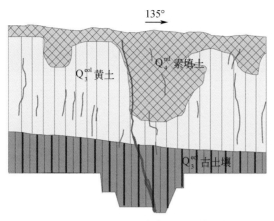

图 10.40　西安市长安县清凉山探槽南壁剖面图

5）"多支"型

在主地裂缝上盘的次级地裂缝的上盘，有时会发育与次级裂缝反倾而与主裂缝同倾的分支级裂缝，属于次级地裂缝上盘的次级裂缝（图 10.41）。

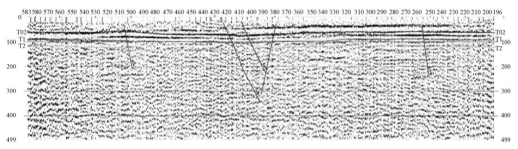

图 10.41　山西省祁县东六支地裂缝浅层地震水平叠加时间剖面（据孟令超，2011）

10.3.2　断裂与地裂缝共生模式

以上所展示的地裂缝平、剖面组合形态，属于地裂缝形态分布中普遍存在的现象。这些现象的背后，反映的是地裂缝与断裂的共生机制。以下概括总结出四种断裂与地裂缝的共生模式：

①垂向生长模式；
②横向伴生模式：反倾"y"字、同倾"y"字、阶梯型、侧羽型；
③低序派生模式；
④走向扩展模式：似等间距平行、分支状、雁列状、尖灭再现。

为了立体展现地裂缝平、剖面特征，将走向扩展模式融入到前三种模式中，做出以下各种模式图。

1. 垂向生长模式

此类模式是追踪式地裂缝的概化模式（图 10.42）。平面上体现的是主裂缝出露地表，剖面上体现了主断裂的两个部分，先前存在的部分——原生段，后期在一定条件下扩展形成的部分——生长段。土体破裂面在垂直方向上顺下伏断层的断层面延伸至地表，形成地裂缝，形如下伏断层"生长"于地表，即垂向生长模式。

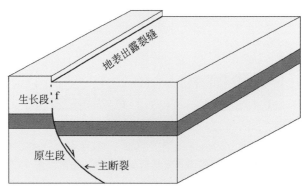

图 10.42　地裂缝的生长模式

2. 横向伴生模式

此类地裂缝是在主裂缝上盘或下盘发育的次级裂缝，伴随主裂缝存在。根据次级裂缝与主裂缝的位置关系以及形态的不同，分为以下几种情况。

1）伴生模式 A

此类模式是地裂缝尖灭再现特性与反倾"y"字特性的结合（图 10.43A）。平面上，次级裂缝出露体现了地裂缝尖灭再现的特性；剖面上，体现了一条次级断裂与主断裂呈反倾"y"字型的组合形态特征。次级裂缝位于主裂缝的上盘，走向与主裂缝平行，倾向与主裂缝相反并相交于地表以下一定深度。次级断裂表现为正断层性质。

2）伴生模式 B

此类模式是地裂缝似等间距平行分布特性与反倾"y"字特性的结合（图 10.43B）。平面上，次级裂缝的分布体现了地裂缝似等间距平行分布的特性；剖面上，体现了多条次级断裂与主断裂呈反倾"y"字型的组合形态特征。主裂缝的上盘发育有多条次级裂缝，走向与主裂缝平行，倾向与主裂缝相反并相交于地表以下一定深度。次级断裂表现为正断层性质。

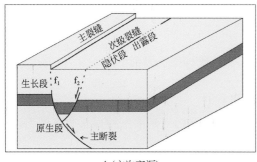

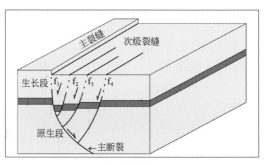

A（主次交汇）　　　　　　　　　　　　　　　B（主次交汇）

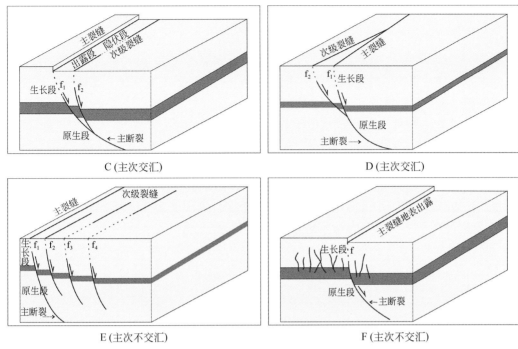

图 10.43 地裂缝的伴生模式

3) 伴生模式 C

此类模式是地裂缝尖灭再现特性与同倾 "y" 字特性的结合（图 10.43C）。平面上，次级裂缝的出露体现了地裂缝尖灭再现的特性；剖面上，体现了一条次级断裂与主断裂呈同倾 "y" 字型的组合形态特征。次级裂缝位于主裂缝的上盘，走向与主裂缝平行，倾向与主裂缝相同并相交于地表以下一定深度。次级断裂表现为正断层性质。

4) 伴生模式 D

此类模式是地裂缝分支状分布特性与同倾 "y" 字特性的结合（图 10.43D）。平面上，次级裂缝的分布体现了地裂缝分支状分布的特性；剖面上，体现了一条次级断裂与主断裂呈同倾 "y" 字型的组合形态特征。次级裂缝位于主裂缝的下盘，走向不与主裂缝平行，而是与主裂缝在地表交汇，倾向与主裂缝相同并相交于地表以下一定深度。次级断裂表现为正断层性质。

5) 伴生模式 E

此类模式是地裂缝雁列状分布特性与阶梯型特性的结合（图 10.43E）。平面上，次级裂缝的分布体现了地裂缝雁列状分布的特性；剖面上，体现了多条次级断裂与主断裂呈阶梯状组合的形态特征。次级裂缝位于主裂缝的上盘，走向与主裂缝平行，倾向与主裂缝相同但不与主裂缝相交。次级断裂与主断裂之间以及次级断裂与次级断裂之间平行展布，间隔一定距离，且如同依次下降的台阶。

6) 伴生模式 F

此类模式是侧羽型地裂缝的概化模式（图 10.43F）。平面上，只有主裂缝出露地表，无次级裂缝出露；剖面上，在主断裂的上下盘两侧，有多条次级裂缝出露，它们发育条数多、长度有限、间距不等、几乎直立、与主断裂近平行。次级裂缝两侧地层无错动，体现了张拉应力作用。

3. 低序派生模式

此类地裂缝是属于主裂缝的次生裂缝，它们的形成都受到主裂缝（主断裂）的控制，与主裂缝的关系是派生关系。

此类模式是"多支"型地裂缝的概化模式（图10.44），地裂缝分支状分布特性与"多支"型特性的结合。平面上，主裂缝、次级裂缝、次生裂缝的展布体现了地裂缝分支状分布的特性；剖面上，次生断裂、次级断裂与主断裂呈现的是"多支"状组合形态特征。次生裂缝位于次级裂缝的上盘，次级裂缝位于主裂缝的上盘，它们走向均不平行，次生裂缝与次级裂缝相交，次级裂缝与主裂缝相交。次生断裂与次级断裂倾向相反，彼此相交，呈反倾"y"字；次级断裂与主断裂倾向相反，彼此相交，呈反倾"y"字。

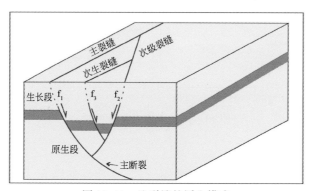

图 10.44　地裂缝的派生模式

10.3.3　成因机制的力学分析

1. 垂向生长机制

垂向生长模式的地裂缝是下伏断层向地表方向的"生长"，属于剪切破坏。剪切破坏是指活动盘错动时形成的剪切作用力对土层的破坏。剪切破坏对土层的破坏是无止境的，具体表现为剪裂缝会自下而上扩展并贯通整个土层，最终破坏整个土层的完整性。

在下伏正断层上盘的某次活动时，上覆土体受到向下的剪切作用力，当土体经受的塑性变形达到极限之后，从底部活动盘错动处，开始出现剪切裂缝。但是，这种剪切并不是从底部逐渐向上传播的，而是一开始就已达到某一高度，形成初始裂纹，这种破坏是瞬时的。初始裂纹是非常细微的，在这之后的一定量的上盘位移过程中，裂纹不会再延伸，只是逐渐张宽。当上盘再次活动并使得上覆土体达到塑性极限时，就会重复此过程，直至裂纹延伸至地表，形成地裂缝。

以上过程可以简化成如图10.45的垂向生长模式演化过程：第一阶段，由于先前构造运动，地层中存在隐伏断层，在区域拉张应力作用及土体自重作用下，上盘断层附近土体受到向下运动的剪切作用［图10.45（a）］；第二阶段，土体达到塑性极限，出现剪切裂缝［图 10.45（b）］；第三阶段，裂缝延伸至地表，部分出露［图 10.45（c）］；第四阶段，断层活动加剧，发生错动，地表裂缝贯通［图 10.45（d）］。

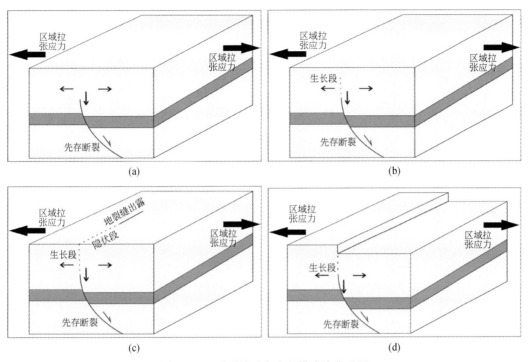

图 10.45　地裂缝垂向生长模式演化过程

2. 反倾"y"字型机制

控制此类地裂缝的下伏断层，受到底部伸展运动作用时，上盘土体下落，发生掀斜旋转，出现较大张开域。这些张开域难以存在，必然发生补偿性塌陷，岩层势必在重力作用下下滑。当地层塑性不大，不能以充分的塑性拖曳使岩层适当向下弯曲，则沿与主断层共轭相交的另一组剪裂面发展成为反向正断层，以填补裂口造成的空间，在剖面上形成反倾"y"字型断裂。在此后的地质历史时期，断裂上部覆盖一定厚度的土层，形成隐伏断层。当主断裂再次进入"活跃期"时，地表发生错动，形成主裂缝；隐伏的次级断层也受到影响，破裂面延伸至地表，形成次级地裂缝，并且各个裂缝之间呈现出似等间距排列的形态。

以上过程可以简化成如图 10.46 的反倾"y"字型模式演化过程：第一阶段，断层受到底部伸展作用，形成较大张开域［图 10.46（a）］；第二阶段，上盘土体发生补偿性塌陷，形成与主断层共轭相交的反向正断层［图 10.46（b）］；第三阶段，形成上覆土层，随着主断裂活动的加剧，隐伏断层向上扩展，主断裂部分显露于地表［图 10.46（c）］；第四阶段，主断裂发生错动，主裂缝在地表贯通，次级断层也扩展至地表，形成次级地裂缝［图 10.46（d）］。

同理，对于派生模式的反倾"y"字型裂缝的成因机理，也是如此。

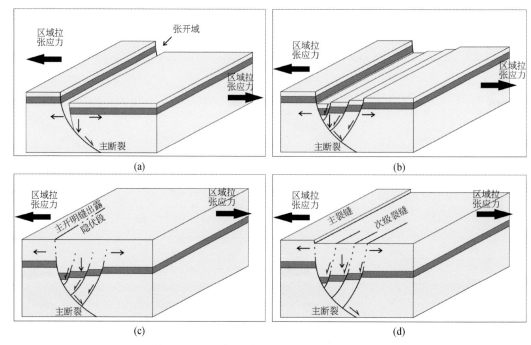

图 10.46　地裂缝反倾"y"字型模式演化过程

3. 同倾"y"字型机制

此类地裂缝的形成与反倾"y"字型裂缝类似。下伏断层受到底部伸展运动作用，上盘土体下落，但未形成较大张开域。由于土体中存在薄弱面，并在水平区域张拉应力和重力作用下，两侧地层沉降幅度不同，形成新的剪切滑动面，即次级断裂。在后期地质历史活动中，断裂上部覆盖一定厚度的土层，形成隐伏断层。当主断裂再次进入"活跃期"时，地表发生错动，形成主裂缝；隐伏的次级断层也受到影响，破裂面延伸至地表，形成次级地裂缝，并且次级裂缝还体现出尖灭再现的特性。

以上过程可以简化成如图 10.47 的同倾"y"字型模式演化过程：第一阶段，主断层受水平区域拉张应力和重力作用 [图 10.47（a）]；第二阶段，在此作用下，上盘土体下降，由于"二次"差异沉降，形成次级断裂 [图 10.47（b）]；第三阶段，形成上覆土层，随着主断裂活动的加剧，隐伏断层向上扩展，主断裂部分显露于地表 [图 10.47（c）]；第四阶段主断裂发生错动，主裂缝在地表贯通，次级断层也扩展至地表，形成次级地裂缝 [图 10.47（d）]

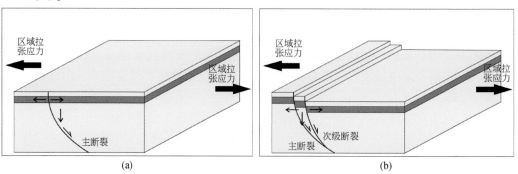

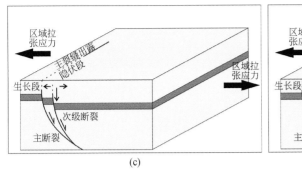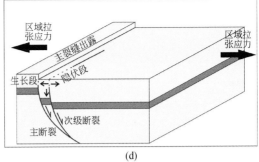

图 10.47　地裂缝同倾 "y" 字型模式演化过程

4. 阶梯型机制

此类地裂缝的形成，主要受到主断裂及呈阶梯状发育的隐伏次级正断层的控制。当主断裂活动加强时，底部发生伸展运动，产生水平引张应力场，隐伏断层附近土体强度降低，当其塑性破坏达到极限时，破裂面逐渐向上延伸，最终到达地表形成地裂缝。由于先存次级断裂形态的特殊性，使得形成的次级裂缝与主断裂的剖面组合形态也具有特殊性。地表次级裂缝平面分布体现了地裂缝雁列排布的特性。

如图 10.48 为阶梯型模式演化机制：第一阶段，地层中存在阶梯型次级断裂，主断裂开始出露地表 [图 10.48（a）]；第二阶段，主断裂活动加剧，地表出现错动，次级裂缝出露地表 [图 10.48（b）]。

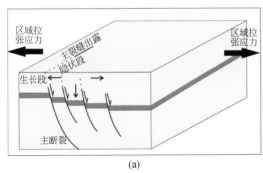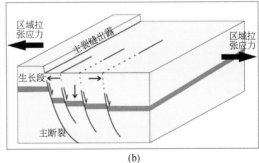

图 10.48　地裂缝阶梯型模式演化过程

5. 侧羽型机制

此类裂缝的形成主要受拉张作用力控制，属于张拉裂缝。当下伏正断层活动时，会在上覆土层中的土层表面及错动面附近形成一个水平张应力区。在此张应力作用下，地表或土层上部会出现拉张裂缝，并逐渐向下延伸，但延伸距离不大，一般延伸至土层中部。它们与下伏断层错动面不连通，一般较陡，产状变化不大，且一经出现就具有一定长度，在以后的活动盘位错过程中，以突变的方式向下延伸扩展，但延伸量较小。此类裂缝多在地震活动中断层发生突然错动时，断裂两侧地层中形成。

如图 10.49 为侧羽型模式演化机制：第一阶段，地层中存在隐伏断裂及区域拉张应力

［图10.49（a）］；第二阶段，主断裂活动加剧，地表发生错动，上下盘两侧出现次级裂缝［图10.49（b）］。

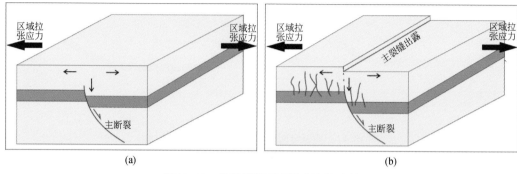

图10.49　地裂缝侧羽型模式演化过程

10.3.4　讨论与结论

（1）构造地裂缝的形成和发展离不开断裂带的控制和影响，它们之间密不可分，属于共生关系。就构造地裂缝的形成机制而言，它与断裂之间为共生机制，即地裂缝沿着断裂带生长、伴生、派生和扩展（走向上）的机制与过程。

（2）构造地裂缝与断裂带的共生关系具有普遍性，具体体现在地裂缝与断裂的剖面形态组合特征及地裂缝的平面展布特征。

（3）通过总结地裂缝与断裂的共生关系，概括出四种共生模式：垂向生长模式；横向伴生模式；低序派生模式；走向扩展模式。其中，垂向生长模式、横向伴生模式、低序派生模式体现的是地裂缝与断裂的剖面形态关系，走向扩展模式体现的是地裂缝与断裂的平面组合关系，并且这四大类又可以分为十小类。

（4）每一种共生模式都对应一种地裂缝的平面或剖面组合形态，它是对一类地裂缝的概化模式。

（5）通过对各类模式的成因机制的力学分析，我们可以看出多数模式的地裂缝是在拉张应力场和重力应力场共同作用下发生的剪切破坏，只有少数属于张裂破坏。剪切破坏的地裂缝两侧地层有错动，张裂破坏的地裂缝两侧地层无错动。

10.4　抽水作用的地裂缝扩展机制

10.4.1　抽水作用地裂缝扩展机制概述

抽取地下水对地裂缝的影响是毫无争议的，但地下水开采时地裂缝形成的具体成因机制长期存在较大争议，很多人先后提出了不同的概化模式，例如渗透变形机理、土层失水收缩变形机理、渗透应力拖曳作用机理、差异沉降变形机理、刚性折裂机理等。笔者在西安地区的研究发现，土层中的已有破裂面，特别是延伸长、埋深大，有一定规模的先存断裂（隐伏或已经出露地表）对地裂缝的生成影响巨大，它不仅对地裂缝的活动方式、活动量的大小有较大的影响，而且对地裂缝产生的力学机理也有影响。因此，按有无先存断裂并结合破裂的基本类型可以把地裂缝分为如表 10.1 所示的类别。

表 10.1 地裂缝分类表

断裂/破裂类型	张裂	剪切	张剪复合
无先存断裂	无先存断裂张裂型	无先存断裂剪切型	无先存断裂复合型
有先存断裂	有先存断裂张裂型	有先存断裂剪切型	有先存断裂复合型

下面对无先存断裂张裂型、无先存断裂剪切型和有先存断裂的地裂缝分别展开讨论。

10.4.2 无先存断裂张裂型地裂缝

张拉型地裂缝的成因机理包括了图 10.50 所示各种类型，其最终的结果为地表土层首先因张应力或张应变达到极限而破裂，这种地裂缝一般从上到下发展。

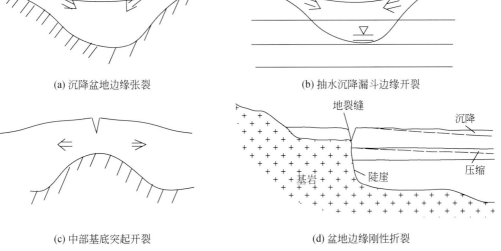

(a) 沉降盆地边缘张裂   (b) 抽水沉降漏斗边缘开裂

(c) 中部基底突起开裂   (d) 盆地边缘刚性折裂

图 10.50 无先存断裂张裂型地裂缝

10.4.3 无先存断裂剪切型地裂缝

这类地裂缝形成的原因是抽水过程中土体剪应力增长导致的抗剪强度不足，图 10.51 中的几种情况就是这种破坏类型的体现。

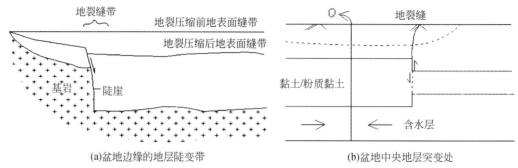

(a)盆地边缘的地层陡变带　　　　　　　　　(b)盆地中央地层突变处

图 10.51　无先存断裂剪切型地裂缝

10.4.4　有先存断裂型地裂缝

汾渭盆地的地裂缝，例如西安、太原盆地地裂缝都是在先存断裂的基础上发展而来的，这类地裂缝延伸长、活动量大、破坏性巨大，是地裂缝研究的一个重点。这类地裂缝包括沿断裂直接出露的主裂缝和两侧的次级裂缝，其中主裂缝主要是顺断裂的剪切滑移，为剪裂缝，次级裂缝多为张裂缝，其形成的模式如图 10.52 所示。

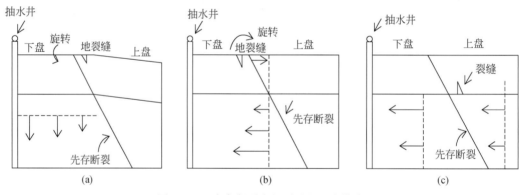

图 10.52　先存断裂次级裂缝的生成模式

下面主要就主裂缝的生成机理和影响因素做如下理论分析和数值模拟说明。

1. 基于块体平衡的滑移开裂机理及主控因素分析

下面按照块体平衡理论来分析弱面附近块体单元的滑动趋势及影响因素。

取包含断裂的土体单元 $ABCD$，设断裂面倾角为 α，单元块体初始水平应力为 σ_3、垂直应力为 σ_1，扰动作用下水平方向应力增量为 $\Delta\sigma_3$、垂直方向应力增量为 $\Delta\sigma_1$，如图 10.53 所示。

对于基底固定的情况，下盘岩土体基本不会发生沿弱面的滑移，而上盘则可能因应力的变化而发生向上或向下的滑移，因此下面主要就上盘的情况来进行分析。

取滑移块体垂直方向 AB 长度为 1，则水平方向 BC 长度为 $\cot\alpha$。则上盘块体 ABC 受力如图 10.54 所示。

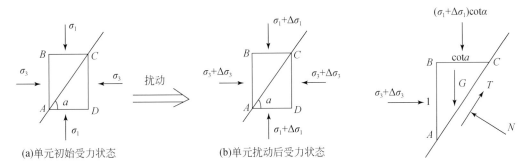

图 10.53　含断裂的单元块体受力示意图　　　图 10.54　断裂上盘单元块体受力分析图

上盘块体 ABC 所受的力主要是 AB 面上水平力 $(\sigma_3+\Delta\sigma_3)\times AB=(\sigma_3+\Delta\sigma_3)$，$BC$ 面上竖向力 $(\sigma_1+\Delta\sigma_1)\times BC=(\sigma_1+\Delta\sigma_1)\cot\alpha$，断裂面 AC 上的法向正应力 N 和切向剪应力 T，以及单元自身的重力 G。

则上盘块体沿弱面向下滑移的稳定系数为：

$$K_s=\frac{\left[\left((\sigma_1+\Delta\sigma_1)\cdot\cot\alpha+G\right)\cdot\cos\alpha+(\sigma_3+\Delta\sigma_3)\sin\alpha\right]\cdot\tan\phi}{\left[(\sigma_1+\Delta\sigma_1)\cdot\cot\alpha+G\right]\cdot\sin\alpha-(\sigma_3+\Delta\sigma_3)\cdot\cos\alpha} \tag{10.1}$$

式中，α 为断裂面倾角；ϕ 为断裂面摩擦角（强度参数，其中 $c=0$）。

如果 $K_s<1$，块体将向下移动；$K_s=1$，块体将保持极限平衡；$K_s>1$，块体处于稳定状态。

单元块体距离地面越深，单元重力相对其他各力越来越小，若不计单元重力，且令 $\sigma_3=k_0\sigma_1$，$\Delta\sigma_3=k_1\Delta\sigma_1$，$\Delta\sigma_1=\lambda\sigma_1$，则

$$\begin{aligned}K_s&=\frac{\left[(\sigma_1+\Delta\sigma_1)\cdot\cot\alpha\cdot\cos\alpha+(\sigma_3+\Delta\sigma_3)\sin\alpha\right]\cdot\tan\phi}{(\sigma_1+\Delta\sigma_1)\cdot\cot\alpha\cdot\sin\alpha-(\sigma_3+\Delta\sigma_3)\cdot\cos\alpha}\\&=\frac{\left[(1+\lambda)\cdot\cot\alpha+(k_0+k_1\lambda)\tan\alpha\right]\cdot\tan\phi}{1+\lambda-k_0-k_1\lambda}\end{aligned} \tag{10.2}$$

式中，k_0 为初始侧压力系数，由于断裂的存在，必须满足块体平衡的要求；k_1 为水平扰动和垂直扰动的应力比，对于较大范围的降水情况，$\Delta\sigma_3=\Delta\sigma_1=\Delta u$，$k_1=1$；$\lambda$ 为扰动强度因子，等于竖向扰动增量与初始应力的比值，对于抽水情况，$\lambda=\Delta u/\sigma_1$，水位降落越大，$\lambda$ 越大。

假定单元块体在扰动发生之前刚好处于稳定状态，此时 $\lambda=0$，$K_s=1$，由此反算得到块体单元的初始侧压系数：

$$k_0=\frac{\cot\phi-\cot\alpha}{\cot\phi+\tan\alpha} \tag{10.3}$$

公式（10.2）包含断裂面强度参数 ϕ，几何参数（倾角）α，反映围压大小的参数 k_0，以及反应应力扰动强度大小和特征的参数 λ、k_1。下面来分析各个参数对块体稳定性

的影响:

取弱面内摩擦角为 $\phi = 10°$, 代入稳定系数计算公式可以得到不同弱面倾角及不同扰动强度比情况下的稳定系数, 如图 10.55 所示。

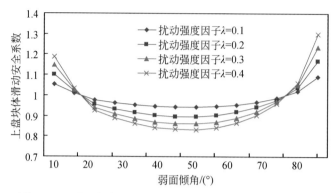

图 10.55　弱面倾角和扰动强度对上盘块体滑移趋势的影响

如果固定扰动强度因子 $\lambda = 0.2$, 改变弱面的内摩擦角 ϕ, 得到的不同弱面倾角及弱面内摩擦角的稳定系数, 如图 10.56 所示。

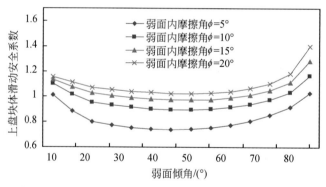

图 10.56　弱面倾角和内摩擦角对上盘块体滑移趋势的影响

可见, 水位下降对断裂上盘单元滑移趋势的影响与断裂面的倾角及其强度有关。从图 10.55、图 10.56 可见:

(1) 随断裂面倾角的增大, 稳定系数先减小后增大, 当倾角在 50°~60° 区间时稳定系数最低, 最容易发生滑移, 当倾角大于 75° 以后, 稳定系数增加很快, 块体滑动的可能性反而减小。

(2) 随滑面内摩擦角的增高, 块体稳定系数增大, 当内摩擦角大于 15° 以后, 不管弱面倾角如何, 稳定系数都大于 1, 基本不会滑动。

(3) 在弱面倾角为 20°~80° 的区间内, 水位降落越大 (强度因子 λ 越大), 单元块体稳定系数越小。

改变水平扰动应力比 $k_1\lambda$, 固定其他值得到的上盘块体稳定系数见图 10.57。

从图 10.57 可见, 当水平扰动增量为正, 即为压时, 块体的稳定系数随水平扰动增量

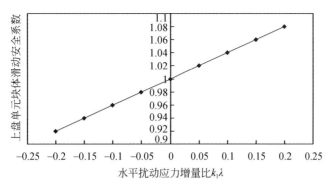

图 10.57　水平扰动应力与单元块体滑动趋势图

增加线性升高；而当水平扰动增量为负，即为拉时，块体的稳定系数随水平扰动增量增加线性减小。即以漏斗为中心产生挤压区和张拉区时，断裂如果位于挤压区，则断裂发生顺弱面滑移的可能性降低；而当断裂位于张拉区时，断裂发生顺弱面滑移的可能性大。

2. 基于数值模拟的机理研究及主控因素分析

1）计算模型与参数

利用基于比奥固结理论和库仑模型的接触面单元的 FLAC2D 软件进行如下的模拟计算分析。计算模型长为 600m，深度为 100m，计算的基本模型（图 10.58）地裂缝位于模型的中央，裂缝倾角 75°，抽水井位于地裂缝上盘，水平距离地裂缝 100m，进水段为埋深 30～40m，计算模型初始水位在地表，水位漏斗最大降深为 40m，左右边界为定水头边界。模拟计算具体考虑的参数及其取值见表 10.2，每种因素计算时均以基本计算模型为基础，变动相应的参数，而其余参数保持不变。

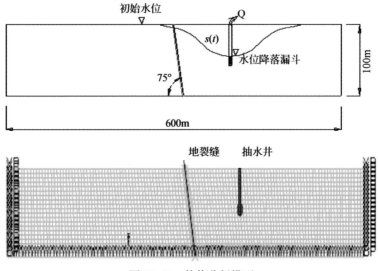

图 10.58　数值分析模型

表 10.2 计算参数取值表

参数	C/kPa	ϕ/ (°)	K_s/ (N/m)	K_n/ (N/m)	倾角 α/ (°)	距离 L/m	降深 S/m	E/MPa	泊松比 ν
取值范围	$0\sim40$	$5\sim20$	$1\times10^6\sim$ 1×10^8	$2\times10^6\sim$ 2×10^8	$40\sim90$	$0\sim250$	$10\sim50$	$30\sim150$	$0.25\sim0.40$
基本模型取值	0	10	5×10^7	1×10^8	75	100	40	60	0.30

2）计算结果与分析

抽水作用下得到的应力云图见图 10.59，由图可见抽水过程中，抽水井周围土体的应力发生了较大的改变，在近井区水平和垂直应力都增加，而远井区水平应力减小，垂直应力仍为增加。

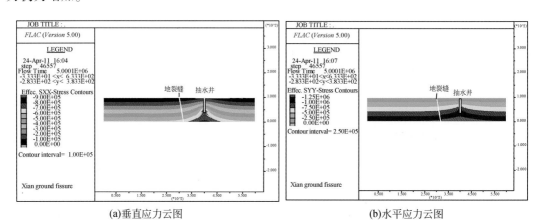

(a)垂直应力云图　　　　　　　　　　(b)水平应力云图

图 10.59　抽水作用下应力云图

根据上面建立的计算模型，计算了 6×10^6 s（不代表实际时间）的结果，最后得到的地面沉降云图（图 10.60）结果如下（为方便比较，同时列出了没有地裂缝情况下的地面沉降图）。

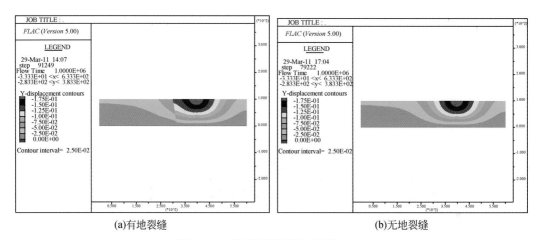

(a)有地裂缝　　　　　　　　　　　　(b)无地裂缝

图 10.60　地面沉降云图（单位：m）

　　从前面计算得到的图形可见，抽水作用对促进地裂缝的形成和活动的加剧具有重大的影响，同时地裂缝的存在对地面沉降也有相应的影响。其具体表现在如下三个方面：

（1）先期断裂对地面沉降变形的诱导作用。

（2）先期断裂对地面沉降变形的隔离限制作用。

（3）先期断裂对地裂缝变形的放大作用。

3）影响因素及敏感性分析

　　为了方便比较各种参数变化对地裂缝影响的强度与敏感性，定义参数取值相对比 Dr：

$$Dr = \frac{x}{x_{\max} - x_{\min}} \tag{10.4}$$

式中，$x_{\max}$ 为参数取值范围内的最大值；$x_{\min}$ 为参数取值范围内的最小值；Dr 的范围为 0～1。

（1）断裂变形和强度参数敏感性分析。

断裂的四个变形和强度参数取值对地裂缝活动量影响的情况见图 10.61。

（2）断裂几何参数对地裂缝活动的影响。

断裂的倾角，抽水井相对断裂的位置（上下盘）和距离对地裂缝活动量影响的情况见图 10.62。

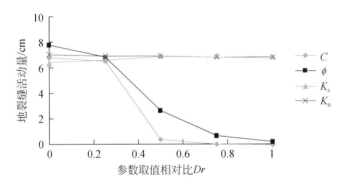

图 10.61　断裂变形和强度参数对地裂缝活动影响

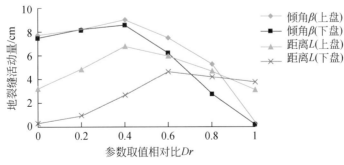

图 10.62　断裂几何参数对地裂缝活动影响

（3）土体性质及水位降深对地裂缝的影响。

地裂缝所处环境的土体性质以及水位的最大降深对地裂缝活动量的影响见图 10.63。

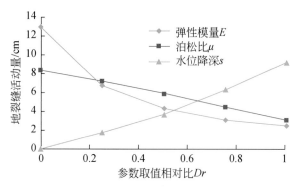

图 10.63　土体性质及水位降深对地裂缝活动影响

从图 10.63 可见,地裂缝的活动量随土体的弹性模量和泊松比的增加都是减小的,但对弹性模量的变化更为敏感。水位最大降深的影响对地裂缝的影响也很显著,随水位的下降深度的增加,地裂缝活动量几乎线性加大。

10.4.5　西安地裂缝的数值模拟

1. 计算模型和参数

本次计算在垂直地裂缝的方向截取包括 f_6、f_7 两条西安地裂缝的祭台村-地质技校段进行计算。计算段裂缝间距为 1200m,两侧各取 800m,总计算长度为 2800m。计算深度 420m 至 440m 不等,顶部地形的刻画与实际一致,保持梁洼结构的特点。地层从上到下包括 Q_3、Q_2 黄土、Q_2 冲湖积粉质黏土夹砂土、Q_1 冲洪积粉质黏土夹砂土,具体情况基本按照实际剖面确定。

力学计算中的边界条件左右为水平方向固定边界、底部为垂直固定边界、顶部为自由边界。最后建立的计算模型见图 10.64。

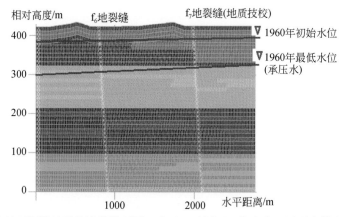

图 10.64　西安地面沉降地裂缝计算模型图(为了显示剖面上的变化,图形在横向上进行了压缩)

　　因此，本次计算从 1960 年开始，渗流计算时的初始水头根据 1960 年的地下水承压水位图（图 10.65）确定，从左到右为 393 ~ 405m，后面的变化根据相应的水位动态曲线确定，如图 10.66 所示。从水位变化图上看，计算段承压水头东南高、西北低，水位历史最大降深为 80m。

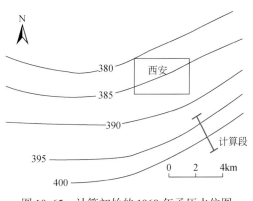

图 10.65　计算初始的 1960 年承压水位图

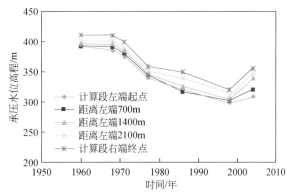

图 10.66　计算剖面上水位动态曲线

　　计算参数主要包括土层物理力学性质参数和地裂缝的参数。土层参数根据陕西省环境监测总站在西安地质技工学校地裂缝监测工作时的钻孔资料确定，见表 10.3。

表 10.3　模型计算土层参数表

土层	重度 γ /(kN/m³)	弹性模量 E/MPa	泊松比 μ	内摩擦角 Φ/(°)	黏聚力 c/MPa	垂向渗透系数 $K_z/10^{-7}$ /(cm/s)	水平向渗透系数 $K_x/10^{-7}$ /(cm/s)	孔隙率 n
黄土 Q_3	19	50	0.35	18	0.2	60	120	0.5
黄土 Q_2	19	80	0.35	23	0.4	20	40	0.45
砂层 1	20	200	0.25	32	0	200	400	0.3
黏土层 2	19.5	100	0.35	23	0.6	15	30	0.4
砂层 2	20	200	0.25	32	0	200	400	0.3
黏土层 2	19.5	100	0.3	18	0.6	15	30	0.4
砂层 3	20	300	0.25	35	0	200	400	0.3
黏土层 3	19.5	150	0.3	19	0.8	15	30	0.38

2. 计算结果与分析

　　根据实际情况计算得到的地面沉降和地裂缝的发展结果见图 10.67、图 10.68。

　　根据计算结果，可以发现：地面沉降和地裂缝的发展与地下水的开采具有很好的对应关系，同时地面沉降与水位变化相比具有一定的滞后性。

　　计算得到的 0 ~ 100m、100 ~ 300m、300 ~ 400m 深度的压缩量见图 10.69，由图可见西安抽水引起的地层压缩主要集中在 100 ~ 300m，这与分层标实测资料得到的结果较为接近。

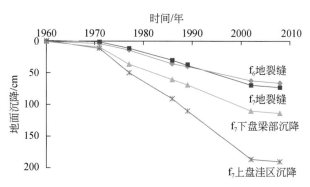

图 10.67　地面沉降地裂缝随时间发展曲线

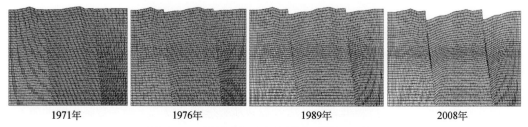

1971年　　　　　1976年　　　　　1989年　　　　　2008年

图 10.68　各年地表形态变化图（放大 50 倍）

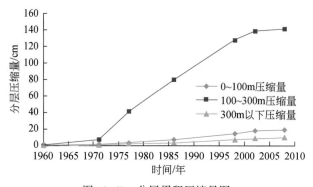

图 10.69　分层累积压缩量图

10.5　浸水作用的地裂缝开裂机制

　　大量调查和研究表明，很多地方的地裂缝是在农田灌溉、暴雨的过程中出露地面的，根据统计，泾阳地裂缝 70% 左右是在农田灌溉中出现的，20% 是在暴雨时出现的，可见地表水的活动对地裂缝显现起了决定性的诱发作用。

　　降雨（尤其是强降雨）和灌溉对土体的作用包括动静水压的增高、土体渗流场的改变、含水量的增加等，其结果是导致土体物理力学性质的变化、环境场的改变以及土体介质的流失，从而直接引发地表沉陷、地裂缝等灾害。而对于已经存在地表破裂（微裂隙或是地裂缝)的位置,由于破裂具有控水作用,使得水流发生集中,从而放大其破坏效应,加剧了地裂缝的发展。先期破裂的这种控水作用分析如下。

由于土体具有孔隙性和渗透性,降雨和灌溉所形成的地表水会向土体内部入渗。入渗的地表水遇到地裂缝就会进入缝中然后顺缝流动,这时候地裂缝具有了截水和导水的作用(图 10.70);另外,主裂缝周围次级和毛细裂缝发育,土体孔隙的数量增多,连通性得到加强,导致地裂缝带渗透性增强,实验表明裂缝带场地土的渗透系数比一般正常值高出 1～2 个数量级,地表水入渗使得裂缝带土体的含水量大大增加(图 10.71),从而降低土体的强度或直接引起黄土的湿陷变形。

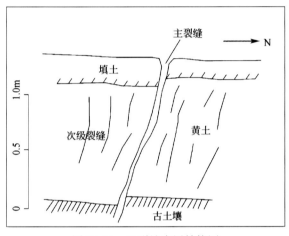

图 10.70 地裂缝表层结构图

图 10.71 地裂缝带的高含水性

地裂缝的控水性除了浅表层的截水、导水作用外,在其较深的位置,由于裂缝是闭合的,具备剪切摩擦的特点,裂隙壁被泥膜覆盖,因此呈现出与浅表层完全不一样的性质,变成隔水、阻水特性,使得地裂缝成为水体流动的一个边界,两侧的地下水位相差很大,对渗流场的等势线分布、流线分布等都会产生影响,土体所受的有效应力不一样,两侧出现差异性沉降,从而引起上部土层的错动变形,激活或加剧地裂缝的活动。

在浅表水的作用下,如果土体介质水敏感性强,例如黄土、膨胀土等,必将引起土体的非均匀变形,从而引发地裂缝或其他灾害,这种作用下的地裂缝成因机制及模型包括:黄土湿陷开裂、水压致裂、溶蚀潜蚀致裂、失水收缩开裂等,下面进行分述。

10.5.1 黄土湿陷机理及土体开裂模式

我国地裂缝较发育的大华北中西部地区为黄土分布区,黄土地层对地裂缝的活动性影响是比较明显的。发育于厚度较大的湿陷性黄土分布区的地裂缝,地裂缝在强降雨后及农田灌溉时易重复出现,在此阶段其开裂变形幅度及沿其走向上的扩展速度也明显加大,而同期没有黄土分布的其他地裂缝则无此现象,表明黄土的湿陷性构成了地裂缝活动的诱发因素。

1. 黄土湿陷机理及与地裂缝关系

黄土的湿陷性是指黄土浸水饱和后，在自重或荷载作用下变形突然增加的现象。黄土湿陷的原因是黄土工程地质领域尚未完全解决的一个复杂问题，国内外学者有多种假说，例如毛细管假说、溶盐假说、胶体不足说、水膜楔入说、欠压密理论和结构学说等。其中欠压密理论拥护者较多，该理论认为，黄土是在干旱和半干旱条件下形成的，在干燥少雨的条件下，由于蒸发量大，水分不断减少，盐类析出，胶体凝结，产生了加固黏聚力，在土湿度不是很大的情况下，上覆土层的重量不足以克服加固黏聚力，因而形成欠压密状态，而一旦受水浸湿，加固黏聚力减小或消失，就会产生湿陷。

自重湿陷性黄土一旦发生湿陷，经常伴生地面裂缝，裂缝的长度除与土层厚度有关外，还受黄土湿陷敏感性的影响。湿陷敏感性强的黄土，湿陷量大，速度快，容易发生应力集中，造成的应力差大，从而导致裂缝延伸长，根据相关文献的研究，黄土湿陷敏感性与地裂缝的长度关系见表10.4。

表10.4　敏感性与地裂缝的长度

试验地点	湿陷性敏感程度	地面裂缝展开长度/m
张桥	较敏感	7.5
杨家坪	中等敏感	9.5
兰钢	敏感	13.0
兰纺	很敏感	16.5

黄土的增湿，可以由地下水位上升引起，也可以由地表水的入渗引起。前者增湿自下而上发展，浸水面积大，湿陷均匀，浸湿速率一般较慢，湿陷变形的过程较长，而后者增湿自上而下发展，浸水面积局限在小范围，浸湿不均匀，湿陷速率一般较大，湿陷变形的过程较快，容易形成地裂缝。对于潜水位整体上升的情况，如果存在土层的不均匀性，同样也会导致地裂缝的出现。

黄土湿陷地裂缝与一般的构造地裂缝有一定的区别，如表10.5所示。

表10.5　黄土湿陷地裂缝与构造地裂缝对比表（吴嘉毅等，1990）

裂缝特征	构造地裂缝	湿陷裂缝
发育的土性	任何类土	仅发育在湿陷性黄土中
平面特征	沿一定的方向延伸，距离长	为环形或弧形裂缝，延伸短，且无一定方向
裂面特征	地裂缝面光滑，倾向一定，具擦痕，延深大	裂面粗糙，直立，上宽下窄，延深小
建筑物上变形特征及破坏性	其上建筑物均遭不同程度的破坏，产生一组规则的斜裂缝，多向一定方向倾斜，工程建筑应避开一定的安全距离	引起的建筑物变形裂缝不规则，有斜裂的、直立的、水平的，形态上有正八字或倒八字，工程按湿陷性黄土处理后，不需考虑避开裂缝

2. 黄土湿陷土层开裂的模式

1）黄土湿陷初始开裂的悬臂模式

表部浅层黄土是极利于地裂缝发育的介质，因浅层黄土具有大孔隙、垂直节理发育的特点，使得黄土的垂直渗透系数是水平渗透系数的 2～3 倍，有时达 10 倍以上，在灌溉、强降雨等情况下，地表水在低洼区或灌溉区沿孔隙、裂隙进入到土体中，并以压倒性的优势向垂直方向渗透，直到遇见隔水层，侧向浸润才能得到加强，这样使得黄土中的浸润线较陡，浸润线以内的黄土湿陷下沉，引起浸润线上部土体的侧向张裂，从而产生地裂缝（图 10.72）。渭南南营村地裂缝即是这样的一个典型例子（图 10.73）。

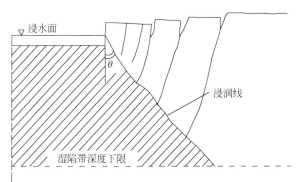

图 10.72 黄土湿陷诱发地裂缝示意图（王景明，2000）

图 10.73 渭南南营地裂缝照片

对于图 10.72 所示的情况，在干旱和半干旱的黄土地区，浸润线以上的黄土含水量低，其强度较高，具有一定的抗拉强度。当浸润线发展到 O 点时，浸润线之下的黄土湿陷下沉，上部黄土形成类似于悬臂梁一样的弯曲变形，从而使悬臂端上拉下压（图 10.74）。

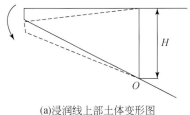

(a)浸润线上部土体变形图　　　　(b)浸润线上部土体受力分析图

图 10.74 黄土湿陷初始致裂的悬臂模式

取计算宽度为 b，地表拉应力的大小可以根据材料力学理论，按下式计算确定：

$$\sigma_t = 6M/bH^2 \tag{10.5}$$

当顶部的张应力超过其抗拉强度时，就会发生张破裂，从而在地表出现地裂缝。而由于黄土的抗拉强度相对较小，并且随含水量的增加迅速减小，表层黄土的抗拉强度更低，因此当发生湿陷时，极易在浸润线上部土体出现张拉地裂缝。随着浸润线的不断发展，条件成熟时会出现多条张拉裂缝。

2）黄土湿陷加剧地裂缝扩展的不均匀沉降模式

对于已经存在地裂缝的情况，由于地裂缝的阻水和导水作用（平行地裂缝导水，垂直地裂缝阻水），降雨或灌溉时，会在地裂缝来水一侧形成高的水位。据张家明教授介绍，西安一些地裂缝场地勘查时南北两侧的地下水位最高相差达7m，地铁沿线地裂缝勘查也证明了这一点（图10.75），卢全中教授在大西高铁地裂缝勘查中发现地裂缝两侧的地下水位也有高达14m的差别（图10.76）。

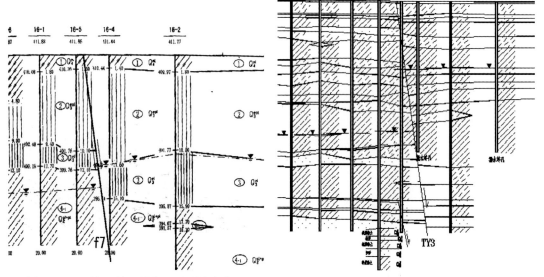

图 10.75　西安地铁一号线 f₇ 地裂缝水位差　　　　图 10.76　山西祁县地裂缝水位差

湿陷性黄土中的这种水位差，将导致地裂缝两侧黄土出现不均匀的湿陷量，从而直接产生垂直位错，加剧地裂缝的发展。

10.5.2　溶蚀潜蚀致裂作用机理

与灰岩地区的岩溶作用一样，黄土地区的溶蚀作用同样显著，潜水位附近水流速度快，物质交换频繁，在发育节理裂隙的黄土中，容易扩展成大规模的土洞，土洞在上覆土压的作用下，在中央顶部出现张应力（图10.77），从而出现纵向张裂缝，这在黄土的洞穴中经常可见（图10.78），裂缝向上扩展并形成地裂缝。水对黄土进行的潜蚀作用可以形成不同形式的孔洞，在这里只讨论水平或近水平的孔洞致裂的机理。

1. 水平孔洞无水开裂判断

假设在黄土体中深度 h 处有一半径为 a 的水平孔洞，并近似地将其看作弹性力学的平面应变问题。孔附近土体单元受力状态如图10.79所示，P 为土压力，K 是侧压力系数：

$$P = \rho g h \tag{10.6}$$

式中，ρ 为黄土体密度；g 为重力加速度。当 $K=0$ 时，孔附近的应力分布为：

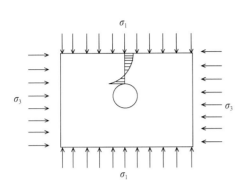

图 10.77　黄土洞穴顶部开裂机理

图 10.78　黄土洞穴顶部纵向裂缝（陕西口镇）

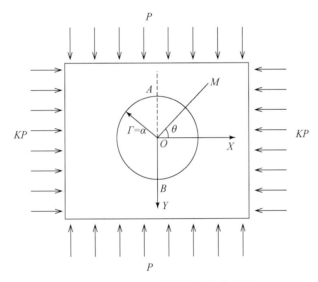

图 10.79　无水土洞周围应力分布图

$$\begin{cases} \sigma_r = -\dfrac{P}{2}\left[\left(1-\dfrac{a^2}{r^2}\right)-\left(1-4\dfrac{a^2}{r^2}+3\dfrac{a^4}{r^4}\right)\cos2\theta\right] \\[2mm] \sigma_\theta = -\dfrac{P}{2}\left[\left(1+\dfrac{a^2}{r^2}\right)+\left(1+3\dfrac{a^4}{r^4}\right)\cos2\theta\right] \\[2mm] \tau_{r\theta} = -\dfrac{P}{2}\left[1+2\dfrac{a^2}{r^2}-3\dfrac{a^4}{r^4}\right]\sin2\theta \end{cases} \quad (10.7)$$

在孔周边，$r=a$，应力分布为

$$(\sigma_r)_{r=a} = (\tau_{r\theta})_{r=a} = 0 \quad\quad (10.8)$$

$$(\sigma_\theta)_{r=a} = -P\,(1+2\cos2\theta) \quad\quad (10.9)$$

当 $K\neq0$ 时，由叠加原理，可得孔附近的应力分布为：

$$\begin{cases} \sigma_r = -\left(\dfrac{P}{2}+\dfrac{KP}{2}\right)\left(1-\dfrac{a^2}{r^2}\right)-\left(\dfrac{KP}{2}-\dfrac{P}{2}\right)\left(1-4\dfrac{a^2}{r^2}+3\dfrac{a^4}{r^4}\right)\cos2\theta \\[2mm] \sigma_\theta = -\left(\dfrac{P}{2}+\dfrac{KP}{2}\right)\left(1+\dfrac{a^2}{r^2}\right)+\left(\dfrac{KP}{2}-\dfrac{P}{2}\right)\left(1+3\dfrac{a^4}{r^4}\right)\cos2\theta \\[2mm] \tau_{r\theta} = \left(\dfrac{KP}{2}-\dfrac{P}{2}\right)\left[1+2\dfrac{a^2}{r^2}-3\dfrac{a^4}{r^4}\right]\sin2\theta \end{cases} \qquad (10.10)$$

在孔周边，$r=a$，由式（10.10）式可得孔边应力为：

$$(\sigma_r)_{r=a}=(\tau_{r\theta})\ \gamma=\alpha=0 \qquad (10.11)$$

$$(\sigma_\theta)_{r=a}=-P\ (1+2\cos2\theta)\ -KP\ (1-2\cos2\theta) \qquad (10.12)$$

在图 10.79 中，A 和 B 两点（$\theta=\dfrac{\pi}{2}$，$\dfrac{3\pi}{2}$），由式（10.12）式得：

$$\sigma_\theta=(1-3K)\ P \qquad (10.13)$$

当 $K<\dfrac{1}{3}$ 时，$\sigma_\theta>0$，即 A 和 B 两点为水平拉应力。设黄土的抗拉强度是 σ_s 时，A 和 B 处发生拉伸破坏，出现与重力方向平行的裂纹，裂纹沿 OY 和 OZ 方向扩展生成垂直节理。由于黄土的抗拉强度很低，只要出现拉应力土体就会拉张破坏。在干燥的黄土区（$K<\dfrac{1}{3}$），只要深度大于 $\sigma_s/\ [\ (1-3K)\ \rho g]$ 处存在水平或近于水平的孔洞，就能发展垂直节理。

2. 水平孔洞有水开裂判断

假设在黄土体中深度 h 处有一半径为 a 的水平孔洞，当孔中有水压 q 时，孔附近土体单元受力状态如图 10.80 所示。

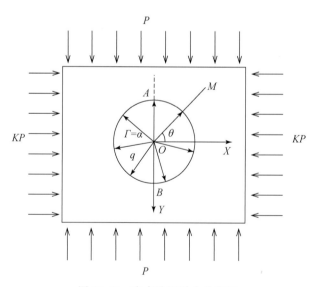

图 10.80　有水孔洞受力分布图

图 10.80 可由图 10.81 中（a）和（b）叠加得到。图 10.81（b）中孔附近的应力分

布如式（10.14）所示，为：

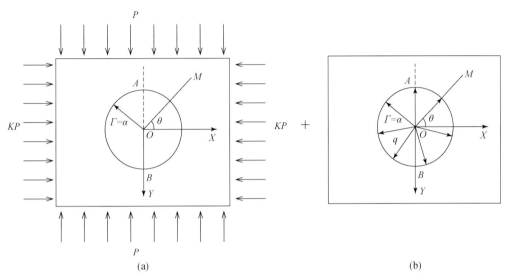

图 10.81　有水孔洞受力分解图

$$\begin{cases} \sigma_r = -q\,\dfrac{a^2}{r^2} \\[2mm] \sigma_\theta = q\,\dfrac{a^2}{r^2} \\[2mm] \tau_{r\theta} = 0 \end{cases} \tag{10.14}$$

由叠加原理得图 10.80 中孔附近的应力分布为：

$$\begin{cases} \sigma_r = -\left(\dfrac{P}{2}+\dfrac{KP}{2}\right)\left(1-\dfrac{a^2}{r^2}\right)-\left(\dfrac{KP}{2}-\dfrac{P}{2}\right)\left(1-4\dfrac{a^2}{r^2}+3\dfrac{a^4}{r^4}\right)\cos 2\theta-q\,\dfrac{a^2}{r^2} \\[2mm] \sigma_\theta = -\left(\dfrac{P}{2}+\dfrac{KP}{2}\right)\left(1+\dfrac{a^2}{r^2}\right)+\left(\dfrac{KP}{2}-\dfrac{P}{2}\right)\left(1+3\dfrac{a^4}{r^4}\right)\cos 2\theta+q\,\dfrac{a^2}{r^2} \\[2mm] \tau_{r\theta} = \left(\dfrac{KP}{2}-\dfrac{P}{2}\right)\left[1+2\dfrac{a^2}{r^2}-3\dfrac{a^4}{r^4}\right]\sin 2\theta \end{cases} \tag{10.15}$$

在孔周边，$r=a$，应力分布为：

$$(\tau_{r\theta})_{r=a}=0, \quad (\sigma_r)_{r=a}=-q \tag{10.16}$$

$$(\sigma_\theta)_{r=a}=-P\,(1+2\cos 2\theta)-KP\,(1-2\cos 2\theta)+q \tag{10.17}$$

同样在图 10.81 中，A 和 B 两点（$\theta=\dfrac{\pi}{2},\ \dfrac{3\pi}{2}$），由式（10.16）和（10.17）式得：

$$(\sigma_r)_{r=a}=-q \quad \sigma_\theta=(1-3K)\,P+q \tag{10.18}$$

当 $K<\dfrac{1}{3}+\dfrac{q}{3p}$ 时，$\sigma_\theta>0$，即 A 和 B 两点为水平拉应力；$\sigma_r>0$，A 和 B 两点同时还受到径向压应力。两者使 A 和 B 处发生拉伸破坏，出现与重力方向平行的裂纹，裂纹沿 OY 和 OZ 方向扩展生成垂直节理。这和干燥状态下比起来更容易发生拉伸破坏。由以上分析可见，在有水时（$K < \frac{1}{3} + \frac{q}{3p}$），只要深度大于（$\sigma_s - q$）／［（$1-3K$）$\rho g$］处存在水平或近于水平的孔洞，就能发展垂直节理。这要比无水时的深度浅。

综合以上的分析可知，对于地表面下埋藏的水平或近于水平的孔洞，不管孔洞内是否有水，当达到一定深度时，都能发展垂直节理，并有进一步发展成地裂缝的可能。只是水有弱化作用，使得黄土体强度降低，这样有水时能发展垂直节理的水平孔洞的深度要比无水时浅。

10.5.3　水压致裂机理

水压致裂是指在高水头压力作用下，土体中的裂缝逐步发生扩展，并且相互贯通后再进一步张开的现象。由水压致裂的定义可见，土体中已存在的局部裂缝是产生水压致裂的重要原因；同时，水压力要增加的足够大，即劈裂压力要大于缝面的应力时才有可能会发生水力劈裂。水力劈裂作用是使裂缝进一步扩展的原因，它会在土体中形成贯穿的渗漏通道。

地下水的力学作用有静水压力和动水压力两种，这两种水力作用都能使土体发生水力劈裂，使裂隙的连通性增加，张开度增大，动水压力作用还能使裂隙面上的充填物发生变形和位移，尤其是剪切变形和位移，由此导致裂隙的再扩展。

1. 隐伏裂隙水力劈裂分析

地表面下一定深度处存在有隐伏断裂裂隙时，在渗透水压力作用下，这些裂隙发生扩展。可以用工程断裂力学对此进行分析，其破坏的力学机理是拉还是剪，要取决于所处的具体条件。

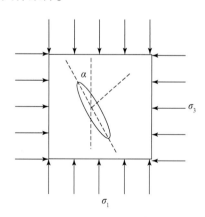

图 10.82　含单裂纹计算模型

为了研究方便，以图 10.82 所示的平面穿透闭合单裂纹为研究对象。图中的闭合裂纹受地应力 σ_1 和 σ_3 作用，裂纹与垂直向应力夹角为 α，裂纹内作用有孔隙水压力 p。假定水压力沿裂纹各个方向作用力相等。由应力状态分析可知裂纹面上的正应力 σ_α 和剪应力 τ_α 分别为：

$$\sigma_\alpha = -\left(\frac{\sigma_1 + \sigma_3}{2} - \frac{\sigma_1 - \sigma_3}{2} \cos 2\alpha - p \right) \quad (10.19)$$

$$\tau_a = \frac{\sigma_1 - \sigma_3}{2} \sin 2\alpha \quad (10.20)$$

裂纹面既有正应力，也有剪应力，裂纹扩展失稳属于 I - II 复合型。由于水压力要增加的足够大，即劈裂压力要大于缝面的应力时才有可能发生水力劈裂，所以裂纹的扩展问题属于断裂力学中的 I - II 拉剪复合型。因此采用工程上常用的近似断裂判据，I - II 拉剪复合型裂纹失稳判据可表示为：

$$K_{\mathrm{I}}+K_{\mathrm{II}} \geq K_{\mathrm{I}c} \tag{10.21}$$

式中，$K_{\mathrm{I}c}$ 为 I 型断裂韧度，K_{I} 和 K_{II} 分别为 I 型和 II 型应力强度因子，计算式分别为：

$$K_{\mathrm{I}}=\sigma_{\alpha}\sqrt{\pi a}\,;\ \ K_{\mathrm{II}}=\tau_{\alpha}\sqrt{\pi a} \tag{10.22}$$

式中，a 为裂纹半长。

设临界水压 p_c 是裂纹在发生扩展失稳时的内部孔隙水压。将式（10.20）代入式（10.22），再代入裂纹失稳判据式（10.21），即可得其计算式：

$$p_c=\frac{\sigma_1+\sigma_3}{2}-\frac{\sigma_1-\sigma_3}{2}\cos2\alpha+\left|\frac{\sigma_1-\sigma_3}{2}\sin2\alpha\right|+\frac{K_{\mathrm{I}c}}{\sqrt{\pi a}} \tag{10.23}$$

令 $m=\dfrac{\sigma_3}{\sigma_1}$，称其为侧压力系数。同时定义拉剪复合断裂时临界水压 $p'=\dfrac{p_c-\dfrac{K_{\mathrm{I}c}}{\sqrt{\pi a}}}{\sigma_1}$，则式（10.23）可变为

$$p'=\frac{m+1}{2}+\frac{m-1}{2}\cos2\alpha+\left|\frac{m-1}{2}\sin2\alpha\right| \tag{10.24}$$

临界水压与裂纹方位及侧压力系数的关系如图 10.83 所示。从图中可以看出，最小临界水压位于 $\alpha=0°$，即裂纹处于竖直方向，说明在一定地应力水平下，裂纹竖直时最易发生水力劈裂。当 $\alpha<45°$ 时，随着侧压力系数的增大，临界水压增大；当 $\alpha=45°$ 时，临界水压不随侧压力系数变化；当 $\alpha>45°$ 时，随着侧压力系数的增大，临界水压减小。

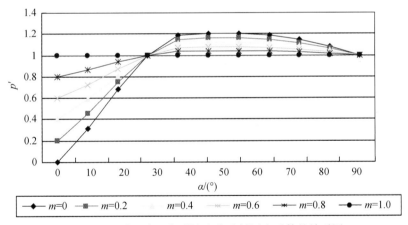

图 10.83 临界水压与裂纹方位及侧压力系数的关系图

2. 出露裂隙垂向劈裂及水平扩展分析

地表水由出露裂隙向下渗流过程中，渗流作用在裂缝内表面增加了垂直于裂缝壁的渗透静水压力，使裂缝产生破坏，同时平行于裂缝流动的水流对裂缝施加了拖曳力，使裂缝发生切向位移，两种力的作用都增加了裂缝的扩展度。

当地表出露有裂缝且有水进入时，具有一定压力的泥水可在较短时间内使土体的表面形成透水性很低的泥膜，使泥水压力通过泥膜向土层传递，形成地层土水压力的平衡，如图 10.84 所示。

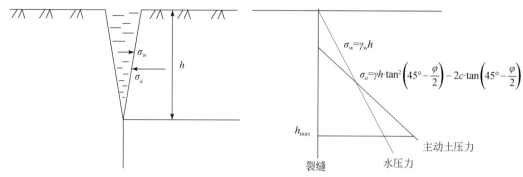

图 10.84　出露裂隙力学分析示意图

地表出露的裂缝一般是近于垂直的，土压力可以采用朗肯土压力理论来进行计算：

$$\sigma_a = \gamma h \cdot \tan^2\left(45° - \frac{\varphi}{2}\right) - 2c \cdot \tan\left(45° - \frac{\varphi}{2}\right) \tag{10.25}$$

式中，σ_a 为主动土压力；γ、c、φ 分别为土的重度、内聚力和摩擦角；h 为计算深度。

水压力可用下式计算：

$$\sigma_w = \gamma_w h \tag{10.26}$$

式中，σ_w 为水压力；γ_w 为水的重度。

当水压力大于土压力时，裂缝才会开启。要使水压力大于土压力，首先要满足水压力曲线的斜率大于土压力曲线的斜率，即

$$\gamma_w > \gamma \tan^2\left(45° - \frac{\varphi}{2}\right) \tag{10.27}$$

由式（10.27）得到，当 $\varphi > 90° - 2\mathrm{arctg}\sqrt{\dfrac{\gamma_w}{\gamma}}$ 时，裂缝才会有开启的可能。

开裂的最大深度 h_{max} 可以根据下式计算：

$$\frac{1}{2}\gamma_w h_{max}^2 = \frac{1}{2}\left[\gamma h_{max} \cdot \tan^2\left(45° - \frac{\varphi}{2}\right) - 2c \cdot \tan\left(45° - \frac{\varphi}{2}\right)\right](h_{max} - z_0) \tag{10.28}$$

其中，$z_0 = \dfrac{2c}{\gamma \cdot \tan\left(45° - \frac{\varphi}{2}\right)}$。

$$\left[\gamma \cdot \tan^2\left(45° - \frac{\varphi}{2}\right) - \gamma_w\right]h_{max}^2 - 4c \cdot \tan\left(45° - \frac{\varphi}{2}\right) \cdot h_{max} + \frac{4c^2}{\gamma} = 0 \tag{10.29}$$

由式（10.27）和式（10.29）可得：

$$h_{max} = 2c \cdot \frac{\tan\left(45° - \frac{\varphi}{2}\right) - \sqrt{\frac{\gamma_w}{\gamma}}}{\gamma \tan^2\left(45° - \frac{\varphi}{2}\right) - \gamma_w} \tag{10.30}$$

经过分析可以知道，当 γ 一定时，水压开启与土体的 c、φ 值关系很大，随着 c、φ 值的增大，开裂的最大深度随之增大。

当裂缝开启形成连续的通道时，水流对土体主要作用有两种力。一种是水流对隙壁土

体的垂直入渗力，另一种是水流对隙壁的拖曳力。在这里，由于黄土的结构特点，尤其是垂直节理发育这一特点，所以后者的作用要比前者大。

水流对隙壁两侧土体垂直入渗作用虽然比较小，但是也会使两侧一定范围内的土体含水量增大，进而会使其抗拉强度、抗剪强度变小。也就是给水流对裂隙壁的拖曳作用提供了很好的前提条件，两者是相辅相成的。

在一个充水的裂隙中，水流对裂隙壁的拖曳力 τ_t 为

$$\tau_t = \frac{1}{2}\gamma bJ \tag{10.31}$$

式中，b 为裂隙隙宽；$J = -\dfrac{\partial H}{\partial x}$ 为沿裂隙方向的水力坡度。裂隙水流对裂隙壁的拖曳力与水流方向一致，与裂隙宽度和水力坡度成正比。

当初期水流对裂隙壁的拖曳力比较大的时候，裂隙水流会对两侧的土体产生一定的侵蚀作用，但是被侵蚀而塌落下来的土体会使裂隙宽度变窄，裂隙水流就会变少，随着裂隙水流的减少或是流经的地势比较缓时，水力坡度就会变小。在上面诸因素的影响下，水流对裂隙壁的拖曳力也会变小，其拖曳作用就会慢慢停止，裂缝最终会停止发展。

10.5.4　浸水作用地裂缝开启机理实例分析

1. 渭河盆地大荔地裂缝分析

随着引洛渠的修建和农田的大量灌溉，大荔县北堡村地下水位明显抬升，2009 年地下水位在 10m 左右，至 2012 年水位已升至 5m。地下水的抬升引起该区黄土湿陷变形，进而形成地裂缝，给当地居民带来了严重的经济损失。

2012 年 3 月，野外调查发现，该区地裂缝主要分布于冯村镇的北堡、严庄和平王等村（图 10.85）。其中，北堡村地裂缝最为发育，其区域范围内主要出现了 7 条地裂缝，包括 4 条走向近东西的地裂缝和 3 条走向近南北的地裂缝。东西向地裂缝为主裂缝，延伸较长，靠北第一条地裂缝的走向与北侧黄土台塬的走向近似，西段走向近东西，向东渐有偏北趋势，其余三条地裂缝走向为正东西；南北向地裂缝延伸短，主要发育于靠近黄土冲沟的台塬边及灌溉水渠旁。因此北堡地裂缝具有发展缓慢、集中爆发和分布面积广的特点。

北堡地裂缝的成因机理为：在水渠渗漏和灌溉的共同作用下，地下水位明显抬升，使上覆湿陷性黄土含水量饱和，并产生湿陷变形，从而在土体中产生拉张应力，当拉张应力超过土体的抗拉强度后，土体破裂并形成裂缝。随着地下水位的不断抬升，湿陷变形向上发展，进而引起裂缝不断向上扩展，当湿陷变形达到某一深度后，主裂缝率先扩展至地表而形成地裂缝，属于典型的地下水位抬升引起黄土湿陷，进而形成地裂缝，成因机理如图 10.86 所示。

2. 渭河盆地泾阳地裂缝分析

泾阳地裂缝位于渭河盆地北部口镇-关山断裂与礼泉-蒲城-合阳断裂交汇处的西部，出露于口镇-关山断裂上盘 2km 以内，走向位于 SE150° 和 SW210° 之间，地裂缝北端与近东

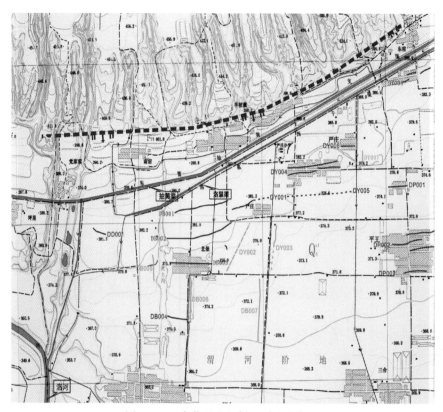

图 10.85　大荔县北堡村地裂缝分布图

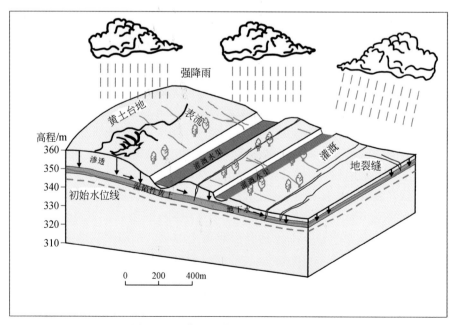

图 10.86　黄土湿陷地裂缝成因机理图

西向的口镇-关山断裂相接，地层岩性以上更新统马兰黄土和全新统洪积物为主。地裂缝在地表以地裂沟（图10.87a）和串珠状大陷坑（图10.87b）为主。

(a)地裂缝形成的地裂沟　　　　　　　　　　(b)地裂缝形成的串珠状陷坑

图10.87　陕西泾阳地裂缝典型照片

探槽剖面图如图10.88所示，地裂缝在地表张开量大，宽约1.5m，向地下延伸的过程中张开量急剧减小，3m以下为宽约2cm的裂缝，浅表部形态为"漏斗状"，上部充填杂土，下部充填粉质黏土。地裂缝向下延伸的过程中地层无位错并出现一条次级裂缝，延伸至第一层古土壤层底时出现空洞，空洞宽1.2m，高0.8m，空洞上部潮湿并出现大量的流水孔，底部堆积厚约15cm的粉质黏土层，下部出现老裂缝且充填粉质黏土层。因此泾阳地裂缝在浅地表无垂直位错，以水平拉张为主。

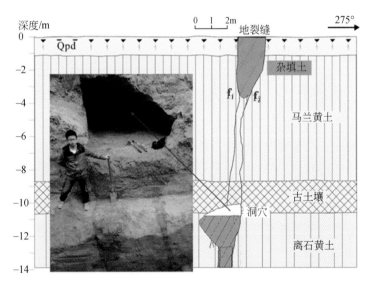

图10.88　梁家村地裂缝探槽剖面图

通过以上资料分析发现，泾阳县地裂缝是构造节理控制，流水冲刷和黄土湿陷共同作用的耦合模式。成因机理为：首先，由于盆地北缘山前断裂的右旋剪切作用，在山前断裂的上盘形成了一系列走向为 NNW-SSE 向拉张节理，这些节理面与山前断裂相通。其次，在暴雨的条件下，山前洪水沿着山前断裂带沿线的落水洞向下渗漏，入渗的地下水沿着拉张节理面向盆地内部径流，径流的过程中对节理面两侧土体冲刷和侧蚀，最终形成地下水流暗道。最后，随着暗道宽度的不断增加，引起上覆土体产生拉张裂缝，并逐渐向上延伸，随着灌溉水量的增加，表水集中入渗使下伏的湿陷性黄土湿陷加剧了拉张裂缝的延伸速度，使其通达地表形成地裂缝，如图 10.89 所示。地裂缝形成以后通过一系列的落水孔连通了地面与地下暗道，使地表水源源不断地通过落水孔向下渗流，进一步冲刷裂缝，最终在地表形成一系列的串珠状陷坑。

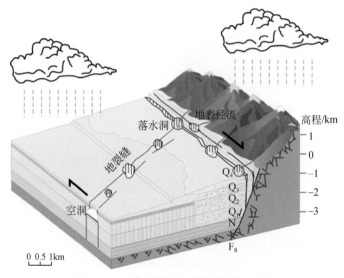

图 10.89　陕西泾阳地裂缝成因机理图

10.6　汾渭盆地地裂缝的成因类型

地裂缝密集发育于特定的区域，并在空间、平剖面及时间上呈现一定的特点，必定首先与该区的地形地貌、地质条件、应力场特征及构造活动有关。

目前，人类活动对地质环境的改造和影响不亚于自然营力。除人类活动直接产生或者诱发产生地裂缝外，许多由自然营力作用产生的隐伏地裂缝也常需要由人类活动诱发而显现出来。换言之，大多数地裂缝的形成是几种因素的综合作用，其中以某一种因素作为主导。根据前述地裂缝的各种特征，汾渭盆地地裂缝从成因上可以分为两大类，即"构造地裂缝"和"非构造地裂缝"。

构造地裂缝是指与断层、节理、构造应力场、地震等构造作用有关的地裂缝。这些地裂缝往往规模较大，或具有密集分布特征，在空间展布、发生时间、活动特性上具有一定的规律性。而非构造地裂缝则由各种自然地质因素或人为活动引起，没有明显的规律性，而且规模一般较小。根据调查分析和总结，表 10.6 综合给出了汾渭盆地地裂缝的成因分类类型。

表 10.6　汾渭盆地地裂缝成因分类表

类别	主导因素	动力类型	种类
非构造地裂缝	人类活动作用为主	次生重力	抽水引起不均匀沉降地裂缝
	自然外营力作用为主	特殊土	黄土湿陷地裂缝
		水流侵蚀、自然重力作用	潜蚀地裂缝
		自然重力作用	古地貌、古地形控制型地裂缝
构造地裂缝	自然内营力作用为主	断层运动	蠕滑地裂缝
		地震动	地震地裂缝
		区域微破裂开启	区域构造应力活动型地裂缝
			土层构造节理开启型地裂缝

上述地裂缝中，以构造地裂缝占主导地位。其中，断层蠕滑型地裂缝及地震地裂缝的数量不及应力活动型和构造节理型地裂缝发育，但它们发育规模较大，活动性较强，尤其是断层蠕滑地裂缝，是由于浅部断层蠕滑或深部断层带整体蠕动形成的，这种地裂缝多具三向位移，较为典型的有大同地裂缝、清徐–交城–文水断裂沿线的地裂缝、临汾的高堆地裂缝、运城的五曹–半坡–陶村地裂缝、西安地裂缝等。

地震地裂缝是指直接在地震动作用下产生的地裂缝，这类地裂缝有时与下伏断层走向一致，有时则并不相同，而是沿特定方向延伸，显然该类地裂缝是地震力作用下的地表破裂，如泾阳瓦窑地裂缝（1998 年泾阳地震时产生）、乾县淡村地裂缝和礼泉赵镇地裂缝（1976 年地震产生）以及渭南美原地裂缝等。这些地裂缝产生后，一般活动性并不强，只是作为一种地质不连续面对人类工程活动产生影响。

应力活动型地裂缝是由于地壳应力增强使区域黄土构造节理开启形成的地裂缝；或开启的微破裂后期受水力侵蚀作用形成黄土喀斯特后，在重力作用下陷落而成。如泾阳地区的绝大部分地裂缝及渭南地区的地裂缝等。

非构造型地裂缝在汾渭盆地主要包括四种类型，即黄土湿陷裂缝、潜蚀地裂缝、古地貌或古地形控制型地裂缝和抽水引起不均匀沉降地裂缝等。

黄土湿陷裂缝是黄土发育区一类特殊的地裂缝。该类裂缝的产生主要与黄土的湿陷性有关。尤其当黄土具有自重湿陷性时，这类裂缝更易在长期浸水条件下产生。其特征是：裂缝常呈闭合环形，当沿过水渠道展布时也可呈直线延伸；裂缝一侧相对另一侧明显下降。汾渭盆地中该类地裂缝数量不多，规模较小。

潜蚀地裂缝多发育于盆地边缘山前地带，如泾阳县境内的嵯峨山山前洪积扇缓坡地带，这一地形地貌带为雨水的渗流提供了极佳的坡降条件。强降雨时，雨水通过黄土中的节理、动物洞穴、植物根孔等入渗并沿节理延伸方向产生冲刷侵蚀，最终形成地裂缝，地裂缝走向与山前洪积扇的冲沟方向一致。在泾阳县口镇，基岩山地与第四系黄土的接触带，发现大量的黄土陷穴、暗穴，它们极易汇集雨水，并成为下渗侵蚀的通道。野外调查表明，许多地裂缝都是强降雨时，自基岩山前开始出现，然后随水流下泻，迅速向南（东南或西南）延伸穿过农田和村庄，地裂缝随之出现。洪流在裂开的缝内翻滚汹涌，使裂缝不断加宽加深，形成潜蚀型地裂缝。有些地段在山前洪积扇下面由于潜蚀作用形成暗沟，地裂缝沿暗沟发育。

古地貌或古地形控制型地裂缝主要发育于古冲沟或古河道的两侧边界附近，由于冲沟或河流的冲蚀和搬运作用，在同一深度内古河道内的地层和河道以外的两侧地层差异较大。古河道边界（也即裂缝处）两侧地层的差异，特别是粉质黏土和粉土等细粒土层的厚度差异，在地下水位下降和强降雨条件下，在地层变化较大的地方容易产生拉裂破坏而在地表形成地裂缝。

抽水引起不均匀沉降地裂缝主要是由于地下水开采形成降落漏斗和不均一的地下水位，或者在地下水位下降的影响范围内存在不均匀的土层，使得土层固结压缩不均匀，从而在地表形成地裂缝。这种地裂缝以拉张裂缝为主，分布地下水降落边缘、陡变带或地下岩土异常部位。过量抽取地下水引起水位下降与地面沉陷往往和构造地裂缝活动叠加，使得构造地裂缝垂直活动加剧和超常活动，大多数综合成因的地裂缝都离不开过量抽取地下水和由此引起的地面沉降。

第11章 地裂缝对高铁工程的 危害及减灾措施研究

汾渭盆地是我国乃至世界上地裂缝发育最为典型的地区，同时也是世界上地裂缝灾害最为严重的地区。据不完全统计，汾渭地区由于地裂缝地面沉降等缓变形地质灾害造成的直接和间接经济损失已逾百亿元。整个汾渭地区，由北往南，大同、太原、临汾、运城及渭河等五大盆地地裂缝均十分发育且灾害严重。特别是处于这些盆地的有关山西和陕西两省的主要中心城市如大同、临汾、运城、西安、咸阳等市区均发育有地裂缝，其中又以西安最为典型，灾害最为严重，严重制约着这些地区的城市规划和城市空间利用，同时也严重威胁着这些地区的重大工程如城市地铁和高速铁路的安全，甚至影响到当地居民的正常生产和生活，成为这些地区社会和经济可持续发展的首要地质灾害威胁。本章将以大西客运专线高速铁路为研究对象，开展地裂缝对高铁工程的危害及减灾措施的研究。

11.1 高速铁路沿线地裂缝分布特征与危害性评价

11.1.1 大同—运城北高铁沿线地裂缝总体分布特征

根据收集的资料、长安大学积累的研究成果以及本次调查的结果，确定与大运高铁线路相交或隐伏相交的地裂缝或地裂缝群有21条（图11.1至图11.3），其中有的裂缝存在分支裂缝或次级裂缝，这些裂缝与高铁线路相交或隐伏相交的地点有36处，主要分布在太原盆地、临汾盆地和运城盆地。

位于太原盆地的地裂缝8条，分别为水秀地裂缝（TY1）、武家堡地裂缝（TY2）、东观变电站地裂缝（TY3）、瓦屋村地裂缝（TY4）、东六支地裂缝（TY5）、新胜村地裂缝（TY6）、襄垣地裂缝（TY7）和西炮地裂缝（TY8），与高铁线路相交或隐伏相交的地段有14处。

临汾盆地有7条地裂缝或地裂缝群，分别为新庄地裂缝（LF1）、龙张地裂缝（LF2）、高堆地裂缝（LF3）、东羊地裂缝（LF4）、燕家庄地裂缝群（LF5-LF8）、景家庄地裂缝（LF9）和嘉泉地裂缝（LF10），与高铁线路相交或隐伏相交的地段有12处（其中燕家庄地裂缝群含4处）。

位于运城盆地的地裂缝有6条，分别为张庄-西下晁地裂缝（YC1）、张董地裂缝（YC2）、寺家卓-石碑庄地裂缝（YC3）、赵棠庄地裂缝（YC4）、张金-西纽地裂缝（YC5）和陶上-下王地裂缝（YC6），与高铁线路相交或隐伏相交的地段有10处。上述地裂缝按不同盆地分别编号，如TY1表示太原盆地内与高铁线路相交的第一条地裂缝。

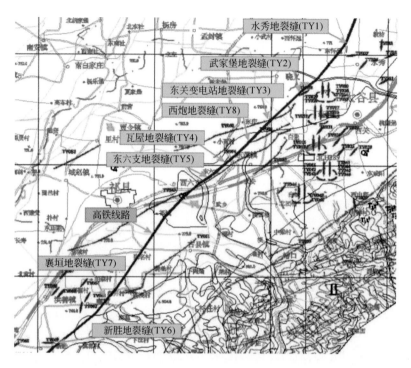

图 11.1　太原盆地内与高铁线路相交的地裂缝示意图

图 11.2　临汾盆地内与高铁线路相交的地裂缝示意图

图 11.3 运城盆地内与高铁线路相交的地裂缝示意图

太原盆地、临汾盆地和运城盆地内与高铁线路相交或可能相交的地裂缝位置及总体特征分别见表 11.1 至表 11.3。地裂缝的成因类型主要有构造型（断层蠕滑、隐伏断裂控制或影响）、湿陷型和古地貌（地形）控制型四种类型。

表 11.1　太原盆地高铁沿线地裂缝分布及特征

序号	地裂缝名称及编号	地裂缝位置	地裂缝特征
1	水秀（TY1）	太谷县水秀村西北，太徐公路东侧	该地裂缝呈串珠状，出现时间约 2001 年前；总体走向 5°，南部偏向西，走向 45°左右；地面显示长度约 100m，缝宽约 0.5~0.25m；浇地时漏水较多，可听到地下水流动声音
2	武家堡（TY2）	太谷县武家堡西北至武家庄北	呈线状或串珠状断续分布，总体走向 70°，地面显示长度 2800m，缝宽 0.3~1m，出现时间在 1999 年前
3	东观变电站（TY3）	祁县张家堡—张南—乔家堡北	由主裂缝和次级裂缝组成，地表出露明显，呈带状或串珠状，走向为 75°，倾向 165°；长约 10.2km，缝宽 0.2~1m，裂缝带宽度大于 40m；出现在 10 年前，仍在活动，垂直位错 30cm 左右，垂向活动速率 3~4cm/a
4	瓦屋村（TY4）	祁县白圭—东炮—西炮一带	呈线状延伸，总体走向 77°左右，倾向 347°，长约 6.6km，宽 0.3~2m，出现时间在 1999 年前。该地裂缝呈现明显的活动分段性，东强西弱，西炮以东的白圭—东炮地段活动强烈，地表垂直位错显著（30~40cm），垂向活动速率 3~4cm/a；西炮以西地表变形不明显，呈隐伏状态；西炮附近活动程度则介于东西两侧之间，地表垂直变形减弱，但可见一些串珠状陷穴
5	东六支（TY5）	祁县东观村—东六支—南社	呈串珠状，走向为 65°，地面显示长度 21.0km，缝宽 0.3~2m，出现时间早于 1999 年，仍在活动，位错为 30cm 左右，纵向活动速率 2~3cm/a

序号	地裂缝名称及编号	地裂缝位置	地裂缝特征
6	新胜（TY6）	平遥县新胜村	由两条平行的地裂缝组成，呈串珠状，走向为315°，地面显示长度1000m左右，缝宽0.3～1.5m，出现时间早于1999年；大运高速公路穿过该裂缝，路面和涵洞均有变形和开裂
7	襄垣（TY7）	平遥县襄垣村东	在村西和村东均有出露，走向为75°左右；长约0.2km，宽0.2～1.0m
8	西炮（TY8）	祁县西炮村西—瓦屋村南	1995年出现，长约1.5km，走向40°～76°，在瓦屋村一带走向为北东向，西炮村西一带走向为北东东向，缝宽5～50cm，目前地表没有迹象；208国道祁县东观镇瓦屋村入口北250m处路面有变形和横向裂纹，南侧下降，高差20cm左右，裂缝影响带宽度18m

表11.2　临汾盆地高铁沿线地裂缝分布及特征

序号	地裂缝名称及编号	地裂缝位置	地裂缝特征
1	龙张—新庄（LF1）	洪洞县龙马乡新庄村	走向20°～25°，长约400m，村中房屋墙体破坏较多
2	龙张—塾堡（LF2）	洪洞县龙马乡龙张村	走向340°～355°，断续分布长约3.0km，村中房屋墙体破坏较多
3	高堆（LF3）	临汾市尧都区刘村镇高堆村	始出现于1976年，发育于汾河西岸三级阶地与二级阶地的交接部位，地裂缝在地表断续出现，长度大于2.0km，总体延伸方向为77°，基本沿地貌单元边界展布。该裂缝破坏房屋60余间，房屋裂隙张开量0.1～3.0cm，耕地十余亩，表现为串珠状，裂缝开裂宽度一般在10cm左右
4	东羊（LF4）	临汾市土门镇东羊村	由两条近平行的裂缝组成，走向305°～320°，其中北边的裂缝延伸长度大于1.2km，沿裂缝方向见有东羊村房屋开裂，田地漏水和串珠状陷穴；南边的裂缝长度大于500m，沿线也有串珠状陷穴和耕地漏水现象。今年8月份一场大雨之后，在东羊村东小杨树林，北边的裂缝地面突然发生开裂，裂缝长45m，宽0.6～2.5m
5	燕家庄地裂缝群（LF5-8）	临汾市土门镇燕家庄村	表现为密集的不同方向的陷穴群或不同方向的串珠状陷穴，部分裂缝与七一渠较近，可能由水渠渗漏和土层湿陷有关
6	景家庄（LF9）	临汾尧都区汾河办景家庄	走向330°～350°，部分地段呈线状延伸，在田地里可见串珠状陷坑，在村南杨树林裂缝长度100余米，宽0.1～0.6m，裂缝表现为张性，村里沿线有房屋开裂
7	嘉泉（LF10）	临汾尧都区刘村镇嘉泉村—果树场	由两条近平行裂缝组成，其中靠北边的果树场裂缝走向50°～70°，东部地段呈线状延伸，可见长度大于1.0km，裂缝宽0.1～0.7m，表现为张性开裂；靠南面的嘉泉砖场裂缝走向70°～80°，可见长度大于200m，耕地漏水较严重

表 11.3　运城盆地高铁沿线地裂缝分布及特征

序号	地裂缝名称及编号	地裂缝位置	地裂缝特征
1	张庄—西下晁（YC 1）	运城市夏县水头镇闫赵—坡底—西下晁—张庄村	大运高铁东侧裂缝出现于 1997 年 7 月，长 1.4km，走向 NE45°。十余亩耕地受损，耕地中的裂缝宽 15～80cm，十多间房屋开裂，裂缝带上的房屋裂缝宽 0.5～3.0cm。耕地中的裂缝每次出现后村民采取填埋措施，但几年后（1 年或 2 年）大雨或浇灌后，裂缝又重新出现。 大运高铁西侧裂缝出现于 1999 年 7 月，在一场暴雨后地面突然开裂，在此之前未见有任何的征兆。长 0.74km，走向 NE40°，以张性为主，张开量 20～40cm。现仍在活动。 在线路以西地裂缝活动明显，走向 70°～100°，通过的大运高速路面有变形开裂现象，与线路隐伏相交
2	张董（YC 2）	运城市盐湖区王范乡张董村南	发现于 10 年前，长 100 余米，走向 70°左右，裂缝以水平拉张为主，裂缝填埋后经过几年又重新出现
3	寺家卓—石碑庄（YC 3）	运城市盐湖区陶村镇寺家卓—石碑庄	有两条地裂缝，寺家卓—石碑庄地裂缝（YC3-1）出现于 1975 年 8 月，长约 1.5km，宽 0.3～0.5m，走向 60°左右。 寺家卓以南砖场 20 年前出现一条 280°～300°走向的裂缝（YC 3-2），长度大于 300m，因受水侵蚀，裂缝最大宽度 1.0m
4	赵棠庄（YC 4）	运城市盐湖区陶村镇赵棠庄村	已开裂近十年，走向 50°～70°，延伸长度大于 400m。目前村东耕地中仍可见串珠状陷穴，村中房屋有开裂，过村的南北向公路路面变形明显，经常修补
5	张金—西纽（YC 5）	运城市盐湖区陶村镇张金村东西纽村西	发现于 2005 年 7 月，走向 60°～80°，长 400m，宽 10～70cm，以水平拉张为主，在张金村也有房屋开裂现象
6	陶上—下王（YC 6）	运城市盐湖区五曹—陶村—陶上村	呈断续分布，其中陶上村南的裂缝于 2 年前发现，长度大于 200m，走向 30°左右；下王村的裂缝位于村西柳树园地（今矿泉水厂），于 30 年前开裂，走向 50°左右，长百余米，宽 10～40cm。根据线路北东方向约 5km 的陶村和五曹村地裂缝和地形地貌特征，五曹-陶村地裂缝可能与大运高铁隐伏相交

11.1.2　大同—运城北高铁沿线地裂缝的基本特征及评价

大同—运城北高铁沿线地裂缝主要分布于太原盆地和运城盆地，其基本特征及评价见表 11.4 及表 11.5。

11.1.3　大同—运城北高速铁路沿线地裂缝活动性与危害性评价

1. 地裂缝的活动性分类及易发性评价

根据地裂缝的不同活动程度，高铁沿线地裂缝活动性分级按表 11.6 划分。一般来说，地裂缝易发性评价是根据地裂缝的成因机制、孕育条件、分布状况、影响因素等选取主要影

表 11.4　太原盆地高铁沿线地裂缝评价汇总表

序号	地裂缝名称及编号	地裂缝位置	成因分类	特征分类	与高铁相交情况	出露段与线路距离及目前活动性	相交地段目前活动性	易发程度	相交地段预测活动性	危险性分级	可能影响线路范围	防治措施建议
1	水秀(TY1)	太谷县水秀村西北、太徐公路东侧	构造型	张性、小型、主缝	出露，斜交，夹角43°，左线DK329+119	出露，中等	中等	大（地表出露）	中等	III	左线 DK329+089~DK329+138	简支梁桥跨越
	水秀(TY1')		构造型	张性、小型、次缝	隐伏，斜交，夹角38°，左线DK329+039	/	/	大	弱	IV	左线 DK329+023~DK329+070	简支梁桥跨越
2	武家堡主缝(TY2-1)	太谷县武家堡西	构造型	张性、特大型、主缝	隐伏，斜交，夹角35°，左线DK335+050	620m，中等	/	中等	中等	III	左线 DK335+015~DK335+070	简支梁桥跨越
	武家堡次缝(TY2-2)	北至武家庄北	构造型	张性、小型、次缝	隐伏，小角度斜交，夹角27°，左线DK334+928		/	大（水位高差10m）	中等	III	左线 DK334+900~DK334+980	简支梁桥跨越
3	东观变电站(TY3)	祁县张家堡一张家堡南一乔家堡北	构造型	张剪性、巨型、主缝	出露，小角度斜交，左线DK337+645，夹角21°	出露，强	强	大（出露，水位高差17m）	强	I	左线 DK337+515~DK337+925	简支梁桥跨越
	东观变电站(TY3')		构造型	张性、中型、次缝	出露，小角度斜交，左线DK337+900，夹角29°	出露，较强	较强	大（出露）	较强	II		简支梁桥跨越
4	瓦屋村(TY4)	祁县瓦屋村东	构造型	张性、大型、主缝	隐伏，小角度斜交，左线DK342+322，夹角17°	2.0km，弱	/	较大（水位高差4.3m）	中等	III	左线 DK342+285~DK342+422	路基加固处理
	瓦屋村(TY4')	祁县白圭一西炮一瓦屋村南	构造型	张剪性、特大型、主缝	隐伏，小角度斜交，夹角13°，左线DK342+846	2.5km，强一弱	/	中等	中等	III	左线 DK342+778~DK342+900	简支梁桥跨越
5	东六支(TY5)	祁县东观村一东	构造型	张剪性、特大型、主缝	出露，小角度斜交，夹角14°，左线DK345+060	出露，强一较强	较强	大（出露，水位高差6m）	强	I	左线 DK344+987~DK345+180	简支梁桥跨越
	东六支(TY5')	六支一南社	构造型	张性、小型、次缝	隐伏，小角度斜交，夹角24°，左线DK345+024	弱	/	大（水位高差5m）	较强	II		
6	新胜(TY6)	平遥县新胜村	构造型	张性、大型、主缝	隐伏，大角度斜交，左线DK365+467，夹角68°	80m，较强	/	大（水位高差7m）	较强	II	左线 DK365+450~DK365+550	简支梁桥跨越
	新胜(TY6')		构造型	张性、小型、次缝	隐伏，大角度斜交，左线DK365+521，夹角68°	44m，较强	/	大（水位高差6m）	较强	II		
7	襄垣(TY7)	平遥县襄垣村东	非构造型抽水诱发	张性、中型	隐伏，小角度斜交，左线DK359+673，夹角29°	634m，弱	/	中等（地层异常深度16m）	弱	IV	左线 DK359+640~DK359+700	路基加固处理
8	西炮(TY8)	祁县西炮村西一瓦屋村南	构造型	张剪性、特大型	隐伏，小角度斜交，夹角29°，左线DK340+807	500m，中等	/	较大（距出露段500m）	中等	III	左线 DK340+787~DK340+837	路基加固处理

表 11.5　运城盆地高铁沿线地裂缝评价汇总表

序号	地裂缝名称及编号	地裂缝位置	成因分类	特征分类	与高铁相交情况	出露段与线路距离及目前活动性	相交地段目前活动性	易发程度	相交地段预测活动性	危险性分级	可能影响线路范围	防治措施建议
1	张庄—西下晁（YC 1）	运城市夏县水头镇司赵—坡底村西下晁—张庄村	非构造型，地貌控制	张性，大型	隐伏，斜交（夹角46°），交于DK626+710附近	弱	/（隐伏）	大（地层异常深5m）	弱	IV	DK626+690~DK626+735	路基加固处理
	张庄—西下晁（YC 1'）		构造型	张性，特大型	隐伏，斜交（夹角43°），交于DK626+520附近	350m，中等	/（隐伏）	较大（距出露段350m）	中等	III	DK626+490~DK626+545	简支梁桥跨越
2	张董（YC 2）	运城市王范乡张董村南	构造型	张性，中型，主缝	隐伏，斜交（夹角42°），DK631+438附近	950m，弱	/（隐伏）	较大（地层异常深7m）	弱	IV	DK631+400~DK631+500	路基加固处理
	张董（YC 2'）		构造型	张性，中型，次缝	隐伏，斜交（夹角41°），DK631+470附近	950m，弱	/（隐伏）	较大（地层异常深7m）	弱	IV		
3	寺家卓—石碑庄（YC 3）	运城市陶村镇寺家卓—石碑庄村	非构造型，受抽水影响	张性，特大型，主缝	隐伏，斜交于DK635+365附近，夹角34°	2000m，弱	/（隐伏）	大（地层异常深4m）	弱	IV	DK635+340~DK635+405	路基加固处理
4	赵荣庄（YC 4）	运城市陶村镇赵荣庄村	构造型	张剪性，中型，主缝	隐伏，小角度斜交（夹角11°），交于DK638+173附近	600m，较强	/（隐伏）	中等（距出露600m，地层异常深20m）	较强	II	DK638+135~DK638+215	采用桥梁跨越
	赵荣庄（YC 4-1）		构造型	张性，中型，主缝	隐伏，大角度斜交（夹角78°），交于DK637+000附近	弱	/（隐伏）	中等（地层异常深14m）	弱	IV	DK636+990~DK637+046	采用桩基，桩尖进入到42m以下较稳定的地层
	赵荣庄（YC 4-2）		非构造型，受抽水影响	张性，中型，主缝	隐伏，大角度斜交（夹角78°），交于DK637+086附近	弱	/（隐伏）	中等（地层异常深14m）	弱	IV	DK637+035~DK637+120	采用桩基，桩尖进入到42m以下较稳定的地层
5	张金—西纽（YC 5）	运城市陶村镇张金东村—西纽村西	非构造型	张性，中型	隐伏，小角度斜交（夹角17°），交于DK640+600附近	2300m，弱	/（隐伏）	中等（地层异常深30m）	弱	IV	DK640+525~DK640+650	路基加固处理
6	陶上—下王曹（YC 6）	运城市盐湖区五曹—陶村—陶上村	构造型	张性，特大型	隐伏，小角度斜交（夹角21°），交于DK645+600附近	1800m，弱—强	/（隐伏）	较大（地层异常深7m）	弱	IV	DK645+560~DK645+660	路基加固处理

响因子作为评价指标来进行评价的，主要指标包括地质构造、地形地貌、地层岩性、地下水及含水层、地表水和人类工程活动等。本次与高铁线路相交地段地裂缝的易发性主要根据场地地层异常埋深、水位异常值（水位高差）和出露段地裂缝沿延伸方向到线路的距离等三个指标（或条件）在工程使用期内综合评价地裂缝的易发程度，三个指标或条件中只要有一个符合，就可判定对应的地裂缝易发程度。地裂缝的易发性评价标准参照表11.7。

表 11.6　高铁工程场地地裂缝活动性分级建议表

活动程度	地裂缝特征说明
强	地表破裂明显，垂直位错大于10cm，或裂缝宽度大于100cm
较强	地表破裂较明显，垂直位错5~10cm，或裂缝宽度50~100cm
中等	地表有破裂，垂直位错1~5cm，或裂缝宽度10~50cm
弱	地表破裂为张性，裂缝宽度小于10cm，或地表破裂多年未见重新活动，或处于隐伏状态

表 11.7　高铁工程场地地裂缝的易发性评价表

出露段到交汇点的距离/m	<100	100~500	500~1000	>1000
地层异常位置的埋深/m	<5	5~10	10~40	>40
地下水位高差/m	>5	5~2	2~0.5	<0.5
易发程度	大	较大	中等	小

2. 地裂缝的危险性评价与分级

地裂缝危险性是指一定地区时段内地裂缝发生的概率和危险程度，主要内容是评价地裂缝灾害的活动程度和地裂缝破坏能力。由于高铁沿线没有可靠的地裂缝监测资料，本次地裂缝评价主要是在地面调查和地裂缝勘察的基础上，根据地裂缝地表变形发生时间及地表破坏程度，结合地裂缝发生的控制性和诱发因素，定性或半定量预测地裂缝的潜在活动性，通过地裂缝的潜在活动性和该地段地裂缝的易发性，评价地裂缝在高铁工程使用期内的危险性。地裂缝的危险性分级标准参照表11.8。以上地裂缝的易发性和危险性评价均采用就高不就低的原则，危险性等级Ⅰ~Ⅳ，表示危险程度从高到低。

表 11.8　高铁工程场地地裂缝的危险性评价表

成因类型	构造型	构造型	构造型	构造型	构造型	构造型	非构造型	构造型	构造型	非构造型	非构造型
易发程度	大	大	大	较大—中等	大—中等	小	大—中等	大—中等	小	中等—小	小
预测活动性	强	强	较强	强—较强	中等	强	强—较强	弱	较强—弱	中等—弱	强—较强
对线路的可能影响范围	>100m	<100m									
危险性分级	Ⅰ	Ⅱ			Ⅲ			Ⅳ			

注：地裂缝对线路的可能影响范围由地裂缝的影响带宽度及其与线路的相交情况确定。

11.2　地裂缝对高速铁路工程危害的物理模拟试验研究

11.2.1　高铁路基小角度穿越地裂缝带的变形破坏机制研究

大西铁路客运专线与地裂缝小角度相交（小于30°）工程上多采用路基通过，为了揭示小角度条件下地裂缝活动对铁路客运专线路基的影响，本章通过几何比例尺为1:5的大型物理模型试验与数值模拟计算相结合的方法对小角度穿越地裂缝带的大西铁路客运专线路基变形破坏机制进行了研究。

1）试验工程背景

根据工程设计方案，36处地裂缝中有4处分布在路基范围内（见表11.9），其中东观变电站地裂缝从太谷县武家堡村南向西南方向延伸，经祁县张家堡、张南、乔家堡北等地，地表出露明显，呈带状或串珠状，局部出现近平行的次级裂缝。主地裂缝（TY3/QX002）总体走向为73°，倾向163°，倾角80°；长约10.2km，缝宽0.2~1.0m；和线路呈小角度斜交（夹角21°左右），交于左线DK337+645。现仍在活动，活动性强，以垂直位错为主兼有水平拉张，以祁县东观变电站附近活动最明显，地表位错量最大（最大约45cm），影响带宽，对线路影响严重。故本次模型试验选取大西铁路客运专线通过东观变电站地裂缝带作为模型试验的原型。

表 11.9　路基通过地段处的地裂缝情况一览表

地裂缝名称及编号	地裂缝位置	成因	力学性质	与大西铁路客运专线相交情况	裂缝带宽度/m	危险性分级	处理方案
东观变电站（TY3/QX002）	祁县张家堡—张南—乔家堡北	隐伏断层控制走向，水位下降诱发活动	张剪性	出露，小角度斜交，左线DK337+645，夹角21°；CIK343+500，夹角38°	16	I	路基通过
东观变电站（TY3′）			张性	出露，小角度斜交，左线DK337+900，夹角29°	12	II	
东六支（TY5/QX001）	祁县东观村—东六支—南社	隐伏断层控制走向，水位下降诱发活动	张剪性	出露，小角度斜交，左线DK345+058，夹角14°；CIK349+290，夹角36°	16	I	
东六支（TY5′）			张性	隐伏，小角度斜交，夹24°，左线DK345+024附近	6	II	

2）试验原型介绍

大西铁路客运专线穿越东观变电站地裂缝带附近地基土地层结构大致分为四层：0~0.5m为耕植土，0.5~10.5m为粉土与粉砂层，10.5~27.0m为粉质黏土和粉土（砂）互层，27.0~40.0m为粉质黏土，地基处理深度为22m，地层土体的物理力学参数如表11.10所示。

表 11.10　东观变电站地裂缝（TY3）地层土体物理力学参数

土体名称	埋深/m	平均含水率 $W/\%$	平均天然重度 $\gamma/(KN/m^3)$	黏聚力 c/kPa	摩擦角 $\varphi/(°)$
粉土与粉砂互层	0.5～10.5	12.0	18.0	16.4	28.5
粉质黏土与粉（砂）土互层	10.5～27	20.2	19.8	23.75	17
粉质黏土	27～40	25.3	20.0	32	17.5

根据工程设计方案，路基基底采用桩筏结构：桩采用 CFG 桩，桩端位于地基深部稳定土层，桩顶采用 0.8m 厚 C30 钢筋混凝土板。板与桩不连接，桩顶设置 0.2m 厚素混凝土垫层。CFG 桩桩径 0.5m，间距 2.0 m，C15 强度，正方形布置。结构特点：桩与筏板不连接，能够适用地裂缝的水平位错，如图 11.4 所示。路堤基床表层厚 0.4m，采用级配碎石填筑；基床底层厚 2.3m，基床底层上部 0.6m 范围内填筑非冻胀填料，基床底层下部采用 A、B 组填料或改良土填筑；基床以下路堤采用 A、B 组填料或改良土填筑。路堤边坡坡度为 1：1.5。同时路堤自坡脚至基床表层下每隔 0.6m 通铺一层高强土工格栅（HL-260），如图 11.4 所示。

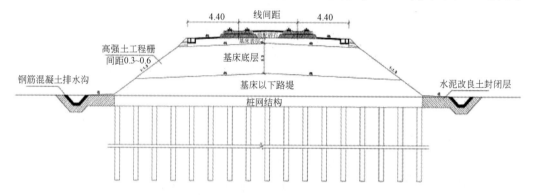

图 11.4　路基处理断面图（单位：m）

轨道采用 CRTS I 型双块式无砟轨道，由钢轨、弹性扣件、双块式轨枕、道床板、支承层等部分组成。支承层采用 0.3m 厚 C20 素混凝土，道床板为 0.255 厚 C40 钢筋混凝土结构，如图 11.5 所示。

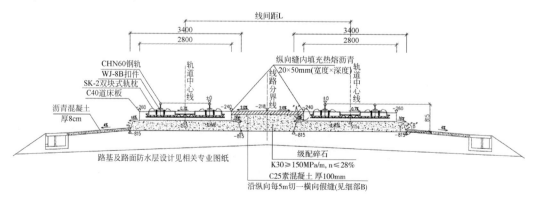

图 11.5　双块式无砟轨道断面图（单位：mm）

3）试验原理及试验装置

大西铁路客运专线沿线地裂缝的活动方式是上盘以近垂直向为主的沉降运动，下盘略为上升或稳定不动，具有正断层性质，其过程较为缓慢，且具有随时间累积的特征。在浅地表剖面上地裂缝面是一个的剪切薄弱面。为揭示具有正断层性质的地裂缝活动引起大西铁路客运专线路基中的应力、位移场的变化规律，路基变形破坏区范围和失稳特征，以及路基与轨道二者之间的相互作用，试验模型两侧用钢结构与钢化玻璃组成的支撑结构施以水平约束；模型路基下盘置于原始地面，底部不动，上盘置于沉降平台，通过人为控制试验平台的整体下降，施加整体下降的位移边界条件来模拟地裂缝的活动，以考察大西铁路客运专线路基中的应力、位移场的变化规律，路基变形破坏区范围和失稳特征，以及路基与轨道二者之间的相互作用。试验模型如图 11.6 所示。本次模型试验在长安大学大型地基沉降试验平台上进行（图 11.7）。

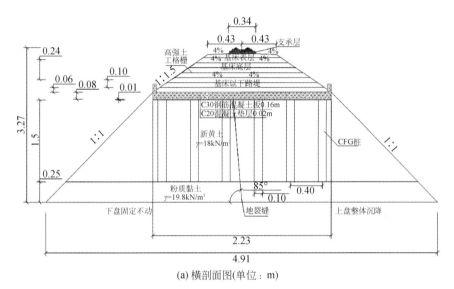

(a) 横剖面图(单位：m)

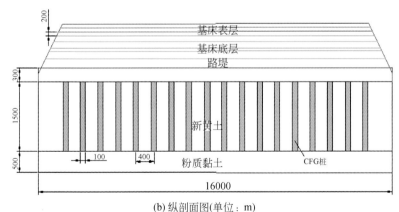

(b) 纵剖面图(单位：m)

图 11.6　地裂缝与大西铁路客运专线路基试验模型示意图

(a) 升降系统(千斤顶组成)　　　(b) 支撑系统　　　(c) 控制系统(工控机)

图 11.7　沉降平台模型试验系统

4）模型试验设计

（1）相似比例。

本次模型试验几何相似常数取 $C_l = 5$，重度相似常数取 $C_\gamma = 1$，试验模拟范围：沿大西铁路客运专线路基纵向 80m，横剖面近似为梯形，下底 50m，上底 10m，地层埋深 15m。根据几何相似关系，模型纵剖面尺寸：长×高 = 16m×3m，横剖面尺寸如图 11.8 所示。各主要物理量的相似比如下：$C_{E_s} = 1$；$C_\mu = 1$；$C_c = 1$；$C_\phi = 1$；$C_{\sigma_s} = 1$；$C_E = 1$；$C_{A_s} = 25$；式中 E_s、μ、c、ϕ、σ_s 分别为土层模量、泊松比、黏聚力、内摩擦角和土中应力；E 为混凝土弹性模量，A_s 为配筋截面面积。

（2）模型材料。

①地层模拟：试验采用线路穿越地裂缝地段实际地层，按照夯填试验结果进行分层夯填，主要物理力学指标应基本满足相似关系，厚度按几何相似比 $C_l = 5$ 确定。

②CFG 桩模拟：模型中 CFG 桩桩径 0.2m，间距 0.8m，桩长 1.5m，C15 强度，正方形布置。CFG 桩按实际工程中的配合比，其重量配合比为：水泥∶水∶碎石∶砂∶粉煤灰 = 1∶0.8∶4.6∶3.6∶0.4，其强度等级为 C15。

③钢筋混凝土底板模拟：路堤底部的混凝土板采用钢筋混凝土材料，混凝土重量配合比为：水泥∶水∶粗砂∶砾石 = 1∶0.4∶1.4∶2.6，其强度等级为 C30，砾石粒径为 1～1.5cm。混凝土板的配筋率按照等强度原则确定。

④路堤基床及轨道模拟：按照原型为 A、B 组填料确定相应级配碎石和土工格栅，轨枕的混凝土强度等级为 C40，道床板配筋率也是按照等强度原则确定。

5）模型试验测试内容及数据采集

（1）地层应力测试。

在复合地基桩间土中埋设了钢弦式压力盒。纵向埋设一排，共 10 个测点，编号：PLT3-1～PLT3-10，编号顺序从上盘到下盘排列。具体位置见图 11.8。

（2）CFG 桩应力测试。

在桩端、桩顶预埋设钢弦式压力盒。纵向埋设两排（PLZ1，PLZ2），每排 10 个测点，如编号：PLZ1-1～PLZ1-10，纵向埋设的两排位于试验模型中心的两排桩上。在桩端横向埋设 4 排（PHZ1～PHZ4），每排 6 个测点，如编号：PHZ3-1～PHZ3-6。试验模型横向中轴线两侧 0.4m 处的桩端各埋设一排、两侧 2m 处的桩端也各埋设一排，共埋设 4 排压力盒。在桩顶埋设了 8 个压力盒，编号：UPLZ3-4 ~ UPLZ3-7，UPLZ2-4 ~ UPLZ2-7，分别与桩端相对应，具体位置见图 11.8。钢弦式压力盒试验数据由 SZZX-ZH 型读数仪进行采集。

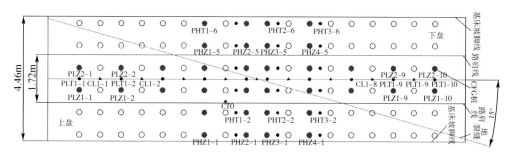

图 11.8　路基模型测点平面布置图
●●PLZ1：压力盒；▲CL1：单点沉降计

（3）路基沉降位移测试。

在地层、路基基床中分别埋设了单点沉降计。在地层顶部沿纵向中轴线埋设 1 排，编号：CL3-1 ~ CL3-9；另在上盘埋设 1 特征点，编号：CT0。在级配碎石中，垂直距钢筋混凝土板 0.55m 处沿纵向中轴线埋设另 1 排，编号：CL2-1 ~ CL2-10；为等间距埋设，间距为 1m，具体位置见图 11.9，单点沉降计采用自动化采集系统 YT-ZD-01 采集数据。

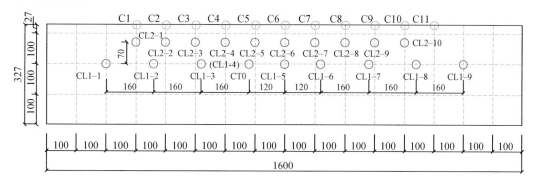

图 11.9　路基模型测点纵剖面布置图（单位：cm）

（4）钢筋混凝土板应力应变测试。

在钢筋混凝土板上方沿纵向中轴线布设了一排压力盒，共 8 个测点，编号：PSL3-1，PSL3-2，……，PSL3-8，编号顺序从上盘到下盘排列。在混凝土板中的钢筋上布设了应变片。应变片的具体布设情况见图 11.10。应变片的形变量通过 YJ-33 静态应变仪（包括转换箱）和江苏东华测试技术有限公司生产的 DH3816 静态应变测试仪进行采集。

（5）道床及轨道变形测试。

水准点的布置如图 11.9 所示。高程监测数据由 DS3 水准仪采集，应变式测试元件的数据由 DH-3816 数据采集系统采集，单点沉降计采用自动化采集系统 YT-ZD-01 采集数据，振弦式测试元件的数据由 SZZX-ZH 型读数仪进行采集。

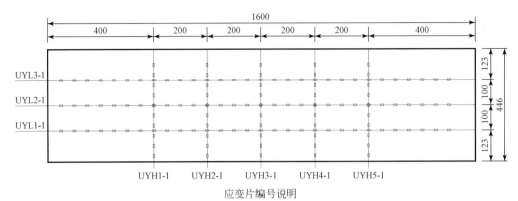

图 11.10　钢筋混凝土底板钢筋上应变片布置图（单位：cm）

（6）试验模型施工过程。

施工过程如图 11.11 至图 11.20 所示。

图 11.11　CFG 桩施工过程

(a)浇筑找平层

(b)放置钢筋笼

图 11.12　混凝土板施工过程

(a)铺设碎石

(b)铺设土工格栅

图 11.13　铺设石子和土工格栅

图 11.14　道床板、轨枕及轨道施工

图 11.15   埋设压力盒

图 11.16   埋设单点沉降计

图 11.17   混凝土顶板压力盒埋置

图 11.18   轨道板下方碎石中埋设位移计

图 11.19   混凝土板钢筋上应变片施工图

(a)模型全貌   (b)现场合影

图 11.20 试验模型完工图

6）试验结论

通过几何比例尺 1:5 的物理模拟试验，研究了地裂缝活动对与地裂缝小角度相交的高铁路基的影响机制，得出如下基本认识及结论：

（1）从土体变形特点、混凝土底板下土的压力和 CFG 桩的压力分布特点、板的裂缝分布特点综合分析来看，混凝土底板在地裂缝上盘的下降过程中产生扭转、弯曲变形，其变形破坏模式为扭转、弯曲变形引起的拉张-扭剪破坏。

（2）当地裂缝垂直位错量达到 10cm 时，钢筋混凝土板上盘位置出现裂缝，沉降结束共发现贯通裂缝 9 条，局部裂缝 11 条，这些裂缝集中在板的中部，近平行分布，与地裂缝的夹角近 22°。裂缝与混凝土底板长边的夹角为 37°。裂缝带在混凝土底板下盘位置的面积略大于上盘位置的面积，下盘裂缝距地裂缝的最大距离为 2.3m，上盘裂缝距地裂缝的最大距离为 1.7m，下盘结构变形破坏较上盘严重。

（3）随地裂缝上盘沉降量的增加，上盘靠近地裂缝处桩端压力减小直至为零，下盘靠近地裂缝处桩端压力则明显增大。当地裂缝垂直位错量达到 4cm 时，在地裂缝上盘钢筋混凝土板下的一侧出现了脱空区；随着沉降量的增大，脱空区范围，脱空距离也不断增大；当位错量为 20cm 时，脱空区最大脱空距离达 16cm。

（4）混凝土板上竖直方向上的碎石的相对位移变化不大，说明混凝土板起到较好的整体作用。

（5）垂直位错 4cm 时，道床高程相差最大达到 20mm，超出了高铁路基沉降的要求，垂直位错 20cm 时，道床最大一处沉降达到了 73mm，影响了列车的安全运营，说明虽然混凝土板整体性好，但整体发生倾斜，且较大。

（6）破坏的 CFG 桩的位置全都集中在地裂缝附近且大都在下盘，CFG 桩的破坏形式为竖向劈裂和压弯破坏，破坏面为竖向劈裂面和近似水平面。

11.2.2 高铁路基大角度穿越地裂缝带的变形破坏机制研究

大西铁路客运专线经过的这一地带，除小角度穿越地裂缝以外，还有地裂缝与地铁线路大角度相交，为研究大角度穿越地裂缝带的大西铁路客运专线路基变形破坏机制，本章通过地铁线路与地裂缝交角为 60° 的物理模型试验以及相应的数值模拟计算进行研究。

1）试验原型概况

本次模型试验同样以大西铁路客运专线为实际背景，由于是大角度（60°）相交，地裂缝则以新胜地裂缝为原型地裂缝，大西铁路客运专线穿越新胜地裂缝带附近地基土地层结构大致分为四层，地层土体的物理力学参数如表 11.11 所示。

表 11.11　土体参数一览表

土层编号	变形模量 E_s/MPa	平均含水率 W/%	平均天然重度 γ/(kN/m³)	黏聚力 c/kPa	摩擦角 φ/(°)
1	6.07	17.9	19.8	19	10
2	7.5	21.5	20.7	20	11

2）试验原理及试验装置

本次模型试验在长安大学地质灾害大型物理模拟试验中心进行，试验装置及系统为自主研发，通过模型箱底部千斤顶的升降控制地裂缝的垂直位错量，试验系统如图 11.21 所示。

图 11.21　模型试验系统

为模拟具有正断层性质的地裂缝活动引起高速铁路路基中的应力的变化规律，路基变形破坏区范围和失稳特征，以及路基与轨道二者之间的相互作用，试验模型箱两侧用钢结构组成的支撑结构施以水平约束，为了便于观察试验过程，其中一侧使用钢结构与钢化玻璃组成的支撑结构作为水平约束；试验开始之前将所有沉降底部平台的千斤顶升高 15cm，实验过程中模型下盘千斤顶不动，人为控制上盘千斤顶的下降，施加上盘下降的位移边界条件来模拟地裂缝的活动，以考察高速铁路路基中的应力的变化规律，路基变形破坏区范围和失稳特征，以及路基与轨道二者之间的相互作用。试验模型如图 11.22 所示。

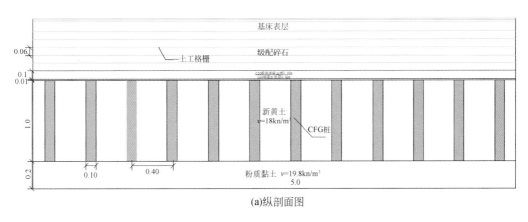

(a)纵剖面图

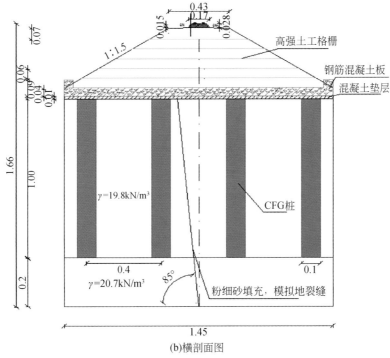

(b)横剖面图

图 11.22　地裂缝与高铁路基试验模型示意图（单位：m）

3）模型试验设计

（1）相似比例。

本次模型试验以大西铁路客运专线路基大角度（60°）穿越活动地裂缝带为研究对象，采用几何相似常数取 $C_l=20$，重度相似常数取 $C_\gamma=1$，地层土体、混凝土板与桩的弹性模量相似比为 1:20，根据 π 定律导出其他物理量的相似常数如表 11.12 所示。试验模拟范围：沿高铁路基纵向 100m，土层埋深 24m。

表 11.12　路基穿越地裂缝带模型试验的相似常数

物理量	相似常数
混凝土应力 σ_c	$C_{\sigma_c} = 20$
混凝土应变 ε_c	$c_{\varepsilon_c} = c_{\varepsilon} = 1$
混凝土弹性模量 E_c	$C_E = 20$
混凝土泊松比 μ_c	$c_{\mu_c} = 1$
长度 l	$C_l = 20$
列车荷载 q	$C_q = 400$
上覆土压力 σ_v	$C_{\sigma_v} = 20$

（2）模型材料。

①地层模拟：实际地层与模型地层参数对比如表 11.13 所示。实际模拟地层厚度为 1.2m，相似材料的重量配合比为：黄土∶重金石粉∶砂∶水＝90∶70∶30∶10。地层中的地裂缝采用粉细砂填充，实际地裂缝中均充填了粉细砂、粉土（或粉质黏土），且倾角近垂直。为了与实际地裂缝的力学强度性质相似，所以模型中地裂缝采用粉细砂填充，地裂缝倾角为 85°。

表 11.13　土体原型与模型参数一览表

力学参数	原型土体	试验模型土体（相似材料）
$\gamma/(\text{kN/m}^3)$	19.8	19.8
	20.7	20.7
$w/\%$	17.9	17.9
	21.5	21.5
c/kPa	19	0.95
	20	1
$\varphi/(°)$	10	10
	11	11
压缩模量/变形模量 E_s/MPa	6.07	0.3035
	7.5	0.375

②CFG 桩模拟：模型中 CFG 桩桩径 0.1m，间距 0.4m，桩长 1m，正方形布置。原型桩为 C15 强度，模型中相似材料重量配合比为：水泥∶粉煤灰∶砂∶黄土∶石粉∶水∶减水剂∶外加剂＝100∶200∶1050∶130∶600∶400∶3∶10。

③钢筋混凝土板模拟：原型混凝土板强度为 C30，模型中采用水泥∶粉煤灰∶砂∶黄土∶石粉∶水∶减水剂∶外加剂（通用锂基脂∶机械润滑油＝1∶2）＝100∶111∶611∶67∶333∶228∶2.1∶10 的相似材料重量配合比。混凝土板的配筋率按照等强度原则确定。

④路堤基床及轨道模拟：模型中 A 组、B 组填料均用级配碎石替代，同时自混凝土板上路堤至基床表层下每隔 6cm 通铺一层高强双向土工格栅，道床板配筋率也是按照等强度

原则确定，施工过程中配筋均采用 10cm ∗ 10cm 的钢丝网，轨道采用铝材模拟。

　　4）模型试验测试内容

　　（1）CFG 桩端压力测试。

　　在桩端预埋设钢弦式压力盒。纵向布设四排土压力盒（PLZ1、PLZ2、PLZ3、PLZ4），编号顺序由上盘到下盘。横向未添加布设，即与纵向相同。共 35 个土压力盒，具体布设如图 11.23 所示。

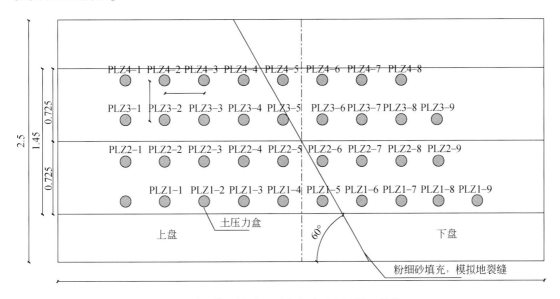

图 11.23　路基模型桩端土压力盒平面布置图（单位：m）

　　（2）钢筋混凝土板应力应变测试。

　　在钢筋混凝土板上方沿纵向中轴线布设了两排土压力盒（HNTBZ1、HNTBZ2），共 16 个测点，编号顺序从上盘到下盘排列，具体布设如图 11.24 所示。应变片具体布设如图 11.25 所示。

　　（3）道床及轨道变形测试。

　　在道床板上沿纵向中轴线布设 3 排水准点，在混凝土板上布设 2 条测线共 30 个测点，具体布设如图 11.26 所示。

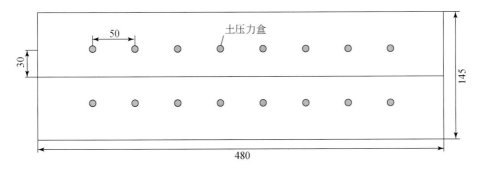

图 11.24　路基模型钢筋混凝土板土上压力盒平面布置图（单位：m）

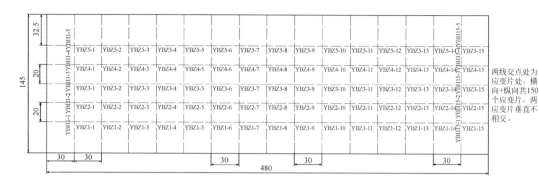

图 11.25　钢筋混凝土底板表面上应变片布置图（单位：cm）

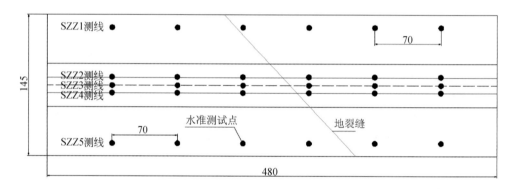

图 11.26　钢筋混凝土底板及道床板水准测点布置图（单位：cm）

5）模型试验结果分析

（1）CFG 桩端压力分析。

由图 11.27 可知，随着沉降量的增加，地裂缝的上盘桩端所受压力在减小，当沉降量增加到大约 5cm 时，压力非常小，随着沉降量的增大，压力有趋于 0 的趋势，证明靠近地裂缝的位置土体与钢筋混凝土板间有脱空。在地裂缝下盘，随着沉降量的增加压力明显变大，特别是靠近地裂缝的桩端压力增加明显，局部出现应力集中现象。总体表现为下盘越靠近地裂缝所受压力越大，增加也越明显。

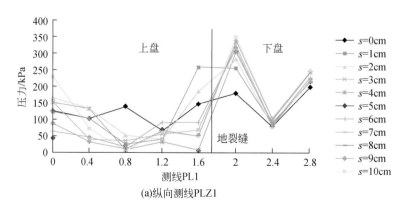

(a)纵向测线PLZ1

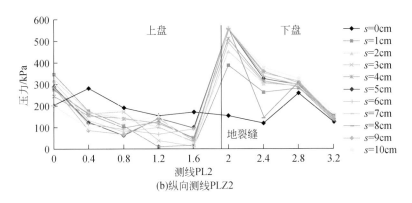

(b)纵向测线PLZ2

图 11.27　纵向 CFG 桩端压力变化曲线

（2）混凝土板开裂及应力变化特征。

大角度穿越地裂缝时，路基底部混凝土板出现的裂缝与地裂缝走向基本一致，且主要出现在距离地裂缝的地裂缝下盘（图 11.28），表明地裂缝附近下盘位置受力最大，且有应力集中现象。钢筋混凝土底板上表面在靠近地裂缝位置处应变较大，测点与地裂缝距离增加，对应应变逐渐减小。地裂缝上盘整体受压，下盘只有在靠近地裂缝的测点处受拉，说明钢筋混凝土底板在靠近地裂缝位置处发生了弯曲破坏（图 11.29）。

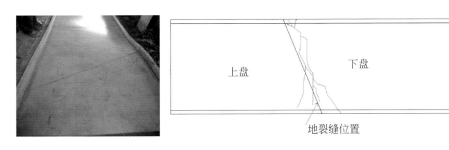

图 11.28　混凝土底板开裂

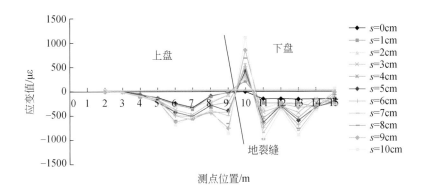

图 11.29　钢筋混凝土板表面纵向测线 YBZ1 应变变化曲线

（3）路基变形破坏特征剖面。

开挖后 CFG 桩破坏剖面示意图见图 11.30。

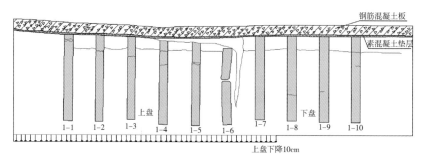

(a)开挖第一纵排桩

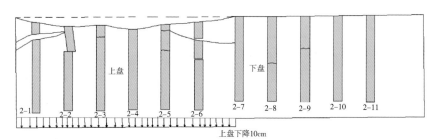

(b)开挖第二纵排桩

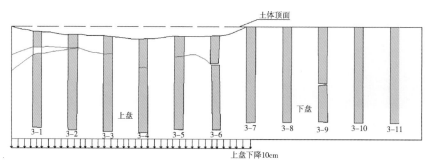

(c)开挖第三纵排桩

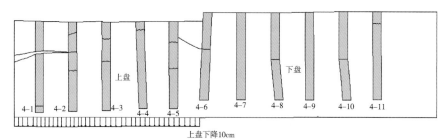

(d)开挖第四纵排桩

图 11.30　开挖后路基中 CFG 桩破坏剖面示意图

11.2.3　高速铁路桥梁跨越地裂缝带的变形破坏机制研究

为了揭示高速铁路桥梁45°角跨越地裂缝带的变形破坏机制，通过几何比例尺（1∶20）物理模型试验，重点研究地裂缝不同活动量作用下高速铁路桥梁结构的应力的变化规律，桥梁变形破坏区范围和失稳特征，以及桥梁与轨道二者之间的相互作用，确定地裂缝作用下桥梁及轨道的变形失稳模式，为高速铁路桥梁跨越地裂缝地段的工程防治措施提供科学依据。本章通过地铁线路与地裂缝交角为45°的物理模型试验以及相应的数值模拟计算进行研究。

1）试验原型概况

本次模型试验同样以大西高速铁路为实际背景，由于是45°相交，地裂缝则以太原盆地太谷县水秀地裂缝（TY1）为原型地裂缝。该地裂缝呈串珠状，出现于2001年前；总体走向5°，南部偏向西，走向45°左右；地面显示长度约100m，缝宽约0.5~0.25m；未见垂直位错情况，以水平拉张为主，浇地时漏水较多，可听到地下水流动声音。水秀地裂缝（TY1）下伏有隐伏断层，裂缝两侧浅部地层错断不明显，但水平向稍有差异，地裂缝活动主要受地下水位下降影响；次级裂缝TY1′隐伏，目前活动不明显。试验模型见图11.31。

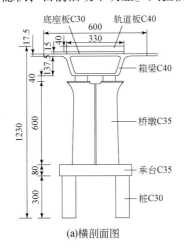

(a)横剖面图

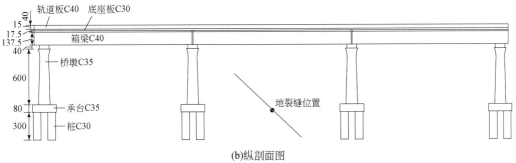

(b)纵剖面图

图 11.31　地裂缝与高铁路基试验模型示意图（单位：cm）

2）试验原理及试验装置

本次模型试验在长安大学大型物理模拟试验中心地裂缝活动试验箱上进行，具体试验原理及装置同前面高铁路基大角度穿越地裂缝带模型试验。

3）模型试验设计

（1）相似比例。

本次模型试验以高速铁路桥梁大角度（45°）跨越活动地裂缝带为研究对象，采用几何相似常数取 $C_l = 20$，重度相似常数取 $C_\gamma = 1$，地层土体、箱梁、桥墩与桩的弹性模型相似比为 1∶20，根据 π 定律导出其他物理量的相似常数如表 11.14 所示。试验模拟范围：沿高铁路基纵向 100m，横剖面为矩形（模型箱形状），地层宽度 50m，地层埋深 10m。

表 11.14 桥梁跨越地裂缝带模型试验的相似常数

物理量	相似常数
混凝土应力 σ_c	$C_{\sigma_c} = 20$
混凝土应变 ε_c	$c_{\varepsilon_c} = c_\varepsilon = 1$
混凝土弹性模量 E_c	$C_E = 20$
混凝土泊松比 μ_c	$c_{\mu_c} = 1$
长度 l	$C_l = 20$
列车荷载 q	$C_q = 400$
上覆土压力 σ_v	$C_{\sigma_v} = 20$

（2）模型材料。

根据《新建大同至西安客运专线铁路工程沿线地裂缝勘察与评价研究报告》（长安大学，2009），高铁桥梁穿越水秀地裂缝段的主要地层，地层具体物理力学参数见表 11.15 所示。

表 11.15 原型土体与模型物理力学参数

力学参数	重度/(kN/m³)	含水率/%	黏聚力/kPa	内摩擦角/(°)	泊松比	压缩模量/MPa
原型土体	19.2	17.9	20	15	1	6
模型土体	19.2	17.9	1	15	1	0.3

①地层模拟：本次试验采用相似材料模拟，模型地层厚度为 50cm，相似材料的重量配合比为：黄土∶重金石粉∶砂∶水 = 9.5∶6.5∶3∶1。地层中的地裂缝采用粉细砂填充，根据大量的野外调查与勘察，实际地裂缝中均充填了粉细砂、粉土（或粉质黏土），且倾角近垂直。为了与实际地裂缝的力学强度性质相似，所以模型中地裂缝采用粉细砂填充，地裂缝倾角为 85°。

②钢筋混凝土桩模拟：原型桩为 C30 强度，模型中相似材料重量配合比为：水泥∶粉煤灰∶砂∶黄土∶石粉∶水∶减水剂∶外加剂（通用锂基脂∶机械润滑油 = 1∶2）= 10∶

11 : 61 : 6. 7 : 33. 3 : 228 : 0. 2 : 1。

③承台模拟：为了满足承台的相似常数，承台采用相似材料。原型承台强度为 C40，模型中相似材料重量配合比为水泥：粉煤灰：砂：黄土：石粉：水：减水剂：外加剂（通用锂基脂：机械润滑油=1：2）＝50：45：277：25：136：95：1：5。

④桥墩模拟：原型桥墩强度为 C35，模型中相似材料重量配合比为水泥：粉煤灰：砂：黄土：石粉：水：减水剂：外加剂（通用锂基脂：机械润滑油=1：2）＝50：50：300：30：150：105：1：5。

⑤箱梁模拟：原型箱梁强度为 C40，模型中相似材料与承台相似材料相同。承台、桥墩和箱梁的配筋率按照等强度原则确定。

⑥轨道模拟：轨道由钢轨、弹性扣件、双块式轨枕、道床板、底座板等部分组成。底座板采用 1. 5cm 厚相似材料模拟，其原型混凝土强度为 C30，相似材料配比参见钢筋混凝土桩。道床板为 2cm 厚相似材料模拟，其原型混凝土强度为 C40，相似材料配比参见箱梁。双块式轨枕同样采用上述相似材料（C40），道床板配筋率也是按照等强度原则确定，施工过程中配筋均采用 10cm * 10cm 的钢丝网。

4）模型试验测试内容

（1）钢筋混凝土桩端应力测试。

在桩端预埋设钢弦式压力盒。按桥墩分布，每个桥墩 4 个，编号顺序由上盘到下盘，共 16 个土压力盒，具体布设如图 11. 32 所示。

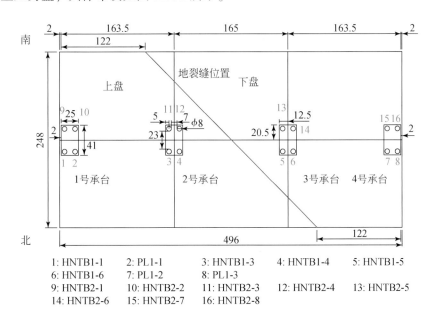

1: HNTB1-1　　2: PL1-1　　3: HNTB1-3　　4: HNTB1-4　　5: HNTB1-5
6: HNTB1-6　　7: PL1-2　　8: PL1-3　　9: HNTB2-1　　10: HNTB2-2　　11: HNTB2-3　　12: HNTB2-4　　13: HNTB2-5
14: HNTB2-6　　15: HNTB2-7　　16: HNTB2-8

图 11. 32　路基模型桩端土压力盒平面布置图（单位：cm）

（2）箱梁应力应变测试。

箱梁表面纵向布设六排测点（YBZ1～YBZ6，每排 12 测点，编号：YBZ1-1～YBZ1-12；YBZ2～YBZ6 与 YBZ1 编号方法相同。横向布设 12 排测点（YBH1～YBH12），每排 3

个测点，编号：YBH1-1～YBH1-3；YBH2～YBH12 编号方法与 YBH1 相同，具体布设如图 11.33 所示。

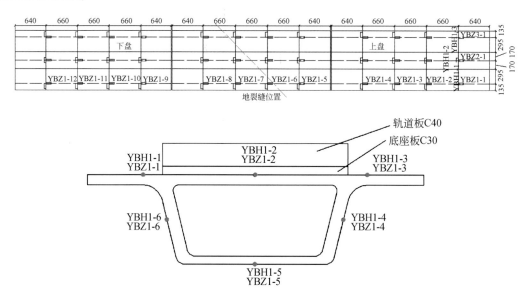

图 11.33　箱梁表面应变片布置图（单位：mm）

（3）道床及轨道变形测试。

在道床板表面布设了应变片。纵向布设十个测点，编号：YBZ8-1～YBZ8-10。具体布设如图 11.34 所示。在轨道表面布设了应变片（图 11.35）。纵向布设两排，每个轨道上一排，每排 8 个，编号：YBZ7-1～YBZ7-8 和 YBZ9-1～YBZ9-8。为了测试道床及轨道的变形，在道床板上沿纵向中轴线布设 3 排水准点，在箱梁上布设 2 排水准点，在轨道上布设 2 排水准点，每排 9 个水准点，共 63 个水准点。

图 11.34　道床板应变片布设图（单位：mm）

图 11.35　轨道应变片布设图（单位：mm）

5）试验结论

（1）随地裂缝上盘沉降量的增加，桩端压力主要表现为上盘减小，靠近地裂缝处较为明显；下盘靠近地裂缝处桩端压力则明显增大，具有应力集中现象。

（2）当地裂缝垂直位错量达到 2cm（对应原型 40cm）时，地表出现开裂，位于上盘且靠近地裂缝处的开裂裂缝走向与地裂缝基本一致。

（3）当地裂缝垂直位错量达到 3cm（对应原型 60cm）时，轨道道床板靠近地裂缝的位置开始出现裂缝，裂缝近垂直道床板，当沉降量达到 4cm（对应原型 80cm）时裂缝贯穿道床板。

（4）随着地裂缝的活动，跨过地裂缝的箱梁、道床板和轨道高程变化梯度大，而未跨过地裂缝的高程变化梯度基本不变，说明地裂缝活动对跨过地裂缝的桥梁箱梁、道床板和轨道影响较大，而对未跨过的桥梁影响不大或可忽略其影响。

11.3　地裂缝对高速铁路工程危害的数值模拟研究

11.3.1　高铁路基小角度穿越地裂缝带的数值模拟研究

本章采用当前比较成熟的 FLAC3D3.0 软件，结合课题组专家对地裂缝活动与结构相互作用机理的深入理解，分析了地裂缝活动对大西铁路客运专线路基的影响，并和模型试验互相验证。

1. 计算模型与参数选取

数值模型按照模型试验尺寸建模如图 11.36（a）所示，坐标轴取在横断面中心，Y 轴为轨道路基轴线方向，Z 轴为地层埋深方向，正方与重力方向相反，模型尺寸与模型试验对应。为了考虑轨道、基床、土工格栅和 CFG 复合地基等不同材料，对模型分了 13 个块，如图 11.36（b）所示，模型共计 15315 个单元，13718 个节点。

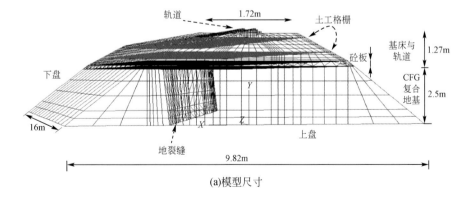

(a)模型尺寸

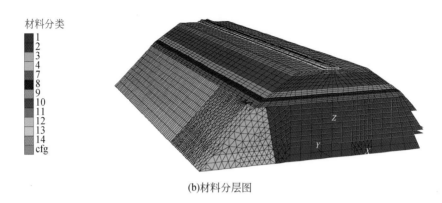

(b)材料分层图

图 11.36　数值模型 3D 示意图

1）土工格栅模拟

针对本模型试验采用的土工格栅，其参数取值如表 11.16 所示。

表 11.16　土工格栅计算参数

材料	力学参数
土工格栅	$J=1.100\text{kN/m}$，$c_a=0\text{kPa}$，$\Phi'=32°$，$k_s=55\text{MPa}$

注：J 为土工格栅的拉伸刚度；k_s 为土工格栅与土的界面摩擦刚度；Φ' 为格栅和土的界面摩擦角；c_a 格栅和土的摩擦系数；

2）CFG 碎石桩复合地基模拟

计算时把每个 CFG 桩按照模型试验尺寸建成实体单元，如图 11.37 所示，共有 18 行×6 列=108 根桩。复合地基按莫尔库仑材料处理，其黏聚力和摩擦角如表 11.17 所示。

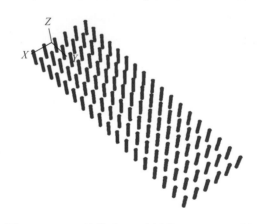

图 11.37　CFG 桩模型 3D 示意图（18×6＝108 根）

表 11.17　复合地基计算参数

材料	弹性模量 E/MPa	泊松比 ν	重度 $\gamma/(\text{kN/m}^3)$	黏聚力 c/kPa	内摩擦角 $\phi/(°)$
复合地基	12500	0.2	20	3000	0

3）地裂缝模拟

本文采用 FLAC3D 中模拟接触面的 Interface 单元，其有着很好的力学特性，比如可以模拟黏结界面、黏结滑移及库仑滑动。

4）计算参数选取

模型试验各材料力学参数如表 11.18 所示。

表 11.18　模型试验材料计算参数表

材料	E/MPa	ν	$\gamma/(kN/m^3)$	c/kPa	$\phi/(°)$
轨道	$2.1×10^5$	0.15	78	/	/
基床表层	120	0.15	20	0	50
A、B 填料（基床底层）	60	0.15	20	0	45
砼板	$3×10^4$	0.1	25	/	/
新黄土	18	0.3	17	35	19
粉土	21	0.3	19	45	25
土工格栅	$J=1700kN/m$，$c_i=0.8$，$k=85\,000kN/m/m$				

注：E—弹性模量，ν—泊松比，γ—重度，c—黏聚力，ϕ—内摩擦角，J—格栅拉伸刚度，c_i—格栅和砂的相互作用系数，k—格栅和砂的界面摩擦刚度。

地裂缝计算力学参数如表 11.19 所示。

表 11.19　地裂缝计算参数

地裂缝模拟	凝聚力 c/kPa	摩擦角 $\phi/(°)$	法向刚度 k_n/kPa	切向刚度 k_s/kPa
接触单元参数	10	15	280	280

为了详细模拟地裂缝活动对大西铁路客运专线路基的影响，控制地裂缝上盘下降位移 S 的大小，来详细分析大西铁路客运专线路基变化，具体分为六种工况，如表 11.20 所示。

表 11.20　计算工况

工况	1	2	3	4	5
上盘下沉位移/cm	4	8	12	16	20

2. 计算结果分析

1）轨道变形

由图 11.38 可知，当地裂缝错动 12cm 时，轨道位移变形平缓，位移差值约 5mm；地裂缝错动位移至 16cm 时，轨道竖向位移较之前大，西侧轨道位移差值约为 18m，东侧轨道差值约 20mm；随着地裂缝错动量值增加，轨道竖向位移差值有所增加，而且增幅度较大。

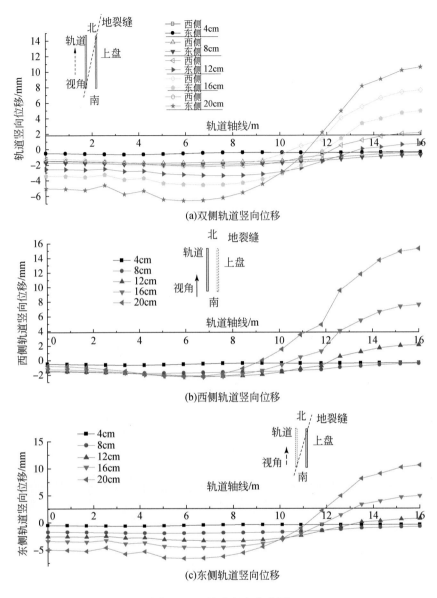

图 11.38　轨道竖向位移图

2）砼板变形

图 11.39 是南-西轴线竖向位移图，位于上盘的南侧砼板边角下沉位移量值约为14cm；当上盘沉降量小于20cm时，砼板竖向沉降较小，最大为5cm，当上盘沉降达到20cm时，砼板沉降剧增至15cm。图 11.40 是砼板西-东向横截面（距离南侧约8m）竖向位移图，由于上盘的下沉，导致位于上盘侧砼板边角出现下沉，最大下沉量值约为7cm，相反侧最大上翘值为4cm；当上盘沉降量值增加至20cm时，砼板倾斜量值较前面工况大。从以上各图可以看出，位于上盘的砼板发生下沉，下沉最大部位位于砼板东南角，最大位移竖向沉降为15cm。砼的变形实际为刚体转动和自身变形的综合表现。

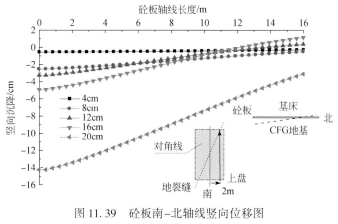

图 11.39　砼板南–北轴线竖向位移图

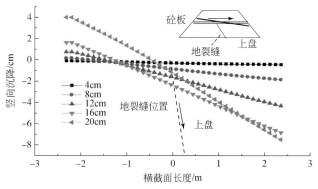

图 11.40　西–东横截面竖向位移

3）CFG 桩破坏情况

图 11.41 是模型试验采用的 CFG 桩桩位布置图，为了对比数值计算和模型试验的 CFG 桩破坏结果，特选取 7#和 5#CFG 桩进行评价，认为桩体破坏面主要为竖向和水平向，破裂模式主要为劈裂和压弯破坏（图 11.42 至图 11.45）。

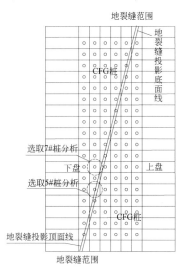

图 11.41　CFG 桩平面布置图

图 11.42　7#CFG 桩竖向劈裂面示意图

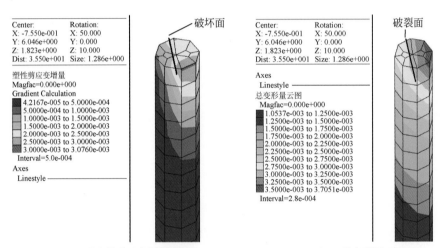

(a) 7#CFG桩塑性剪应变增量云图　　　　　　(b) 7#CFG总变形量云图

图 11.43　7#CFG 桩数值计算破坏对比

图 11.44　5#CFG 桩破裂面示意图

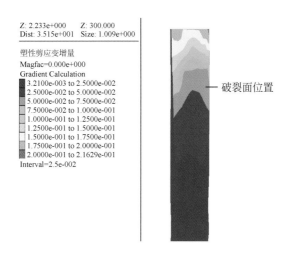

图 11.45　5#CFG 桩塑性剪应变增量云图

4）规律性认识

通过高铁路基小角度穿越地裂缝带的数值模拟，及与模型试验结果对比分析，得出如下结论：

（1）从土体变形特点、混凝土底板下土的压力和 CFG 桩桩端压力分布特点、板的裂缝分布特点综合分析来看，路堤底部的混凝土底板在地裂缝上盘下降过程中产生扭转、弯曲变形，其变形破坏模式为扭转、弯曲变形引起的拉张–扭剪破坏。

（2）位于上盘的轨道受变形受地裂缝活动影响大，轨道整体竖向位移差值为 20mm，倾斜率为 1.25‰。

（3）由于路基小角度穿越地裂缝，路堤底部的砼板重心位于上盘，导致砼板发生了刚体转动，砼板竖向变形最大部位位于上盘边角，最大值约为 15cm。

（4）当地裂缝垂直位错量达到 10cm 时，钢筋混凝土板上盘位置出现裂缝，沉降结束共发现贯通裂缝 9 条，局部裂缝 11 条，这些裂缝集中在板的中部，近平行分布，与地裂缝的夹角近 22°。裂缝带在混凝土底板下盘位置的面积略大于上盘位置的面积，下盘裂缝距地裂缝的最大距离为 2.3m，上盘裂缝距地裂缝的最大距离为 1.7m，下盘结构变形破坏较上盘严重。

（5）随地裂缝上盘沉降量的增加，上盘靠近地裂缝处桩端压力减小直至为零，下盘靠近地裂缝处桩端压力则明显增大，当地裂缝垂直位错量达到 4cm 时，在地裂缝上盘钢筋混凝土板下的一侧出现了脱空区，随着沉降量的增大，脱空区范围，脱空距离也不断增大，当位错量为 20cm 时，脱空区最大脱空距离达 16cm。

（6）混凝土板上竖直方向上的碎石的相对位移变化不大，说明混凝土板起到较好的整体作用。

（7）垂直位错 4cm 时，道床高程相差最大达到 20mm，超出了高铁路基沉降的要求，垂直位错 20cm 时，道床最大一处沉降达到了 73mm，影响了列车的安全运营。说明虽然混凝土板整体性好，但整体发生倾斜，且较大。

（8）破坏的 CFG 桩的位置全都集中在地裂缝附近且大都在下盘，CFG 桩的破坏形式为竖向劈裂和压弯破坏，破坏面为竖向劈裂面和近似水平面。

（9）砼板最大压应力为 3.6MPa，位于上盘距离边缘 1m 处，最大拉应力为 4MPa，位于上盘距离边缘 3m 处。

（10）CFG 桩的破坏形式为竖向劈裂和压弯破坏，破坏面为竖向劈裂面和近似水平面。

11.3.2　高铁路基大角度穿越地裂缝带数值模拟研究

1. 计算模型与参数选取

1）计算模型

数值模型按照模型试验尺寸建模。模型共计 160742 个单元，57049 个节点。

CFG 桩属于柔性桩，CFG 复合地基的机理是充分调动桩间土和桩共同承担荷载。计算时将 CFG 桩按照模型试验尺寸建成实体单元，共有 12 行×4 列 =48 根桩。复合地基视为莫尔库仑材料，其黏聚力和摩擦角如表 11.21 所示。地裂缝和土工格栅的模拟与前文相同。

表 11.21　复合地基计算参数

材料	E/MPa	ν	γ/（kN/m^3）	c/kPa	ϕ/（°）
复合地基	1100	0.2	20	500	0

注：E—弹性模量，ν—泊松比，γ—重度，c—黏聚力，ϕ—内摩擦角。

2）计算参数选取及工况

模型试验各材料力学参数如表 11.22 所示。

表 11.22　模型试验材料计算参数表

材料	E/MPa	ν	γ/（kN/m^3）	c/kPa	ϕ/（°）
轨道	2.1×10^5	0.15	78	/	/
无渣轨道板	1675	0.15	25	/	/
支承层	1300	0.15	23	/	/
A、B 填料（基床底层）	60	0.15	20	0	45
砼板	1500	0.15	25	/	/
新黄土	1.6	0.3	19.8	0.95	10
粉土	2.0	0.3	19	45	25
土工格栅	$J=1700$kN/m，$c_i=0.8$，$k=85\,000$kN/m/m				

注：E—弹性模量，ν—泊松比，γ—重度，c—黏聚力，ϕ—内摩擦角。

为了详细模拟地裂缝活动对路基的影响，采用变换上盘下沉位移 S 这两个量值的大小，来详细分析轨道内力变化，具体分为 $S=2$cm、4cm、5cm、6cm、7cm、8cm、9cm 和 10cm 八种工况。

2. 计算结果分析

1）砼板最大应力

图 11.46 和图 11.47 是砼板长轴轴线方向最大拉应力和压应力图，图中最大压应力为 3kPa，发生在上盘边角位置。图 11.47 中最大拉应力为 1MPa，发生在地裂缝和砼板交汇的位置。当上盘沉降超过 4cm 是地裂缝位置砼板拉应力增大，说明此时砼板发生破坏。图 11.48 是砼板塑性剪应变增量云图，可以看到位于上盘的砼板得塑性剪应变明显大于位于上盘的砼板，并且以地裂缝位置为分界线。以上说明砼板破坏位置发生在地裂缝附近，并且破坏形式是上盘的砼向下，下盘的砼基本不动的一个错台破坏。

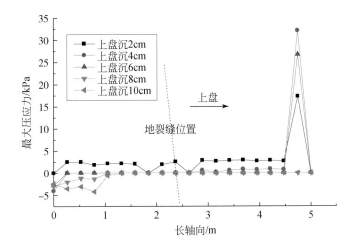

图 11.46　砼板对角线最大压应力图

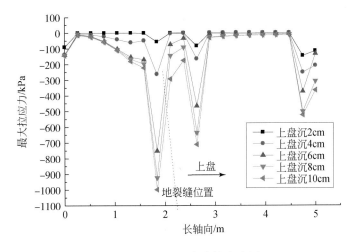

图 11.47　砼板对角线拉应力图

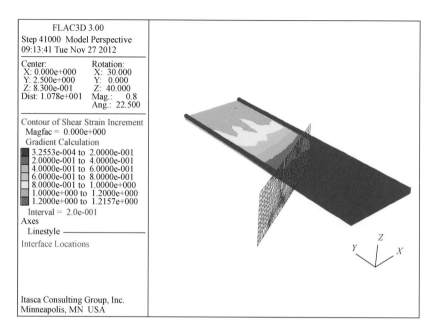

图 11.48　砼板塑性剪应变增量云图

2）CFG 桩破坏

图 11.49 是模型试验采用的 CFG 桩桩位布置图和地裂缝的关系图。图 11.50 是 CFG 桩的桩位图，特选取距离地裂缝比较近的桩 1 和桩 2 进行 CFG 桩破坏趋势分析。

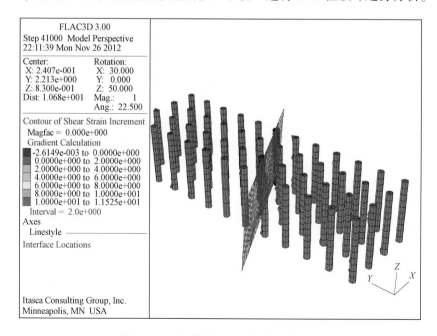

图 11.49　地裂缝和 CFG 桩平面布置图

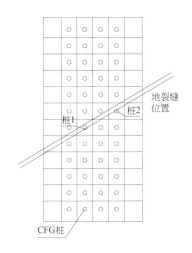

图 11.50　CFG 桩平面布置

图 11.51 桩 1 的塑性剪应变增量云图，可以看到在桩顶部有局部塑性应变增加区域，说明随着变形发生，砼的荷载传递到地裂缝附近区域局部几根桩上，该受荷载增大区域的 CFG 桩有可能在局部发破坏。图 11.51 桩 2 的数值模型计算时的塑性剪应变增量的云图，塑性剪应变代表了土体剪切破坏的趋势，其塑性剪应变明显在桩顶出现较大差别，预示着顶面破坏。

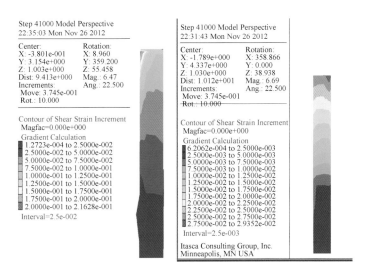

图 11.51　桩 1 和桩 2 塑性剪应变增量云图（左为桩 1，右为桩 2）

3）基本规律性认识

通过对物理模型试验和数值分析的结果总结分析，可初步得出如下结论：

（1）随地裂缝上盘沉降量的增加，桩端压力主要表现为上盘减小，靠近地裂缝处减小明显，压力值逐渐趋近于零；下盘靠近地裂缝处桩端压力则明显增大，具有应力集中现象。

（2）砼板的主要变形发生在上盘，最大值约为 10cm，在地裂缝相交位置砼板上下变形差别明显，其形状类似一个错台变形，而且是破坏发生位置。

（3）砼板最大压应力为 3kPa，最大拉应力为 1MPa，最大拉应力发生在地裂缝和砼板相交的位置。

（4）由于砼板的局部荷载将由地裂缝区域的 CFG 桩承担，CFG 桩的破坏形式为压弯破坏和破坏近似水平面。

（5）当地裂缝垂直位错量达到 3cm（即实际地裂缝上盘沉降 60cm）时，钢筋混凝土底板纵向两侧面同时开始出现裂缝；沉降结束后除去钢筋混凝土底板上部碎石填料，发现混凝土板上的裂缝贯穿整个板，路基混凝土板出现的破坏裂缝与地裂缝走向基本一致，且主要出现在距离地裂缝的地裂缝下盘，距离地裂缝 25cm 范围内，表明下盘距离地裂缝 25cm 范围内钢筋混凝土底板受力最大。

（6）当地裂缝垂直位错量达到 4cm（即实际地裂缝上盘沉降 80cm）时，轨道道床板靠近地裂缝的位置开始出现裂缝，裂缝近似垂直道床板；当地裂缝沉降量达到 6cm（即实际地裂缝沉降 120cm）时，裂缝贯穿道床板，道床板出现裂缝说明 CFG 桩复合地基不能抵抗地裂缝错动大于 80cm 时的影响。

（7）从水准高程看，钢筋混凝土板高程变化较大，仅地裂缝处变化较小，板的边角处变化较大，最大一处达到了 60.5mm，发生在上盘地裂缝附近，说明混凝土板发生变形和倾斜较大。

11.3.3 高速铁路桥梁跨越地裂缝带的数值模拟研究

本节属于实体工程的数值模拟分析。

1. 地质及工程概况

桥梁实体工程数值模拟选取高堆地裂缝和水秀地裂缝，其地裂缝特征描述如下。

（1）高堆地裂缝（LF3）：高堆地裂缝位于临汾市尧都区刘村镇高堆—官场—嘉泉一带，始出现于 1976 年，地裂缝在地表断续出现，延伸长度大于 2.0km，总体延伸方向为 77°，基本沿地貌单元边界展布。在高铁线路附近，裂缝（LF3）走向 85°～101°，地表出露较明显，有串珠状陷穴。与线路相交段的裂缝走向为 101°，倾向南，倾角 80°左右。

（2）水秀地裂缝（TY1）：水秀地裂缝位于太原市太谷县水秀村西北、太平庄西南、太徐公路东侧。该地裂缝出现时间约为 2001 年前；总体走向 5°，南部偏向西，走向 45°左右；揭示地裂缝 TY1 与高铁线路相交段在地表以下 3m 范围内也没有明显的垂直位错，主要表现为斜层理的水平拉张，裂缝走向 5°，倾角 80°～85°，倾向东，宽 5～30cm，裂缝带宽度 6m。

桥梁结构采取图 11.52 所示的结构，桥跨 32.7m，桥墩高 9m。承台桩位布置如图 11.52 和图 11.53 所示，长 10.4m，宽 7m，厚 2.2m，单桩直径 1m。高堆段地裂缝（LF3）正交桥梁结构；水秀段地裂缝（TY1）斜交（45°）桥梁结构。桥梁箱梁截面采用标准截面，如图 11.54 所示，宽约 12m，高约 3.1m。

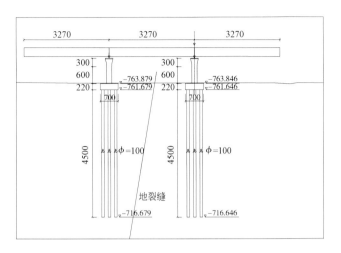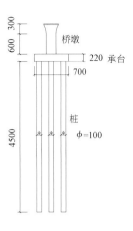

图 11.52 桥梁结构（单位：cm）

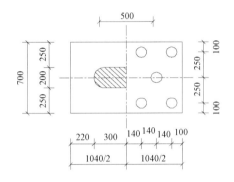

图 11.53 承台桩位布置（单位：cm）

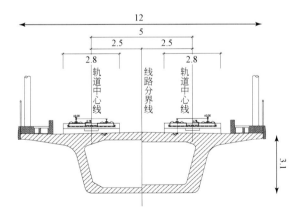

图 11.54 箱梁截面（单位：m）

2. 数值模型简化

数值计算时对地层和桥梁结构进行了简化，以便于计算。如图 11.55 所示，正交和 45°斜交的地层模型为长 130.8m，高 90m，宽 90.4m。正交地裂缝地层原型为高堆地层，地裂缝倾角 80°，45°斜交地裂缝地层原型取水秀地层，地裂缝倾角 80°。

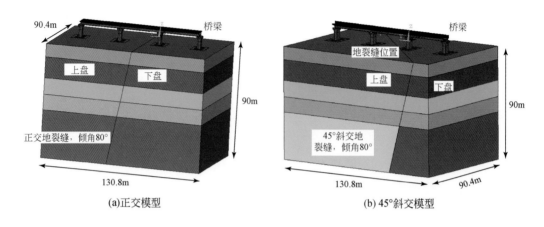

图 11.55　数值模型

桥梁承台和桩基如图 11.56 所示，承台采用实体单元，桩采用 FLAC3D 中的 Pile 单元，该单元是专门用来模拟桩受力的单元。桥梁结构上部结构模型如图 11.57 所示，桥跨取 32.7m，全部采用实体单元。

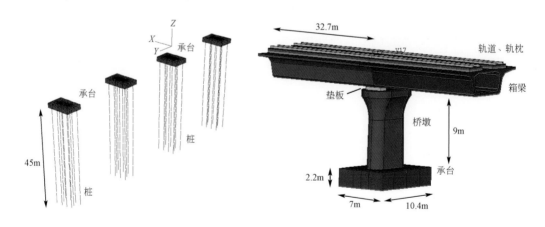

图 11.56　桥梁桩基础模型　　　　　图 11.57　桥梁上部结构

箱梁截面如图 11.58 所示，箱梁长约宽约 12m，高约 3.1m，为了计算方便，对实际模型中体比较复杂的部位做了相应的简化。

按照以上简化方法，对高堆和水秀两个地点数值计算模型进行了网格划分，高堆数值计算模型单元 152709 个，网格节点 408956；水秀计算模型单元 158047 个，网格节点 41340 个。

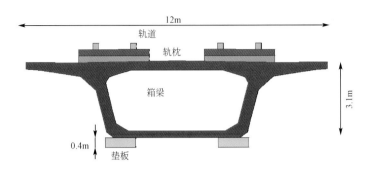

图 11.58　箱梁及轨道结构

3. 参数选取

数值计算时各土层选用理想弹塑性本构模型,莫尔库仑屈服准则。砼和钢材选用弹性模型,计算参数如表 11.23 至表 11.25 所示。

表 11.23　桥梁计算参数表

材料	E/GPa	ν	$\gamma/(\mathrm{kN/m^3})$
轨道	210	0.15	78
轨枕	40	0.2	25
箱梁	50	0.2	25
垫板	40	0.2	25
桥墩	35	0.2	25
承台	30	0.2	25

注:E—弹性模量,ν—泊松比,γ—重度。

表 11.24　水秀地层计算参数表

材料	E/MPa	ν	$\gamma/(\mathrm{kN/m^3})$	c/kPa	$\varphi/(°)$
粉质黏土	45	0.3	19.5	25	15
粉土	54	0.3	19.7	38	16
细砂	90	0.3	20.1	0	30
粉土	75	0.3	20.4	45	25
桩单元	$k_\mathrm{n}=17000\mathrm{kN/m}$,　$k_\mathrm{s}=17000\mathrm{kN/m}$,　$\varphi=15$,　$c_i=35\mathrm{kPa}$				

注:E—弹性模量,ν—泊松比,γ—重度,c—黏聚力,φ—内摩擦角。

表 11.25　高堆地层计算参数表

材料	E/MPa	ν	$\gamma/(\mathrm{kN/m^3})$	c/kPa	$\varphi/(°)$
粉土	50	0.3	19.5	35	16
细砂	90	0.3	19.5	0	30
粉质黏土	50	0.3	19.3	30	18

注:E—弹性模量,ν—泊松比,γ—重度,c—黏聚力,φ—内摩擦角。

地裂缝计算力学参数如表 11.26 所示。

表 11.26　地裂缝计算参数

地裂缝模拟	黏聚力 c/kPa	摩擦角 ϕ/(°)	法向刚度 k_n/kPa	切向刚度 k_s/kPa
接触单元参数	0	38	280	280

4. 边界条件及计算工况

计算工况如表 11.27 所示。

表 11.27　计算工况

工况	1	2	3	4	5
上盘下沉位移/cm	5	10	20	30	40

5. 计算结果分析

1）高堆地裂缝（正交）

（1）桥梁变形。

图 11.59 反映了上盘沉降 40cm 时，桥梁和地层的竖向变形分布。从图 11.59（a）可以看出，地层的沉降差异导致桥梁发生沉降差异，产生倾斜，形成类似"错台"一样的性状。图 11.59（b）是位于上盘紧邻地裂缝的桥墩和箱梁的竖向沉降云图，可以看到桥墩和箱梁发生了脱空，并且箱梁接头处产生了一定的张开量。

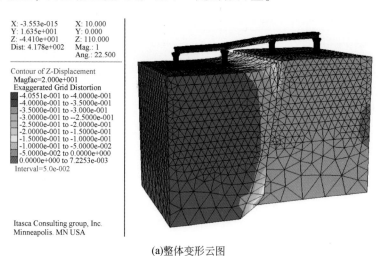

(a)整体变形云图

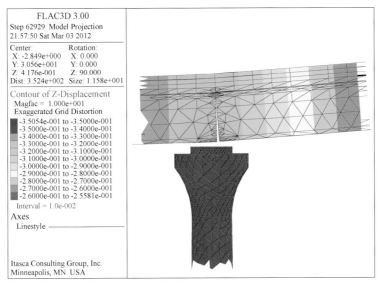

(b)上盘桥墩垫板处局部变形云图

图 11.59　上盘沉 40cm 时竖向变形（放大 20 倍）

表 11.28 统计了不同工况下，上盘紧邻地裂缝桥墩和箱梁的脱空量值和箱梁的张开量值，可以看到随着上盘沉降量值增加，箱梁接头处张开量增大，最大为 2cm。这是由于桥墩和箱梁之间脱空导致箱梁成为类似受弯梁，不断挠曲。当上盘沉降量达到 20cm 时，桥墩和箱梁间脱空量值达到最大值（8.7cm），之后箱梁挠曲增加，导致桥墩和箱梁之间脱空减小，最后脱空值为 3cm。

表 11.28　高堆桥梁变形统计表

工况	上盘沉 5cm	上盘沉 10cm	上盘沉 20cm	上盘沉 30cm	上盘沉 40cm
张开量值	0.02	0.2	0.8	1.4	2
垫板和箱梁脱开量值	3.8	6.7	8.7	7	3

注：表中单位为 cm。

（2）桩基受力。

为了研究地裂缝活动对桩基受力的影响，特选取图 11.60 所示上盘和下盘典型位置的桩基桩 1 和桩 2 进行详细分析。

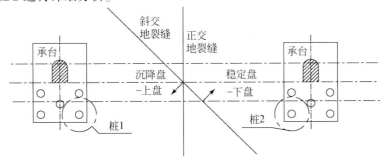

图 11.60　桩 1 和桩 2 选取示意图

图 11.61 和图 11.62 为桩 1 轴力和弯矩图，轴力图中负值为拉力，弯矩画在受弯侧，后面曲线图同。图 11.61 中桩身基本受拉力，最大拉力为 3MN，发生在桩顶位置；随着上盘沉降量值增大，桩基受到的拉力越大，说明桩基受到较大的负摩阻力。桩基之所以产生负摩阻力，是由于上盘桩基础周边土体沉降量值相对于桩基础大产生的。图 11.62 的桩身弯矩最大值为 400kN·m，并且弯矩不随上盘沉降而变化。

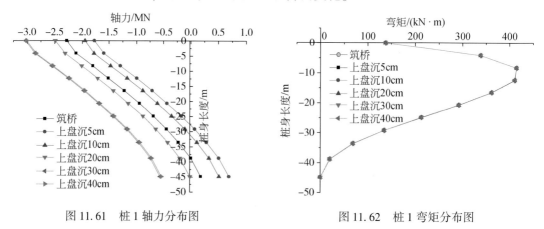

图 11.61 桩 1 轴力分布图　　　　图 11.62 桩 1 弯矩分布图

图 11.63 是桩 2 桩身轴力分布，从图中可以看出桩 2 主要受压力，最大压力值为 3MN，随着上盘沉降量值增大桩身受压力区域增加，这是由于上盘沉降引起下盘邻近区域土体向上隆起，导致负摩阻力区域减少。从图 11.64 中可以看出桩身弯矩不随沉降变化而变化，最大弯矩为 1.7MN·m。

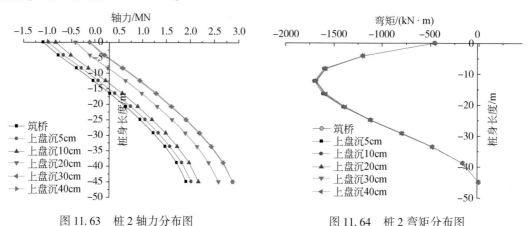

图 11.63 桩 2 轴力分布图　　　　图 11.64 桩 2 弯矩分布图

2）水秀地裂缝（45°斜交）

图 11.65 为桥梁和地层竖向变形云图，从图中可以看出 45°斜交地裂缝错动引起的桥梁变形和正交地裂缝引起的桥梁变形类似，其变形性状类似"错台"性状。上盘紧邻地裂缝桥墩和箱梁发生了脱空，该处箱梁接头产生了一定的张开量。表 11.29 统计了不同工况下桥墩和箱梁间脱空量值。从表中可以看出随着上盘沉降量值增大，箱梁接头处逐渐张开，最大张开量值为 2cm。当上盘沉降至 20cm 时，箱梁和桥墩间脱空量值达到最大（8.9cm），之后由于箱梁挠曲增加，桥墩和箱梁间脱空量减小至 4cm。

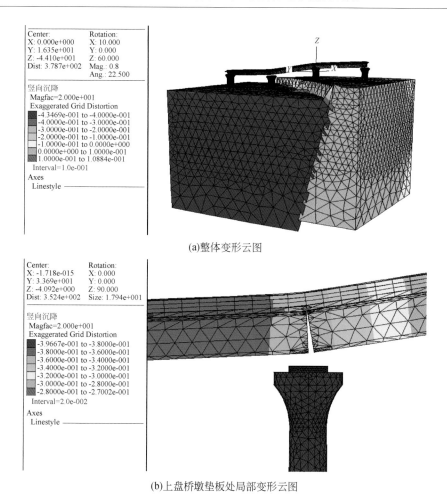

(a)整体变形云图

(b)上盘桥墩垫板处局部变形云图

图 11.65   上盘沉 40cm 时竖向变形 (放大 20 倍)

表 11.29   水秀桥梁变形统计表

工况	上盘沉 5cm	上盘沉 10cm	上盘沉 20cm	上盘沉 30cm	上盘沉 40cm
张开量值	0.1	0.3	0.9	1.6	2
垫板和箱梁脱开量值	4	7	8.9	8.6	4

注: 表中单位为 cm。

6. 结论

通过对高铁桥梁正交和 45°斜交跨越地裂缝带的数值计算, 得出如下主要结论:

(1) 地裂缝活动作用下桥梁受地层沉降影响, 产生一个类似 "错台" 形状的变形, 下盘箱梁和桥墩发生了脱空, 正交和斜交地裂缝最大脱空值分别为 8.7cm 和 8.9cm; 位于上盘的紧邻地裂缝的箱梁接头发生张开, 正交和斜交最大张开量均为 2cm 左右。

(2) 位于上盘的桩基受拉力, 下盘的桩基受压力。正交和斜交桩基受力见表 11.30, 桩身弯矩不随地裂缝活动而变化。

表 11.30　桩基变形和内力计算结果

相交工况	正交		斜交	
张开量值/cm	2		2	
脱空值/cm	8.7		8.9	
	桩1	桩2	桩1	桩2
轴力/MN	−3	+3	−6.5	+2.8
弯矩/(kN·m)	400	1.7	1.6	1.3

11.4　高速铁路工程地裂缝减灾措施研究

11.4.1　路基工程的对策与措施

由于区域构造和地应力是地裂缝形成的基本条件，而地表水及地下水的活动是其发展的主要诱因，因此对地裂缝附近地表进行封闭、阻止地表水的下渗和控制地下水渗流、减小地下水位浮动是处理地裂缝的首要措施。

1）加强地表防排水

（1）截排外部地表水。

地裂缝影响区路堤两侧坡脚外 6.0m 范围内设置水泥改良土封闭层，防止地表水入渗加剧地裂缝的活动，并设置排水沟将地表水引排至较远的地裂缝下盘（稳定盘），另外，影响区范围的所有排水沟均采用 C25 钢筋混凝土浇筑。

（2）处理本体地表水。

大西铁路客运专线路基本体范围内已经出现了地裂明缝地段，并在裂缝区地表 2m 范围内换填改良土封闭层（图 11.66），防止地表水下渗形成地下径流，阻止裂缝进一步发展。

2）限制开采地下水

地下水的抽取可能诱发地裂缝的产生和活动加剧。根据地下水的流向、地层情况和地下水埋深，建议禁止大西铁路客运专线沿线两侧一定范围内开采、超采地下水，防止地下水抽水诱发地裂缝导致高速工程病害的发生，尤其是应禁止地下水径流下游的地下水开采，防止地下水位下降导致软弱层细颗粒流失。

3）路堤本体及地基加固处理

（1）加固措施类型。

地裂缝根据类型和活动规律不同，地裂缝有陷穴型和水平张裂、垂直位错型，有隐伏地裂缝和出露地裂缝，加固措施主要有地基挤密、柔性加固和刚性加固（图 11.66）三种，地裂缝处理应根据地裂缝的类型采用单一或组合加固措施。

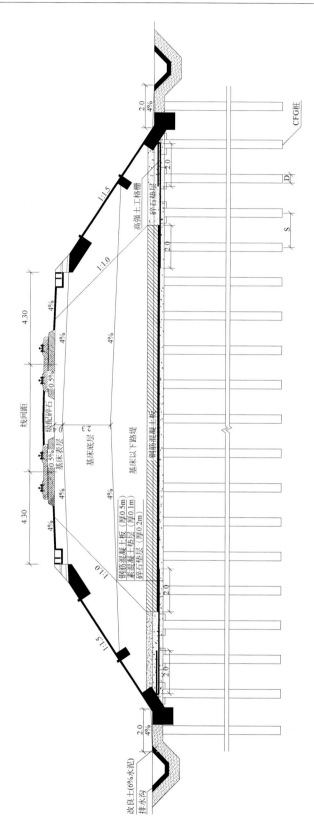

图11.66　路堤基底CFG桩加固处理横断面图（单位：m）

①地基挤密措施

对所有类型的地裂缝，其影响区范围地基采用水泥土挤密桩或柱锤冲扩桩对基底新黄土层进行挤密加固，深度应穿透湿陷性黄土层，以挤密表层隐伏裂缝限制其进一步发展，消除黄土湿陷，避免陷穴的产生。

②柔性加固措施

路堤填土内分层满铺高强土工格栅，层间距 0.3 ~ 0.6m，能够减缓或减弱地裂缝水平及垂直位错向路基面发展的趋势，适用于活动不强烈的地裂缝。

③刚性加固措施

刚性加固措施主要有桩筏结构型式、桩板结构型式，桩基根据地裂缝影响深度主要采用 CFG 桩（图 11.66）、管桩和钻孔灌注桩，板采用钢筋混凝土平板。

桩筏结构：桩一般采用 CFG 桩、管桩或钻孔灌注桩，桩端位于地基深部稳定土层，桩顶采用钢筋混凝土板，板与桩不连接，能够适用地裂缝的水平位错。

桩板结构：桩板结构中桩一般采用钻孔灌注桩，板与桩刚性连接。板结构设计不考虑地基土的承托力，桩采用钻孔灌注桩，桩端位于地基深部稳定土层，特别适用于活动强烈的陷穴型地裂缝。

（2）不同类型地裂缝综合处理措施。

地裂缝应采用综合的处理措施，对于所有地裂缝，地表防排水及地基挤密等措施均应施加，其他柔性或刚性措施应针对地裂缝成因、发育程度和活动规律选择性施加，处理措施如表 11.31 所示。

表 11.31　不同类型地裂缝处理措施

地裂缝状态	加固措施
隐伏地裂缝	满铺高强土工格栅
水平张裂为主的明缝	满铺高强土工格栅或桩筏结构
垂直位错为主的明缝	加厚桩筏结构
陷穴型地裂缝	桩板结构

11.4.2　桥梁工程的对策与措施

针对地裂缝活动对桥梁的影响，可以采取以下措施消除或减缓桥梁工程病害：

（1）跨越地裂缝段落采用简支结构，对于部分小角度相交的采用大跨度简支梁跨越地裂缝（如 56m 跨度以下预应力混凝土简支梁、128m 跨度以下混凝土简支拱或钢结构等），基础避开一定的安全距离；对于相交角度太小的东观、东六支地裂缝桥梁跨越跨度超过200m，建议采用路基形式通过。

（2）根据地裂缝活动的深度范围，地裂缝附近的桥梁基础均采用钻孔桩基础，桩径适当加大、桩长适当加深，同时加强桩、承台和墩身的配筋。

（3）为了应对发生地裂缝后可能引起的竖向位移，吨位 7000kN 以下的支座均采用带油腔的可调高支座（仅适用于跨度 40m 以下的简支梁）；对于跨度较大采用的球型钢支座，预留调高量为 20mm。

（4）为了应对发生地裂缝后可能引起的水平位移，简支结构的横向和纵向活动支座均布置在靠近地裂缝的一侧，必要时两侧增加双固定支座桥墩，同时加大桥墩横向尺寸，预留箱梁发生水平位移后的横向顶梁空间。

（5）为了应对桥梁发生可能的纵向位移，地裂缝附近的简支梁桥的梁端底板纵向均预留槽口，以备顶梁时作为操作空间。

（6）进一步加强地裂缝附近桥梁的纵、横向防落梁设计。

（7）制定切实可行的应急预案程序和措施，加强地裂缝附近结构、轨道等的变形监测监控，根据监测结果随时采取有效的工程措施。

11.5　小　　结

本章在大同—运城北高铁沿线地裂缝调查与危害性评价的基础上，通过地裂缝活动对高铁路基和桥梁影响的物理模型试验和数值模拟计算，得出如下结论：

（1）基于易发程度、活动性及对线路的可能影响范围，提出了高铁工程场地地裂缝活动分级、易发性评价以及危险性评价方法，将地裂缝危险性等级分为四级，即 Ⅰ、Ⅱ、Ⅲ、Ⅳ级，并对大西铁路客运专线沿线典型地裂缝进行了成因分析、活动性评价及其对高铁工程危险性评价。

（2）高铁路基小角度穿越地裂缝带时，地裂缝作用下高速铁路路基底部混凝土底板的变形破坏模式为扭转、弯曲变形引起的拉张–扭剪破坏，开裂主要集中在板的中部，近平行分布，与地裂缝呈小角度相交，且下盘结构变形破坏较上盘严重。同时，路基底部 CFG 桩的破坏形式为竖向劈裂和压弯破坏，破坏面为竖向劈裂面和近似水平面。

（3）高速铁路路基大角度通过地裂缝带时，地裂缝作用下路基 CFG 桩桩端压力主要表现为上盘减小下盘增大趋势，地裂缝垂直位错量达到 4cm（即实际地裂缝上盘沉降80cm）时，轨道道床板靠近地裂缝的位置开始出现裂缝，CFG 桩的破坏形式为压弯破坏且破坏面近似水平。

（4）地裂缝活动作用下桥梁受地层沉降影响，产生一个类似"错台"形状的变形，下盘箱梁和桥墩发生了脱空，地裂缝位错量达到 40cm 时，正交和斜交地裂缝的桥梁，其桥墩和箱梁之间的最大脱空值分别为 8.7cm 和 8.9cm；位于上盘的紧邻地裂缝的箱梁接头张开，正交和斜交最大张开量均为 2cm 左右。

（5）当高铁线路与地裂缝夹角（θ）小于 22°且地裂缝活动比较强烈时，宜采用路基通过；当 θ 大于 22°尤其是大角度相交时，宜采用桥梁跨越地裂缝带，并采用适宜的轨道形式。

（6）路基穿越地裂缝时，应采取如下措施：①加强地表水和地下水的处理；②地基和路堤加固处理，除常规的加固措施外，适当提高路基的刚度和延展性，同时路基上部结构与下部处理措施分开。

（7）桥梁跨越地裂缝时，应采取如下措施：①桥梁采用常规孔跨简支结构；②桥梁基础适当加强，桩基础采用桩身通长配筋；③采用可调高支座，支座预埋套筒和加长螺栓；④为了应对发生地裂缝后可能引起的水平位移，简支结构的横向和纵向活动支座均布置在靠近地裂缝的一侧，必要时两侧增加双固定支座桥墩，同时加大桥墩垫块尺寸，预留发展空间；⑤为了应对梁发生可能的纵向位移，地裂缝附近的简支梁梁端底板纵向均预留槽口，以备顶梁时作为操作空间。

第 12 章　地裂缝对地铁工程的
危害及减灾措施研究

12.1　地铁隧道与地裂缝小角度相交的工程病害与减灾措施

12.1.1　地铁隧道小角度穿越地裂缝带的大型模型试验

1. 试验目的

通过地铁隧道小角度穿越地裂缝带的大型模型试验（几何比例尺 1:5），揭示地铁隧道小角度（20°）斜交穿越地裂缝条件下的力学性状，包括衬砌结构受力变形特征、破坏模式及特征以及影响范围，为西安地铁 3 号线建成及后续其他线路小角度穿越地裂缝带的结构设计、地铁病害防治等提供科学依据。该模型试验属于破坏性试验。

2. 试验装置及加载方式

本次模型试验在长安大学大型地基沉降试验平台上进行。为了模拟地裂缝的缓慢活动规律，同时考虑试验的进度，设定千斤顶的运行速率为 4mm/次，通过工控机逐个运行全部 138 个千斤顶马达，大约需要 30min 完成第 1 个荷载步的加载；同理，依次类推，完成第 2、第 3、第 4、第 5 个荷载步的加载，总称为一级荷载，共需要约 3h，千斤顶在一级荷载作用下的总下降量为 2cm。每级荷载施加后，稳定 24h 开始量测结构的应力、应变、土压力、结构位移、地表位移。每级荷载施加间隔时间为 24h 左右。本次试验设计地裂缝错动量为 20cm（对应原型 100cm），分为 10 级荷载步来施加。

3. 试验内容及测点布设

1）结构应变测试元件布设

（1）模型混凝土内外表面应变及测点布设。

斜穿地裂缝模型隧道衬砌内外表面均布置 10 环三轴 45°应变花，如图 12.1 所示。

（2）模型衬砌钢筋应变及测点布设。

在内外层纵向、横向钢筋上粘贴应变片，位置同混凝土应变片（每环内外均布置 12 个应变片），见图 12.1，共计 672 个应变片。

2）土压力测试元件布设

（1）纵向布设。

沿 20°斜交地裂缝的隧道结构轴向布设 1 个剖面，包括 2 条测线（每个剖面 2 条测线，即隧道结构顶底各 1 层），每层 15 个共计 30 个钢弦式压力盒。沿平行地裂缝的隧道结构轴向设 1 个剖面，包括 2 条测线（每个剖面 2 条测线，即隧道结构顶底各 1 层），每层 8

第一量测 横断面		第二量测 横断面	第三量测 横断面	第四量测 横断面	第五量测 横断面	第六量测 横断面	第七量测 横断面	第八量测 横断面	第九量测 横断面		第十量测 横断面	NW340°
↙		↙	↙	↙	↙	↙	↙	↙	↙		↙	
↙		↙	↙	↙	↙	↙	↙	↙	↙		↙	
	1.5m	↙	1m	↙ 0.5m	0.5m	1m	↙	1m	↙ 1m	↙ 1m	↙ 1.5m	侧立面中线
↙		↙	↙	↙	↙	↙	↙	↙	↙		↙	
↙		↙	↙	↙	↙	↙	↙	↙	↙		↙	

隧道中线处的地裂缝位置
(垂直于隧道中线对称贴应变片,求结构的扭转变形及复杂应力场)
(a) 斜交时隧道结构内外表面应变片布置投影图

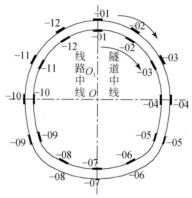

(b) 隧道结构内外表面应变片环向布置

图 12.1　模型混凝土应变片布置示意图

个共计 16 个钢弦式压力盒 (图 12.2)。纵向布置土压力盒共计 46 个 (图 12.3)。

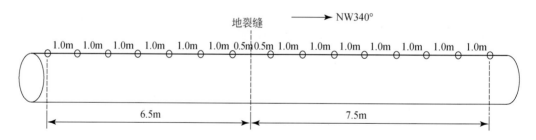

图 12.2　斜交结构压力盒纵向布置图

(2) 横向布设。

垂直于隧道轴线布设 3 个剖面 (上盘 1 个剖面,下盘 2 个剖面),每个剖面包括 2 条测线 (即 2 层),6 条测线共计 24 个 (与纵向接触土压力测线重合 6 个),如图 12.3 所示。

(3) 结构收敛位移测试元件布设。

地裂缝与斜交的隧道以其底板中心线与地裂缝交点为基准,上盘距离此交点 1.5m 设置 1 个测量断面,下盘距离此交点 1.0m、2.5m 分别设置 2 个测量断面。如图 12.4 所示,位移计精度为 0.01mm。

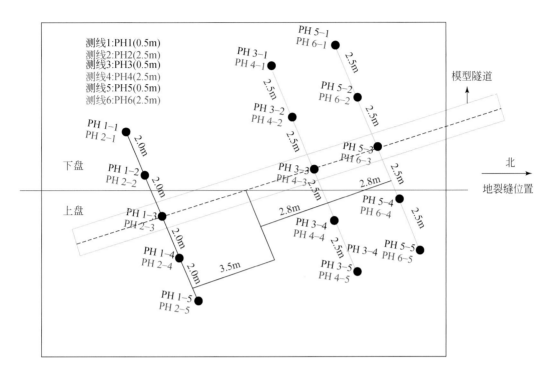

图 12.3　模型结构压力盒横向布置图

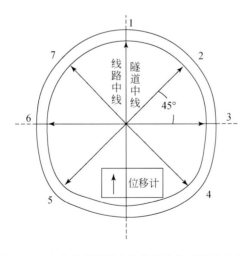

图 12.4　马蹄形隧道衬砌结构收敛位移计测点布置

（4）隧道顶表面土体沉降测点布设。

隧道轴向和垂直隧道轴线在模型表面布设测点如图 12.5 所示。

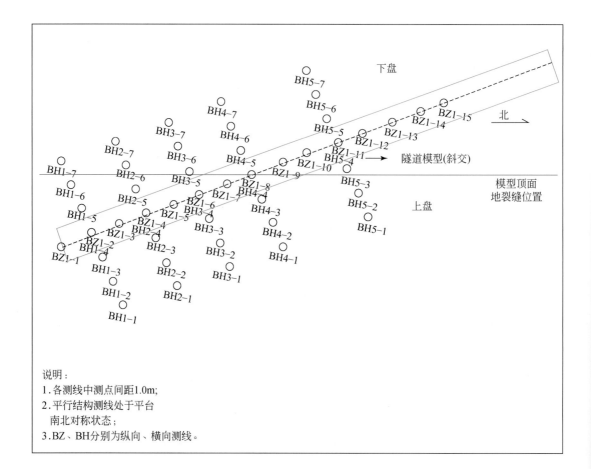

图 12.5　隧道模型表面土体沉降观测点布置图

4. 试验结果及分析

1）模型表面土体变形破坏特征

由图 12.6 可知，模型顶部土体表面的裂缝分布特征按走向大致可归纳如下三类：一类是近似平行于预设地裂缝如 F1，发育活动贯穿沉降过程始终；一类是平行于隧道结构，如 F4 和 F4′，均在斜交隧道附近且近似平行于隧道轴向，沉降 6cm 后开始出现，说明隧道衬砌结构轴向强度在一定程度上减弱了地裂缝活动的影响；还有一类裂缝斜穿隧道顶部（土体），如 F5、F7、F8、F1′，沉降 8cm 后开始出现，其中裂缝 F5、F7、F8 均位于上盘隧道与地裂缝交汇处，这说明隧道受地裂缝影响抗扭刚度损失较大，衬砌结构局部已经发生扭转性破坏，其刚度已不足以抵抗地裂缝活动的影响。

2）隧道围岩土压力变化特征

图 12.7 表明，隧道底部上盘距地裂缝 5.5m 处土压力明显大于 4.5m 处土压力，与在该处出现模型顶面沉降突变吻合；上盘土压力总体较平稳变化不大，下盘靠近地裂缝处土压力变化显著，应力集中明显，说明该处衬砌结构受力比较集中，与破坏现象较吻合；在

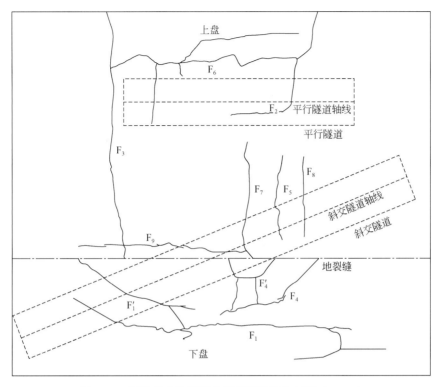

图 12.6　沉降完成后模型土体顶面裂缝分布图（1：50）

隧道下盘段，由上盘至下盘方向土压力变化规律为先增大再减小再增大，说明隧道轴向刚度较大，一定程度上抵抗了地裂缝活动的影响。图 12.8 表明隧道顶部整体受力比隧道底部要小很多。

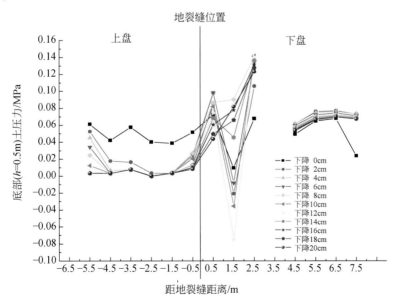

图 12.7　隧道底部土压力纵向变化曲线

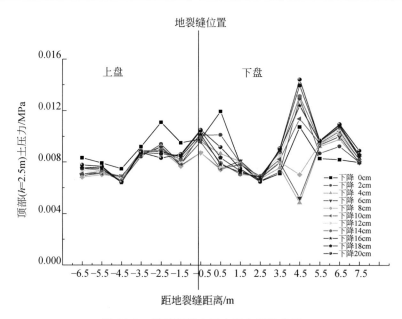

图 12.8　隧道顶部土压力纵向变化曲线

3）结构收敛位移变化特征

图 12.9 表明结构断面收敛位移相对于未沉降即原始位置的位移近似点对称，测点 1、2、3、4 向内变形（受压），测点 5、6、7 向外变形（受拉），位于下盘侧横断面的变形明显大于上盘侧横断面，尤其是 3 号断面，因为其更接近预设地裂缝对斜交结构的实际切面，且变形都随着地裂缝扩展不断发展，变形表明结构发生顺时针（顺隧道轴线从上盘向下盘看）扭转，与土压力分布趋势图所得结果基本一致。

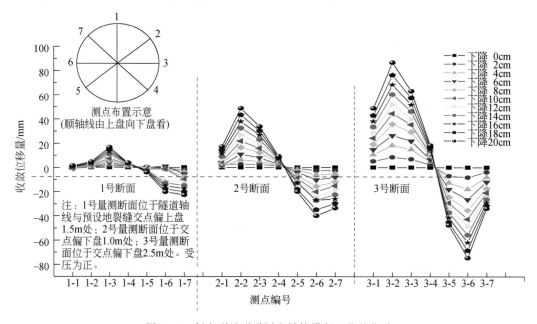

图 12.9　斜交裂缝隧道衬砌结构横断面收敛位移

4）衬砌结构应力应变变化规律

（1）衬砌结构内表面混凝土环向应变。

图 12.10 表明对应断面内表面混凝土环向拉应变集中于第 3 测点、第 9 测点，环向压应变集中于第 11 测点、第 5 测点，说明偏压显著，且偏下盘侧应力相对集中；拉、压应变集中区基本也是隧道收敛位移较大和开裂程度较严重的区域，尤其是第 3 测点附近，纵向裂缝发育且内表面开裂破坏严重。图 12.11 中第 2 测点对应上盘沉降 4cm 后应变片断裂、第 3 测点对应沉降 8cm 后应变片断裂，说明上盘沉降量为 4～8cm 时该处受拉强烈。从两图受压测点变化来看，随着远离地裂缝向上盘偏离，受压测点也向下盘侧偏移，说明结构变形不对称，受顺时针方向扭矩明显。

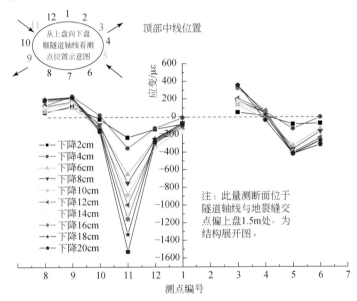

图 12.10　衬砌内表面混凝土环向应变变化曲线

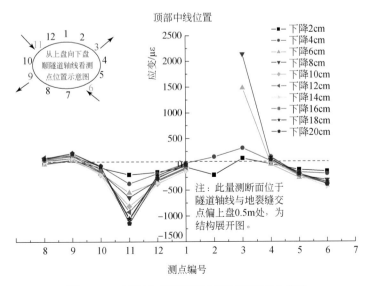

图 12.11　衬砌内表面混凝土环向应变变化曲线

（2）衬砌结构内外表面混凝土环向剪应力。

图 12.12、图 12.13 表明斜交隧道衬砌结构断面表面整体上呈顺时针方向（顺隧道轴向从上盘向下盘看）扭转变形，但部分测点环向剪应变方向发生改变。测量断面位置见图 12.1（a）。

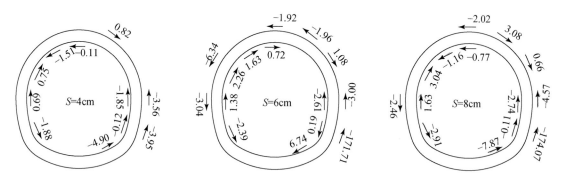

图 12.12　第 4 横断面环向剪应力（单位：MPa）

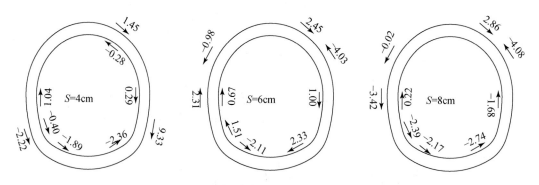

图 12.13　第 7 横断面环向剪应力（单位：MPa）

5）主要试验结论

（1）小角度斜交地裂缝条件下，垂直于隧道轴线方向上隧道结构两侧土体变形不同，地裂缝上盘侧土体沉降量远远大于地裂缝下盘侧。

（2）小角度斜交条件下马蹄形隧道衬砌结构变形破坏模式为扭转、弯曲、剪切变形破坏，下盘结构受影响区远大于上盘结构对应区域。结构裂缝分布范围见表 12.1 及图 12.14、图 12.15。

表 12.1　斜交裂缝衬砌结构混凝土裂缝分布特征

衬砌结构位置	环向裂缝分布范围		纵向裂缝分布范围	
	上盘	下盘	上盘	下盘
上半拱圈	0.83D	4.44D	3.05D	4.72D
下半拱圈	—	—	3.33D	4.72D

注：D 为结构壁厚中心线高度 1.80m。

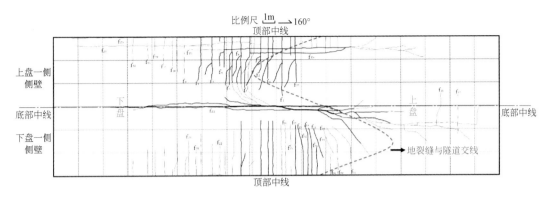

图 12.14　斜交隧道衬砌结构内表面裂缝展布图

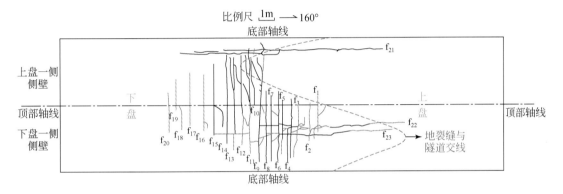

图 12.15　斜交隧道衬砌结构外表面裂缝展布图

12.1.2　地铁隧道小角度穿越地裂缝带性状的数值模拟

1. 工程概况

西安地铁 3 号线吉祥村—小寨区间内地层为: 全新统人工素填土 (Q_4^{ml})、上更新统风积 (Q_3^{eol}) 新黄土及残积 (Q_3^{el}) 古土壤、中更新统冲积 (Q_2^{al}) 粉质黏土、粉细砂、中砂、粗砂、砾砂等。该段左线典型地层分布如图 12.16 所示, 区间隧道拱顶埋深约为 17m。数值仿真过程中取四层土: ①杂填土; ②新黄土; ③古土壤; ④粉质黏土。3 号线区间隧道与地裂缝带成 20°交角斜交, 断面采用马蹄型, 施工方法为浅埋暗挖法, 断面如图 12.17 (a) 所示。

2. 计算模型

本次数值计算模型地层尺寸: 长×宽×高(厚) = 300m×350m×100m, 上盘段隧道长度 200m, 下盘隧道长度 150m, 轴线 (Y 轴方向) 总长 350m [图 12.17 (b)], 模型宽度 (X 方向) 方向取 300m, 隧道埋深 (Z 方向) 从拱顶算起约为 17.0m。隧道断面为马蹄型断面, 尺寸约为 9.9m×10.2m。如图 12.18、图 12.19 所示。

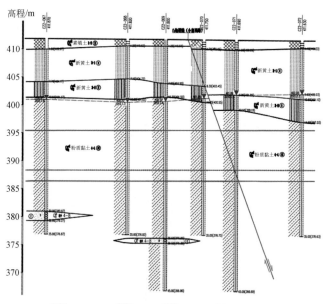

图 12.16   西安地铁 3 号线地质剖面

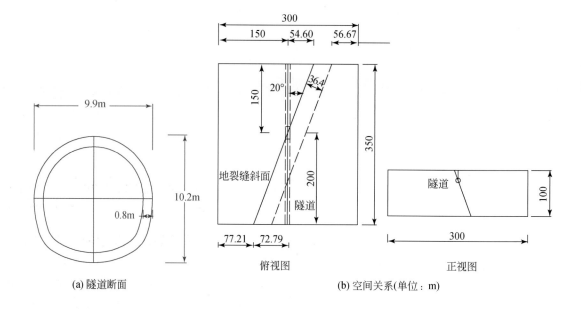

(a) 隧道断面

(b) 空间关系(单位: m)

图 12.17   隧道模型示意图

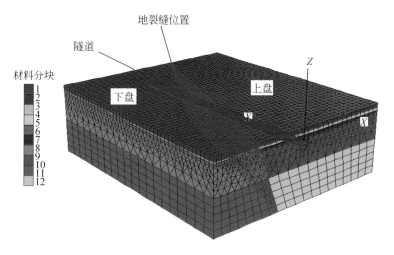

图 12.18　数值计算模型

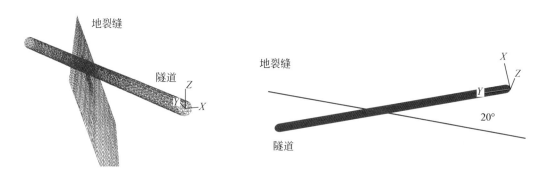

图 12.19　隧道和地裂缝空间关系

隧道分段设计思想的两种模式为骑缝式和对缝式，图 12.20 是隧道节段模型示意图，图中斜线位置为地裂缝与隧道交线，对缝式两段紧挨隧道节段长度取 15m，骑缝式取骑在地裂缝段的隧道节段长度为 15m，其余隧道节段长度按照上阶段分缝要求设置。

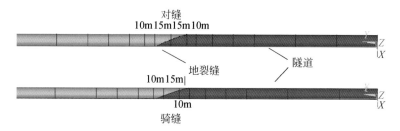

图 12.20　骑缝式和对缝式模型

3. 计算参数和工况

吉祥村—小寨区间主要土层参数如表 12.2 所示，土体本构模型取 Mohr-Coulomb 弹塑性模型。地裂缝采用 FLAC3D 中的 Interface 接触单元模拟。隧道模型坐标建立如图 12.21

所示，坐标原点位于隧道中心位置，边界条件取底面 $Z=0$，并消除刚体位移，垂直于 X 轴和 Y 轴的面分别取 $X=0$ 和 $Y=0$。

表 12.2　计算参数

地　层	天然密度 ρ	三轴剪切试验（CU）		压缩系数	弹性模量	泊松比
		黏聚力 c	摩擦角 $\varPhi$	$E_{s0.1\text{-}0.2}$	E_0	ν
	g/cm³	kPa	°	MPa	MPa	
杂填土（据经验取）	1.9	10	15		18.0	0.3
3-1 新黄土	1.73	35	6.00	6.00	18.00	0.3
3-2 古土壤	1.92	38	10.00	10.00	30.00	0.3
4-4 粉质黏土	1.98	45	7.00	7.00	21.00	0.3
地裂缝带	/	黏聚力 c	摩擦角 $\varPhi$	法向刚度 k_n/kPa	切向刚度 k_s/kPa	/
接触单元参数		10	15	280	280	

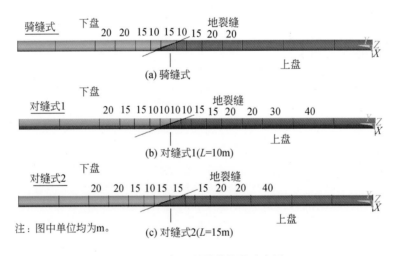

图 12.21　各工况隧道分段示意图

计算工况如图 12.21 和表 12.3 所示，根据隧道分段情况及隧道节段与地裂缝关系，分为 3 种情况：①整体式，即隧道没有分段设缝；②骑缝式，即分段设缝，其中有一段隧道跨越地裂缝；③对缝式，隧道分段设缝但节段不跨越地裂缝，根据紧邻地裂缝隧道节段长度，又分为 $L=10\mathrm{m}$ 和 $L=15\mathrm{m}$ 两种情况，具体分段见图 12.21 所示。

表 12.3　计算工况

	地裂缝段隧道节段长度/m	上盘下沉位移/cm				
整体式		10	20	30	40	50
骑缝式	$L=15$					
对缝式	$L=10$					
	$L=15$					

4. 计算结果分析

以下分别采用荷载结构法和地层结构法对隧道受力进行了分析，并且在地层结构法中详细模拟了地裂缝错动对隧道的影响。

1）荷载结构法

为了初步估算隧道衬砌所受内力，先对隧道进行了荷载结构法计算，隧道结构所受荷载如表 12.4 所示。表 12.4 中分别计算出水平和竖向荷载后，把荷载转化为相应的节点荷载，以上步骤在 Ansys 中完成。

表 12.4　荷载计算表格

编号	荷载分类	计算公式	荷载值/kPa	备注
	结构自重	$g = t \cdot \gamma$	20	壁厚 $t = 0.8\text{m}$，$\gamma = 25\text{kN/m}^3$
	结构自重地基反力	$p_g = \pi \cdot g$	62.8	
1	上部竖向荷载 p_1:	$p_1 = \Sigma \gamma h + p_0 + p_w$	377.88	
	附加 p_0		30	地面超载
	按照 17m 埋深考虑			
	填土	$\gamma \cdot 0.7$	12.6	
	3-1 新黄土	$\gamma \cdot 7$	120.4	
	3-2 古土壤	$\gamma \cdot 2.2$	42.24	zk17-03
	4-4 粉质黏土	$\gamma \cdot 6.8$	134.64	
	地下水	$\gamma_w \cdot 6.8$	68	
2	下部竖向荷载 p_2:	$p_1 + p_g$	440.68	
3	水平荷载计算			
	e_1	$0.5 \cdot (p_1 + \gamma_{sat} \cdot t/2)$	207.96	$\lambda = 0.5$
	e_2	$0.5 \cdot (p_1 + \gamma_{sat} \cdot (t/2 + D))$	310.47	

图 12.22 和图 12.23 是荷载结构法计算得到的隧道内力分布图，从图中可以看出荷载结构法计算得到的轴力约为 1.45MN，最小约为 132kN，弯矩最大约为 213kN·m，最小约为 166kN·m。

2）地层结构法

（1）整体衬砌。

首先进行了地裂缝活动对整体式隧道衬砌的内力分析。如图 12.24 所示，计算模型中坐标原点位于隧道起始端，隧道轴向长度为 300m，隧道没有分段，地裂缝和隧道轴线交线位置在 $y = 200\text{m}$（$y > 200\text{m}$ 在下盘，$y < 200\text{m}$ 在上盘）外。为了研究裂缝错动对隧道多长范围影响比较大，沿着隧道轴向对于不同的 y 值取截面分析其内力变化。由于计算结果太多，本节仅给出了地裂缝错动 $S = 50\text{cm}$ 结果进行分析（后续相同）。

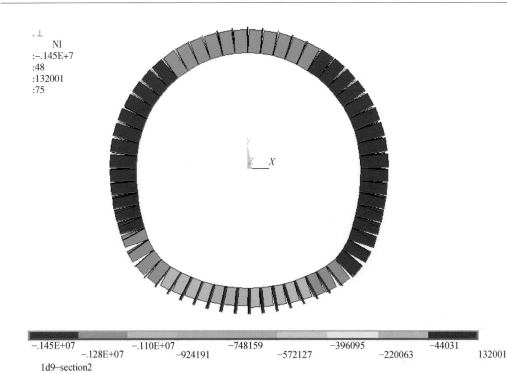

图 12.22　轴力分布图（负值表示受压，单位：N）

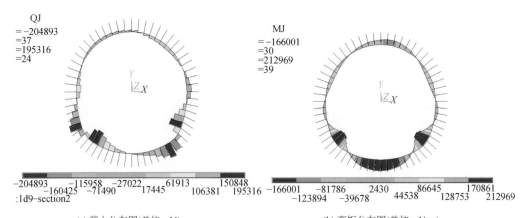

(a) 剪力分布图(单位：N)　　　　　　　(b) 弯矩分布图(单位：N·m)

图 12.23　剪力和弯矩分布图

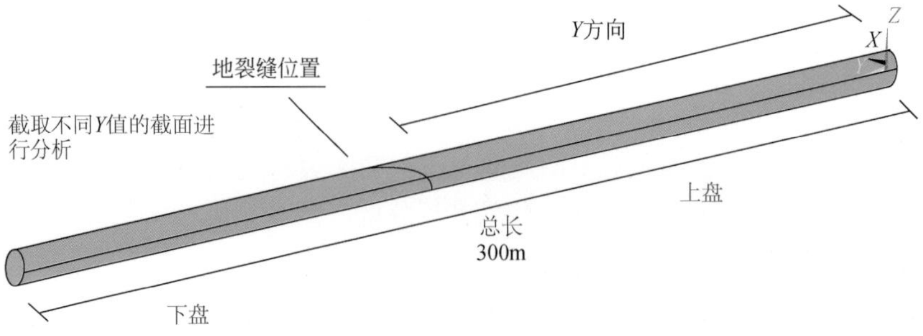

图 12.24　隧道模型分析示意图

图 12.25 至图 12.27 分别给出了整体式衬砌截面弯矩、轴力和安全度。

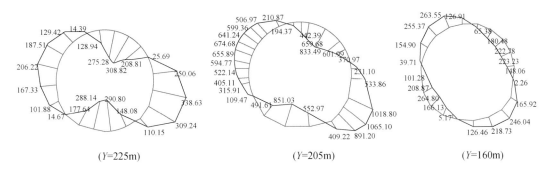

图 12.25　各截面衬砌弯矩（单位：kN·m）

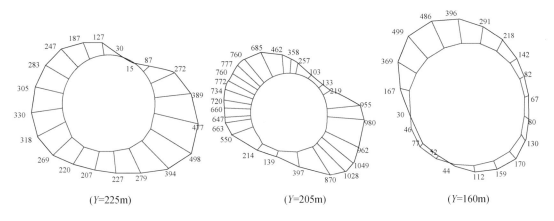

图 12.26　各截面衬砌轴力（单位：kN）

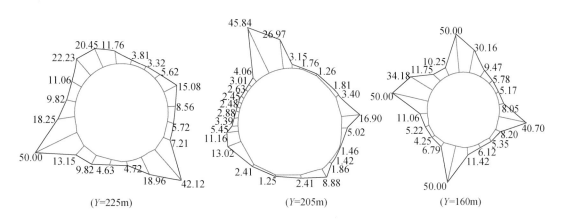

图 12.27　各截面衬砌安全度

通过对整体式衬砌上述各工况下内力及安全度的计算可得出如下规律：

①地裂缝活动时，整体式隧道的弯矩变化从截面 $y=250$m 处开始变化，在截面 $y=$

225m 处弯矩分布形式和弯矩值大小变化最大，可取下盘的影响范围为 $y=225$ 截面处作为临界点。上盘弯矩变化从截面 $y=160\sim185$m 处，并且轴力出现拉力的截面位置位于截面 $y=160$m 外，因此取上盘影响范围为截面 $y=160$m 处为临界点。由于隧道轴线和地裂缝水平投影夹角 20°，地裂缝位置和隧道轴线相交于 $y=200$m 处。因此可以计算出，上盘影响范围（距离地裂缝垂直距离）为：$\sin20°\times(200\text{m}-160\text{m})\approx14$m；下盘影响范围为：$\sin20°\times(225\text{m}-200\text{m})\approx9$m。可以把上面的过程概括为：上盘影响范围：$\sin\beta\times4D$，下盘影响范围：$\sin\beta\times2.5D$，式中，$D$ 为隧道外径，β 为隧道轴线和地裂缝夹角。

②轴力分布方式。表 12.5 列出了各工况下的内力特征值。

表 12.5　整体式隧道内力计算结果

上盘下沉/cm	截面最大弯矩/kN·m		上盘	
	截面 $y=205$m	截面 $y=195$m	最小轴力/kN	最小安全度
0	115	93	29	7.2
10	287	239	−82	6.5
20	476	420	−126	3.23
30	666	598	−286	1.88
40	864	771	−294	1.38
50	1065	970	−386	1.09

③弯矩分布方式。从以上整体式衬砌各工况的弯矩图中可以看出，受地裂缝错动影响明显的区域衬砌弯矩分布呈明显的"偏压"形态，并且弯矩大小随着地裂缝错动值增加而增加。当上盘沉降达到 $s=50$cm 时，最大弯矩发生在 $y=205$m 截面处（位于下盘），最大弯矩为 1065kN·m，位于隧道右下角 45°方向。

④最小安全度。最小安全度随着上盘的沉降量增大而变小，当上盘沉降量 $s=50$cm 时，最小安全度为 1.08，发生位置位于截面 $y=195$m 处（位于上盘），安全度最小值在该截面衬砌左下角 45°处。由此可以见，当上盘沉降量增大时，位于上盘地裂缝附近结构易发生破坏，破坏位置位于截面的左下方 45°位置处。

（2）骑缝式衬砌。

骑缝式隧道的理念是让某一长度隧道节段跨越地裂缝，这里的计算模式取跨越地裂缝隧道节段长约 15m，紧邻地裂缝段隧道节段长 10m，远侧 20m 等。图 12.28 至图 12.30 分别给出了骑缝式衬砌不同截面弯矩、轴力和安全度。

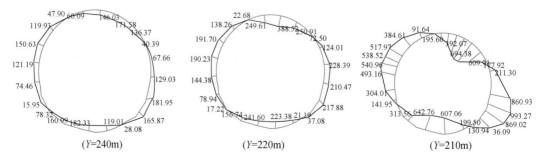

<table>
<tr><td>(Y=240m)</td><td>(Y=220m)</td><td>(Y=210m)</td></tr>
</table>

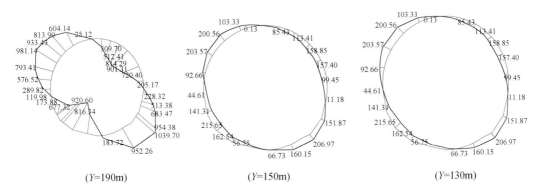

图 12.28　各截面衬砌弯矩（单位：kN·m）

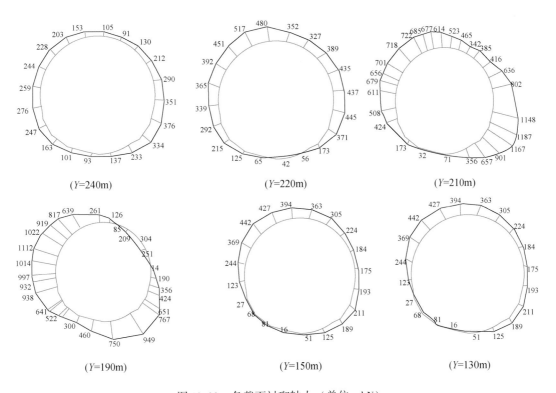

图 12.29　各截面衬砌轴力（单位：kN）

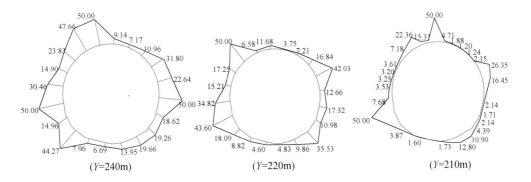

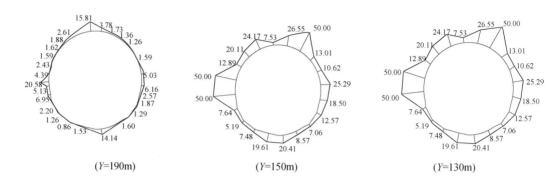

(Y=190m)　　　　　(Y=150m)　　　　　(Y=130m)

图 12.30　各截面衬砌安全度

通过对骑缝式结构上述各工况的计算，可以得出如下规律性认识：

①地裂缝对隧道影响呈明显三维特征，骑缝式隧道受力较整体式隧道大，但整体式隧道衬砌出现拉应力较早（上盘沉 5cm 时），骑缝式隧道衬砌出现拉应力较晚（上盘沉 20cm 时），可见在一定条件下分段隧道能协调变形，通过隧道节段间连接的破坏，减少衬砌受力异常。

②下盘衬砌的最大弯矩大小和分布随着下盘位移变化而改变，当上盘沉降量小于 30cm 时，下盘衬砌最大弯矩出现在衬砌右上角 45°位置，最大弯矩为 460.6 kN·m；当上盘沉降量大于等于 30cm 时，下盘衬砌最大弯矩出现在衬砌右下角 45°位置，最大弯矩为 993kN·m。

③骑跨地裂缝衬砌最大弯矩始终保持在衬砌右下角 45°位置，当地裂缝位错 $s=50$cm 时，最大弯矩为 1190kN·m，上盘衬砌最大弯矩分布和大小随着该盘沉降量的增大而变化；当上盘沉降量小于 20cm 时，衬砌的最大弯矩位于衬砌左上角 45°位置；当上盘沉降量等于 20cm 时，衬砌的最大弯矩位于衬砌左下角 45°位置；当上盘沉降量大于 20cm 时，衬砌的最大弯矩位于衬砌右下角 45°位置，并且当上盘沉降量为 50 时，最大弯矩为 1039 kN·m。

④地裂缝活动的影响使得衬砌受力不均匀，靠近地裂缝侧衬砌的轴力大于远离地裂缝侧的轴力。

⑤表 12.6 中统计了骑缝式隧道在各工况下的典型内力变化情况。从表中可以看出"骑缝"的衬砌在上盘沉降达到 40cm 时出现拉应力，上盘紧邻"骑缝"衬砌的隧道衬砌当上盘沉降达到 20cm 时就出现拉应力，此时防水存在压力。

表 12.6　骑缝式隧道内力计算结果

工况 /cm	最大弯矩/(kN·m)			最小轴力/kN			最小安全度
	下盘 $y=210$m（距地裂缝 10m）	地裂缝 $y=200$m	上盘 $y=190$（距地裂缝 10m）	下盘 $y=210$（距地裂缝 10m）	地裂缝 $y=200$m	上盘 $y=190$（距地裂缝 10m）	
0	155	121	206	145	201	99	6.28
10	260	323	307	121	127	45	4.35

续表

工况 /cm	最大弯矩/(kN·m)			最小轴力/kN			最小安全度
	下盘 $y=210\text{m}$（距地裂缝10m）	地裂缝 $y=200\text{m}$	上盘 $y=190$（距地裂缝10m）	下盘 $y=210$（距地裂缝10m）	地裂缝 $y=200\text{m}$	上盘 $y=190$（距地裂缝10m）	
20	460	528	514	87	76	−50	3.23
30	618	742	619	75	26	−131	1.51
40	814	967	825	51	−42	−219	1.1
50	993	1190	1039	32	−113	−304	1.08

⑥最小安全度出现在上盘紧邻"骑缝"衬砌的衬砌节段上，当上盘下沉50cm时最小安全度为1.08（表12.6）。

（3）对缝式衬砌。

对缝式分段隧道不跨越地裂缝，在地裂缝和隧道轴线位置断开，根据紧邻地裂缝隧道节段长度，又分为 $L=15$ 和 $L=10\text{m}$ 两种情况，具体分段见工况图12.21所示。

①对缝式隧道节段（$L=15\text{m}$）。

Ⅰ. 衬砌不同位置截面轴力（图12.31）。

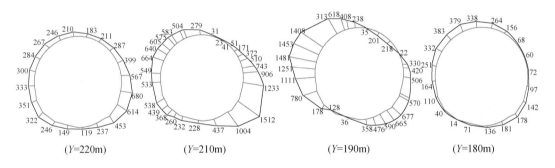

图12.31　各截面衬砌轴力（单位：kN）

Ⅱ. 衬砌不同位置截面弯矩（图12.32）。

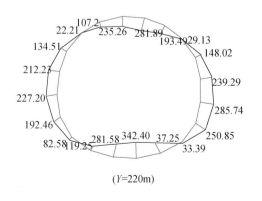

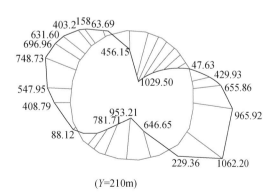

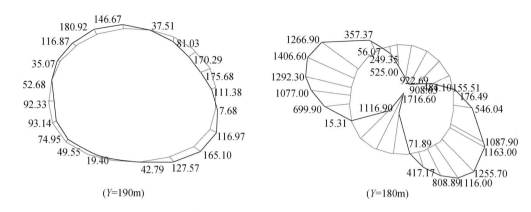

图 12.32　各截面衬砌弯矩（单位：kN·m）

Ⅲ. 衬砌不同位置截面安全度（图 12.33）。

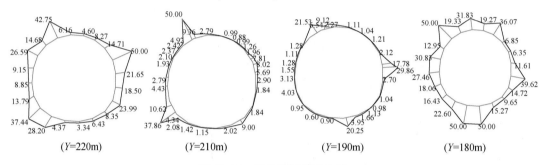

图 12.33　各截面衬砌安全度

通过对缝式（$L=15\text{m}$）隧道衬砌各个工况下内力变化可以看出：

第一，地裂缝两侧的衬砌最大弯矩较骑缝和整体式大，最大弯矩分布和大小同样随着上盘下沉而变化。当上盘沉降量小于 40cm 时下盘衬砌最大弯矩位于衬砌右下方 45°方向；当上盘沉降量大于等于 40cm 时，下盘衬砌最大弯矩位于衬砌右上方 45°方向，最大弯矩为 1149kN·m。上盘最大弯矩分布不受上盘下沉量影响，始终位于衬砌左下方 45°。

第二，地裂缝两侧隧道衬砌轴力分布不均匀，靠近地裂缝侧轴力较远离地裂缝侧衬砌轴力大。当上盘下沉至 30cm 时，上盘衬砌出现 -87kN 的拉应力，而下盘衬砌直至上盘下沉至 50cm 才出现 -23kN 的拉应力，如表 12.7 所示。

第三，安全度最小的点位于上盘衬砌左下方 45°位置，当上盘下沉至 50cm 时，最小安全度达到 0.6（表 12.7）。

表 12.7　对缝式（$L=15\text{m}$）隧道内力计算结果

工况	最大弯矩/(kN·m)		最小轴力/kN		最小安全度
	下盘	上盘	下盘	上盘	
0	252	212	197	203	5.86
10	402	387	167	59	2.36
20	571	734	121	31	1.39

工况	最大弯矩/(kN·m)		最小轴力/kN		最小安全度
	下盘	上盘	下盘	上盘	
30	727	1045	46	−87	0.99
40	951	1376	6	−112	0.75
50	1143	1716	−23	−218	0.6

②对缝式隧道节段（$L=10$m）。

Ⅰ. 衬砌不同位置截面弯矩（图 12.34）。

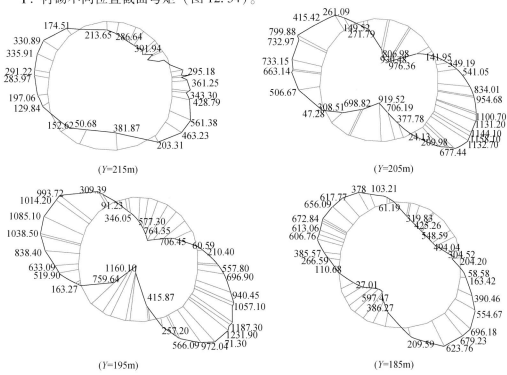

图 12.34　各截面衬砌弯矩（单位：kN·m）

Ⅱ. 衬砌不同位置截面轴力（图 12.35）。

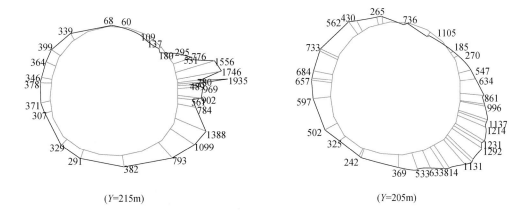

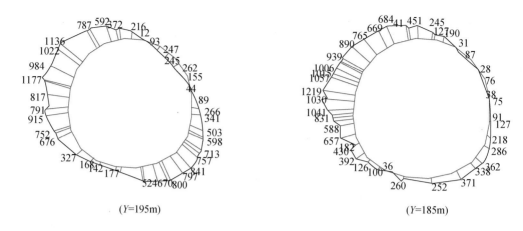

(Y=195m)　　　　　　　　　　　(Y=185m)

图 12.35　各截面衬砌轴力（单位：kN）

Ⅲ. 衬砌不同位置截面安全度（图 12.36）。

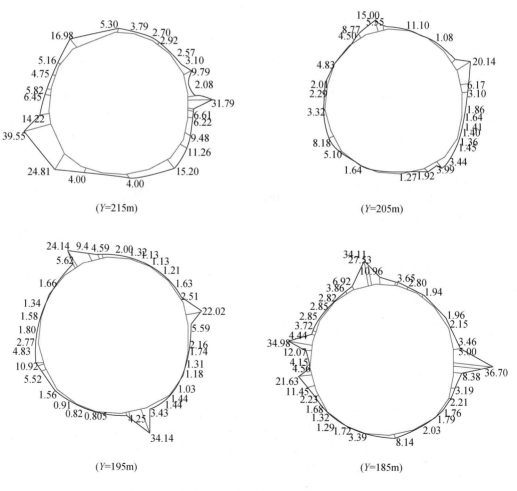

(Y=215m)　　　　　　　　　　　(Y=205m)

(Y=195m)　　　　　　　　　　　(Y=185m)

图 12.36　各截面衬砌安全度

从以上各工况的衬砌内力图中可以看出：

第一，上、下盘的衬砌内力分布和大小受上盘沉降量值的影响。当上盘沉降量小于 30cm 时，上盘衬砌最大弯矩位于衬砌右下方 45°位置；当上盘沉降大于等于 30cm 时，上盘衬砌最大弯矩位于衬砌左下方 45°位置。下盘衬砌最大弯矩分布不受上盘沉降量影响。

第二，当上盘沉降量大于等于 30cm 时，衬砌出现拉应力（表 12.8）。

第三，衬砌最小安全度为 0.8（表 12.8），位于上盘衬砌仰拱底部位置。

表 12.8　对缝式（$L=10m$）隧道内力计算结果

工况	最大弯矩/(kN·m)		最小轴力/kN		最小安全度
	下盘	上盘	下盘	上盘	
0	228	204	93	92	7.42
10	384	367	57	41	3.22
20	572	545	22	11	1.81
30	758	804	−46	−86	1.3
40	959	1040	−86	−191	1
50	1158	1280	−105	−262	0.8

12.1.2.5　小结

利用荷载结构法和地层结构法就地裂缝活动作用下隧道结构的内力进行了计算，得出如下结论：

（1）荷载结构法计算得到的无地裂缝错动情况下衬砌受力为：最大轴力 1.45MN，最小约为 132kN，弯矩最大约为 213kN·m，最小约为 166 kN·m。地层结构法计算中考虑了荷载释放率，计算得到的内力结果小于荷载结构计算结果。

（2）当上盘沉降量 $s=50cm$ 时，整体式衬砌截面内力最大值为 1065kN·m，下盘为 970 kN·m，内力较分段式衬砌内力小，这是因为整体式衬砌协调整体结构抵抗变形引起的荷载，当变形引起的荷载较小时，整体式隧道还可以抵抗，当变形较大相应荷载较大时，衬砌互相协调抵抗荷载将出现大面积结构破坏。同时，当上盘沉降 10cm 时整体式结构就出现拉应力，故整体式隧道穿越地裂缝不可取。

（3）通过整体式隧道截面的弯矩变化可以看出地裂缝对隧道的影响范围（垂直地裂缝距离）：上盘影响范围为：$\sin20°\times(200m-160m)\approx14m$；下盘影响范围为：$\sin20°\times(225m-200m)\approx9m$，总体约为 23m。可以把上面的过程概括为：上盘影响范围：$\sin\beta\times4D$，下盘影响范围：$\sin\beta\times2.5D$，式中，D 为隧道外径，β 为隧道轴线和地裂缝夹角。

（4）骑缝式和对缝式隧道的计算结果表明，隧道内力比较大的衬砌仅仅位于跨越地裂缝的衬砌或者是紧靠地裂缝的衬砌，地裂缝活动对隧道影响具有三维空间特征。

（5）骑跨地裂缝衬砌最大弯矩始终保持在衬砌右下角 45°位置，最大弯矩为 1190kN·m，上盘衬砌最大弯矩分布和大小随着该盘沉降量的增大而变化。当上盘沉降量小于 20cm 时，衬砌的最大弯矩位于衬砌左上角 45°位置；当上盘沉降量等于 20cm 时，衬砌的最大弯矩位于衬砌左下角 45°位置；当上盘沉降量大于 20cm 时，衬砌的最大弯矩位于衬砌右下角 45°位置，并且当上盘沉降量为 50cm 时，最大弯矩为 1039 kN·m。

（6）对缝式隧道节段长 15m 时，节段刚好可以跨越地裂缝投影区域，而对缝式隧道节段长 10m 时，超越不了小角度地裂缝投影方位，因此对缝式计算两种情况略有差异。对缝式 10m 节段隧道的内力小于对缝式 15m 隧道节段，但是 10m 节段隧道在上下盘都出现拉应力，而对缝式 15m 隧道仅在上盘出现拉应力。

表 12.9 总结了地层结构法各工况下的关键内力对照，从表中可以看出，整体式衬砌的拉应力最大，并且出现得早，作为结构措施不可取；骑缝式隧道，跨越地裂缝段衬砌拉应力较大，并且当下盘沉降至 20cm 就已出现。然而，对缝式隧道在下盘沉降至 30cm 时才出现拉应力，并且拉应力值较小，因此对缝式隧道受力较优越。

表 12.9　各工况计算结果对照表

分段方式	最大弯矩/(kN·m)	最大轴力/kN	最小轴力/kN	最小轴力出现时上盘沉降/cm	最小安全度
整体	1065（下盘）	1049（下盘）	-386（下盘）	10cm	1.08
骑缝式	1190（地裂缝）	1187 下盘	-304（上盘）	20cm	1.08
对缝 15	1716（上盘）	1481 下盘	-218（上盘）	30cm	0.6
对缝 10	1280（上盘）	1292 下盘	-262（上盘）	30cm	0.8

12.1.3　地铁隧道小角度穿越地裂缝带结构减灾措施

前面的大型模型试验和数值计算结果表明，地铁隧道小角度穿越地裂缝带必将破坏。因此，必须采取有效的防治措施才能避免隧道衬砌结构的开裂破坏。防治的基本指导原则是"防"与"放"相结合，"分段设缝加柔性接头、预留净空与局部加强"，以分段结构适应地裂缝变形为主。"防"就是扩大断面（预留净空）和局部衬砌加强，而"放"就是分段设缝加柔性接头，跨地裂缝地段采用分段结构进行设计，采用柔性接头连接处理。

1. 穿越地裂缝带的隧道衬砌结构分缝原则

根据长安大学地裂缝课题组已取得的研究成果，斜交条件下地铁分段隧道与地裂缝的平面投影关系，变形缝设置模式和分段长度优化计算模式大致归纳为以下两种模式：

模式一：对缝设置模式，即分段隧道中有两段隧道骑跨于地裂缝上 [图 12.37（a）]；

模式二：骑缝（或悬臂）设置模式，即分段隧道中仅一段隧道骑跨于地裂缝上 [图 12.37（b）]。

分段计算模式如图 12.37 所示，从地裂缝位置处开始，上盘分段隧道编号为 L1-i，下盘分段隧道编号为 L2-i；分段隧道轴线与地裂缝斜交夹角为 θ。

根据前面的数值模拟计算和大型模型试验成果，认为斜交穿越地裂缝带的隧道衬砌结构分缝原则为：

（1）斜交角度 $\theta > 45°$ 时，采用骑缝式或悬臂式设缝模式，跨地裂缝地段隧道段长度取 20m，即图 12.37（b）中 L2-1 取 20m；

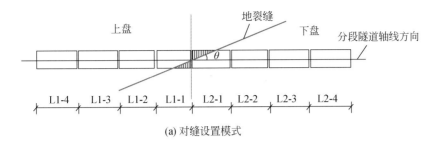

(a) 对缝设置模式

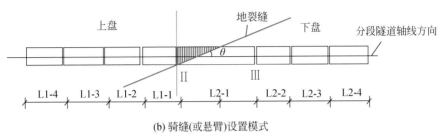

(b) 骑缝(或悬臂)设置模式

图 12.37　分段隧道与地裂缝平面展布示意图

（2）斜交角度 $\theta \leqslant 45°$ 时，采用对缝式设缝模式，跨地裂缝地段隧道段长度取 15m，即图 12.37（a）中 L1-1 和 L2-1 均取 15m；

其他位于主变形区的分段隧道长度取 10m，微变形区分段隧道长度取 15～20m 均可。

2. 扩大断面预留净空和局部衬砌加强

考虑到西安地裂缝在地铁设计使用期（100a）内设计值为 500mm，为了防止隧道建筑限界入侵，保证隧道净空和行车安全，隧道穿越地裂缝变形区必须局部扩大断面预留净空。同时，采用双层衬砌或复合式衬砌局部（主要为接头部位）加强以确保结构强度（图 12.38），在地裂缝地段隧道必须预留足够的净空，地裂缝错动后仍能通过线路调坡来保证行车。

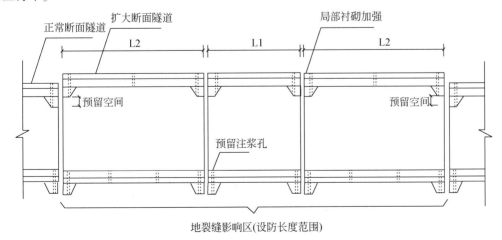

图 12.38　地铁隧道穿越地裂缝影响区纵剖面示意图

当地铁隧道与地裂缝正交时，其断面预留净空量根据地裂缝垂直位错量确定；当地铁隧道与地裂缝斜交时，其断面预留净空根据前面三维空间抗裂预留位移量确定。

3. 分段设缝加柔性接头

隧道分段设缝后，结构应力释放，受力明显减小，但防水压力相应增加，因此接头构造包括结构形式及防水构造。根据长安大学地裂缝课题组前期研究成果及广泛调研，分段设缝接头大致可采用以下三种构造形式或设置方案。

1) 可卸式拼装柔性接头设置方案

由于地裂缝活动会导致结构位错进而引起防水失效，因此考虑的重点应放在可维修可更换、易于操作的构造形式上。鉴于此，在长安大学地裂缝课题组之前提出变形缝的可卸式管片拼装双层结构法的基础上进一步改进，提出可卸式拼装柔性接头。其具体构造形式及方案如图 12.39 所示。

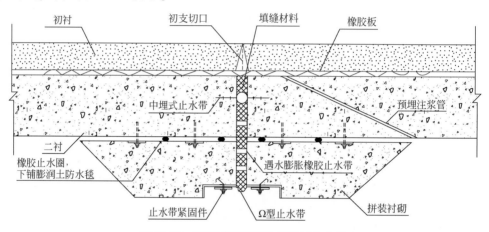

图 12.39 可卸式拼装管片柔性接头方案

该接头形式或设置方案具有维修方便经济、操作性强的特点，对不同活动级别的地裂缝地段均可采用。其初衬为第一道刚性防水层，二衬可安装中埋式止水带组成第二道防水，二衬预留注浆孔，当初衬与二衬间出现脱空时即可注浆堵漏，内层拼装结构的防水构成第三道防水。地裂缝地段分段隧道衬砌之间推荐采取该接头设置方案。

2) 且形止水带+中空弹性止水带+Ω止水带多道柔性防护柔性接头设置方案

该柔性接头设置方案在长安大学地裂缝课题组《西安地裂缝对地铁工程的危害及其防治措施研究》（2009）报告中提到，由中铁第一勘察设计研究院和西北橡胶塑料设计研究院在长安大学地裂缝课题组所提双层衬砌结构柔性接头的基础上提出来的，接头呈下凸梯形形式，变形缝采用"且"形止水带、中空弹性止水带和"Ω止水带"以及钻孔注浆相结合进行多道防水，能起到较好的防水效果（图 12.40），不失为一种可推荐的接头设置方案。

3) 橡胶板+U 型薄钢板+Ω止水带综合防护柔性接头设置方案

该种接头构造形式如图 12.41 所示。该种方案较为简单，操作性较强，但抵抗变形的能力相对小一些，对于地裂缝活动不是十分强烈，设计垂直位错量为 300mm 的地裂缝带，分段隧道结构接头可采用该种接头构造方案。

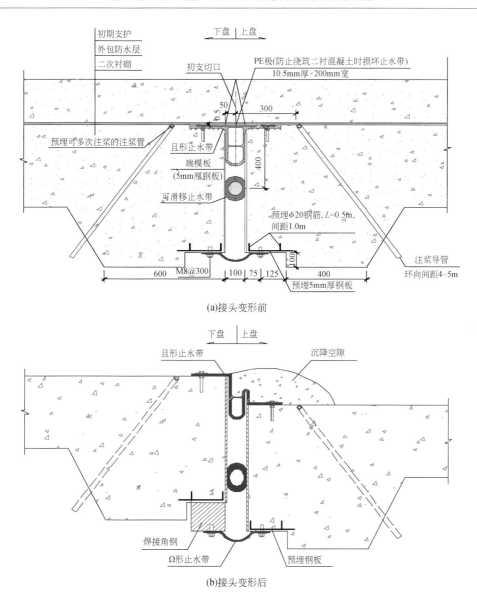

(a)接头变形前

(b)接头变形后

图 12.40　且形止水带+中空弹性止水带+Ω 止水带多道柔性防护接头方案（比例尺 1：10）

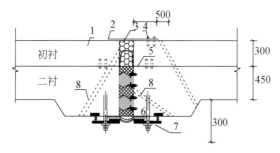

图 12.41　橡胶板+U 型薄钢板+Ω 止水带综合防护柔性接头设置方案（单位：mm）

　　1. 结构；2. 橡胶板；3. 聚苯乙烯硬质塑料泡沫；4. 铆钉确保橡胶与衬砌可靠固定；

　　5. 2～3mmU 型薄钢板；6. 高密度 PE 板；7. Ω 型止水带及配套装置；8. 预设注浆孔

鉴于地裂缝活动的复杂性，上述三种变形缝隧道衬砌接头方案要与注浆加固等其他措施综合运用，才能起到较好的适应地裂缝大变形和防水的效果。

12.2　地铁隧道与地裂缝近距离平行的工程病害与减灾措施

本章主要通过数值模拟计算和大型模型试验对近距离平行活动地裂缝带的地铁隧道性状开展研究，从而提出地裂缝场地地铁隧道的安全避让距离。

12.2.1　近距离平行地裂缝条件下地铁隧道性状的 FLAC3D 模拟

1. 地质概况

本次研究将以地铁 3 号线穿越 f_6、f_7 地裂缝为例开展数值模拟计算。地铁 3 号线区间隧道顶部埋深一般为 10m 左右，该区间段根据设计部门提供的图纸，隧道断面形式为马蹄形断面（图 12.42）。该区间隧道穿过地层岩性较为复杂，围岩为第四系新黄土、老黄土、饱和软黄土、古土壤、粉质黏土及砂层等，岩性变化大，地层的均一性较差，受地下水的影响较大。

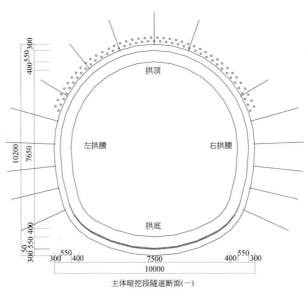

图 12.42　主体暗挖隧道断面

2. 数值模型建立及参数选取

1）模型简化

地裂缝与隧道在空间上为平行关系，如图 12.43 所示，通过净距离 L 变化值为：5m，10m，20m，30m，40m 和 50m，来模拟地裂缝活动对隧道结构内力和变形的影响。考虑到西安地裂缝倾角近直立（一般大于 75°），数值计算模型中统一取为 80°。为了充分反映地裂缝活动作用下隧道衬砌结构的纵向变形与力学行为以及减小边界效应的影响，几何模型尺寸取：长×宽×高＝60m×130m×50m，即纵向地层隧道长取 60m（Z 方向），地层横向宽取 130m（X 方向），地层埋深取 50m（Y 方向），隧道衬砌顶部埋深取 10m，具体简化计算模型见图 12.43。

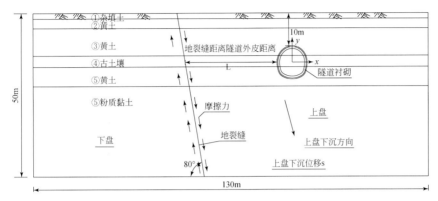

图 12.43　计算模型简图

2）边界条件及地裂缝活动模拟

数值计算模型前后两端和左右两侧分别施加 Z 方向和 X 方向水平位移约束，地裂缝下盘底部施加 Y 方向即竖直向位移约束，而其上盘底部为可控活动边界。由于地裂缝的活动方式是上盘下降而下盘稳定，模型中在上盘底部施加强制位移 s（速度，FLAC3D 中）来控制和模拟地裂缝上盘的下降过程和垂直位移量。

3）参数选取

本次数值模拟采用摩尔-库仑（M-C）弹塑性本构模型。根据地铁区间隧道地裂缝与岩土工程勘察报告，具体计算参数如表 12.10 所示。

表 12.10　计算参数

参数	重度 $\gamma/(kN/m^3)$	弹性模量 E/MPa	泊松比 μ	黏聚力 c/kPa	内摩擦角 φ/°	地层埋深/m
①杂填土（Q_4^{ml}）	17.3	1.20	0.35	16	8	1.70
②黄土（Q_4^{al}）	17.5	1.15	0.35	22	12	4.60
③黄土（Q_3^{eol}）	17.5	1.37	0.30	20	10	13.0
④古土壤（Q_3^{el}）	18.6	1.97	0.30	20	8	16.4
⑤黄土（Q_2^{eol}）	19.2	1.98	0.30	30	7	20.0
⑥粉质黏土（Q_2^{al}）	19.2	1.98	0.30	30	7	40.0
地裂缝	$C=12kPa，\phi=20°$					

4）计算工况

为了详细模拟地裂缝活动对隧道结构的影响，采用逐渐变换地裂缝与隧道衬砌净距 L、上盘下沉位移 s 这两个量值的大小，来详细分析隧道内力变化，具体分为六种工况，如表 12.11 所示。

表 12.11　计算工况表

隧道和地裂缝净距 L/m		上盘下沉位移 s/cm					
工况 1	5	5	10	20	30	40	50
工况 2	10						
工况 3	20						
工况 4	30						
工况 5	40						
工况 6	50						

3. 计算结果分析

通过以上六种工况的模拟，最后计算结果如下：

1）地层位移场

图 12.44 至图 12.48 是六种工况下，上盘最终下沉 $s=50\mathrm{cm}$ 时，隧道周边土体的横向 (X) 变形结果，图中位移为"+"值是沿着 X 正方向，"–"值反之。

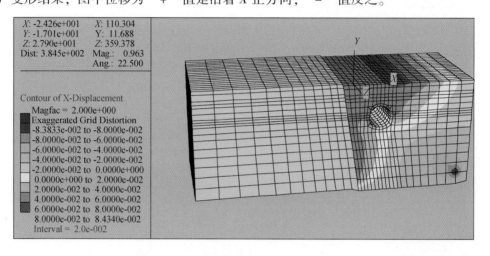

图 12.44　X 方向位移（$L=10\mathrm{m}$，$s=50\mathrm{cm}$）

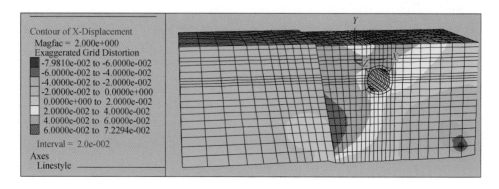

图 12.45　X 方向位移（$L=20\mathrm{m}$，$s=50\mathrm{cm}$）

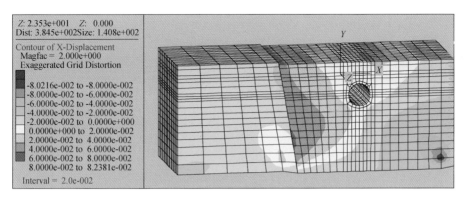

图 12.46　X 方向位移（$L=30$m，$s=50$cm）

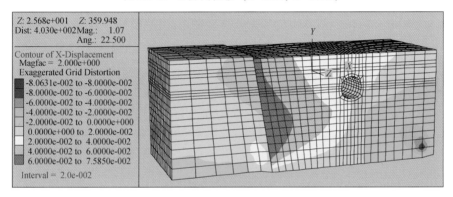

图 12.47　X 方向位移（$L=40$m，$s=50$cm）

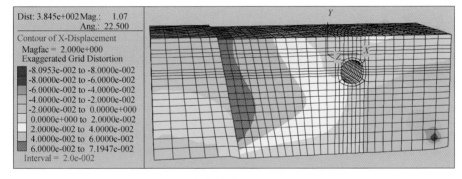

图 12.48　X 方向位移（$L=50$m，$s=50$cm）

从图 12.44 至图 12.48 可以看出：随着 L 的增加，隧道周边受挤压土体量值越来越小，范围也在逐渐缩小；当 $L=30$m 时，隧道周边受挤压土体减小至 2cm；$L=50$m 时隧道周边受挤压土体非常小。以上的分析说明，L 越大，对隧道结构越有利，但是地铁线网不能任意调整，城市用地十分宝贵，需要有效利用，必须有一个合适的避让距离。从后面的位移场结果分析看，取 $L \geqslant 30$m 可以满足地铁隧道变形控制要求。

2）隧道衬砌变形分析

受到隧道周边土体挤压，隧道结构发生变形，从而引起隧道内力变化。图 12.49 是隧道衬砌发生水平向位移（X 方向）的等值线图，从图中可以看出衬砌的水平向位移为 1.9～2.2cm。

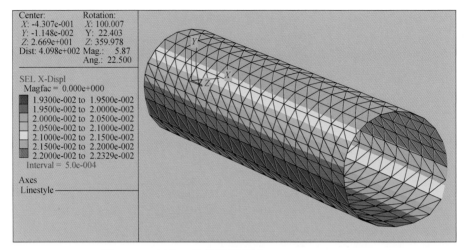

图 12.49　衬砌 X 位移等值线图（$L=30$m，$s=30$cm）

表 12.12 统计分析了六种工况下，隧道拱底、拱顶、左拱腰和右拱腰的水平位移变化范围，其中 $L=30$m 时，隧道结构水平向位移平均值为 1.78cm，方差 0.017。

表 12.12　隧道水平位移计算结果

工况		$L=5$m	$L=10$m	$L=20$m	$L=30$m	$L=40$m	$L=50$m
水平位移变化范围/cm	拱底	0.2~3.8	0.5~4.6	0.5~3.5	0.2~3.2	0.1~2.3	0.08~1.6
	拱顶	3.6~8.2	2.3~6.9	0.9~4.1	0.3~3.5	0.09~2.4	0.04~1.6
	左拱腰	1.8~5.9	1.2~5.6	0.6~3.7	0.1~3.2	0~2.2	0~1.5
	右拱腰	1.9~6	1.5~5.8	0.8~3.9	0.4~3.4	0.2~2.4	0.2~1.7
隧道平均位移值/cm		3.93	3.55	2.25	1.78	1.21	0.84
方差		2.54	0.71	0.048	0.017	0.007	0.007

图 12.50 综合反映了隧道结构水平向平均变形值和净距离 L 的关系，从图中可以看出随着净距 L 的增大隧道水平变形平均值变小，当 $L \geqslant 30$m 时，平均水平向位移<20mm。

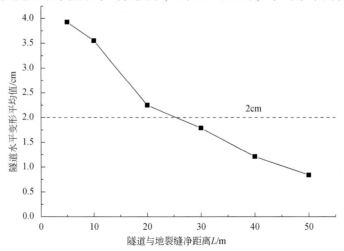

图 12.50　净距 L 与水平位移关系图

3）隧道衬砌弯矩

隧道特征位置处衬砌弯矩如表 12.13 所示。

表 12.13　隧道衬砌弯矩统计

工况		$L=5$m	$L=10$m	$L=20$m	$L=30$m	$L=40$m	$L=50$m
衬砌弯矩变化范围/kN·m	拱底	124~57	214~150	213~173	496~445	231~193	223~194
	拱顶	424~333	578~515	501~462	251~204	495~434	439~419
	左拱腰	2~71	-121~-57	-124~-81	-164~-109	-145~-101	-127~-94
	右拱腰	-115~-28	-222~-157	-165~-121	-175~-125	-141~-134	-125~-99

4）隧道衬砌轴力

隧道特征位置衬砌轴力如表 12.14 所示。

表 12.14　隧道衬砌轴力统计

工况		$L=5$m	$L=50$m
衬砌轴力变化范围/kN	拱底	860~885	760~799
	拱顶	1216~1253	1177~1212
	左拱腰	1118~1085	1153~1171
	右拱腰	1205~1169	1143~1164

12.2.2　地铁隧道近距离平行地裂缝带的大型模型试验

1. 试验目的

为了揭示地铁隧道近距离平行地裂缝（原型中距地裂缝 30m）条件下的衬砌结构受力变形特征、破坏模式及特征以及影响范围，为地铁隧道近距离平行穿过地裂缝地段安全避让距离和工程措施的制定提供科学依据。

2. 结构模型制作与加工

1）模型相似设计

本试验取几何相似常数 $C_l=5$、混凝土弹性模量相似常数 $C_{E_c}=2$，根据量纲分析法列出 π 项式和相似准则方程，由于试验中很难满足各物理量的相似要求，进行了适当调整，各主要物理量的相似比如下：衬砌混凝土：$C_{E_c}=C_\sigma/C_\varepsilon=2$；$C_{\varepsilon_c}=1$；$C_{\sigma_c}=2$。衬砌钢筋：$C_{E_s}=1$；$C_{\varepsilon_s}=1$；$C_{\sigma_s}=1$；$C_{A_s}=C_\sigma C_l^2/C_{\varepsilon_s}=25$。角位移 $C_\theta=C_\varepsilon=1$；线位移 $C_x=C_\varepsilon C_l=5$；面荷载 $C_p=C_\sigma=2$；力矩 $C_M=C_\sigma C_l^3=250$。

2）地裂缝的设置与模拟

本次模型试验中地裂缝用粉细砂充填来模拟，地裂缝倾角设置为 80°，与模型隧道结构呈 6.0m 近距离平行（图 12.51），地裂缝从地面开始设置至结构上覆土体顶部，地层厚度为 5.0m。

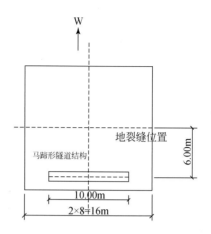

图 12.51　隧道与地裂缝近距离平行示意图

3）模型混凝土

据西安地铁 3 号线初步设计，过地裂缝处隧道拟采用浅埋暗挖法马蹄形衬砌结构，原型衬砌结构的混凝土强度等级为 C30，其弹性模量为 $E=3.0\times10^4$MPa，轴心抗压强度设计值 $f_{pc}=14.3$MPa，钢筋抗拉强度设计值为 300MPa（HRB335），衬砌壁厚 550mm，基本尺寸及配筋见图 12.52。

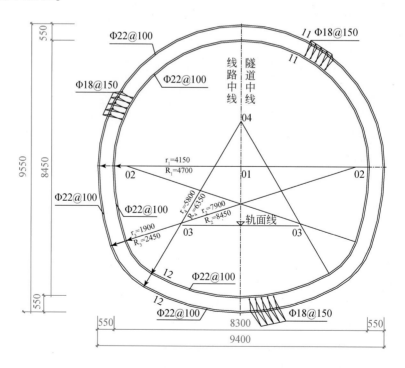

图 12.52　原型衬砌结构简图（单位：mm）

因 $C_l = 5$，所以模型隧道结构壁厚110mm，小角度斜交时模型隧道总长18.0m，近距离平行时模型隧道总长为10.0m。模型混凝土强度等级 C20（$f_{mc} = 9.6\mathrm{MPa}$），模型钢筋采用 HPB235（$f_{my} = 210\mathrm{MPa}$），模型隧道尺寸见图 12.53。

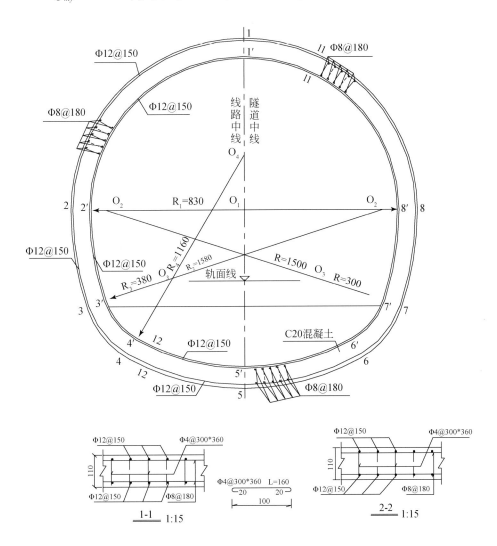

图 12.53　模型衬砌结构简图（单位：mm）

设计模型混凝土强度等级 C20，实验测定试块 28 天强度 27.08MPa、弹性模量（平均值）2.74×10^4 MPa，弹性模量的选取对应的应力为峰值强度的30%处，老规范是峰值强度的40%，使按新规范算的弹性模量比老规范略大。

4）模型钢筋

模型钢筋按等强度原则确定：模型横向钢筋双层 Φ12@150，模型纵向受力钢筋双层 Φ8@180，其他辅助用钢筋，根据比例 1：5 缩小钢筋直径，预埋件根据 1：5 比例缩小，基本构造按照初步设计图纸要求预留。

5）围岩的设置

周围土介质材料采用扰动土（粉质黏土），按实际地层的密实程度和重度进行分层填筑（夯实），从下往上土的重度 γ 依次为 20.0kN/m³、19.8kN/m³、19.0kN/m³、18.4kN/m³、18.5kN/m³。土堆载高度为 25.0/5＝5.0m，土层剖面见图 12.54，围岩设置完成后的形状见图 12.55。

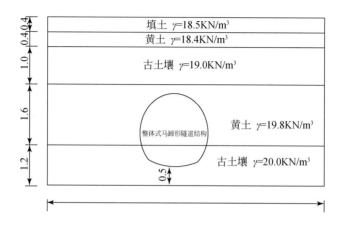

图 12.54　土层剖面结构

图 12.55　填筑制作后模型整体概貌

3. 试验系统与加载方式

同前面 12.1.1 节小角度相交情况。

4. 量测内容

模型混凝土内外表面应变片、模型衬砌钢筋应变片以及土压力布设分别如图 12.56、图 12.57 和图 12.58 所示。

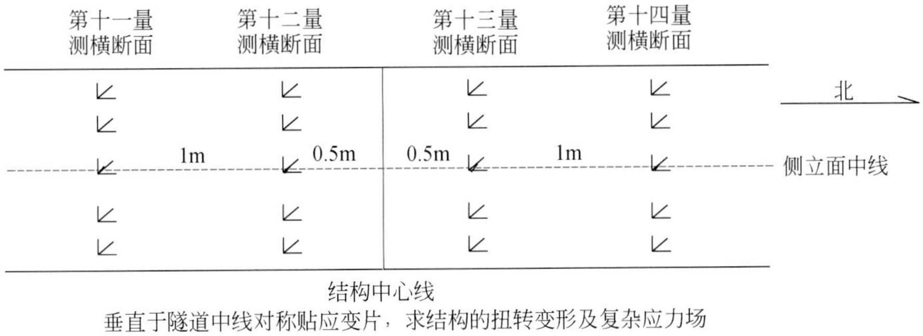

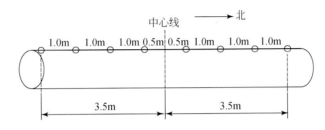

垂直于隧道中线对称贴应变片，求结构的扭转变形及复杂应力场

图 12.56　模型混凝土应变片布置示意图

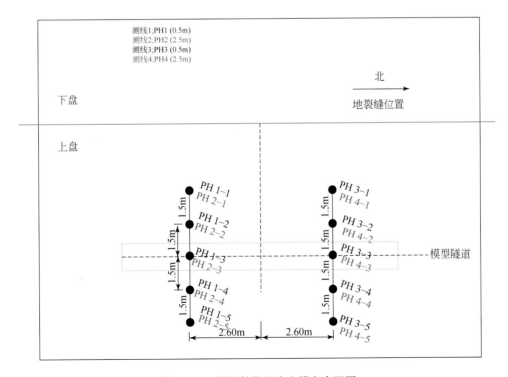

图 12.57　平行结构压力盒纵向布置图

图 12.58　模型结构压力盒横向布置图

1）结构收敛位移测试元件布设

平行地裂缝结构以隧道底板中心线中点为基准，中点两侧 1.5m 各设置一个测量断面，各断面位移计布设类似前面的图 12.56 所示，位移计精度为 0.01mm。

2）模型隧道顶表面土体沉降测点布设

为了研究马蹄形隧道衬砌结构模型在地裂缝错动下对其顶部变形的影响，沿隧道轴向和垂直隧道轴线在模型表面布设了水准测点。

5. 试验结果分析与结论

1）隧道围岩土压力变化

平行于地裂缝的马蹄形隧道衬砌结构底部（$h=0.5$m）、顶部（$h=2.5$m）土压力基本无变化（图 12.59、图 12.60），而横向上马蹄形隧道衬砌结构底部土压力最大值均在轴线位置，远离地裂缝土压力明显减小；结构顶部与底部土压力变化情况较一致，靠近地裂缝侧土压力先降后升，到轴线达到最大值，远离地裂缝侧土压力则明显下降（图 12.61）。靠近地裂缝侧土压力均值大于远离地裂缝侧，说明地裂缝错动对平行于地裂缝的隧道产生了侧向推力。

2）结构收敛位移

图 12.62 表明平行裂缝衬砌结构以受压为主，6 号测点受压位移最大，4 号、5 号测点受拉（向外变形），说明结构主要受到靠近地裂缝侧围岩土体的挤压与土压力分布趋势一致。

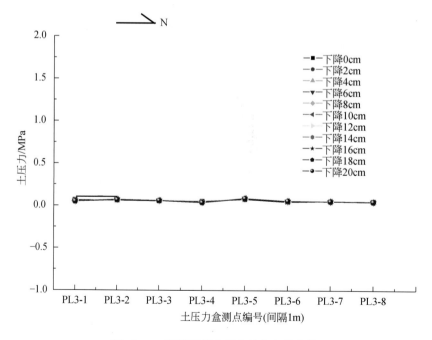

图 12.59　隧道底部土压力轴向变化曲线

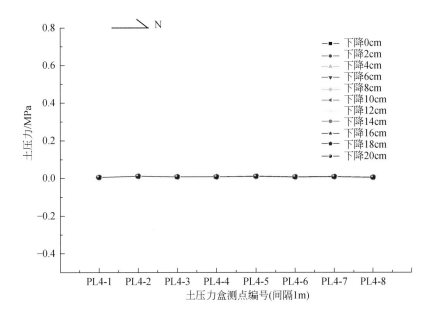

图 12.60　隧道顶部土压力轴向变化曲线

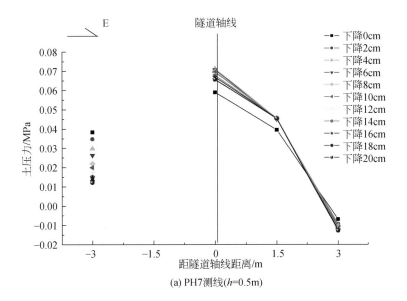

(a) PH7测线(h=0.5m)

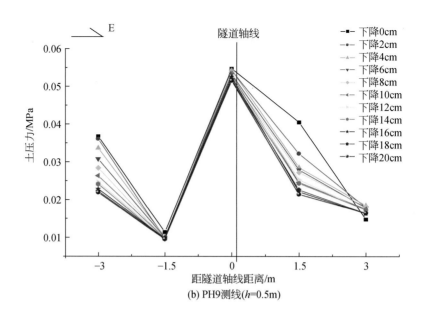

图 12.61　隧道底部横向土压力变化曲线

图中横轴负值为靠近地裂缝一侧，正值为远离地裂缝一侧

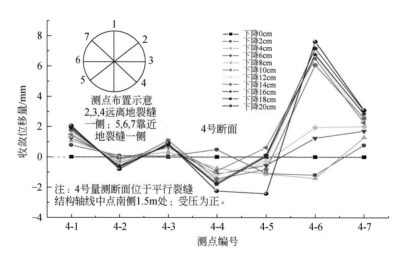

图 12.62　平行地裂缝隧道衬砌结构横断面收敛位移

3）衬砌结构应力应变变化

（1）衬砌结构内表面混凝土环向应变。

图 12.63 和图 12.64 表明平行裂缝衬砌结构内表面受拉区主要集中在结构顶部，其余区域应变值水平较小。总之，混凝土内外表面应变分布规律显示近距离平行地裂缝马蹄形隧道结构主要受到顶部围岩土体压力，一定程度上受到了地裂缝沉降引起的侧向压力，结构无明显变形。

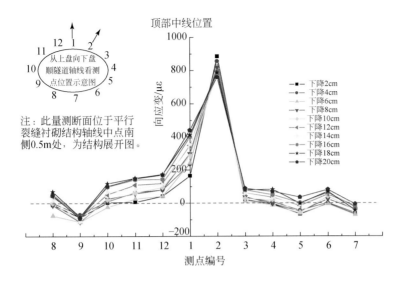

图 12.63　衬砌内表面混凝土环向应变变化曲线

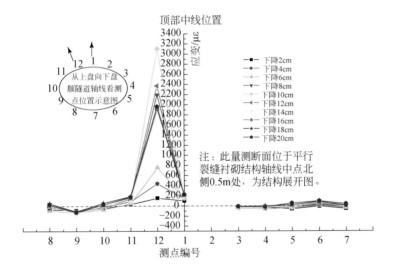

图 12.64　衬砌内表面混凝土环向应变变化曲线

（2）衬砌结构外表面混凝土轴向应变。

图 12.65 表明平行裂缝衬砌结构外表面混凝土轴向应变水平整体较低，且较平稳，没有应力集中，说明结构无明显整体变形。

（3）衬砌结构内、外层纵向钢筋应变。

图 12.66 表明平行裂缝衬砌结构钢筋应变量较小，第 6 测点虽不存在明显受拉受压集中区，但应变变化对应关系较明显，说明结构无显著变形。

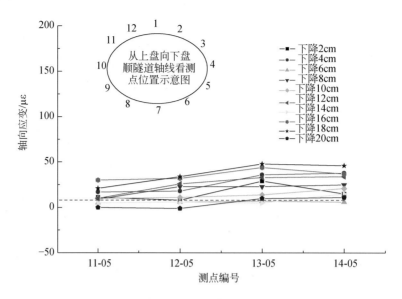

图 12.65 外表面混凝土轴向应变变化曲线

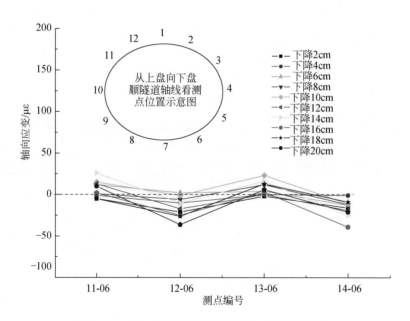

图 12.66 第 6 组测点外层钢筋轴向应变变化曲线

4）模型试验结论

（1）近距离平行地裂缝条件下，马蹄形隧道在轴线方向沉降无明显突变，沉降均匀，沉降速率平稳；垂直于平行裂缝隧道轴线方向上隧道衬砌结构两侧土体变形基本相同。

（2）平行于地裂缝的马蹄形隧道衬砌结构底部横向土压力最大值均在轴线位置，自轴线远离地裂缝土压力明显减小，靠近裂缝土压力先升后降；靠近地裂缝侧土压力大于远离地裂缝侧，说明地裂缝活动对平行地裂缝的结构产生一定侧向推力。

（3）平行于地裂缝的隧道结构受到剪应力非常小，且随着地裂缝上盘沉降量的增大，除局部剪应力变化方向改变，其大小变化不大，说明平行裂缝衬砌结构并没有受扭，结构没有出现扭剪变形。

（4）平行于地裂缝的隧道结构环向钢筋应变水平较低，结构顶部区域为受拉区，与混凝土内表面应变规律吻合，且不存在明显受拉受压集中区，结构无明显纵向变形。

（5）整体式马蹄形隧道结构近距离（对应原型 30m）平行地裂缝时，地裂缝上盘下降不会导致结构发生明显变形破坏，但在靠近地裂缝一侧由于地裂缝的活动上盘地层（土体）会对结构产生水平挤压作用，形成偏压现象，结构整体存在向远离地裂缝带一侧弯曲趋势，但变形不明显，是安全的。这进一步验证了在距离地裂缝带上盘 30m 平行穿过的地铁隧道是安全的。

12.2.3 地铁隧道近距离平行地裂缝带的防治措施

地铁隧道近距离平行活动地裂缝带的防治措施主要是采取避让的原则，选择安全合理的避让距离是最好的办法。

1. 基于现行规程的避让距离

大量实例表明地裂缝活动对建（构）筑物具有不可抗拒的破坏作用，因此采取避让的措施是防止地裂缝灾害的最有效措施，特别是对于高层建筑和大型工程尤为重要，地下工程也不例外。

陕西省工程建设标准《西安地裂缝场地勘察与工程设计规程》（DBJ61-6-2006，J10821-2006）根据多年来对西安地裂缝两侧大量既有建筑物的裂缝调查和变形观测结果，结合工程经验，规定了西安地裂缝场地建筑物规划设计时基础外延至地裂缝的最小避让距离（表 12.15）。

表 12.15 地裂缝场地建筑物最小避让距离 （单位：m）

结构类别	构造位置	建筑物重要性类别		
		一	二	三
砌体结构	上盘	/	/	6
	下盘	/	/	4
钢筋混凝土结构、钢结构	上盘	40	20	6
	下盘	24	12	4

注：1. 底部框架砖砌体结构、框支剪力墙结构建筑物的避让距离应按表中数值的 1.2 倍采用。

2. $\triangle k$ 大于 2m 时，实际避让距离等于最小距离加上 $\triangle k$。

3. 桩基础计算避让距离时，地裂缝倾角统一采用 80°。

对于地裂缝的影响区范围及其建筑物的允许布置类别，在《西安地裂缝场地勘察与工程设计规程》（DBJ61-6-2006，J10821-2006）中做了如下规定。

地裂缝影响区范围：上盘 0~20m，其中主变形区 0~6m，微变形区 6~20m；下盘

0～12m，其中主变形区0～4m，微变形区4～12m。

建筑物基础地面外沿（桩基时为桩端外沿）至地裂缝的最小避让距离，应符合表12.15的规定。

一类建筑应进行专门研究或按表12.15采用；二类、三类建筑应满足表12.15的规定，且基础的任何部分都不得进入主变形区内；四类建筑允许布置在主变形区内。

实践证明，严格遵守这一规程，完全能够防止地裂缝对各类单体建筑物的影响。作为设计寿命为100年的地铁工程是重要生命线工程，应为一类建筑物，按照现行规程来判断，近距离平行地裂缝带的安全避让距离，上盘应为40m，下盘应为24m。

2. 基于数值模拟计算和大型模型试验的安全避让距离

1）地铁线路保护标准

当地裂缝活动时会对已建地铁结构造成沉降及水平位移等影响，为保证地铁列车安全顺利运行，需要从结构受力、线路运营、结构排水等各个方面对已建地铁车站、区间隧道结构的沉降和水平位移提出具体的控制指标。

通过广泛调研，目前对于地铁安全的评判标准，还没有一个通用规范和标准，目前仅上海市有《上海市地铁沿线建筑施工保护地铁技术管理暂行规定》，根据该暂行规定及相关资料，各种卸载和加载活动对运营地铁隧道的影响限度必须符合：

（1）在地铁工程（外边线）两侧的临近3m范围内不得进行任何工程。

（2）地铁结构设施绝对沉降量及水平位移≤20mm（包括各种加载和卸载的最终位移量）。车站底板隆起、沉降最大允许差异沉降控制值为±5mm。车站左右两侧轨道高差<4mm。

（3）地铁隧道变形相对曲率<1/2500。

（4）地铁隧道变形曲率半径>15000m，地铁车站结构变形曲率半径>50000m。

（5）对已建隧道结构的附加沉降或隆起量要求≤5mm，警戒值≤3mm。

（6）运营隧道穿越段与正常段的差异沉降速率应≤0.5mm/半年。

据查阅文献，上海市建造较早的地铁线网运营以来，沉降最大已经达到20cm，但该沉降相对均匀，在沉降相对稳定均匀的情况下只要隧道纵向曲率满足结构防水和行车安全要求即可，但是，地裂缝活动差异沉降十分显著，上盘相对下盘产生垂直位错，当上盘下降50cm时，位于上盘的隧道也会随之下沉且结构产生变形，不能用垂直沉降位移作为评判标准，而只能采用结构变形来评判。

2）安全避让距离的确定

根据前面的大型模型试验及数值模拟计算结果，借鉴《上海市地铁沿线建筑施工保护地铁技术管理暂行规定》的做法，确定地铁隧道近距离平行活动地裂缝带的安全避让距离的判断标准为：

（1）采用结构侧向水平位移不超过2cm；

（2）隧道周边土体变形引起的结构内力变化在结构可以承受的范围内。

根据前面的计算结果和大型模型试验结果，从结构变形和内力来判断，建议控制标准：当$L=30m$时，隧道平均水平位移$1.78cm \leq 2cm$；隧道内力变化在结构可以承受范围之内。因此，建议地铁隧道近距离平行活动地裂缝带时上盘的安全避让距离L（指的是隧道外边界至地裂缝带的水平距离）取 30m，即 $L \geqslant 30m$，并且在设计中对拱底做加强处理，这比根据现行规程确定的上盘40m 要小。如西安地铁 3 号线在小寨吉祥村区间段在 f7 地裂缝上盘穿越且近距离平行时，安全距离取 30m 时，可保证隧道结构安全稳定。

因此，认为西安地铁隧道近距离平行地裂缝带进行结构设计时上盘安全避让距离可按照 30m 考虑。

12.3　地裂缝环境下地铁隧道–地层动力相互作用研究

本节考虑模型试验所能够提供的试验设备以及目前可行的设计条件，设定了如下模型相似原则：①由于地铁区间隧道的模型尺寸较小，很难采用人工质量的方法考虑重力效应，因此在模型的设计中采用重力失真模型；②动力荷载作用下为了模拟土与地下结构模型系统的动力相互作用特性，土和地铁隧道及地裂缝尽量遵循相同的相似比例关系；③动力荷载作用下的地裂缝的模拟尽量遵循与原场地的相似，同时考虑在模型箱中易于操作。

12.3.1　马蹄形断面地铁隧道动力模型设计

1. 试验装置

试验主要包括地铁隧道模型相似比配比试验与振动台试验两大部分。模型材料配比试验主要在长安大学建筑工程材料实验室进行，振动台试验在长安大学振动实验中心进行，其振动台的主要性能参数见表 12.16。

表 12.16　振动台主要性能参数

名称	参数
台面尺寸	1.0 m×1.5 m
台面最大负载能力	2 000 kg
振动自由度	水平向单自由度
频率范围	0.1~50 Hz

2. 模型相似比准则及试验材料

由于岩土体性状的复杂性，动力模型试验很难完全满足相似定理，试验设计时根据研究的核心内容及已有试验条件，通过近似相似的方法来完成。根据 Bukingham 原理，以长度相似比 $C_l = 40$ 为基本相似比推导其他物理量相似比，相似比关系式及取值如表 12.17 所示。

表 12.17　振动台试验物理量相似比

物理量	相似比关系式	相似比
应变	$C_\varepsilon = \varepsilon_m / \varepsilon_p$	1
长度	$C_l = l_m / l_p$	1/40
密度	$C_\rho = \rho_m / \rho_p$	1
弹性模量	$C_E = E_m / E_p$	1/5
质量	$C_m = C_\rho \cdot C_l^3$	1/64000
位移	$C_u = C_l$	1/40
时间	$C_t = C_l \sqrt{C_\rho / C_E}$	0.056
频率	$C_f = 1/C_t$	17.857
应力	$C_\sigma = C_E \cdot C_\varepsilon$	1/5
加速度	$C_a = C_l / C_t^2$	8

注：C 为模型与原型之间物理量的相似比。

　　根据相似比及材料的可行性，本次模型试验中的土体材料采用西安 f_7 地裂缝与西安地铁二号线交汇处场地土，地裂缝模拟材料采用粉细砂。地铁隧道模型中所配钢筋采用双层镀锌铁丝网成型，混凝土采用表 12.18 中质量配比的微粒混凝土制作。

表 12.18　地铁隧道模型混凝土质量配合比

材料	水泥	粉煤灰	砂子	细石子（3~5mm）	早强剂	水
配合比/%	1.0	0.257	2.209	3.177	0.02	0.457

　　表 12.19 为配比试验所测定的微料混凝土主要的力学参数，立方体试块及棱柱体试块分别用于测定模型材料混凝土强度及弹性模量。马蹄形隧道采用内置分块模具确定其断面形状，塑料卡具确定钢筋网保护层厚度，以外层模具确定隧道尺寸及隧道衬砌厚度，隧道模型浇筑微粒混凝土成型后，浇水养护48h后拆模，在实验室养护至设计强度。

表 12.19　模型材料物理力学参数

参数	重度/(kN/m³)	立方体强度/MPa	弹性模量/MPa
隧道结构模型	25.00	2.98	3.3×10^3

3. 模型边界条件

　　模型试验中采用刚性模型箱，箱体采用角钢作为固定钢架，采用 10mm 木工板制作箱壁，垂直于振动方向的相邻板间采用泡沫胶填充。为了减小箱壁侧向变形以及边界效应，箱壁上粘贴厚度 10mm 聚苯乙烯泡沫塑料，模型箱底沿振动方向每隔 200mm 加设宽度 25mm 的木条及螺钉以加强箱底与土体的摩擦力，减小二者之间的相对位移。

4. 试验测试方案

模型箱按长度相似比 $C_l=40$ 进行设计，其尺寸为 1.0 m×0.9 m×0.6 m（长×宽×高），模型箱结构示意图如图 12.67 所示。根据试验目的，本次试验测试主要布置沉降观测、电阻应变传感器、加速度传感器和土压力盒，测试隧道结构的应变值，隧道周围土体和隧道结构的加速度值以及土压力值。测点布置如图 12.68 所示。图中以模型箱表面左下角为原点，沿 X、Y 轴向分别间隔 10cm 设定沉降观测点。沿 A–A'，B–B'，C–C' 三剖面分别在马蹄形扩大断面隧道外侧的拱顶、拱底及左右拱腰部位布置应变片。

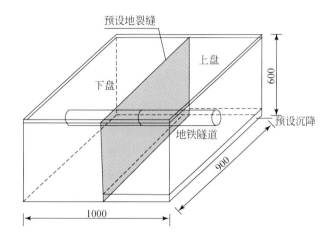

图 12.67　模型箱结构示意图（单位：mm）

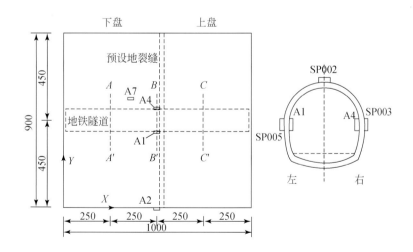

图 12.68　模型测点布置示意图（单位：mm）

12.3.2   试验成果分析

1. 地表沉降及破坏特征

图 12.69 给出了地震动力作用下地面沉降曲线。由图可知，在地震动力荷载作用下，地铁隧道所处地裂缝场地产生不均匀沉降，最大沉降值产生于预设地裂缝位置且上盘沉降大于下盘沉降值。西安人工地震波作用后，地裂缝场地中最大沉降值为 44mm，其值远大于根据监测资料统计所得的西安地裂缝年沉降速度 2~16mm/a，说明地震作用加剧了活动地裂缝南倾南降的垂直运动。

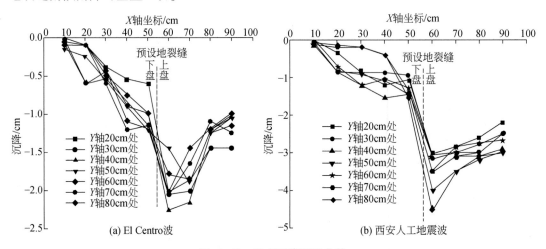

图 12.69   地表沉降测量曲线

随着地震荷载施加，伴随沉降量增大，地表同时有张拉裂缝出现（图 12.70），说明在地震动力荷载作用下，由于地裂缝运动瞬时加剧引起地铁隧道的运动，且地铁隧道与地裂缝场地运动的不完全一致，使两者之间的摩擦力大于黏结力而导致地铁隧道与土体接触部位出现裂缝及沉降高差。

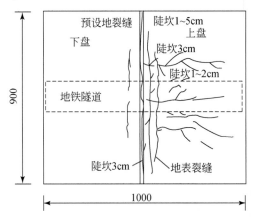

图 12.70   地表破裂分布图（单位：mm）

2. 加速度特征

图 12.71 给出隧道结构及场地加速度响应特征曲线。对比分析地铁隧道内测试点（A1、A4）的加速度时程曲线，可知地铁隧道内两个测试点的加速度时程曲线及峰值均保持一致，表明在地震动力荷载作用时，地铁隧道保持了结构的整体性，在地震动力荷载作用下产生动力加速度，但上盘场地的加速度峰值大于基准测点（A2）加速度峰值，说明当地震荷载作用时，在有地铁隧道穿越的地裂缝场地，地裂缝上盘在沉降运动加剧的同时，对地震运动有一定的"场地放大效应"。

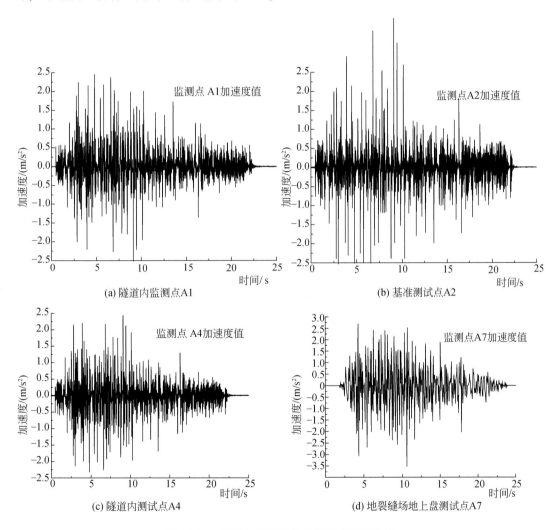

(a) 隧道内监测点A1　　　　　　　　　　(b) 基准测试点A2

(c) 隧道内测试点A4　　　　　　　　　　(d) 地裂缝场地上盘测试点A7

图 12.71　隧道及地裂缝场地加速度时程曲线

3. 土压力变化特征

图 12.72 给出土压力时程曲线。在地震动力荷载作用下，土压力保持与地震动荷载一致的运动时程，表现为随地震动荷载的施加，各测点的土压力由初始土压力 0 值开始随地震动荷载的施加呈动态变化。土压力时程曲线的线型及持续时间均与西安人工地震波的动

态时程曲线保持一致。

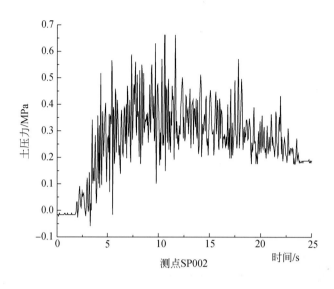

图 12.72　土压力时程曲线

分析隧道结构上部土压力（SP002）曲线，如图 12.72 所示，可得在西安人工地震波作用过程中，马蹄形地铁隧道拱顶处的动土压力也随地震动荷载而呈现动力变化，时程曲线与地震波的动力时程相协调。由地震荷载加载结束后，隧道拱顶处土压力增加至 0.2MPa，可见地震动力荷载作用增加了结构上部土压力。

4. 应变变化特征

图 12.73 为模型试验中 ElCentro 地震波及西安人工地震波分别加载后，马蹄形地铁隧道拱顶、拱底及左右拱腰部位的应变监测结果。

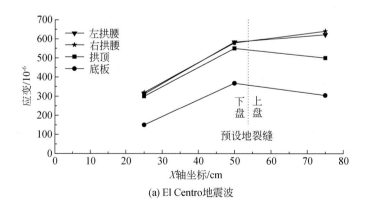

(a) El Centro 地震波

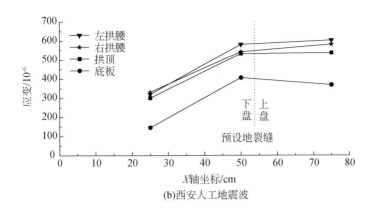

(b)西安人工地震波

图 12.73 地铁隧道应变曲线

对应变曲线分析可得，在地震荷载作用下，地铁隧道结构各部分的应变均有所增加。马蹄形地铁隧道同一断面位置左右拱腰部位的应变最大，拱顶板的应变次之，相比而言底部应变最小。沿 X 轴方向三个断面位置处的应变变化可以看出在预设地裂缝位置处隧道各部位的应变均急骤增大，且将 A-A' 剖面与 C-C' 剖面相对应位置处的应变比较可得，地裂缝上盘区域的应变值大于同位置处下盘区域对应部位的应变值。

12.3.3 规律性认识

通过模型试验研究了穿越地裂缝区域的地铁隧道在地震动力荷载作用下的力学响应，得出如下基本认识：

（1）地铁隧道穿越活动地裂缝区域时，在地震动荷载与地裂缝活动耦合作用下，地裂缝场地的沉降加剧，且地裂缝位置处的沉降值最大，地裂缝场地由于上、下盘存在沉降差从而在地裂缝处产生沉降陡坎，地裂缝上盘区域出现新的次生裂缝及正交于地裂缝的细小裂缝。

（2）当地震动力荷载作用于活动地裂缝场地时，地铁隧道与地裂缝场地的加速度时程曲线均与输入的地震加速度时程曲线保持一致，地铁隧道在地震动力荷载作用下保持整体运动性。地铁隧道附近的地裂缝上盘区域在地震动荷载加剧其沉降运动的同时，对地震运动表现出一定的"场地放大效应"。

（3）地震动力荷载作用下活动地裂缝场地的土压力伴随地震动荷载作用呈现动力变化，且在地震加载结束后，地铁隧道与其围岩之间的土压力状态及大小均产生了变化，地铁隧道顶部土压力明显增大。

（4）在地震荷载作用下，位于地裂缝上盘区域的地铁隧道结构各部分的应变均大于对应位置下盘区域的应变值，且地铁隧道同一剖面左右拱腰部位的应变最大，拱顶部的应变次之，底部应变最小。

12.4　地裂缝环境下分段地铁隧道–地层动力相互作用研究

12.4.1　试验模型设计

1. 试验装置及检测设备

振动台试验在长安大学动力中心进行，地震模拟振动台采用 MTS 公司生产，长安大学二次研发的水平向单自由度振动台，其主要性能参数为：振动频率范围 0.1 ~ 50.0 Hz，台面尺寸 1.0 m×1.5 m，最大承载重量 2 000 kg。

模型试验中土体的加速度时程由加速度传感器测试，土压力采用钢弦式土压力盒测试，同时进行分段地铁隧道的应变测试，数据采集利用德国 IMC 公司生产的动态信号采集系统。

分段式柔性接头地铁隧道及地裂缝模型如图 12.74 所示。

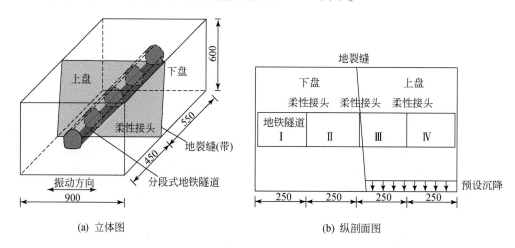

(a) 立体图　　　　　　　　　　　　(b) 纵剖面图

图 12.74　地裂缝与分段柔性接头地铁隧道模型示意图（单位：mm）

图 12.74 所示模型模拟西安地铁正交穿越地裂缝带的基本工程实况。西安地裂缝上盘相对下盘沉降，下盘固定不动，模型中采用上盘区预设沉降模拟上盘下沉。穿越地裂缝区段地铁隧道采用柔性接头连接的分段隧道，模型中地铁隧道分为Ⅰ、Ⅱ、Ⅲ及Ⅳ四个区段，各地铁隧道区段间采用柔性接头连接。

2. 模型设计

西安地铁穿越地裂缝区域多采用分段接头的扩大断面马蹄形隧道，原型衬砌结构的混凝土强度等级为 C30，其弹性模量为 3.0×10^4 MPa，轴心抗压强度设计值为 14.3 MPa，钢筋抗拉强度设计值为 300 MPa。模型试验中需考虑地震动力荷载与地裂缝沉降耦合作用，其地铁隧道模型的受力十分复杂，很难完全满足相似理论。模型设计中根据 Buckingham 原理，在前期模型材料试验及场地试验的基础上综合考虑相似条件、试验条件及测试目的，以一种主要变形为主来推导相似准则。本试验取几何相似常数 $C_L = 40$，根据量纲分析法列出 π 项式和相似准则方程，主要物理量的相似关系为：$C_\mu = 1$，$C_E = 1$，$C_c = 1$，$C_\varphi = 1$，$C_\sigma = 5$，$C_l = 40$，$C_t = 0.056$，其中，E，μ，c，φ，σ，l，t 分别为地层模量、泊松比、黏聚力、内摩擦角、土中应力、位移与时间。

分段式地铁隧道模型尺寸为 1.0m×0.12m×0.15m（长×宽×高），壁厚 0.04m，地铁隧道模型中间设柔性连接接，每一区段地铁隧道模型长 0.25m。试验地层模型尺寸为 1.0 m× 0.9 m×0.6 m（长×宽×高），模型模拟实际地层范围纵向 40.0m，横向 36.0m，深度 24.0m，隧道埋深 12.0m。地裂缝上下两盘的影响范围根据相关规定分别为 2 倍和 2.5 倍隧道宽度，对比分析此模型设计可以满足地裂缝场地的相关要求。

西安地裂缝倾角范围在 70°～85°，呈南倾南降运动趋势，裂缝带充填物主要为粉质黏土、粉砂及粉土等。模型试验中设置地裂缝倾角 85°，用粉细砂模拟地裂缝中的充填物。模型中场地土采用西安地裂缝 f_7 段与地铁相交处工程场地土经晾晒、过筛、配置后在模型箱中分层夯填。

马蹄形断面地铁隧道经由材料配比试验确定采用微粒混凝土材料模拟，隧道内所配钢筋采用双层镀锌铁丝网成型。柔性接头采用工业橡胶模拟。地铁隧道及柔性接头的物理力学性质如表 12.20 所示。

表 12.20　模型材料参数

地铁隧道	重度/（kN/m³）	立方体强度/MPa	弹性模量/MPa
	25.00	2.98	$3.3×10^3$
柔性接头	硬度/（邵氏）	拉伸强度/MPa	扯断伸长率/%
	60	5.7	270

3. 模型箱设计

本次试验中考虑到试验条件及相关因素的影响，采用刚性模型箱，设计的模型箱尺寸为 0.9 m（平行于振动方向）×1.0 m（垂直于振动方向）×0.6 m（高）。箱体采用 70 mm× 70 mm 和 50 mm×50 mm 的角钢作为固定刚架，采用 40 mm×2 mm 的扁钢拉结。箱壁材料采用厚度 10 mm 的木工板制作，垂直相交的板体之间采用泡沫胶填充。为了减小箱壁侧向变形刚度过大从而导致边界效应的产生，在箱壁上粘贴聚苯乙烯泡沫塑料。考虑箱壁和箱底的摩擦效应，在模型箱底铺设间距 200 mm 的木条及螺钉以加强摩擦力，减小箱底和土体的相对位移。

4. 试验测试方案

考虑试验目的及柔性接头地铁隧道特点，本次测试主要布置沉降观测、电阻应变传感器、加速度传感器、土压力盒以及监测振动台位移的位移传感计。测点布置参考相关试验如图 12.75 所示。

测点 A1、A4、A6 和 A7 对模型的加速度进行测试，E002、E003、E004 及 E005 分别测试各点的土压力值，在模型箱上还设置位移计，测试模型的基本位移变化。同时在模型箱表面以 X 轴和 Y 轴两个方向 10cm 等间距设置沉降观测点。

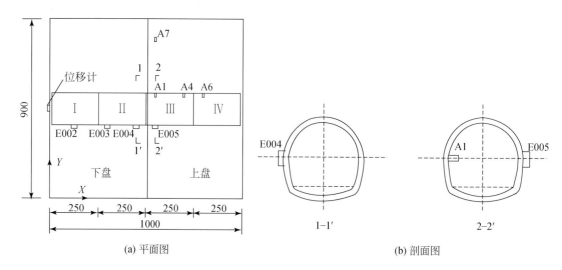

(a) 平面图　　　　　　　　　　　　　　　　　(b) 剖面图

图 12.75　模型测点布置图（单位：mm）

12.4.2　试验结果分析

1. 位移测试

振动台模型试验进行过程中由位移计实时监测模型箱体的动力加载过程。图 12.76 为振动台加载正弦波及西安人工地震波时的位移计测试所得位移曲线。

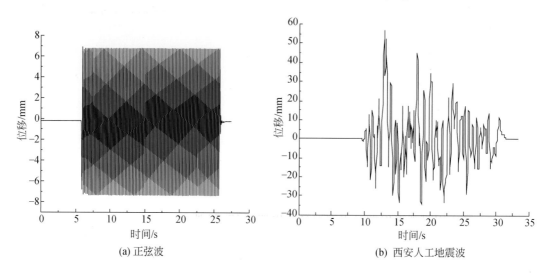

(a) 正弦波　　　　　　　　　　　　　　　　　(b) 西安人工地震波

图 12.76　位移曲线（单位：mm）

由正弦波与西安人工地震波与测试所得振动台位移曲线比较可知，振动台可以较好的模拟单自由度动力地震运动。

2. 地表沉降及破坏特征

西安地裂缝的运动特征为南倾南降的地裂缝上盘相对于下盘沉降，模型试验中采用在上、下盘地层表面设定沉降观测点，测试地震动力荷载作用下的沉降值，对分段地铁隧道穿越地裂缝场地沉降进行分析。图 12.77 为 El Centro 地震波和西安人工地震波作用后，各测点沉降曲线。

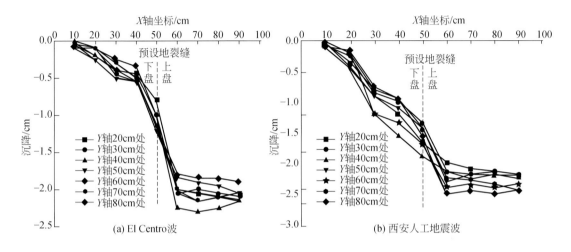

图 12.77　地表沉降测量曲线

由图 12.77 的沉降曲线可见，在西安人工地震波和 El Centro 地震波作用下，分段地铁隧道所处的地裂缝场地上下两盘产生不均匀沉降，上盘沉降远大于下盘区域的沉降，由于上下两盘的沉降差，在模型表面可以见到预设地裂缝位置产生较大沉降陡坎。上盘区在远离地裂缝位置其沉降表现为等幅下沉，图中的沉降曲线在 X 轴坐标 70～90cm 处的趋于水平线形就显示了这一沉降现象，而下盘区域测点距离地裂缝越近其沉降越大而在远离地裂缝位置处其沉降相对较小。

对两种地震波作用下的分段柔性接头地铁隧道穿越地裂缝场地的不均匀沉降曲线分析可知，在地震动力荷载作用下，地裂缝上盘场地整体下沉，预设地裂缝出露，下盘场地受到上盘下沉的拉力作用在距离地裂缝较近部位下沉较大，远离地裂缝位置下沉相对较小，由于地铁隧道柔性接头的存在，接头位置处的下沉相对其他位置较大。

地震荷载作用时观察模型箱表面裂缝产生如图 12.78 所示。

由沉降观测、模型表层土体裂缝形成可以分析得出，地震动力荷载与地裂缝场地下沉耦合作用下分段柔性接头地铁隧道在的差异沉降及裂缝集中出现于柔性接头部位，地铁隧道区段部位相对较少。这一现象表明柔性接头部位承担较大的由于地裂缝场地上盘下沉所产生的张拉力，可以较好地适应地裂缝场地的受力特征。

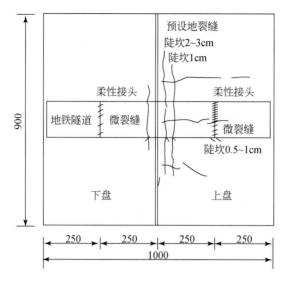

图 12.78　地表裂缝分布图（单位：mm）

3. 加速度特征

动力加载试验中加速度时程曲线是一个重要的特征指标，图 12.79 为振动台模型试验中输入西安人工地震波动力时程曲线时分段柔性接头地铁隧道各测点的加速度反应测试结果。

A1、A4 测点位于上盘场地内地铁隧道Ⅲ区段，对比分析可知 A1、A4 两个测试点的加速度时程曲线线形及加速度峰值均保持一致，表明在地震动力荷载作用时，同一区段内的地铁隧道保持运动的一致性。将地裂缝上盘场地内地铁隧道Ⅲ区段测点 A4 与Ⅳ区段测点 A6 加速度时程曲线比较可知，相邻地铁隧道区段内的加速度时程曲线一致，但加速度峰值差异较大，Ⅳ区段（A6）峰值加速度仅为 0.75m/s^2，而Ⅲ区段（A4）加速度峰值为 2.40 m/s^2。

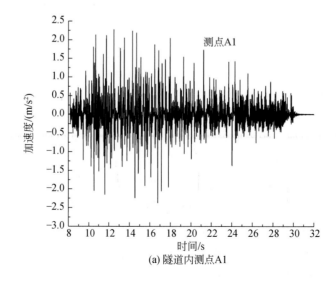

(a) 隧道内测点A1

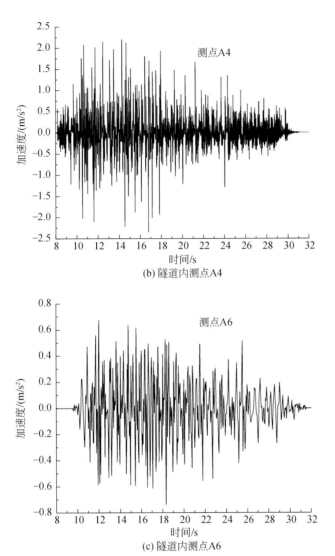

图 12.79　分段隧道各测点加速度时程曲线

　　由此可见，分段柔性接头地铁隧道穿越地裂缝场地时，各区段内地铁隧道的动力特性表现为整体一致性，不同区段之间动力特性具有相对独立性，接近地裂缝的地铁隧道其加速度具有一定的放大效应，距离地裂缝较远位置的地铁隧道其运动与场地保持相对一致。

　　4. 土压力特征

　　图 12.80 为振动台模型中输入西安人工地震波时各点测试所得的土压力值。位于下盘场地 I 区段中测点 E002，II 区段中测点 E003、E004 及上盘 III 区段中测点 E005 土压力值分别为 0.12MPa、0.27MPa、0.90MPa 和 1.58MPa。上盘区的土压力大于下盘地铁区段所受土压力，且距离地裂缝越近的部位所受的土压力越大。可见，当地裂缝场地下沉与地震动力荷载耦合作用时土压力有增大趋势。

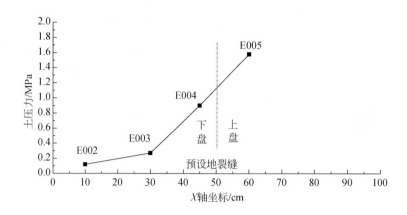

图 12.80　土压力曲线

5. 应变特征

表 12.21 给出了结构测点连线的直线斜率为应变增量，并将其与未设分段柔性接头的马蹄形断面地铁隧道应变增率对比。

表 12.21　应变增率

类型 位置		分段柔性地铁隧道		马蹄形地铁	
		下盘	上盘	上盘	下盘
左拱腰	El Centro 波	0.36	0.08	1.60	10.84
	西安人工波	0.76	0.76	0.88	5.6
右拱腰	El Centro 波	1.2	0.92	2.48	10.36
	西安人工波	0.48	0.68	1.56	8.44
拱顶	El Centro 波	0.2	0.16	2.52	8.72
	西安人工波	1.12	0.08	1.52	10.44
底板	El Centro 波	0.4	0.04	2.00	10.00
	西安人工波	0.96	0.28	0.16	9.28

由表 12.21 可知，分段柔性接头地铁隧道在地裂缝上盘及下盘场地中相邻测点的应变增率明显小于未设置柔性接头的马蹄形地铁隧道应变增率。由于柔性接头的设置，地铁隧道各部位的应变没有明显的集中增加，柔性分段接头地铁隧道的应变趋于稳定。

12.4.3　规律性认识

（1）分段柔性接头地铁隧道穿越活动地裂缝区域时，在地震动力荷载与地裂缝下沉运动耦合作用时，地裂缝位置处土层出现较大沉降，上下盘场地中的沉降较多集中于柔性接头部位，场地中的裂缝出露也多出现柔性接头部位。

（2）柔性接头连接的分段地铁隧道中在地震动力荷载作用下，各区段地铁隧道的运动具有整体一致性，不同区段之间运动具有相对独立性，接近地裂缝的地铁隧道其加速度较大，具有一定的放大效应，而远离地裂缝的地铁隧道的运动与场地保持相对一致。

（3）地震动力作用下分段式柔性接头地铁隧道各区段土压力特征表现出距离地裂缝越近部位的土压力值越大。在地裂缝场地下沉与地震动力荷载耦合作用时，土压力的影响较大。

（4）在地震荷载作用下，由应变曲线可知，分段柔性接头地铁隧道模型在地震荷载作用下，其左右拱腰部位应变稍大，底板应变相对较小。由于柔性接头的设置，各区段的应变增率较小，在距离地裂缝较近部位未出现明显的应变增大现象，柔性接头的设置可以改善地铁隧道的受力。

12.5　小　　结

本章主要开展了地铁隧道小角度穿越和近距离平行通过地裂缝带性状大型模型试验和数值模拟计算，同时也对整体式地铁隧道和分段式地铁隧道穿越地裂缝带的地震响应进行了振动台试验，获得了一些重要规律性认识和结论：

（1）通过地铁隧道与地裂缝小角度相交大型模型试验，揭示了斜交地裂缝整体式马蹄形隧道衬砌结构变形破坏模式为扭转、弯曲、剪切变形破坏。

（2）通过整体式地铁隧道与地裂缝小角度相交的数值模拟计算，得到地裂缝对整体式隧道的影响范围（垂直地裂缝距离），即上盘影响范围为：$\sin 20° \times (200m{-}160m) \approx 14m$；下盘影响范围为：$\sin 20° \times (225m{-}200m) \approx 9m$，总体约为 23m。可以把上面的过程概括为：上盘影响范围：$\sin\beta \times 4D$，下盘影响范围：$\sin\beta \times 2.5D$，式中，D 为隧道外径，β 为隧道轴线和地裂缝夹角。

（3）根据整体式和分段式数值模拟计算的关键内力对比，发现整体式衬砌的拉应力最大，并且出现的早，作为结构措施不可取；骑缝式隧道，跨越地裂缝段衬砌拉应力较大，并且当下盘沉降至 20cm 就已出现。然而，对缝式隧道在下盘沉降至 30cm 才出现拉应力，并且拉应力值较小，因此对缝式隧道受力较优越。

（4）基于大型模型试验和数值模拟计算结果，认为小角度斜交穿越地裂缝带的地铁隧道必须采取"分段设缝、扩大断面预留净空和局部衬砌加强"的防治措施，提出了可卸式拼装柔性接头设置方案、且形止水带+中空弹性止水带+Ω 止水带多道柔性防护柔性接头设置方案和橡胶板+U 型薄钢板+Ω 止水带综合防护柔性接头设置方案等三种柔性接头措施。

（5）根据前面的数值模拟计算和大型模型试验成果，认为小角度斜交穿越地裂缝带的隧道衬砌结构分缝原则为：①斜交角度 $\theta > 45°$ 时，采用骑缝式或悬臂式设缝模式，跨地裂缝地段隧道段长度取 20m；②斜交角度 $\theta \leqslant 45°$ 时，采用对缝式设缝模式，跨地裂缝地段隧道段长度取 15m；③其他位于主变形区的分段隧道长度取 10m，微变形区分段隧道长度取 15～20m 均可。

（6）基于近距离平行地裂缝带地铁隧道性状的 FLAC3D 数值模拟计算和大型模型试

验，认为平行条件下地裂缝上、下盘相对滑动时，在上盘产生一个向下滑动的滑动土楔，从模型试验中土压力变化规律判断该滑动楔对隧道产生侧向挤压作用，且随着平行距离（L）的增加，滑动土楔越来越不明显，对隧道的侧向挤压作用也逐渐减弱；地铁隧道从距离地裂缝带 30m 的上盘平行穿过时是安全的。

（7）在地震动荷载与裂缝耦合作用下，活动地裂缝场地的沉降加剧，且地裂缝位置处的沉降值最大；地铁隧道附近的地裂缝上盘区域在地震动荷载加剧其沉降运动的同时，对地震运动表现出一定的"场地放大效应"；地震动力荷载作用下活动地裂缝场地中的土压力伴随地震动荷载作用呈现动力变化，隧道上部土压力明显增大；在地震荷载作用下，位于地裂缝上盘区域的地铁隧道结构各部分的应变均大于对应位置下盘区域的应变值。

（8）地震荷载与地裂缝耦合作用下，分段柔性接头地铁隧道穿越活动地裂缝区域土层出现较大沉降，上下盘场地中的沉降较多集中于柔性接头部位，场地中的裂缝出露也多出现柔性接头部位；接近地裂缝的地铁隧道其加速度较大，具有一定的放大效应，而远离地裂缝的地铁隧道的运动与场地保持相对一致，柔性接头的设置可以改善地铁隧道的受力。

第13章 地裂缝对工程建（构）筑物危害及防治对策研究

汾渭盆地地裂缝灾害最为严重，分析地裂缝活动环境下工程建（构）筑物的灾害特征、致灾模式，研究地裂缝活动环境下工程建（构）筑物的变形破坏机理以及工程避让等综合防治措施就显得尤为重要，成为汾渭盆地地裂缝防灾减灾的首要课题和最终目标。本章首先在调查基础上，对汾渭盆地地裂缝的工程灾害特征和致灾模式进行了分析和总结；然后基于大型物理模型试验和数值模拟分析，揭示了地裂缝活动环境下建筑物基础、桥梁等结构的变形破坏模式及机理；最后结合实际工程，探讨了地裂缝场地建筑物合理避让距离及综合减灾对策。

13.1 地裂缝工程灾害特征与致灾模式

地裂缝是一种典型的缓变形地质灾害，其致灾的根本原因在于裂缝形成并通达或接近地表后，在构造蠕滑、地下水抽取及地表水潜蚀等作用下上下盘相对运动而在地表形成的差异形变或不均匀沉降。一旦建筑物跨于地裂缝之上，或处于地裂缝上下盘的差异形变带内时，由此产生的附加内力和变形就会使结构产生破坏甚至完全损毁。因此工程建（构）筑物的灾害特征及其致灾模式与地裂缝的活动特征具有密切关系，或者说地裂缝的活动特征或模式决定了其上工程结构的变形破坏模式。从现有汾渭盆地地裂缝灾害的调查来看，地面建（构）筑物的结构破坏最多和最为典型的主要是建筑物墙体的破坏和路面结构的破坏，下面分别进行论述。

13.1.1 建筑物墙体地裂缝灾害特征与致灾模式

从现有调查情况来看，跨于活动地裂缝之上或者位于地裂缝不均匀沉降变形带内的墙体均会出现不同程度的破坏，且其破坏形式以墙体开裂为主要特征。而墙体裂缝的具体特征则与其下地裂缝上下盘的差异运动形式密切相关，或者说由其决定。通过对野外调查资料的分析总结，可以将建筑物墙体的开裂破坏模式归结为以下四大类型。

1）反倾型

反倾型破裂是当墙体跨于地裂缝之上，且地裂缝上盘相对下盘有较大的垂直位错时最为常见的一种墙体破裂形式。图13.1是实际调查中遇到的一些典型的反倾型墙体破裂，其破坏模式图如图13.2所示。反倾型破裂出现的位置与其下地裂缝的位置具有很好的对应关系，但裂缝的倾向则与其下地裂缝的倾向相反。从破坏模式图可以看出，当地裂缝上盘相对下盘倾滑时，由于上盘墙体底部失去支撑，有跟随地裂缝上盘下沉的趋势，此时，在墙体内便会形成图13.2中虚线所示的主拉应力场。由于墙体为砌筑体，砖和砖之间的联结较弱，抗拉强度较小，类似于脆性材料，因此，当墙体中的拉应力超过其抗拉强度时，便会垂直于主拉应力迹线形成拉张裂缝，这就是反倾型地裂缝的成因本质。同时，墙体上除了主破裂以外，如果拉应力较大，则在地裂缝下盘还可能形成若干拉张裂缝。但由于主拉应力迹线随着远离地裂缝而逐渐水平，因此次级拉张裂缝的倾角也将逐渐变小，裂缝逐渐直立，但倾向与墙体主破裂相同，反倾于地裂缝。图 13.3 是一处典型的墙体反倾型多级破裂系统，破裂随着离地裂缝距离的增大而倾角逐渐变小，且由于拉应力逐渐减小，因此裂缝的规模和破坏程度也逐渐减小。

图 13.1　典型反倾型墙体破裂照片

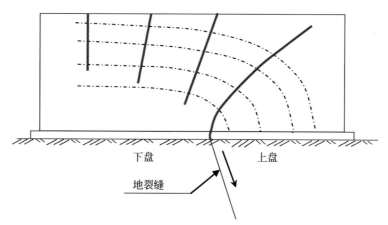

图 13.2　反倾型墙体破裂致灾模式示意图

图 13.3　典型反倾型多级破裂系统

2）直立型

直立型破裂是一种水平拉张破裂，一般发育于水平拉张的浅表型地裂缝的上部墙体中。图 13.4 是一处典型的直立型拉张裂缝，其致灾模式如图 13.5 所示。从图 13.5 可以看出，当墙体跨于水平拉张地裂缝之上时，由于土与墙体底部的相互作用，便会在墙体中形成如图 13.5 虚线所示的近水平主拉应力迹线，从而在拉应力最大的位置，即地裂缝对应位置形成垂直于主拉应力迹线的近直立型拉张破裂。破裂面两侧主要表现为水平相对运动，其张开程度主要决定于其下地裂缝两盘的水平相对运动程度。

图 13.4　典型直立型墙体破裂照片

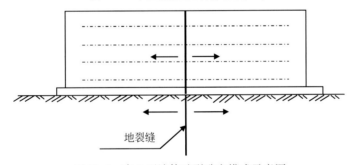

图 13.5　直立型墙体破裂致灾模式示意图

3）八字型

八字型墙体破裂形式并不常见，只有当墙体跨于规模较大、活动性较强的地裂缝之上时才有可能出现，且除与地裂缝发育特征有关外，此类墙体破裂的出现还与地裂缝附近的诸如地表水入渗潜蚀等地表过程有关。图 13.6 是两处典型的八字型墙体破裂，其致灾模式如图 13.7 所示。从图 13.7 可以看出，当地裂缝发育规模较大时，可能会形成宽几米至几十米的地裂缝影响带，在地裂缝自身蠕滑和地表水潜蚀等因素的工程作用下，地裂缝带内土体会形成一个漏斗形的沉降槽，从而在上部墙体中形成如图 13.7 中虚线所示的两组近对称的主拉应力迹线，因而分别在沉降槽上下盘边缘各形成一条垂直于主应力迹线的倾斜破裂，组成一个八字形破裂系统。

图 13.6　典型八字型墙体破裂照片

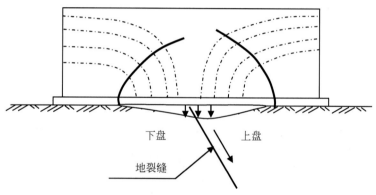

下盘　　　　上盘

地裂缝

图 13.7　八字型墙体破裂致灾模式示意图

4）不规则型

不规则破裂一般发生于墙体不直接跨在地裂缝上，但位于地裂缝上盘或下盘的差异形变影响带内时。图 13.8 为一些典型的不规则型墙体破裂，其致灾模式如图 13.9 所示。从图 13.9 可以看出，当墙体位于地裂缝形变影响带内时，地基的差异形变会在上部墙体结构中形成附加应力，但由于差异形变的复杂性以及上部结构自身特性的影响，就会在墙体中形成各种不规则形状的裂缝。但这些不规则裂缝同时又遵循两个基本原则，那就是"最薄弱"原则和"应力集中"原则。也就是说，裂缝往往首先在墙体强度最薄弱的位置以及应力最为集中的位置（如窗角、墙体转折处等）出现。此时墙上的裂缝可能单条出现，也可能成组出现，但一般来讲，其规模要比前述几种跨缝墙体破裂要小，裂缝两侧的相对位移也较小。

图 13.8　典型不规则型墙体破裂照片

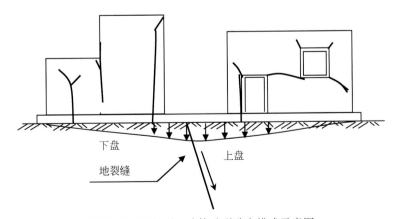

图 13.9　不规则型墙体破裂致灾模式示意图

13.1.2　道路结构地裂缝灾害特征与致灾模式

　　道路作为一种线性工程，在地裂缝发育区被地裂缝穿越是常见现象。与建筑物墙体的地裂缝灾害一样，道路结构的地裂缝灾害特征与地裂缝的发育和运动特征密切相关。同时，对于常见的柔性路面结构（如沥青路面和无铺装简易土石道路）和刚性路面结构（如混凝土路面结构），在相同地裂缝环境下，由于其自身力学特征的差异，其破坏特征和致灾模式又有不同。综合野外调查结果，路面结构的地裂缝致灾模式可以归结为以下四种类型。

　　1）斜坡型（柔性路面结构）

　　当具有沥青碎石等柔性路面结构的道路穿越地裂缝时，如果地裂缝上盘相对下盘具有较为显著的相对垂直位错，则会出现斜坡型的路面破坏形式。图 13.10 为典型斜坡型破坏的道路照片，其破坏模式如图 13.11 所示。从图 13.11 可以看出，此类破坏的根本原因是上盘的相对下降，则其上的道路结构在重力作用下也要相对沉降，由于柔性路面结构具有良好的变形适应能力，因此在地裂缝附近区域形成一个略偏向上盘一侧的斜坡甚至陡坡，同时在坡体上凸曲率较大的地方还有可能出现一些细小的横向张拉裂缝。

图 13.10　典型斜坡型路面结构破坏照片

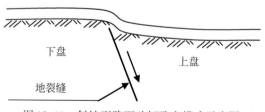

图 13.11　斜坡型路面破坏致灾模式示意图

　　2）陡坎型（刚性路面结构）

　　当具有混凝土等刚性路面结构的道路穿越地裂缝时，如果地裂缝上盘相对下盘具有较为显著的相对垂直位错，则会出现陡坎型的路面破坏形式。可见，陡坎型和斜坡型具有基本一致的地裂缝活动环境，路面结构材料自身的力学特性导致了不同的破坏类型。图 13.12 为典型陡坎型破坏的道路照片，其破坏模式示意图如图 13.13 所示。从图 13.13 可以看出，此类破坏的根本原因同样是上盘的相对下降，使其上的道路结构在重力作用下也要相对沉降。由于混凝土材料具有较差的适应变形能力和较小的抗拉强度，因此在地裂缝附近拉应力和剪应力集中的地方会导致混凝土路面的错断而形成陡坎。如果地裂缝带较为发育，有一定宽度，则有可能形成图 13.14 形式的双断面甚至多断面型陡坎破坏。

图 13.12　典型陡坎型路面结构破坏照片

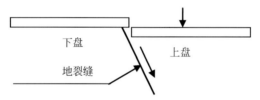

图 13.13　陡坎型路面破坏致灾模式示意图

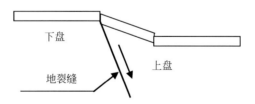

图 13.14　双断面陡坎型路面破坏致灾模式示意图

3）拉张型

对于近直立的水平拉张型地裂缝，其上的路面结构无论是柔性的还是刚性的，一般都会形成与地裂缝走向近平行的拉张裂缝。由于柔性材料适应变形能力较强，所以一般会在地裂缝附近一定范围内形成一组几条相互近平行的拉张裂缝，但裂缝张开度一般较小。而对于混凝土等刚性路面结构，其张开变形一般集中在某条主裂缝上，形成较大的张开度，但裂缝条数一般较柔性路面少。图 13.15 为典型的拉张型路面破坏照片，其破坏模式如图 13.16 所示。

图 13.15　典型拉张型路面结构破坏照片

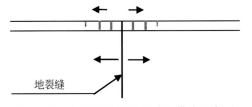

图 13.16　拉张型路面破坏致灾模式示意图

4）破碎型

　　破碎型路面破坏的地裂缝环境与八字型墙体破裂形式基本一致，也就是当地裂缝带较为发育，在地裂缝蠕滑和地表潜蚀等共同作用下形成一个具有一定宽度的沉降槽，由此引起其上路面结构较为严重的破坏，特别是在路面上车辆荷载等的反复作用下，形成一个路面的破碎带。图 13.17 为典型破碎型路面破坏照片，图 13.18 为其致灾模式示意图。

图 13.17　典型破碎型路面结构破坏照片

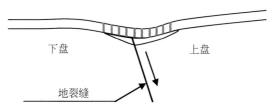

图 13.18　破碎型路面破坏致灾模式示意图

13.2　地裂缝对工程建（构）筑物危害机制的物理模拟研究

　　物理模拟试验在长安大学大型地基沉降试验平台上完成。试验平台（图 13.19）的试验有效面积 280㎡（20m×14m），最大沉降量 30cm。由升降系统、支撑系统及监测系统组成。

　　模型试验共分五种工况，其中桩筏基础两组，筏板基础两组，条形基础一组。主要是模拟同一种类型的基础与地裂缝在不同位置相交，不同种类基础与地裂缝在相同位置相交的情况。具体布置及基础模型配筋如图 13.20 所示。

(a)升降系统(千斤顶组成)

(b)支撑系统 (c)控制系统

图 13.19 沉降平台模型试验系统

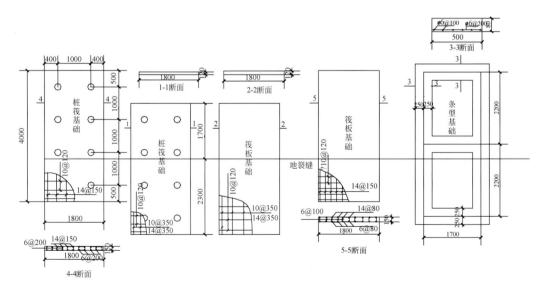

图 13.20 模型布置及配筋图 (单位: mm)

模型土层参数如表13.1。

表 13.1 模型土层参数

层数	层厚/m	层底深度/m	土类	容重/(kN/m³)	含水量/%	黏聚力 c/kPa	内摩擦角 φ/(°)	变形模量/MPa	泊松比 γ
1	0.8	0.8		18.0~18.5	1	18	10	1.35	0.3
2	1.0	1.8	黄土	19.0	2	18.5	9.7	1.48	0.3
3	1.6	3.4		19.8	3	19.1	9.8	1.97	0.3
4	0.6	4.0		20.0	4	19.8	9.2	1.98	0.3

模型试验结果及分析：

（1）桩筏基础中钻孔灌注桩的应变规律。

工况一钻孔灌注桩应变曲线如图13.21所示。

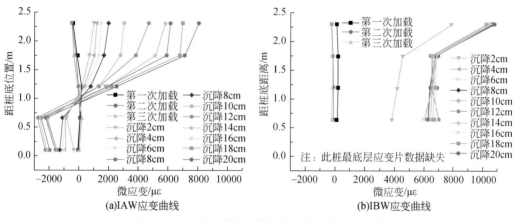

图 13.21 工况一各钻孔灌注桩西侧钢筋应变曲线

工况二钻孔灌注桩应变曲线如图13.22所示。

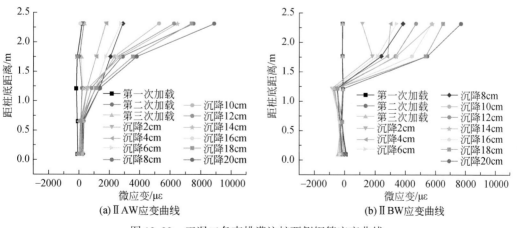

图 13.22 工况二各南排灌注桩西侧钢筋应变曲线

通过对南排桩西侧钢筋的应变曲线进行分析，可以看出，钻孔灌注桩在地裂缝活动下，其受力形式明显区别于正常荷载的受力。在地裂缝活动下，桩身出现了大量的受拉区。此外，与地裂缝带的距离不同，受其影响程度及范围也不同，对于下盘来说影响范围大概在 1.5m 左右。

（2）桩筏基础中筏板应变规律。

为了研究在地裂缝活动影响下筏板内钢筋的变化，分别选取上下层各一根钢筋的应变曲线，如图 13.23、图 13.24 所示。

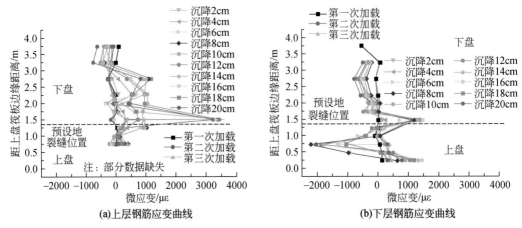

图 13.23　工况一筏板内钢筋应变曲线

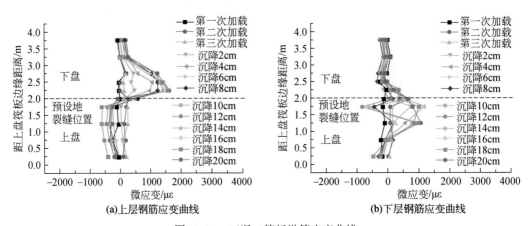

图 13.24　工况二筏板纵筋应变曲线

工况一与工况二的对比说明，通过加强筏板的板厚及筏板内的配筋，虽然能够提高基础对地裂缝活动的抵抗力，但不明显。

（3）筏板基础应变。

筏板三和筏板四的上下两层钢筋的应变曲线如图 13.25 所示。

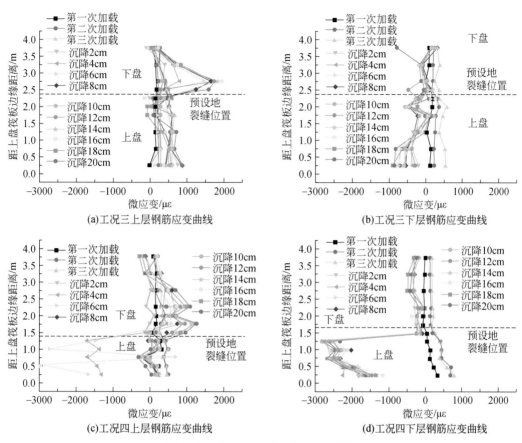

(a)工况三上层钢筋应变曲线

(b)工况三下层钢筋应变曲线

(c)工况四上层钢筋应变曲线

(d)工况四下层钢筋应变曲线

图 13.25 筏板基础纵向钢筋应变曲线

（4）条形基础应变。

纵向钢筋的应变曲线如图 13.26 所示。

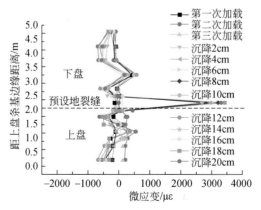

图 13.26 条基纵向钢筋应变曲线

从以上五种工况的应力分析可以看出，基础类型不同，基础强度和刚度不同，与地裂缝在不同位置相交时，破坏特征和过程表现出了明显的不同。但总的来说，跨地裂缝修建的建筑物基础在地裂缝活动作用下，上下盘都会产生沉降差，差值的大小也决定了基础破坏程度的大小。因此建筑物应尽量避免跨地裂缝修建，可以分别修建在上下盘。如果无法避免，建议采取整体性好的筏板基础，而避免采取桩筏基础和条基，因为桩筏基础的桩对筏板的牵制作用导致筏板拉裂，而条形基础的延性和抗力都较差。

13.3　地裂缝对工程建（构）筑物危害机制的数值模拟研究

13.3.1　地裂缝活动作用下桥梁破坏的数值分析

数值分析采用 FLAC3D 软件完成。为了将模拟结果与物理模型试验进行对比，数值模拟中模型尺寸和桥梁位置布置完全按照物理模型试验设置，数值模型共划分为 66446 个单元和 13912 个节点（图 13.27）。

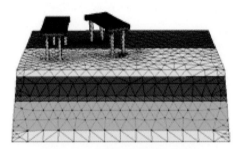

图 13.27　桥梁结构有限元模型

土体材料假定为弹塑性材料，屈服条件选用摩尔-库仑准则，并采用相关联流动法则。各土层参数如表 13.2 所示。

表 13.2　桥梁有限元模型土层计算参数

序号	土层名称	土层厚度 /m	密度 /(kg/m³)	体积模量 /MPa	剪切模量 /MPa	黏聚力 /kPa	摩擦角 /(°)	泊松比	抗拉强度 /kPa
①	黄土状土	0.4	1850	7.69	11.54	250	20	0.35	125
②	黄土	0.4	1840	7.69	11.54	250	20	0.35	125
③	黄土	1	1900	8.979	13.46	280	22	0.33	140
④	黄土	1.6	1980	10.42	15.63	300	24	0.32	150
⑤	黄土	0.6	2000	10.42	15.63	300	24	0.30	150

桥梁模型的计算参数换算结果如表 13.3 所示。

表 13.3　桥梁有限元模型计算参数

序号	构件名称	密度 /(kg/m³)	体积模量 /MPa	剪切模量 /MPa	黏聚力 /MPa	摩擦角 /(°)	泊松比	换算抗拉强度 /MPa
①	桥面板	2500	22.22	12.07	3.86	51	0.27	2.71
②	桥盖梁	2500	23.81	12.94	4.82	53	0.27	2.81
③	桥墩	2500	24.48	12.53	4.72	52	0.27	2.92

为了充分了解桥梁在地裂缝活动环境下的破坏特征，分别模拟了正断层地裂缝、逆断层地裂缝和平移断层地裂缝三种地裂缝活动作用下桥梁的变形破坏特征。

（1）正断层地裂缝活动时桥梁的响应。

桥梁破坏特征计算结果见图 13.28。

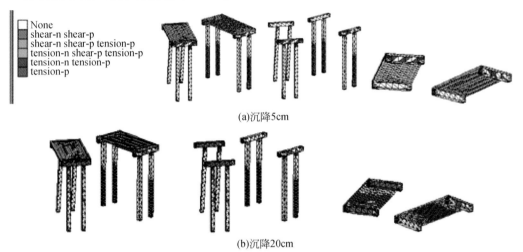

图 13.28　地裂缝产生不同沉降量时桥梁破坏情况

桥梁在地裂缝活动下，桥梁的应力区域分布如图 13.29 所示。

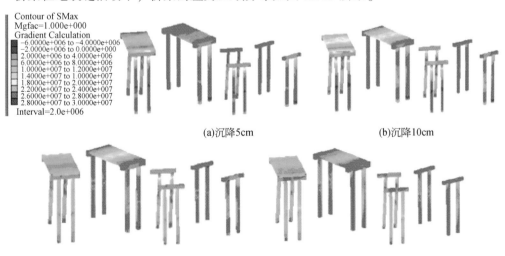

图 13.29　地裂缝不同沉降量下的桥梁应力响应

（2）逆断层地裂缝上升量不同时桥梁的响应特性。

桥梁破坏特性如图 13.30 所示。

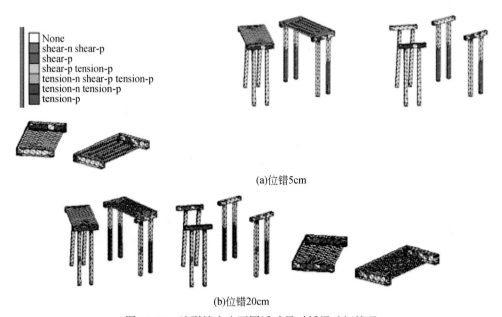

(a)位错5cm

(b)位错20cm

图 13.30　地裂缝产生不同活动量时桥梁破坏情况

桥梁应力特性如图 13.31 所示。

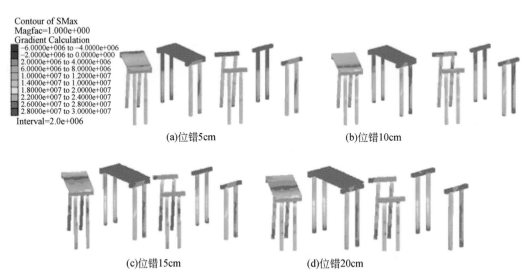

(a)位错5cm　　　　　　　　(b)位错10cm

(c)位错15cm　　　　　　　　(d)位错20cm

图 13.31　地裂缝不同活动量时桥梁应力响应

（3）平移断层地裂缝错距不同时桥梁的响应特性。

桥梁破坏特性如图 13.32 所示。

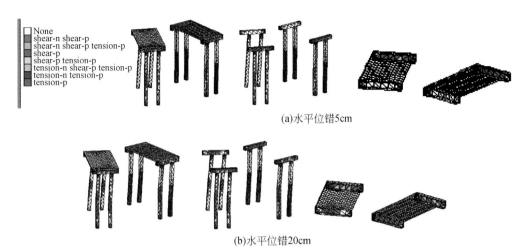

(a)水平位错5cm

(b)水平位错20cm

图 13.32　地裂缝产生不同活动量时桥梁破坏情况

桥梁的应力特性如图 13.33 所示。

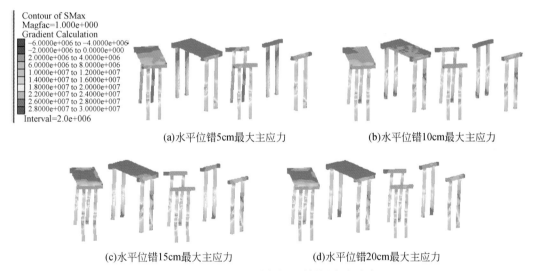

(a)水平位错5cm最大主应力　　(b)水平位错10cm最大主应力

(c)水平位错15cm最大主应力　　(d)水平位错20cm最大主应力

图 13.33　地裂缝不同错距时桥梁应力响应

通过数值分析可知，各种形式地裂缝都可能对桥梁结构产生破坏，最先破坏和破坏最严重的都是桥墩和桥盖梁接触的部位。同时，各种形式的地裂缝对刚架桥的破坏都比简支桥严重。但是，由于各种地裂缝活动形式不一样，它们对桥梁产生的破坏也有区别，逆断层地裂缝使结构产生了与作用荷载相反的力，因而更容易造成按照传统受力进行设计桥梁的破坏；平移断层地裂缝使得桥梁产生了扭矩，因而平移断层地裂缝作用下，桥墩和盖梁基本上全部范围内都受到了破坏，由于所产生的扭矩在桥面板平面内，因此对桥面板的破坏较小。

13.3.2　地裂缝活动影响下房屋基础破坏的数值分析

不同类型的基础均为钢筋砼材料，计算参数如表 13.4 所示。

表 13.4　基础有限元模型计算参数

序号	构件名称	密度 /(kg/m³)	体积模量 /MPa	剪切模量 /MPa	黏聚力 /MPa	摩擦角 /(°)	泊松比	换算抗拉强度 /MPa
①	加强筏板	2500	23.81	12.94	4.82	53	0.27	2.41
②	筏板	2500	23.32	12.67	4.72	52	0.27	2.36
③	桩基	2500	17.28	8.91	2.85	51	0.27	1.43
④	加强桩基	2500	18.48	9.53	3.72	52	0.27	1.86
⑤	条基	2500	22.22	12.07	3.86	52	0.27	1.93

（1）桩筏基础在地裂缝活动过程中的响应。

工况一是加强型桩筏基础，数值模型见图 13.34。工况二是没有进行加强的桩筏基础，数值模型见图 13.35。

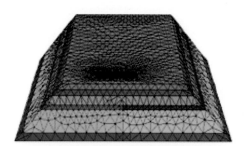

图 13.34　工况一模型图

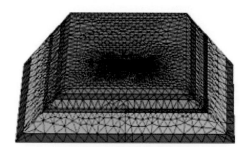

图 13.35　工况二模型图

桩筏基础在地裂缝活动下的破坏情况如图 13.36 和图 13.37 所示。

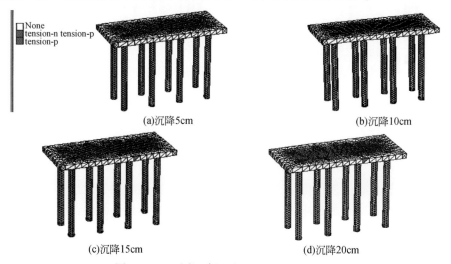

(a)沉降5cm　　　　　　　　　　(b)沉降10cm

(c)沉降15cm　　　　　　　　　　(d)沉降20cm

图 13.36　不同沉降量时工况一的破坏情况

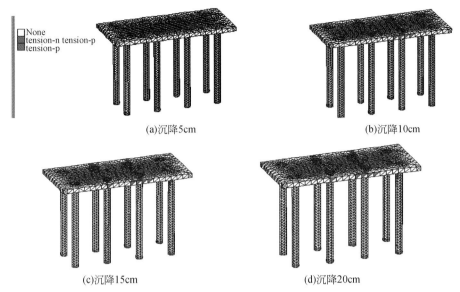

(a)沉降5cm　　　　　　　　　　　　　(b)沉降10cm

(c)沉降15cm　　　　　　　　　　　　(d)沉降20cm

图 13.37　不同沉降量时工况二的破坏情况

桩筏基础在地裂缝活动下的应力变化如图 13.38 和图 13.39 所示。

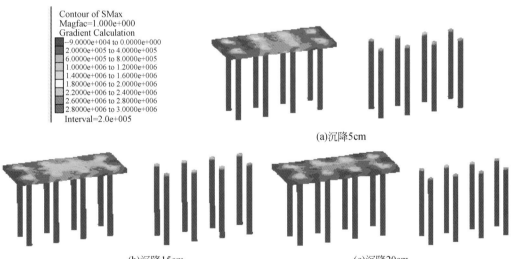

(a)沉降5cm

(b)沉降15cm　　　　　　　　　　　　(c)沉降20cm

图 13.38　不同沉降量时工况一应力图

(a)沉降5cm

(b)沉降15cm　　　　　　　　　　　　　　　　　(c)沉降20cm

图 13.39　不同沉降量时工况二应力图

由桩筏基础在地裂缝活动下的响应可以看出，桩筏基础的桩体尽管对地基的土体进行了加强，但是在地裂缝活动中依然无法抵抗地裂缝对建筑物的破坏，特别是当基础与地裂缝相交的范围越大，其破坏面积也越大，因此应尽量避免跨缝修建。

（2）筏板基础在地裂缝活动过程中的响应。

数值模型见图 13.40。

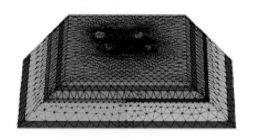

图 13.40　筏基有限元模型

筏基在地裂缝活动下的破坏情况如图 13.41 所示。

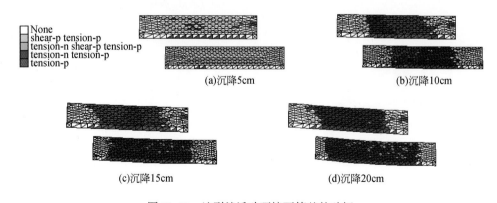

(a)沉降5cm　　　　　　　　　　　　　　　　(b)沉降10cm

(c)沉降15cm　　　　　　　　　　　　　　　　(d)沉降20cm

图 13.41　地裂缝活动环境下筏基的破坏

筏板基础在地裂缝活动下的应力变化如图 13.42 所示。

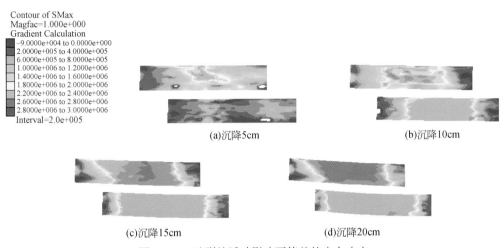

(a)沉降5cm　　　　　　　　　　(b)沉降10cm

(c)沉降15cm　　　　　　　　　(d)沉降20cm

图 13.42　地裂缝活动影响下筏基的应力响应

（3）条基在地裂缝活动过程中的响应。

数值模型见图 13.43。

图 13.43　条基有限元模型

条形基础在地裂缝活动下的破坏情况如图 13.44 所示。

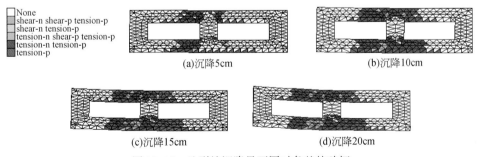

(a)沉降5cm　　　　　　　　　(b)沉降10cm

(c)沉降15cm　　　　　　　　(d)沉降20cm

图 13.44　地裂缝沉降量不同时条基的破坏

条基在地裂缝活动下的应力响应如图 13.45 所示。

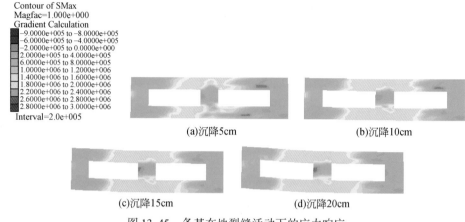

(a)沉降5cm　　　　　　　　　　　　(b)沉降10cm

(c)沉降15cm　　　　　　　　　　　　(d)沉降20cm

图 13.45　条基在地裂缝活动下的应力响应

从图 13.44 和图 13.45 可以看出,条基由于整体性较差,在地裂缝活动时,地裂缝附近的基础很快破坏,并且延性较差,因此对地裂缝的抵抗力也弱。

通过各种工况的响应分析及与物理模型试验的对比可知,二者的结果基本一致,各种工况在地裂缝活动环境下都不同程度地遭到了破坏,但各自的破坏方式有所区别。

13.3.3　在地裂缝活动影响下房屋建筑破坏的数值分析

(1)计算软件。

采用由美国 Itasca Consulting Group Inc 开发的数值软件 PFC2D 进行分析。

(2)计算模型。

模型墙体长 5m,高 3m,下部条形基础长 8m,高 0.5m。地层尺寸 30m×10m,地裂缝倾角 80°,上盘向下运动,总沉降量 30cm。为了分析离地裂缝不同距离的建筑的破坏程度,计算三种不同的工况,分别是房屋建筑物通过地裂缝的中部,上盘房屋建筑物距离地裂缝 5m 和下盘的房屋建筑物距离地裂缝 5m。模型尺寸和三种工况如图 13.46 和图 13.47 所示。

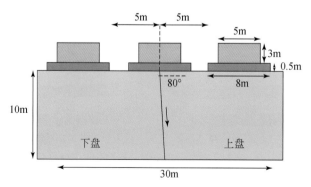

图 13.46　计算模型几何示意图

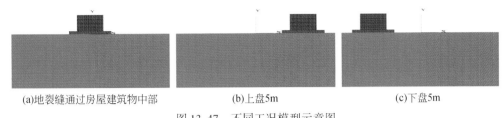

(a)地裂缝通过房屋建筑物中部　　　　(b)上盘5m　　　　(c)下盘5m

图 13.47　不同工况模型示意图

（3）计算参数。

土体参数、墙体和基础的参数如表 13.5 所示。

表 13.5　房屋建筑数值计算参数

序号	分组名称	密度 /(kg/m³)	法向刚度 /(N/m)	切向刚度 /(N/m)	法向黏结 强度/N	切向黏结 强度/N	颗粒半径/m
①	黄土	1800	1E6	1E6	1E3	1E3	0.05
②	墙体	2200	1E7	1E7	1.5E3	2.0E3	0.05
③	基础	2700	2.5E7	2.5E7	3E3	4.5E3	0.05

（4）数值结果分析。

①工况一：地裂缝通过房屋建筑物中部。

正断型地裂缝对房屋建筑影响的计算结果如图 13.48 所示。

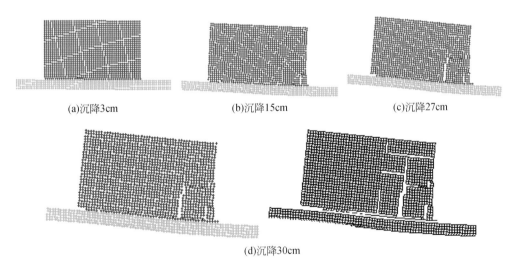

(a)沉降3cm　　　　(b)沉降15cm　　　　(c)沉降27cm

(d)沉降30cm

图 13.48　地裂缝产生不同沉降量时房屋建筑的变形破坏过程

从图 13.48 可以看出，当地裂缝上盘沉降时，房屋建筑物随之发生倾斜；随着地裂缝上盘活动量的增加，房屋建筑的倾斜进一步增大。当沉降量达到 15cm 时，位于地裂缝上盘一侧的墙体的右下角发生了开裂破坏。随着沉降量的进一步增大，墙体由下部向上又产生一条裂缝，两条裂缝近水平，且向墙体上部不断延展。

②工况二：房屋建筑在上盘距离地裂缝 5m。

计算结果见图 13.49。

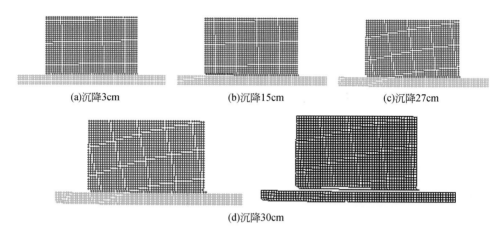

图 13.49 地裂缝产生不同沉降量时房屋建筑的变形破坏过程

从图 13.49 可以看出，当建筑距离地裂缝 5m 时，房屋建筑物的变形明显减弱，只发生了轻微的倾斜，弯曲变形，房屋建筑物并没有出现裂缝等破坏。

③工况三：房屋建筑在下盘距离地裂缝 5m。

计算结果见图 13.50。

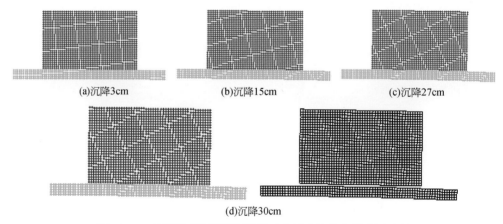

图 13.50 地裂缝产生不同沉降量时房屋建筑的变形破坏过程

从图 13.50 可以看出，当建筑距离地裂缝 5m 时，房屋建筑的变形明显减弱。

④结果对比。

三种工况颗粒间最大接触力的变化过程对比如图 13.51 所示。当地裂缝通过建筑物中部时，地裂缝活动对房屋建筑的影响最明显。当房屋建筑物处于上盘或下盘，距地裂缝 5m 时，颗粒间的接触力远小于地裂缝通过中部的工况。

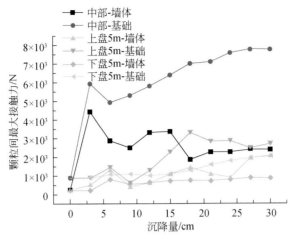

图 13.51　三种工况颗粒间最大接触力的变化过程对比图

13.3.4　在地裂缝活动影响下桩承台基础破坏的数值分析

（1）计算模型的建立与参数的确定。

①建模与工况。

数值分析模型示意图如图 13.52 所示。模型几何尺寸为 60m×55m，地裂缝倾角 80°，考虑上盘相对下降，总沉降量 30cm。承台总宽度 3.5m，承台厚度 1.0m，设置四根桩，桩身直径为 0.5m，考虑为 C30 混凝土理想弹塑性材料。上部结构考虑为 20 层框架结构，其荷载按每层 10kN/m² 换算成荷载施加于承台上部。计算工况考虑桩长 10m、30m、50m，基础位于上盘时距离地裂缝 5m、10m、15m、20m、25m 的影响以及基础位于下盘时距离地裂缝 5m、10m、15m 的影响，其中桩长 30m 和 50m 只计算了上盘 5m、10m 和下盘 5m 的工况。数值计算共考虑 14 种不同的工况。图 13.53 是桩承台基础在上盘距离地裂缝 5m、桩长 10m 的数值模型。

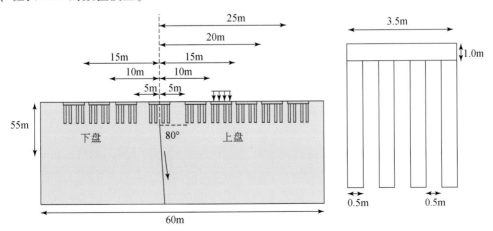

图 13.52　桩承台基础数值模型尺寸和工况示意图

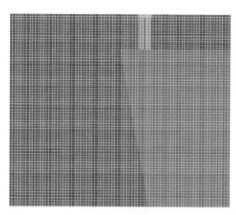

图 13.53　桩承台基础在上盘距离地裂缝 5m、桩长 10m 的数值模型

②计算参数。

土体的参数、桩承台基础的参数如表 13.6 所示。

表 13.6　桩承台基础颗粒流数值计算参数

序号	分组名称	密度 /(kg/m³)	法向刚度 /(N/m)	切向刚度 /(N/m)	法向黏结 强度/N	切向黏结 强度/N	颗粒半径 /m
①	黄土	1800	1E6	1E6	1E3	1E3	0.05
②	承台	3000	3E7	3E7	1.5E7	2.0E7	0.05
③	桩	3000	3E7	3E7	1.5E7	2.0E7	0.05

（2）数值计算结果分析。

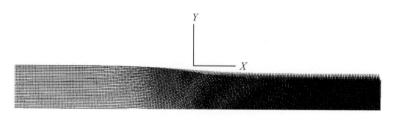

图 13.54　地表位移矢量图

图 13.54 是上盘距地裂缝 5m 时地表位移矢量图。

图 13.55 是桩身长度为 10m 时的八种工况地表位移对比图。当桩承台基础在上盘时，地表沉降较大，上下盘不均匀沉降的程度严重。当桩承台基础在下盘时，地表沉降较小，上下盘不均匀沉降的程度相当轻微。根据数值计算的结果，建筑物在上盘的沉降量是建筑物在下盘沉降量的 1.5～2.0 倍，位移错动范围从地裂缝位置算起为上盘 20m，下盘 10m，在这 30m 范围内地裂缝影响显著。

在地裂缝活动情况下，距离地裂缝不同距离时的承台位移如图 13.56 所示。由图可见，当基础位于上盘时，沉降量 30cm 对应的承台竖向位移是沉降量 15cm 对应的承台竖向位移的 2 倍；当基础位于下盘时，建筑物在下盘距离地裂缝 15m 时，承台位移很小。当建

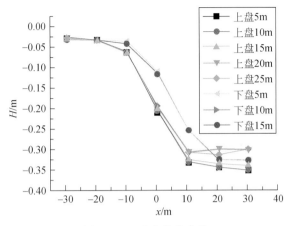

图 13.55　地表位移曲线

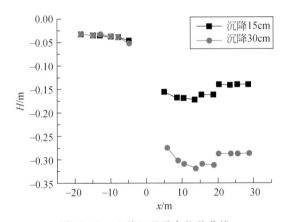

图 13.56　八种工况承台位移曲线

筑物在下盘距离地裂缝 10m 时，承台朝着地裂缝的方向发生轻微的倾斜。当建筑物在下盘距离地裂缝 5m 时，承台倾斜有所增大。当建筑物在上盘距离地裂缝 5m 时，承台倾斜明显。当建筑物在上盘距离地裂缝 10m 时，承台倾斜有所减小。当建筑物在上盘距离地裂缝超过 20m 时，承台发生均匀竖向位移。通过数值计算的结果可以看出，承台倾斜程度随着基础与地裂缝的距离的增大而减小。下盘 10m 至上盘 20m 是承台明显变形的区域，在这 30m 的范围内，地裂缝活动的影响显著。

　　图 13.57 是当沉降量达到 30cm 时，八种工况的桩身变形曲线。可以看出，离地裂缝越近，桩身弯曲变形的程度越大。从图 13.57（a）、（b）两图可以看出，下盘 10m、下盘 5m、上盘 5m、上盘 10m、上盘 15m 这个 5 种工况，桩身弯曲变形较为明显，可以认为地裂缝的影响范围为下盘 10m 至上盘 20m。

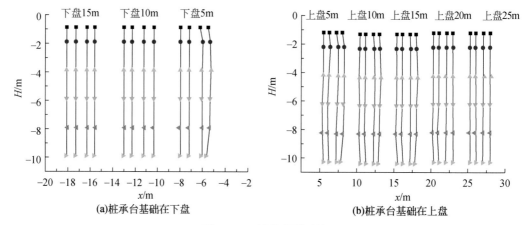

(a)桩承台基础在下盘　　　　　　　　　　(b)桩承台基础在上盘

图 13.57　桩身变形对比

　　图 13.58 是当沉降量为 30cm 时桩承台内部最大接触力曲线对比图。根据数值计算的结果，在城市规划和建筑物设计时，若遇到地裂缝灾害，可参考细分的地裂缝影响范围来进行合理避让，如图 13.59 所示。下盘的 5m 至上盘的 10m 为主要变形区域，其中上盘 0~5m>下盘 0~5m>上盘 5~10m。下盘的 5m 至 10m 和上盘的 10m 至 20m 为微变形区域，其中下盘 5~10m>上盘 10~15m>上盘 15~20m。上盘 20m 以外和下盘 10m 以外是安全区域。

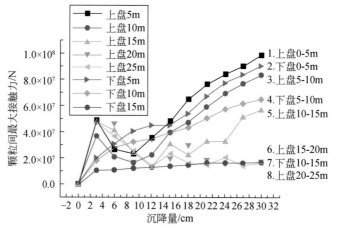

图 13.58　桩承台内部最大接触力对比图

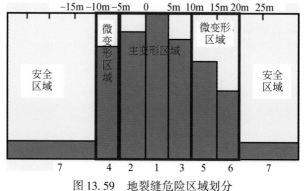

图 13.59　地裂缝危险区域划分

　　图 13.60 是桩承台内部最大接触力对比图。从图可以看出，随着桩身长度的增加，桩承台内部接触力随之变大，当桩身长度为 50m 时，其接触力远远大于其他工况。从计算结果来看，增大桩身长度对下盘的建筑物变形有一定的减弱，对于上盘的建筑物无明显影响（图 13.61），对于有地裂缝存在的建筑物设计和规划仍然以避让为主。

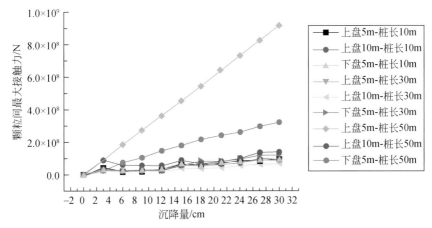

图 13.60　桩承台内部最大接触力对比图

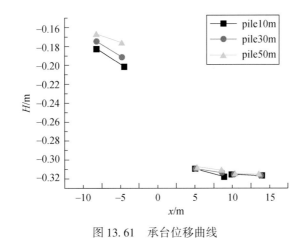

图 13.61　承台位移曲线

13.4　地震动作用下地裂缝工程场地灾害放大效应研究

　　对于有地裂缝发育的场地，由于地裂缝的存在，场地变得不完整和不连续，由于场地中地裂缝两盘的错动，两侧的土层剖面结构也将变得不一样，这些都将使得此时的场地与具有相同土层结构却无地裂缝的场地具有不同固有振动特性以及地震反应，而场地地震动参数的变化又将直接影响到其上建筑的地震安全性和抗震设防的合理性，使得原有建筑的抗震设防可能存在安全隐患。下面以西安地裂缝为主要研究对象和试验场地，通过数值模拟及振动台模型试验来研究地裂缝工程场地地震动放大效应的规律。

13.4.1　地裂缝场地地震动放大效应数值模拟研究

数值分析采用 FLAC3D 软件。模型几何尺寸为 140m×80m，数值分析模型包含两种类型，即一层古土壤模型和两层古土壤模型。采取平面应变模型进行计算，地裂缝两侧岩土体之间的相互作用考虑为接触问题，地裂缝倾角取 80°，数值模拟模型计算图如图 13.62 所示。

土体材料假设为黏弹性材料，输入地震波为 EL_Centro 波、Northridge 波和西安人工波（10% 超越概率），模型边界条件为自由场边界条件，网格尺寸为 1m。数值模拟采用的材料参数如表 13.7 至表 13.9 所示。

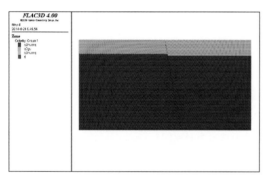
(a)一层古土壤模型

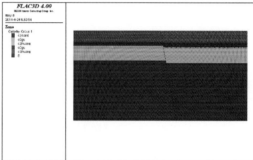
(b)两层古土壤模型

图 13.62　数值模型

表 13.7　一层古土壤模型力学参数

材料名称	密度 $\rho/(\mathrm{kg/m^3})$	泊松比 μ	参考应变 Y_{ref}	剪切模量 G_{max}/MPa
Q_3 黄土	1430	0.35	0.0009458	305.81
Q_3 古土壤	1710	0.35	0.0010254	330.03
Q_2 粉砂互层	1800	0.35	0.00080	498.75

表 13.8　两层古土壤模型力学参数

材料名称	密度 $\rho/(\mathrm{kg/m^3})$	泊松比 μ	参考应变 Y_{ref}	剪切模量 G_{max}/MPa
Q_3 黄土	1430	0.35	0.0009458	305.81
Q_3 古土壤	1710	0.35	0.0010254	330.03
Q_2 黄土	1460	0.35	0.0009458	421.79
Q_2 古土壤	1730	0.35	0.0010254	440.00
Q_2 粉砂互层	1800	0.35	0.00080	498.75

表 13.9　接触面材料参数

材料名称	$\rho/(\mathrm{kg/m^3})$	泊松比 μ	剪切模量 G/MPa	体积模量 K/MPa	参考应变 Y_{ref}
软弱夹层	1500	0.35	30.581	91.743	0.0012

1）土层剖面结构的影响效应

考虑地裂缝上下盘土层结构差异引起的场地地震动效应。计算模型如图 13.63 所示。

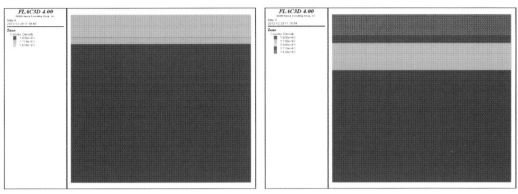

(a)一层古土壤模型下盘   (b)两层古土壤模型上盘

图 13.63 土层剖面结构数值模拟分析模型

数值模拟结果如图 13.64、图 13.65 所示。

（1）一层古土壤模型。

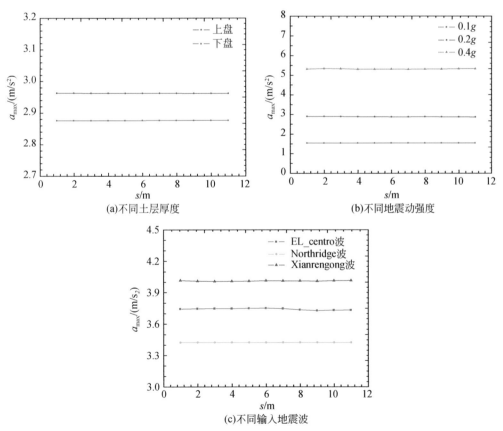

(a)不同土层厚度   (b)不同地震动强度

(c)不同输入地震波

图 13.64 土层剖面结构模型地表峰值加速度响应

（2）两层古土壤模型。

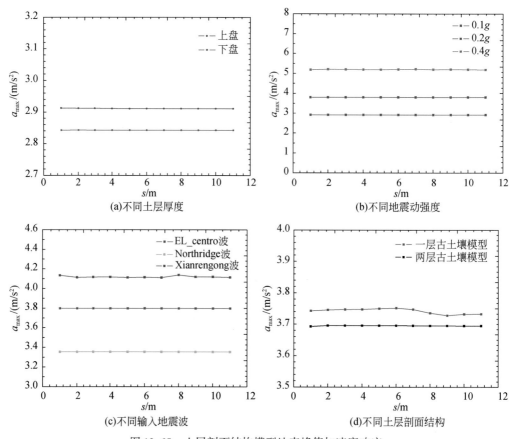

(a)不同土层厚度

(b)不同地震动强度

(c)不同输入地震波

(d)不同土层剖面结构

图 13.65　土层剖面结构模型地表峰值加速度响应

2）地裂缝影响效应

在前述考虑土层剖面结构对场地地震响应的影响的基础上，进一步分析仅由地裂缝对场地地震响应的影响，数值分析模型如图 13.66 所示。

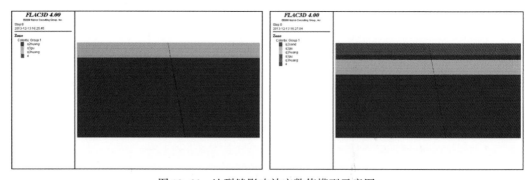

图 13.66　地裂缝影响效应数值模型示意图

数值模拟结果如图 13.67、图 13.68 所示。

（1）一层古土壤模型。

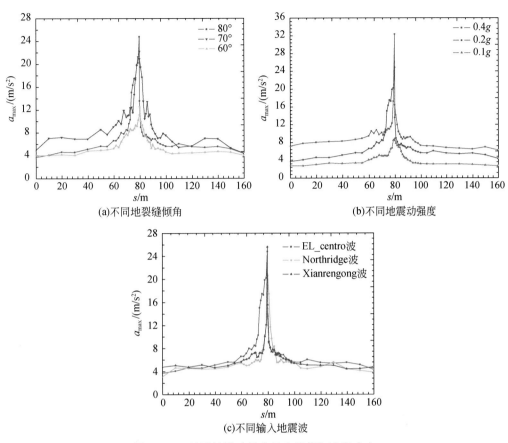

(a)不同地裂缝倾角

(b)不同地震动强度

(c)不同输入地震波

图 13.67　地裂缝影响效应地表峰值加速度响应

（2）两层古土壤模型。

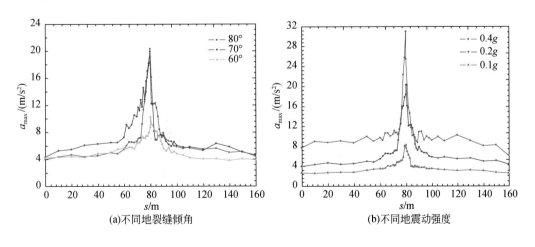

(a)不同地裂缝倾角

(b)不同地震动强度

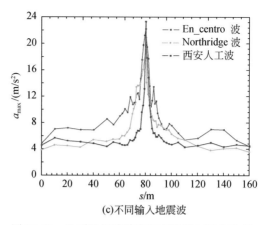

(c)不同输入地震波

图 13.68　地裂缝影响效应地表峰值加速度响应

3）土层剖面结构及地裂缝的综合效应

前述分析仅考虑土层剖面结构差异或仅考虑地裂缝影响分析场地地震动响应，而实际地裂缝场地地震响应必然为二者的综合效应，数值分析模型如图 13.69 所示。

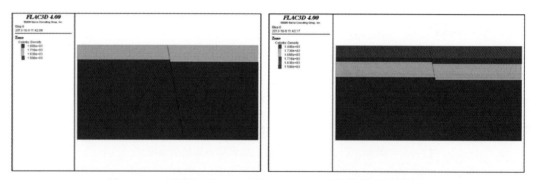

图 13.69　土层剖面结构及地裂缝的综合效应数值模拟分析模型

数值模拟结果如图 13.70 所示。

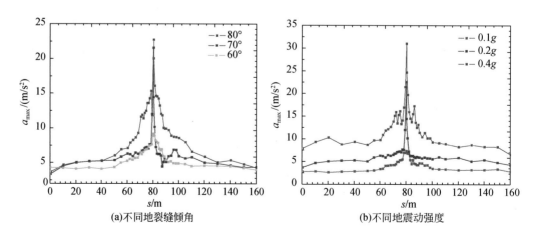

(a)不同地裂缝倾角　　　　　　　　　　　(b)不同地震动强度

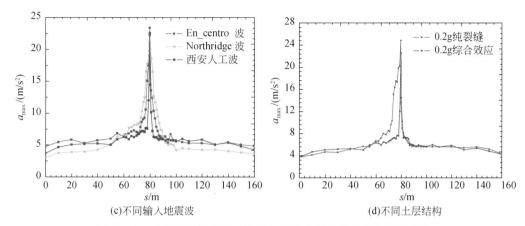

(c)不同输入地震波　　　　　　　　　　(d)不同土层结构

图 13.70　土层剖面结构及地裂缝的综合效应地表峰值加速度响应

4）规律性结论

（1）地震波作用下，地裂缝场地均表现出放大效应，而且具有明显的上下盘效应，上盘峰值加速度大于下盘，且随着与地裂缝距离的增大，峰值加速度逐渐减小。

（2）地震动作用下，对于给定的输入地震动及峰值加速度水平，地表峰值加速度随着软弱表层土厚度的增大而减小。

（3）地表峰值加速度在裂缝处最大，并向两侧递减，但上盘影响带较下盘较大；地表峰值加速度随着地裂缝倾角的减小而减小，影响带宽度随着倾角的减小而增大。

（4）土层剖面结构及地裂缝综合效应下，场地地震动效应影响宽度在裂缝两侧 40m 范围内。

13.4.2　地裂缝场地地震动放大效应振动台模型试验

振动台物理模型试验采用美国 MTS 公司的振动模拟试验系统，振动台及主要控制系统如图 13.71 所示。振动台的台面尺寸为 4m×4m，工作频率为 0.1~50Hz，振动台所能承受的最大加速度值为 ±1.5g。振动台主要性能参数如表 13.10 所示。

(a)振动台台面

(b)数据采集系统

(c)控制系统

图 13.71　地震模拟振动台及控制系统

表 13.10　振动台主要性能参数

性能指标	参数	性能指标	参数
台面尺寸	4m×4m	倾覆力矩	80t·m
工作频率	0.1~50Hz	偏心力矩	30t·m
标准负荷	30t	振动轴向	X、Y、Z
最大加速度	±1.5g	最大位移	±15cm
	±1.0g		±25cm
	±1.0g		±10

1）模型试验相似关系

试验的原型尺寸为 140m×80m×80m，考虑试验振动台台面尺寸为 4m×4m，采用 1：50 的几何相似比。试验所用模型土采用场地原型土，那么则可以确定密度相似比及模量相似比为 1：1。由此可得到模型相似关系及其相似比如表 13.11 所示。

表 13.11　地裂缝场地振动台模型试验相似关系及相似比

类型	物理量	相似关系	相似比
几何特性	长度 l	λ_l	1/50
	位移 u	$\lambda_u = \lambda_l$	1/50
材料特性	密度 ρ	λ_ρ	1
	弹性模量 E	λ_E	1
	应变 ε	λ_ε	1
	应力 σ	$\lambda_\sigma = \lambda_E \lambda_\varepsilon$	1
动力特性	时间 t	$\lambda_t = \lambda_l \sqrt{\lambda_\rho / \lambda_E}$	1/50
	频率 ω	$\lambda_\omega = 1/\lambda_t$	50
	加速度 a	$\lambda_a = \lambda_l / \lambda_t^2$	50

2）模型箱及模型材料

（1）模型箱设置：模型箱采用剪切模型箱，箱体尺寸为 3.0m（长）×1.5m（宽）×1.5m（高），分 14 层，每层框架为空心方形钢管。模型箱各层层间距为 12mm，除底层框架外，其他各层间沿振动方向放置凹槽，每边各 3 个，凹槽里放钢滚珠，并涂抹润滑油（凡士林），形成可以自由滑动的支承点。模型箱实物图如图 13.72 所示。

图 13.72　模型箱实物图

（2）地层：模型试验采用西安实际地层土进行模拟，按照夯填试验结果进行分层夯填，主要物理力学指标基本满足相似关系。模型地层结构剖面如图 13.73 所示。

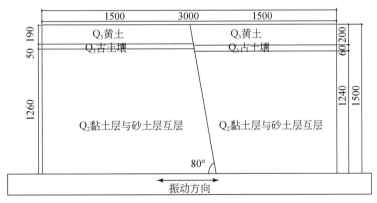

图 13.73　模型土层剖面示意图（单位：mm）

根据原型土层的物理力学性质及模型试验的相似关系，可以得到模型土层的物理力学指标如表 13.12 所示。

表 13.12　模型土层物理力学性质指标

土样名称	含水率/%	密度 $\rho/(kg/m^3)$	孔隙比 e_0	泊松比 μ	剪切模量 G/MPa
Q_3（L1）	19.4	1.63	0.932	0.35	305.81
Q_3（S1）	18.9	1.71	0.897	0.35	330.03
Q_2（L2）	17.0	1.80	0.861	0.35	498.75

（3）地裂缝：模型中采用干燥细砂模拟地裂缝。地裂缝选取宽为 1cm，进行地裂缝两侧土体的分层填筑，当土体填充到预定高度后，取出木板在其位置处充填细砂，每次充填高度为 10cm，依次反复直至填充至设计高度，地裂缝模拟如图 13.74 所示。

图 13.74　地裂缝模拟流程图

地裂缝带内土和两侧土体具有明显的差异，尤其表现为含水量相对较高，密度较小，模量较小，其物理力学指标如表 13.13 所示。

表 13.13　地裂缝带模型土层物理力学性质指标

土样名称	含水率/%	密度 ρ/(kg/m³)	泊松比 μ	剪切模量 G/MPa
粉细砂	20	1.50	0.35	61.036

3）模型试验测试系统

试验采用的测试仪器：动态信号采集仪、加速度传感器、位移传感器，如图 13.75 所示。

图 13.75　动态信号采集仪器系统及传感器

4）试验步骤及加载方式

（1）模型土的制作及装填。

（2）模型土的密封及模型箱的吊装。

（3）测试元件初始读数。

（4）模型试验加载。试验中采用 EL_Centro 地震波、Northridge 波和西安人工波作为振动台试验的地震波输入。试验加载采用 X 向输入激振，方向垂直地裂缝走向方向，从小到大逐级加载，在每一级荷载加荷前，采用幅值为 0.05g 的白噪声扫描。

（5）试验完成后，进行剖面开挖和测试数据的分析。

5）试验结果分析

（1）加速度随深度响应规律。

模型土体内部不同深度（h）处0.2g输入地震动强度各测点加速度时程曲线及其傅里叶谱如图13.76所示。

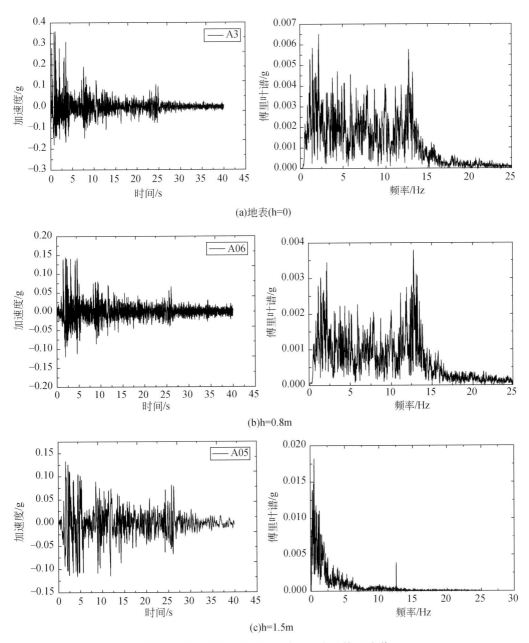

图13.76　不同深度地表峰值加速度及傅里叶谱

　　模型土体内部不同深度（h）处 0.2g 输入地震动强度各测点峰值加速度随深度的变化规律如图 13.77 所示。

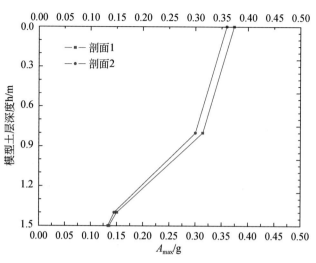

图 13.77　不同深度（h）测点峰值加速度

　　由以上试验数据不难看出，由下到上各测点的峰值加速度逐渐增大，在地表达到最大，模型土体表现出放大效应。在实际工程中，对于地裂缝场地，应考虑其抗震设防与非地裂缝场地的差异。

　　（2）加速度随距地裂缝距离响应规律。

　　模型土体地表离地裂缝不同距离处输入 0.2gEL_centro 波地震动强度，各测点加速度、速度及位移时程曲线如图 13.78 ~ 图 13.80 所示。

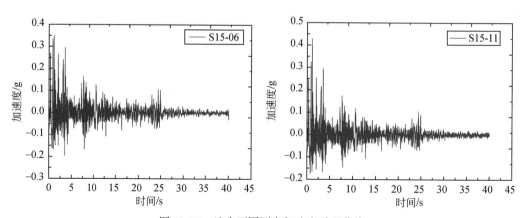

图 13.78　地表不同测点加速度时程曲线

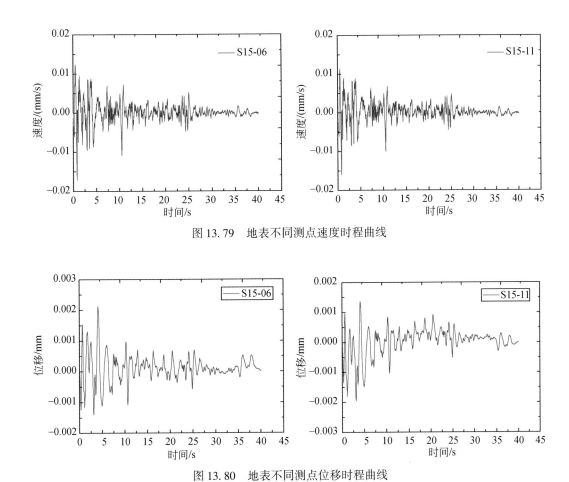

图 13.79　地表不同测点速度时程曲线

图 13.80　地表不同测点位移时程曲线

模型土体地表离地裂缝不同距离处输入 0.2g 地震动强度各测点地表最大峰值加速度曲线如图 13.81 所示。

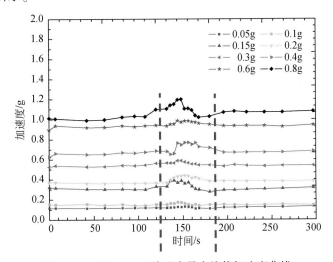

图 13.81　EL_centro 波地表最大峰值加速度曲线

从图 13.81 可以看出，地表峰值加速度在裂缝处最大，并从裂缝带两侧递减，上盘影响带较下盘较大，上盘约 30m 左右，下盘约 25m。

（3）位移反应规律。

不同地震动强度作用下土体最大位移如图 13.82 所示。

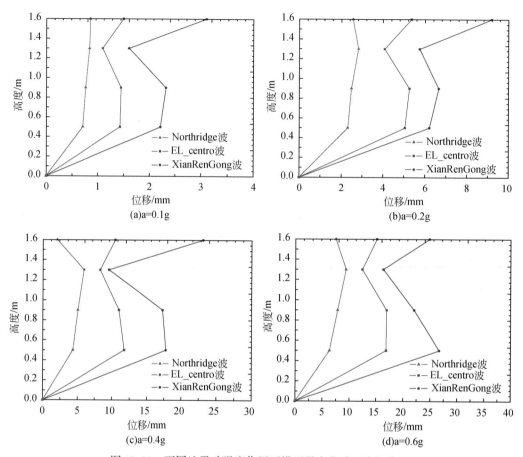

图 13.82　不同地震动强度作用下模型最大位移反应包络图

从图 13.82 可以看出，随着输入地震动强度（加速度）的增大，模型由台面到土体地表的位移逐渐增大；同一地震动强度作用下，地表向下 0.3m 处位移均有减小的趋势，这是由于该监测点为 Q_3 古土壤与 Q_3 黄土的分界面监测点，由于土层界面效应，使得该处位移呈现减小趋势。

目前，与西安地裂缝有关的陕西省工程建设标准《西安地裂缝场地勘察与工程设计规程》（DBJ 61-6-2006）在地裂缝的地震效应问题上，考虑到"现有资料没有充分证据表明地裂缝的存在会加剧地裂缝场地的震害和烈度"，因此规定地裂缝场地上的抗震设防烈度不予提高，仍按《建筑抗震设计规范》执行。同时，在规定地裂缝场地的建筑物基础避让距离时，也只是在考虑地裂缝上下盘相对错动引起的地表形变影响范围的基础上，结合建筑的结构形式给出，同样没有考虑由于地裂缝的存在，场地地震放大效应问题。

通过对地裂缝场地振动台模型试验研究，发现在地震动作用下，地裂缝场地表现出明显的放大效应，且随着输入地震动强度的增加，地表峰值加速度逐渐增大；随着输入地震动强度的增大，模型由台面到土体地表的加速、位移均逐渐增大，靠近地裂缝一定范围内，越靠近地裂缝地表峰值加速度越大，随着距离地裂缝距离越来越远，地表峰值加速度呈减小趋势；地震动作用下上盘影响范围略大于下盘，模型试验所得基础"动力"避让距离为：上盘约 $25 \sim 30\text{m}$，下盘约 $20 \sim 25\text{m}$。

13.5　城镇地裂缝减灾技术总结

根据前述研究，综合多年地裂缝灾害调查与防治经验，当地裂缝发育于城镇地区时，总体上可以采用如下十六字治理方针："科学采水、合理避让、适应变形、局部加固"。"科学采水"即治其源头，"合理避让、适应变形、局部加固"即为建构筑物的减灾指导思想。

13.5.1　地下水开采控制

大量研究表明，水在地裂缝的形成和发展中具有非常关键的作用。很多地方的地裂缝出现就是在农田灌溉，暴雨和过度抽取地下水的过程中显现出来的，其中农田灌溉和暴雨是外因，既地裂缝露头被地表耕植土覆盖，在强烈地表径流冲刷下开启、重新裸露。地裂缝形成的更为重要原因是抽取地下水，使得深层土体水土压力发生变化，产生贯通至地面的地裂缝现象。

地下水开采作用下地裂缝的形成机理主要有 5 种：①渗透变形机理；②土层失水收缩变形机理；③渗透力拖曳作用机理；④差异沉降变形机理（图 13.83）；⑤刚性折裂机理（图 13.84）。

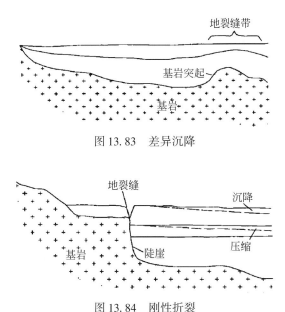

图 13.83　差异沉降

图 13.84　刚性折裂

　　由于抽汲地下水产生的不均匀地面沉降是造成地裂缝活动加剧的直接原因，所以在地裂缝场地应严格控制承压水的开采。地裂缝和地面沉降的快速发展与长期超采地下水，导致地下水位大幅下降密不可分，合理限制地下水开采范围、开采层次和开采量是控制地面沉降、减缓地裂缝发生的根本措施。在有可能产生地裂缝或地面沉降的区域内，应严格控制承压水的开采，禁止违规凿井。

　　一般可以根据当地开采地下水历史和现状采取有利的地下水采控措施：

　　（1）在现状基础上减小开采量，地裂缝发育地区自备井全部封闭。这种方法是控制地面地裂缝活动最为直接和有效的方式之一，需要当地政府宏观上制定相应法规政策。

　　（2）在沉降中心处定期开展地下水人工回灌。人工回灌指利用工程设施将地表水注入地下含水层，以增加地下水储量的措施。由于地面沉降主要为过量抽取地下水引起的，采用人工补水，可以有效的提升水位，增加孔隙水压力，促使土体回弹。

　　（3）调整开采层位，在浅层取水。长期抽取地下水时，其降落漏斗必定会向四周、上下发展，并影响到补给边界和排泄边界，然而地下水系统的补给，排泄基本上都是在地表浅层，因此调整开采层位来防治地裂缝思路非常明确。

　　（4）调整开采井平面布局和开采时间，"丰停枯采"。对于一些用水实在紧张的城市，对于城区开采自备井，不全部封停，可选取井结构及运行状况良好的一部分井作为应急自备源井。干旱年来临时，启动应急井，作为补充水源，平水年停采。

13.5.2　地裂缝带避让距离

　　在地裂缝发育区，城镇建构筑物应尽量避让地裂缝。然而城市用地日趋紧张，寸土寸金。如何尽最大可能攫取土地利益与保证建构筑物安全成为一对矛盾。目前只有《西安地裂缝场地勘察与工程设计规程》（DBJ61-6-2006，J10821-206）在地裂缝避让距离上有明确依据可循。前面章节对于条型基础，筏型基础和桩筏基础进行了分析，当这些基础形式跨越地裂缝时无一例外的产生破坏。桩筏基础尽管对地基的土体进行了加强，但是在地裂缝活动中依然无法抵抗地裂缝对建筑物的破坏，因此只有采取避让措施。

　　根据前面章节的计算结果，条形基础可以采用《西安地裂缝场地勘察与工程设计规程》（DBJ61-6-2006，J10821-206）的原则避让，如表13.14所示。地裂缝的影响区范围按上盘0~20m（其中主变形区0~6m，微变形区6~20m）和下盘0~12m（其中主变形区0~4m，微变形区4~12m）规定，分区范围均从主地裂缝或次生地裂缝起算。

　　在地裂缝场地，同一建筑物的基础不得跨越地裂缝布置。采用特殊结构跨越地裂缝的建筑物应进行专门研究。在地裂缝影响区内，建筑物长边宜平行地裂缝布置。

　　建筑物基础底面外沿（桩基时为桩端外沿）至地裂缝的最小避让距离，应符合以下规定：一类建筑应进行专门研究或按表13.14采用；二、三类建筑应满足表13.14的规定，且基础的任何部分都不得进入主变形区内；四类建筑允许布置在主变形区内。

表 13.14　西安地裂缝场地建筑物最小避让距离　　　　（单位：m）

结构类别		建筑物重要性类别		
		一类	二类	三类
砌体结构	上盘	/	/	6
	下盘	/	/	4
钢筋混凝土结构、钢结构	上盘	40	20	6
	下盘	24	12	4

注：1. 底部框架砖砌体结构、框支剪力墙结构建筑物的避让距离应按表中数值的 1.2 倍采用。

　　2. $\triangle_k$ 大于 2m 时，实际避让距离等于最小避让距离加上 $\triangle_k$。

　　3. 桩基础计算避让距离时，地裂缝倾角统一采用 80°。

　　表 13.14 中地裂缝场地的建筑物重要性类别根据建筑物规模、重要性以及由于地裂缝活动可能造成的建筑物损坏或影响正常使用的程度，分为一、二、三、四类。一类建筑为特别重要的建筑和构筑物、高度超过 100m 的超高层建筑；二类建筑为大跨度公共建筑、高度 28m~100m 的高层建筑、有桥式吊车（吊车额定起重量小于 100t，大于等于 30t）的单层厂房、高度超过 30m 的水塔和烟囱、容易引起次生灾害的建筑（如储水构筑物和大量用水的工业民用建筑物）；三类建筑为除一、二、四类以外的一般工业与民用建筑；四类建筑为临时性建筑。

　　根据前述地裂缝场地桩承台数值分析的结果（图 13.85 和表 13.15），可得到地裂缝的影响范围为下盘 10m 至上盘 20m，共 30m，如图 13.86 所示。其中强变形带为下盘 5m 至上盘 10m，共 15m，弱变形带为下盘 10m 至下盘 5m，上盘 10m 至上盘 20m，共 15m，下盘 10m 以外和上盘 20m 以外为无变形带。同时观察颗粒间最大接触力的对比图，对这 8 种工况的最大接触力由大到小编号，基础内部接触力越大，则说明地裂缝对其的影响程度越大。将地裂缝的影响范围从下盘 10m 至上盘 20m 这一区域细分为 6 个范围：地裂缝的影响程度由大至小分别为上盘 0 至 5m、下盘 0 至 5m、上盘 5 至 10m、下盘 5 至 10m、上盘 10 至 15m、上盘 15 至 20m，如图中字母顺序所示。这一危险范围的划分和砌体结构的范围下盘 5m 至上盘 5m 相吻合。农村房屋采用的是浅基础，所以地裂缝对其影响范围相对较小，合理避让范围设为下盘 5m 至上盘 5m。在城市规划和建筑物设计时，若遇到地裂缝灾害，可参考细分的地裂缝影响范围来进行合理避让。

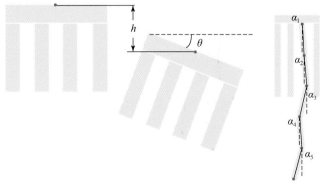

图 13.85　桩承台数值分析示意图

表 13.15 桩承台数值计算结果汇总

桩承台基础离地裂缝的距离/m	最大接触力 $F \times 10^7/N$	承台沉降 h/cm	承台倾斜角度 $\theta/(°)$	桩身平均弯曲角度 $\alpha/(°)$	划分结果
−15	1.71	3.27	4.19	0	无变形
−10	6.49	3.56	12.27	0.19	弱变形
−5	9.00	4.72	29.01	2.14	强变形
5	9.92	28.89	47.42	6.83	强变形
10	8.32	31.45	18.38	3.27	强变形
15	5.71	31.73	6.80	0.99	弱变形
20	3.03	28.68	0	0.28	弱变形
25	4.61	28.68	0	0.01	无变形

注：距离地裂缝的距离正值表明基础位于上盘，负值表明基础位于下盘。远离地裂缝的工况由于边界效应计算结果稍有误差。

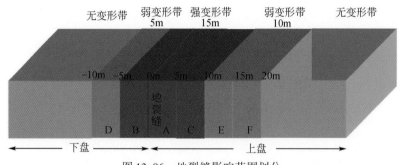

图 13.86 地裂缝影响范围划分

13.5.3 适应变形措施

对于房屋结构，基础可以采取避让地裂缝，但是城镇基础设施中的线性构筑物，如地铁，市政管道，渡槽和道路不得不穿越地裂缝。对于此类线性工程穿越地裂缝时，必须采取有效的防治措施才能避免结构开裂破坏。防治的基本指导原则是"适应变形"，即跨越地裂缝段结构是柔性的，允许一定变形，并辅以其他措施。这里以穿越地裂缝的地铁隧道为例说明，地铁隧道穿越地裂缝时基本思想是"防"与"放"相结合，"分段设缝加柔性接头、预留净空与局部加强"，以分段结构适应地裂缝变形为主。"防"就是扩大断面（预留净空）和局部衬砌加强，而"放"就是分段设缝加柔性接头，跨地裂缝地段采用分段结构进行设计，采用柔性接头连接处理。

根据长安大学地裂缝课题组已取得的研究成果，斜交条件下地铁分段隧道与地裂缝的平面投影关系，变形缝设置模式和分段长度优化计算模式大致归纳为以下两种模式。

模式一：对缝设置模式，即分段隧道中有两段隧道骑跨于地裂缝上；

模式二：骑缝（或悬臂）设置模式，即分段隧道中仅一段隧道骑跨于地裂缝上。

分段计算模式如图 13.87 所示，从地裂缝位置处开始，上盘分段隧道编号为 L1–i，下盘分段隧道编号为 L2–i；分段隧道轴线与地裂缝斜交夹角为 θ。

根据前面的数值模拟计算和大型模型试验成果，认为斜交穿越地裂缝带的隧道衬砌结构分缝原则为：

（1）斜交角度 $\theta>45°$ 时，采用骑缝式或悬臂式设缝模式，跨地裂缝地段隧道段长度取 20m，即图 13.87（b）中 L2–1 取 20m；

（2）斜交角度 $\theta\leqslant45°$ 时，采用对缝式设缝模式，跨地裂缝地段隧道段长度取 15m，即图 13.87（a）中 L1–1 和 L2–1 均取 15m；

其他位于主变形区的分段隧道长度取 10m，微变形区分段隧道长度取 15～20m 均可，同时接头部位考虑相应的防水措施。

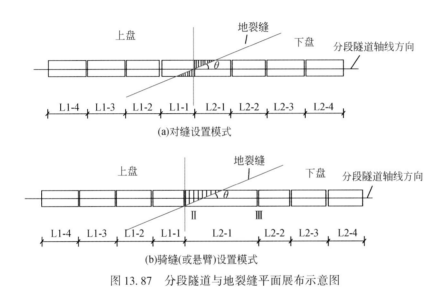

图 13.87　分段隧道与地裂缝平面展布示意图

13.5.4　局部加固技术

在建筑物的工程设计时，为防止地裂缝活动对拟建建筑物的破坏，应采取相应的措施增强地裂缝临近建筑物适应不均匀沉降或抵抗不均匀沉降的能力，如在地裂缝影响区内的砌体建筑，应在每层楼盖和屋盖处及基础设置钢筋混凝土现浇圈梁，门窗洞口应采用钢筋混凝土过梁；在地裂缝临近区内的建筑宜采用钢筋混凝土双向条基、筏基或箱基等整体刚度较大的基础，建筑物长边宜平行地裂缝布置。在个别特殊情况，如地裂缝两侧的两幢建筑之间要设一连接体，该连接体允许跨地裂缝布置，但建筑物的基础在地裂缝两侧的位置应满足最小避让距离的要求，连接体的设计应轻型、梁柱铰接可调。当建筑物倾斜过大时可以采用注浆方式，保证建筑的倾斜指标（图 13.88）。

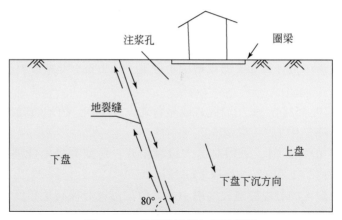

图 13.88　建筑物局部加固示意图

第14章 汾渭盆地地裂缝危险性分区与风险预测

14.1 建立地裂缝危险性分区体系的原则和方法

地裂缝灾害是由多种因素造成，因而地裂缝的评价指标体系也应由多个单独的评价指标来组成，这些指标的选取既要符合地裂缝灾害危险性评价的目标和要求，同时要做到全面性、科学性和合理性。所以，应遵循以下原则建立评价指标体系。

（1）系统性与普遍性原则

评价指标的选取力求全面和普遍地对研究区地质环境予以反映，因此在建立指标体系时，与危险性分区的要求相联系，所选取的指标要尽可能地对于研究区地质背景和地质灾害发育特征具有普遍性、典型性。

（2）代表性与差异性原则

在选取指标之前，要全面分析地裂缝研究区的地质背景特征，搞清地裂缝的成灾条件及致灾因素，选择那些直接影响地裂缝的发育或者起至关重要作用的具有代表性的指标。同时，应当考虑自然地理背景、地质环境的差异性对地裂缝影响因素的改造作用，一种影响因素在某种环境下可能起到决定性作用，在另外一种环境下可能毫无作用。

（3）独立性原则

各个指标因素要相互独立，应尽量保证对目标的影响没有重叠。选取尽可能多的因素以求分析结果更趋近于现实情况，但是不可盲目选取过多的、相互交叉的、无关紧要的指标往往对解决问题不起决定作用，致使计算结果混乱。

（4）主次分明原则

决定地裂缝的发育状况、活动特性的因素非常复杂，各个因素对于地裂缝的影响程度存在很大差异，评价时应依据各自不同的作用方式、不同的贡献程度，分清主要因素和次要因素，合理选取评价指标。

（5）简明性与可操作性的原则

指所选取的评价指标应做到最大可能的简单和明确，且这些评价指标应该是建立在相似的地质环境资料基础之上，并尽可能地消除评价过程中的技术障碍，尽量降低评价操作人的技术要求，使评价指标具有较好的再利用性。

（6）定性与定量的原则

由于地裂缝灾害发生的影响因素较多，定量关系多不明确，多数可供评价的量化资料较少，对现有的地质资料，如断层影响范围、各地貌单元影响程度、地层的影响程度等诸多因素的量化尺度需要基于地质背景的定性判断。目前的调查研究技术方法下，定量评价仍然是辅助手段，是工具，应与定性评价相结合来综合评价。本章以太原盆地为例，详细论述地裂缝危险性分区与风险预测的方法，具体实施流程如图 14.1 所示。

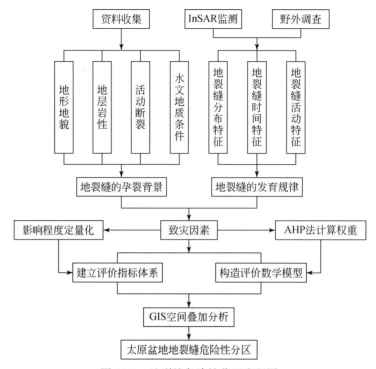

图 14.1　地裂缝危险性分区流程图

14.2　地裂缝致灾因素的分析及量化

14.2.1　地裂缝的致灾因素

根据已有的调查资料，从地裂缝发育的背景条件、地质环境及其与地裂缝分布的空间嵌套关系可以看出，地裂缝与新构造活动、地下水开采、介质条件和复杂地貌环境间有密切的联系，但是这些致灾因素对地裂缝成灾的作用机理大不相同，新构造活动是主导因素，土层中的构造破裂面构成了地裂缝的"原型"，地下水开采是重要的诱发因素，是地裂缝超常活动、显露地表及反复开裂的关键因素，而地貌环境和地层岩性在一定程度上控制着地裂缝的地表展布形态、发育规模及影响范围的大小。

1. 断裂构造对地裂缝的主控作用

规模较大的地裂缝往往方向稳定，地裂缝带与活动断裂具有良好的一致性，是构造成因的破裂面。以太原盆地西边界的清徐–交城边山地裂缝带为例，绵延约 46km，均位于交城大断裂带上；太谷—祁县—平遥一带地裂缝优势方向与范村–洪山断裂方向也基本一致，尤其是该地区三条巨型地裂缝全部为 NE 向，且均处于盆缘断裂的上盘，所以这一带地裂缝应为洪山-范村断裂的继承性破裂表现。这些地裂缝走向与断裂带方向一致，空间位置上刚好均位于断裂带上，且根据物探、探槽等揭露的浅部及深部情况，发现地裂缝与下伏第四系地层的断层是连接在一起的。可见，这些地区的地裂缝断裂构造背景是非常突出的。但也有部分地裂缝只是浅部破裂，无下伏第四系地层断层与之对应。太原盆地平遥县城以东黄土丘陵区地裂缝与区域构造断裂或下伏基底断层走向不一致，说明了汾渭盆地地裂缝发育的复杂性。

2. 地下水开采对地裂缝活动的激发、加剧作用

在开采地下水的过程中，会在土层中形成降落漏斗，土中的孔隙水压力随着孔隙水的排出而不断减小，有效应力随之不断增大，使土体的孔隙体积不断缩小而产生固结变形，导致地面形成以地下水降深漏斗为中心的地面沉降区。沉降区的边缘也是形变梯度最大的区域，同时形成拉张应力区，当拉张应力超过土体的抗拉强度时，就会在地表产生裂缝。

太原盆地西部盆山交界带的裂缝集中发育区的清徐-交城段位于太原盆地西侧边山沉降区；而东部山前倾斜平原太谷—祁县—平遥一带地裂缝集中发育区位于太原盆地太谷-祁县-平遥-文水-交城县沉降区的边缘地带，地裂缝优势方向垂直于两漏斗区形成的拉张应力方向，而这刚好可以解释这一带地裂缝优势方向与构造背景不一致的问题。

太原盆地西部盆山交界带地裂缝集中发育区、东部的榆次地裂缝集中发育区，地裂缝活动速率缓慢，尤其是榆次地裂缝及临汾盆地尧都区西部及北部地裂缝，只见房屋裂缝，大部分裂缝地表已经看不见，由于缺少这些地区地面沉降监测数据而无法得知在地裂缝发生时期地面沉降发育情况，但根据调查，这些地区在地裂缝发生时期，正是地下水位快速下降时期，据推测在当时这些地区亦是沉降区。

与此相对应的是，一些沉降区并不是地裂缝发育区，如太原市沉降区、介休-孝义沉降区，尤其是太原市沉降区，单从沉降量来看，是山西断陷盆地中地面沉降最严重地区，但这些地区截至目前为止，还未发现地裂缝。这主要是由于地下水开采引起的地面沉降往往只限于地下水位变化波及的影响范围，而太原市区浅部地层沉积得较为平整，即使出现大面积的地面沉降也不易产生明显的差异性位错，而且地面沉降产生的地表变形多以水平拉张作用为主，附加一定的扭曲作用，垂直位错很小，这样不容易为地表水渗透提供优势通道，因此地裂缝不易开启。

综上可得，地面沉降区往往是地裂缝易发区，在地面沉降逐步发展的同时，会不断伴随有地裂缝的发生，即使边山活动断裂带上的地裂缝带，也往往是在地下水超采导致地面沉降后而出现的，且地裂缝活动速率远远快于活动断裂的活动速率，如太原盆地清徐仁义村地裂缝两侧差异活动量达 55mm/a，而下伏的交城断裂活动量不过 1.2mm/a。可见，地面沉降是地裂缝生成、发展的重要诱发因素。

3. 介质条件对地裂缝地表发育程度的影响作用

第四系松散沉积层是地裂缝发育的物质基础，盆地内地裂缝普遍分布在第四纪沉积层 150～500m 的范围内，区域内地裂缝的活动性和发育程度受到土层条件的明显制约。地裂缝的主要分布区，地层构成主要为黄土和黄土状土，由于其独特的竖直节理发育、大孔隙性等结构特征，其拉张变形能力比一般土低得多，所以更容易开裂变形。同时，

在静、动荷载作用下，地裂缝开裂宽度和发育深度与土层的流塑变形强弱密切相关，其表现出的规律为，地裂缝的活动性与变形程度随土层的极限应变减小而增大，而流塑变形越明显的土层，地裂缝活动一般表现得越弱，一些地裂缝表现出的发育程度分段性大多与此有关。

4. 地貌环境对地裂缝发育的影响

地裂缝一般发育于山前冲洪积倾斜平原、黄土台地、黄土丘陵、冲洪积平原与山区或黄土台塬的过渡区内，且在相邻地貌单元接触带的一定范围内也有广泛分布。

地貌条件是对地形、土层成因及岩性、构造、水文地质等地质条件的宏观体现。所以，地貌环境与地裂缝分布之间的关联特点也是地形、构造、岩土体工程地质条件、水文地质特征等影响地裂缝形成和发展的地质环境条件的综合体现。

一方面，盆地基底断裂的活动往往导致地貌形态的局部差异，比较普遍的现象是受同沉积断层的影响，沿基底断裂展布方向的两侧地形陡变，常形成陡坎、陡坡等微地貌界线。这种微地貌界线不仅是构造变形集中带，而且往往是地质条件的差异分界带，所以地裂缝更容易沿这类地貌界线发育。另一方面，沿地貌单元边界，地面沉降形变场往往也出现形变梯度陡变。所以，在盆山（山区和盆地）交界带或过渡带等地貌突变带，常有大型、巨型地裂缝发育，最为典型的是太原盆地西边界交城边山断裂带的地裂缝带，这些地貌交界带，往往是大的断裂构造发育区，构造背景因素凸显。

而且，若撇开人类活动，单纯从地质条件角度进行分析，地裂缝分布规律与地貌的嵌套关系不明显。但是，若引进人类工程活动因素，则可以较好地解释各地貌单元地裂缝分布规律，太原盆地东、西两侧的冲洪积倾斜平原，均是人口密度较大区，西侧冲洪积倾斜平原分布着以清徐、交城、文水、汾阳等各县城为中心的小经济圈，东侧冲洪积倾斜平原分布榆次、太谷、祁县、平遥等各县城为中心的小经济圈，正是这些人类密集地区，往往是地裂缝易发区，而占平原区更大面积的冲洪积平原区，人口密度小，地裂缝发育也弱。

14.2.2　地裂缝致灾因素的量化

为了建立活动断裂、地下水开采、地层和地貌这四个因素与地裂缝活动之间的相对关系的数学模型，需要建立各个单因素的专题层，关键问题是确定各因素的量化参数。

在建立评价模型之前，需要建立一个统一的分级标准，并依据各项指标对总评价目标的相对贡献来赋值。本章采用 1~9 作为基本标度值，对每个因素层的各个分级按照相对重要性进行定量化。

1. 断裂构造因素量化

1）断层影响分带

断裂活动对地裂缝的影响与地裂缝距断裂带的距离有关。随着距断裂带中心距离的增大，地面运动的峰值加速度逐渐减小，对地裂缝的影响作用也逐渐降低。针对这种情况，采用构造影响带分区的方法进行构造因素量化。在基底断裂导致上覆土层产生明显变形的情况下，断层两侧的变形程度具有分带性特征，距断层一定范围内形变强度较大，向外逐渐衰减。而且，上覆松散的地层对基底断裂的应变具有一定的扩散效应，这种扩散效应也随着距离的增加逐渐降低。

基于以上分析，对构造影响带采用三分带的处理方法：Ⅰ—主变形影响带；Ⅱ—次变形影响带；Ⅲ—扩散变形影响带。其中，主变形影响带指距离断层较近，在断裂活动条件下土层产生明显变形的区域；次变形影响带指主变形影响带以外的区域；扩散影响带是次变形影响带之外，断裂活动可能波及的区域，对土层的形变作用不那么直接。

2）各带影响范围的确定

研究区内与断层活动具有明显配套关系的地裂缝大多分布在断裂带两侧 1000m 范围内。综合上述分析，确定各影响带的宽度为：主变形带为断层两侧 1km 范围内；次变形带为断层两侧 1~2km 范围内；扩散变形带为 2~3km 范围内。3km 以外的区域，一般不是断裂活动的直接影响区域。当然，这种影响带允许空间上的叠加，即影响带重叠区，在具体处理时，用软件对重叠的区域进行叠加分析，在本章后面的小节会具体论述。

3）基于断裂活动速率的量化赋值

基底断裂的活动特征反映了构造因素对地裂缝的影响，而断裂的活动速率则直观反映了基底断裂的活动强度。太原盆地内分布有七条主要断裂带，各断裂带的活动速率不尽相同，为了准确反映各条断裂对地裂缝发育的影响程度，在对构造因素进行量化时，不能简单地按照影响带对所有断裂统一划分。根据江娃利（江娃利，1993）、王乃樑（王乃樑等，1996）等人的研究成果，整理出各个断裂的活动速率和最近的活动时代，基于断裂活动速率对各条断裂的影响进行差值量化。盆地西侧的交城断裂和东侧的洪山-范村断裂都是大型的盆缘断裂带，断裂带延伸长度较长，走向和活动特性均呈现分段性特征。因此，为了尽可能地还原真实情况，保证计算结果的准确性，进行分段量化，各变形影响带的标度赋值如表 14.1 所示，量化结果如下（图 14.2）。

表 14.1 断裂量化标度值

断裂名称		活动时代	活动速率 / （mm/a）	标度值		
				主变形带	次变形带	扩散带
交城断裂	晋祠段	晚更新世晚期	1.07	9	7	5
	清徐-交城段	全新世中期	1.3	9	7	5
	文水段	中更新世	0.29	5	3	2
	汾阳段	中更新世	0.43	7	5	3
田庄断裂		中更新世晚期	0.55	7	5	3
祁县-东阳断裂		中更新世	0.07	3	2	1
平遥-太谷断裂		中更新世	0.03~0.07	3	2	1
洪山-范村断裂	范村段	中更新世	0.24	5	3	2
	太谷段	中更新世	0.31	6	4	2
	洪山-东泉段	中更新世	0.25	5	3	2

续表

断裂名称	活动时代	活动速率 /（mm/a）	标度值		
			主变形带	次变形带	扩散带
榆次–北田断裂	晚更新世	0.35	6	4	2
三泉断裂	中更新世	<0.38	6	4	2

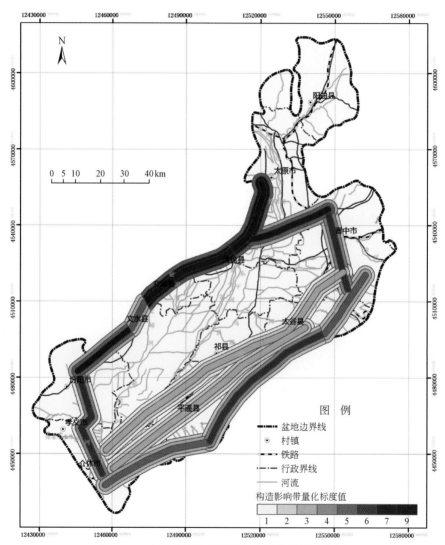

图 14.2　太原盆地构造因素标度量化结果示意图

2. 地下水过量开采因素量化

地下水开采对地裂缝的影响作用，主要是通过地层差异沉降实现的，其影响的实质是由于差异沉降区分布有拉张应力，而沉降区不同部位分布的拉张应力大小也不同，由前述分析可知，形变梯度最大的部位在沉降区域的边缘，也是拉张应力最为集中的区域。太原盆地西部的盆山交界带是地裂缝的集中发育区，也分布有大范围的地面沉降区，尤其是清徐县—交城一带，地裂缝发育区与太原盆地西侧边山沉降区相一致。而在盆地东部，大部分地裂缝位于太谷-祁县-平遥县沉降区的边缘地带，交城断裂带南段的文水-汾阳沉降区的边缘地带也是地裂缝较为发育的区域。因此，地裂缝的发育情况与沉降盆地边缘地带有空间上的对应关系，而地下水开采与地面沉降的发展又存在时间上的一致性。据此，对地下水超采因素采用地面沉降形变区进行量化分带，以距边缘线的距离为基准，进行标度赋值：Ⅰ—外缘区，沉降区边缘以外 500m 范围内，标度为 5；Ⅱ—内缘区，沉降区边缘以内 500m 范围内，标度为 3；Ⅲ—中心区，内缘区以内的范围，标度为 1。

根据 2009～2013 年的 GPS 和 InSAR 监测数据，太原盆地由北向南依次有太原南部地区、清徐地区、太谷-祁县区、介休地区，四处核心地面沉降区。太原市的主要沉降区包括万柏林、沙沟、武家庄、吴家堡以及河东小店区等区域，从选取的两条剖面可以看出（图 14.3），地面沉降速率受到田庄断裂的影响，太原市南部的小店区域最大沉降速率可以达到 10cm/a。

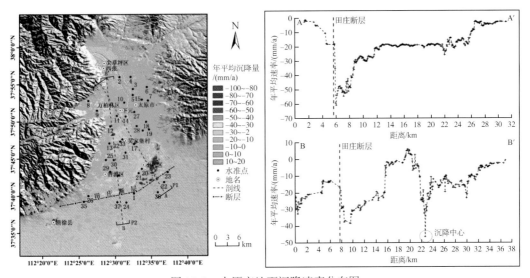

图 14.3　太原市地面沉降速率分布图

太原盆地的其他几个沉降区主要位于交城断裂和平遥-太谷断裂之间（图 14.4、图 14.5），其中，清徐地区 2012 年测得的沉降速率达到 30cm/a，也是近几年太原盆地地裂缝活动最活跃的区域。在盆地最南端的介休地区，其年沉降速率也超过 20cm/a，成为太原盆地仅次于清徐地区的高危险区域。太谷-祁县-平遥-文水-交城县沉降区，是太原盆地面积最大的沉降区，区域内发育有多个沉降漏斗中心，大西高铁沿线的祁县地区，2007～2009 年最大沉降速率可以达到 6cm/a。

基于以上的数据分析，在评价地面沉降因素的影响时，应对太原盆地内的四个主要沉降区做重点处理，按照各个沉降区的形变速率，在原有标度的基础上强化它们的影响程度，如表 14.2 所示，量化结果见图 14.6。

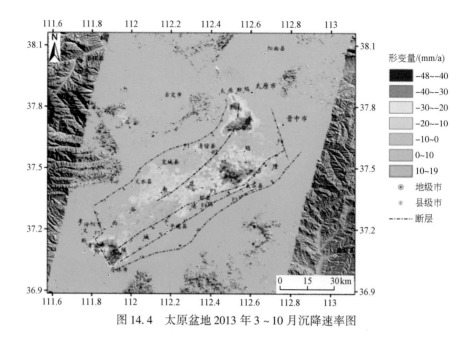

图 14.4 太原盆地 2013 年 3~10 月沉降速率图

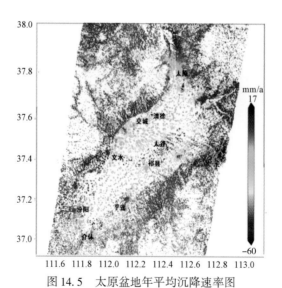

图 14.5 太原盆地年平均沉降速率图

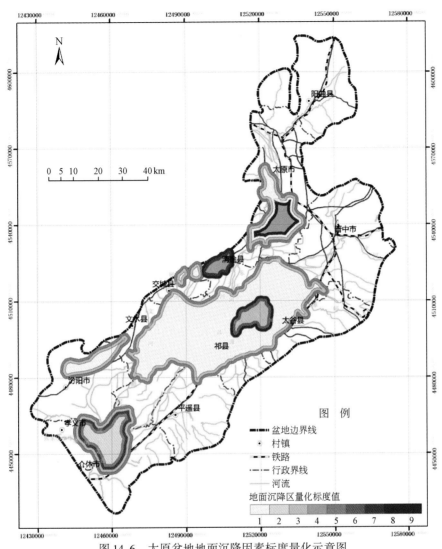

图 14.6 太原盆地地面沉降因素标度量化示意图

表 14.2 太原盆地地面沉降区量化标度值

沉降区名称	平均沉降速率 / (cm/a)	标度值		
		外缘区	内缘区	中心区
太原地区	6.3	9	7	4
清徐地区	7			
祁县–太谷地区	5 ~ 6	8	6	3
介休地区	4	7	5	2
其他地区	2 ~ 3	5	3	1

3. 地层因素量化

第四系松散层是地裂缝发育的介质条件，地层影响着差异沉降的幅度、地表的发育程度和形态特征。有关研究结果表明，第四系地层厚度差异对地裂缝的形成具有非常重要的影响。所以，可以在第四系地层等值线的基础上，绘制地层等厚度云图，由东南向西北方向，地层厚度总体逐渐变深，但是，地层厚度的梯度却逐渐变小。如果只考虑第四系地层厚度这个单因素的影响，厚度在150～300m范围内的地层厚度变化的梯度最大，这意味着新近系顶界的起伏度很大，地形变化的梯度也比较明显，地层沉积得不平整，因此，祁县-太谷-平遥地区的地裂缝主要发育在梯度大的地方，且多沿着地层线展布，当然，这与断裂构造对地层发育的控制作用也有关。但是，不可否认，在这些区域内，土层的扭曲比较严重，容易积累应变能，也容易产生大的形变，土层的固结程度也相对较差。基于以上分析，在地层等厚度分区图上，对不同厚度的地层区带赋予基本标度值，以表示其对地裂缝影响程度的大小，赋值结果如图14.7所示。

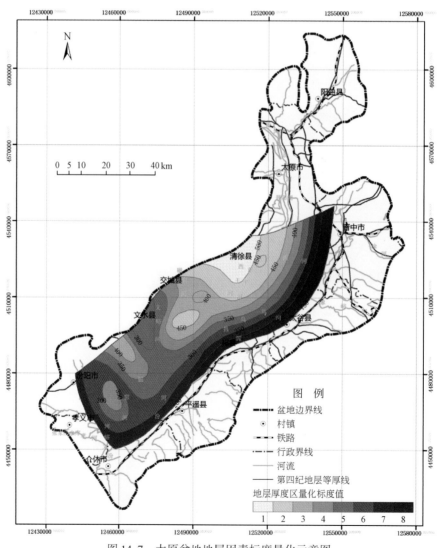

图14.7　太原盆地地层因素标度量化示意图

4. 地貌因素量化

不同地貌单元在某种程度上控制着地裂缝的发育规模，在量化地貌因素时，主要从两方面考虑。一方面，不同的地貌单元上地裂缝的发育状况有明显的差异，太原盆地地貌可划分为黄土丘陵区、黄土台塬区、冲洪积倾斜平原区、冲积平原区。山前冲洪积倾斜平原区地裂缝最为发育，发育地裂缝 68 条，总长度为 118.47km，盆地中 6 条巨型地裂缝均分布在该区，地裂缝发育程度最低的地貌单元是黄土丘陵区和位于盆地中部的冲洪积平原区。另一方面，在两种不同地貌单元接触的一定范围内往往交错沉积着不同性质的土层，因此，位于接触带影响范围内的土层工程条件通常比较复杂，也是薄弱地带，量化时要考虑这方面对地裂缝发育的影响。

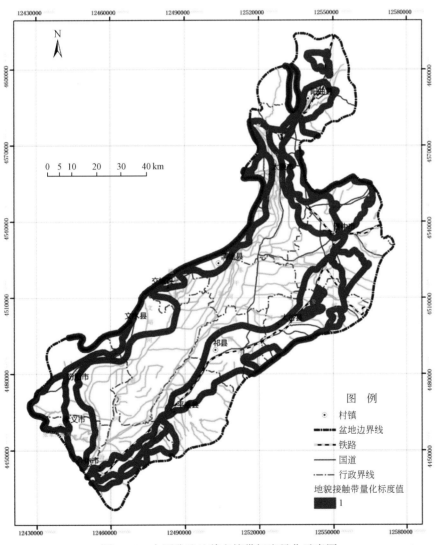

图 14.8　太原盆地地貌交接带标度量化示意图

　　根据盆地的地貌分布情况，将研究区域内与地裂缝发育有关的地貌单元类型细分为八种类型，即山前冲洪积倾斜平原区、切割强烈的黄土沟梁区、切割中等的黄土台塬区、冲湖积倾斜平原区、洪积平原区、黄土丘陵区、黄土岗地区、切割强烈的土石丘陵区。参考现有地裂缝在各个地貌单元上发育的比例，对地貌单元要素赋予不同的基本标度值。

　　对接触带进行量化时，采用在 ArcGIS 里建立 500m 的缓冲区作为地貌单元接触带的影响区域。由于缓冲区在空间上覆盖在相邻两个地貌单元上，其影响程度的差异性实际上在量化不同地貌单元时已经考虑进去了，所以，量化时统一赋予标度值 1，以反映接触带存在的影响（图 14.8）。

　　这样，地貌因素的影响标度实际上是不同地貌单元的影响叠加上单元接触带的影响，而且，由于接触带的标度是 1，也可以保证在任何坐标位置，地貌因素的标度值不会超过9。基于以上分析，将研究区地貌因素按照基本标度量化如表 14.3 所示，地貌单元的量化结果见图 14.9。

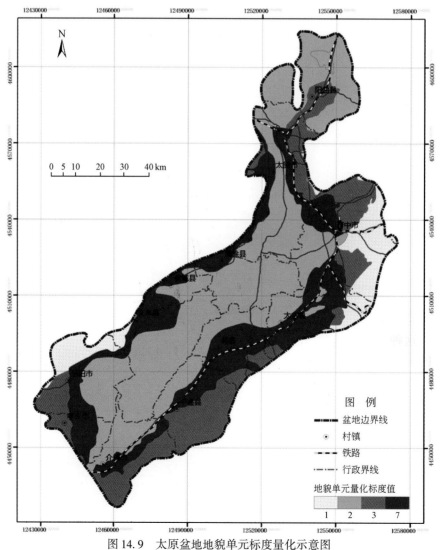

图 14.9　太原盆地地貌单元标度量化示意图

表 14.3　地貌单元标度值

地貌单元类型	标度值
山前冲洪积倾斜平原区	7
切割强烈的黄土沟梁区	3
切割中等的黄土台塬区	
冲湖积倾斜平原区	
洪积平原区	2
黄土丘陵区	
黄土岗地区	
切割强烈的土石丘陵区	1
地貌单元接触带	1

14.3　地裂缝危险性分区

14.3.1　危险性分区数学模型

地裂缝灾害危险性评价采用危险系数 C 建立危险性分区评价数学模型：

$$C = \sum_{i=1}^{n} W_i f_i(x, y)$$

式中，C 为危险性系数，表示某一坐标处各个因素综合影响作用的叠加总和；W_i 为影响因素的权重；$f_i(x, y)$ 为单因素在某一坐标点处的影响值；x, y 为地理坐标；n 为影响因素个数。

14.3.2　致灾因素权重的确定

构造、地面沉降、地层和地貌，这四个因素对地裂缝发育影响程度和影响方式具有一定的差异，这种差异可以通过权重予以反映。本文采用层次决策分析 AHP（Analytical Hierarchy Process）的思路来确定各因素的权重。AHP 分析法为一种利用层次权重决策的分析方法，由美国运筹学家 Saaty 于 20 世纪 70 年代在研究电力分配问题时提出。它的主要思想是：将拟解决的多目标决策问题分解为多因素的层次结构，并按照各个因素间的对比关系及其对目标层的相对贡献程度进行分层次组合，从而使决策问题转化为确定因素层相对于目标层的相对重要权数问题。AHP 法的特点是：基于对最终目标的分析，搞清楚各个影响因素间的对比关系和层次关系，通过少量的定量数据实现数学化的决策过程，最终达到简化复杂决策问题的目的。

1. 构造判断矩阵

在构造判断矩阵时，首先采用 1～9 标度法对因素层中各要素进行相对重要性的量化，依据表 14.4 的标度含义关系赋以相应的标度值。

表 14.4　判断矩阵标度含义表

标度	含义
1	表示两个因素相比，具有相同重要性
3	表示两个因素相比，前者比后者稍重要
5	表示两个因素相比，前者比后者明显重要
7	表示两个因素相比，前者比后者强烈重要
9	表示两个因素相比，前者比后者极端重要
2，4，6，8	表示上述相邻判断的中间值
倒数	若因素 a_i 与因素 a_j 的重要性之比为 a_{ij}，那么因素 a_j 与因素 a_i 重要性之比为 $a_{ji} = 1/a_{ij}$

基于上表所述的重要程度的约定，假设有 n 个因素，X_1，X_2，X_3，$\cdots$，X_n，其对评价目标的重要性标度值分别为 w_1，w_2，w_3，$\cdots$，w_n，在数学分析的过程中并不是把所有因素放在一起进行比较，而是两两相互比较（表 14.5）：

表 14.5　各因素重要性标度值比较表

	X_1	X_2	X_3	$\cdots$	X_n
X_1	w_1/w_1	w_1/w_2	w_1/w_3	$\cdots$	w_1/w_n
X_2	w_2/w_1	w_2/w_2	w_2/w	$\cdots$	w_2/w_n
X_3	w_3/w_1	w_3/w_2	w_3/w_3	$\cdots$	w_3/w_n
$\vdots$	$\vdots$	$\vdots$	$\vdots$	$\ddots$	$\vdots$
X_n	w_n/w_1	w_n/w_2	w_n/w_3	$\cdots$	w_n/w_n

将上述比较关系用矩阵形式表示为：

$$A = \begin{bmatrix} w_1/w_1 & w_1/w_2 & w_1/w_3 & \cdots & w_1/w_n \\ w_2/w_1 & w_2/w_2 & w_2/w_3 & \cdots & w_2/w_n \\ w_3/w_1 & w_3/w_2 & w_3/w_3 & \cdots & w_3/w_n \\ \vdots & \vdots & \vdots & \ddots & \vdots \\ w_n/w_1 & w_n/w_2 & w_n/w_3 & \cdots & w_n/w_n \end{bmatrix}$$

该矩阵称为判断矩阵，表示本层所有因素针对上一层某一因素的相对重要性的比较。矩阵 A 是一个 n 阶正互反阵，矩阵元素 $a_{ij} = \dfrac{w_i}{w_j} > 0$，$a_{ji} = \dfrac{1}{a_{ij}}$，计算过程中要由判断矩阵 A 确定 X_1，X_2，X_3，$\cdots$，X_n 对目标的权向量，由于成对比较往往出现不一致的情况，Saaty 等人用对应于最大特征根 λ_{max} 的特征向量 W 作为权向量，即：

$$AW = \lambda_{max} W$$

式中，特征向量 $W = (w_1，w_2，w_3，\cdots，w_n)^{\mathrm{T}}$，它的各个分量对应于 n 个因素的权重系数。根据上述分析原理对影响地裂缝发育的各因素进行单序对比，从而构造出判断矩阵（表 14.6）如下。

表 14.6　危险性评价体系判断矩阵

因素 i/j	构造	地面沉降	地层	地貌
构造	1	2	6	4
地面沉降	1/2	1	5	3
地层	1/6	1/5	1	1/2
地貌	1/4	1/3	2	1

将两两对比的结果写成矩阵形式如下：

$$A = \begin{bmatrix} 1 & 2 & 6 & 4 \\ \frac{1}{2} & 1 & 5 & 3 \\ \frac{1}{6} & \frac{1}{5} & 1 & \frac{1}{2} \\ \frac{1}{4} & \frac{1}{3} & 2 & 1 \end{bmatrix}$$

在 MATLAB 软件中经过计算可得，最大特征根 $\lambda_{max} = 4.0340$，权向量 $w = (0.4967，0.3135，0.0685，0.1213)^T$。因此，各因素对于地裂缝灾害的权值分别为：构造—0.4967；地面沉降—0.3135；地层—0.0685；地貌—0.1213。

2. 一致性检验

AHP 法的计算结果合理性一般以判断矩阵的一致性作为参考，故应先检验判断矩阵一致性，所谓一致性检验是要保证判断矩阵 A 的不一致性在允许的范围内。对于 n 阶正互反阵 A，其最大特征根满足 $\lambda_{max} \geq n$，当且仅当 $\lambda_{max} = n$ 时，A 才是一致阵。在计算时，最大特征根 λ_{max} 比 n 大的越多，矩阵 A 越不一致。因此，可以用 $\lambda_{max} - n$ 的大小来衡量判断矩阵 A 的不一致性程度。据此，定义一致性指标：

$$CI = \frac{\lambda_{max} - n}{n - 1}$$

在判断过程中，CI 越大，矩阵 A 越不一致；当 $CI=0$ 时，矩阵 A 完全一致。但是，有了一致性指标 CI，我们仍需要为 CI 确定一个评判标准，因此，再引入随机一致性指标 RI。通过随机构造 500 个成对比较的矩阵，可以统计计算出 RI 的值如表 14.7 所示。有了随机一致性指标 RI 之后，可以定义一致性比率：

$$CR = \frac{CI}{RI}$$

当 $CR<0.1$ 时，认为判断矩阵 A 符合一致性要求，特征向量 W 可以作为权向量，否则需要重新构造判断矩阵，直到其通过一致性检验。

表 14.7　随机一致性指标 RI 值

n	1	2	3	4	5	6	7	8	9	10	11
RI	0	0	0.58	0.90	1.12	1.24	1.32	1.41	1.45	1.49	1.51

经过检验，判断矩阵的最大特征值 $\lambda_{\max} = 4.0340$，$CI = 0.0127$，$CR = 0.0141 < 0.1$，所以，本次构造的判断矩阵 A 满足一致性要求。

14.3.3　地裂缝危险性分区

采用 ArcGIS 空间分析（Spatial Analyst Tools）工具中的栅格计算（Raster Calculator）功能进行各个因子专题层的空间叠加分析。在进行栅格计算之前，首先要对图层矢量数据进行栅格化处理，为了达到较高的精度，本书采用的栅格单元大小统一为 100×100。完成栅格处理后，最后的空间叠加实际上就是各个因子在同一空间位置上栅格属性的代数运算，计算公式为：

危险性系数＝［构造］× 0.4967＋［地面沉降］× 0.3135＋［地貌单元］× 0.1213＋［地貌接触带］× 0.1213＋［地层］× 0.0685。

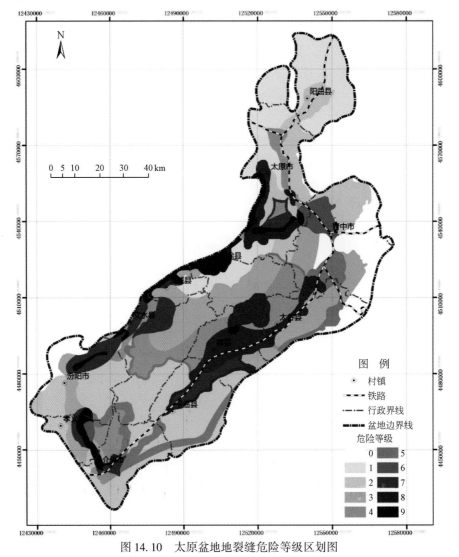

图 14.10　太原盆地地裂缝危险等级区划图

计算后，得到的危险性系数为 0.42 ~ 7.837 之间连续变化的数值，落在一定数值范围内的栅格数目客观地反映出在该危险范围内的盆地地域面积。为了直观地反映危险性分区的结果，需要对数据进行重分类处理，最后将各个区间统一按照等级 0 ~ 9 归类显示，0 表示安全，9 表示极度危险，最终计算结果如图 14.10 所示，同时，将各个危险分区所覆盖的主要区域列表如下（表 14.8）。

表 14.8　太原盆地危险性等级分区表

危险等级	主要区域	面积/km²
9	太原市南部东庄村—五府营村—孙家寨一带、太原市南部西温庄地区、太原市西部义井—金胜—晋祠一带、清徐—交城沿线地区、文水县马西地区、马东地区、汾阳市前庄化村—后庄化村一带、介休市火车站—交通局—水务局一带、孝义市司马镇—大孝堡乡沿线地区、祁县沙堡—吴家堡—姜家堡地区	262.78
8	太原市东部黄陵村地区、太原市西南部古城营—王郭村—西草寨—杜家寨—东桥村一带、祁县—太谷—榆次区东阳镇沿线地区、清徐县孟封镇东部地区、文水县北徐村—南徐村—沟口村一带	559.74
7	介休市龙头村—石河村—温村一带、孝义市新庄—北关村——家庄村一带、祁县古县镇—平遥县洪善镇—沿村堡乡沿线地区、汾阳市峪道河镇—杏花村附近地区、太原市小马庄—西寨沿线地区、文水县樊家庄—龙泉村—乐村沿线地区、文水县西营镇—宜儿村—里洪村—桥头村一带、交城县县城东北部地区	393.35
6	孝义市马庄营村—刘家堡一带、文水县南武乡—西城乡沿线地区、榆次区北部地区	123.68
5	介休市连福镇—平遥县段村镇—南依涧村一带、平遥县西王智村—介休市义安镇—平遥县旧堡村沿线地区、太谷县侯村乡—太谷县小白乡—范村镇沿线地区、榆次区北田镇西部地区	422.32
4	介休市万户堡—三道河村附近地区、祁县城赵镇—贾令镇地区、太谷县水秀乡—清徐县集义乡地区、太原市南中环地区、太原市尖草坪区新城村—恒山路—并州北路、文水县孝义镇—汾阳市冀村镇沿线地区、祁县思贤村—梁家堡—文水县东宜亭村沿线地区	623.37
3	汾阳市—孝义市沿线地区、文水县下曲镇—刘胡兰镇—南安镇—清徐县柳社乡—王答乡沿线地区、榆次区张庆乡、祁县西关村—太谷县阳邑乡—任村乡附近地区、榆次区庄子乡—东贾村一带	916.89
2	汾阳市三泉镇、孝义市区、汾阳市肖家庄镇—演武镇—平遥县宁固镇—杜家庄乡周边地区、阳曲县—阳曲镇—太原市迎泽区郝庄镇—榆次区西沛霖村沿线地区、介休市仙台村—平遥县岳壁乡—祁县梁村沿线地区、介休市洪山镇—平遥县马壁村—西堡一带	1575.22
1	太原市北部向阳镇、柏板乡、泥屯镇周边地区，阳曲县东北部高村乡、大盂镇、东黄水镇周边地区，交城县段村镇—清徐县吴村—太原市小店区刘家堡乡沿线地区	855.82
0	汾阳市北部栗家庄乡以北河堤村—相子垣村—下池家庄村—鳌坡村周边地区、晋中市东部上庄头村—长凝镇—太谷县范村镇东部沿线地区	476.92

14.4　地裂缝风险预测评价

危险等级为 9 的极度危险区和危险等级为 8、7、6 的高度危险区地域面积分别占了 262.78 km²和 559.74 km²、393.35 km²、123.68 km²，合计 1339.55 km²，占盆地总面积的

21.57%，并在盆地内形成了 9 个地裂缝发育的高危区，它们分别位于交城断裂带北端、太原市区西南部的义井—金胜—晋祠沿线地区；太原市南部位于田庄断裂带附近的小店区、晋源区；交城断裂带中段的清徐—交城沿线地区；文水县北徐村—南徐村—穆家寨沿线地区；汾阳市—杏花村一带；三泉断裂带和盆地最南端介休沉降区附近的介休市—孝义市沿线地区；平遥县东北部地区；太谷—祁县沿线地区；晋中市榆次区北部地区。根据地裂缝危险性分区结果，结合致灾因素的分析，可以得出太原盆地新生地裂缝的发育趋势如图 14.11 所示，对于各危险区的地裂缝灾害特征可以得到以下认识。

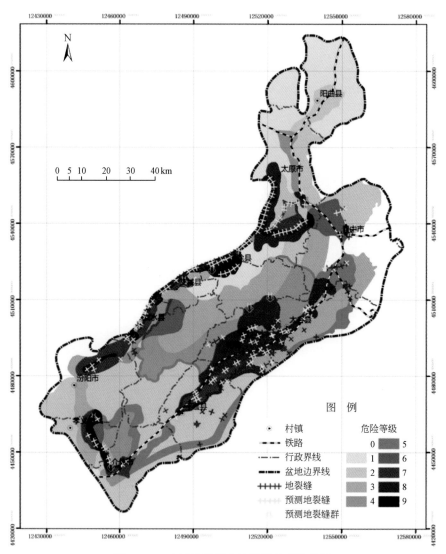

图 14.11 太原盆地新生地裂缝发育趋势图

1）太原地区

太原市南部危险区主要位于晋源区的东庄村、五府营村和小店区孙家寨、东桥村、西温庄沿线地区（图 14.12），这些地区既是田庄断裂的影响区又是太原市沉降中心的外缘区，出现地裂缝的可能性比较大。区内人口密集、建筑物较多，又有太原武宿国际机场、太原南站、二广高速等重要公共交通设施，极易造成损失，而目前尚没有地裂缝出露，因此，应加强地表形变监控，今后也不宜作为重点发展地区。小店区东北部、黄陵村以西地区为冲洪积平原区，地势平坦，目前主要为农村，地裂缝危险性小，可以作为城市扩建的主要考虑区域。

太原市西部危险区主要位于交城断裂带北段的南寨—义井—金胜—晋祠—索村沿线地区，这里是交城断裂带活动速率较高的地段，大多数村庄坐落于山前冲洪积倾斜平原上，所以地裂缝极易发育。区内的晋祠风景区和环城高速均为潜在的受灾体，应提早进行加固和防灾设计。

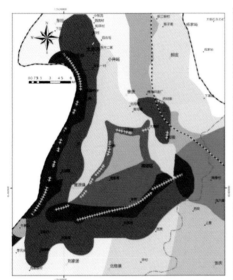 

图 14.12　太原地区新生地裂缝发育趋势图

2）清徐-交城地区

该区地裂缝的分布规律明显，均发育在盆山交界附近，与交城断裂带走向近平行，走向在 55°和 78°之间，呈带状分布。鉴于交城断裂带仍在继续活动，加之清徐县的地面沉降速率极高，该区内地裂缝很有可能继续扩展，相互连通成为更大规模的地裂缝。而在清徐沉降中心的外缘区将会出现东于镇-大北村-六合村、柴家寨-牛家寨-三合村-罗家庄-陈庄村-西木庄村两条潜在的地裂缝带，见图 14.13。

3）文水地区

北徐村—南徐村—沟口村—穆家寨沿线地区位于交城断裂带的主变形影响区内，已经发育了 11 条小型地裂缝，而基底断层仍在蠕动，未来仍有可能发育更多的地裂缝或者使小型地裂缝相互贯通、连接成规模更大的地裂缝。区内一条青银高速恰好位于危险区中部，应加强地裂缝监测及路基形变的监控，确保交通运输安全。

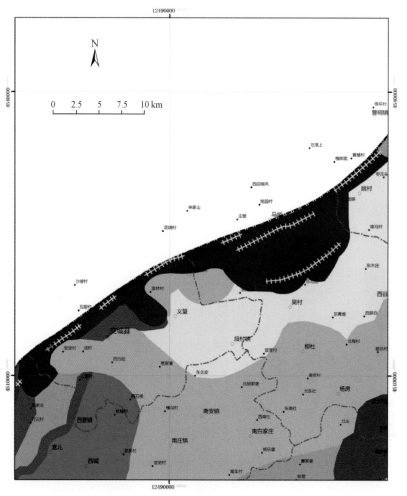

图 14.13　清徐—交城沿线地区新生地裂缝发育趋势图

　　马东村由于位于地貌接触带和沉降外缘区双重影响带内，成为地裂缝的极度危险区，而马西村虽然位于土石丘陵地区，但断层主变形带和沉降外缘区的作用亦使它不能幸免（图 14.14）。这两个地区地裂缝的活动主要受控于地面沉降作用的影响，不会形成大规模的地裂缝灾害，已有地裂缝的发育长度也在 100m 左右，但是，监测工作仍不能疏忽，同时，应依据目前的发育状况积极设防，避开地裂缝危险带。

　　4）介休-孝义地区

　　该地区地裂缝的发育模式为断裂控制沉降带格局，地裂缝又沿沉降带边缘的断裂带发育的"两带互补型"地裂缝（图 14.15）。

　　地裂缝最有可能发育在"两带"重合的区域内，因此，芦北村—下站村—韩屯村—介休市区、西盘粮村—大孝堡村沿线出现地裂缝的可能性比较大。另外，值得关注的是东南侧的龙头村—石河村—温村沿线，也是地裂缝的高危区，而且，这里是大西高铁的经过处，高铁轨道对地面沉降以及地裂缝造成的地表位错非常敏感，应提早加强监测，严格控制形变量，确保运输安全。

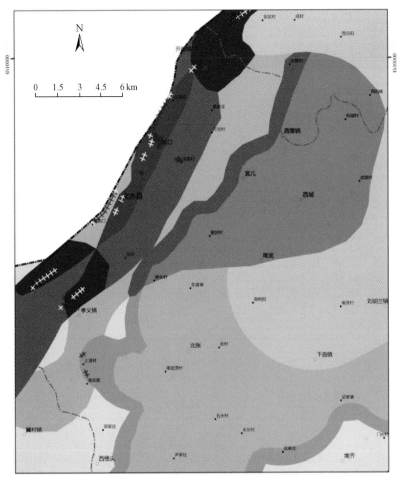

图 14.14　文水县新生地裂缝发育趋势图

目前，孝义市西北部和东南部是易发地裂缝的危险区，而西部为黄土台塬区及黄土沟梁区，冲沟发育，这里地裂缝危险性不大，但是碍于地形的影响，今后发展的可能性不大。东部地区位于沉降盆地中心，地层差异沉降不明显，且为冲积平原区，地势平坦，可作为以后发展的主要方向。

5）平遥地区

平遥地区目前发育有大、小地裂缝共计 13 条，平均长度在 300m 左右，走向为 NE—NEE，主要分布在东阳断裂和平遥断裂之间的小断陷盆地内，受地形地貌条件控制形成地裂缝（图 14.16）。

该区内新生地裂缝最有可能的发育方式为沿老裂缝向 NE 方向扩展，这是由于东北部地区地下水开采强度较高，地面沉降区的范围逐渐外扩，其影响会波及本区内的地裂缝，加剧它们的活动强度，产生新的破裂。在地貌接触带上的东游驾村、南良如村、襄垣村可能会出现沿接触带走向的新裂缝，接触带上的其他地区鲜有村庄出现，即使出现地裂缝也不易被发觉，造成的损失也不会太大。

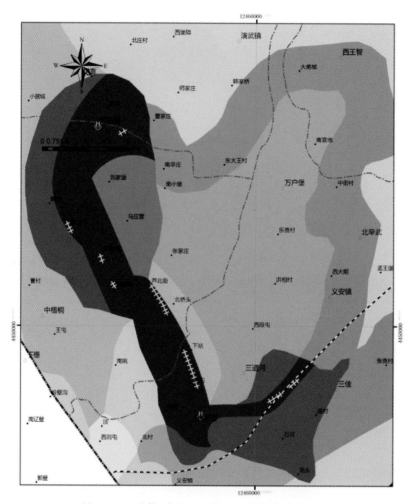

图 14.15　介休-孝义地区新生地裂缝发育趋势图

6）太谷-祁县地区

该区地裂缝呈带状展布，线性延伸，方向性较强，由北向南由五条主裂缝组成地裂缝带，它们是：塔寺-乔家堡北-张南村-张家堡-武家堡地裂缝、西炮村-东炮村-白圭村地裂缝、郑家庄-南社村-东六支村-西管村-东观镇-白圭村地裂缝、曹庄村-程家庄-南贺村-贺家堡地裂缝、官厂村-白圭村地裂缝、阎漫村-下古县地裂缝，中间发育有数量不等的近平行于主裂缝的次级裂缝。

由图 14.17 可知，五条主裂缝均位于洪山-范村断裂的上盘，而且整体走向近似平行于祁县-东阳断裂，因此，这是一组断层蠕动控制下盆缘断裂上盘的地裂缝带，而地貌单元将地裂缝的发育区域"套"在了一定范围内，地面沉降则加强了这个区域的边界效应。我们称之为断层控制下的"地貌圈定型"地裂缝。因此，最容易形成地裂缝的区域还是在地貌单元"圈定"的危险区内，主要表现为老裂缝相互贯通，新裂缝在旁平行生成。由于地面沉降的"边缘强化效应"，马家堡—河湾村—罗家庄—榆林村—聚理庄沿线地区、沙

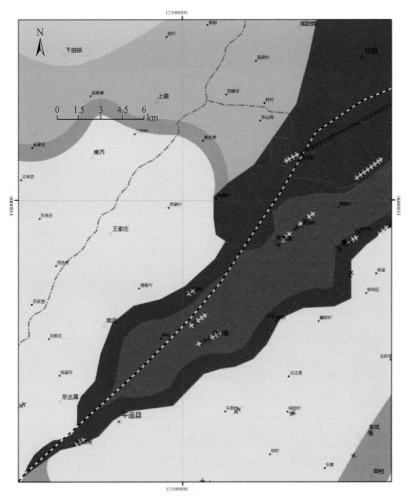

图 14.16　平遥地区新生地裂缝发育趋势图

堡村—吴家堡—长头村沿线地区容易形成新的地裂缝。

7）晋中市榆次地区

榆次地区地裂缝走向以 NEE 向和 NNE 向为主，与区内断裂的正断活动没有直接关系，而是一种"扭动伸展型"裂缝，这种复合作用使地裂缝在地表呈"S"形展布，区域内的地貌分布也是基底扭动运动的一种地表形迹。鉴于以上分析，榆次地区最容易形成地裂缝的区域位于鸣谦镇—峪头村一带，见图 14.18。

综上所述，根据危险性分区结果，结合不同危险区地裂缝不同的孕育特征，可以对太原盆地新生地裂缝的发育规律进行合理的预测，将分析结果整理，如表 14.9 所示。

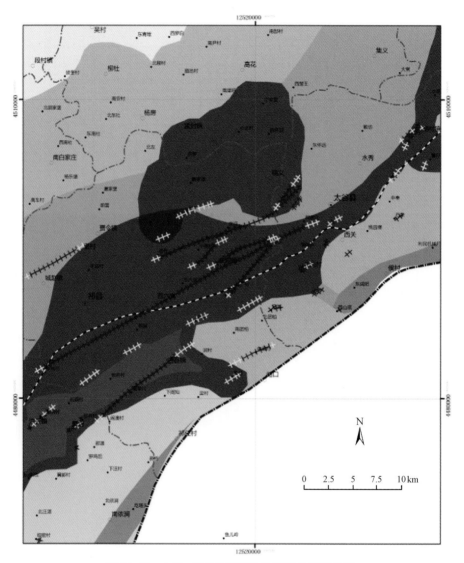

图 14.17　太谷-祁县地区新生地裂缝发育趋势图

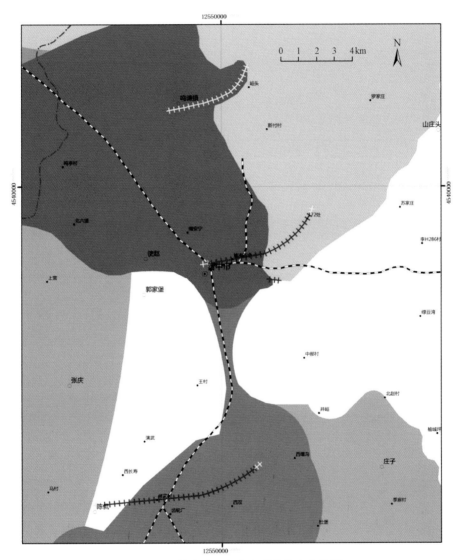

图 14.18　榆次地区新生地裂缝发育趋势图

表 14.9　太原盆地新生地裂缝发育特征预测表

区域	沿线村庄	面积/km²	潜在危害对象	优势走向	成因简析
太原南部	东庄村、五府营村、孙家寨、东桥村、西温庄	185.92	太原武宿国际机场、太原南站、二广高速、大西高铁	60°	断裂+沉降
	小马庄、西寨村、庞家寨村			25°	沉降
晋祠沿线	南寨、义井、金胜、晋祠、索村	30.63	晋祠景区、环城高速路	20°	断裂
清徐–交城	东于镇、大北村、六合村、柴家寨、牛家寨、罗家庄、陈庄村	121.95	青银高速（G20）	55°~78°	断裂+沉降
文水县	北徐村、南徐村、沟口村、穆家寨、马西村、马东村	125.67	青银高速（G20）	20°~40°	断裂+沉降
汾阳市	前庄化村、后庄化村	107.81	夏汾高速（G20）	50°	断裂+沉降
介休–孝义	芦北村、下站村、韩屯村、西盘粮村、大孝堡村	127.26	介休火车站、大西高铁、介休市区	160°	断裂+沉降
	龙头村、石河村、温村			45°	断裂+沉降
平遥县	东游驾村、南良如村、襄垣村	135.70	大运高速（G5）、国道 G108、大西高铁	47°	断裂+地貌
太谷–祁县	马家堡、河湾村、罗家庄、榆林村、聚理庄、沙堡村、吴家堡、长头村	397.20	大运高速（G5）、大西高铁、榆祁高速（S60）、国道 G108、G208、太谷火车站、乔家大院	60°~80°	断裂+沉降+地貌+地层
榆次区	鸣谦镇、峪头村	107.40	榆次市区	65°~73°	断裂+地貌

第15章　汾渭盆地地裂缝地面沉降信息管理系统

为系统性展开地裂缝地面沉降地质灾害信息化工作，扭转地裂缝地面沉降数据管理、信息分析相对滞后的被动局面，自 2009 年至 2014 以来，笔者利用多学科、跨部门、大协作优势，借助 GIS 为核心的现代信息技术，设计、开发、建立了地裂缝地面沉降地质灾害空间数据库及其基础上的信息管理系统，以期实现对区域性汾渭盆地地裂缝地面沉降数据、资料、成果的全过程、全方位、全服务管理，为汾渭盆地城市、工程等地方建设提供切实可行的基础地质数据和资讯。

15.1　系　统　设　计

15.1.1　系统建设目标与原则

1　建设目标

以地裂缝地面沉降空间数据库为基础、基于 WebGIS 技术的汾渭盆地地裂缝地面沉降信息管理系统，拟解决以下三个问题：

（1）建立基础性的地裂缝地面沉降空间数据库，实现地裂缝地面沉降各类空间数据的集成和一体化管理；

（2）建立地裂缝地面沉降专题信息管理系统，以可视化平台方式提供一个信息显示、查询统计及空间分析的窗口；

（3）在网络环境下实现汾渭盆地地裂缝地面沉降信息的实时发布。

2. 系统建设原则

汾渭盆地地裂缝地面沉降信息管理系统遵循实用性、标准化、规范化、易扩充、界面友好等原则进行建设。

15.1.2　系统总体设计

1. 系统总体结构设计

系统采用典型的 B/S 模式（图 15.1）。

2. 系统功能结构

系统功能包括地图浏览、地裂缝灾害专题、地面沉降灾害专题和科研成果文档资料浏览、用户管理等五个主要的模块，图 15.2 表示了系统的功能模块构成情况。

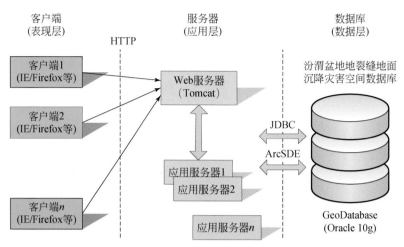

图 15.1　系统总体结构图

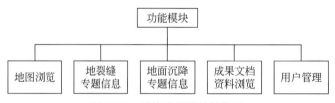

图 15.2　系统功能模块结构图

（1）地图浏览。负责实现各类专题和基础地图文档的浏览操作，属公共操作模块（图 15.3）。

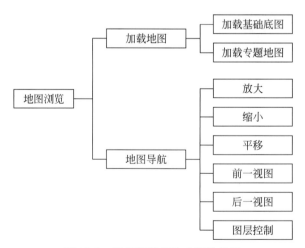

图 15.3　地图浏览模块功能结构图

（2）地裂缝灾害专题功能。实现对汾渭盆地地裂缝灾害专题信息的综合查询和分析，包含对地裂缝查询与统计、地裂缝缓冲区分析、地裂缝场地点查询、地裂缝出露查询、断裂查询、地裂缝监测点查询、地质剖面线查询、地裂缝专题图片浏览（图 15.4）。

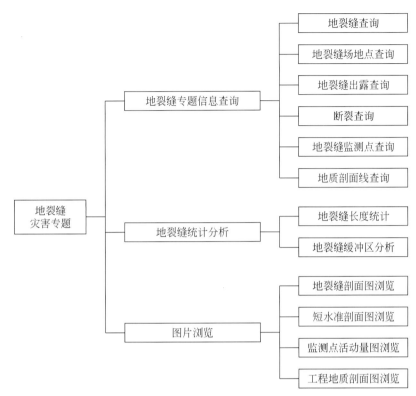

图 15.4　地裂缝灾害专题信息模块功能结构图

（3）地面沉降灾害专题功能。实现对汾渭盆地地面沉降灾害专题相关信息的综合查询和分析，包括地公共水准点查询、沉降等值线查询、累计沉降量查询、GPS 监测点及控制网查询、专题图片浏览等（图 15.5）。

图 15.5　地面沉降灾害专题信息模块功能结构图

（4）科研成果文档资料浏览功能。实现成果信息的即时、高效发布、共享，包括地裂缝科研成果报告浏览和地面沉降科研成功报告浏览（图15.6）。

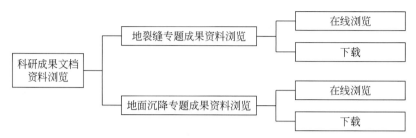

图15.6　科研成果文档资料浏览模块功能结构图

（5）用户管理功能。实现用户的登录验证、基本信息管理以及权限管理，防止非法用户使用系统，保障系统的安全性和数据安全性（图15.7）。

图15.7　用户管理模块功能结构图

3. 系统技术平台

系统由客户端和服务器端两个部分组成。

（1）开发环境。

■集成开发环境：基于 MyEclipse 10 实现系统客户端和服务器端的开发；

■开发语言：服务器端采用 Java 开发语言，以定制高效的 Web 服务，客户端则采用 Html+JavaScript 搭建 RIA 应用程序；

■二次开发组件：ArcGIS Server 10.0 API for JavaScript；

■数据库：ArcSDE+Oracle。

（2）运行环境。

■客户端

系统部署在客户端，用户可通过网络客户端访问，并以信息系统窗口方式实现对数据的浏览、显示、分析等操作。客户端用机的主要硬件及外部设备按以下要求配置（供参考）：

◆中央处理器（CPU）：Intel(R) Core(TM)2 系列或 AMD 系列双核 CPU 或以上；

◆内存：2GB 或以上；

◆显卡：512M 独立显卡（如 ATI Mobility Radeon 或 NVIDIA Geforce 系列）或以上；

◆打印机：激光或喷墨打印机；

◆浏览器：IE8.0 及以上版本或 FireFox、Chrome 等浏览器。

■服务器端

服务器是整个系统的基础和核心，是汾渭盆地地裂缝地面沉降空间数据库的载体，除了承担存储汾渭盆地地裂缝地面沉降各种信息资料之外，还承担着处理、分析、维护数据等任务。

15.1.3　系统详细设计

1. 地图浏览模块详细设计

地图浏览模块的子功能详细组成如图 15.8 所示。

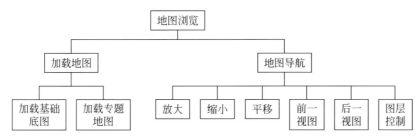

图 15.8　地图浏览子功能组成

■加载地图：根据用户的选择将地理底图和各相关专题地图加载并显示到地图显示区域，以进行地图的浏览，其算法流程如图 15.9 所示。

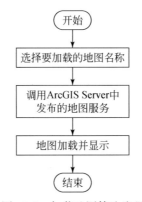

图 15.9　加载地图算法流程

■地图导航：拉框放大、拉框缩小、平移、前一视图、后一视图、全图显示这些在 GIS 系统常用的功能被封装在 ArcGIS API for JavaScript 的一个名为 Navigation 的组件中，只要实例化组件，绑定其 map 属性，就可以调用相应的方法轻松、快捷地实现这些地图导航功能；图层控制功能可以使用户按需要控制图层的显隐，改功能需要自定义图层空间，并通过页面刷新实现显隐操作，算法流程如图 15.10 所示。

2. 地裂缝灾害专题模块详细设计

地裂缝灾害专题模块的子功能详细组成如图 15.11 所示。

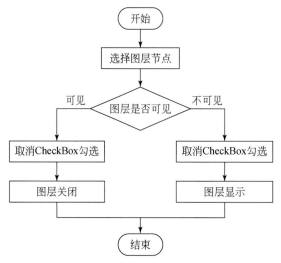

图 15.10　图层控制算法流程图

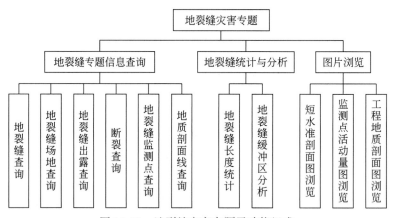

图 15.11　地裂缝灾害专题子功能组成

■要素查询：要素查询功能主要实现地裂缝灾害专题相关信息的在线查询，属性查询是通过用户输入的查询条件查出符合条件的要素并把要素属性显示在数据表格中；空间查询是用户通过点击地图中的要素，客户端将点击的位置坐标作为查询条件，调用 ArcGIS JavaScript API 进行空间查询，并且以弹出消息框的形式显示要素的属性信息。其算法流程如图 15.12 所示。

■地裂缝长度统计：此功能可以实现对地裂缝长度进行统计，并生成地裂缝长度直方图，其算法流程为：通过查询所有地裂缝要素的长度属性，并且对所有地裂缝名称相同的要素进行长度累加，得到各条不同名称的地裂缝的长度分布数据，以此为数据参数，再添加其他直方图的生成参数，生成地裂缝长度统计直方图并且通过弹出对话框的形成进行显示。统计分析的算法流程如图 15.13 所示。

■地裂缝缓冲区分析：缓冲区分析是根据用户输入的地裂缝名称和缓冲半径，以地裂缝为中心进行缓冲区分析，可以是单重缓冲区，也可以是双重缓冲区。借助 ArcGIS API for JavaScript 中的 GeometryService 组件就可以实现缓冲区分析的功能，其具体

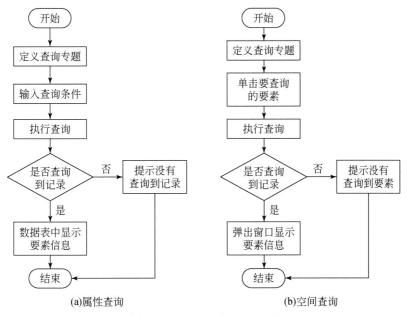

(a)属性查询　　　　　　　　　　(b)空间查询

图 15.12　要素查询算法流程

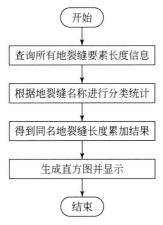

图 15.13　地裂缝统计算法流程

算法流程如图 15.14 所示。

■图片浏览：地裂缝灾害监测与治理过程中会制作一些相关的工程图件资料（如地裂缝场地剖面图、监测点活动量图等），此功能模块的作用就是将这些图件资料以 jpg 格式存放在服务器中，并通过局域网或互联网，实现图件的在线浏览，提高共享效率；图片浏览包括两种，一种为浏览某个地裂缝专题对应的图片集，另一种为浏览某个专题中特定要素所对应的图片；图片集的浏览，只需要从后台程序获得图片集的存地址，通过地址调用将其显示在客户端即可；而要素图片浏览需单击要素，获取要素 ID 信息，并以此 ID 为条件查询出图片的存储地址，再将图片显示在客户端。图片浏览功能的算法流程如图 15.15 所示。

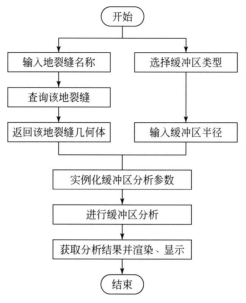

图 15.14　缓冲区分析算法流程

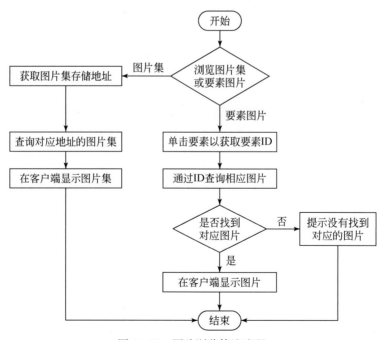

图 15.15　图片浏览算法流程

3. 地面沉降灾害专题模块详细设计

地面沉降灾害专题模块的子功能详细组成如图 15.16 所示。

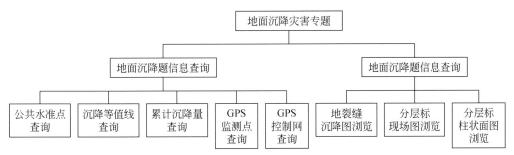

图 15.16　地面沉降灾害专题信息子功能组成

■要素查询：此功能模块主要实现对地面沉降灾害相关专题信息的查询，包括公共水准点查询、沉降等值线查询、累计沉降量查询、GPS 监测点查询等，其算法过程和地裂缝专题要素查询类似。

■图片浏览：此功能模块主要实现地面沉降专题相关图片资料的在线浏览，包括地裂缝沉降图浏览、分层标现场图浏览和分层标柱状图浏览等，其算法流程也与地裂缝专题图片浏览类似。

4. 科研成果文档资料浏览模块详细设计

科研成果文档资料浏览模块的子功能详细组成如图 15.17 所示。

图 15.17　科研成果文档资料浏览模块子功能组成

■地裂缝专题资料：主要实现将地裂缝灾害监测与治理的相关成果报告（如 2008 年度西安地裂缝监测成功报告）以 PDF 文档的形式在服务器中进行统一管理，并利用 Web 特点，实现网络情况下的共享，通过此功能用户可以实现通过互联网或区域网，在浏览器中在线浏览相关资料，并且可以进行在线下载。其算法过程如图 15.18 所示。

■地面沉降专题资料：与地裂缝资料浏览功能类似，此子功能模块主要实现地面沉降专题成果资料（如 2009 年西安地面沉降治理报告）的在线浏览和下载，其算法流程也与地裂缝资料浏览流程相同。

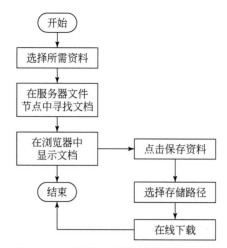

图 15.18   地裂缝专题资料浏览算法流程

5. 用户管理模块详细设计

用户管理模块的子功能详细组成如图 15.19 所示。

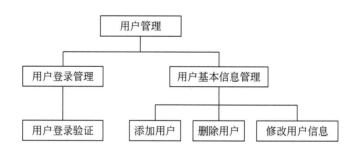

图 15.19   用户管理模块子功能组成

■用户登录管理：此功能主要实现用户的登录验证，通过登录验证防止非法用户进入系统，确保合法用户使用本系统，保证系统的安全性，登录验证中通过判别输入的用户名和用户密码，验证其有效性；如果验证有效，则进入系统；否则，弹出错误信息，返回到登陆界面。其算法过程如图 15.20 所示。

■用户基本信息管理：此功能模块是为系统管理员专门设置的，通过此功能系统管理员可以为系统添分配新的用户、删除旧的用户以及修改用户的密码等信息，从而确保系统合法用户可以规定的权限访问系统，保障系统的安全性和数据的安全性；以添加用户为例，管理员登录系统后，进入用户管理页面，选择添加用户模块，填写用户名、密码等用户资料，点击保存进行后台验证，若存在相同的用户名，则提示错误，否则就添加用户。用户基本信息管理的算法流程如图 15.21 所示。

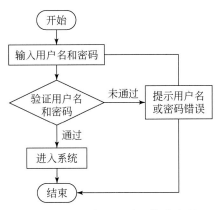

图 15.20　用户登录验证算法流程

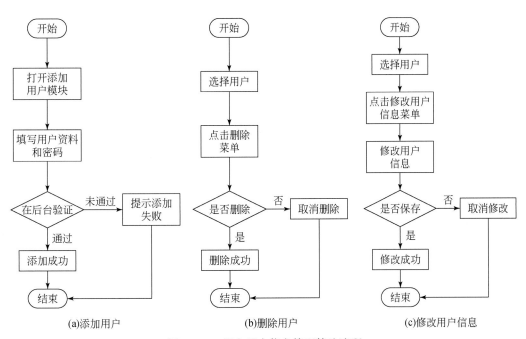

(a)添加用户　　　　　　　(b)删除用户　　　　　　　(c)修改用户信息

图 15.21　用户基本信息管理算法流程

15.1.4　系统空间数据库设计

空间数据库设计实质是将地理空间实体以一定的组织形式在空间数据库系统中加以表达，也即空间客体数据的模型化。空间数据库设计过程需经历一个由现实世界到概念世界，再到计算机信息世界的转化过程（图 15.22）。

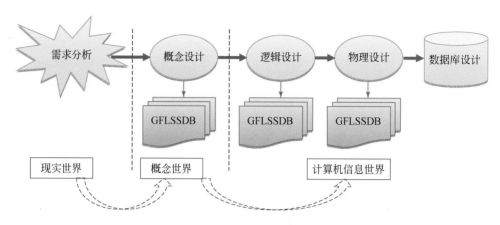

图15.22　空间数据模型建立的过程

1. 概念结构设计

概念设计是指把用户的需求加以解释，并用概念数据模型表达出来。概念数据模型是关于实体及实体间联系的抽象概念集。描述概念模型的有力工具是 E-R 模型。根据第一阶段的需求分析可以设计数据库局部 E-R 图，然后把局部 E-R 图合并，构成数据库的全局 E-R 图。

2. 逻辑结构设计

本数据库的逻辑设计采用了混合数据模型，即将空间图形数据和相关联的属性数据分离开来管理、通过关键字来连接的模式。

3. 物理结构设计

数据库最终是要存储在物理设备上的，为一个给定的逻辑数据模型选取一个最适合应用环境的物理结构的过程。

4. 数据库成果

汾渭盆地地裂缝地面沉降空间数据库包括 1 个基础库和 5 个专题库，所有地图、专题图的图层编码及图式见表15.1，据此编制的汾渭盆地地裂缝地面沉降空间数据库要素分类代码见表15.2。其中，基础地理数据主要包括：1：100 万、1：50 万、1：5 万渭河盆地地形矢量数据，1：20 万、1：10 万、1：5 万、1：3 万、1：2.5 万和 1：2 万西安地区地形矢量数据，1：25 万长治盆地、临汾盆地、太原盆地、运城盆地、太谷县水系和交通矢量数据，1：30 万大同盆地、太原盆地水系和交通矢量数据，1：10 万忻州盆地、清徐县交通矢量数据，1：40 万平遥县水系和交通矢量数据，0.7m 分辨率的西安快鸟影像，1：5 万渭河盆地数字高程模型数据等。

表 15.1　汾渭盆地地裂缝地面沉降空间数据库设计技术依据列表

序号	技术依据名称	标准代码或单位
1	基础地理信息要素数据字典第一部分：1∶500、1∶1000、1∶2000	GB/T 20258.4—2007
2	国家基本比例尺地图图式第一部分：1∶500、1∶1000、1∶2000	GB/T 20257.4—2007
3	基础地理信息要素数据字典第二部分：1∶5000、1∶10000	GB/T 20258.4—2007
4	国家基本比例尺地图图式第二部分：1∶5000、1∶10000	GB/T 20257.4—2007
5	基础地理信息要素数据字典第三部分：1∶25000、1∶50000、1∶100000	GB/T 20258.4—2007
6	国家基本比例尺地图图式第三部分：1∶25000、1∶50000、1∶100000	GB/T 20257.4—2007
7	基础地理信息要素数据字典第四部分：1∶250000、1∶500000、1∶1000000	GB/T 20258.4—2007
8	国家基本比例尺地图图式第四部分：1∶250000、1∶500000、1∶1000000	GB/T 20257.4—2007
9	中华人民共和国行政区划代码	GB 2260
10	图层描述数据内容标准	DDB 9702 GIS
11	地质矿产术语分类代码	GB 9649
12	地裂缝地面沉降术语	GB/T 14157
13	综合地裂缝地面沉降图例及色标	GB/T 14538
14	地裂缝地面沉降质量标准	GB/T 14848
15	西北地裂缝地面沉降资源调查评价空间数据库工作指南	中国地质调查局
16	1∶20 万地质图空间数据库标准	中国地质调查局
17	数字地质图图层及属性文件格式	DZ/T0197—1997
18	地图符号库建立的基本规定	CH/T 4015—2001

表 15.2　汾渭盆地地裂缝地面沉降空间数据要素分类代码（部分）

数据分类	大分类	大分类码	中分类	中分类码	子分类	子分类码	图层名称	图层编码	图层数据描述内容	图元类型
基础地理数据	定位基础	1	测量控制点	1	平面控制点	1	平面控制点	*1101	大地原点、三角点、图根点	点元
					高程控制点	2	高程控制点	*1102	水准原点、水准点	点元
基础地质数据	地形变与活动误差	2	地形变活动误差	2	地形变活动误差线	1	地形变活动误差线	*2201	地形变活动测量误差线	线元
					地形变活动误差面	2	地形变活动误差面	*2202	地形变活动误差面	面元
工程地质数据	环境地质特性	3	地热	2	地热异常界线	1	地热异常界线	*3201	地热异常分界线	线元
					地热异常面	2	地热异常类型面	*3202	地热异常类型范围	面元
水文地质数据	地下水化学特性	4	潜水水文矿化度	2	潜水水文矿化度界线	1	潜水水文矿化度界线	*4201	潜水水文矿化度界线	线元
					潜水水文矿化度区界	2	潜水水文矿化度区界面	*4202	潜水水文矿化度区界面	面元
地裂缝数据	地裂缝	1	地裂缝勘测内容	1	地裂缝分区	3	地裂缝分区	*1103	地裂缝分区线	线元
					地裂缝监测点	5	地裂缝监测点	*1105	对点、短水准	点元
地面沉降数据	地面沉降	2	地面沉降灾害	3	沉降灾害区域线	1	沉降灾害区域线	*3101	沉降灾害区域线	线元
					沉降灾害区域	2	沉降灾害区域	*3102	沉降灾害区域	面元

注：图层编码中的" * "表示 9 位编码，依次为库别码（1 位）、数据分类码（1 位）、行政区代码（6 位）、比例尺代码（1 位）。

15.2　系统实现与应用

15.3.1　系统实现

1. 系统登录

在浏览器地址栏中输入系统入口 URL 地址，系统会自动定位到用户登录界面，如图 15.23 所示。登录界面是启动应用程序的入口，用户通过在登录界面上输入用户名和密码，验证通过后才能进入系统，并操作系统的各功能模块，这样就可以防止非法用户使用系统。

图 15.23　系统登录界面

2. 系统主界面

系统主界面是系统运行的核心窗口，对于一般用户，系统所有功能操作都在系统主界面内实现。系统主界面由系统 LOGO、菜单栏、图层控制区、地图显示区、工具面板区、要素属性表显示区组成。系统主界面如图 15.24 所示。

3. 地图导航

地图导航实现地图的视图操作中常用的拉框放大、拉框缩小、平移、全图显示、前一视图和后一视图功能。拉框放大、拉框缩小和平移这三个功能需要在用户点击的按钮之后，和地图进行交互才可以实现相应的功能，其他三个功能只需单击相应按钮便可实现。

用户也可以通过点击地图左上角缩放条上的按钮实现放大和缩小。图 15.25 展示了地图拉框放大的操作。

4. 要素查询

　　要素查询实现了查询各专题要素属性信息的功能，当用户选择查询某类要素信息的菜单项时，在数据视图区会自动弹出该类要素的属性表，单击属性表任意一行，该行所对应的要素就会高亮显示；而当用户使用鼠标点击地图，若选中某一地图要素（点、线或多边形），则自动弹出该要素的属性信息。要素属性表和点击地图查询的结果分别如图 15.26 和图 15.27 所示。

图 15.24　系统主界面

图 15.25　地图拉框放大

数据显示

索引	数据代码	监测点位置	经度	纬度	监测点编号	监测旧地裂缝旧名称	地裂缝新名称	监测层位	监测手段	监测方法	监测目的	监测点是否被坏	监测频率
1	F110501	西安重型机械厂一	108°58'48"	34°18'53"	A1-A2	D10	f1	Q3eol黄土表层	3	精密水准2点	垂向变化量	未损坏	每季一次
2	F110501	北郊韵通烟火材料	108°58'17"	34°18'38"	B1-B2	D10	f1	Q3eol黄土表层	3	精密水准2点	垂向变化量	未损坏	每季一次
3	F110501	红庙坡村中(街道基	108°55'07"	34°17'34"	D1-D2	D9	f2	Q3eol黄土表层	3	精密水准2点	垂向变化量	未损坏	每季一次
4	F110501	西安铁精厂大门口	108°56'04"	34°17'33"	C1-C2	D9	f2	Q3eol黄土表层	3	精密水准2点	垂向变化量	严重损坏	每季一次
5	F110501	纬二十六街(银河基	108°57'50"	34°17'58"	B1-B2	D9	f2	Q3eol黄土表层	3	精密水准2点	垂向变化量	未损坏	每季一次

图 15.26 要素属性表

图 15.27 点击地图查询要素信息

5. 专题图片浏览功能

专题图片浏览实现了地裂缝或地面沉降专题下各相关图片的在线浏览功能，以地裂缝监测点活动量图浏览为例，用户在选择专题图片浏览菜单后，在地图上单击地裂缝监测点要素，若该监测点存在对应的活动量图，则会弹出图片供用户浏览，否则会弹出不存在对应图片的提示，监测点活动量图显示结果如图 15.28 所示。

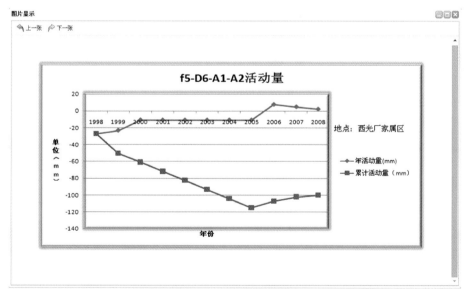

图 15.28 图片浏览

6. 图层控制

图层控制功能实现了对当前地图的子图层名称的显示和可见性的控制。用户通过勾选或取消勾选某个子图层名称对应的选框就可以显示或隐藏该子图层，如图 15.29 所示。

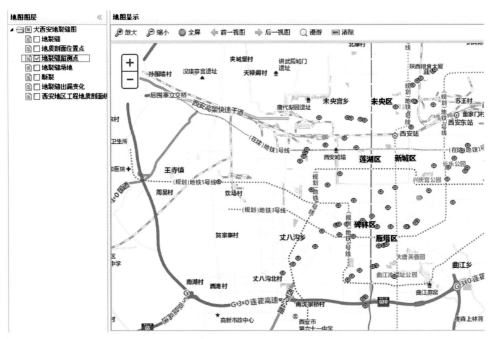

图 15.29　图层控制

7. 地裂缝长度统计

地裂缝长度统计实现了对某个分区内所有地裂缝按名称进行长度统计，并自动生成统计直方图。以西安地区为例，当用户选择对西安地区地裂缝进行统计后，系统会自动将地裂缝按名称进行分类，并分别统计长度，最后生成统计直方图，并在新弹出的窗口中显示。地裂缝长度统计直方图如图 15.30 所示。

8. 地裂缝缓冲区分析

缓冲区分析实现了对地裂缝灾害的空间分析。用户可以选择某条地裂缝作为缓冲中心，以指定的缓冲半径进行缓冲区分析，缓冲区可以是单重也可以是双重的。分析所得缓冲区域会在地图上高亮显示，用户可以查看缓冲区与地裂缝周围地物的叠加情况。缓冲区分析的界面和效果如图 15.31 所示。

9. 成果资料浏览

通过成果资料浏览模块，用户可以借助局域网或者互联网在浏览器中在线浏览地裂缝地面沉降防治工作相关的成果文档资料，并可以进行文档资料的在线下载，以保存到自己的电脑之中。成果资料浏览的效果如图 15.32 所示。

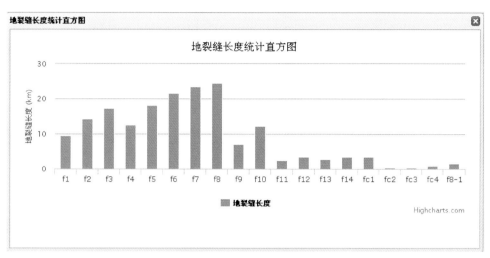

图 15.30　地裂缝长度统计

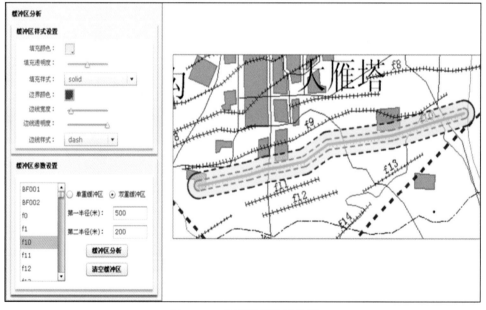

图 15.31　地裂缝缓冲区分析

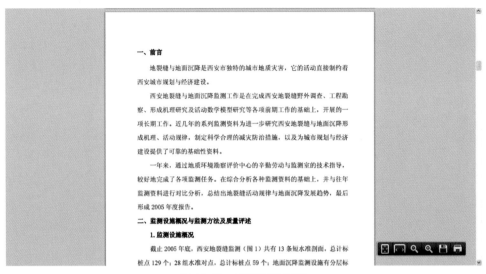

图 15.32　成果资料浏览

10. 用户信息管理

　　用户信息管理为系统管理员专门设置的功能模块，系统管理员可以通过此模块进行添加用户、删除用户、修改用户信息等操作。如果用户想使用本系统，就必须向管理员提出申请，这样就可以保证系统不被非法用户使用，以保障系统安全。图 15.33、图 15.34 分别展示了用户信息管理界面、添加用户的效果。

图 15.33　用户信息管理界面

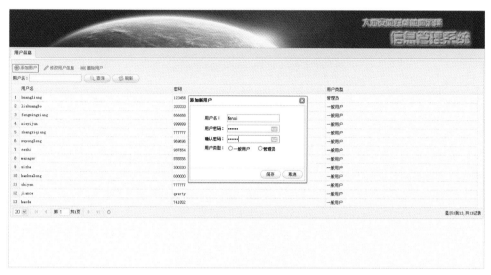

图 15.34　添加用户

15.3.2　系统应用

系统以服务汾渭盆地地裂缝地面沉降的监测与治理为宗旨，系统的建立是地裂缝地面沉降灾害防治工作信息化的成果。通过系统建设，建立了汾渭盆地地裂缝地面灾害防治数据库，实现了多源异构数据的统一管理，将数据集成在一个平台下既有利于数据的更新，也有利于数据的利用；而依托与汾渭盆地地裂缝地面灾害数据库所建立的 WebGIS 信息管理系统，则是一个信息窗口，实现了相关数据的集成显示、查询统计以及分析，既通过现代网络技术提高地裂缝地面沉降信息的共享效率，也通过 GIS 的功能挖掘更多有价值的信息，为汾渭盆地地裂缝地面沉降灾害防治提供支持。总之，系统具有较高的实际应用价值。

以西安地区地裂缝地面沉降信息管理为例，系统作为一个信息平台，用户可以通过浏览器在线浏览和查询相关专题数据，并且从中寻找和挖掘对于自己研究有用的信息，从而指导所从事的地裂缝地面沉降防治工作；系统同时提供了西安地区地裂缝地面沉降监测与治理的最新成果报告，用户可以在线浏览和下载这些报告，以及时掌握相关研究的最新进展，找到下一步工作的方向和重点。所以系统可以为西安地区裂缝地质灾害防治工作提供信息技术支撑，为城市规划、城市建设与管理以及社会公众信息需求提供服务。目前系统已应用到西安地区地裂缝地面沉降灾害防治研究之中，以下是对其进行简单应用的几个例子。

1. 地裂缝场地信息查询

通过此功能用户可以查询西安地区地裂缝场地的信息，了解场地所对应的地裂缝号以及场地的分区信息，图 15.35 显示了场地查询的效果。

图 15.35　地裂缝场地查询

2. 地裂缝监测点信息查询

西安地区存在许多进行地裂缝监测的监测点，这些点分布范围广，密度不均，系统将这些监测点以专题要素形式显示在地图中，用户可以通过查询，了解任意监测点所对应的地裂缝、监测点位置、监测点采用的监测方法、监测目的等信息。图 15.36 显示了监测点查询效果。

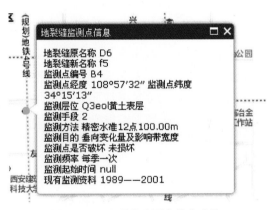

图 15.36　地裂缝监测点信息查询

3. 工程地质剖面图浏览

通过此功能，用户可以在线浏览西安地区某些区域的工程地质剖面图，了解该区域的地质构造情况。其效果如图 15.37 所示。

4. 公共水准点信息查询

通过此功能，用户可以对西安地区历年公共水准点进行查询，了解水准点位置和对应地面沉降累计情况。以 60-08 年公共水准点查询为例，其效果如图 15.38 所示。

5. 成果资料的浏览

通过此功能，用户可以在线查看西安地区地裂缝地面沉降防治研究的成果资料，用户可以在线阅读，也可以下载到自己的计算机中。以 2006 年西安地区地裂缝地面沉降监测

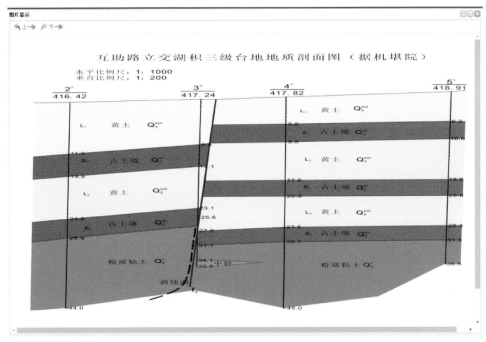

图 15.37　工程地质剖面图浏览

图 15.38　公共水准点

报告的浏览，其效果如图 15.39 所示。

　　以上只是简单列举了系统在西安地区地裂缝地面沉降信息管理中的几个应用实例，随着系统的推广使用和逐步完善，系统应用将扩展到整个汾渭盆地的地裂缝地面沉降的信息管理之中，进一步为汾渭盆地地裂缝地面沉降防治工作提供优质的信息服务和良好的技术支持。

图 15.39 成果资料浏览

参 考 文 献

安美建，李方全．1998．山西地堑系现今构造应力场．地震学报，（05）：14-18.

安为平，苏宗正，程新原．1995．临汾盆地的横向断裂．山西地震，（3，4）：68-77.

白海波．2002．徐州矿区地裂缝成因机制的探讨．煤田地质与勘探，30（2）：46-48.

常旭，李林新，刘伊克，等．2008．北京断陷黄庄-高丽营断层伪随机可控震源地震剖面．地球物理学报，
　　51（5）：1503-1510.

陈崇希．2000．关于地下水开采引发地面沉降灾害的思考．水文地质工程地质，27（1）：45-48.

陈立伟．2007．地裂缝扩展机理研究．西安：长安大学．

陈佩佩，武强，张守仁，等．2003．山西榆次地裂缝几何形态研究．西北地质，36（1）：100-104.

陈世军，张建中．2006．初至波射线层析成像在复杂区静校正中的应用．石油物探，45（1）：34-39.

陈希圣，邵辉成．1996．西安地裂灾害与人防工程防御．中国减灾，6（2）：42-43.

陈志新．2002．地裂缝成灾机理及防御对策．西安工程学院学报，24（2）：17-20.

陈志新，等．2007．渭河盆地地裂缝发育基本特征．工程地质学报，15（4）：441-447.

陈志新，伍素兰．1996．大同市地裂缝成因模型及数值模拟．环境地学问题研究论文集．北京：石油工业
　　出版社，48-53.

陈志新，袁志伟，彭建兵，等．2007．渭河盆地地裂缝发育特征．工程地质学报，15（4）：441-447.

戴王强，任隽，赵小茂，等．2004．GPS初步揭示的渭河盆地及边邻地区地壳水平运动特征．地震学报，
　　26（3）：256-260.

戴王强，王军儒，赵小茂，等．2007．陕西中部地区跨断层垂直形变与水平应变相关性分析．地震，27
　　（1）：63-69.

党进谦，李靖，等．2001．黄土单轴拉裂特性的研究．水利发电学报，（4）：44-48.

党进谦，郝月清，李靖．2001．非饱和黄土抗拉强度的研究．河海大学学报，（6）：106-108.

邓京萍，张惠英．1988．成都黏土的裂隙性对力学性能的控制作用．水文地质工程地质，1988（2）：
　　42-46.

邓起东，等．1995．山西断陷盆地带的活动断裂和分段性研究．现代地壳运动研究．北京：地震出版社．

邓起东，尤惠川．1985．鄂尔多斯周缘断陷盆地带的构造活动特征及其形成机制．现代地壳运动研究．北
　　京：地震出版社，58-78.

邓起东，苏宗正，等．2000．临汾盆地晚第四纪沉积与最新构造运动．地质力学学报，（02）：32-39.

邓亚虹，彭建兵，李丽，慕焕东．2013．渭河盆地基底伸展与地裂缝成因关系探讨．工程地质学报，01：
　　92-96.

邓亚虹，彭建兵，慕焕东，李丽，孙振峰．2013．渭河盆地深部构造活动的地裂缝孕育机理．吉林大学学
　　报（地球科学版），02：521-527.

丁国瑜．1998．关于公元649年临汾地震的讨论．中国地震，9（03）：38，14.

丁国瑜，等．1991．中国岩石圈动力学概论．北京：地震出版社．

丁维利，王晓州，朱永全，王庆林，赵永明．2007．郑西客运专线黄土隧道施工地表裂缝调查分析．铁道
　　标准设计，增刊（1）：87-89.

丁学文，陈国顺，齐永生．2000．榆次地裂缝成因探讨．华北地震科学，18（1）：16-25.

丁学文，张大卫，陈国顺，等．2000．山西榆次地裂缝的分布及活动特征．山西地震，（2）：9-12.

董东林，武强，孙桂敏．1996．山西临汾市地裂缝GIS预测的初步研究．中国地质灾害与防治学报，7
　　（4）：16-20.

董东林，武强，等．2001．临汾地面沉降数值模拟及其与地裂缝灾害关系研究．工程地质学报，9（2）：

218-222.

董东林，武强，等.2002.析临汾地裂缝之地质成因.中国矿业大学学报，（01）.

董东林，武强，田宝霖.1997.层叠法在临汾市区地裂缝灾害预报中的应用.甘肃地质学报，6（1）：85-90.

董东林，孙桂敏，武强，等.1998.地层条件与地裂缝之间的关系研究——以山西省临汾市区为例.中国地质灾害与防治学报，9（3）：29-35.

董东林，武强，姜振泉，等.2002.析临汾地裂缝之地质成因.中国矿业大学学报，31（1）：34-38.

董东林，武强，孙桂敏.1996.山西临汾市地裂缝GIS预测的初步研究.中国地质灾害与防治学报，7（4）：16-20.

董东林，武强，孙桂敏，等.1999.临汾地裂缝灾害与地下水开采相关关系.中国矿业大学学报，28（1）：90-93.

董少刚，唐仲华，马腾，等.2009.太原盆地地下水数值模拟.水资源保护，25：25-27.

段福贵.1981.三轴拉伸破坏的破坏形式.山东省水利科学研究所.

方海飞，周赏，王永莉.2013.几何类属性深度处理技术在断层解释中的应用.石油地球物理勘探，48（增刊）：120-124.

费琦.1987.中新生代中国及邻区板块碰撞、旋转及离散模式初探.地球科学，12（5）：463-475.

冯兵，孙渊，等.2003.工程及水文物探教程.西安：陕西人民教育出版社.

冯希杰.1990.西安地裂缝活动成灾评估.西安地质学院学报，12（4）：44-48.

高好林，祝意青，韩美涛，等.2009.渭河盆地地形变特征研究.大地测量与地球动力学，29（3）：60-66.

高金川，王四海.1998.西安地裂缝活动现状与防治对策.勘察科学技术，（6）：7-11.

高树义，苏宗正，赵晋泉，等.2006.山西峨眉台地的挤压型地裂.山西地震，（1）：6-10.

耿大玉，李忠生.2000.中美两国地裂缝灾害.地震学报，22（4）：433-441.

关德斌.1983.土的Griffith-Mohr联合抗裂强度理论.山东省水利科学研究所.

郭恩栋，冯启民，薄景山，等.2001.覆盖土层场地地震断裂试验.地震工程与工程振动，21（3）：145-149.

郭恩栋，邵广彪，薄景山，等.2002.覆盖土层场地地震断裂反应分析方法.地震工程与工程振动，22（5）：122-126.

国家地震局鄂尔多斯盆地周缘活动断裂系课题组.1988.鄂尔多斯周缘活动断裂系.北京：地质出版社.

韩贝传，曲永新，张永双.2001.裂隙型硬黏土的力学模型及其在边坡工程中的应用素.工程地质学报，9（2）：204-208.

韩恒悦，张逸，袁志祥.2002.渭河断陷盆地带的形成演化及断块运动.地震研究，25（4）：362-368.

韩颖，张政奎，张宏民，等.2005.山西太原盆地地下水资源及其环境问题调查评价报告.山西省地质调查院.

何开胜.2001.结构性黏土的微观变形机理和弹黏塑损伤模型研究.南京：南京水利科学研究院.

胡卸文，李群丰，赵泽三，等.1994.裂隙性黏土的力学特性.岩土工程学报，16（4）：81-88.

胡新亮，等.2002.山西洪洞临汾历史大震区现今地震的重新定位.灾害学，（02）：10-15.

胡亚轩，王建华，王雄.2011.汾渭盆地内断层和地裂引起的地表垂直形变特征.自然灾害学报，20（6）：57-61.

胡聿贤，孙平善，章在墉，等.1980.场地条件对震害和地震动的影响.地震工程与工程振动，试刊（1）：1-9.

黄强兵，等.2007.西安地铁二号线沿线地裂缝未来位错量估算及工程分级.工程地质学报，15（4）：

469-474.

黄文熙.1983. 土的工程性质. 北京：水利水电出版社.

黄质宏，朱立军，等.2004. 裂隙发育红黏土力学特征研究. 工程勘察，（4）：9-12.

贾其军，赵成刚，等.2005. 低饱和度非饱和土的抗剪强度理论及其应用. 岩土力学，26（4）：580-585.

江娃利.1993. 山西交城断裂全新世活动证据及第四纪活动历史. 见：国家地震局地壳应力研究所编. 地
壳构造与地壳应力文集（6）. 北京：地震出版社，98-104.

江娃利，聂宗笙，张康富.1992. 山西交城断裂断错全新世洪积扇（简报）. 地震地质，14（3）：216.

江娃利，谢新生，王瑞，等.2004. 山西断陷系交城断裂全新世古地震活动初步研究. 地震研究，
27（2）：184-190.

姜振泉，武强，隋旺华.1999. 临汾地裂缝的成因及发育环境研究. 徐州：中国矿业大学出版社.

姜振泉，王晓波，张京.1997. 山西断陷带地裂缝的成因及其发育条件. 中国矿业大学学报，26（3）：
74-78.

蒋臻蔚.2011. 水作用下地裂缝成因机制及数值模拟. 西安：长安大学.

蒋臻蔚，彭建兵，王启耀.2012. 先存断裂对抽水沉降及地裂缝活动影响的数值模拟. 吉林大学学报（地
球科学版），04：1099-1103+1124.

金峰，张楚汉，王光纶.1993. 半椭圆河谷上沉积层地震响应研究. 清华大学学报，33（5）：23-30.

瞿伟，张勤，王庆良，等.2009a. 基于 GPS 分析渭河盆地地壳水平运动及应变特征. 中国地球物理2009.
合肥：中国科学技术大学出版社.

瞿伟，张勤，王庆良，等.2009b. 渭河盆地现今地壳水平运动及应变特征. 大地测量与地球动力学，
8（4）：34-37.

瞿伟，张勤，张东菊，等.2009c. 基于 GPS 速度场采用 RELSM 模型分析青藏块体东北缘的形变–应变特
征. 地球物理学进展，24（1）：67-74.

瞿伟，张勤，王庆良，等.2010. 基于 GPS 速度场采用 RELSM 模型分析关中地区现今地壳形变特征. 测
绘科学，35（5）：28-30.

冷雪峰，唐春安，等.2003. 非均匀孔隙水压力下水压致裂的数值试验. 东北大学学报（自然科学版），
24（3）：287-291.

李斌.2009. 地裂缝地面沉降灾害管理信息系统开发及应用研究——以西安地裂缝地面沉降灾害管理信息
系统为例. 西安：长安大学.

李德琴.1988. 土的直立式单轴抗拉仪的研制及试验. 大坝与土工测试，（5）：9-12.

李建雄，崔全章，魏小东.2011. 地震属性在微断层解释中的应用. 石油地球物理勘探，46（6）：
925-929.

李清林.1996. 山西断陷带地热分布的某些特征. 山西地震，84（1）：26-30.

李什栋，罗奇峰.2004. 不同倾角断层对场地动力放大效应的分析. 地震研究，27（3）：283-286.

李树德.1988. 中国东部大同火山群发育的构造地貌背景. 地理学报，43（03）：233-240.

李树德.1997. 中国东部山西地堑系的形成机制及构造地貌、地震探讨. 北京大学学报（自然科学版），
33（4）：467-474.

李树德，袁仁茂.2002. 大同地裂缝灾害形成机理. 北京大学学报（自然科学版），38（1）：104-108.

李新生.1994. 西安地面沉裂环境问题研究. 西安：长安大学.

李新生.1994. 对西安地裂缝成因机制的几点新看法. 西安地质学院学报，16（2）：28-35.

李新生.1999. 西安地裂缝环境灾害研究及防治. 岩土工程界，（5）：16-18.

李新生，等.2007. 西安地铁二号线沿线地裂缝特征、危害及对策. 工程地质学报，15（4）：463-468.

李新生，闫文中，李同录，等.2001. 西安地裂缝活动趋势分析. 工程地质学报，9（1）：39-44.

李永善，等.1992. 西安地裂及渭河盆地活动断层研究. 北京：地震出版社.

李永善，李金正，卞菊梅，等.1986. 西安地裂缝. 北京：地震出版社.

李有利，等.2014. 山西中条山北麓断裂夏县段新活动的地貌表现. 地理研究，33（4）：665-673.

李有利，等.1994. 运城盆地新构造运动与古河道演变. 山西地震，1（4）：3-6.

李有利，史兴民，傅建利，杨景春.2004. 山西南部1.2Ma B. P. 的地貌转型事件. 地理科学，（03）：37-42.

李忠生.2005. 论西安次级地裂缝. 自然灾害学报，14（3）：119-123.

廖河山，徐植信.1992. 场地土的一维非线性地震反应分析方法. 地震工程与工程振动，12（4）：30-39.

廖新华，阎平凡，常逈.1990. 基于谱分解的断层自动识别. 地球物理学报，33（2）：220-226.

廖振鹏.1989. 地震小区划——理论与实践. 北京：地震出版社.

廖振鹏，刘晶波.1992. 波动有限元模拟的基本问题. 中国科学（B辑），35（8）：874-882.

刘巍，安卫平，赵新平.1996. 运城盆地的现今构造活动及现代地壳应力场的基本特征. 山西地震，（2）：9-13.

刘保金，赵成彬，酆少英.2012. 应用三分量浅层地震反射方法探测隐伏活动断裂. 地球物理学报，55（8）：2676-2686.

刘传正.1995. 环境工程地质学导论. 北京：地质出版社.

刘国昌.1986. 西安的地裂缝. 西安地质学院学报，（4）：9-22.

刘嘉斌，马跟良，苏岗，等.2002. 燃气管道穿越地裂缝的处理. 煤气与热力，22（3）：224-226.

刘金兰.2008. 重磁位场新技术与山西断陷盆地构造识别划分研究. 西安：长安大学.

刘晶波.1996. 局部不规则地形对地震地面运动的影响. 地震学报，18（2）：239-245.

刘晶波，吕彦东.1998. 结构-地基动力相互作用问题分析的一种直接方法. 土木工程学报，31（3）：55-64.

刘晶波，王振宇，杜修力，等.2005. 波动问题中的三维时域黏弹性人工边界. 工程力学，22（6）：46-51.

刘文斌.2004. 圆环试样内径对抗拉强度的影响. 岩土工程技术，（6）：286-290.

刘向峰，王来贵.2005. 非发震断层场地地震动力响应特性研究. 辽宁工程技术大学学报，24（1）：48-50.

刘学增，滨田政则.2004. 活断层破坏在土体中传播的试验研究. 岩土工程学报，26（3）：425-427.

刘玉海.1991. 大同机车工厂及邻区地裂缝研究. 西安：陕西科学技术出版社.

刘玉海，孟瑞发，等.1991. 大同机车工厂及邻区地裂缝研究. 西安：陕西科学技术出版社.

刘玉海，陈志新，倪万魁.1994. 西安地裂缝与地面沉降致灾机理及防治对策研讨. 中国地质灾害与防治学报，5（增刊）：67-74.

刘玉海，陈志新，倪万魁，赵法锁.1995. 大同城市地质研究. 西安：西安地图出版社.

刘忠芳，韩军青.2004. 临汾市地裂缝灾害及防治对策研究. 灾害学，（S1）：99-102.

卢杰，乐崇浩，卢全中，曹广祝.2016. 裂隙性黄土在减压三轴压缩下的变形破坏特征. 人民长江，（12）：84-88.

卢积堂.1995. 河南省地裂缝，减灾与发展. 北京：地震出版社.

卢全中.2007. 裂隙性黄土的力学特性及其工程灾害效应研究. 西安：长安大学.

卢全中，等.2007. 陕西三原双槐树地裂缝的发育特征. 工程地质学报，15（4）：458-462.

卢全中，彭建兵，等.2006. 大尺寸裂隙性黄土的直剪试验. 公路，2006（5）：184-187.

卢全中，彭建兵，范文，等.2007. 陕西三原双槐树村地裂缝的发育特征. 工程地质学报，15（4）：458-462.

卢全中，彭建兵，陈志新，等．2005．黄土高原地区黄土裂隙的发育特征及其规律研究．水土保持学报，19（5）：191-194．

栾茂田，林皋．1992．场地地震反应非线性计算模．工程力学，9（1）：94-103．

罗焕炎，孔祥红，高维安．1988．山西断陷盆地带形成机制的初步数值模拟．地震地质，10（1）：71-77．

罗汀，姚仰平，等．1995．黄土的蠕变试验研究．西安建筑科技大学学报，27（3）：304-308．

骆亚生，等．1998．黄土的抗拉强度．陕西水力发电，（4）：6-10．

马保起，许桂林，盛小青，等．1999．山西交城断裂活动的构造地貌学研究．地壳构造与地壳应力文集（12），7-15．

马国栋．1990．大同市地裂缝研究．地质灾害与防治，1（2）：25-31．

马莉英，肖树芳，等．2004．黄土的流变特性模拟与研究．实验力学，19（2）：178-182．

马芹永．1996．人工冻土单轴抗拉、抗压强度的试验研究．岩土力学，17（3）：76-81．

马志正，张馥琴，李秋生，等．1996．临汾洼陷地裂缝成因分析．10（2）：78-79．

马宗晋．1993．山西临汾地震研究与系统减灾．北京：地震出版社．

毛应生，柳丽英，王德信，等．2002．西安市地裂缝对市政构筑物的破坏机理与对策的探讨．城市道桥与防洪，（2）：1-6．

门玉明，彭建兵，李寻昌．2007．山西清徐县地裂缝灾害现状及类型分析．工程地质学报，15（4）：453-457．

门玉明，张永海，李新生，等．2006．太原市清徐县平泉村——武家坡地裂缝地质灾害调查报告．长安大学地质工程与测绘工程学院．

孟令超．2012．山西断陷盆地地裂缝成因机理研究．西安：长安大学．

孟振江．2012．交城断裂带地裂缝发育特征及成因机理研究．西安：长安大学．

宁社教．2008．西安地裂缝灾害风险评价系统研究．西安：长安大学．

宁显林．2010．清徐县西边山洪积扇区地下水位动态预测研究．太原：太原理工大学．

钮泽明，陆士强．1983．黏性填土单轴抗拉强度的几个影响因素．岩土工程学报，（2）：35-43．

潘懋，李铁锋．2002．灾害地质学．北京：北京大学出版社，260．

彭建兵．2006．中国活动构造与环境灾害研究中的若干重大问题．工程地质学报，14（1）：5-12．

彭建兵，张骏，苏生瑞，等．1992．渭河盆地活动断裂与地质灾害．西安：西北大学出版社．

彭建兵，范文，李喜安，等．2007．汾渭盆地地裂缝成因研究中的若干关键问题．工程地质学报，15（04）：433-440．

彭建兵，陈立伟，黄强兵，等．2008．地裂缝破裂扩展的大型物理模拟试验研究．地球物理学报，51（6）：1826-1834．

彭万巍．1998．冻结黄土抗拉强度与应变率和温度的关系．岩土工程学报，20（3）：31-33．

任隽，彭建兵，王夫运，刘晨，冯希杰，戴王强．2012．渭河盆地及邻区地壳深部结构特征研究．地球物理学报，（09）：2939-2947．

任建国，龚卫国，焦向菊．2004．山西大同地裂缝的分布特征及其发展趋势．山西地震，（3）：39-42．

孙红，赵锡宏．2001．软土的各向异性损伤对剪切带形成的影响．力学季刊，3：307-316．

山西省地震局．2007．太原市活断层探测与地震危险性评价工程技术报告．

山西省地质调查院，中国地质大学（武汉）．2006．山西运城盆地地下水资源及其环境问题调查评价．

山西省地质矿产局．1982．山西省区域地质志．北京：地质出版社．

陕西省地震局．2005．陕西省地震目录．北京：地震出版社．

沈新慧．1982．压实黏性土的抗拉特性．水利水电科学研究院论文集第8集（岩土工程），63-73．

沈忠言，彭万巍，等．1995．冻结黄土抗拉强度的试验研究．冰川冻土，17（4）：315-321．

沈珠江 . 1996. 广义吸力和非饱和土的统一变形理论 . 岩土工程学报, 18 (2)：1-9.

沈珠江 . 1998. 软土工程特性和软土地基设计 . 岩土工程学报, 20 (1)：100-111.

沈珠江 . 2000. 结构性黏土的堆砌体模型 . 岩土力学, 21 (1)：1-4.

施斌, 姜洪涛 . 2001. 黏性土的微观结构分析技术研究 . 岩石力学与工程学报, 20 (6)：864-870.

宋立胜, 等 . 1989. 陕西省志·地震志 . 北京：地震出版社 .

苏怡之, 王进英, 张家声 . 1993. 临汾盆地现代地震活动特征及其与深部构造关系初探 . 地震, 06：
　42-47.

苏宗正, 等 . 1984. 薛店地裂缝成因分析 . 山西地震, 2, 1-4.

苏宗正, 袁正明 . 2003. 1303 年山西洪洞 8 级地震研究综述 . 山西地震, (03)：3-9, 22.

苏宗正, 郝何龙, 候廷爱, 等 . 2000. 太原盆地的地裂及其灾害 . 山西地震, (3)：1-5.

苏宗正, 程新原, 安卫平, 等 . 2001. 山西运城盆地的中条山断裂 . 中国地震局科技发展司《活动断裂研
　究》编委会, 活动断裂研究理论与应用 (8). 北京：地震出版社 .

孙崇绍 . 1983. 西安市地裂缝地震效应的理论分析 (英文). 西北地震学报, 5 (2)：73-80.

孙明星, 党进谦, 等 . 2006. 原状黄土单轴抗拉特性研究 . 水利与建筑工程学报, 4 (3)：43-48.

孙萍 . 2007. 黄土破裂特性试验研究 . 西安：长安大学 .

索传郿, 王德潜, 刘祖植 . 2005. 西安地裂缝地面沉降与防治对策 . 第四纪研究, 25 (1)：23-28.

唐春安 . 1993. 岩石破裂过程的灾变 . 北京：煤炭工业出版社 .

唐春安, 杨天鸿, 等 . 2003. 孔隙水压力对岩石裂纹扩展影响的数值模拟 . 岩土力学, (24)：17-20.

唐春安, 王述红, 傅宇方 . 2003. 岩石破裂过程数值试验 . 北京：科学出版社 .

陶虹 . 2005. 基于 MAPGIS 的西安地裂缝分析应用 . 地球信息科学, 7 (3)：34-38.

万伟锋 . 2008. 西安市地下水开采—地面沉降数值模拟及防治方案研究 . 西安：长安大学 .

汪丽 . 2006. 地表水与地裂缝活动关系的现场试验研究 . 西安：长安大学 .

王启耀, 蒋臻蔚, 彭建兵 . 2013. 抽水作用下先存断裂活化滑移机制研究 . 水文地质工程地质, (02)：
　108-112.

王常明 . 1998. 土流变学研究现状与趋势 . 世界地质, 17 (4)：33-37.

王贵喜, 曹金亮, 张佳 . 1991. 山西省太原盆地地下水管理模型研究报告 . 山西省地质矿产局第一水文地
　质工程地质队 .

王宏军 . 2005. 祁县地裂缝发育特征及形成演化作用的研究 . 太原：太原理工大学 .

王宏军, 郑秀清, 刘瑾, 等 . 2005. 山西省祁县地裂缝的成因初探 . 太原理工大学学报, 36 (1)：82-84.

王景明 . 1989. 论西安地裂缝 . 地震地质, 11 (3)：8.

王景明, 等 . 2000. 地裂缝及其灾害的理论与应用 . 西安：陕西科学技术出版社 .

王景明, 常丕兴 . 1989. 汾渭地裂缝与地震活动 . 地震学报, 11 (1)：57-67.

王兰生 . 2004. 地壳浅表圈层与人类工程 . 北京：地质出版社 .

王兰生, 李天斌, 赵其华 . 1994. 浅生时效构造与人类工程 . 北京：地质出版社 .

王乃樑, 杨景春, 夏正楷, 等 . 1996. 山西地堑系新生代沉积与构造地貌 . 北京：科学出版社 .

王启耀, 蒋臻蔚, 彭建兵 . 2006. 全新活动断裂和地裂缝对公路工程的影响及对策 . 公路, (2)：104-108.

王启耀, 蒋臻蔚, 彭建兵 . 2013. 抽水作用下先存断裂活化滑移机制研究 . 水文地质工程地质, 02：
　108-112.

王庆良, 刘玉海, 陈志新, 等 . 抽水引起的含水层水平应变地裂缝活动新机理 . 工程地质学报, 10 (1)：
　46-50.

王邵中 . 1984. 运城地裂缝 . 山西地震, (3)：19-21.

王绍中 . 1985. 晋南地裂缝及其工程地质意义 . 水文地质工程地质, (5)：11-12.

王士同 . 1998. 神经模糊系统及其应用 . 北京：北京航空航天大学出版社 .

王树丰 . 2007. 渭河盆地地裂缝成因机理研究 . 西安：长安大学 .

王思敬 . 2002. 地球内外动力耦合作用与重大地质灾害的成因初探 . 工程地质学报，10（2）：115-117.

王泰书，王敏霞 . 1996. 西安地裂缝灾害治理的研究——以煤矿院办公楼为例 . 灾害学，11（3）：37-41.

王挺美，郑炳华，李新元，等 . 1993. 罗云山山前断裂第四纪活动特征 . 见：马宗晋编 . 山西临汾地震研究与系统减灾 . 北京：地震出版社 .

王卫东 . 2009. 西安地裂缝形成的区域稳定动力学背景研究 . 西安：长安大学 .

王卫东，苏刚，易学发 . 1998. 西安地裂缝的数值模拟研究 . 灾害学，13（3）：33-37.

王西强 . 2008. 泾阳地区地裂缝成因机理研究 . 西安：长安大学 .

王西文 . 1990. 重磁反演在研究临汾盆地深部构造中的应用 . 西安石油大学学报（自然科学版），02：7-11.

王秀文，范雪芳 . 2001. 山西榆次地裂缝形变微动态的观测玉研究 . 山西地震，(4)：11-16.

王秀文，赵文星，杨国华 . 2000. 山西地堑系的最新水平运动 . 山西地震，116（1）：20-24.

王园，王沁，何蕴龙，等 . 1998. 西安地裂灾害问题数据本构分析 . 西安工程学院学报，20（1）：41-45.

王贞海，丁学文 . 2007. 交城断裂文水县城段断裂组合特征及活动性研究 . 华北国土资源，3：28-29.

王振宇，刘晶波 . 2004. 成层地基非线性波动问题人土边界与波动输入研究 . 岩石力学与工程学报，23（7）：1169-1173.

吴嘉毅，廖燕鸿 . 1990. 西安地裂缝的工程性质 . 西安：陕西科学技术出版社 .

吴侃，郑颖人 . 1999. 黄土结构性研究 . 第六届全国土力学及基础工程学术会议论文集 . 上海：同济大学出版社，93-96.

吴在宝，等 . 1986. 西安地面沉降与地裂缝的关系 . 西安地质学院学报，(4)：118-128.

伍洲云 . 2004. 苏锡常地区地裂缝灾害危险性评价与预测 . 水文地质工程地质学报，(1)：28-31.

武强，陈佩佩 . 2003. 地裂缝灾害研究现状与展望 . 中国地质灾害与防治学报，14（1）：22-27.

武强，姜振泉，李云龙 . 2003. 山西断陷盆地地裂缝灾害研究 . 北京：地质出版社 .

武强，董东林，武雄，等 . 2000. 临汾市地裂缝灾害模拟与灾情预报的 GIS 研究 . 中国科学（D 辑），30（4）：429-435.

武强，陈珮珮，董东林，等 . 2002. 山西榆次地裂缝灾害评价的 GIS 与 ANN 耦合技术研究 . 水文地质工程地质，(2)：6-10.

武强，陈佩佩，张宇，董东林，王龙 . 2002. 我国城市地质灾害问题与对策 . 中国地质灾害与防治预报，(02)：70-72，79.

西安市地震局 . 1991. 西安市地震志 . 北京：地震出版社：

肖宽怀，刘浩，等 . 2003. 地震 CT 勘探在昆石公路隧道病害诊断中的应用 . 地球物理学进展，18（3）：472-476.

肖树芳，阿基诺夫 K . 1991. 泥化夹层的组构及强度蠕变特性 . 长春：吉林科学技术出版社 .

谢定义 . 1999. 黄土力学特性与应用研究的过去、现在与未来 . 地下空间，10（4）：273-284.

谢富仁，刘巍，梁海庆，等 . 1993. 山西断陷带及周缘构造应力场分析 . 见：马宗晋编 . 山西临汾地震研究与系统减灾 . 北京：地震出版社 .

谢广林 . 1988. 地裂缝 . 北京：地震出版社 .

谢新生 . 1998. 山西地堑系新生代共轭破裂与应力场、应变能密度分布 . 地壳构造与地壳应力文集，(00)：155-160.

谢新生，江娃利，王焕贞，等 . 2004. 山西太谷断裂带全新世活动及其与 1303 年洪洞 8 级地震的关系 . 地震学报，26（3）：281-293.

谢子强. 1990. 晋西南峨眉台地地裂缝成因的探讨. 水文地质工程地质,（1）: 27-28.

邢集善, 叶志光, 孙振国, 等. 1991. 山西板内构造及其演化特征初探. 山西地质, 6（1）: 3-14.

邢义川. 2000. 黄土力学性质研究的发展和展望. 水力发电学报,（71）: 54-65.

邢义川, 刘祖典, 等. 1992. 黄土的破坏条件. 水力学报,（1）: 12-20.

邢义川, 骆亚生, 李振. 1990. 黄土的断裂破坏强度. 水力发电学报,（4）: 36-44.

邢作云, 赵斌, 涂美义, 等. 2005. 汾渭裂谷系与造山带耦合关系及其形成机制研究. 地学前缘, 12（2）: 247-262.

徐光黎. 1992. 西安市地裂缝的时空预测预报. 西北地震学报, 14（4）: 75-81.

徐光黎, 唐辉明, 贾思吉, 等. 1994. 西安地裂缝活动数学模型研究. 西安: 陕西省地矿局.

徐继山, 庄会栋, 唐东旗, 等. 2010. 运城盆地地裂缝特征及机理分析. 地质灾害与环境保护, 21（2）: 97-100.

徐继山. 2012. 华北陆缘盆地地裂缝成因机理研究. 西安: 长安大学.

徐进, 赵其华, 黎克武. 1993. 渭河盆地地壳动力学环境与西安地裂缝成因机制. 工程地质研究进展——1992 年学术年报. 成都: 西南交通大学出版社.

徐锡伟, 邓起东, 韩竹君. 1993. 霍山山前断裂晚第四纪活动和古地震研究. 见: 马宗晋编. 山西临汾地震研究与系统减灾. 北京: 地震出版社.

徐锡伟, 邓启东, 董瑞树, 等. 1992. 山西地堑系强震的活动规律和危险区段的研究. 地震地质, 14（4）: 305-316.

徐锡伟, 钱瑞华, 高震寰, 等. 1994. 大同铁路分局地裂缝带的三维构造特征及其成因分析. 地震地质, 16（4）: 355-364.

徐扬, 赵晋泉, 张大卫, 等. 2006. 交城断裂交城县城段的位置及其与地裂缝的关系. 山西地震,（1）: 1-5.

徐永福, 刘松玉. 1999. 非饱和土强度理论及其工程应用. 南京: 东南大学出版社.

徐志斌, 云武, 王继尧, 等. 1998. 晋中南中新生代构造应力场演化及其动力学分析. 地学前缘, 5（增刊）: 152-161.

许桂林, 马保起, 江娃利. 1998. 山西交城断裂带第四纪活动习性及其分段特征. 见: 中国地震局地壳应力研究所编. 地壳构造与地壳应力文集（11）, 13-21.

薛禹群, 谢春红. 2007. 地下水数值模拟. 科学出版社.

闫世龙. 2006. 内陆新生代断陷盆地地区地面沉降机理及模拟. 武汉: 中国地质大学出版社.

严学文, 刘继红, 董军. 2008. 基于 GPS 的关中地区现今地壳水平运动特征分析. 测绘科学, 33（4）: 135-137.

晏同珍. 1990. 西安地面沉降及地裂缝阶段预测. 现代地质, 4（3）: 101-109.

燕建龙, 文君, 盛云鸥, 等. 2006. 浅谈西安地裂缝对建筑物的危害及防治对策. 岩土工程界, 9（8）: 77-80.

杨国强. 1989. 西安市地面沉降探讨. 西安地质学院学报, 11（3）: 49-56.

杨建军. 2006. 关中地区地震活动规律及其与构造活动的关系研究. 西安: 西北大学.

杨景春, 胡晓猛, 李有利, 等. 1999. 山西地堑系地裂缝发育及其与水土流失的关系. 水土保持研究, 6（4）: 10-14.

杨凯元, 吴成基. 1986. 西安地裂缝变形监测与研究. 西安: 陕西师范大学出版社.

杨天鸿, 等. 2004. 岩石破裂过程的渗流特性——理论、模型与应用. 北京: 科学出版社.

杨巍然, 孙继源, 纪克诚, 等. 1995. 大陆裂谷对比——汾渭裂谷系与贝加尔裂谷系例析. 北京: 中国地质大学出版社.

杨文采，李幼铭．1993. 应用地震层析成像．北京：地质出版社．

易明初．1993. 新构造运动及渭延裂谷构造．北京：地震出版社．

易学发．1984. 西安市地面不均匀沉降及地裂缝成因的讨论．地震，（6）：50-54.

贠慧星．2007. 山西省太谷县地裂缝形成机制及防治对策研究．太原：太原理工大学．

袁俊平，殷宗泽．2004. 考虑裂隙非饱和膨胀土边坡入渗模型与数值模拟．岩土力学，25（10）：
　1581-1586.

袁俊平．2003. 非饱和膨胀土的裂隙模型与边坡稳定分析．南京：河海大学．

袁龙蔚．2001. 含缺陷体流变性材料破坏理论及其应用．北京：科学出版社．

詹美礼，钱家欢．1993. 软土流变特性试验及流变模型．岩土工程学报，15（3）：54-62.

张培震．2008. 青藏高原东缘川西地区的现今构造变形、应变分配与深部动力过程．中国科学（D辑），
　38（9）：1041-1056.

张岳桥．2004. 晚新生代青藏高原构造挤出及其对中国东部裂陷盆地晚期油气成藏的影响．石油与天然
　气地质，（02）：162-169.

张岳桥，施炜，廖昌珍，胡博．2006. 鄂尔多斯盆地周边断裂运动学分析与晚中生代构造应力体制转换．
　地质学报，（05）：639-647.

张楚汉，赵崇斌．1990. 河谷形态对平面SH波散射的影响．岩土工程学报，12（1）：1-11.

张国伟，张本仁，袁学诚，等．2001. 秦岭造山带与大陆动力学．北京：科学出版社．

张慧英，田金花．1990. 成都黏土的胀缩特征．成都地质学院学报，17（2）：25-30.

张家明．1986. 西安地裂缝的构造特征及其成因机制．陕西地质，16（2）：14-23.

张家明．1990. 西安地裂缝研究．西安：西北大学出版社．

张建，石耀霖．2003. 东亚陆缘带构造扩张的深部热力学机制．大地构造与成矿学，27（3）：222-227.

张茂花，谢永利，等．2006. 湿陷性黄土变形的各向异性及与浸水路径的无关性．中国公路学报，
　19（4）：11-16.

张世民．2000. 汾渭地堑系盆地发育进程的差异及其控震作用．地质力学学报，（02）：32-39.

张文生，何樵登．1997. 约束走时层析成像．石油地球物理勘探，32（1）：68-74.

张文佑．1983. 华北断块区中新生代地质构造特征及岩石圈动力模型．地质学报，（1）：39-40.

张文佑，张抗，赵永贵，等．1983. 华北断块区中、新生代地质构造特征及岩石圈动力学模型．地质学
　报，（1）：33-41.

张延庆，魏小东，王亚楠，等．2006. 谱分解技术在QL油田小断层识别与解释中的应用．石油地球物理
　勘探，41（5）：584-586，591.

张之立，方兴，阎虹．1987. 山西地堑形成的力学模式及山西地震带的特点．地震学报，9（1）：28-36.

张倬元，王士天，王兰生，等．2009. 工程地质分析原理（第三版）．北京：地质出版社．

赵超英，张勤，张静．2011. 山西清徐地裂缝形变的InSAR监测分析．工程地质学报，19（4）：70-75.

赵晋泉，曾金艳．2008. 山西省清徐县境内交城断裂带、地裂缝勘查及地震活动性评价报告．太原：山西
　省地震工程勘查研究院．

赵连锋，朱介寿．2003. 并行化交错网格法地震层析成像．石油物探，42（1）：6-8.

赵其华，王兰生．1994. 西安地面沉降与地裂缝关系的量化分析．地在灾害与环境保护，5（1）：18-25.

赵其华，王兰生．1995a. 构造重力扩展机制的地质力学模拟研究．工程地质学报，3（1）：21-27.

赵其华，王兰生．1995b. 西安市反倾向地裂缝成因分析．地在灾害与环境保护，6（4）：17-20.

赵文星．1988. 临汾地区的深部构造综合研究．山西地震，04：18-24+28.

赵锡宏，等．2000. 损伤土力学．上海：同济大学出版社．

赵小茂，李永辉，戴王强．2005. 2001—2004年陕西关中地区地壳运动及应变分析．地震地磁观测与研

究，26（3）：41-45.

赵中秀，王小军.1995.超固结状态下裂隙黏土的强度特性.中国铁道科学，16（4）：56-62.

郑建国，张苏民.1990.湿陷性黄土的结构强度特性.水文地质与工程地质，(4)：22-25.

钟龙辉.1986.论西安地裂缝的地质成因和发育规律.勘察科学技术，(5)：27-31.

周鸿逵.1984.三轴拉伸试验中试样的断裂机理.岩土工程学报，6（3）：12-23.

周秋娟，陈晓平.2006.软土蠕变特性试验研究.岩土工程学报，28（5）：626-630.

周锡元.1989.断层的地震效应与震害影响.廖振鹏主编.地震小区划——理论与实践.北京：地震出版
社，238-249.

周正华，张艳梅，孙平善，等.2003.断层对震害影响的研究.自然灾害学报，12（4）：20-24.

朱安龙.2005.黏性土抗拉强度试验研究及数值模拟.成都：四川大学.

朱德瑜，刘光勋.1993.山西地区区域地壳形变场和现代构造运动.见：马宗晋编.山西临汾地震研究与
系统减灾.北京：地震出版社.

朱鸿鹄，陈晓平，等.2006.考虑排水条件的软土蠕变特性及模型研究.岩土力学，27（5）：695-698.

朱介寿，等.1988.地震学中的计算方法.北京：地震出版社.

朱丽君，韩军青，等.2008.临汾市城市环境地质问题研究.地下水，30（04）：60-65.

朱良峰，殷坤龙.2002.地质灾害风险分析与 GIS 技术应用研究.地理学与国土研究，18（4）：10-13.

朱夏.1979.中国东部板块内部盆地形成机制的初步探讨.石油实验地质，(1)：1-9.

朱珍德，胡定.2000.裂隙水压力对岩体强度的影响.岩土力学，121（1）：64-67.

邹继兴，邵德友.1994.邯郸北部地区地裂缝与土层构造节理.水文地质工程地质，(3)：45-49.

C. C 维亚洛夫.1987.土力学的流变原理.杜余培译.北京：科学出版社.

R. E. 谢里夫等.1999.勘探地震学（上、下）.李承楚等译.北京：石油工业出版社.

Aboshi H. 1973. An experimental investigation on the similitude in the consolidation of a soft clay, including the
secondary creep settlement. Proc. 8th Int. Conf. on Soil Mechanics and Foundation Engineering, Moscow,
Specialty Session 2, 4. 3, 88.

AI- Harthi A A, Bankher K A. 1999. Collapsing loess- like soil in western Saudi Arabia. Journal of Arid
Environments, (41)：383-399.

Ajaz A, Parry R H G. 1975. Stress- strain behaviour of two compacted clays in tension and
compression. Geotechnique, 25（3）：497-512.

Ajaz A, Parry R H G. 1976. Bending test for compacted clays. Proc. ASCE, JGED, Vol. 102, No. GT9.

Ang H S, Newmark N M. 1972. Development of a transmitting boundary for numerical wave motion
calculation. Report 2631, Defence Atomic Support Agency.

Arben P, Paul S, Yoshimitsu F, et al. 2000. Simulation of near-fault strong-ground motion using hybrid Green's
Functions. BSSA, 90（3）：566-586.

Artemjev M E, Artyushkov E V. 1971. Structure and isostasy of the Baikal rift and the mechanism of rifting. Geo-
phys. Res, 76（6）：1197-1211.

Asfaw L M. 1998. Environmental hazard from fissures in the Main Ethiopian Rift. Journal of African Earth Science,
27（3-4）：481-490.

Ayalew L, Yamagishi H, Reik G. 2004. Ground cracks in Ethiopian Rift Valley：facts and
uncertainties. Engineering Geology, (75)：309-324.

Ayres J E. 1970. Two clovis fluted points from Southern Arizona. Kiva, (36)：44-48.

Azam S, Wilson G W. 2006. Volume change behavior of a fissured expansive clay containing anhydrous calcium
sulfate. Unsaturated Soils, 906-915.

Bankher K A, Al- Harthi A A. 1999. Earth fissuring and land subsidence in Western Saudi Arabia. Natural Hazards, 20: 21-42.

Barden L. 1969. Time-dependent deformation of normally consolidated clays and peats. J. Soil Mech. Found. Div. , 95 (SM1): 1-31.

Baruni S S E. 1994. Earth fissures caused By groundwater withdrawal in Sarir South Agricultural Project Arer, Libya. Applied Hydrogeology, 2 (1): 45-52.

Bell J W. 1990. Land subsidence in Las Vegas, Nevada, USA. 6th International IAEG Congress, Amsterdam, Netherlands. IAEG Publication, 1327-1332.

Bettess P. 1977. Infinite elements. International Journal for Numerical Methods in Engineering, (11): 53-64.

Bishop A W, Garga V K. 1969. Drained tension test on London clays. Geotechnique, 19 (2): 309-313.

Bishop A W, Lovenbury H T. 1969. Creep characteristics of two undisturbed clays. Proc. 7th ICSMFE, Mexico, (1): 29-37.

Bouwer H. 1977. Land subsidence and cracking due to ground water depletion. Ground Water, 15 (5): 358-364.

Bray J D, Seed R B, Cluff L S, et al. 1994. Earthquake fault rupture propagation through soil. Journal of Geotechnical Engineering, 120 (3): 543-561.

Bray J D, Seed R B, Seed H B, et al. 1994. Analysis of earthquake fault rupture propagation through cohesive soil. Journal of Geotechnical Engineering, 120 (3): 562-580.

Budhu M. 2011. Earth fissure formation from the mechanics of groundwater pumping. Inter J Geomech, 11: 1-11.

Budhu M. 2008. Mechanics of earth fissures using the Mohr- Coulomb failure criterion. Enviro Eng Geosci, 14 (4): 281-295.

Carpenter M C. 1993. Earth fissure movements associated with fluctuations in groundwater levels near the Picacho Mountains, South- central Arizona, 1980- 1984. US Geological Survey Professional Paper 497- H, Washington, 40.

Carpenter M C. 1999. Earth fissures and subsidence complicate development of desert water resources. U. S. Geological Survey, Tucson, Arizona, 65-78.

Carpenter M C. 1999. South-Central Arizona: earth fissures and subsidence complicate development of desert water resources. Galloway D et al. Land Subsidence in the United States. U. S. Geological Survey Circular, 65-78.

Colin A Z, Seth H, Michael H P, et al. 2013. Blind test of methods for obtaining 2- D near- surface seismic velocity models from first- arrival traveltimes. JEEG, 18 (3): 183-194.

Dakoulas P, Gazetas G. 1985. A class of inhomogeneous shear models for seismic response of dams and embankments. Soil Dynamics and Earthquake Engineering, 4 (4): 166-182.

Davis R. 1995. Effects of weathering on site response. Earthquake Engineering and Structure Dynamics, 24 (2): 301-309.

Deeks A J, Randolph M F. 1994. Axisymmetric time- domain transmitting boundaries. Journal of Engineering Mechanics, ASCE, 120 (1): 25-42.

Elzein A. 2003. Contaminant transport in fissured soils by three- dimensional boundary elements. International Journal of Geomechanics, 3 (1): 75-83.

Engquist B, Majda A. 1977. Absorbing boundary conditions for numerical simulation of waves. Mathematics of Computation, 31 (139): 629-651.

Fang H Y, Fernandez J. 1981. Determination of tensile strength of soils by unconfined-penetration test. Laboratory Shear Strength of Soil, ASTM STP 740, 130-144.

Feth J H. 1951. Structural reconnaissance of the Red Rock quadrangle, Arizona: U. S. Geological Survey open-file report, 32.

Fleischer R L. 1981. Dislocation model for radon response to distant earthquakes. Geophysical Research Letter, 8 (5): 477-480.

Fletcher J E, Peterson H B. 1954. Piping: American Geophysical Union. Transaction, 35 (2): 258-262.

Galloway D, Jones D R, Ingebritsen S E. 1999. Land subsidence in the United States. U S Geological Survey Professional Paper Circular 1182, Washington (177pp).

Gazetas G. 1981. A new dynamic model for earth dams evaluated through case histories. Soils and Foundations, 21 (1): 67-78.

George P M, Apostolos S P. 2003. A mathematical representation of near-fault ground motions. BSSA, 93 (3): 1099-1131.

Geuze E C W A, Tan T K. 1953. The mechanical behavior of clays. Oxford: Proc. 2nd. Int. Congress on Rheology, 67-71.

Ghaly A M. 1996. Discussion: earthquake fault rupture propagation through soil. Journal of Geotechnical Engineering, 1: 80-82.

Girdler R W. 1970. Some recent geophysical studies of the rift system in East Africa. Geomag Geoelect, 2 (1-2): 153-163.

Griffith A A. 1964. Theory of Rupture. Proceeding of the First International Congress for Applied Mechanics. 55-63.

Haneberg W C, Friesen R L. 1992. Diurnal ground water level and deformation cycle near an earth fissure in the subsidencing Mimbres Basin, New Mexico. Proceedings 35th Annual Meeting, Long Beach, California, 1992, Association of Engineering Geologists, 46-53.

Haneberg W C, Friesen R L. 1993. Tilting of surfacial strata and ground-water fluctuation in the subsiding Mimbres Basin, New Mexico. Las Cruces New Mexico Water Resources Research Institute Report 274, 85.

Haneberg W C, Reynolds C B, Reynolds I B, et al. 1991. Geophysical characterization of soil deformation associated with earth fissures near San Marcial and Deming New Mexico. Proceedings of the 4th International Symposium on Land Subsidence, Houston, TX, USA, IAHS Publication. 200, 271-280.

Harris R, Allison M L. 2006. Hazardous cracks running through Arizona. geotimes2006 (8).

Hasegawa H, Ikeuti M. 1966. On the tensile strength test of disturbed soil. Rheology and Soil Mechanics, IUTAM Symposium, Grenoble.

Heidke J M. 1997. The earliest Tucson Basin pottery. Archaeology in Tucson, 11 (3): 9-10.

Heilen M P. 2005. An archaeological theory of landscapes. Ph. D. dissertation, Department of Anthropology, University of Arizona, Tucson.

Holdahl S R, Strange W E, Harris R J. 1986. Readjustment of leveling networks to account for vertical coseismic motions. Tectonophysics, 130: 195-212.

Holzer L T. 1984. Ground failure induced by groundwater withdrawal from unconsolidated sediment. In Holzer L T. (Ed.). Man Induced Land Subsidence, Reviews in Engineering Geology vol. 6. The Geological Society of America, Boulder, Colorado, 67-105.

Holzer T L, Davis S N, Lofgren B E. 1979. Faulting caused by ground water extraction in South Central Arizona. Journal of Geological Research, 84 (82): 603-612.

Holzer T L, Gabrysch R K. 1987. Effect if water-level recoveries on fault creep, Houston, Texas. Ground Water, 25 (4): 392-397.

Holzer T L. 1980. Faulting caused water level declines, San Joaquin Valley. California. Water Resources Research, 16 (6): 1065-1070.

Holzer T L. 1980. Reconnaissance Maps of Earth Fissure and Land Subsidence, Bowie and Willecox Areas, Arizona. U. S. Geological Survey Miscell-aneous Field Studies Map, MF-1156, 2sheet.

Huckell B B. 1984. The Paleo-Indian and Archaic occupation of the Tucson Basin: an overview. Kiva, 49 (3-4): 133-145.

Ibarra S Y, McKyes E, Broughton R S. 2005. Measurement of tensile strength of unsaturated sandy loam soil. Soil & Tillage Research, (81): 15-23.

Idriss I M, Seed H B. 1968. Seismic response of horizontal soil layers. Journal of the Soil Mechanics and Foundations Division, ASCE, 94 (SM4): 1003-1031.

Illies J H. 1981. Mechanism of graben formation. Tectonophysics, 73: 249-266.

Jachens R C, Holzer T L. 1982. Differential compaction mechanism for earth fissure near Casa Grand, Arizona. Geological Society of America Bulletin, 93 (10): 998-1012.

Johson D W, Pratt W E. 1927. A local subsidence of the gulf coast of Texas. The Geographical Journal, 69 (1): 61-65.

Kaiser A E, Horstmeyer H, Green A G, et al. 2011. Detailed images of the shallow Alpine Fault Zone, New Zealand, determined from narrow-azimuth 3D seismic reflection data. Geophysics, 76 (1): 19-32.

Keaton J R, Shlemon R J. 1991. Fort hancock earth fissure system, Hudspeth Couty, Texas. Proceeding of the 4th International Symposium on Land Subsidence, Houston, TX, USA, 1991, IAHS Publication, 281-290.

Kim T H, Hwang C. 2003. Modeling of tensile strength on moist granular earth material at low water content. Engineering Geology, 69 (3-4): 233-244.

Kim T H, Sture S, Yun J M. 2004. Investigation of moisture effect on tensile strength in granular soil. Earth & Space, 57-64.

Kodikara J K, Choi X. 2006. A simplified analytical model for desiccation cracking of clay layers in laboratory tests. Unsaturated Soils, 36 (147): 2558-2569.

Kreitler C W. 1977. Fault control of subsidence. Houston, Texas, Ground Water, 15 (3): 203.

Lade P V, Liu C T. 1981. Experimental study of drained creep behavior of sand. J. Eng. Mech. , 124 (8): 912-920.

Leonard R J. 1929. An earth fissure in southernArizona. Journal of Geology, 37 (8): 765-774.

Lippincott D K, Bredehoeft J D, Moyle W R. 1985. Recent movement on the Carlock Fault as suggested by water level fluctuation in Wellin Fremont Valley, California. Journal of Geophysical Research, 90 (82): 1911-1924.

Liu J, Lu Y. 1997. A direct method for analysis of dynamic soil-structure interaction based on interface idea. In: Zhang C, Wolf J P Eds. Dymamic Soil-Structure Interaction. International Academia Publishers, 258-273.

Lofgren B E. 1969. Land subsidence due to the application of water. Geological Society of America, Review in Engineering Geology, 271-303.

Lofgren B E. 1978. Hydraulic stresses cause ground movement and fissures, Picacho, Arizona. G. S. A. Abstract with Programs, 10 (3): 113.

Lofgren B E. 1984. Earth cracks caused by horizontal stresses. EOS, 65: 882-88331.

Loh C H, Wu T C, Huang N E. 2001. Application of the empirical mode decomposition-Hilbert Spectrum Method to identify near-fault ground-motion characteristics and structural responses. BSSA, 91 (5): 1339-1357.

Louis F I, Makropoulos K C, Louis I F. 2005. Image enhancement in seismic tomography by grid handling: synthetic simulations with fault-like structures. Journal of Balkan Geophysical Society, 8 (4): 139-148.

Lu K M, Wang L S. 1988. On the sliding-bending model of rock mass deformation and failure of slope. Proc. , 5th

Int. Symp, on Landslides, Lausanne, Switzerland, 219-224.

Lysmer J, Kuhlemeyer R L. 1969. Finite dynamic model for infinite media. Journal of Engineering Mechanics, ASCE, 95 (1): 859-877.

McClintock F A, Walalsh J B. 1962. Friction on Griffith cracks in rocks under pressure. Proceedings of the Fourth U. S. National Congress of Applied Mechanics, 1015.

Minor H E. 1925. Goose creek oil field, Harris county, Texas. Bull Am Assn Petr Geol, (9): 286-297.

Mosaid A. 1981. Tensile properties of compacted soils. Laboratory Shear Strength of Soil, ASTM STP 740, 207-225.

Muneo H, Navaratham V. 1998. Analysis of smooth crack growth in brittle materials. Elsevier Science Ltd, (28): 33-52.

Narasimhan T N. 1979. The significance of the storage parameter in saturated-unsaturated ground-water flow. Water Resources Research, 15 (3): 569-576.

Neal J T, Langer A M, Kerr P F. 1968. Giant desiccation polygons of great basin playas. Geological Society of America Bulletin, (79): 69-90.

Ngecu M W, Nyambok O I. 1999. Ground subsidence and its socio-economic implication on the population: a case study of Nakurn area in central rift valley, Kenya. Environmental Geology, 39: 567-574.

Pampey E H, Holzer T L, Clark M M. 1988. Modern ground failure on in the Garlock Fault Zone, Fremont Valley, California. Geological Society of America Bulltin, 100: 677-691.

Pantelis M S, Tamas T. 2005. Seismic reflection tomography: a case study of a shallow lake survey in Lake Balaton. Journal of Balkan Geophysical Society, 8 (1): 20-27.

Parry R H G, Ajaz A. Discussion on "Behaviour of Compacted Soil in Tension". Proc. ASCE, JGED, Vol. 101, No. GT. 6.

Peng J B, Sun P, Li X A. 2006. Ground fissure the major geological and environmental problem in the development of Xi'an city, China Environment Science and Technology, American Science Press.

Pitarka A, Irikura K, Iwata T, et al. 1998. Three-dimensional simulation of the near-fault ground motion for the 1995 Hyogo-Ken Nanbu (Kobe), Japan, earthquake. BSSA, 88 (2): 428-440.

Potts D M, Dounias G T, Vaughan P R. 1990. Finite element analysis of progressive failure of Carsington embankment. Geotechnique, London, England, 40 (1): 79-101.

Pratt W E, Jonhson D W. 1926. Local subsidence of the Goose Creek oil field. The Geographical Journal, 34 (9): 557-590.

Rashid Y R. 1968. Analysis of prestressed concrete pressure vessels. Nuclear Engineering and Design, (7): 334-344.

Richards P G. 1976. Dynamic motions near an earthquake fault: a three-dimensional solution. BSSA, 66 (1): 1-32.

Rojas E, Arzate J. Arroyo M. 2002. A method to predict the group fissuring and faulting caused by regional groundwater decline. Engineering Geology, (65): 245-260.

Roquemore G R. 1982. Holocene earthquake activity of the Eastern Gariock Fault in Christmas Canyon, San Bernnardino County, California. Geological Society of America Abstracts with Programs, 14 (4): 228.

Rudolph D L, Cherry J A, Farvolden, R N. 1991. Groundwater flow and solute transport in fractured lacustrine clay near Mexico City. Water Resources Research, 27: 2187-2201.

Savage J S. 1976. Surface deformation associated with dip slip faulting. Journal of Geophysical Research, 71 (20): 4897-4904.

Savage W Z, Chleborad A F. 1982. A model for creeping flow in landslides. Bull. Assoc. Engrg. Geotogists, XIX, (4): 333-338.

Schumann H H, Cripe L S. 1986. Land subsidence and earth fissures caused by groundwater depletion in southernArizona, U. S. A. International Symposium on Land Subsidence, International Association of Scientific Hydrology Publication, 841-851.

Schumann H H, Poland J F. 1970. Land subsidence, earth fissures and ground water withdrawal in South Central Arizon, USA. Land Subsidence, Tokyo, Symposium, IAHS Publication 88, 1: 295-302.

Shen F Q. 1988. Transmitting boundary in dynamic computation. Swansea: University of Walse.

Sheng Z P, Helm D C, Li J. 2003. Mechanisms of earth fissuring caused by groundwater withdraw. Enviro Eng Geosci, 9 (4): 351-352.

Simons N E. 1976. Field studies of the stability of embankments on clay foundations. Bjerrum Memorial Voulme, NGI, Oslo, Norway, 183-209.

Skempton A W, Schuster R L, Petley D J. 1969. Joints and fissures in theLondon clay at Wraysburg and Edgware. Geotechnique, London, England, 19 (2): 205-217.

Skempton A W, Vaughan P R. 1993. The failure of Carsington dam. Geotechnique, London, England, 43 (1): 151-173.

Skempton A W. 1964. Long-term stability of clay slope. Geotechnique, London, England, 14 (2): 77-101.

Smith W D. 1974. A non- reflecting plane boundary for wave propagation problems. J. Comp. Phys, (15): 492-503.

Snider L C. 1927. A suggested explanation for the surface subsidence in theGoose Creek oil and gas field. Bull Am Assn Petr Geol, (11): 729-745.

Song C, Wolf J P. 1996. Consistent infinitesimal finite- element cell method: three dimensional vector wave equation. International Journal for Numerical Methods in Engineering, 39: 2189-2208.

Stacey T R, Bell F G. 1999. The influence of subsidence on planning and development in Johannesburg South Africa. Environmental & Engineering Geoscience, (5): 373-388.

Stewart G, Edgar M. 2013. Seismic reflection for hardrock mineral exploration: lessons from numerical modeling. JEEG, 18 (4): 281-296.

Tang G X, Graham J. 2000. A method for testing tensile strength in unsaturated soils. Geotechnical Testing Journal, GTJODJ, 23 (3): 377-382.

Thomas H, Rogers. 1967. Active extensional faulting North of Hollister near the Calaveras Fault Zone. Bulletin of the Seismological Society of America, 57 (4): 813-816.

Timothy D S, Hisham T E. 1997. Slope stability analyses in stiff fissured clays. Journal of Geotechnical and Geoenvironmental Engineering, 123 (4): 335-343.

Ting J M. 1983. On the nature of the minimum creep rate- time correlation for soil, ice and frozen soil. Can. Geotech. J. , (20): 176-182.

Tschebatorioff F P, Ward E R, De Phillipe A A. 1953. The tensile strength of disturbed and recompacted soils. Proc. 3rd Int. Conf. on SMFE, (1): 207-210.

Tun çdemir F, Ergun M U. 2005. A laboratory study into fracture grouting of fissured Ankara Clay. Innovations in Grouting and Soil Improvement, 2005: 1-12.

Wang C Y. 2002. Detection of a recent earthquake fault by the shallow reflection seismic method. Geophysics, 67 (5): 1465-1473.

Wang Q L, Wang W P, et al. 1997. Horizontal aquifer movement induced by groundwater pumping and its applications to the analysis of some geological disasters. Acta Seismilogica Sinica, 17 (4): 434-441.

Wijeweera H, Joshi R C. 1992. Temperature- independent relationships for frozen soils. J. Cold Regions Engrg. , ASCE, 6 (1): 1-21.

Wijeweera H. 1990. Creep and strength behavior of fine- grained frozen soils. PhD thesis, University of Calgary, Alberta, Canada.

Williams F M, Williams M A J, Aumento F. 2004. Tensional fissures and crustal extension rates in the northern part of the Main Ethiopian Rift. Journal of African Earth Sciences, (38): 183-197.

Wyatt F. 1982. Displacements of Surface Monuments- Horizontal Montion. Journal of Geophysical Research, 87 (B2): 979-989.

Yen B C. 1969. Stability of slopes undergoing creep deformation. J. Soil Mech. and Found. Div. , ASCE, 95 (4): 1075-1096.

Zhao J X. 1997. Modal analysis of soft-soil sites including radiation damping. Earthquake Engineering and Structure Dynamics, 26 (1): 93-113.

后　记

——汾渭地裂缝研究心路历程

我涉足汾渭盆地地裂缝研究最早可追溯到 28 年前。那是 1988 年，当时我国著名工程地质学家刘国昌教授已从长春地质学院移教于西安地质学院 8 年多，开创了西安地质学院的水文地质与工程地质博士点学科建设。其间，先生先后主持了国家自然科学基金项目"西安市环境地质研究"和陕西省科技项目"渭河盆地活动断层及其对工程建筑的影响研究"等两个项目。但由于先生身体原因，这两个项目一直未能结题。先生的助手刘玉海教授在当年末将这两个项目一并交给我，要求我在两年时间内作完这两件事。虽然那时经费很少，但我还是竭尽全力按时完成了这一任务。这两个项目分别涉及西安地裂缝和渭河盆地地裂缝问题，也就开始了我长达 28 年的地裂缝研究。如今这两位刘先生已故去经年，当本书付梓时，我首先想到的是这两位刘先生，感谢他们为我的地裂缝研究铺路搭桥，开启了我的汾渭地裂缝研究之旅。

自那以后一直到 2001 年，我一直断断续续地关注着、研究着西安和渭河盆地的地裂缝，一直企盼着有机会对汾渭地裂缝开展系统的科学研究。于是，2002 年我开始以汾渭盆地地裂缝为题，申请国家基金委的重点基金项目。那时候的重点项目领域既无工程地质也无地质灾害，我只好把本子送到大陆动力学领域去。可想而知，要得到大陆动力学领域的专家学者们认可，其难度何其大也。从 2002 年到 2005 年，我像贾平凹先生写小说那样，每年隆冬时节把自己封闭在长安县的一个小宾馆里长达月余，根据网评专家反馈意见反复修改申报书，年年递交申报书。直到 2005 年，终于迎来了专家们的认可，我申报的"汾渭盆地地裂缝成因与大陆动力学"重点基金项目历经四年终于获得了批准。回想那四年，虽然艰辛，但收获还是满满的，正是因为那四年的磨砺，才奠定了我对汾渭盆地地裂缝科学本质问题的把握，也铸就了我以后在申报各类重大项目时较好地把握关键科学问题和合理拟定研究方案的思维习性，也才有了后来获得的一项又一项重大科研资助。

我们地裂缝研究的高峰期应当是从 2003 年开始的。时任中国地质调查局水环部主任殷跃平教授和灾害处处长张作辰教授独具慧眼地意识到汾渭地裂缝研究的重要性和迫切性，及时启动了汾渭盆地地裂缝地面沉降调查、监测、成因与减灾综合研究的计划项目。自 2003 年至 2014 年，围绕汾渭盆地地裂缝研究这个重大主题，我们先后主持承担了国土资源大调查计划项目 3 项和工作项目 7 项，每年都有一笔可观的经费支持着我们的研究工作。

正是由于有了国土大调查项目和国家自然科学基金项目的持续资助，我们才得以甩开膀子，撸起袖子，撒开脚丫子，在汾渭大地上开展系统的科学研究：通过持续 12 年的野外地质调查和 240 多幅不同尺度的地质填图，查明了汾渭盆地地裂缝的分布状况，揭示了地裂缝的区域分布规律；通过 27000m 进尺的地质钻探、22 个大型科学探槽、230km 长的浅层地震勘探和4km²的三维地震勘探，发现了地裂缝的立体破裂结构模式，揭示其三向产出规律和运动规律；通过天地一体化监测，掌握了地裂缝的动态变化特征，揭示了地裂缝的时间活动规律；通过历时6年的多组大型物理模拟试验，以及数百组数值仿真模拟，再现了地裂缝的形成演化过程和地裂缝破坏工程建构筑物的细节过程，揭示了地裂缝的生成规律和工程致灾规律；在上述工作基础上，继续辅以大型物理数值模拟和理论分析，研究提出了城市地裂缝综合防治技术体系，突破了地铁、高铁、高速公路和长输管线等生命线工程的地裂缝减灾难题。这些系统工作使我们对汾渭地裂缝的认识逐步上升到一个全新的境界，并慢慢形成了地裂缝成因与减灾的系统理论，本书即是这些成果的集成和表述。

与其他学科相比，地质科学更异彩纷呈，富有多样性和多解性，研究者们需要具有良好的科学思维品质。28年的地裂缝研究之旅，我深深体会到，地裂缝如何分布，具有什么样的结构，怎样活动，如何形成，怎样危害人类，如何规避和减轻其危害，这些问题重重叠叠、环环相扣，要破解这些问题，除了需要持之以恒的与大地亲近、与地裂缝深交、与国家需求共振、与人民安危共鸣外，还必须学会掌握和运用科学思维方法，我的28年地裂缝研究之旅实际上是养成科学思维禀赋之旅。

地裂缝是一种复杂的地质现象，分布广泛，具有显著区域性，人们必须把相距很远的地裂缝现象拿来比较，由少数特点表示出比较结果，并由此找出它们之间的本质联系，这必须借助于横向思维。横向思维的思维主体由点到面，由此到彼，由局部到整体，从横向上、多角度、多方面去认识地裂缝现象。例如，从单个地裂缝看，长达1km以上的地裂缝多沿盆缘断裂、盆内块间断裂或盆内隐伏断裂成带出露，形成断层、主裂缝与次级裂缝共同生长的局面；至盆地尺度上，地裂缝又主要集中在关中、运城、临汾、太原和大同等五个拉张断陷盆地内，各盆地地裂缝发育规模和产出特征又各不相同，但同一盆地上百条地裂缝又具有同生规律，并在大中城市形成集中发育的格局；到大区域上，地裂缝又在整个汾渭盆地构造带形成区域群发的格局。显然，我们的横向思维是既要立足于单条地裂缝的生长，又要顾及盆地多条地缝的同生，还要面向大区域地裂缝的群发，以便进行对比研究，寻找它们的异同，揭示它们之间的内在联系。我们不断完善用图形和图表解释地裂缝的时空发育特征和立体产出规律，最终将遗留问题一一解决，并捋顺了所有前后矛盾的说法，从而开拓了对地裂缝自然本质的新认识。

不仅如此，当我们放大成因研究的纵横坐标时，我们的思维视野必然扩展到汾渭盆地周围的更大区域。汾渭五个盆地同步群发500余条地裂缝，且总体走向多为北东-南西向，其群发可能与区域大陆构造动力有关。为此，我们实施了大区域GPS监测，发现汾渭盆地现今以2~5mm/a的速率呈北西-南东向伸展，其驱动力可能主要来自青藏块体的隆升东挤作用力，但也可能叠加了鄂尔多斯地块的左旋扭动作用力，前者给汾渭盆地构造带施加的是北东-南西向的挤压力，后者给汾渭盆地构造带施加的是右旋剪切力，它们共同造成整个汾渭盆地构造带呈北西-南东向伸展，从而为北东-南西向地裂缝的大规模群发提供了区域拉张应力源。

地裂缝的发育具有空间延拓的广阔性和结构上的多层次性，这就使得立体思维方法成为地裂缝研究的重要思路。立体思维的主体由平面到立体，由单向到多向，合纵连横地去认识地裂缝，才可能在不同现象间找到联系，洞察出隐蔽在现象之后的奥秘。为此，我们十分注重地裂缝的立体勘探，进而发现地裂缝在平面上既分段，又分支，还分叉；在剖面上是一个奇妙的三层结构：地表形成多道断坎，直接错断工程建筑；浅部主、次破裂分带，制约着工程破坏范围；深部转变为单剪面，与下伏断层相连且断距随深度增大，具同沉积断层特征，显示其发育深度大，防控极为困难。汾渭各盆地同生着多条地裂缝并具有相似的产出规律，其同生可能与盆地多层次的构造动力作用有关，因此在成因研究中我们十分注重盆地立体构造结构尤其是深部地球动力对地裂缝形成的影响。各种地球物理探测成果都揭示了下述一些重要事实：汾渭各盆地上地幔都处于隆升状态，盆地中心的地壳厚度较两侧山体均减薄近 10km，各盆地中下地壳普遍发育一个具有流展特性的低速高导层；中上地壳则普遍发育多组伸展断裂，它们向深部均收敛于低速高导层中，向浅部则将各盆地基底分割成若干个次级构造块体，并驱动着这些构造块体差异运动，进而牵动着上覆第四系松散层破裂。显然，各盆地上地幔上隆、中下地壳流展和基底断块差异运动的多层次构造动力自下而上驱动着盆地盖层断裂系统伸展活动，进而为盆地松散层中的破裂系统的形成提供了深部动力学条件。

　　由于自然界展现在我们面前的地裂缝常常是残缺不全的，或仅暴露极为局部的现象在我们眼前，怎样才能找到未知的部分以恢复其全貌，这就要求我们借助于模式思维。模式思维的主体将构成地质体的各种主要元素依照不同的参照系抽象或提炼成为模型，把时空相关、因果相关的东西架构起来建立各种模型。汾渭地区地裂缝基本上与断裂带相伴共生，但具有什么样的模式尚无法由地表现象解析。我们通过立体勘探和物理模拟发现，断层伸展活动的局部构造应力明显牵动着两盘土层破裂，形成主、次地裂缝与断裂带共生的格局，其共生模式可概括为顺主断面垂向生长、在断层上盘伴生、在断层下盘伴生、在上下盘同步伴生和局部扭动派生等五类，各自由不同规模的主、次地裂缝构成不同宽度的分带破裂格局，并成为汾渭盆地地裂缝的主要共生模式，决定着地裂缝破裂带和影响带的宽度，并影响着地裂缝防治应对策略的制订。

　　由于地裂缝是一个具有动态开放性和演化多阶段性的系统，这就使得动态思维和系统思维方法成为我们的重要思路。动态思维的主体从变化的角度去认识动态的、变化的地裂缝，思维不能停留在一个平面上，或一个阶段上，而是应根据变化动态地调整自己的思维导向和思维方法；系统思维的主体是要把握地裂缝系统与部分、结构、环境变化和运动等辩证关系的几个思维方向。我们运用多种监测手段对地裂缝的活动状况进行动态监测，发现地裂缝活动以垂直位错为主，水平拉张和扭动很小，与盆地断层活动方式一致；晚更新世以来，地裂缝经历过 3~4 次周期性开裂，与盆地伸展拉裂的周期相对应；近 50 年来经历过 4~5 次周期性复活，与经济建设高峰期相对应。这些表明，地裂缝形成演化历史非常漫长，其活动与地质构造和人类活动密切关联。

　　我们还注意到地裂缝的形成是一个复杂的动力学过程，具有不同阶段的力学响应规律，不同阶段以不同作用为主：萌生阶段以内动力为主，无外动力，形成隐伏构造破裂面；形成阶段以内动力为主，外动力为辅，地裂缝部分隐伏、部分显露；加速或复活阶段以外动力为主，内动力为辅，地裂缝通达地表，加速活动，毫无疑问这是一个动态变化和多阶段演化的过程。地裂缝形成后一直处于动态变化中，地应力、地下水和地表水的活动起着重要的激发作用：当构造活动处于高潮时，地裂缝活动比较容易启动，这时先存断裂处于解锁状态，断层两盘摩擦阻力已由静摩擦减小为动摩擦，造成断层中和附近产生的新破裂及旧裂缝重新开启；超采地下水引起的压缩层的差异沉降和含水层的水平运动所派生的拉张应力既可激活隐伏旧裂缝，使其扩展至地表成缝，也可直接引起地面沉降而链生出新地裂缝；灌溉、引水、蓄水可使地下水位抬升，常引起土体潜蚀和湿陷变形开裂，形成浅而小的地裂缝。认识到这些，有利于提高我们对地裂缝机制认识和制定地裂缝缓解措施以减轻灾害。

由上可见，看似简单的地表裂缝确有着深刻和复杂的内在地质背景和原因，它是大陆动力与区域构造动力、深部动力与浅部构造动力、内动力与外动力等多重耦合作用的结果，因此可以通过解剖地裂缝来理解地球的最新变动在地表留下的痕迹。这些思想是在2011年的一个夏日的半夜，我从梦中醒来突然顿悟到的。科学的基本观念本质上大都是简单的，通常都可以用人人皆知的语言来表达。自那个决定性夜晚之后，寻求一个简约的、易于理解的地裂缝成因解读就成了我的主要目标，并最终形成了"构造控缝、应力导缝、抽水扩缝和浸水开缝"的多因耦合共生成缝新观点。

科学研究必须面向国家目标，与国家发展同频共振，我们一直试图把解决国家经济建设中的重大地质问题作为最重要的科学论文来写。西安14条地裂缝，大同10条地裂缝不断地肢解着这两个城市的肌体，实属世上罕见。我们在查明地裂缝发育规律和成因的基础上，基于模式思维的思路，通过大型物理模拟试验，模拟发现地裂缝引起工程建构筑物开裂模式为竖向拉裂、斜向陷裂、水平剪裂、平面褶裂、镜向开裂和三维扭裂等六类，提出了控制采水、合理避让、适应变形和局部加固的综合减灾理论，形成了城镇地裂缝防控理论准则和技术标准。

西安14条地裂缝与拟建的15条地铁相交上百处，地铁隧道可能被地裂缝剪断，这个挑战在世界上是独一无二的。在《西安地裂缝灾害》那本书里，我们已对这一挑战作出了有效的应对，但后来的3号地铁又遭遇到了地裂缝与地铁小角度相交和二者近距离平行等两类特殊工况。为此我们又基于模式思维，开展了两组大型物理模拟试验和多组数值模拟，再现了地裂缝活动下小角度相交的地铁隧道三维变形破坏的细节过程，在此基础上提出了适应变形的隧道结构措施，解决了西安3号地铁建设中的技术难题。大同—西安高铁24处与活动地裂缝相交，面临着重大灾难风险，这在世界高铁建设史上尚无先例。我们通过大型物理模拟试验再现了地裂缝活动下高铁路基和桥梁的变形破坏细节过程，提出了基于适应变形和动态调整的高铁跨地裂缝的科学方案，为大西高铁工程建设提供了技术支撑，其成果也在其他长输生命线工程中得到推广应用。显然，在地裂缝减灾防灾研究中，基于模式思维的模拟试验是极为重要的研究路径。

汾渭盆地是那么深沉与厚重，山西盆地是我国地面文物最多的地方，陕西关中盆地是中华民族历史上建都最悠久、最豪华、最风流和最大气的地方，这里深藏着华夏民族的根与魂，也是我们发挥科研想象力的沃土。我发自内心地热爱这片沃土，它的一草一木都是那样迷人。在我的脑海里，汾渭盆地的区域、深部、浅部和表部，所有这些地质结构翻来覆去、搬来移去，提示着我，地裂缝事件的发生不是孤立的，它与这些不同层次的地质结构及其动力有着密切的成生联系，同时也与地貌、气候及人类历史等的变迁过程紧密相连。一个个盆地，一条条土梁，一道道沟谷，一座座村镇，一位位汾渭人，都承载、记录和讲述着地裂缝的故事：大陆构造动力造成汾渭盆地数千万年的持续沉降，盆地构造动力自下而上驱动着盆地表土层伸展破裂，断裂构造蠕动形成了地裂缝的破裂原型，异常的水动力激发了地裂缝的扩展和复活，一道道裂缝将盆地与山脉分割开来，将平地破解成台地和洼地，将城市肢解的七零八落……我们研究地裂缝不是为了荣誉或名利，只是因为乐在其中——发现大自然的运行规律，保障汾渭这块沃土上的城市、工程和人民的安宁，这就是我们持之以恒的原因。

　　地质研究看似是一种游山玩水的职业，你永远不知道明天会发现什么，它的好处是会不断有新的发现。在我28年的地裂缝研究之旅中，深深打动我的是，与地裂缝相关的各种地质现象常表现出一种朴素的品质，然而当你深入细节时，它又是那么复杂而令人迷惑，有着令人难以抵挡、总想更深入地去探究的诱惑。不过，要完成这些创造性活动，除了必须投入情感和信仰外，还得具有这些重要素养：专心致志、观察敏锐、思想活跃、思维敏捷、超然物外、陈述简约……而且能够在不同观点，不同学科之间架起桥梁。科学研究的美就在于从一大堆令人迷惑的细枝末节中概括出优雅的基本规律，我对此一直乐此不疲，完成这本历经28年集成的著作所获得的快感在许多方面可能类似于陈忠实、路遥和贾平凹完成了他们最得意作品时的感觉，我之所以作出这样的比较，是因为这三位大师的作品伴随和影响了我四十余年。这相似的感觉是一种超脱个人和自然，但又与社会和自然相和谐的感觉。

　　历经28年的研究，我们基本完成了西安地裂缝—汾渭盆地地裂缝—华北平原地裂缝研究的三部曲，这本书是其中的第二部，书中的字里行间肯定会遗留下许多错误或不当之处，敬请大家拨正。明年或后年我们将把第三部——《华北平原地裂缝灾害》呈现出来，与大家共享，请大家批评。

　　我们深深地感到，没有我们的老师、我们的领导、我们的朋友、我们的同事、我们的亲人和我们的学生们鼎力支持，这份成果不可能集成的。在前言中我已对方方面面的支持致过谢忱，这里我还要再次感谢多年支持和帮助过我们的所有人！感谢28年来先后与我们共同攻关过的所有同仁和始终甘居幕后、理解与支持我们事业的各位家人！

彭建兵
2016年国庆节于西安大雁塔下

《新世纪工程地质学丛书》出版说明

人类社会进入21世纪已经十多年了。随着国家经济发展战略调整和大规模工程建设的推进，许多前所未有的工程地质与环境问题逐渐凸显出来。我国"西部大开发"战略的实施，对激活西部经济、缩小东西部差异起到了积极的推动作用，而西部大规模能源资源开发、城镇化、交通网络、能源传输线、跨流域调水等基础设施建设也扰动了地质环境的原始平衡，引发了大量工程地质灾害。人们在向沿海要土地、向海洋要资源和国家安全的过程中，不仅大大扩展了发展空间，在海洋资源开发、填海工程、港口建设、海岸带国防建设中，也遭遇到空前的"蓝色挑战"。在资源开采和工程建设向深部延拓的进程中，高地压、高水压、高地温、有害气体引发的灾难性事件频频发生，一再警示着人类：上天难，入地更难！汶川地震、舟曲泥石流、南旱北涝、黄河断流，自然灾害肆虐"地球村"，越来越成为人类社会生存发展的重要威胁。

我国的工程地质工作者在协调工程建设与人类生存环境尖锐矛盾的过程中，进行了积极的理论和实践探索，十多年来积累了丰厚的研究成果。他们闯入工程建设的禁区，把地壳动力学和区域稳定性理论推进到青藏高原及其周边的构造活跃区；他们深化了对地质介质工程特性的研究，对西部黄土、沿海软土和吹填土、有机土等特殊土，以及高地应力环境下岩体的特性和工程行为有了新的认识；他们对国家规模的大型基础设施建设中的工程地质问题开展了系统研究，解决了一批经典理论没有遇到的问题；他们在应对区域性或极端事件引发的大规模地质灾害及其灾后重建中进行了探索性实践，把我国地质灾害防治工作逐步领向有序化、规范化；在工程地质技术创新中，人们敏锐地发现和不断引进相关领域的新成果，以遥感监测技术、地球物理探测技术、数字信息技术等为代表的新技术应用，使工程地质探测、测试、实验、监测、分析与改造技术上了一新台阶。这些新成果的不断涌现，把我国的工程地质学科推向了一个新的水平。

为了总结新时期工程地质学科的新成果，提炼工程地质新理论，推进工程地质新技术、新方法的发展，中国地质学会工程地质专业委员会决定组织出版《新世纪工程地质学丛书》，并成立了丛书规划委员会。丛书将以近十多年来广泛关注的工程地质问题为主线，以重大科研成果为基础，融传统与创新为一体，采用开放自由的方式组织出版。丛书以作者申请和丛书规划委员会推荐相结合的方式选题，由规划委员会审批出版。

我们相信，《新世纪工程地质学丛书》的出版一定会对我国工程地质学科的发展起到积极的推进作用。